全国高等院校古籍整理研究工作委员会项目
安徽师范大学学术著作出版基金项目
资助出版

U0391331

古代長江下游圩田志整理與研究

莊華峰◎編著

GUDAI CHANGJIANG XIAYOU
WEITIANZHI ZHENGLI YU YANJIU

安徽師範大學出版社

責任編輯:胡志立

責任校對:韓　敏

裝幀設計:丁奕奕

責任印制:郭行洲

圖書在版編目(CIP)數據

古代長江下游圩田志整理與研究 /莊華峰編著. —蕪湖 : 安徽師範大學出版社,2014.12

ISBN 978-7-5676-0885-6

Ⅰ.①古… Ⅱ.①莊… Ⅲ.①長江流域－圩田治理－研究－古代 Ⅳ.①S277.4

中國版本圖書館CIP數據核字(2013)第289721號

古代長江下游圩田志整理與研究

莊華峰　編著

出版發行:安徽師範大學出版社

蕪湖市九華南路189號安徽師範大學花津校區　　郵政編碼:241002

網　　址:http://www.ahnupress.com/

發 行 部:0553-3883578 5910327 5910310(傳真)　　E-mail:asdcbsfxb@126.com

印　　刷:安徽蕪湖新華印務有限責任公司

版　　次:2014年12月第1版

印　　次:2014年12月第1次印刷

規　　格:787×1092　1/16

印　　張:34

字　　數:610千

書　　號:ISBN 978-7-5676-0885-6

定　　價:68.00元

凡安徽師範大學出版社版圖書有缺漏頁、殘破等質量問題,本社負責調換。

前　言

一、本書出版的緣由與意義

自唐代起，在長江下游的平原地區，通過築堤方式將地勢較低的窪地圍墾種植，習稱圩田（又稱圍田）。它廣泛分佈在蘇、皖兩省沿江一帶及太湖、巢湖、丹陽、水陽、青弋等湖河地區，是長江下游地區土地利用的重要形式。

二十世紀八九十年代以來，中國經濟史學存在着兩種並行不悖的傾向——細分的傾向和綜合的傾向。前者最明顯的表現是區域史、部門史和專題史研究的興起，不再籠統地以整個中國或整個經濟為研究對象。後者是指從經濟與社會、文化、自然的相互關聯中去研究經濟的發展，不再把經濟的因素孤立起來進行研究。在這種學術背景下，有關圩田問題的研究便開始受到學界的重視，並取得了一定的成果。九十年代中期以後，社會史的迅速發展以及一些交叉學科的建立和發展，為圩田的研究提供了新的視角和方法，並促使圩田研究向縱深發展。加強對長江下游圩田的研究，具有十分重要的意義。一方面，它有利於豐富和深化該區域經濟史、水利史、社會史、災害史的研究；另一方面，它對於保證圩區『生態——經濟——社會』三維複合系統的健康運行與可持續發展，可以提供可靠的基礎理論依據與歷史借鑒，也可為其他相關學科提供可以憑信的歷史知識。因此，圩田研究將是充滿活力的前沿課題。

在圩田研究方興未艾的今天，有關圩田志書的整理與研究工作卻未引起人們的重視，這在很大程度上影響了圩田研究的開展。因此，本書的出版不但十分必要，而且迫在眉睫。本書的出版具有重要的文獻價值和現實意義。如《當邑官圩修防彙述》一書，目前僅國家

圖書館與安徽省當塗縣地方志辦公室有藏，版本彌足珍貴。它『薈萃史乘及明之冊籍、清乾隆史邑尊中心埂岸牘、咸豐間圩工條約、朱小宕圩圖説𢘐』，材料可謂翔實齊備，不僅對研究官圩個案具有重要的文獻價值，而且也為開展整個長江下游地區圩田研究提供了豐贍的資料，其學術價值是不言自明的。同時，本書的整理與出版，對各級政府進行水資源的科學規劃與利用，以及對圩田進行有效的管理均有着重要的借鑒意義。

二、圩田研究學術史回顧

有鑒於圩田研究的歷史作用與現實價值，自上個世紀中葉以來，學界對於圩田的研究一直持續不斷，趙崔莉、劉新衛在《近半個世紀以來中國古代圩田研究綜述》(《古今農業》2003年第3期)對此有詳細闡説。

我國學界對於圩田的研究開始於二十世紀五六十年代，這一階段的研究相對薄弱，成果較少，僅有少量論文見諸報刊。這些論文主要集中于對圩田概念及其發展過程的描述，如寧可的《宋代的圩田》(《史學月刊》1958年第12期)對宋代圩田修築辦法、分佈情況、官圩私圩特點、圩田形成的原因與影響等問題作了初步研究。繆啟愉的《吳越錢氏在太湖地區的圩田制度和水利系統》(《農史研究集刊》第二冊，科學出版社1960年)對圩田的起源和發展做了一定的梳理，對吳越時期的圩田結構、水利技術及管理制度作了初步的分析。吉敦諭的《何謂圩田?其分佈地區與生產情況怎樣?》(《歷史教學》1964年第8期)對圩田的概念、圩區的農業生產作了介紹。這是圩田研究的起步階段。

二十世紀八九十年代以來，有關圩田的研究進一步受到學界的重視，並取得了一定的成果。九十年代中期以後，社會史的迅速發展以及一些交叉學科的建立和發展，為圩田的研究提供了新的視角和方法，並促使圩田研究向縱深發展。特別是近幾年來，社會變遷關係的研究勃然而興，人們從災害學、歷史氣候學、歷史地理學的角度，綜合考察圩田的經濟、社會與生態環境之間的互動關係及其變化。這一階段的研究成果較為豐富，這裏從專著、論文和課題立項三個方面予以回溯。

專著方面　這一時期出版的專題研究圩田的著作僅有兩部，較早問世的為上個世紀八十年代中期繆啟愉的《太湖塘浦圩田史研究》（農業出版社，1985年），近期出版的則有趙崔莉著《清代皖江圩區社會經濟透視》（安徽人民出版社，2006年）。前者以塘浦圩田為中心，就歷史資料所及，介紹了塘浦圩田的發生、發展及其演變情況，通過歷史概貌的分析，探討塘浦圩田開發的成敗得失。後者在介紹清代皖江流域圩區的圩田分佈、圩田類型和特點，並分析其組織特點的基礎上，集中探討了不同自然環境和社會狀態下圩區的應對問題，展示了其內部的組織管理及權力運作方式，從中透視出水利社會中國家、地方與社會的關係。

而涉及圩田研究的相關著作則有不少。如冀朝鼎的《中國歷史上的基本經濟區與水利事業的發展》（中國社會科學出版社，1981年），鄭肇經的《太湖水利技術史》（農業出版社，1987年），中國農業遺產研究室編寫的《太湖地區農業史稿》（農業出版社，1990年），張芳的《中國農田水利史》（農業出版社，1990年），彭雨新、張建民的《明清長江流域農業水利研究》（武漢大學出版社，1993年），韓茂莉的《宋代農業地理》（山西古籍出版社，1993年），魏嵩山的《太湖流域開發探源》（江西教育出版社，1993年），肖華忠的《鄱陽湖流域開發探源》（江西教育出版社，1995年），龔勝生的《清代兩湖農業地理》（華中師範大學出版社，1996年），萬繩南、莊華峰等的《中國長江流域開發史》（黃山書社，1997年），日本學者森田明的《明代水利社會史研究》（國立編譯館出版，1997年）與斯波義信的《宋代江南經濟史研究》（江蘇人民出版社，2001年），張研的《19世紀中期中國雙重統治格局的演變》（中國人民大學出版社，2002年），蔣兆成的《明清杭嘉湖社會經濟研究》（浙江大學出版社，2002年），馮賢亮的《明清江南地區的環境變動與社會控制》（上海人民出版社，2002年）等著作，都辟有專章或專節論述圩田問題。

論文方面　有關圩田研究的論文涉及面較為廣泛，研究的內容也較為豐富，涉及圩田的起源、圩田的區域分佈、分類、發展特點、修築管理、作用評價等諸多方面。多數學者認為，圩田由長江下游地區向中游地區擴展，依次為太湖地區、江淮地區和漢江流域。成果主要集中在以下幾個方面。

1. 圩田開發方式與農業生產研究。圩田開發方式在傳統農業生產中佔有重要地位，相關研究不乏其人。圩田的開發與社會條件分不開。首先，圩田的開發與人口因素密切相關。許多學者認為人口過度膨脹給農業帶來巨大壓力。為了解決這一壓力，農民勢必要開墾

新的耕地。張建民《清代江漢——洞庭湖區堤垸農田的發展及其綜合考察》(《中國農史》1987年第2期)，認為清代人口增長的壓力，成為推動江漢——洞庭湖區圍墾築垸的強大動力。張建民《江蘇、安徽沿江平原圩田水利研究》(《古今農業》，1993年第3期)對江蘇、安徽沿江平原圩田從宋代到清代的變遷情況，以及圩區農業生產情況作了論述。同時，圍圩墾荒是一項艱苦勞動，人口的不斷增長提供了必要勞力，這在圩田開墾的初期是相當重要的。閆國年、陳鐘明、錢亞東、王紅《長江三角洲地區人地關係的歷史淵源與協調發展研究》(《南京師範大學學報》1998年第4期)等認為，太湖地區完備的塘浦圩田制度與人口和耕地的比例協調分不開。因為充裕的勞力，既能完成塘浦圩田的修築，又使人均耕地較為富餘，既做到地盡其用，又無須亂墾亂圍。

人口的大量流動即移民潮的發生對圩田的發展有重要作用。張國雄《中國歷史上移民的主要流向和分期》，(《北京大學學報》1996年第2期)從中國歷史上人口大規模遷徙的角度考察了圩田的發展，認為唐宋時期大批北方移民的遷入，促使了以太湖平原為中心的長江下游經濟區的崛起；明清時期『江西填湖廣』移民潮的到來，解決了江漢——洞庭湖平原以前人口較少、勞力缺乏的困難，並構成其產生『湖廣熟，天下足』的重要內因。

除了人口因素以外，圩田的開發還受其他社會經濟因素的影響。許懷林《明清時期鄱陽湖區的圩堤圍墾》(葉顯恩主編《清代區域社會經濟研究》下冊，中華書局1992年版，第850頁—861頁)認為明清時期，政府對鄱陽湖區征派巨額的稅糧，促使湖區擴大圍墾以增加耕地面積；此外，航運商業的繁榮，也激發了人們開墾圩田的熱情，以便使更多糧食進入流通領域。巴兆祥從圩田的發展脈絡、區域分佈特徵、類型，以及在圩田維護方面的成就與經驗等方面對江淮地區圩田的開發狀況作了探討(《江淮地區圩田的興築與維護》，《中國農史》1997年第3期)。王建革在研究圩田精耕細作的農業生產技術與土壤的環境關係時，應用大量土壤地理學知識，具體分析了圩區土壤的形成、演變、分類和分佈情況(《技術與圩田土壤環境史：以嘉湖平原為中心》，《中國農史》2006年第1期)。

有的學者則結合具體圩田做個案分析，如周生春以宣城的百丈圩作為研究對象，具體考察了該圩興修的創議者、工程的主持人、修築的時間、圩堤潰決的具體原因，以及最終被廢棄的緣由等問題，並對諸多問題做了一番考訂正訛工作(《論百丈圩的興廢》，《浙江大學學

報》1992年第1期)。趙崔莉《晚清當塗官圩衰落探源》(《中國社會經濟史研究》2008年2期)以晚清當塗大官圩為個案，考察了大官圩逐漸衰落的表現，如水災頻仍、頻繁修改圩規、圩區鄉董無力舉賑；並從自然環境、人地關係、圩區管理、世風民情、社會形勢以及戰亂等方面多角度探求其衰落原因。莊華峰則從大公圩的開發及其特點、大公圩的管理及其效應，以及大公圩開發所引發的環境問題諸方面，對清代安徽當塗大公圩作了深入考察(《清代圩田的開發與環境問題—基於當塗大公圩的考察》，《安徽師範大學學報》2013年第6期)。

各個時期圩田開發的特點也引起人們的關注。其中崔思棣《江淮地區圩田初探》(《安徽史學》1984年第6期)認為，江淮地區到了宋代大量修建圩田並日趨完善，達到了全盛時代，並具有規模大、結構合理、修築技術也相當完善等特點。魯西奇《歷史時期漢江流域農業經濟區的形成和演變》(《中國農史》1999年 第1期)認為，元代的江漢平原，因勞動力匱乏，經濟處於曲折緩慢發展過程中，但垸田的興起，開啟了江漢平原全面開發的歷史進程。日本學者濱島敦俊《土地開發與客商活動——明代中期江南地主的投資活動》(《中央研究院第二屆國際漢學會議論文集》，臺北，1989年)認為，明代江南地區在十五世紀中期以前，主要開墾圩田或圍田以擴大農田面積，屬於外延式開發；此後，則採用分圩和幹田化的方式進行農田的改良，屬於內涵式開發。李伯重《宋末至明初江南人口與耕地的變化——十三、十四世紀江南農業變化探討之一》(《中國農史》1997年 第3期)認為，『幹田化』的方法，除了疏通河道排水外，就是將一個大圩分為眾多小圩，即『分圩』。汪家倫《明清長江中下游圩田及其防汛工程技術》(《中國農史》1991年第2期)認為，太湖地區的塘浦渠系歷明清朝屢經治理，基本上保存下來。江淮地區的圩田到了明清時期進入了極盛時期，新築的圩田數以百計，其中千畝以上的大圩有五、六十座。劉純志、宋平安《清代江漢地區垸田經濟簡論》(《中南財經大學學報》1990年 第2期)認為，江漢平原的垸田隨着贛、皖移民的大量進入，在明清時期進入大開發的全盛時代。到了清代，江漢平原經濟開發出現兩個顯著特徵，即私垸大量出現和洲灘地日益被開墾。這時的圍墾很盲目，加速了水患的發生，從而抑制了江漢平原經濟發展的速度。江漢經濟就是在這種前進中有倒退、倒退後重新組合中螺旋式發展。總之，明清時期宜農土地墾殖已趨於基本飽和，在巨大人口壓力以及急切的生存壓力驅動下，與水爭田、墾山為地不可避免地帶有強爭性，這一時期的圍墾帶有明顯盲目性的特點。

2、圩田過度開墾與生態環境研究。圩田開發是長江下游人民在農業生產及水利建設方面的一個創舉，它在解決江南人多地少的矛

盾，促進農業生產的發展方面發揮了巨大作用，但是也因過度圍墾而帶來了許多消極影響。首先，圩田過多開墾造成湖面縮小，水旱災害加劇，導致水土流失，河湖淤塞，進而引起嚴重的生態失控。近年來，不少學者對於這一問題給予了較多關注。林承坤指出，古代江漢平原採用築堤圍垸的開墾方式，致使地表起伏增大，河床淤高，沿岸河灘等受到淤積，從而使洩洪和調節徑流能力降低，破壞了地理環境，造成了嚴重的自然災害。而江南三角洲塘浦圩田的開墾方式，則不改變地表起伏，水系、湖泊都能得以長期保存，因而歷史上洪、澇、旱等災害顯著減少（《古代長江中下游平原築堤圍垸與塘浦圩田對地理環境的影響》，《環境科學學報》1984年第2期）。莊華峰《江南圩田：一個古老而彌新的話題》（《光明日報》2003年6月3日）、《安徽古代沿江地區圩田開發與生態環境變遷》（《安徽大學學報》2004年第2期）、《長江下游圩田開發與環境問題》（《安徽師範大學學報》2004年第3期）及《古代江南地區圩田開發及其對生態環境的影響》（《中國歷史地理論叢》2005年第3期）諸文具體探討了圩田開發對生態環境所造成的影響，認為因過度圍墾破壞了江南地區原有的湖泊河流水文環境，造成『水不得停蓄，旱不得流注』的嚴重局面，從而給圩田大大增加了防患水災的壓力；歷代地方政府在圩田管理方面也是各自為政，各地圩田缺乏相互間的協作，使因破圩而形成的局部水災年年有之；大量構築圩田，使湖泊面積大為縮小，影響其調節水量的功能，破壞了本地區的生態條件，致使災害頻頻發生。同時，作者還對圩區的可持續發展問題作了理性思考。朱誠等《長江三角洲及其附近周圍地區2000年來水災研究》（《自然災害學報》2001年第4期）認為，元、明、清各代，長江三角洲地區的盲目圍墾，使河港淤淺，水系紊亂，一遇洪水則宣洩困難，常滯流於太湖的湖蕩河網區，水患自然愈演愈烈。劉沛林《歷史上人類活動對長江流域水災的影響》（《北京大學學報》1998年第6期）認為明清時期洞庭湖一帶築堤圍墾過多，嚴重影響江湖蓄泄關係，湘鄂兩省水災不斷。汪潤元、勾利軍《清代長江流域人口運動與生態環境的惡化》（《上海社會科學院學術季刊》1994年第4期）認為，清代長江流域的農民移墾山林和圍湖造田，帶來了空前的生態破壞。總之，明清兩代的圍湖造田、盜湖為田變本加厲，使得河湖水的面積萎縮，導致對圩田調蓄功能的破壞和灌溉效益的喪失，以及對航運、水產以至於氣候都有不同程度的影響。

第二，圩田的過度開墾造成農業的減產，從而減少了國家的財政收入。圩田的過度開墾使河湖水面積的萎縮，使得漁業受損。尹玲玲《明清時期湖北地區的漁業經濟》（《中國歷史地理論叢》2000年第2期）指出，明中葉以後，湖北地區因圍湖建圩嚴重，河流湖泊逐

漸淤淺、淤廢，致使漁利有所下降，漁業漸趨衰落。清代以後，圍湖建圩更加嚴重，河湖漁利進一步迅速減少，漁業經濟日漸萎縮。圩田水旱災害的加劇帶來農業的減産。宋平安《清代江漢平原水旱災害與經濟開發探源》（《中國社會經濟史研究》1990年第2期）認爲，清前期以前江漢平原的發展比較繁榮，但在清中後期由於水災頻繁，江漢平原的圩田農業嚴重受損，糧食生産明顯滯後于洞庭湖平原。而農業的減産必然會加重國家財政的負擔。張建民《清代江漢——洞庭湖區堤垸農田的發展及其綜合考察》（《中國農史》1987年第2期）指出，清代江漢——洞庭湖區堤垸的洪澇災害頻繁，引起修防負擔加重，導致了錢糧的免征以及巨大的賑災費用，給國家財政收支造成了巨大影響。

3. 圩區基層社會組織與社會管理研究。關於圩田的體系，有的學者借助社會學進行研究。陳阿江《水域污染的社會學解釋——東村個案研究》（《南京師範大學學報》2000年第1期）即從社會學角度，通過個案研究認爲圩田體系是由田、地、水域構成的地理環境，以及生活在這一環境中的人和其他生物構成的生態系統。即包括旱地、水田、圩岸以外的河流或湖泊以及村民。指出，圩區就是圩圩相接與河渠結合的完整系統，即圩連圩、圩套圩的大片區域。這一問題的研究成果主要體現在明清時期圩田的研究上。吴滔《明清江南地區的『鄉圩』》（《中國農史》1995年第3期）認爲，由於圩田水利的重要地位，明清時期，各種行政干預手段和自發性民間團體介入圩岸的修築和管理，並與塘長制、圩長制相配合，結成一種以圩田網絡爲基本紐帶的農村社會組織。文章通過考察明清兩代『鄉圩』組織體系的變遷，論述了圩田水利組織在維繫江南地區鄉村基層社會構成方面發揮的作用。日本學者濱島敦俊則通過對圩區『連圩結甲』等關係的分析，探討了圩與村落等基層社會組織的聯繫與區別（《關於江南『圩』的若干考察》，《歷史地理》第7輯，上海人民出版社，1990年）。趙崔莉的《清代皖江圩區的組織功能與社會控制》（《農業考古》2008年第3期）認爲清代皖江圩區具有水利組織和基層組織的社會功能，並主要通過宗族對圩區進行社會控制。

圩區的管理主要包括政府和民間兩個方面。圩田水利的管理構成圩區管理的重要方面。在中國古代農業社會中，政府在水利事業中的組織作用和管理機能至爲關鍵。田靜茹《試論唐代長江下游地區農田水利和農業生産發展的特點》（《武漢交通管理幹部學院學報》1997年第3期）指出，唐政府職能的發揮對長江下游地區農田水利的發展變化有重要作用。它表現在從中央到地方設置一套管理修建水

利的行政機構，由地方政府負責主持農田水利的興建維修；制定水利管理法令和法規，如指令全國水利的《水部式》和地方法規《錢塘湖石記》，對灌溉用水和一些與水利有關的其他事務作出具體的規定。虞雲國《略論宋代太湖流域的農業經濟》（《中國農史》2002年第1期）認爲，宋代政府給予太湖流域水利建設以積極的財力和物力支持，並把興修水利納入地方官的常規公務；規定興修圩田、河渠、堤堰、陂塘之類水利的諸多内容不僅作爲州縣長吏的重要職責，還直接與考課磨勘優劣相聯繫。莊華峰就唐宋時期政府對圩田的管理問題作了專題探討，指出唐宋時期尤其是在宋代，長江下游地區圩田開發在以往的基礎上有了長足發展，從而使這一地區成爲全國重要的糧食基地。圩田的快速發展，除了因爲該地區擁有優越的自然條件外，與政府有效的管理密不可分。政府對圩田的管理主要包括創設圩田管理制度、組織圩田生產，以及修築堤岸、生物養護、設置堰閘、開浚港浦等内容。由於政府的有效管理，使圩田產生了多元化的效應（《唐宋時期政府對圩田的管理及其效應——以長江下游圩區爲中心》，《中國社會科學院研究生院學報》2009年第6期）。同時，莊華峰指出，政府在圩官選拔和任用方面有兩點值得注意：一是注意選拔廉潔之人從事圩務管理，二是建立對圩官的監督機制。這些富有特色的做法，是有效保障官圩（即大公圩）正常有序運轉的重要原因（《皖江流域圩田的興築與管理》，《中國社會科學院研究生院學報》2013年第6期）。

民間對圩區的管理主要表現在圩長制的創設上。圩長擔負着重要的職能，成了圩區重要的管理人員。圩長在有些地方被稱作塘長，也稱田甲、圩甲。圩長多由田地多的大户擔當，其階級屬性是地主、富農，擔負着維持全圩勞動的組織和管理的責任。林金樹《明代江南塘長述論》（《社會科學戰綫》1986年第2期）具體考察了明代江南塘長的設立和職責，指出塘長的設立除更好地組織當地人力、物力，整治水患，開塘築岸外，還兼管錢糧、賦役等雜事。日本學者川勝守《明代江南水利政策的發展》（《明清史國際學術討論會論文集》）認爲，萬曆初年江南水利修築的特點是重視塘長與圩長的作用，提倡利用當地的權利關係。日本學者濱島敦俊《明代江南之圩田水利與地主佃農》（《明清史國際學術討論會論文集》）指出，除了圩長、塘長之外，明代前期江南地區，糧長、里長、老人等也對圩區實施管理職能，並對修築圩岸，疏浚塘浦負主要責任。

4. 圩田開發與水事糾紛研究。所謂水事糾紛是指在水事活動中不同利益主體之間的矛盾、爭執甚至暴力衝突事件，這是圩區的主要社會矛盾之一。學界對這一問題的研究取得了一些成績。寧可《宋代的圩田》（《史學月刊》1958年第12期）指出，豪强形勢之家强佔民

田，或縱容奴僕惡佃欺凌人民，引起不少紛爭和詞訟，因而激化了階級矛盾。熊元斌在分析清代浙江地區水事糾紛時，將水利糾紛分成地區之間、村落之間、宗姓間、土客之間、農民與勢豪地主之間、農民與商人間等各種利益群體的矛盾與衝突（《清代浙江地區水利糾紛及其解決的辦法》，《中國農史》1988年第3期）。張崇旺從水事糾紛產生的主體着眼，指出明清江淮地區水事糾紛有個人和個人、個人和集體、集體和集體、行政區之間、上下游之間、國家和地方之間等類型。同時指出，在注重『人治』和私人土地佔有制盛行的傳統社會，江淮的水事糾紛往往不能得到及時預防和正確處理，因而引起了嚴重的後果：一是造成嚴重的人助天災，二是造成嚴重的人員傷亡和財產損失，三是造成地方社會的動盪和不安（《光明日報》2006年4月11日）。莊華峰則將宋代長江下游圩區各利益主體之間的水事糾紛作為研究重點，他在分析這一地區水事糾紛產生的原因及其糾紛類型的同時，着重探討了水事糾紛下兩宋政府所採取的積極的對策。這些對策主要包括構建圩區基層組織、修復水利設施改善用水環境、建立水則石碑等相關預警設施、制定水事法律法規、注意圩址勘察等（《宋代長江下游圩區水事糾紛與政府對策》，《光明日報》2007年1月12日）；《宋代長江下游圩田開發與水事糾紛》，《中國農史》2007年第3期）。

5. 圩區社會風尚研究。圩區民風民俗研究受到部分學者的重視，並取得一定的成就。趙崔莉《清代皖江圩區的民間信仰》（《古今農業》2007年第1期）指出，在清代皖江流域的圩區中，圩民們擁有相似的民風民俗和宗教信仰。皖江圩區宗教信仰形式多樣，普遍建有寺廟庵堂，並有舉行家祭的傳統。作者認為皖江圩區的祭祀活動既具有共性，也凸顯出本圩區的特點：一是對保護圩區農業生產安全的神靈特別崇拜，體現出重農的崇拜觀念；二是許多對圩區做出卓越貢獻的官紳成為圩民祭祀的神靈。這些神靈都是保佑圩區風調雨順、為農業、漁業消災避難的庇護之神。通過這些祭祀活動，圩民之間的凝聚力得到強化。

值得一提的是，在近年來的圩田研究中，研究方法日趨多樣化。我們知道，圩田問題是一個涉及土地利用、水利開發與糾紛、生態環境變化、人地關係互動、鄉村社會等內容的多學科交叉的課題。因此，一些學者除採用傳統的史學研究方法之外，也注意運用其他相關學科的研究方法，從新的角度對圩田的相關問題作深入的探索。如王心源、陸應誠、莊華峰等在分析圩田的時空特徵時，主要運用陸地衛星影像與地理資訊技術，並結合歷史地理學對皖東南及鄰域圩田的時空特徵進行研究，得出結論（《基於遙感技術的圩田時空特徵分析》，《長江流域資源與環境》2006年第1期）。趙崔莉、劉新衛《清代無為江堤的屢次內遷與長江流域人地關係考察》（《古今農業》2004年第4

期)在考察明清無為州江堤不斷出現江逼堤退原因時,即從人地關係的視角,並借鑒地理學河流系統論原理,綜合考察了長江流域人口、資源、環境三者之間的關係,指出清朝長江流域人地關係失調和自然環境惡化是真正的罪魁禍首。另外,考古學、環境學、災害學、社會學、人類學等學科的研究方法也正在不斷被運用到圩田研究上。

課題立項方面　近年來,在學界加強圩田開發與生態環境變遷問題研究的同時,相關研究課題也不斷獲准立項。如近年來莊華峰就主持有多項相關課題:安徽省跨世紀學科帶頭人科學研究資助項目『歷史時期長江下游地區圩田開發與水患防治研究』,國家社科基金資助項目『7－19世紀長江下游圩田開發與生態環境變遷』,全國高校古籍整理研究工作委員會資助項目『11－19世紀長江下游圩田志要籍輯校』等。由於課題的立項,給研究工作注入了活力,因而有關圩田研究的成果也不斷湧現。

綜上所述,自上個世紀五六十年代以來,圩田研究有了長足的進展,取得了不少成績。但這一研究也存在着明顯的不足,主要有以下數端:第一,就整個圩田史的研究而言,對唐宋圩田的研究尚屬薄弱環節。其研究的深度與廣度,遠不如明清時期,表現出研究时段的不平衡性。第二,已有的唐宋圩田研究多流於宏觀問題的探討,多集中於圩田的開發、整治諸問題,從而出現了圩田研究或不夠具體,或研究多有重複等不足之處。研究不夠具體之處如圩堤修繕經費的籌集、宗族勢力對圩區水利的控制以及對圩區社會的影響、圩區兩熟制的推行(稻作兩熟制、稻麥兩熟制)等問題尚無人問津;重複性研究較多反映在論述圩田、災害、經濟等關係時,常陷入『圩田的過度開發——水旱災害加劇——農業經濟倒退』的迴圈之中。這種結論的推導過程是無可非議的,但是這無助於推進史學研究。第三,研究的空白處或研究有待於加強的地方尚有許多。如圩區的自然災害及其社會應對問題,生態環境變化與社會自控問題,圩田的經營與管理模式問題,圩田糧食產量的估算問題,圩區民眾的生態環境保護意識問題,以及政府與民間在圩田問題上的衝突及影響、圩民的生活狀況等問題,均有待於進一步探討。又如圩田作為一個水利共同體,形成獨立的水利社會。對於不同地方的圩田水利,僅考察其形成和演變是不夠的;在社會職能上,圩田作為重要的基層組織的鏈結點,它在人們的生活和生產中所起的作用和扮演的角色,以及與經濟發展、政治格局、社會變遷之間的關係等還有待於細緻考察。第四,借鑒其他學科的研究成果,進行多學科交叉研究雖然取得一定成績,但總的看來仍需進一步加強。如遙感技術在反映空間分異、揭示區域發展過程方面具有現代科學技術的獨特

作用，其宏觀、準確以及定量與經濟性等，在土地利用研究方面有着巨大優勢。但在以往的圩田研究中，這一研究手段運用的很少。有鑒於此，我們認為有必要轉換研究視角，採用新的研究方法，從新的角度、新的高度、新的視野對古代圩田的耕作制度、管理模式、經濟地位、自然災害及其社會應對、生態環境變化與社會自控等學界鮮有論及的問題作出更全面、深入、準確、客觀的分析和論證。

三、本書的主要内容與編纂體例

本書所整理的典籍包括《萬春圩圖記》、《築圍說》、《築圩圖說》、《當邑官圩修防彙述》等四部專門記述長江下游地區圩田開發與管理、圩區生態環境變遷以及圩區社會生活方面的著述。

《萬春圩圖記》由北宋沈括撰寫。書中詳細介紹了萬春圩修復的緣由、過程及其經濟效益。該文最早收在南宋初年高布於括蒼(今浙江麗水)刊刻的《吳興三沈集》中的沈括《長興集》卷二十一，這個宋刻本在流傳過程中散佚嚴重，到明人翻宋刻本時，全部文集改編八卷，題稱《沈氏三先生集》，原來四十一卷本的《長興集》只剩下十九卷，編為兩卷。我們現在見到的《四部叢刊》三編中的《沈氏三先生集》，就是根據這個底本影印的。清光緒二十二年(1896年)浙江書局刊刻過一本《沈氏三先生集》，這是清初吳允嘉重新輯補編完的本子。書名雖沿用明刻本之舊，而内容和編次却大不相同。其中《長興集》卷一至三為『原闕今補』，卷四至十二『原闕』，卷十三至三十『存』，卷三十一『原闕』，卷三十二『存』，卷三十三至四十一『原闕』。吳氏想復宋本卷帙之舊，但實際上已不可能。吳氏所輯卷一為『騷賦、歌詩』，卷二為『序』，卷三為『議、論』。另外卷十三《宜州謝上表》一篇，『原本有目無文，今從《宣志》補入』，卷三十之末增收《自志》一篇，算是一種比較完備的本子。但是吳氏重編《長興集》時，並沒有見到明刻本，它是根據傳抄本重編的。吳編《長興集》中《萬春圩圖記》，與明刻本有兩處關鍵之處不同：一是吳編本『使宣州甯國縣令沈括圖視其狀』，明刻本作『使宣州甯國縣令沈披圖視其狀』；二是吳編本『括還，以謂前之以為不可興者，說皆可講也』，明刻本作『披還，以謂前之以為不可興者，說皆可講也』。其他如吳編本『轉運使武陵張顒』，明刻本作『轉運使武陵張顒』，純系吳氏所據底本謬誤，而《宋史》中只有張顒而無『張顒』其人(參見淩紹虞 劉尚恒：《萬春圩研究中的史實考訂》，《蕪湖

縣文史資料》第四輯)。沈括所撰《萬春圩圖記》再現了勞動人民興修圩田水利以及與自然鬥爭的生動過程，成為我國記載修圩建堤的最早歷史文獻，在水利史上具有重要意義。文中所論述的一些富於創見的治水思想至今仍有着重要的借鑒作用。

《築圍說》由明末清初學者陳瑚撰寫。陳瑚，江蘇太倉人，與同里陸世儀、江士韶、盛敬齊名，被合稱為『太倉四先生』。崇禎十六年(1643年)舉人，其父邃于經學，家教有法。陳瑚少時與陸世儀等過從甚多，論學辯駁，貫通五經，務為實學。時值婁江埂塞，江南大饑，陳瑚上救荒書，所言皆精切而可施行，但不被重視。明朝滅亡，他絕意仕進，避地昆山蔚村。蔚村一帶地勢低窪，『三四年來，歷遭水患，顆粒不收』(見《築圍說》)，陳瑚便組織鄉人築岸禦水，用兵家束伍法(即古時一種更休迭戰的陣法,也稱迭陣法)，不日乃成。他根據當地群眾的治水經驗和自己的親身實踐，撰成《築圍說》一書。尤為強調構築圩岸的重要性，指出『善治水者，必先治田。善治田者，必先治岸。村岸無修築之期，則村田無成熟之望也(見《築圍說》)』。圩岸即圩堤，又名正岸，對於低窪之地圩岸極為重要。正如農諺所云：『種田先做岸』。低田水患，以圩岸為存亡。因此，陳瑚強調圩岸的重要性是十分有道理的。書中陳瑚對圩岸的分段、規格及施工要求等都作了論述，對圩田的治理也多有論及，特別強調管理的重要性，指出『田圩既大，工役既眾，非擇人統理則散而無紀，須於村中公推一二公直勤慎者總管其事(見《築圍說》)』。陳瑚的《築圍說》雖然是總結特定地區的築圩經驗的，但對於圩區的治理，卻具有普遍的參考意義。

《築圩圖說》由清人孫峻于嘉慶十八年(1813年)撰寫。該書主要論述了太湖流域青浦地區治理『仰盂圩』的技術經驗和流弊。青浦低窪地區有眾多的『仰盂圩』。這類圩田四周高、中央低，最大的問題在於圩內排水困難，特別是處於圩心的『鍋底田』，高水下壓，漬澇威脅更大。孫峻家住重固孫家圩，生於世代農家，他傾力修築本村圩岸，逐漸摸索出一套修築圩堤塘岸防禦水災的經驗，使水澇之年，莊稼不受其害。嘉慶九年(1804年)，本縣遭受水災，低田大多被淹，顆粒無收，農民餓死者無數，孫峻悲痛至極，遂根據自己修築圩岸的經驗，寫成《築圩圖說》一書。該書內容有三：一為圩田結構圖及其說明；二為討論圩內的規劃佈局和工程設施；三為論述歷來圩田修築的弊端。書中所論不乏真知灼見，如關於圩內規劃佈局和工程設施，孫峻主張按照地勢高低差別，將圩內農田分為『上塍田』、『中塍田』和『下塍田』三級，分級修築界岸，實現『高低分治』和『梯級控制』；每級圩田內分區分格修築小塍岸，使『高低圍截』的大綱與『大小分搶』的細目互相配合，達到排灌自如，水不亂行的要求；在高差較大之處的『圍岸』、『搶岸』，修築畔岸(即戗堤)，強固堤身，以截高塍暗隙滲水；對於

分級分區排水問題，針對四周高、中間低的大圩，孫峻進一步提出一套分級控制措施，具體辦法是，三級農田各級分築戧岸，使各級農田自成獨立區域，高低分開，梯級控制；將高程不同的農田分區，各區向外有溝渠與外河相連，置閘控制，從而使高水高排，低水低排，各行其道互不干擾，嘉慶時青浦縣曾經根據這一原則整理過圩區管道，低窪荒區因為有了排水溝渠而得以耕種。《築圩圖說》一書語言通俗，切合水鄉實際，為當時農家所需。其行世不久就首先在孫峻的家鄉孫家圩『下區荒塍』推行，結果收到顯著的效益。時人王有光在《築圩圖說跋》中如是說：『始則免其賠荒，繼而漸臻成熟，得豐收焉。』於是，由鄉及區，由近到遠，逐步推廣，到嘉慶十九年（1814年）推行到青浦全縣。同治八年(1869年)，知縣陳其元看到此書後指出，（該書）『議論明確，籌畫盡善。其堤也，則築塘、築圍、築搶之井井有條；其救也，則撤上、拔中、瀉下之在在有法。利害有論，形勢有圖，……洵屬閱歷有得之言』，認為『凡屬吳越低下之區，無不可以之為法，其利賴又豈止嘉惠一邑已哉』（參見《重刻築圩圖說》序），乃捐俸刻版印行，分發各州縣。

《當邑官圩修防彙述》一書刊刻於清光緒二十五年（1899年），作者朱萬滋，安徽當塗人，家境殷富，自幼聰穎好學，為清朝秀才。鑒於當塗自南宋以迄元明，沒有一部全面記述大公圩（即官圩）圩務的志書，而已有的一些零星記述，又往往附于其他史志雜說，不利於治圩務者『事前事、考成規』、總結治圩經驗。於是，朱萬滋便着手彙集所能見到的歷代圩務史料，遠徵史帙，近據志乘，『稽其疆裏，綜其田賦，評其人物、土宜，溯興廢之由，驗得失之故』，上自漢唐，下迄光緒年間，理其散漫，薈萃成書。全書『或依年序列，或因事匯從，或推本窮源，或陳利指弊。篇首綴以序言，繼列事實、管窺蠡測』。是書分為6編30卷，所輯內容涵蓋了當塗邑180里之堤防，29圩之疆界的大概情況，編者試圖從歷史變遷過程中，說明圩田的遞變之跡，以供後世治圩務者參考借鑒。第一編《初編》分『建置』、『冊籍』、『檄文』、『條陳』4卷，考察舊制，取『食德服疇』之義。第二編《續編》為圖說5卷，列為『分圩列岸圖』、『工段標號圖』、『陡門涵洞圖』、『鎮市村落圖』、『修造潰缺圖』，有圖有說，圖文並茂，向人們展示了圩區水利社會的生動立體畫面。第三編《瑣言》凡6卷，輯錄有關圩區『修築』、『保護』、『搶險』、『夫役』、『董首』、『胥吏』諸方面的言論。第四編《庶議》凡6卷，主要收錄庶人關於圩區醫俗、選能、均役、興厘、宣防等事務的『巷議』、『曲議』、『末議』、『諷議』等內容。第五編《述餘》8卷，備載當塗邑『山水』、『人物』、『土宜』、『名勝』、『政績』、『藝文』、『器具』、『占驗』等，述其人傑地靈、物產豐美，博引繁稱，考核精詳。第六編《述餘外補編》1卷，補收大公圩周邊如福定圩、柘林圩、洪潭圩等十多個小圩的開發與管

理情況，單獨成卷，猶如經部有別義，子部有外編也。編者在介紹每個小圩之後，還將其一一繪成圖幅，輔以圖説，以彰顯其對大公圩的環拱護衛作用。本卷最後還收録『集説』、『常歌』、『可慮』諸務，方便『博雅之士，便於考古；功名之士，樂於救時』。可見，《當邑官圩修防彙述》一書資料十分豐富，它詳細記載了大公圩的建圩歷程、内外部地理環境、耕作制度、管理方式以及生態環境變遷等情況，為我們深入考察大公圩的開發與變遷情況，進而瞭解長江下游圩區水利社會的風貌，提供了大量且最為可靠的文獻資料。

本書所輯四部（篇）圩田志資料，上起北宋，下至清代，依據其成書年代進行編排。為了給研究者提供可靠的研究資料，本次整理、編纂時保留了各圩田志原有的風貌。本着『取其精華，去其糟粕』的原則，凡對現今已無參考價值的條文，我們均作了删節。如《當邑官圩修防彙述》一書中重複的内容作了删除等。删節後，遇有文字不連貫處，則酌情作了處理。需要説明的是，論及長江下游圩田開發的著述尚有不少，如史鑒議《東南水利事宜》中介紹了圩岸的修築方法，金藻《三江水學》中論及了圩田水利，還有周忱、吕光洵、何宜、吴詔、朱袞等人都論述過圩田水利（參見《農政全書》、《吴江水考增輯》、《吴中水利全書》等），但這些著作都是兼帶述及圩田水利的，其針對性不夠強，加之篇幅所限，就沒有將其收入本書了。為了使讀者對圩田研究情況有個大致瞭解，我們對學界近年來的圩田研究狀況作了簡要回顧，書末則附了編者近年來圩田研究的主要成果。

本書的出版得到了全國高等院校古籍整理研究工作委員會項目和安徽師範大學出版社學術著作出版基金的資助，馬鞍山市地方志辦公室為方志查閲提供了方便，安徽師範大學圖書館周向華研究館員、董家魁博士和法學院許光大等同志為本書編纂提供了諸多幫助，我的研究生何靖宇君、徐達標君、黄劍敏君等也參與了資料搜集和整理工作，在此謹表示衷心的感謝！由於我們水準有限，書中不足之處在所難免，敬請讀者批評指正。

編　者

2013年11月于文津花園

目錄

萬春圩圖記

（宋）沈括　撰

沈氏三先生文集卷第三十一

長興集卷第二十一

萬春圩圖記

楊州重脩平山堂記

楊州九曲池新亭記

邢州克山縣令廳壁記

蒼梧臺記

萬春圩圖記

江南大都皆山也。可耕之土皆下濕厭水瀕江規其

地以堤而藝其中謂之圩蕪湖縣圩之大者唯荆山之北土豪秦氏世擅其饒謂之秦家圩李氏據有江南置官領之裂為荆山黄春黄池三曹調其租以給賜後宮本朝以屬蕪湖縣租還大農太平興國中江南大水圩吏歐陽其護圩不謹圩以廢廢且八十年其間數欲治之輒為游說所格有司藏其議一東不能載嘉祐六年轉運使武陵張顒判官南陽謝景溫復會其議使宣州寧國縣令沈披圖視其狀披還以謂前之以為不可與者說皆可講也其一以謂秋夏

之水非廣澤無所容排其二十里以為墟則二十里之水將無所受溢則為害不補所得夫丹陽石臼諸湖圩之北藩也其綿浸三四百里當水發時環圩之壞皆湖也如丹陽者尚三四其西則屬于大江而規其二十里以為圩豈遽能為水之消長是說之無足患一也又曰圩之西南迎荆山為防江出峽中則水壅以灌山東今其下荆山之西流皆不能百步折其堤以遠荆山之衝弃以與江二百步之廣則水無所迫不幸而壅則其阻在荆山之西非圩之為禍其東

則播為枝流以分其委是說之無足患二也又曰圩水之所赴皆有蛟龍伏其下而岸善崩向之敗未嘗不以此盍圩之水鑿（又刻）堤而出麗於堤外其下不得不為淵淵深而岸隤其中非所當慳也今當鑿下為複堤郭水出於數十步之外注之江中則淵者在數十步之外其涵衍漸隤不能數十步以為圩敗是說之無患三也又曰自圩之廢納租而芟牧其間者百餘家矣一日皆罷遷其業势迫必且為姦此尤不然圩成固且與人奪之人而與人雖力不足為圩害何

所取於義昔之芟牧者今使之得耕其中勢不以耕
而易芟牧固芟牧之所願非得使之為姦是說之無
足患四也又曰圩之東南瀕於大澤風水之所排堤
不能久堅也此其地非有嶄然崛起之勢陵遲而來
者皆百餘步傳堤為柳百行其下搴䕩以列埶之則
水之所齧者在百步之外而堤未嘗與水遇其為堤
之址數丈以廣而末銳纔數尺無與水忤使其勢不
得與我爭是說之無足患五也謝君稚知其可為反
是請之奏其詞上即報可賜作者粟三萬斛使者持

卷四

詔書徑從當縣不復關白比司比司以為望上書言
其不利書三上果詔追罷前根轉運使可者使判官
上對以謂役且起所發已萬計業不可罷圩且成歸
罪所司即敗者重坐之無敢辭乃遂興之方是時
歲饑百姓流冗縣官方議發粟困重其廪以募窮民
旬日得丁萬四千人分隸宣城寧國南陵當塗蕪湖
繁昌廣德建平八縣主簿宣子駿寧元澤撻傑載令
部作治儀披揔五縣之丁校其方略轉運司授其治
於蕪湖比日一自臨視於是發原決藪焚其菑翳五

日而野開表堤行水稱材賦工凡四十日而畢其為
博六丈崇丈有二尺八十四里以長夾堤之脊列植
以桑為桑若干萬圩中為田千二百七十頃取天地
日月山川草木雜字千二百七十名其頃方頃而溝
之四溝澮之為一區一家之澮可以舫舟矣隅落部
伍直曲相望皆應法度圩中為通途二十二里以長
北與堤會其袤可以兩車列植以柳為水門五又
四十日而成凡發縣官粟三萬斛錢四萬歲出租二
十而三總為粟三萬六千斛菰蒲桑枲之利為錢五

沈氏三先生文集　卷四

十餘萬圩既成天子賜其名曰萬春其始紛議者滋
不快更造異說務危傷之後四歲郡國十八大水江
浙漢沔間所在泛人廬舍流徙皆以萬計宣池之間
圩之沉者千餘區而萬春獨屹然藩其一方群小圩
皆恃以無毀先是萬春適就又過其　東十五里築
圩曰百丈其工半萬春因其舊器材槖委之郡邑使
者不復親臨矣與議役非老習多少年喜事易之亦
為意方大水也百丈在沉中欲中傷有司者漫言萬
春亦沒御史以為言天子遣使者臨視之使者新用

爭歎立威不肯直有司盛論百丈不當立劾奏轉運使追其前對詔書無狀使判官皆坐譴而百丈會赦或者以謂水害衛被天下如是數十年百年儻一有之宣池之間圩之亡者以千數而百丈獨蒙其名使者義不直雖然水之為禍不常而百丈適遇其不幸始時人固有以為不可興興且後敗者百丈豈不既敗矣乎是欲使聽者不惑不可得而又欵廷中懸決其是非得失於千萬里之外置弗治有司晏然視其敗而不為意此固理之難斷者予獨悲夫作者之意

沈氏三先生文集　卷四

葺謂予言天下之財不足以相養豈獨野人之憂在上者所當任也江南之斥土如萬春者數百襄漢青徐之間人益希其過江南者不貲異時有言其可耕者天下莫之應也予且使天下信之故其治萬春甚力其挑衆獨任犯患難而不顧者意豈獨萬春而已也一萬春之成未足信於人而人固已信百丈之敗矣始之欵以為唱者乃所以實天下之毀者也予以謂天下之事其勢常若臨危之物衆人引之不能進一人排之則譁然往矣蓋處順勢者易為力矯衆違

者難為功成功者常處於順勢至其不偶乃出於異端固君子謂之有命也歟予觀萬春圩圖樂其成功而又悲百丈之不幸乃輯其說而序其下

築圍說

(清)陳玥 撰

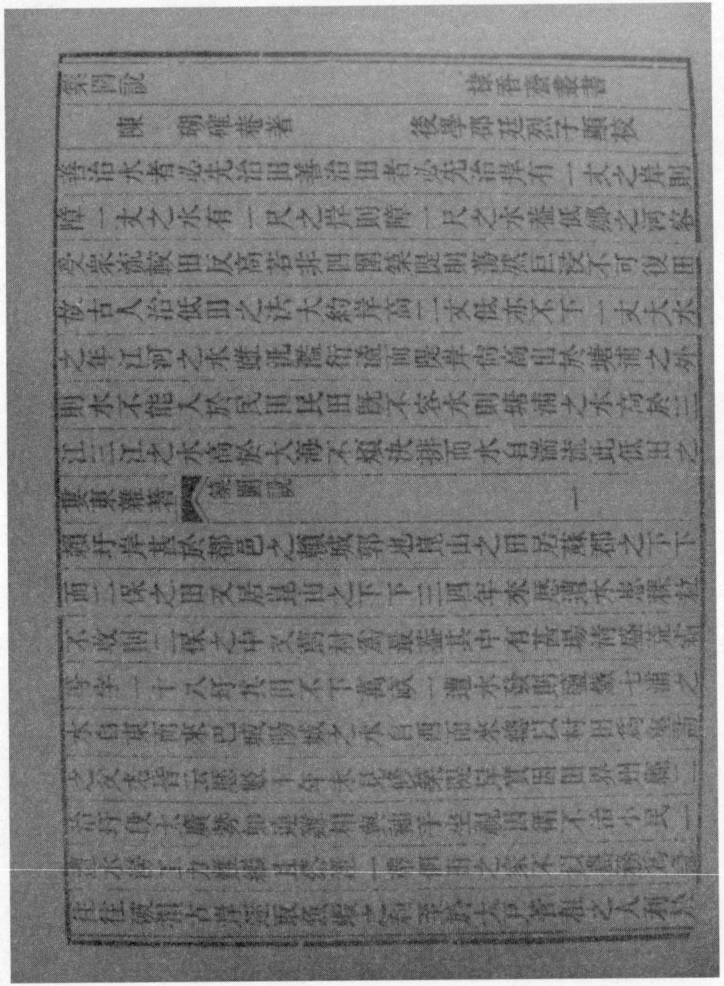
築圍說　棣香齋叢書
陳　瑚確菴著　後學邵廷烈子顯校
善治水者必先治田善治田者必先治岸有一丈之岸則
障一丈之水有一尺之岸則障一尺之水蓋低鄉之河皆
受眾流故田反高若非圍岸堅厚則蕩然巨浸不可復田
故古人治低田之法大約岸高一丈低亦不下一丈大水
之年江河之水暴漲[illegible]而岸高出於塘浦之外
則水不能入於民田民田既不容水則塘浦之水高於三
江三江之水高於太湖不得不疾趨[illegible]此低田之
棣香齋叢書　築圍說　一
[illegible]

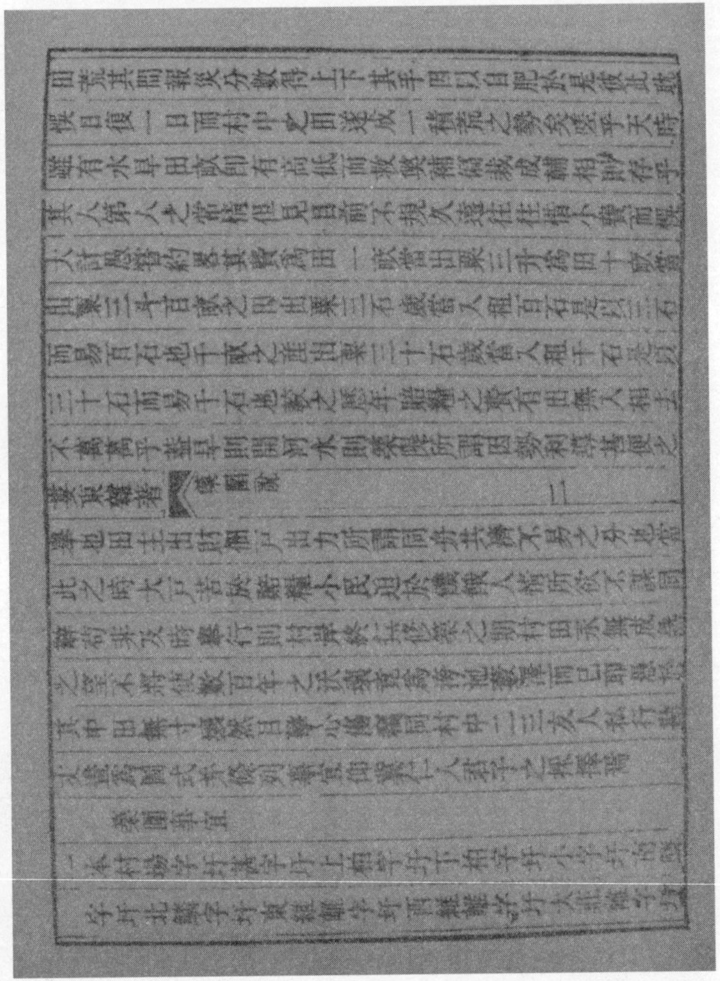
[illegible]
棣香齋叢書　築圍說　二
[illegible]
築圍事宜
[illegible]

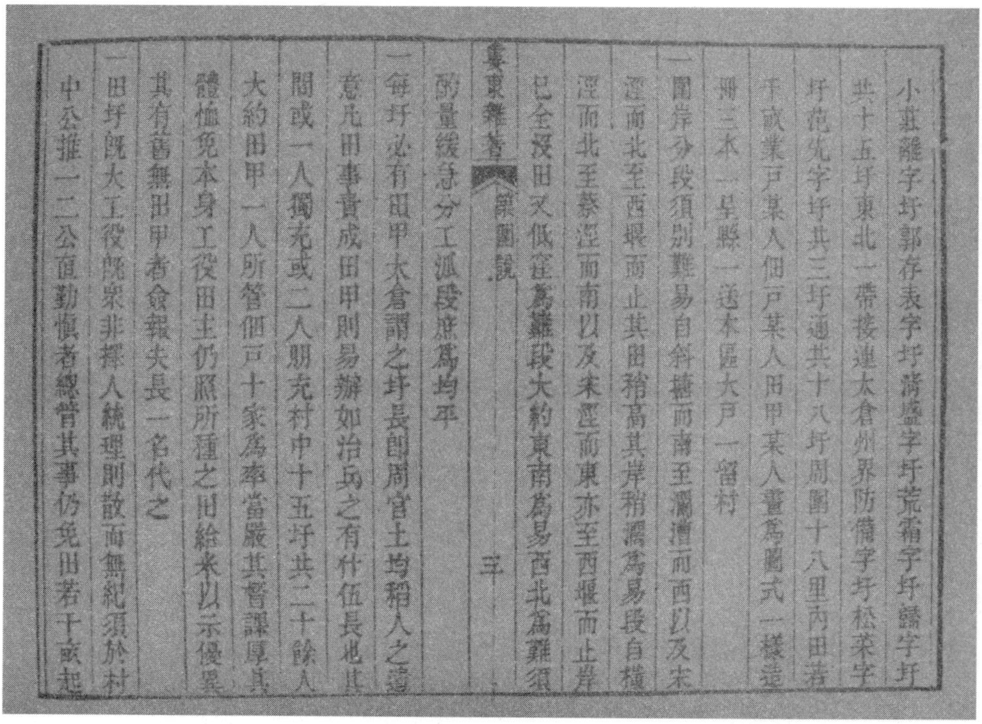
小莊龍字圩郭存表字圩滿盛字圩荒霜字圩歸字圩
共十五圩東北一帶接連太倉州界防備字圩松菜字
圩范先字圩共三圩通共十八圩周圍十八里內田若
干畝業戶某人佃戶某人田甲某人畫爲圖式一樣造
冊三本一呈縣一送本區大戶一留村
一圍岸分段須別難易自斜塘而南至瀏漕而西以及宋
涇南北至西堰而止其田稍高其岸稍濶爲易段自橫
涇而北至蔡涇而南以及朱涇而東亦至西堰而止岸
已全沒田又低窪爲難段大約東南爲易西北爲難須
婁東雜著　築圍說　三
酌量緩急分工派段庶爲均平
一每圩必有田甲太倉謂之圩長即周官土均稍人之遺
意凡田事責成田甲則易辦如治兵之有什伍長也其
間或一人獨充或二人朋充村中十五圩共二十餘人
大約田甲一人所管佃戶十家爲率當嚴其督課厚其
體恤免本身工役田主仍照所種之田給米以示優異
其有舊無田甲者僉報夫長一名代之
一田圩既大工役既衆非擇人統理則散而無紀須於村
中公推一二公直勤慎者總管其事仍免田若干畝起

工之日總管督催田甲田甲督催佃戶如身之使臂臂
之使指庶幾有所統領而無渙散不一之弊
一本村田圩既廣圍岸坍壞積數十年凡西自龔家漚平
塍田一帶其田數萬皆以本村爲藩蔽今一舉不獨關
係本區并爲鄰區承利其總管任勞任怨須不畏强禦
實心幹事工成之日請縣給獎示勸
一論田起夫大約二十畝出夫一名十畝者二人朋充五
畝者四人朋充其年老鰥寡免其工役
一先期幾日插標分段令田甲播告各戶至期照段如式
婁東雜著　築圍說　四
一總管田甲躬行倡率日出而作日入而息某日起工某
日完工不許歸家午飯致悞工務有不依期不如式者
輕則罰酒罰米重則稟官枷責若田甲不行懈舉并究
一分段之法易段三十步爲一號難段十五步爲一號其
間舊岸不無高低廣狹須酌量工力難易分別均派每
號則定一樁上書第幾號某圩田甲某人以便稽察
一岸之高厚以水爲準大約離水六尺其蔡涇一帶雖係
難段然屬裏圩又非外塘可比則以離水五尺爲準須
每段分插標記或先期築一樣墩爲式亦可

一蔡涇一帶田中尚有積水須先期着田甲催佃戶車戽
極乾以便起工
一東南一角三圩係太倉州界一齊起夫興工仍公議果
敢任事者一二人總管其任其縣界之人有種州田者
則築州界之岸其州界之人有種縣田者則築縣界之
岸毋得彼此推諉
一築岸之期起工太早恐寒天氷凍不能堅牢太遲又恐
春水漲發不及終事今擇於正月解凍之時起工約於
二月完工

婁東雜著　築圍說　五

一取土修岸所毁田畝本年量減租額即行備泥填補次
年仍照舊額償租
一岸須舂杵堅實凡下腳不實則上身不堅務期十倍工
夫堅築其底然後漸次累高加土一層又築一層每加
一次須築一次此一勞永逸之計又蔡涇一帶難段難
於一次完工須先築一次完後即築南邊易段易段完
後再加築難段一次庶爲堅牢
一古人云有田無岸與無田同岸不高厚與無岸同岸高
厚而無子岸與不高厚同子岸者圍岸之輔也較圍岸
又卑一二尺蓋慮外圍水浸易壞故內又作此以固其
防圍岸一名圩岸又名正岸子岸一名副岸又俗名塌
䀭今議得正岸面闊三尺腳闊六尺塌䀭面腳俱闊三
尺一齊修築
一古者阡陌之世凡圩皆有圍凡田皆有岸卽通力合作
八家而止近世大朋車之法牽連百家此後世權宜之
術而非古人之制也故圍田無論大小中間必有稍高
稍低之別若不分彼此各立戧岸則高低互相觀望圍
岸雖築不能全熟法於圍內細加區分某高某低某稍
高某稍低某太高某太低隨其形勢截斷另築小岸以

婁東雜著　築圍說　六

防之此家自爲守人自爲理之法
一本村壩堰必在春水將發之日稍爲遲緩村中水大每
每壩亦無用最宜早備其小者皆係附近居民看管其
大者如方家橋堰郭毋漊壩大浜壩西壩宋涇堰則議
村中人家田稍多者分任其應築壩堰時大戶量給酒米
犒芭庶使易辦以上二條尤善後事宜皆爲至急

築圩圖說

(清)孫峻 撰

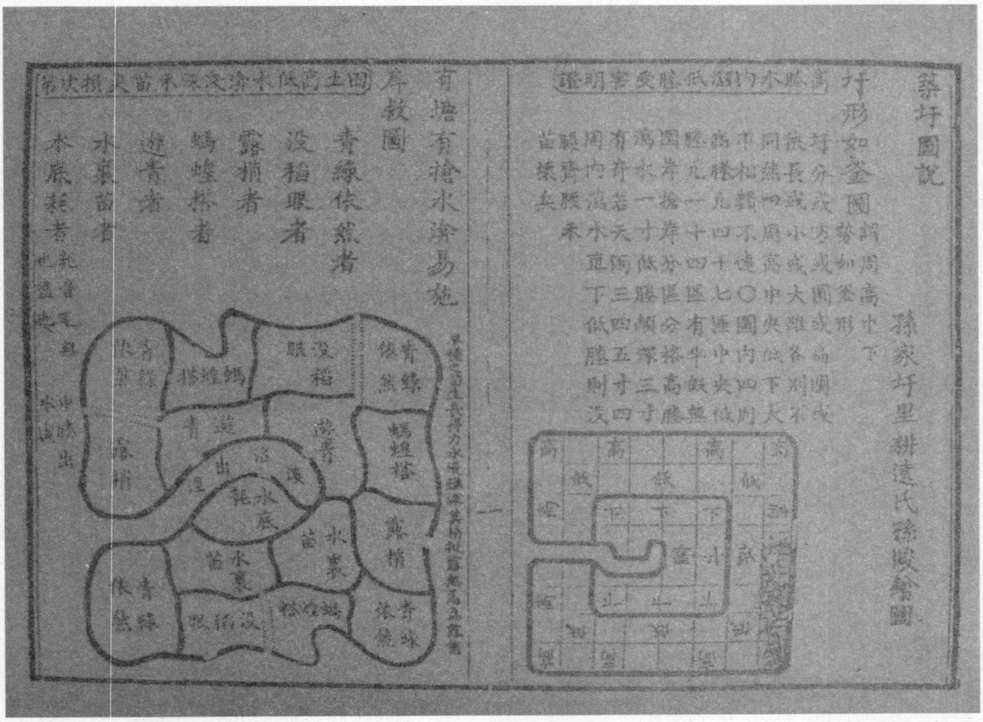
築圩圖說
圩形如釜圖
孫家圩里耕遠氏孫峻繪圖
有塘有搶水澇易施
戽救圖
青綠依然者
沒稻眼者
露梢者
螞蝗搭者
遊青者
水裏苗者
水底耗者
青綠依然
沒稻眼
螞蝗搭
遊青
水底
水裏苗
露梢
洽漊

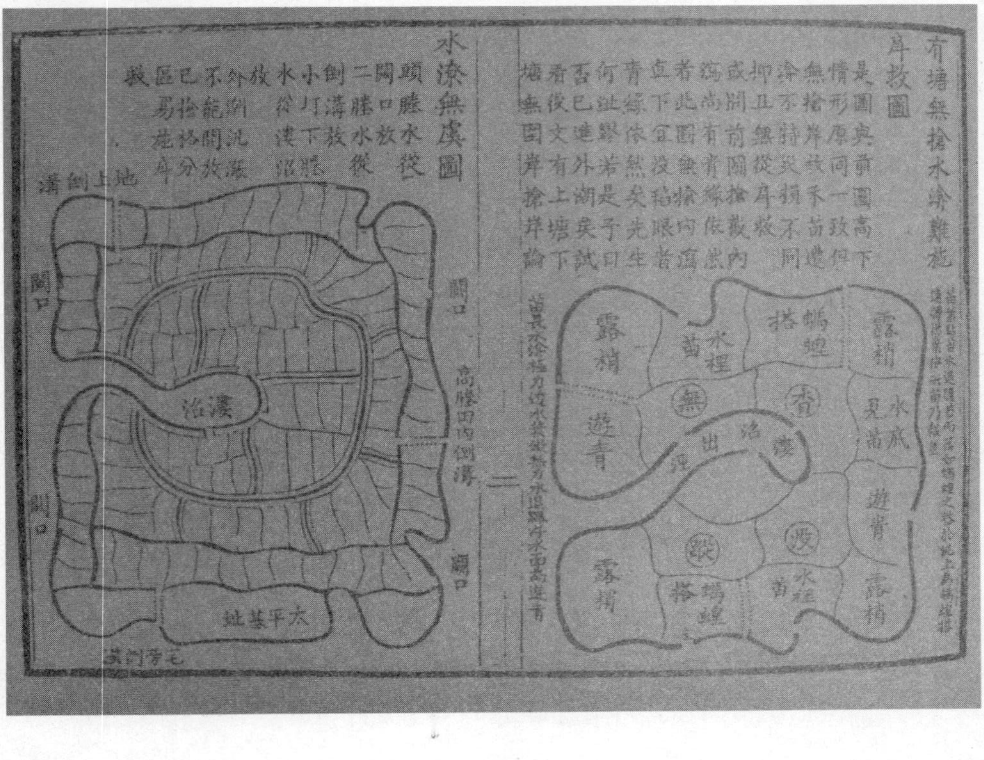
有塘無搶水澇難施
戽救圖
水澇無虞圖
地上倒溝
閘口
高腰田內倒溝
洽漊
太平基址
露梢
水裡苗
螞蝗搭
遊青
水底
洽漊

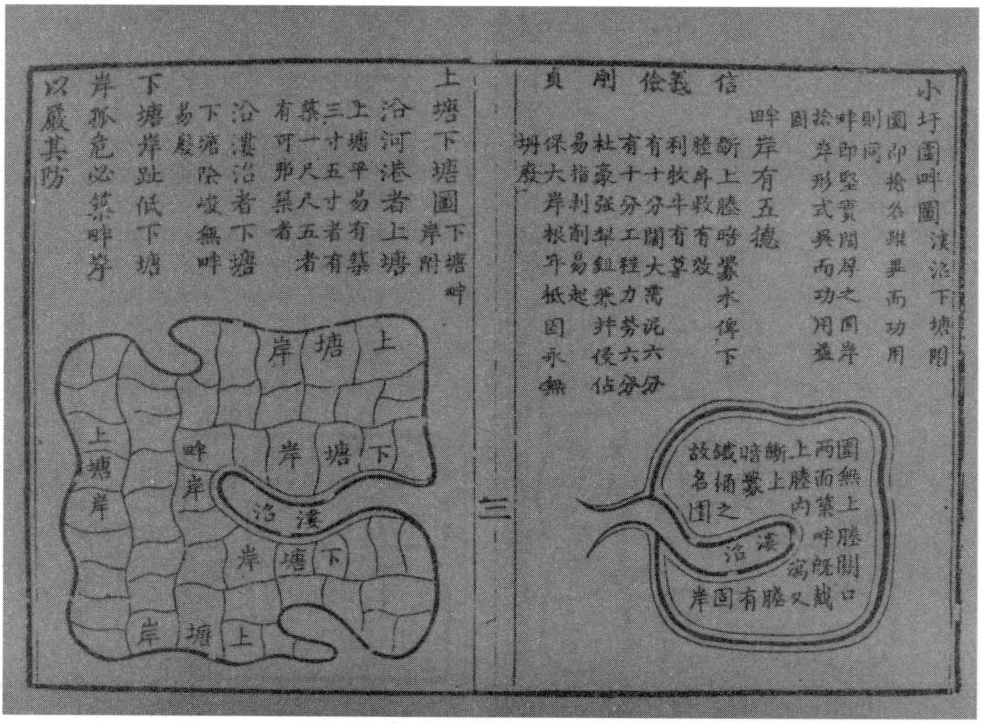
小圩圖畔圖 湊沿下塘附
圍卽捻名雖異而功用
則同
畔卽堅實闊厚之圍岸
捻岸形式異而功用益
圍
畔岸有五德
信 義 倹 剛 貞
斷上膝暗鑿水俾下
膝岸收有殺
利牧牛有草
有十分闊大荒沉六分
有十分工鞋力勞六分
杜豪強犁鈕兼拌佞佔
易指剁剛易起
保大岸根升抵固永無
坍蕟
沿
溇
上塘下塘圖 下塘畔岸附
沿河港者上塘
上塘平易有築
三寸五寸者有
築一尺八五者
有可那築者
沿溇沿者下塘
下塘除峻無畔
易發
下塘岸趾低下塘
岸孤危必築畔岸
以嚴其防
上塘岸
下塘岸
上塘岸
畔岸
沿溇
下塘岸
上塘岸

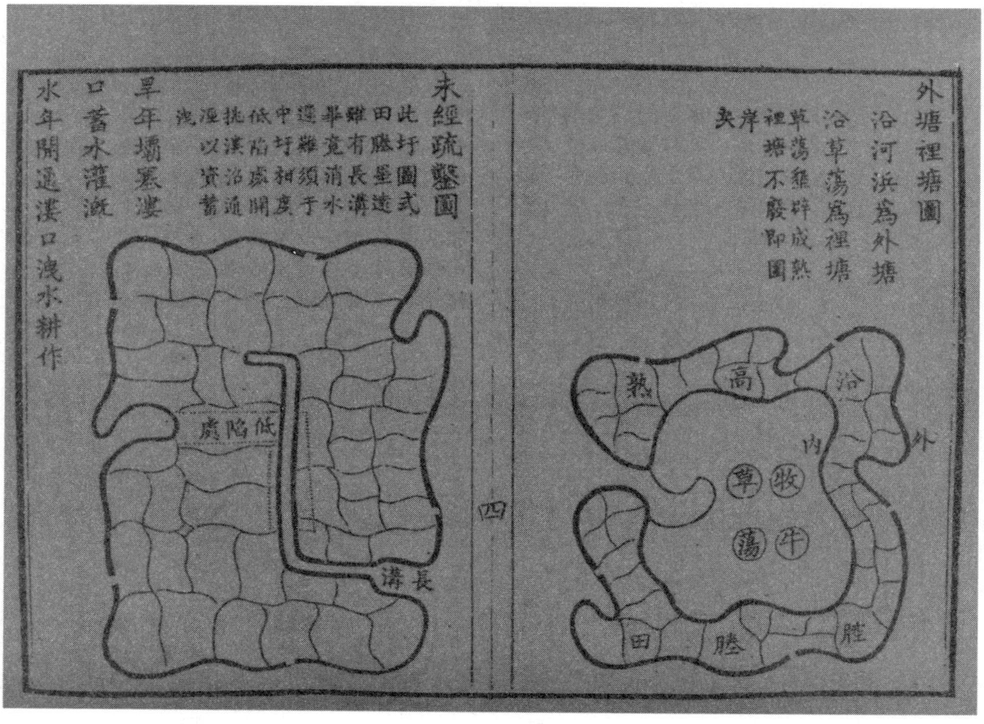
外塘裡塘圖
沿河浜爲外塘
沿草蕩爲裡塘
草蕩雜圩成熟
裡塘不發卽圍
岸夾
外
沿
高
熟
內
牧
牛
草
蕩
田
塍
未經疏鑿圖
此圩圖式
田塍壅遶
雖有長溝
畢竟消水
還難須于
中圩剏度
低陷處開
挑溇沿通
澳以資蓄
洩
旱年塌壅溇
口蓄水灌溉
水年開通溇口洩水耕作
低陷處
長溝

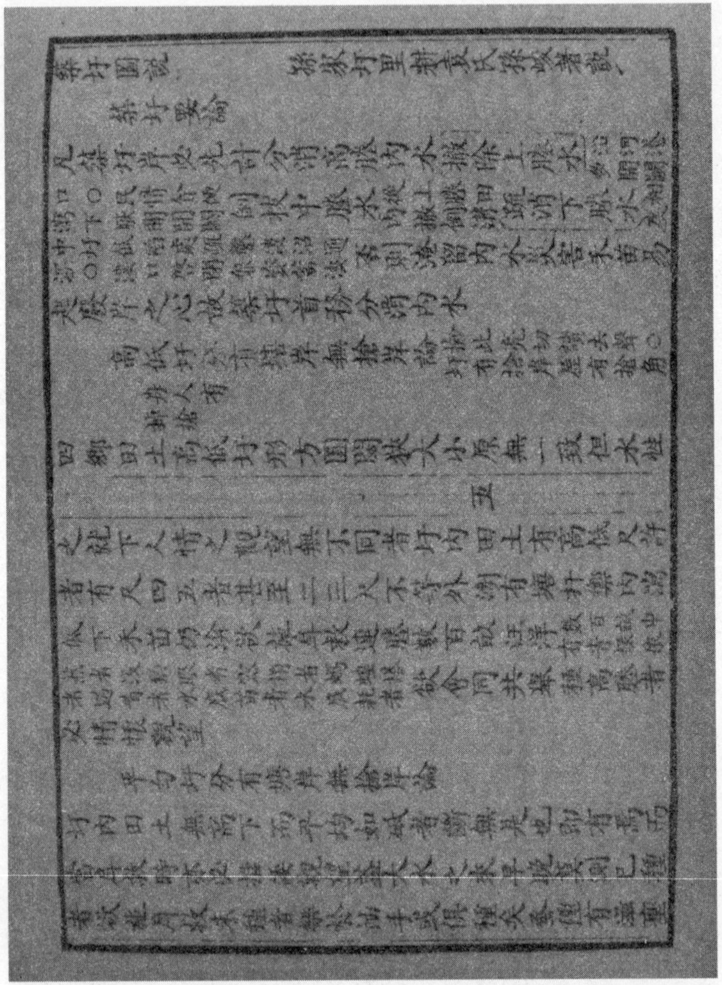
築圩圖說　　諸涇圩里耕叟孫峻著說
築圩要論
凡築圩岸必先討分消高低内水[illegible]
[illegible]
是爲岸之心法築圩首務分消内水
高低圩分計塘岸無論岸論[illegible]
四鄉田土高低圩形方圓闊狹大小原無一致但水性
五
之就下人情之觀望無不同若圩内田土有高低只許
若有尺四五者甚至二三尺不等外河有塘[illegible]
[illegible]
[illegible]
平匀圩分有塘岸無論岸論
圩内田土無高下而平均如低者節無足也即有高乃
[illegible]
[illegible]

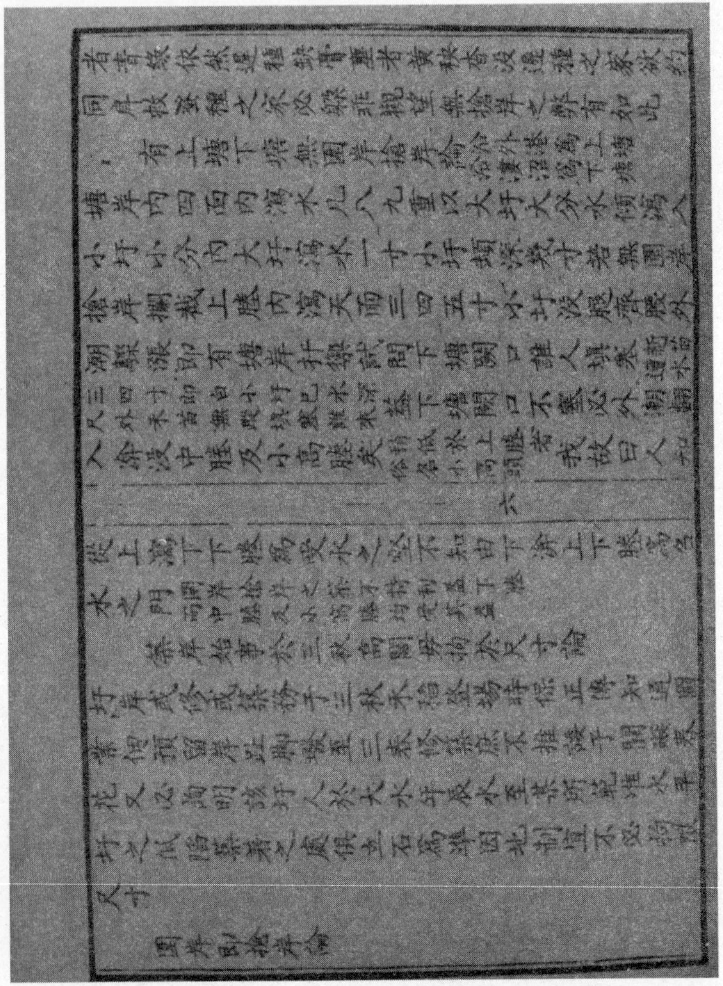
[illegible]
[illegible]
有上塘下塘無圍岸論岸論[illegible]
塘岸内四面内滿水凡八九畫以大圩大分水傾瀉入
小圩小分内大圩滿水一寸小圩須深數寸若無圍岸
檐岸攔截上塍内滿天雨三四五寸水封浚塍齊腰外
河驟漲即有塘岸圩樂[illegible]下塘關口誰人堪[illegible]
[illegible]
六
從上瀉下塍爲受水之路不知由下涌上塍爲出
水之門[illegible]
築岸始事於三秋論圍岸論尺寸論
圩岸或修或築務于三秋[illegible]
[illegible]
[illegible]
[illegible]
尺寸
圍岸[illegible]論

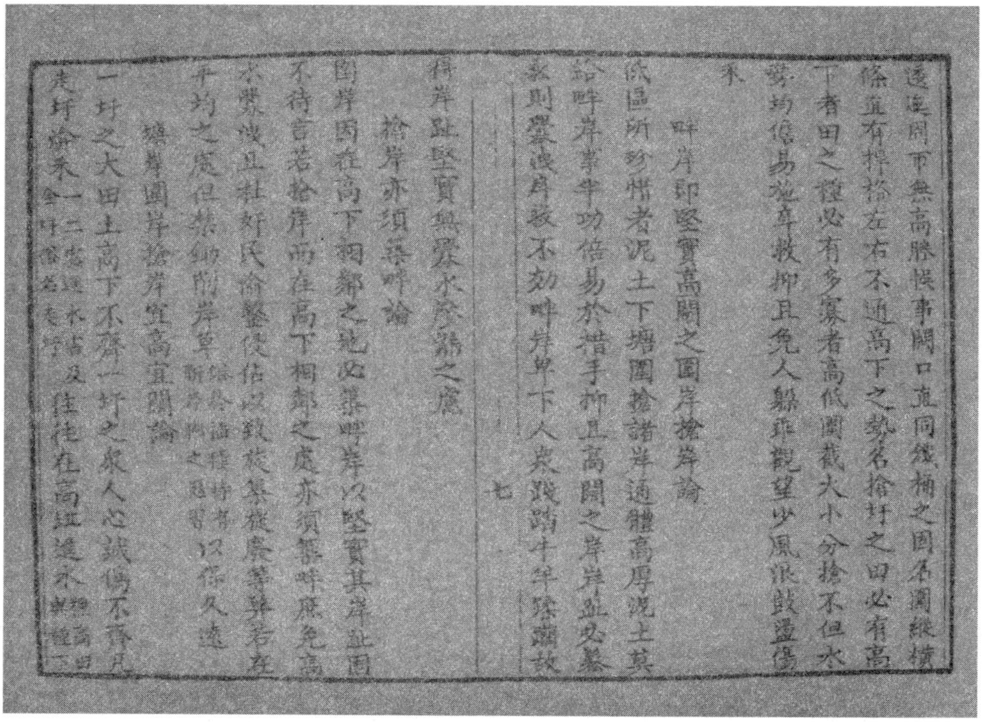

逶迤同下無高勝恨事關口直同鐵桶之固不圖縱橫
條直有桿捨左右不通高下之勢各捨圩之田必有高
下者田之腴必有多寡者高低圍截大小分捨不但水
勢均停易於戽救抑且免人觖望少風浪鼓盪傷
禾

畔岸即堅實高闊之圍岸捨岸論

低區所須惟者泥土下塘圍捨諸岸通體高厚泥土莫
給畔岸事半功倍易於措手抑且高闊之岸岸趾必纂
緊則纂浚岸旋不効畔岸卑下人衆踐踏十年殊難故

七

耕岸趾堅實無漏水浸潰之虞

捨岸亦須築畔論

圍岸雖在高下相鄰之地必築畔岸以堅實其岸趾圍
不待言若捨岸而在高下相鄰之處亦須築畔庶免高
水費浚且杜奸民偷鑿使得以致旋築旋塌等弊若在
平均之處但禁鏟削岸草餘參論種時岸草斯岸削之恩害以保久遠

塘岸圍岸捨岸宜高宜闊論

一圩之大田土高下不齊一圩之衆人心誠僞不齊凡
夫圩捨未一二字遂水古及往往在高田進水與田禮下

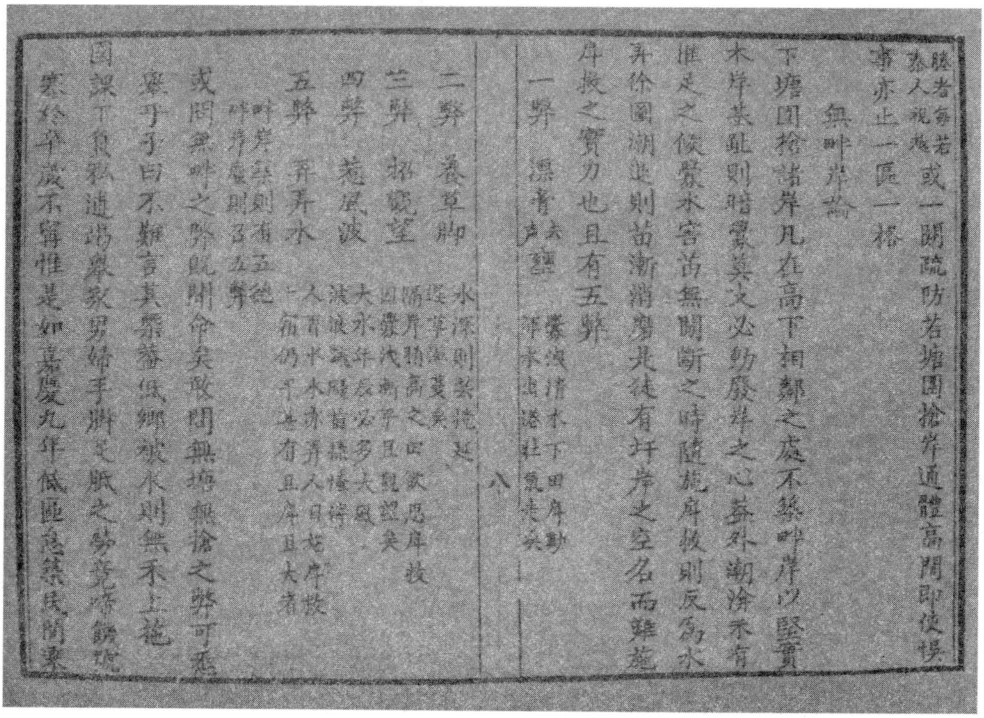

勝者每若泰人視為或一關疏防若塘圍捨岸通體高闊即使堤
事亦止一區一格

無畔岸論

下塘圍捨諸岸凡在高下相鄰之處不築畔岸以堅實
木岸基趾則暗覺莫支必動發岸之心蓋外潮涌禾有
堆足之候水害苗無間斷之時隨旋戽救則反為水
弄价圍湖進則苗漸消磨其徒有圩岸之空名而難施
戽救之實力也且有五弊

一弊　漂青声夫聲　暴雨清水下田岸動浮水出港壯氣走矣

八

二弊　養草脚　水深則柴挽延堤草漸蔓矣區欲恩岸救

三弊　招覷望　隔岸物高之田豐沈瘠平且覬覦矣

四弊　惹風波　大水年歲必多大風波浪洶湧皆榛榛将

五弊　弄弄水　人首水木亦弄人日花岸救一宿仍千丈有且岸且大者

畔岸無則有五弊畔岸廢則召五弊

或問無畔之弊既聞命矣敢問無塘無捨之弊可悉
舉乎予曰不難言其祭審低鄉被水則無禾上箍
圍課下良狐逝鴻澤家男婦手胼足胝之勞竟嗜餘號
寒於年歲不寧惟是如嘉慶九年低區急築民間棗

以致亂率衆擄擾釀成大獄羅年禁置
國典者不一其人且有恳悖之夫不能憂先於事迨水
既涉示始衝風冒雨從水底邏泥漸染寒癘痼其軀
而然其身者殆難悉數縱
國課緩徵富户平難亦不過倖免須臾何如先事圖功
有備無患乎

畸角田論

圩分廣闊塘與圍矣搶矣然猶未爲要竟尚有天井田
甑裹低沉斂蕩三項名色應商度易起私溝認償溢出水租

九

水

官溝私溝論

凡圩中溝道在初原係嵗荒科則草蕩圩人各擅屎挖
成渠以便沿腔高田出水日久成例遂名官溝私溝者
荒蕩漸次墾熟從上倒拔阻于人之上塍從下撇溝格
于人之下塍於是議償租值起溝俗有出水租遞水米名色或倒拔
從上或順撇從下各式其式名曰私溝

每圩見識論

大事不可小道經理小不忍姑息之心皆是也要知種

高田者三春時向有築圩勞民之例故免派挑濬蕭涯
塘工若以彼易此勞費頻殊低田除築岸基址不免稍
窄然錢糧折則八分科新荒對折舊荒三折版荒六折雖窄猶寬明乎此
則不卹乎彼矣

地勢民情不同論

低區大岸犁鉏侵佔者本係種高坵之貪心乃有大驛
官路界在高下坵者於種下坵之人忍心殘剝一遭水
潦之年併其所得而亡之事應但於低者一畝築畔庶
高者不致日見侵削低者自無水潦之患

十

築圩六弊

水寬民慢之弊

水來不可必智者惕之愚者情之小涝没三年四載一至大涝没十年八載一遭假如年常多水低鄉孰不爭先嚴築惟水寬則民慢年久况人情苟且偷安者十居七八惰築之弊原由於是

高低心力不齊之弊

種高址者十之五不築雖減收亦無大害築則似爲低區均徭未免勞力傷財種低址者亦十之五不築惟衮冀水之不來築則高址之人不肯協力遂致力有不逮此人心之不齊也

十一

不能相責相濟之弊

凡築圩岸必佃業食佃力之例弊因業不信佃食不先給佃亦不信業用力不前抑且佃情浮撒每慮明年又在何處豈懼低田之易渰

不能自勉稱副之弊

上塘下塘高闊必齊外塘裡塘兩面皆用築圩之宏綱也搶則二十三十畝一區或十畝十五畝作格或駁兩家合區或願一家獨搶皆細目也　縣諭擇要築塘宏綱畢矣小民不自張細目反謂有塘之圩被水仍渰視春鋪爲多事可慨也

功虧一簣有旋築旋廢之弊

民情偷安者固多胼久遠者亦復不少集塘築搶盡美矣然岸趾無畔不實不堅時施岸救暗鑿莫支築圩之鍬鋪方拋廢岸之心情已起物先腐也蟲生之奸民伺後鉏剝隨之後功敗垂成由乎未盡善也

難築易廢之弊

十二

水不常來愚民急築憂先於事故能無憂事至而憂無濟於事不晚也　低鄉可恤可珍者孔土圩岸築高一埂田土多成一坎搶岸築成一條田土頓低一路小不忍之心人盡同也告以若藥不瞑眩厥疾不瘳似聖賢不因築圩岸而云然也澤坎低蕩三年五載祇望仍千遭荒遭難家計實難十年不起居高高塍種高址者每急築岸就下塍不荒工作殷忙亟旅須佃常之食用牛羊無放收之空場抑且圍搶層寨內滴格截反有撤倒溝管閘口之勞擾凡此皆不爲之地裏亦難旋於敷故築圩之舉一齊人傳之也惰築之弊衆楚人咻之

也木則是天意遭逆亦命數應主於荒而枉費經營築岸亦都不熟事嘱愚民信爲見道之言甚聽之難

築之難原於是

水不常來圩岸視爲贅疣風𩙪雨打增修泥不旁求自蔌

築岸田中溝塹坑坎尚未按平修闊增高須從此埠地運泥竟不衷要爲剗削舉鋤任意不

之顧忌彼此挈鉏刻削任意不相顧爲任俗情新岸似于插種時有侵衍岸脚之習氣

殘兩面相併張恐爭鬥依情佐迪深深殘制寺各同情相併不異作塹三春刈草連

茹蔀擇草有集岸之蓋禁人肆採三春作青遊拾草轉泥塊根私土不爲擇地佑饕岸趾

禾苗稞稼油油其饑之區佑削岸脚種植禾苗油油繁茂言并易諉人情故貪無哗䜗

水高岸無哗卷水真文已曾訝爲不祥之器兩多坎窨三甚岸春刈再五數

十三

田土不得平均政圩攝壞淺塹深溝田坎既有溝壑覆岸何致很忌易發之易本於是

築圩岸築寄田步明算稻把有數明算租值有數

法　項石米租田築窄一畝平價作值時銀三兩

農家種稻六棵爲一肋稻十二棵爲一鋪插稻兩

鋪爲一个

畝田二百四十步　每步三十六方每方大小準木尺橫竪各一尺

每方種稻疏者一棵六毫旬者一棵七毫密者一棵

八毫

以棵數算值　一棵一毫四絲三忽　十棵一釐四毫　一百棵

一千棵一十四釐三毫　一萬棵一百四十三文　一畝一

十四

萬四千六百八十八棵二千一百文

以个數算值　一个三釐四毫三絲二忽　十个三十四釐三毫二絲　一百个三百四十三一釐二毫　一畝六百十二个二千一百文

以方數算值　一方二毫一絲四忽　十方二釐四絲三忽　一百方二分四釐三毫一絲　一千方二百四十三一畝八千六百四十方二千一百文

右法細瑣總因鄉人愚悖明小暗大而毀害數之築

岸觀其每有築岸四步少收稻把之苦難聞以棵稻

價值必以半箇六毫對問其方田種值必以三棵四

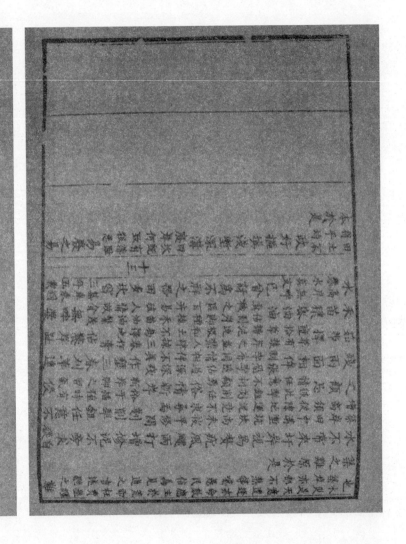

標封圖是設法以曉之俾知明算有數計值亦微或
可動其築圩愛岸之情
再有鰥寡孤獨及頑化頑民而築岸適當其地每致
一夫連棱百夫束手立有此法使於賞償或閒誰爲
算償曰故關利害于一區一格者即按區内畝内計
畝派償
築圩派夫不同法
圩分平正地位狹窄耳目易周者通圩計畝一律派夫
若圩分廣闊田土高下懸殊者假使通力合作則民情

十五

之嚮背必不一是應圖係圩總及在圩圩甲察識地勢
民情或東西或南北分段舉辦若圩分可築大小圩者
大圩需工從大圩内望畝派夫（望畝者不從細號計小畝止從格例計畝）
圩需工從小圩内望畝派夫
通圩合築一律派夫公之不公也不公事偾矣分圩
分辦不公之公也公則事舉矣
圩岸非業食佃力不能築然不可太泥業主須明涵育
之義亦非　官府嚴催督責不能成然猶不可不須盡
業佃之義（業是發給書冊俾民家喻户曉閒是出示查勘諭俾勸派工但）築岸圖式附

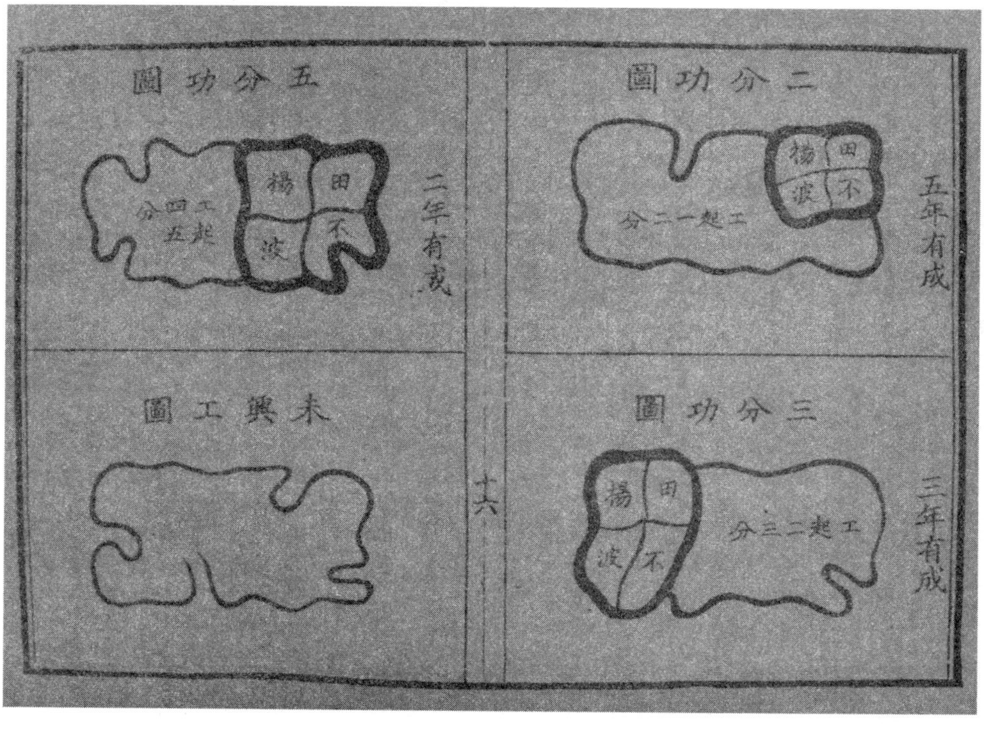

當邑官圩修防彙述

（清）朱萬滋　撰

光緒二十五年歲次己亥孟冬朱詒穀堂聚珍以[illegible]書[illegible][illegible]軒

官圩修防彙述序

光緒戊寅歲余輯彙當僉夏汎驟漲各隄告警官圩尤劇余馳往勘瞥見驚濤駭浪惟恃此一綫危隄衛民生而資奠定多方措護心力交瘁匝月始獲安

瀾防之時義大矣哉因思夫培厚增高同一防也而修之逼與遠異積沙累土同一防也而修之虛與實異於以知慎修於前者乃可善防於當境焉閱六年乙酉圩潰閏年丁亥又潰余奉

中丞陳公檄再赴舊治幫辦南北要工與圩紳楊甸臣楨陶伯蕃英戎小銘承恩及朱子鄉萬滋晨夕晤從之數君子者皆悟雅誠篤爲全圩領袖足以爲圩福余亦隱隱爲圩民幸焉公退之暇

縱譚世務咸以海谷情形細質家鄉乃袖出泖㬇逸叟所輯修防彚述一書爲商之取其披覽之頃知所以爲民生與國賦計者至詳且悉自南宋以迄元明經張孟朱章諸公後先籌畫雖多修防善政苦無薈萃之本輯乃時時見於他說益以嘆修防彚述一書之爲功不小也烏乎天下之患中於因循而乃之在官者尤甚晚近士大夫視公事爲傳舍其卑鄙儕俗與世浮沈者無論已而前乃不足師成規

無可考則亦無所籍手以告成功或曰修防之役廣營高岸力制湍流顛悖疏瀹之經曷用述爲然而安土重遷多謀自衛官圩倚隄爲命勢不得不與水爭此修防之役以興修防之彚可述也書曰既修太原禮曰完隄防非明證與觀夫博采舊聞旁蒐近事輯成此書證精用宏州居部別計四冊二十有二卷又附述條八卷綴以補編策萬全急當務凡百八十里之隄防二十九圩之經界靡不燭照而數計

者於此見
歷代之興廢具焉
國家之文獻徵焉隄防之縱橫暖焉
歲脩之經營裕焉一大圩綱舉目
張推之衆小圩皆可奉爲程式舉
成規於不敝俾後之可師雖非

大禹治水之神謨實亦近今捄患之
善策也抑又有念者孟子曰徒善不
足以爲政徒法不能以自行即引詩
言以證之曰不愆不忘率由舊章
觀於此書益知有治法尤貴有治
人如因踵筆而弁其簡首

旹
光緒十有四年戊子於洗月中澣之
吉常熟嚴忠培心田甫敬書於姑
孰官圩黃池中心埂二次之繩樞草舍

序

歲丁亥漸鴻奉
命來佐是邦嵩南鄉官圩已潰當
局袖手議者嘖有煩言噫其亦未
知利弊也中衢設樽任人自酌
謬己八月

官圩修防彙述　朱序

陳大中丞視師究陵由蕪津艤
舟而上目擊菑區惻然者久籌
工籌賑得
史蓮舫觀詧力爲慫恿南北鉅
工而外圩之周圍大加修葺調
金蘭生明府同任主持圩政弁檄

巖心田先生幫辦要工漸鴻亦周
旋劾命焉圩父老咸舁手加額
僉曰自咸豐壬子後四十季來
未肯砦斯之盛舉也夫已百里
瀕瀚之波恃此一綫危隄咫尺不
堅膏腴成壑噫亦艱矣哉

朱序　二

官圩修防彙述　朱序

觀詧深思孰慮不僅欲一嘗圩民
安直欲後世圩民举安用是曲
咨輿情綜覈全局查例載水
利有用同知兼轄者遂請於
大府檄以當邑縣尹之署移駐
官圩專司隄務誠剏舉也夏

秋汛漲巡緝隄岸接見圩紳上下
其議論偶經西南岸之沛國圩
華亭下得吾宗人象鄉明經
縱談隄務乃出以脩防彙述一
書謂湖暎逸叟所輯披繹旬
月知其爲圩隄謀者深也觀夫

官圩修防彙述　朱序　三　朱諮穀堂聚珍

上自歷代下至
國朝要領畢張纖悉備具而又
附以述修旋定補編卬目監成憲
可以勤將來可以齊凡民而風有
佐可以勵習俗而勸農桑其可
禆於圩也豈淺鮮哉今者夏汛安
瀾穐日多稼上而國賦有所資下而
民命有所託伊誰之力眞僉曰微
觀察之功不及此加以是書之輯家
置一編俾圩衆奉為圭臬安知過
此以往和親有象康阜呈書不較
勝乎今日者億萬斯年蔽或不

官圩修防彙述　朱序　四　朱諮穀堂聚珍

怠圩衆勉乎哉余日望之矣
昔在
光緒十五季己丑穐月蘭陵宗愚弟
朱漸鴻逵九氏拜譔

官圩修防彙述序

粵稽禹奠山川九州之肇域以著秦分郡縣三代之
立國以更自時厥後一統有志都城有志省會有志
降而至於郡邑莫不有志即一溪一崗一邱一壑亦
有吟詠及之者雖後先載筆繁簡不同而其建置之
源流足以備文人之考證廣流俗之見聞其義一也
吾圩有湖嘤逸叟者生長田間留心掌故前覓得廰
餘生圩務瑣言一書呈之當軸已採擇施行矣憶戊
子季春三月南防之新埂告成而予適以久病方瘥
篤一葉之扁舟晉謁　嚴心田明府於工次得與楊

官圩修防彙述　姚序　一

君甸臣余君文光王君柳齋及趙君玉棠輯亭諸人
把臂言歡每稱圩務辦理苦無善法茲得湖嘎逸叟
所輯修防彙述四編悉舉史乘及　前明之冊籍
國朝之政教近今之條約瑣言錯綜薈萃以成是書屬
老朽以參正之任熙始閱之而憒然繼閱之而悚然
終思之而益恧然堅辭再四不獲允受而讀之乃歎
此書之爲官圩生色者爲不少也夫以官圩之在當
邑固縣治第一要區也物產之豐美又境內諸鄉所
莫及也其在原隰之所植則有麻麥稻菽黍稷菽蔶
五穀粒食之需其在溝洫之所生則有魚鼈蝦蚌蓑
蒲茭芹百種作穀之所其周圍也則有百七八十里
之隄防其限制也則有二十又九區之疆界方之古
封建之制殆一子男之國焉圖隄以來豈無名流碩
彥傑士才人可爲書傳述以顯地靈者而敘不一聞
焉即有之又或偏而不全乎甚憾焉今得茲編博引
繁稱備名核實不敢徑稱曰志者豈不及一溪一岡
一邱一壑與殆有慕乎述而不作信而好古之意也以
書凡四編二十有二卷後補葺述餘八卷具見事以
彙從原原本本考核精詳其信今傳後永垂不朽又
何景平孚晚年得一冷官齋居多暇因得觀其書之

官圩修防彙述　姚序　二

顛末遂推闡其作書之本意以見嘉惠鄉邦之一端
云爾是爲序
時維
光緒十九年歲次癸巳冬月上浣之吉同里歲進士
吏部就職訓導前署建平縣教諭　現署桐城縣教諭
姻愚弟姚元熙心畬氏頓首拜譔

官圩修防彙述序

吾鄉有湖嘎逸叟者自撰其姓氏所輯官圩修防彙
述一書予得一函閱其凡例目錄計分四編爲卷二
十有二又葺述餘八卷凡以紀修防之規畫也書中
徵採故牘遺籍亦廣博亦精覈斷以圩在　秦漢以
前尚爲湖蕩　隋唐而下興廢不時地勢窪下新安
宛陵諸山之水委蛇千數百里支流分披匯爲石臼
固城丹陽三湖旁及路西萬春兩湖且上有弋磯江
灌入下有津溪鎮之夏秋氾濫奔騰橫齧甚則淪防
潰隄平野爲壑吾塗原爲澤國圩尤卑下自　南宋

官圩修防彙述　閔序　一

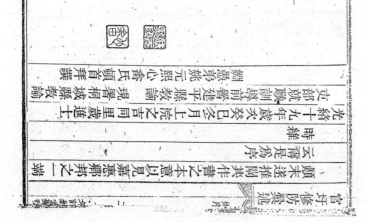

官圩修防彙述

同里陶寶森彥士拜譔

官圩修防彙述緣起

士人窮經將以致用也憶自束髮受書粤氛告警戎
馬倥偬十餘年無攸宇　同治甲子湘鄉
曾爵相肅清江表餘姚
朱久香師視學皖江某獲知於門下丁卯戊辰讀禮
家居服闋後黔南
景劍泉夫子旋來督學按試太郡拔綸上庠庚癸兩
戰秋闈頻占康了嗣得跛疾不良於行境愈艱事愈
左經濟日益疏青氊坐守者幾二十載風雨寒燈陳
編坐對愧不獲珥筆
張津創圖長隄葉衡繼之迄今不廢　前明萬歷間
經章朱二公聿著成規俾爲後世法厥後累歲崇修
水患亦因以稍弭降至
國朝道光癸未大水異常己酉尤劇圩民蕩析里居罔
有定極經鄉先輩竭力經營冀挽天心以盡人事近
六十年來告潰者屈指已十有四次嗟夫隄之利民
久矣圩之病澇又屢矣此而不亟謀所以修之防之
害將伊於胡底乎蛇龍居之無所安息亦居斯土者
之恥也予秉鐸春穀隄工一役未遑執鞭然生長官
圩熟諳形勢者有素茲閱修防彙述一書大抵課工
欲堅籌費欲當涖事欲覈保護欲勤得此數端則災
之大者可以減小者可以消固人定勝天之理也家
伯華兄曾奉太守諭督辦隄工圩內同人其心相契
合也益深故率作興事也益力茲得是書繙閱數過
知上下數千年廣輪百餘里設隄禦水之成規犂然
大備俾有志之士考鏡得失一旦躬親是役不至以
吏爲師行見繼起者有所折衷吾圩庶其有豸乎
時維
光緒十六年庚寅春王正月中浣之吉
同治丁卯科舉人甲戌大挑二等選授南陵縣學訓導

形庭宣麻
禁院以佐
聖天子海宇乂安之治僅僅於閭閻間作草茅坐論陋已
致用者安在哉然而枌榆鄉社　漢祖鍾情溝洫微
區　夏王盡力周官設鄉遂之職衛邑商富教之經
治溝者善事必見乎實者不忘社稷古來聖君賢相
循吏名儒皆得所藉手以告成功豈以下里偏隅漫
不加察乎　道咸之際吾圩屢潰
先子纂論修隄由少而壯而老未克卸肩雖歷蒙
大府嘉獎諸君倡和聯吟奉觴上壽亦不過當時則
榮已耳　同治己巳歲鉅而辦理不精　光緒乙酉
工興而籌款無著所以脫綱者肆流言附讟者思染
指抑且陽爲享政青蠅止樊得
聯仙蘅太守匡植之大工雖成此中良多尷尬也於
斯時也本清白之衷修補澤皆之餘役境與李陵比
阨一已之空拳徒張派爲朱子眞僞萬古之聲名盲
唱蓋修隄猶深修德而防口甚於防川也去夏太平
圩溜洞矣守奔騰壞隄雖關禍者在天心而致潰者
實人事八月
撫軍陳大中丞視師甯郡

史蓮叔觀察時攝府篆請以紓道勘驗隄工力請發
帑撫卹災區旋籌款津貼遺俟恩同再造何幸如之乃
中丞返旆道經黃池適厖餘生作圩務瑣言一編類
皆感憤圩事思欲振興爰蠅頭楷錄裝潢成帙躬赴
行轅敬謹呈上得邀藻鑑旋蒙首肯此誠不易逢之
嘉會也後陪
邑侯金蔚生夫子會於天門山迎
節時業將此卷呈閱倩准採擇施行旋委
嚴心田明府駐工幫辦艮以明府前攝縣篆爲圩衆
所稱頌敬設栗主尸祝於東北岸花津
天后宮之東廡
中丞前日道經於此所目擊者因以有是役也於時
明府由皖赴工單騎減從不憚星霜朝謀夕營不遺
纖悉蓋自　咸豐壬子修隄後未有如是之賢勞者
又況
太守史公一視同仁
邑令金侯獲上信友故克相與以有成也某不敏執
鞭從事者數四人情圩務稍有閱歷今幸浪靜波平
家居多暇因將圩務諸本理其駁濁且遵徵史昳近
據志乘舊葉以成是編稽其疆里綜其田賦詳其人

物土宜溯興廢之由驗得失之故上自　漢唐下迄
晚近繕成四册分爲二十有二卷顏曰修防彙述又
輯述餘八卷綴以補編後之君子卽斯編而潤色之
循治法得治人庶幾于思之役不復來安瀾之歌可
丞慶矣詎曰君子觀於鄉而知王道之易易也其是
之謂乎　時在
光緒著雍困敦嘉平月穀旦湖暝逸叟自述於詩書味長
之南軒

宣圩修防彙述凡例十四則

一是編之輯凡以挽頹風敦古處也議者謂爲衣食計豈知古來蕞爾地如武城單父號稱巖邑得子游子賤諸賢治之政事遂光昭經傳焉官圩一泥丸封耳秦漢以還尙爲藪澤無徵不信其將縋幽鑿空乎爰歷稽載籍並郡邑志乘兼
國朝乾隆間史彝尊中心埂案牘　咸豐間圩工條約信而可徵悉遵諸本採入益以朱小岩圩圖說略廼餘生圩務瑣言參以庶議引名公鉅儒語以爲佐證此述事之大概也上關　國課下奠民生可以觀今

可以鑑古可以因時制宜可以化裁通變覽是編者或不以斯言爲河漢乎

一圩務千端萬緒非逐節臚陳最易眯目玆集分四編編分數卷或依年序列或因事彙從或推本窮源或陳利指弊篇首綴以序言繼列實事管窺蠡測大致如斯詎覆醬瓶知所不免仍冀　博雅代爲訂正

一集分四編首冠舊制取食德服疇之義也次圖說可以見而知之也次瑣言可以聞而知之也終參以庶議者庶人淸議維持欲進於有道也窮鄉僻壤卷軸寥寥無從蒐輯暖暖姝姝囿所折衷其不爲莊子所竊笑也得乎

一歷稽史乘莫詳圩所自始惟丹陽二字始見於漢書地理志晉羊祜登峴山云自有天地卽有此山竊謂自有天地卽有此湖特前此未圖焜耳秦始分郡屬鄣漢元封改丹陽而湖隸焉食毛踐土溯厥由來返本始也

一舊制先列本文詳明事蹟專主繼述不敢妄有所增其有未甚明晰及喫緊處復加按詞附以鄙意申明因革損益之由

一圩圖所列村落鎭市似無關於圩政幾若贅疣然附

官圩修防彙述

麗隄岸自足壯帶礪固苞桑也且官守延歷亦知自
某處至某處可以備流覽焉若夫名勝林泉在隄畔
者附詳各村鎮下屬在圩心者詳載述餘
一瑣言六則悉興利除弊之實事因逐條疏證求其是
以去其非修防利弊舉不外此故不憚語複詞煩也
肩斯役者果能按部就班以遵善去惡而引伸觸類
爲磐石金湯丞期鞏固矣
一瑣言中臺首一則疑近於聚推闡其意惟除莠乃可
安良也堯放四凶孔誅少正後人不聞有議其苛者
官圩隄防民修非河工海塘可比既無官守遂無責

成亦無處分設非懲創必將以吏爲師虎役蠹胥與
爲朋比其不厲民也吾未之敢信也是在牧民者馭
之有法耳
一庶議一編計卷七按時勢以立言證脈理以用藥直
欲挽狂瀾於既倒也首綴末議妄抒鄙見次援引
歷代故實及
國朝諸名公鉅卿手筆以資考鏡其中雅俗兼收纖毫
必備良以前事者後事之師也古人不過先得我心
耳迂疏寡效雖所不免然十年生聚十年教訓倣而
行之未必無補於萬一云

凡例　三　朱詒穀堂聚珍

20

官圩修防彙述　凡例

一編中遇歷朝國號空一格寫督撫州縣如之若遇
國朝年號亦空一格今
上年號及現在大府均另行擡寫至單雙擡頭字樣悉遵
功令若
廟諱
御諱暨
先聖賢名諱均一體敬避
一卷末附述餘八卷備載官圩山水人物土宜事實並
附以名勝此不過備觀覽也若夫官守宦績半依志
乘採入半屬延訪父老匪必盡無徵也外仍圖器具

以備用列文藝以謳吟均於圩政有關會焉後集占
驗一卷亦惟守人事之常以待天時之變焉耳
一補編詳列禍定感義請圩亦繪成圖幅附以說略俾
閱者不致抱憾最後附以集說常歌等事庶幾博雅
之士便於考古功名之士樂於救時也非此則不敢
贅焉古丹陽湖暝逸叟謹識於柳隄深處之近水居

凡例　四　朱詒穀堂聚珍

官圩修防彙述總目

初編舊制四卷

建置　冊籍　檄文　條陳

續編圖說五卷

分圩刻岸圖　工段標號圖　陡門涵閘圖

鎮市村落圖　歷居修潰圖

三編瑣言六卷

修築　保護　搶險

夫役　董首　胥吏

四編庶議七卷

醫俗上　醫俗下　選能　均役

興釐　宣防　督理

右正編四集計二十二卷

述餘八卷

山水　人物　土宜　名勝

政績　藝文　器具　占驗

合上四編共三十卷

外附補編一卷

官圩修防彙述總目終

官圩隸屬皖南當邑僉稱圩圖
隄務紛繁舊無簪革之本
官紳吏民莫由攷證茲乃得
逸寔彙成此編聚珍排印爰次
第之於左丁酉副車張懋功書簽

官圩修防彙述　張慰功書籤

修防彙述

泖㬉逸叟輯

初編舊制四卷

朱詒穀堂聚珍

官圩修防彙述初編舊制

舊制引

史記伯夷列傳曰學者載籍極博猶考信於六藝詩
書雖缺虞夏之文可知也粤稽　帝堯八十載洪水
旣治定九州五曰揚州歷　虞夏商周如故洎　秦
始皇二十六年分天下爲三十六郡其九曰鄣　漢
武元封二年廢鄣置丹陽郡　晉武太康二年分丹
陽爲于湖旋改爲姑孰　元帝大甯元年王敦初屯
姑孰卽于湖也是鄣改丹陽分于湖爲姑孰皆揚州
分野焉或譌爲湖熟誤矣　隋開皇元年置當塗縣

舊制引　一　朱詒穀堂聚珍

官圩修防彙述

姑孰附於縣境歷　唐宋元明迄
國朝仍之古今沿革不同土宇版章則一官圩隸兹版
圖當未圖隄時藪澤之間荷蒲蜃蛤居民未嘗不擅
其利焉自時厥後生齒漸繁稼穡漸興隄防漸固
國家休養生息俾之任土作貢鈞稽有序條教日頒溯
所自始不侈援以滋疑不附會而杜撰生斯土者亦
知泥丸小地有所自來乎湖㬉逸叟著

張書田助印

官圩修防彙述初編舊制卷一

建置目次

吳永安三年　西晉太始三年
東晉咸康三年　齊建元二年
唐咸通八年　後唐清泰三年
宋熙甯元年　宣和七年
紹興元年　紹興二十三年
紹興三十二年　隆興八年
咸湻八年　元至正四年
明洪武十二年　永樂八年

目次　一　朱詒穀堂聚珍

萬曆十五年　萬曆三十六年

國朝乾隆二十二年　咸豐二年

同治八年

官圩修防彙述初編舊制卷一

湖陾逸叟編輯

丁守謙少民校

建置 舊制一

考丹陽䢸自秦漢而湖隸焉圖湖成田是與水爭地
也夫時有變更事有因創物有廢興其所以變之更
之者何代因之創之者何故興之廢之者何人按籍
以稽或不至數典忘祖焉爾述建置

吳景帝永安三年丹陽都尉嚴密築丹陽湖田作甫里塘
時羣臣皆以爲難惟將軍濮陽興主之功費不勝數

按此圖湖成田之始也紫陽綱目以正統予蜀茲書
吳者緣丹陽繫吳會也非妄據也明所隸也是年爲
蜀漢後主景耀三年

西晉武帝太始三年小吏奚熙請修嚴密故蹟丞相陸抗
止之復以丹陽湖田爲三務入後宮爲膏沐邑

東晉成帝咸康三年初取萬春湖荆山黃池三務田租入
後宮

按圩之西偏有萬春圩今廢爲湖俯視清流田塍可
數俗傳爲萬頃湖與鳩茲接壤又圩中廣濟圩有萬
春橋牧牛埠數頃積潦爲蕩未知孰是黃池鎮在圩

西南隅春秋哀公十三年公會晉侯吳子於黃池杜
預注黃池衞地此屬吳衞吳相距遠名同而地異也
疑即此黃池者非　唐史昭宗天復三年楊行密使
臺濛擊田頵大戰於黃池兩兵交攻濛僞走頵追之
遇伏大敗即此後置爲鎮

齊高帝建元二年竟陵王蕭子良表上遣五官殷瀰等巡
歷丹陽等縣得可墾之田合計荒熟有八千五十四頃
治塘遏可用十一萬八千餘夫一春就功便可成立
按十萬八千餘夫乃工數也非夫數也一夫例謂之
一工

官圩修防彙述　唐　後唐　宋　丁建中助印

唐懿宗咸通八年詔禁丹陽湖水民田不得引灌以濟漕
運立官主之
按唐代詔禁民田不得引灌湖水致稽漕運當時高
淳廣通鎮未築銀淋閘丹陽固城石臼三湖之水直
趨吳下百川東之圩無水患可意揣而知矣
後唐潞王清泰二年吳王楊溥築萬春圩黃池荊山三務
徵其租入後宮
宋神宗熙甯元年轉運使張顒通判謝景溫請築萬春諸
圩不就貶秩有差
按請築萬春諸圩官圩較萬春圩尤大考宋史嘉
祐八年王知微以沈書作當塗令時築萬春等圩工
役甚急知微請依農隙議者不悅久乃信重之累遷
都官郎中時官圩仍繫諸小圩未經合一大圍當亦
在請築內者知微少時與王安石同舉進士安石問
當世法度沿革知微一一無顧忌惟言士去就有命名
器非假人物也坐是不獲進用
宋徽宗宣和七年有司請罷丹陽石臼固城等湖爲圩田
從之
按此時疑陂久廢田與湖連歷靖康建炎兩朝至
是始議修復

官圩修防彙述　宋　朱毓川助印

宋高宗紹興元年詔太平州修圩錢米於常平倉撥借併
議修圩官賞罰
按黎川王鳳喈增註事類統編載　宋洪邁履田築
圩事邁番陽人知太平州圩田壞民失業邁竭民築
圩凡萬數方冬盛寒邁躬履田間載酒食親餉饁人
忘其勞圩遂成第所築雖未明指某圩官圩在州境
內圩東北岸且有以太平名圩者其於官圩應亦大
加修葺矣
宋高宗紹興二十三年大水諸圩盡決　上遣鍾世朋相
視修築當塗知縣張津築長隄一百八十里包諸小圩
按當塗縣　隋開皇間置　唐宋因之屬古丹陽郡
元隸太平路旋改州　明太祖渡江至采石附主
敬先生偕耆儒李習率父老出迎　上與語時事因
獻言曰方今海內鼎沸豪傑並爭攻城屠邑互相長
雄其志皆在子女玉帛取快一時非有撥亂救民之
志將軍若能反羣雄之所爲不殺人不擄掠不燒房
屋首取金陵以圖王業願以身許之遂克太平授先
生太平興國翼元帥府令史陞太平路爲府當塗爲
附郭邑官圩爲邑首圩志乘所載修廢不一南渡以
前並未確有其名亦未有以十字圖名者張公築長

朱毓川助印

隄一百八十里乃云包諸小圩是合諸小圩以圍成一大圩也总之諸圩無此鉅工疑即官圩之所託始焉至二十八年太守周葵復完繕之

宋高宗紹興三十二年詔以永豐圩賜秦檜檜極力增修太平諸圩皆壞檜死後仍歸有司諸圩乃成

按　高宗以永豐賜秦相伊極力興修役老至今猶有傳其說者雖無左證以意逆之圩之東南隅有名永豐者未始非當日所賜履也丹陽湖南岸亦有永豐圩隄堅如鐵鑄隸溧邑食采在彼亦未可知騎牆之說姑存備考　又按圩堅實緣依山麓地性凝固

若官圩東西湖蕩沙土鬆浮一經風雨便坍塌矣

宋孝宗隆興八年戶部侍郎葉衡奉詔核實太平州圩岸內黃池鎮福定圩周四十里延福等五十四圩周一百五十餘里並高堅濱岸植以榆柳下詔襃美之

按黃池鎮西北有福定圩與官圩聯為唇齒中界一隄長四千丈俗名中心埂延福等五十四圩合圍而成一大圩周一百五十餘里斷繫官圩無疑矣五十四圩名列後備覽

廣濟圩南營　廣濟圩北營　廣濟圩中營

太平圩　清平圩　北太和圩

史玉麟助印

下興國圩　南太和圩　上興國圩

南新興圩　北新興圩　寺莊圩

廣義圩　保城圩　雞腸圩

永豐圩　延福圩　興德圩

保豐圩　東子圩　西子圩

葛家圩　沛國圩　東營圩

西營圩　感義圩　上健令圩

下健令圩　陳師圩　桑竹圩

內沛國圩　內興國圩　南感和圩

北感和圩　中新義圩　下新義圩

南子圩　義城圩　永甯圩

新城圩　王明圩　關家圩

常熟圩　刁家圩　新義圩

廣平圩　廣元圩　吳家圩

廣福圩　上官圩　建福圩

永定圩　劉家圩　湻化圩

按上延福等五十四圩圍成一大圩今分四岸綜計二十九圩有沿其舊者有去其名者有別取名而自為圩者有合數圩而成一圩者當年頃畝數目均不可考矣其在今日頃畝雖多寡不齊而圩各則確鑿

可據詳載冊籍

宋度宗咸淳八年大水轉運判官孟知縉投身捍水水爲之却今邊湖東埂有孟公碑

按孟公政績宋史未見褒詞第爲吾官圩捍水一節至今圩民傳頌弗衰立碑識之至國朝道光二十九年其址被水衝沒碑淪於淵後經溺人網得之仍植故處設廟祀焉一說投身作投衣

元順帝至正四年照磨石處遷令書吏朱榮甫修壞圩三百六十餘所

按當邑在元時擾攘相尋地當孔道民咸失所幾無孑遺得此番修葺流亡復業隸官圩者始冀厥攸居焉觀大百族譜牒安土重遷其發祥大都此際前此竟參爾

明高帝洪武十二年詔塞廣通鎮成丹陽湖石臼湖圩田

按廣通鎮屬江蘇江寧府高淳縣俗名東壩是也是年塞後諸湖田遂多水患至二十五年復濬河立閘以通江浙糧運　永樂二年復塞之錮以鐵名曰銀淋閘後三湖圩隄率多水患矣至國朝道光二十九年壩之上游巨浸稽天宣邑頑民擅自揭闢經　蘇撫傅中丞南勳申請　江督陸制軍

建瀛親詣會勘仍堅築之緝犯定讞而壩如故

明成祖永樂八年詔修圩岸以備風濤

按大江以南澤國居多時遭大水者數載故有是舉云爾

明仁宗萬歷十五年大水知縣章嘉禎宿東岸花津天后宮旬餘晝夜救水圩岸獲全

按章公抱冊救水圩賴無恙土民感戴立專祠於北岸護驛壞歲時祀之至今香火不輟功德之足以感人深者如此政績詳見述餘

明仁宗萬歷三十六年官圩隄潰田禾淹沒殆盡知縣朱汝鼇大加修葺劃段分工高三尺闊倍之作中心埂自青山達黃池爲官圩西岸至今利賴焉

按朱公與前令章公皆邑之恩主均入名宦祠者也其有造於官圩者尤大事蹟均詳邑志　朱公祠圩有二一在東岸新溝一在北岸青山圩民祀之官圩中心埂之名見於邑乘始此蓋東岸花津要工與西岸中心埂均繫危隄得好官力爲修葺防備著有成績民不能忘以是命名未可知也其原名十字圖者合五十四圩而成一大圩劃分四岸中區縷隄髮爲十字形也十字隄規畫甚善一隅失而三隅可保東岸沒而

西岸可全古人不作舊制八湮能無慨然
以上歷稽載籍　秦漢以還惟丹陽二字足據餘無可考至有　宋隆興間雖經核實亦無定名邑志於此直書官圩名之所由昉也
國朝乾隆二十二年　太平府教授朱錦如據官圩生員史宗連朱爾立等呈請修復中心古埂四岸工段載爲定例蒙　府憲朱肇基批准官圩中心古埂例分四岸各築一千弓照舊對工池內取土修築西南岸工埂自清水潭起至戴家莊止西北岸工埂自戴家莊起至咸家橋止東南岸工埂自咸家橋起至枸橘茨止東北岸工埂自枸橘茨起至黃池鎮梁家橋止勒石工所輪流歲修各照段落毋得推諉刊入府志
按史宗連倡首修復中心古埂四岸各分工段起止刊載府志以免狡推貽害誠盛舉也事成彙刊案牘分示同人其自書後跋云此埂連年廢弛低塌日甚余與首事目擊者八歲甲戌具呈府縣兩憲照舊額劃段分工飭四岸各分界限修築完固以衛田疇五歷寒暑始獲准行定案因將卷宗讞牘彙之成編刻印分示同人固不沒作事之苦心亦足爲後日興釐之左劵也其勇於見義如此連亦人傑矣哉又按對

工池內取土今池變大溝無土可取盡挑對工有糧之田則是厲民而非利民矣吁
國朝咸豐二年　藩憲李中丞本仁檄知府潘鈞基署縣袁青雲諭郡紳朱汝桂唐瑩王文炳杜開坊張國傑督同圩董朱位中姚善長周樹滋詹蓬望等十二人修築一時知縣趙昞駐工賠修
按是年修隄借帑錢二萬串照畝雇夫當四年三潰之餘將內隄外埂一律修築三月工竣官紳和衷共濟上下一心著有工程條約爲圩法守洵百十年來所僅見者

丁炳山助印

國朝同治八年圩首湯上林李用昭王舟徐兆瀛赴省請欵修築六年攤徵還欵
按是歲帑金數多圩衆未覺修葺無法衆議沸騰延至工竣大府檄縣榜示明晰共見共聞自後攻訐不已，縣主徐正家緣此撤篆焉或曰徐公捐軀亦礙此數未知確否後來董首罰銀賠修亦因此欵

官圩修防彙述初編建置卷一終

朱禹門助印

官圩修防彙述初編舊制卷一

冊籍目次

東北岸九圩

南新興圩　北新興圩　大禾圩

沛儉圩　官壩圩　桑竺圩

清平圩　太平圩　咸和圩

西北岸六圩

北廣濟圩　南子圩　永甯圩

義城圩　籍泰圩　新義圩

西南岸六圩今改七圩

中廣濟圩今分上下兩廣濟圩

沛國圩　上興國圩　保城圩

貴國圩　永豐圩

東南岸六圩今改七圩

低塲圩　下興國圩　南廣濟圩

新溝圩今分上下兩圩　廣義圩

王明圩

中心埂四千弓

西南岸一千弓　西北岸一千弓

東南岸一千弓　東北岸一千弓

李邦松助印

官圩修防彙述初編冊籍卷二

湖暵逸叟編輯

尙錦春時乾校

冊籍舊制二

官圩頃畝工段冊

前明萬歷年間朱邑侯創也有以夫名多寡爲序者有以工段前後爲序者均未劃一甚有脫簡如中心埂未措一詞花津十里要工或詳或略是豈滄桑更變乎抑或翻刻傳譌乎爰釐正之前列老冊原文逐條增輯附於其後有心人自能領悟焉

明萬歷四十一年知縣事朱汝鼇官圩四岸分工冊原文

按此工冊未經細核其分列四岸二十九圩夫若干名田若干頃大概以田八十畝出夫一名田多則夫衆各圩認定坐落該圩沿隄工段再以他處稍工洵工抑配之田畝多寡夫名因爲之多寡工段之多寡卽由此派焉細核其詞亦未免於錯落近今各守分段一成不易推厥由來圩衆茫無所較證也至於夫名今則增減不一各變成法矣

東北岸總圩長一料丈量洵稍工派定夫名數目列後原文

按此稽廷相所分東北隅工也計六十一標內提出花津十里要工約十二標作四岸二十九圩攢築工其餘歸九圩分築

南新興圩田地一百二十二頃八十六畝五分該夫一百五十名潘家埠起東北一號二號三號四號五號六號徐家界止共標東北洵工一千六十弓派夫一百一十六名又攢築東北二十三號內洵工八十二弓三尺本圩漏夫何廷富等田地四百四十六畝該夫五名六分派築北新興圩楊林塘四十弓免夫十二名圩長免二名小甲免五名鑼夫免一名釜底港陡門免夫四名原文

按此原冊也當列第一條原本列第二條今訂正之如左

今謹校定 南新興圩田地一萬二千零八十六畝五分該出夫一百五十一名內圩長小甲鑼夫釜底港陡門共免夫十二名其餘一百三十九名派築潘家埠起東北第一號二百弓遞至第二號二百弓第三號二百弓第四號二百弓第五號二百弓第六號內六十弓徐家界止共洵工一千零六十弓每夫七弓三尺零又派攢築東北二十四五號內花津要工八十三弓每夫三尺漏夫何廷富等田四百四十六畝該出夫五名六分派築北新興圩十三號工內楊林塘洵工四十弓此夫未派攢築花津要工

北新興圩田地一百五十八頃八十畝五分馬厰在內該夫一百九十八名五分圩長免夫二名小甲免九名鑼夫免一名夏家埪免三名餘夫一百八十四名五分刑羊村起東北六號七號八號九號十號十一號十二號十三號薺母灘止共標洵工一千四百五十五弓派夫一百八十四名五分又攢築東北四十二號洵工一百一十一弓三尺漏夫富光等二百八十畝該夫三名五分派幫本圩洵工原文

潘魯山助印

接此原册也原本首列兹段列第二條
今謹校定　北新興圩田地一萬五千八百八十畝五分馬厰在内該出夫一百九十八名五分内圩長小甲鑼夫夏家涵共免夫十四名其餘夫一百八十四名五分派築刑羊村東北第六號内一百四十弓遞至第七號二百弓第八號二百弓第九號二百弓第十號二百弓十一號二百弓十二號二百弓十三號内一百一十五弓至薺母灘止共淘工一千四百五十五弓内除楊林塘四十弓與南新興圩築每夫七弓三尺零又派攢築東北二十三號内花津要工一百一十弓毎夫三尺漏夫富光等田二百八十畝該出夫三名五分未派正埂加幫本圩淘工
大禾圩田地五十頃一百二十畝該夫六十四名圩長免二名小甲免二名鑼夫免一名盆家灣雙埨共免二名東北十六號淘工六十六弓派夫八名四分二十七號淘工一百一十三弓派夫十七名二十八二十九三十號共淘工五百弓派夫二十六名六分又東北二十五號攢築淘工三十四弓一尺漏夫楊等田四十畝該夫五分原
按此少夫五名必有脱誤之處次序原列第四今改

錢鶴齡助印

列第三
今謹校定　大禾圩田地五千一百二十畝該出夫六十四名内圩長小甲鑼夫孟家涵並雙涵共免夫七名其餘夫五十七名内撥夫八名四分派築東北十五號内淘工六十六弓每夫七弓四尺撥夫十七名派築東北二十七號内淘工一百一十三弓每夫七弓少撥夫三十一名六分派築東北二十八號二百弓起遞至二十九號二百弓三十號内一百弓共次淘工五百弓每夫十六弓少又派攢築東北二十三號内花津要工三十四弓每夫三尺漏夫楊姓等田四十畝該出夫五分未派正埂加幫本圩次淘工
沛儉圩田地八十二頃五十七畝九分六釐該夫一百三名内圩長免二名小甲免二名鑼夫免一名李村埨免二名餘夫九十六名派東北二十六號二十七號花津共淘工二百四十八弓派夫三十一名七分四釐東北三十三十一三十二三十三號該分渡止共淘工七百弓派夫四十四名三分東北三十五三十六號賈家埠止共五百四十弓稍工派夫二十二名又東北二十四號攢築東岸淘工六十一弓三尺每夫三尺漏夫隋彦美等田八十四畝繫絶戸荒田

原文

按此列第四次序未紊仍之其所派夫工與諸圩同
未劃清

今謹校定　沛儉圩田地八千二百五十七畝九分六釐該出夫一百三名二分內圩長小甲鑼夫李村涵共免夫七名其餘夫九十六名二分內撥夫三十一名七分派築東北二十六號內一百六十一弓遞至二十七號內八十七弓共淘工二百四十八弓每夫七弓四尺撥夫四十二名五分派築東北三十號內一百弓遞至三十一號二百弓三十二號二百弓三十三號二百弓該分渡止共次淘工七百弓每夫十六弓零撥夫二十二名派築東北三十四號二百弓遞至三十五號二百弓三十六號內一百四十弓賈家埧止共稍工五百四十弓每夫二十四弓三尺又派攢築東北二十四號內花津要工五十七弓每夫三尺濶夫附彥美田八十四畝該出夫一名繫絕戶荒田不派工段

官壩圩田地四十三頃三十六畝該夫五十四名二分圩長免二名小甲免二名鑼夫免一名官壩陡門免四名埝免夫一名東北二十五二十六號分淘工七

十八弓派夫十名東北三十六三十七三十八號賈家埠稍工三十九四十四十分號共稍工九百四十二弓派夫三十八名三分又分東北三十四號攢築淘工二十九弓每夫三尺濶夫朱姜田七十六畝該夫九分五釐本圩夫少難派加幫官壩原文

按此亦未妥當次序原本第六今改列第五

今謹校定　官壩圩田地四千三百三十六畝該出夫五十四名二分內圩長小甲鑼夫官壩陡門涵共免夫六名其餘夫四十八名二分內撥夫十名派築東北二十五號內三十三弓遞至二十六號內三十九弓共淘工七十二弓每夫七弓一尺撥夫三十八名二分派築東北賈家埧三十六號內六十弓遞至三十七號二百弓三十八號二百弓三十九號二百弓四十號二百弓四十一號內八十二弓共稍工九百四十二弓每夫二十四弓三尺又派攢築東北二十四號內花津要工二十八弓每夫三尺濶夫朱姜等田七十六畝該出夫九分五釐本圩夫少難派宜加幫官壩陡門作免夫論

、桑築圩田地十七頃九十三畝四分該夫二十二名三分圩長小甲鑼夫共免四名東北二十五號淘工三

十九弓派夫五名又東北四十一四十二號張紀埂稍工三百一十八弓派夫十二名九分又分東北二十四號攢築洶工十三弓三尺每夫三尺滆夫劉東等田二十四畝夫三分查出本圩做原文

按此條當列第六原本因田少附於册末其語亦欠明白

今謹校定　桑築圩田地一千七百九十三畝四分該出夫二十二名四分內圩長小甲鑼夫共免夫四名其餘夫十八名四分內撥夫五名派築東北二十五號內洶工三十六弓每夫七弓一尺撥夫十三名四分派築東北張基埂四十一號內一百一十八弓遞至四十二號三百弓四十三號內二十二弓共稍工三百四十弓每夫二十四弓三尺又派攢築東北二十四號內花津要工十一弓每夫三尺滆夫劉東等田二十四畝該出夫三分加幫本圩稍工

清平圩田地三十六頃四十二畝該夫四十五名三分圩長小甲鑼夫埨夫共免七名分東北四十三號牛力灣夾洶工一百七十八弓派夫十一名三分東北四十四四十五四十六號夾洶工周古潭連稍二共七百七十八弓派夫二十七名又分東北二十三號

攢築洶工二十四弓每夫三尺滆夫李旺等田四十四畝五分五釐加派本圩牛力灣夾洶工幫助原文

按此工段洶稍未分字目亦舛連稍句尤混其序當列第七原本同

今謹校定　清平圩田地三千六百四十二畝該出夫四十五名五分內圩長小甲鑼夫萬家涵共免夫七名其餘夫三十八名五分內撥夫十一名五分派築東北四十三號內牛力灣夾洶工一百七十八弓每夫十六弓少撥夫二十七名派築東北四十四號二百弓起遞至四十五號二百弓四十六號二百弓周古潭共稍工六百弓每夫二十三弓少又派攢築東北二十四號內花津要工二十三弓每夫三尺滆夫李旺等田四十四畝該出夫五分五釐未派正埂加幫本圩牛力灣夾洶工

太平圩田地一百七頃五十六畝五分該夫一百三十四名四分內除圩長免夫二名小甲免夫四名共免夫十二名餘夫一百二十二名四分派築東北十五號十六號李村埨南北洶工二百零六弓夫二十六名四分六釐東北四十七四十八四十九五十五十一五十二五十三號部家灣止共稍工一千四百十

官圩修防彙述　東北岸　太平圩　王祖棻助印

弓一寸派夫五十七名三分東北五十四號亥洶工
二百弓派夫十二名六分五釐儲家壩五十五號五
十六五十七五十八號共稍工六百十弓派夫二十
六名又分東北二十四號攢築洶工每夫三尺該工
七十五弓三尺滿夫田五十六畝董先等該夫七名
加幫本圩𡡾
按此眉目不清字畫多舛原列第三茲改第八
今謹校定　太平圩田地一萬零七百五十六畝五
分該出夫一百三十四名四分內圩長小甲鑼夫郤
家灣陡門涵洞共免夫十二名其餘夫一百二十
二名四分內撥夫二十六名四分五釐派築東北十
五號十六號李村埝南北洶工二百零六弓每夫七
弓三尺零撥夫五十七名三分派築東北四十七號
二百弓四十八號二百弓四十九號二百弓五十號
二百弓五十一號二百弓五十二號二百弓五十三
號二百弓五十四號內十弓共稍工一千四百一十
弓每夫二十四弓三尺少撥夫十二名六分五釐派
築東北五十四號內一百九十弓遞至五十五號內
十弓共亥洶工二百弓每夫十六弓少撥夫二十六
名派築東北儲家壩五十五號內一百九十弓遞至

初編卷二　冊籍　十　朱詒穀堂聚珍

官圩修防彙述　東北岸　咸和圩　周念富助印

五十六號二百弓五十七號二百弓五十八號內二
十弓共稍工六百一十弓每夫二十四弓少又派攢
築東北二十四號內花津要工七十二弓每夫三尺
滿夫董先等田五十六畝該出夫七分未派止埂加
幫本圩稍工
咸和圩田地二十九頃八十八畝二分四釐該夫三十
七名三分六釐圩長小甲鑼夫共免四名馬練港陡
門免一名分東北二十五號洶工六十九弓派夫八
名六分又東北五八五九六十六十一號畢家灣稍
工五百九十弓派夫二十五名八分又分東北二十
四號攢築洶工二十弓二尺每夫三尺滿夫張郟詩
田四十六畝本圩夫少難派聽本圩長自處𡡾
按此築簡失宜其序當附於末原列第八未合
今謹校定　咸和圩田地二千九百八十八畝二分
四釐該夫三十七名三分五釐內圩長小甲鑼夫並
馬練港陡門共免夫五名其餘夫三十二名三分五
釐內撥夫八名六分派築東北二十五號內洶工六
十弓每夫七弓少撥夫二十三名七分五釐派築東
北畢家灣五十八號內一百八十弓遞至五十九號
二百弓六十號二百弓六十一號內十弓終共稍工

初編卷二　冊籍　十一　朱詒穀堂聚珍

五百九十弓每夫二十四弓三尺零又派攢築東北二十四號內花津要工十九弓派夫三尺滆夫張效詩田四十六畝該出夫六分本圩夫少難派聽圩長調處然應派入溝工

按東北岸原冊以圩分田畝多寡爲序按之工段殊未合式當以南新興圩首列北新興圩次之次大禾次沛儉次官壩桑築清平太平諸圩而以咸和圩殿其後依工爲序庶幾得之

西北岸總圩長一料丈量溝稍工派定夫名數目列後

原文

按此鄭文化所分西北隅工也計四十八標六圩分築原冊列第四段列東北岸後爲第二始見合圖旋轉次序

北廣濟圩田地一百六十六頃四十二畝五分該夫二百零八名外薛允安告荒三頃八十二畝一分該夫四名七分七釐以作漏夫算馬練港陡門北西一號二號三號稍工六百弓派夫二十四名四分四號五號六號七號次溝工一千八百弓派夫五十名六分西八號至十七號內一百九十弓共稍工一千九百零九弓派夫七十七名六分剩夫三十八名九分東

有十三號內四十三弓十四號二百十弓五號內十九弓合同內除去四十弓與上興國滆夫築因隔遠每夫減埂四尺實做埂三百三十三弓本圩免夫十六名五分又攢築花津溝工正東三十二號埂一百一十弓二尺五寸原文

按四五六七四號每號二百弓祇八百弓何以云一千八百弓乎一千二字衍文其餘亦多糾纏不清

今謹校定 北廣濟圩田地一萬六千六百四十二畝五分該出夫二百零八名內圩長小甲鑼夫馬練港陡門共免夫十六名五分其餘夫一百九十一各五分內撥夫二十四名四分派築馬練港陡門西北第一號二百弓起遞至第二號二百弓第三號二百弓共稍工六百弓每夫二十四弓三尺撥夫五十名六分派築西北第四號二百弓起遞至第五號二百弓第六號二百弓第七號二百弓長亭埂共次溝工八百弓每夫十六弓少撥夫七十七名六分派築西北第八號二百弓起遞至第九號二百弓第十號二百弓十一號二百弓十二號二百弓十三號二百弓十四號二百弓十五號二百弓十六號二百弓十七號內一百零九弓陽和埂至秋花墳等處共稍工一

千九百零九弓每夫二十四弓三尺撥夫三十八名
九分派築東北十三號內四十三弓遞至十四號二
百弓十五號內十九弓薺母灘共洶工二百六十二
弓因隔路遠每夫減工一尺計除四十弓與上興國
圩滿夫築實二百二十二弓每夫六弓少又派攢築
東北十六號內花津要工一百一十一弓每夫三尺
漏夫薛允安告荒田三百八十二畝一分該出夫四
名七分七釐未派正埂加幫本圩洶工

南子圩田地一百頃八十畝該夫一百二十六名免夫
八名五分餘夫派西十七號內稍工九十弓起十八
號順至二十六號內五十八弓止共稍工一千七百
四十九弓夫七十名一名又西三十九號次洶工一
百四十四弓四十號次洶工一百八十一弓共三百
二十五弓夫二十名五分七釐剩夫二十五名八分
派東岸正東洶工三十四號內三十五號一百七十
九弓又稍花津洶工埂七十弓二尺五寸每夫三尺原文

按語近含糊字多悖謬不可爲典要

今謹校定 南子圩田地一萬零八十畝該出夫一
百二十六名內圩長小甲鑼夫伏龍橋陡門共免夫

八名五分共餘夫一百一十七名五分內撥夫七十
一名派築西北十七號內九十一弓起遞至十八號
二百弓十九號二百弓二十號二百弓二十一號二
百弓二十二號二百弓二十三號二百弓二十四號
二百弓二十五號二百弓二十六號內五十八弓薛
家樓等處共稍工一千七百四十九弓每夫二十四
弓三尺撥夫二十名七分派築正西三十九號內一
百四十四弓遞至四十號內一百八十一弓伏龍橋
北首共次洶工三百二十五弓每夫十六弓少撥夫
二十五名八分派築正東圩豐庵三十四號內共洶
工一百七十九弓每夫七弓少又派攢築東北十七
號內花津要工七十弓每夫三尺

永甯圩田地四十三頃六十畝九分內除夏汝謙告荒
田四十四畝八分在外又除舊冊荒田八十畝實夫
五十四名五分免夫四名西二十六號內一百四十
二弓起工二十七二十八二十九三十號一百零七
弓止共稍工八百四十九弓夫三十四名五分剩夫
十六名派東岸三十號三十五號內埂一百十二弓
又攢築花津洶工埂三十弓一尺五寸每夫三尺原文

按此條亦有脫簡

今謹校定　永甯圩田地四千三百六十畝九分該
出夫五十四名五分內圩長小甲鑼夫共免夫四名
共餘夫五十名五分內撥夫三十四名五分派築西
北二十六號內一百四十二弓遞至二十七號二百
弓二十八號二百弓二十九號二百弓三十號內一
百零七弓北峰埂共稍工八百四十九弓每夫二十
四弓三尺撥夫十六名派築正東圩豐庵三十五號
內共洶工一百一十二弓每夫七弓又派攢築東北
十七號內花津要工三十弓每夫三尺夏汝謙告荒
及舊册荒田一百二十四畝八分因荒不派夫工不

朱開聯助印

入此數
義城圩田地四十六頃一畝五分該夫五十七名免夫
七名派西三十號九十三弓三十一號二百弓三十
二號七十七弓共三百七十弓稍工派夫五十名又
清山鎮三十二號七十三弓兩岸民房自築又西三
十三三十四號三十五號內洶工七百六十一弓
派夫三十五名五分又攢築花津洶工東北十八號
埂三十弓一尺五寸每夫三尺㛐
按此夫工不符詳略未當今閱者目眩
今謹校定　義城圩田地四千六百零一畝五分該

朱紹簃堂藏珍

出夫五十七名五分內圩長小甲鑼夫李四公慄門
共免夫七名其餘夫五十名五分內撥夫十五名派
築西北三十號內九十三弓遞至三十一號二百弓
三十二號內七十七弓青山澗下共稍工三百七十
弓每夫二十四弓三尺零撥夫三十五名五分派築
青山鎮南首正西三十二號內五十弓遞至三十三
號二百弓三十四號二百弓三十五號內一百六十
一弓共洶工六百一十一弓每夫十六弓零又派
攢築東北十八號內花津要工三十弓每夫三尺共
三十二號內青山鎮七十三弓著本鎮居民自築

申成文助印

籍泰圩田地三十七頃三十畝五分除蔣廷傳等告荒
田十六畝除舊册改正田十六畝五分作漏夫算該
夫四十六名六分免夫五名餘夫派西十號內稍工
十九弓該夫一名二分西四十一四十二四十三四
十四號一百四十弓共稍工七百四十弓該夫三十
一名剩夫十名三分派築正東三十二號內洶工七
十二弓又攢築花津洶工東北十七號內埂二十弓
每夫三尺㛐
按此條夾稍等字不明餘亦有誤
今謹校定　籍泰圩田地三千七百三十畝五分該

朱合毅堂藏珍

官圩修防彙述　西北岸　新義圩　朱開聯助印

出夫四十六名六分內圩長小甲鑼夫浮橋陡門共
免夫五名其餘夫四十一名六分內撥夫一名二分
派築正西四十號內陡門北宊洵工十九弓每夫十
六弓少撥夫三十名派築正西四十一號二百弓起
遞至四十二號二百弓四十三號二百弓四十四號
內一百四十弓新埂頭共稍工七百四十弓每夫二
十四弓三尺撥夫十名四分派築正東圩豐庵三十
二號內洵工七十二弓每夫七弓又派攢築東北十
八號內花津要工二十五弓每夫三尺蔣廷魯告荒
及舊冊改正田三十二畝五分不派夫工不入此數

新義圩田地八十六頃五十九畝該夫一百零八名二
分五釐免夫九名外郭顯學告荒田九十三畝王繼
湯告荒田五十四畝雙溝陡門三名魏士元魏士化
魏士亭告荒田十九畝郭大用告荒田十八畝共一
百八十四畝該夫二名三分作漏夫算派南三十五
號內宊洵工三十九弓三十六三十七三十八三十
九號五十六弓共六百九十五弓夫四十四名西四
十四號稍工六十弓四十五順至四十八號內二十
五弓共稍工六百八十五弓夫二十七名八分剩夫
二十七名四分派東岸圩豐庵正東三十二號內洵

官圩修防彙述　初編卷二　冊籍　大　朱詒穀堂聚珍

西圩岸　新義圩　潘元鏻助印

工一百一十五弓該埂一百四十二弓免夫九名又
正東三十二號內洵工五十九弓三尺每夫三尺原
按此免夫重出陡門三名奚然漏夫無著並無南工
其誤多矣
今謹校定　新義圩田地八千六百五十九畝該出
夫一百零八名二分內圩長小甲鑼夫雙溝陡門共
免夫九名其餘夫九十九名二分內撥夫四十四名
派築正西三十五號內三十九弓起遞至三十六號
二百弓三十七號二百弓三十八號二百弓三十九
號內五十六弓瑜家埠共宊洵工六百九十五弓每

夫十六弓少撥夫二十七名八分派築正西四十四
號內六十弓起遞至四十五號二百弓四十六號二
百弓四十七號二百弓四十八號內二十五弓終至
元通庵前雙溝陡門共稍工六百八十五弓每夫二
十四弓三尺撥夫二十七名四分派築正東圩豐庵
三十二號內洵工共一百九十二弓每夫七弓又派
攢築東北十七號內花津要工五十八弓每夫三尺
漏夫郭王魏等告荒田一百八十四畝該出夫二名
三分未派正埂加幫本圩宊洵工
按西北岸原冊以工爲序較東北岸似妥但數目多

初編卷二　冊籍　九　朱詒穀堂聚珍

官圩修防彙述

寡不一難於徵信爰校正之如此

西南岸總圩長一料丈量淘稍工派定夫名數目列後㜸

按此朱孔暘所分西南隅工也分五十六標計七圩原列第三今仍之以西北岸列於前者順工次也

中廣濟圩田地二萬三千四十畝該夫二百八十八名雙溝陡門起西南一號順至九號止第十號繫沛國圩工共稍工一千六百三十弓派夫六十六名二分五釐正南三十九號裒樹灣起至四十七號止共淘工一千六百五十弓派夫二百零五名七分五釐本圩免夫十六名內小甲免夫八名陡門免夫四名圩

西南岸　中廣濟圩

楊開仁勛印

長鑼夫免二名西南九號亭頭鎮一百四十四弓府民聽自培築㜸

按此亦未合式花津要工未載今補之俾四岸一律且較正之如左

今謹校定　中廣濟圩近既分上下兩廣濟圩田地二萬三千零四十畝該出夫二百八十八名內圩長小甲鑼夫亭頭陡門共免夫十六名其餘夫二百七十二名內撥夫六十六名二分五釐派築正西雙溝陡門南起第一號二百弓居民市廛基址在內遞至第二號二百弓第三號二百弓第四號二百弓第五

初編卷二　冊籍

朱諭穀堂聚珍

官圩修防彙述

號二百弓第六號二百弓第七號二百弓第八號二百弓第九號內三十弓西八標共稍工一千六百三十弓每夫二十四弓三尺撥夫二百零五名七分五釐派築正南三十九號內一百八十四弓起遞至四十號二百弓四十一號二百弓四十二號二百弓四十三號二百弓四十四號二百弓四十五號二百弓四十六號二百弓四十七號內六十六弓裒樹灣福興庵葛家渡紅廟王家潭等處共淘工一千六百五十弓每夫八弓零又加派東北十三號內薺母灘淘工七十五弓又派攢築東北二十二號內花津要工

西南岸　沛國圩

潘元錦勛印

一百六十三弓每夫三尺第九號內亭頭鎮一百四十四弓著本鎮居民自築

沛國圩田地五千七百六十畝該夫七十二名西南十號起十三號清水潭止共稍工七百五十八弓該夫三十名八分又東南四十七四十八號王家潭起淘工二百七十三弓花津雙埨口七十五弓夫三十五名圩長小甲鑼鬧夫共免七名㜸

按此花津要工數譌甚餘亦未明

今謹校定　沛國圩田地五千七百六十畝該出夫七十二名內圩長小甲鑼夫清水潭陡門共免夫七

初編卷二　冊籍

朱諭穀堂聚珍

名共餘夫六十五名內撥夫三十名八分派築西南
第十號內二十六弓起遞至十一號二百弓十二號
二百弓十三號內一百三十二弓終在常樂庵南首
至清水潭陡門共稍工七百五十八弓每夫二十四
弓三尺撥夫三十四名二分派築正南四十七號內
一百三十四弓起遞至四十八號內一百三十九弓
止王家潭共洶工二百七十三弓每夫八弓又派攢
築東北二十一號內花津要工三十九弓每夫三尺
上興國圩田地一萬一千一百六十畝該夫一百三十
九名五分正南十四十五十六號黃池鎮起共四百

揚關仁助印

二十九弓民房各自培築又正南十六號起至二十
一號止稍工六百弓夫二十四名三分二釐又洶
工夫三十一名五分釐該工五百七十一弓正南二
十二號起至三十號共洶稍工一千六百零九弓
夫八十三名四分三釐免夫九名內十七號十八號
調下興國圩築
按此條夾雜太甚花津要工亦失載自此以下諸圩
均失之
今謹校定　上興國圩田地一萬一千一百六十畝
該出夫一百三十九名五分內圩長小甲鑼夫烏溪

陡門共免夫九名共餘夫一百三十名五分撥夫二
十四名三分二釐又撥夫二十二名七分五釐派築
正南十六號內一百七十一弓起遞至十七號二百
弓十八號二百弓十九號二百弓二十號二百弓二
十一號二百弓東承天共稍工一千一百七十一弓
每夫二十四弓內有十七號二百弓十八號二百弓
馬坊口共稍工四百弓調與下興國圩築撥夫三十
二名派築正南二十二號二百弓起遞至二十三號
二百弓二十四號二百弓二十五號內一百八十七
弓共稍工七百八十七弓每夫二十四弓三尺續撥

蕭元錦助印

夫五十一名四分三釐派築正南二十五號內十三
弓起遞至二十六號二百弓二十七號二百弓二十
八號二百弓二十九號二百弓三十號內九弓小牛
灘一里禪等處共洶工八百二十二弓每夫十六
弓又調築下興國圩正東第三號內一百三十弓起
遞至第四號內七十弓止谷家埠共洶工二百弓繫
十七號至十八號共稍工四百弓撥又西北岸北廣
濟圩撥出東北十三號內薺母灘洶工四十弓與漏
夫築漏夫田未載數俟考又派攢築東北二十二號
內花津要工六十九弓每夫三尺緣漏夫酌減其第

十四號二百弓起遞至十五號二百弓十六號二十九弓共四百二十九弓繫黃池鎮基著本鎮居民自行培築

保城圩田地一萬一千六十七畝該夫一百二十七名正南三十三十一號共三百一十五弓烏溪鎮兩岸民房自築正南三十二號起至三十九號止共稍工一千四百九十二弓夫一百二十七名免夫九名

按此條脫略苟簡之至

今謹校定　保城圩田地一萬一千零六十畝該出夫一百二十七名內圩長小甲鑼夫周家涵共免夫九名其餘夫一百一十八名內撥夫七十八名五分派築正南三十號內烏溪鎮西十五弓起越鎮基至鎮東三十一號內六十一弓遞至三十二號二百弓三十三號二百弓三十四號二百弓三十五號二百弓三十六號二百弓三十七號內一百八十弓棗樹灣共疚淌工一千二百五十六弓每夫十六弓撥夫二十九名五分派築正南三十七號內二十弓起遞至三十八號二百弓三十九號內十六弓共淌工二百三十六弓每夫八弓二共工一千四百九十二弓撥夫十名派築東北十六號內淌工七十弓每夫七

弓又派撥築東北二十一號內花津要工七十弓每夫三尺共三十一號內一百七十六弓三十二號內一百三十九弓共三百一十五弓繫烏溪鎮基著本鎮居民自築

貴國圩田地六千四百二十畝該夫八十名二分東南四十八號起至五十一號止共稍工五百九十五弓夫七十六名三分免夫四名

按此亦未當不過詞無枝葉耳

今謹校定　貴國圩田地六千四百二十畝該出夫八十名二分五釐內圩長小甲鑼夫共免夫四名其餘夫七十六名二分五釐盡派築東南四十八號內六十一弓起遞至四十九號二百弓五十號二百弓五十一號內一百三十四弓止五顯廟等處共淌工五百九十五弓每夫八弓少又派撥築東北二十二號內花津要工四十五弓每夫三尺

永豐圩田地九千三百三十六畝該夫一百一十六名七分東南五十一號起至五十六號止共淌工九百零十弓內免夫十一名

按此過簡略殊欠詳明

今謹校定　永豐圩田地九千三百三十六畝該出

夫一百一十六名七分內圩長小甲鑼夫籍家陡門
共免夫十一名其餘夫一百零五名七分盡派築東
南五十一號內六十六弓起遞至五十二號二百弓
五十三號二百弓五十四號二百弓五十五號二百
弓五十六號內四十弓終共淘工九百一十弓每夫
八弓零又派攢築東北二十一號內花津要工六十
三弓每夫三尺

按西南岸册亦以工爲序特詞過簡略未盡詳明間
多譌字因校正之較原本似妥當焉

東南岸總圩長一料丈量淘稍工派定夫名數目列後原文

按此舊栻所分東南岸工也坐正東一面分三十丁
標計七圩分築內提出三十二三四等號派入西北
岸永甯南子新義籍泰四圩分築原列第二今改第
四圩凡一周

低塲圩田地五千五百二十畝該夫六十九名內除圩
長小甲埝夫鬧鑼夫共免十一名餘夫五十八名派
築淘工四百二十弓正東一號淘工一百九十弓二
號淘工二百弓三號淘工七十弓每夫一名築埂七
弓一尺九寸原文

按此語未盡明白其略去花津攢築要工宜補之

今謹校定　低塲圩田地五千五百二十畝該出夫
六十九名內圩長小甲鑼夫井家涵籍家陡門共免
夫十一名其餘夫五十八名派築正東第一號起一
百五十六弓遞至第二號二百弓第三號內七十弓
共淘工四百二十六弓每夫七弓一尺九寸少二弓
又派攢築東北二十號內花津要工三十四弓每夫
三尺

下興國圩田地八千一百一十二畝該夫一百一名四
分查出漏夫田一千二百零八畝該夫十五名一分
加派六圩淘工標內除圩長小甲鑼夫共免七名
餘夫一百九名五分該埂七百三十八弓正東三號
淘工一百三十弓四號淘工二百弓五號淘工二百
弓六號淘工二百弓七號淘工六十七弓每夫一名
築埂七弓一尺九寸內除正東三四號內共二百弓
與上興國圩修築原文

按此漏夫加派未清謝換未載覩下自見

今謹校定　下興國圩田地八千二百一十二畝又
查出漏夫田一千二百零八畝該出夫一百一十六
名五分內圩長小甲鑼夫烏溪陡門共免夫七名其
餘夫一百九名五分派築正東第三號內一百三十

弓起遞至第四號二百弓第五號二百弓第六號二百弓第七號內六弓共洵工七百三十六弓每夫七弓一尺九寸因漏夫減派七十一弓加派正東十號內洵工四十弓共第三號內一百三十弓遞至第四號內七十弓共洵工二百弓調與上興國圩築因築馬坊口第十七號內一百七十一弓起遞至十八號二百弓十九號內二十九弓共稍工四百弓又派攢築東北十八號內花津要工五十四弓每夫三尺漏夫未派要工

南廣濟圩田地八千六百六十四畝該夫一百八名三分查出漏夫田一千一百三十六畝該夫十四名二分八六圩正東洵工標內除圩長小甲鑼夫閘夫共免十名餘夫一百十二名五分分正東七號洵工一百九十四弓八號洵工二百弓九號洵工二百弓十號洵工一百七十三弓共七百六十七弓嫄

按此弓數不符疑是漏夫減去

今謹校定　南廣濟圩田地八千六百六十四畝又查出漏夫田一千一百三十六畝該出夫一百二十二名五分內圩長小甲鑼夫烏溪陡門共免夫十名共餘一百一十二名五分派築正東第七號內一百

九十四弓起遞至第八號二百弓第九號二百弓第十號內一百七十三弓共洵工七百六十七弓每夫七弓一尺九寸因漏夫減派六十三弓又派攢築東北十八號內花津要工五十三弓每夫三尺漏夫未派要工

新溝圩田地二萬四千七百五十二畝該夫三百九名四分查出漏夫田四百畝夫五名共夫三百一十四名四分內除圩長免夫二名小甲免夫二十名鑼夫一名塇閘夫六名賓夫二百八十五名四分該埂二千二百六十五弓分正東十號洵工二十七弓十一號順至二十一號止分洵工二千二百弓二十二號分洵工三十八弓每夫一名七弓一尺九寸嫄

按此工多少未合圩例

今謹校定　新溝圩田地二萬四千七百五十二畝該出夫三百零九名四分又查出漏夫田四百畝該出夫五名共夫三百一十四名四分內除圩長小甲鑼夫新溝陡門閘夫共免夫十九名其餘夫二百九十五名四分派攢築正東第十號內二十七弓起遞至十一號二百弓十二號二百弓十三號二百弓十四號二百弓十五號二百弓十六號二百弓十七號

東南岸　廣義圩

二百弓十八號二百弓十九號二百弓二十號二百
弓二十一號二百弓二十二號內三十八弓共洵工
二千二百六十五弓照圩例每夫七弓一尺九寸多
派八十四弓又派攢築東北二十九號內花津要工一
百六十八弓每夫三尺漏夫未派要工
廣義圩田地一萬四千五百六十二畝該夫一百八十
二名查出漏夫田二百六十二畝該夫三名四分加
派六圩正東洵工標內除圩長小甲鑼鬮夫共免十
三名實夫一百七十二名四分正東二十號洵工一
百六十二弓二十號順至二十七號分洵工一千弓

楊學和助印

二十八號洵工一百五十六弓每夫一名分埂七弓
一尺九寸原文
按此亦夫少工多號數殊不分明
今謹校定　廣義圩田地一萬四千五百六十二畝
又查出漏夫田二百六十二畝該出夫一百八十五
名三分內除圩長小甲鑼夫南栢港陡門共免夫十
三名共餘夫一百七十二名三分派築正東二十二
號內一百六十二弓起遞至二十三號二百弓二十
四號二百弓二十五號二百弓二十六號二百弓二
十七號二百弓二十八號內一百五十六弓共洵工

宣圩修防彙述　初編卷二　冊籍　二十　朱詒穀堂纂修

東南岸　王明圩

一千三百一十八弓每夫照圩例七弓一尺九寸多
派四十七弓又派攢築東北十九號內花津要工七
十九弓二十五號內花津要工二十二弓每夫三尺
漏夫未派要工
王明圩田地八千三百二十畝該夫一百零四名查出
漏夫田九十六畝該夫一名四分內除圩長小甲鑼
夫鬮夫共免十名實夫九十五名分東二十八號洵
工四十四弓二十九號順至三十一號分洵工六百
弓三十二號洵工八十五弓每夫一名該工七弓一
尺九寸派東岸花津攢築洵工東北十八號十九號

吳國濤助印

洵工二百弓二十號洵工一百一十工原文
按以上諸圩均未載花津攢築要工此獨載之亦未
妥協弓數不符不可徵信
今謹校定　王明圩田地八千三百二十畝又查出
漏夫田九十六畝該出夫一百零五名二分內除圩
長小甲鑼夫大隴口陡門共免夫十名其餘夫九十
五名二分派築正東二十八號內四十四弓起遞至
二十九號二百弓三十號二百弓三十一號二百弓
三十二號內八十五弓共洵工七百二十九弓每夫
照圩例七弓一尺九寸多派二十七弓又派攢築東

宣圩修防彙述　初編卷二　冊籍　二十一　朱詒穀堂纂修

北十九號內花津要工五十七弓每夫三尺
按東南岸以工爲序所云每夫七弓一尺九寸核之
殊多不符其花津要工未載亦屬闕典因逐條正之
未知當否
按老册分工程式大略四等濱臨湖面有風浪者爲
洶工臨大河者爲次洶工在內港無風浪者爲稍工
花津十里要工爲攢築工洶工每夫派築八弓次洶
工每夫派築十六弓稍工每夫派築二十四弓雖略
有增減亦相工之洶稍耳至花津攢築要工每夫三
尺過圩一例細繙此册雜亂無紀脫簡多端閱者不

能無憾且中心埂四千弓未曾標號更未措置一手
以致後來聚訟其老册書法四岸不同必非一手所
定閱時既久遂生疑竇況歷經兵燹碑石剝蝕翻刻
模糊亥豕焉烏莫由徵信茲先將原文鈔列明知錯
誤一字不敢增删再將逐圩校定附於其後以便比
勘其文法仍歸一律庶幾瞭然尚冀識者訂正焉
附刊中心埂說略
中心埂四千弓約計標號二十如做東北花津攢築
要工俾圩各分弓丈自堪允協乃分至沛國圩清水
潭第十三號即跨此至黃池鎮爲第十四號置此工

而不論何哉或者恃福定爲外援與而北岸章公祠
首架隔感義圩者又分之此獨不分殊未可解前輩
湯天隆孫啟芝諸公曾列條陳若豫知後來有狡推者茲
故不能不附列於後焉
國朝乾隆二十四年官圩中心埂分工碑記
大官圩設立中心古埂架隔福定圩原與王家潭花
津同爲險要之地自　有明萬歷四十一年四岸總
圩長東南岸趙拭西南岸朱孔暘西北岸鄭文化東
北岸稽廷相鬮分段落各岸築一千弓同報具工程
何太尊批准垂爲定例

國朝順治十五年東北岸生員湯天隆孫啟芝等叩請
按臺衞批飭四岸照舊例修築編載縣志邇來各小
修恃有福定圩爲外藩偷安怠誤致中心埂日就低
塌　乾隆二十年三月西南岸士民史宗連朱爾立
等具呈上　府叩飭四岸修築完固以備不虞蒙批
仰當塗縣卽查照舊一律修築工竣具報毋遲東北
岸各小修人等繪圖飾控將中心埂推入西南一岸
蒙　秦憲厍斷據覆呈繪圖開東南岸六圩半核算
本工及攢築險工共六千五百八十弓三尺東北岸
九圩本工及攢築險工共九千八百二十九弓四尺

西北岸六圩本工及攢築險工共八千六百三十五
弓西南岸七圩除中心埂四千弓外已有本工及攢
築險工二共八千九百八十八弓若再將中心埂責
令西南岸獨修西南岸有工一萬二千九百八十八
弓殊屬不均可見中心埂之四千弓向倒四岸朋築
以均勞逸無疑爾等推諉怠誤大有不合候諭勘押
修七月初二日詳府憲 朱憲批據詳已悉仰即飭
令四岸照舊攢築以衞田疇毋得任其抗延干咎二
十一年四月 府 縣信牌委員履埂照舊額丈量
起止分定段落四岸恪遵二十二年九月公叩請

儀金城助印

府憲載志勒碑蒙批准勒石工所並將各岸工段細
載府志以垂永久自今以往凡四岸業主各宜上念
前人創制法良意美下念闔圩生靈思患豫防勉之
慎之

計開

西南岸一千弓自清水潭起至戴家莊止
西北岸一千弓自戴家莊起至戚家橋止
東南岸一千弓自戚家橋起至枸橋茨止
東北岸一千弓自枸橋茨起至黄池鎮梁家橋止
右共四千弓

知太平府事朱肇基
知當塗縣事李永升
署當塗縣事秦廷堃
知當塗縣事孫賢相
太平府教授朱錦知
當塗縣典史鈕維鏞

原呈士民
史宗連 朱爾立 尙士楷 尙文 尙士位
丁丙揚 賈秉乾 劉達卯 潘辰和 趙廷英

首事姓名

李邦繇助印

賈以茂 賈兆龍 張玉彩 李捷飛 殷聖睿
殷紹軾 殷紹聡 劉廷柱

同事姓名
趙朋文 趙維三 趙勝原 錢爾揚 錢兆景
錢繼賓 孫學進 孫爾嘉 孫天祥 李漢湘
李錦文 李儒連 李惟賢 李名德 李世阡
李廷燦 李光華 李世柏 周錫予 周維爵
周子釆 周兆慶 周咸茂 周月九 吳保善
吳魯公 吳餘慶 吳愷文 吳鼎臣 鄭秀草
王廷魁 王熙 王廷獻 王玉彩 王公棠

王光前 王振紹 王舜舉 王士華 王起柏
王得雲 王培彰 王東敘 陳介眉 陳公朝
褚熙林 衛方瑤 衛芝山 沈宗商 沈世輔
沈東玉 沈步蟾 沈尊五 韓名超 韓元文
楊嘉模 楊雲先 楊上珍 朱文象 朱熊階
朱春臺 朱履謙 朱健行 朱有公 朱文侯
朱乾恒 朱復言 朱正其 朱明章 朱南英
朱乾昌 朱愛益 朱次梁 朱彩明 朱無琢
朱任元 朱建中 朱九如 朱文先 何爾玉
何明秀 張宗權 張連枝 張宗栻 張玉安

張和聲 張玉龍 張獻珍 張茂學 張心田
張惟銓 張以東 魏定鳴 陶澄川 陶涵
陶迎天 陶克猷 陶宏敏 陶載陽 陶展漢
陶展澍 鄒士祥 鄒元和 鄒建中 潘東山
袁如綱 魯元 魯文達 魯廷瑞 魯聖玉
魯獻榮 俞漢傑 任子振 任幹 任元子
袁秀愷 史調元 史載名 唐天祿 費廷尊
湯佩珍 湯攸球 殷紹熙 殷世文 殷世安
殷六宣 蕭承甯 汪遷三 汪士彤 汪士彬
汪華修 汪喬士 汪聘三 臧公玉 戴文志

戴煜文 戴敘文 戴錦雲 麻進如 麻雲如
麻起如 賈聚美 賈承耀 賈紹尊 盛孔嘉
徐聖言 徐飛池 徐師範 徐天榮 徐初盛
徐厚五 徐成美 徐宏如 徐贊和 徐化南
徐士秀 胡天明 胡雲先 胡志山 胡成普
胡定名 霍定周 霍昌達 丁支均 丁天德
丁玉音 丁咸有 丁彩明 丁儀範 丁敘青
丁朗先 丁支運 丁瑞吉 丁召南 丁愛昌
丁敘成 杭佩三 劉志甯 劉輝五 劉銳
劉繹東 劉含光 劉貞士 劉蒼雲 劉廷光

劉朝卿 劉公維 劉廷相 劉位東 葉流芳
申友餘 莊元林 莊恒士 尚士昌 尚聚靈
尚東明 尚有常 尚行原 尚培五 尚純仁
尚清元 尚維三 關錫尊
桃園壇李公中 周彔公中 王家潭王公中
沙潭王公中 陳家埰公中 下莊沈公中
清水潭沈公中 朱光公中 橫埂朱公中
樓分下朱公中 鍾家舖許公中 石橋魯公中
陳張村張公中 魏大公中 烏溪魯公中
亭頭殷公中 亭頭丁公中 華塘史公中

戚家橋谷仝中　莊東分仝中
右備錄諸君姓氏足見好善者多共勷義舉匪特流芳百世也亦以俾後世子孫對祖若父之名感發興起焉爾

按中心埂分工碑記二通一立黄池北鎮梁家橋一立清水潭陡門南岸高丈餘闊半之碑文姓氏擘窠大書四岸各分工段起止至今遵守勿替當　乾隆時該埂就湮寖久爲心腹患史朱諸君居近工次習見失修者四十餘年因擯贊前驅倡義者同心附從古稱同舟共濟良有以夫此有志者所以事竟成也

再考前明修造中心埂四總長報工　何太尊批示云中心埂爲福定圩架隔年來官圩倚爲外藩遂忽中心埂而不修三十六年　朱縣令雖責令胡守約領稻穀募夫修築畢竟爲守約侵欺冒破草率了事守約之罪不可勝誅亦官圩之民藉福定圩爲長城半壁狃處堂之安而不爲徹桑之計耳閱議書此埂雖派分南料然大浸之後廢敝之餘非合衆力難以成功一圩之中成敗相關不可不權宜從事准四岸協築除清水潭及甘家屋後大缺合力攢造外其餘四千弓各分一千此缺仍屬南料督管不得以此爲

例牽扯三總各付照云云乃東北岸陳紹裘戎文紹等牽連西北東南兩岸希圖狡推結訟五稔祇摘此缺仍屬南料督管一語不得牽扯三總之詞故爲留難抹煞其餘四千弓各分一千之語飾詞朦稟將三岸原日分定中心埂額工推入西南一岸殊失此缺仍屬南料督管之語意蓋此缺者明指清水潭之大缺也南料者西南岸料也督管者此清水潭之大缺在西南岸所分一千弓之內四岸攢造成功應歸西南岸督管也若僅據南料二字豈東南料非此南字乎是南字不分晰矣況云此缺豈中心埂四千弓盡

槩潰缺乎且前云官圩倚爲長城半壁豈西北東南東北三岸獨非官圩而西南一岸爲官圩乎揆之情理均屬不合宜史君積忿不平大聲而疾呼也使予而與史君同時爲之執鞭所忻慕焉

附覆稟諸名

東北岸小修　陳紹裘　陶靖臣　錢玉斯

西北岸小修　李天齊　王在天　李國昌

東南岸小修　蔣公郡　周子華　吳雲鸞

官圩修防彙述初編册籍卷二終

官圩修防彙述

官圩修防彙述

官圩修防彙述初編舊制卷三

檄文目次

明萬曆三十七年分工晝段檄

國朝康熙三十四年剔弊事宜文

康熙五十九年禁革總修文

乾隆二十一年修復中心埂詳文

咸豐二年藩憲董修大官圩示

又府憲董修大官圩示

光緒十四年撫院曉諭

官圩修防彙述初編舊制卷三

湖曛逸叟編輯

衛錦堂朝鑅校

檄文 舊制三

道德齊禮上之政也樂事赴公民之職也顯蒙罔識大體故周禮月吉讀灋懸書使民知敬畏記曰不率教者則夏楚以加之願吾圩咸懍斯意焉述檄文

明萬曆三十七年知縣朱汝鼇諭四岸總首分工晝段檄

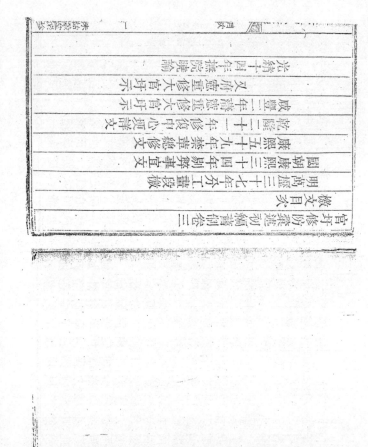

爲秋成重葺圩工事照得當塗水國也逼邑圩田最多而圩田如大官圩延袤幾二百里瀕抵江湖風浪

前明　萬歷　知縣朱汝鰲

一穴潰則全圩成壑一快不築則顆粒無收此眞億萬生靈命脈所繫廼舊年大水異常圩埂盡行傾卸本縣單騎親出徧踏荒疇廉知往時修築俱託圩長聚財入橐倩老幼搪塞視爲具文致圩工疏忽等諸道旁之舍以致黠夫百無二三督理八九月竟無成效往往一年之災變作兩年之害予思法無一定之規姦猾觀望而莫知遵守埂無分劃之法人人推諉而何以稽查特鑿攢築賣夫弊端創立估工劃段良法令各業戶自照本戶田畝多寡以爲派工多寡分認處所用木標鐫定本夫名下俾分工分夫惟力視其田而止自埂自築誰敢撤其標以逃未及百日得告成事民稱便之茲秋成將畢例得重加修葺用是勒石以示永久爾民各有室廬各有田畝其世世行之毋忽

按朱公爲吾邑令值圩潰擬修築條例十五則圩人立生祠二一在東岸新溝一在青山鎮西偏今僅存故址殘碑而已其條例不可考惟創分工段約圩衆世守勿替民到於今稱之所云標者凡埂百丈計二百弓先用木標爲號俟分定後界以石也復定方向自馬練港西達新陡門折而南行經千觔閘轉東向

前明　萬歷　知縣朱汝鰲

南又曲折向西南行過印心庵至青山鎮爲西北越鎮南行直達雙溝爲正西計共四十八標分屬西北岸工自雙溝起至清水潭亦爲正西跨中心埂十五里至黃池鎮東行經烏溪至橫湖陡門爲正南計共五十六標分屬西南岸工自橫湖陡門北首直至潘家埠爲正東計共三十五標分屬東南岸工至圩豐庵內有西北岸三標自潘家埠北至花津
天后宮抹角向西至　章公祠首向南至馬練港陡門爲東北計共六十一標分屬東北岸工內齊母灘迤北風浪險惡俗名十里洵工條約改名要工四岸攢築獨慽清水潭至黃池鎮中心埂四千弓未曾分標註冊非當年未分是埂也艮由恃福定圩爲外障未議歲修耳　雍乾間廢墜多年至　史宗連出始起而糾正之

國朝康熙三十四年知縣祝元敏纂修縣志載官圩剔弊事宜文

官圩古名十字圩合衆圩而成者也俗稱八十四圩實五十四圩設立小修者二十九圩而已或以圩小而不必立或以工簡而可兼攝但其中報役免夫之陋習不除殊非堅隄固圉之制田居闔邑之半賦即

官圩修防彙述

圖制　康熙　知縣祝元敏　衛長服助印

牛於闔邑不可不加意也舊制圩役不及紳衿者以
圩務重大得則功失則罪鞭扑宜加若紳衿則不便
行法故不與非優而免之如云紳衿卽當免役豈陽
侯波至遇紳衿田卽不肆虐乎後乃謂紳衿之免圩
役如丁糧優免之例舛矣誤一　紳衿免役卽繫事
外之人不宜更議役而今之報總圩小修者全自紳
衿主之一當議總役之日東奔西馳賣彼覩此甚至
僉議已定而臨時一二積霸且有出呈袖中擅易所
議姓名上欺官長下壓同事腹誹而不敢爭錯愕而
不及辯一時有秀才尊同道院之目誤二　若小修
則愈奇矣小修者有修築圩隄之責者也必其才力
足以服人方可以責衆治夫理合以田畝爲定多者
先之少者次之其餘數畝及荒廢不成田之業主則
置之恐其田畝不多漫無經理或至失事也今則田
多者恐擔干紀賄賂爲脫去已名而不充出少者或
以充小甲等役爲恥而欲作圩長以自張於是充者
不當當者不充不欲者以錢脫其欲者又以賄求欲
脫者不使遽脫而昂其值欲求者不使卽得而靳其
與一一惟賄是謀必使充役者强半猥鄙不足數之
徒言不敢忤衆勢不能役人者然後可聽其欺壓而

官圩修防彙述

圖制　康熙　知縣祝元敏　衛長服助印

不遣工埂之鑼雖頻敲而操畚之夫無一至卯薄虛
設名色空存令既不行工何由起倘有失事又得歸
罪於小修肆行索騙加之慶弔具儀歲時饋送一有
疏忽禍譴叢生誤三　工由夫作夫從田起定例也
有田則有夫田多則夫衆定數也旣署爲夫自當通
力合作固無可增亦何從免今則小甲先免夫若干
矣紳衿之田總不出夫矣無田之衿亦效尤而得銀
入錢而代人免一夫矣其非紳非衿之地棍又操小
修之短長而脅制之不敢不免夫矣如此各免夫從
何生豈挑土夯築之役半望之神運鬼輸乎圩工何
得不疏淘工何自而舉誤四　此四端之弊積漸使
然於今爲甚又有歲內不興工直遲延至次年二三
月方上工一遇春水氾漲土方湮沒無處取土則工
歇矣恐官驗工無新土者必究反將舊埂浪窩不平
處創去外土有似新築官一驗過掩飾一時則一年
之事畢矣非徒無益而又害之若不亟除此弊恐難
保無虞也欲除以上諸弊惟於未報小修時先令舊
役造田册驗田多者若干家可勝小修之任押令公
議圜定年次輪充庶免躲閃不公之弊若議四總卽
令各小修公同僉議或卽小修中公舉一人或於小

國朝　康熙　知縣祝元敏

衛艮美助印

修外另擇一人紳衿既已免役再不得插身其中據遴選之權開營謀之漸而賢司牧更宜破除情面公舉一人卽具承伏萬不開免彼移此之門優以禮而假以權茍有作姦怠事者重繩以法又設立循環卯薄半月一换密摯曠卯重究小甲則大不能多免而修築得時公事庶得其人而縱容保夫之大弊俱可漸免矣此而圩隄不固不克永保無虞也未之有也此急務也

按此刊入邑志公於圩政廉知積弊久深欲思患而豫防也觀其語語切實字字痛快活描出姦黠射利庸懦誤工景象肩斯責者讀之果深省焉上裨　國家下造桑梓行見食德飲和綏豐屢告矣否則躬紳衿而行鬼蜮也圩衆其共勉之

國朝康熙五十九年知縣王巨源禁革官圩四總修詳文

查得大官圩中列二十有八圩分爲四岸每岸七圩七圩之內設圩長一名卽前此總修小圩長七名卽今之小修蓋七圩朋作未有疆界必得一人以董其役此小修所由設也逮後七圩劃段分工一圩有一圩之工安危各有專司總修遂爲虛設且日久弊生漸爲民害每年當繳報之時或差貧賣富或包攬徇

81

國朝　康熙　知縣王巨源

衛艮美助印

私更且一名浮報數名以資需索圩民不勝其累故士民劉煥等有瀝陳弊竇之控蒙　撫院切念民生鄭重圩務批　司行　府轉行飭議復據士民等呈稱官圩半縣錢糧上關　國課亦生等身家性命祖宗墳墓之所倚賴闔圩有二十八名小修各圩修各圩之圩隄卽修各身家性命祖宗墳墓之圩隄何待總修之督理長差之催趲況計田派夫催夫則有小甲督夫則有小修總修不催夫不督工安用總修試問四十七年豈無總修豈無長差實由此輩朋姦勒索以致繳報遲延興工太緩遂使圩不能堅遭此大害據報則總修之不利於圩可知已夫民之所利則興民之所害則除今羣情既視總修爲贅疣爲蟊蠹應便革除止留小修二十八名每年任各圩自行公舉祇造花名卯薄送縣查點不留纖悉擾民實爲妥便等情詳　府中　轉詳奉　院批開如詳飭遵行知到　縣仍飭於每年水患歲警等事案內居修之時務使親臨驗勘毋致推諉憒誤

按自　康熙中葉歷年大水官圩總修不爲親身督護至戊子圩潰仍與黠胥蠹棍朋比充役圩民拱手聽命受累良深保城圩士民劉煥等洞悉弊竇不忍

坐視是年六月躬赴　撫轅瀝陳五害籲請禁革蒙
李中丞檄　府查詳批　司飭縣查議無非興利除
害之實政也中有覘為蠶莊等語已覺多事而無所
用矣若覘為蜂蠆螫人抑何毒乎吁可畏已

國朝乾隆二十一年六月署縣事秦廷堃修復官圩中心
埂詳文
為晰陳飛累飭循舊例以杜從推事緣本年五月二
十八日奉　府朱信牌內開據該縣大官圩士民陳
紹裘赴　府具稟生等現有感義圩分心埂公修未
便牽扯中心埂稟求查案循例辦公等情控　府據

此除批示外為查此案前據西南岸士民史宗連朱
爾立等呈稟中心埂四岸公修當行該　縣查議督
修在案今據前情合亟抄詞飭查為此仰當塗縣官
吏照牌理事文到立即確查中心埂現今曾否興工
作何修築確查妥議詳　府核奪事關圩隄要務
國課民生不得偏累延滑致干察究計抄詞一紙內
開具稟當塗縣大官圩士民陳紹裘等為晰陳飛累
飭循舊例以杜從推云云　乾隆二十一年五月二
十日批候據呈一併行　縣確查等因到　縣奉此
卷查此案　乾隆二十年三月二十三日奉憲臺批

據西南岸史宗連朱爾立等具呈恩押飭承築圩隄
等事蒙批仰　當塗縣即查照舊例飭令及時一律
修築工竣具報毋違圖紙並發又於　乾隆二十年
五月十六日奉　憲臺批據大官圩東南東北西北
三岸小修戎文紹等呈為誆憲飛工叩飭差押照舊
修築事蒙批仰　當塗縣確查具報抄冊並發各等
因奉此當經卑職親詣查勘得史宗連朱爾立等與
戎文紹等控築中心埂一案緣大官圩西南岸隄埂
外旁有福定圩大官圩西南岸之隄埂即與福定
圩稱為中心埂丈有四千弓查福定圩實當衝流險

要向因福定圩遺中心埂低塌不能防障以致大官
圩被淹自　康熙四十八九年督令四岸圩民將中
心埂培築高厚迄今已四十餘年矣乃圩民恃有福
定圩為之外障遂視中心埂為緩工致日就低塌是
以史宗連朱爾立等呈請照舊四岸公築也今三岸
小修戎文紹等以大官圩分為四岸各築各岸本工
有分工弓數段落碑記為詞其兩造呈內有所列
萬曆及　順治康熙年間修築事例雖在縣並無存
房卷宗可稽但查當邑志載　順治十五年生員湯
天隆條陳修築事宜內開西南岸外有福定圩當其

上流西北岸外有感義圩衛其下水先年官圩屢次破壞皆由福定感義兩圩先圮故設立中心埂以界別之計共三十餘里若此埂不堅鄰圩一壞則官圩難保叩飭四總圩長照舊額對工取土堅築毋恃鄰圩外障以致本埂疏虞恩爲萬全等語奉前　本府飭行勒石今碑石雖殘失而志乘實有可據核其叩飭四總圩長照舊額對工取土堅築一語則中心埂例繫四岸公修已可概見嗣於　康熙四十七年以後革除總圩長專設小修劃段分工亦刊在邑志並未有中心埂專責西南岸修築之語卽今卑職按圖親身履勘大官圩各立有分工碑石其東南岸六圩劃分應築本工暨攢築東北岸花津等處險工二共六千五百八十弓三尺東北岸九圩劃分應築本工及攢築花津等處險工二共九千八百二十九弓四尺西北岸六圩劃分應築本工及攢築東北岸花津等處險工二共八千六百三十五弓西南岸七圩除中心埂四千弓及該岸黄池烏溪二鎮弓口繫市民修築不在分工之内已劃分應築本工及攢築東北岸花津等處險工二共八千九百八十八弓此繫伊等從前公議照圩田多寡派分應修之工若以中心

埂之四千弓再責令西南岸獨修則西南岸有一萬二千九百八十八弓勞逸實屬不均且東北岸花津等處險工現派及西南岸攢修則西南岸中心埂何獨不派三岸人等修築乎況中心埂不固設福定圩偶有疏失則大官圩西無保障必全圩受累是中心埂實繫四岸人等身家所關非獨西南一岸之干繫也應請通飭四岸照舊攢修豫保穩固但現今禾苗在田圩外湖灘已沒水底無從取土應俟秋收後卑職再行親詣確勘分別緩急二段押令四岸小修興築實爲公便等情黏連原稟批詞於　乾隆二十年七月初二日詳覆旋奉　憲臺批開據詳已悉仰卽飭令四岸照舊攢修以衛田廬毋得任其抗延干咎繳等因續經卑職將覆查中心埂工議令四岸小修公辦必須親勘劃段正値卑職提辦收漕暨撥運賑米各事宜均須在倉督率實難分身往勘且查該圩埂在福定大官二圩之内非瀕湖沿河緊工可比應請緩俟來歲春融親詣勘明酌量分派飭同攢築等情又於　乾隆二十年十月二十四日詳具　憲案蒙批據詳已悉仍應按期分派趕修毋得遲延干咎繳各等因在案逮至本年春月先行卑職縣典史鈕

官圩修防彙述

維鏞親請履勘分段督修開造具報候卑職親加履
勘去後嗣據該典史鈕維鏞勘明分段飭修僅西南
一岸各圩遵修一千弓其東南東北西北三岸各一
千弓未經修築造冊詳覆到 縣並據徑詳 憲案
蒙批查修築圩隄原繫保衛田廬要務今中心堰西
北東北東南三岸小修人等因何抗不遵行仰當塗
縣即確查詳究毋得徇延致誤險工繳冊並發等因
批 縣奉此卑職遵覆飭差嚴押提修茲據東北等
三岸小修陳紹裘等以晰陳飛累一詞上控 憲案
蒙批前因抄詞檄行下 縣奉此該卑職查得中心

堰一道雖坐落官圩之西南實為全圩之屏翰前奉
飭查業經卑職查明四岸本工碑段弓數及此堰向
繫四岸公築碑記昭垂邑志可考備敘原由詳奉批
允在案詎西北東北東南三岸小修陳紹裘等延挨
不修復以 萬歷年間中心堰衛瀆會令四岸公築
因屬隳壁之後工程浩大權宜從事是以碑內載明
此後仍屬南料又 康熙年間四岸公修亦止四十
八弓茲西南岸史宗連朱爾立等派令三岸各築一
千弓遽倒飛累等詞上控 憲轅奉飭查議卑職復
查 萬歷四十一年堰上衛瀆西南岸總圩長朱孔

官圩修防彙述

賜西北岸總圩長鄭文化東南岸總圩長趙樾東北
岸總圩長藉廷相報工冊內載明清水潭新衛大鋏
寬闊深長工程浩大朱孔賜各下除大衛鋏外原日
分定舊額工堰由清水潭起至戴家莊止鄭文化原
日分定舊額工堰由戴家莊起至戚家橋止趙樾原
日分定舊額工堰由戚家橋起至栒橋茨止藉廷相
原日分定舊額工堰由栒橋茨起至梁家橋止等語
既云舊額是中心堰之清水潭至戴家莊今丈計工
一千弓昔歸西南自戴家莊至梁家橋共工三千弓
向隸東南東北西北三岸實有成例即前詳報工冊

前 府憲何批內除清水潭大俠合力撈造外其餘
四千弓各分一千此鋏仍屬南料不得牽扯三岸等
語繫因清水潭本屬西南此時衛鋏工大災殘之餘
西南一岸獨力難支派令四岸飭築誠恐西南岸後
援以為例故特指明此鋏此後仍屬南料是仍屬南
料一語原專指本屬西南岸之清水潭衛鋏而言其
三岸舊額分工不在其內誠恐三岸後將本工藉此
橫推所以復有其餘四千弓各分一千之語也遞後
順治十五年議據生員湯天隆等條議詳奉前
憲批允修築事宜亦以中心堰為官圩保障應飭四

岸公修勒碑載志至　康熙四十七年之衝缺四十
八弓繫在枸橘茓起至梁家橋工段以內倒屬東北
因工稍險亦令四岸助修並非因西南工派及三岸
也窮源溯流則中心埂應照　萬歷年間報工冊內
原定舊額工埂四岸協修萬難更易乃陳紹裘等不
遵古例並前　憲金批止摘此後仍屬南料不得牽
扯三岸之詞抹煞詳呈報工冊內所開三岸原分舊
額之工段並其餘四千弓各分一千之批飾詞混稟
希圖將三岸原分額內推歸西南一岸實屬不合所
有中心埂應照前詳仍飭四岸攢修以衛田疇再小

修等抗延不修本應逐名詳明枷示押辦第念修圩
通例業主充當小修農佃起工力作卑縣上年秋收
未稔今春米價高昂各佃日用悉屬艱難其各岸應
修官圩本工自春徂夏督催趕修均已力盡逮至本
工告竣東作正興夏雨時行修坍補卸人隨處有際
茲禾苗暢遂正需耕芟壅灌似宜聽其竭力南畝以
冀秋成況查江河水勢現稱平穩其外護之福定圩
亦已飭修堅固足資捍禦若再嚴飭修補竊恐有妨
農業可否暫爲寬限一俟秋收卽嚴飭陳紹裘等各
帶工佃按段趕修敢再抗延卽逐名詳明枷示工所

押令修竣分別責處務使埂工完固勞逸無偏緣奉
批查理合查案酌議具文詳請　憲臺核示遵行爲
此備由開冊具申伏乞照詳施行須至書冊者
朱太尊批所議已屬妥協仰卽飭令遵照如陳紹裘
等再敢抗延不修卽詳明究處以爲誤工者戒此繳
按此乃第三次詳文也初史宗連等以叩飭公修一
詞呈　縣復以叩　恩飭押一詞呈　府而戎文紹
等飾詞狡推具呈　府憲業經　縣主秦兩次具詳
未蒙昭晰得是文原原本本逐一推勘毫無滲漏而
案始定是役也史公裒集案牘俾後人悉知根柢功

在桑梓利及隄防矣其原呈再呈情詞周到　府判
縣判語意公明三岸小修戎文紹及陳紹裘等後先
狡捏延及五稔始獲准行非始終不渝者曷克臻此
緣由備載史帙茲不贅錄

國朝咸豐二年　安徽布政使司布政使李本仁重修大
官圩告示

爲剴切曉諭事照得當塗縣圩田緜亘數十里幾居
邑賦之半田至窪下全賴隄埂以資保障設被衝灌
則田廬皆成巨浸爾民櫛風沐雨三時勤苦罄室竭
力於田老稺懸命乃往往束手於一朝之患號呼奔

官圩修防彙述

國朝　咸豐　當塗李本仁　王之甫助印

走其旁痛莫之救而獨不爲先事之備有識者憫且
戚矣皖省比歲洞隄穴壩駭浪衝激農民鳴鉦集補
晝夜搶護欲與水爭一綫於洪濤巨浪中迨室家漂
沒無可如何始環江而號曰天乎吁此真氣數之所
爲抑人事之未修耶　本使司蒞任之歲目擊吾民
凍餒流離盡焉傷之每至大雨時行江流漲溢未嘗
不中夜徬徨寢食俱廢思所以保衛吾民者莫急於
修隄一事故嘗身親履勘兼訪情形博諮僚佐廣詢
士人知因災流徙隄障之衝毀者窮民未能復業其
間有籌款補苴者官吏紳董不得其人奉行苟且潦草

以塞上意屆今冬令百川水勢大落而圩田積潦終
歲恒苦防堵新築坝岸復卑薄疏漏不足以禦江潮
之衝激陡遇風雨駛流擊其內址滲漏囓其外根隄
岸不立時傾裂者幾希當邑大官圩內界十字圍中
縣長隄外敝沙埂昔人立制亦良美矣徒以頻遭水
澇不知興事修築十字圍久蕩然無存長隄外埂亦
殘缺不能備禦急　本使司於上年隨同　撫憲捐
廉倡始俾各屬圩工次第興舉務期有備無患第念
爾邑隄壩遼闊糜數萬金錢徒事粉飾無益也是必
司牧得其人而後可特爲遴選賢員得爾　府主潘

縣主袁相與反覆推論殫心切究知其能爲吾民
身家性命計也因舉圩岸之事任之於其行也復諄
諄以前事相告誡蓋據勘稟皆施然以此事爲己任
慈黛子惠之思流溢楮墨其大要務求實效不謀近
功力破從前潦草之習視爾民之自爲計功相萬矣
且以爾民踴躍輸將傾解同井相恤之義復恐民力
不逮顧請籌款以資津貼除如請籌給外　本使司
復捐廉一千千文爲之倡爾民當念爾父母官多方
勸導競矣公心所延紳董又皆潔清自愛之士凡車
馬供億及書役圩修一切陋費均禁斷嚴絕其一片

吉心爾民當自感勵念　本使司恭承
簡命來茲斯邦陳臬開藩於今三載洞悉爾等衣食事苦
之源惟恃此隄岸之保固故捐廉籌款不惜至再至
三殫慮焦思皇皇然若勿及豈好爲是勞民哉誠以
仰沐
聖恩下不負民乃能上不負　國若一身飽食煖衣置百
姓飢寒於不顧則亦焉貴此司牧爲耶爾百姓亦當
念　本使司身非土著宦轍靡常豈復有自私自利
之見存不過爲爾民計長久策萬全聊以自盡其職
而已爾等幸勿分疆界私財力狃小見急近功卑淺

初無一定有無原可相通其有籍隸鄰邑家本豐腴
向曾廣置圩田因連歲歉收遂成廢業者當捐資修
復以存世業至於井里相恤在鄉里尤不乏急公好
義之人高阜者比歲有收倘能慨捐協濟古誼是敦
則低區藉助有資安知爰其惠者後此不還相卹也
所望通力合作務爲一勞永逸之計毋負爾 府若
縣肫誠懇切之心 本使司恨不能親負畚鍤爲
爾民助而惓惓之意未嘗一日去諸懷也從此雨暘
時若屢告豐綏將與爾民共享
昇平之福 本使司盖不能無厚望焉此示

按方伯此示純從肺腑中流出脫盡一切刑驅勢迫
模樣仁人之言流澤孔長益信然也其籌及鄰籍置
産一則尤爲周到

國朝咸豐二年署太平府事潘鈞基示
爲曉諭事照得當邑大官圩向繫民工民辦本年被
水漫缺工程較鉅若照常攤派恐民力難支 上憲
軫念斯民 本府目擊情形實爲心惻業經籲請酌
給口糧援照廣工於賑之例卽日開工 本府親臨
駐工督辦所有 本府往來船隻人夫及隨帶書役
自給飯錢其餘日用亦繫自備全撤當邑支應派工

委員每月由 縣捐給薪水銀十兩 本縣駐工二
切亦令自備監修紳士每名日給薪水七折錢三百
文派段差役飯錢由 府縣捐給俱不准在正項內
絲毫挪動如有 本縣及委員家丁書役轎夫敢向
圩首圩修人等索擾者卽赴 本府駐工處所指控
立卽枷治以示懲警本府縣俱繫署任來年旹當夏
令計已交替本屬爲時甚暫其所以殷殷注意不辭
勞瘁者誠以爾民屢被水災流離可憫必欲爲爾民
圖一勞永逸之謀卜大有屢豐之慶爾民亦宜激發
天良共相踴躍現今米價甚賤工價定以每日給錢

七十文 本府甚愛爾民非欲過於從減無如經費
支絀之際豈能有餘現定之價已足餬口卽使多給
十餘文三月之工每人所多止及千文而統計工之
所費需數千千文不過欲以所省之費仍用於應辦
之工工鉅費少不得不力求撙節 本府並非有意
吝惜也至所領之欵照市價易錢槪行榜示務令人
人共曉 本府爲鄭重民事起見故不憚諄諄勸戒
願爾民共諒此苦心也特示
按此次築隄得人最當故功歸實用費不虛糜也
藩司遴選府縣府縣遴選紳衿無不上下一心爲政

在人耶人以身於茲盆信

國朝光緒十四年　安徽巡撫陳彝示
爲剴切曉諭事照得圖治者難在開其先而守成者
貴在持其後圩務亦其一也皖境瀕江多圩田農民
終歲勤苦合家生計懸命於一綫危隄宜何如齊心
同力以爲先事之備乃竟漫不經意不能防患未然
丁亥五月江潮陡漲知當邑之官圩甫經報險晝夜
搶護勢已無及如湯沃雪倏口忽告全圩盡沒此果
天心之不仁與抑人事容有未盡與　本部院目擊
吾民康餒流離朝夕徬徨眠食俱廢思保衛吾民者
惟築圩一事賑卹尙第二義也亟商　司道等於無
可籌措中撥　帑興修款之多寡以工之大小爲差
官之勤惰以工之虛實爲驗董其役者俱實事求是
潔己奉公代賑以工工告成民亦得食何其幸也
雖然　本部院勤於謀始而幸獲觀成爾小民喜於
樂成究難與料變八於安樂則厭聞危苦之言狃於
因循則自隳振作之氣人情大抵然矣意揣此時爾
必曰圩工固孔堅也又必曰縱有意外撥款固甚易
也信如斯也是不能隨時保護將來必棄前功而
本部院竭力經營轉致隱滋後患雖曰愛之實以害

之矣爲此出示曉諭仰各邑圩田耕董耆民人等一
體知悉自此次興修之後務須逐年逐處加高培厚
庶持久遠而保成功又況正月聞雷二月暴雨水潦
實在意中新工彌多可慮幸勿以目前自恃忘未雨
之綢繆幸勿謂鉅款易籌致噬臍之悔恨須知圩堤
本當民辦
國家豈有閒錢現在海軍各餉行省湊集不遑此後
院司雖欲爲民請命亦苦力竭難籌吾民更何指望
本部院身非土著宦轍靡常所以惓惓不忘諄諄相
勗者特以作一日之官須盡一日之心盡一日之心
乃盡一日之職不然　本部院行將去皖矣圩之堅
固與否與　本部院究何涉耶爾小民當體此意
本部院有厚望焉切切特諭
按此諭情詞斐亶雖不專指官圩而言而官圩爲通
省冠舊年十月親勘災區力籌工賑未必非緣官圩
而發也亟登之以誌其盛德云

官圩修防彙述初編襆文卷三終

官圩修防彙述初編舊制卷四

條陳目次

順治十五年湯天隆孫啟芝十六條

康熙四十九年劉煥四條

咸豐二年署縣袁青雲十八條

又興工章程十八條

又廵圩章程七條

光緒十二年知縣華椿採取吳德成八條

光緒十四年署府史久常八條

又知縣金耀奎批准逢歉朋修條議六則

官圩修防彙述初編舊制卷四

湖嘤逸叟編輯

甸時錫沛恩校

條陳舊制四

世稱識時務者爲俊傑吾人抗懷往古評騭當今上下數千年縱橫數萬里成竹羅胸矧在井里茲編所錄意見或有不同乎要亦時勢使然耳述條陳

國朝順治十五年生員湯天隆孫啟芝等條陳十六事上之 廵案條列於後

一圩長首在得人不用舊役繳摸須憑士民公正者多

方酌議老成才力堪充之人一名開報不得意爲更
僉以滋弊竇
一官圩東面自石臼固城三湖風浪特險舊制本埂之
外設有搪浪埂上蓄楊柳蘆葦抵塞洶涌近爲人夫
不齊以致消滅强半擬合復興一
一築埂原爲田畝稅命之計百密尚虞一疏切有鄉官
生員並曾現充過圩役者擅開免夫之例致令刁頑
無佃者亦欲賣夫以肥已獨不思夫不出則埂不固
埂不固則圩之害大而稅命莫保以後概懲不免
一圩夫以田八十畝爲夫一名築工八十日然大名雖
在卯歷而某人執某田某人接某卯圩長不知惟小
甲知之是以凡弊皆起於小甲小甲始以貨利賄圩
長及令指染則有慾不得爲剛彼遂可遷般實之夫
而賣其全名者賣其日工者圩長亦不能察也擬令
各圩小甲開造圩夫花名册的實無譌存附新役圩
長如有不到圩有不接卯者以便開明申究至積慣
小甲作弊者禁不復用
一小民惟冬月務閑春則農事興矣上年原八月定人
十月起工近因更換推諉延至春初以至春水起而
土方没便剛埂腳以敷埂頭立視坍卸不惟無益而

反有損乞從舊宜蚤
一圩工浩大兼之復造搪浪埂有今年之不足者來歲
補之若圩役一年一換則心與事未必前後相符擬
令二載一換以終前績
一圩長苦心戮力又無供食寒風凍雪之下以民管民
任勞任怨而　本縣工房視爲奇貨每一總圩長派
定常例動卽需索數千金否則妄加差徭百般魚肉
夫圩長苦役何堪復朘其膏賣夫則犯法賣田則傾
家所以前此一經報名卽有閉門逃竄者以其充此
役卽敗厥家也以後圩長卯歷自行裝訂送　縣鈐
印工房不得與事自免需索
一圩長果能得人而通圩又不免夫夫齊則工倍何必
委官提勘又逢祭祀　湖神本　縣原有錢糧給辦
猪羊酒席請　府廳同祀所以重民事也近或委官
代祭費用俱出自圩長其何以堪以後仰懇　正堂
躬親主祭嚴禁隨行各役需索則不致以爲民者擾
民矣
一官圩俱屬水鄉非山林材木之地工房每以滾木苛
派官圩之四總遣人入省料理費常不貲昔也緣木
求魚而不得今也緣魚求木而又得乎擬飛革除

順治　湯天隆　孫敬之　尚作徽助印

一修城濬河並應工夫等役各照通縣一百三十九里
公出力役何得獨取官圩之夫害累四總亦一弊也
合應革免以甦民困
一僉報圩長凡有莊田原宜當役不論居鄉居城與居
別地但有莊田在官圩內才力堪充者則公報總小
圩役一同輪充不得推諉此亦循凡圩別埧之例也
一圩夫抗法不到合應申　縣究責枷號以警其餘蒙
縣以此爲心呈到卽准而工房並差役照依原被一
様需索起票等費否則按捺不行及票行拘而差役
衹需塲夫銀兩不行帶赴懲治愈令頑愚玩法以後
愆　縣當堂面准面差立行處治庶法在必行圩工
大振矣
一官圩附郲鄰圩西南岸外有福定圩當其上流西北
岸外有感義圩衛其下水先年官圩屢次破壞皆由
福定感義兩圩先圮故設立中心埂以界別之共計
三十餘里若此埂不堅鄰圩一壞則官圩必難保矣
叩飭四總圩長照舊額對工取土堅築毋恃隣圩外
障以致本埂疏虞
一圩長以一人率千人實以齊民治齊民歷來原有竹
板撲責刑具以督愚頑近時視同故事頑夫全不畏

順治　湯天隆　孫敬之　尚作徽助印

懼工力未齊皆由未奉　憲飭也仰懇行　縣給發
庶藉仗
天威克讋頑惰
一四總圩長之下例有小圩長二十八人以統各圩夫
名若總長得人而小役或有不當者則無以佐總役
而奏圩工先年僉報小役多以恩怨取舍故多不勝
任今舉四總圩役合議二十八人俱屬老成堪充黏
單開報伏乞准飭承報免致推諉
一圩長正當臨圩督工之際每奉　府縣別派差徭而
去致令衆夫解散有誤築圩大事以後惟里役正差
此外概懲飭免
按上十六條皆鑑當時之失有累於圩是以上之
廵按衞中丞貞元蒙批　縣查明確勘具詳覆批示
云閱諸欵大有裨於圩政既經士民定議又經該縣
勘詳誠詢謀僉同久遠無弊矣卽勒石永著爲令時
知府事李之英　同知郁春枝　通判熊啟亂　知
縣事王國彰同會銜勒石於花津
天妃宮傍並載邑志　乾隆二十二年史宗連倡復中心
埂錄第十三條中有叩飭四總長照舊堅築之語據
爲鐵板註脚微湯君言史君幾無左證矣君子之言

宮圩修防彙述　康熙　劉煥

世爲法則也宜哉
國朝康熙四十九年宮圩士民劉煥等條議四則刊入邑
志
一公派圩修照興國圩清夫清田爲例無論紳衿士庶
照田均派用充開載執田姓名田多者列前田少者
列後輪流承遞八月送簿十月興工舊圩修不得遲
延新圩修不得推諉
一催夫遵照舊例一夫八十畝田做八十工爲率倘有
刁頑抗隱一工罰補兩工更或不遵許圩修稟　縣
枷責治懲警衆

一各圩築埂於對工湖灘取土水滿用船水涸用棧無
許挖埂腳以致埂頭致埂易坍卽湖灘業主亦不得
撓阻
一卯簿自行裝訂送　縣鈐印每年春間具請　縣親
臨查勘
按此四條則出當時顯弊當已不數年而有實田閃
差貪賄買卯一弊去一弊又生矣其田八十出夫一
名今多變易成例者時爲之也而八十工則未能一
律矣至請　縣親勘以親民之官實心行實政也
而今竟何如哉

宮圩修防彙述　咸豐　呈縣　袁青雲

國朝咸豐二年　署縣事袁青雲奉撤督修宮圩董士民
朱岐姚體仁徐方疇夏鎔等條議
爲明定章程詳悉示諭以甦積累以垂久遠事照得
當邑宮圩向稱沃土近年屢遭水患民不聊生本署
縣奉　憲遴委權篆斯邦跳征抵境他務未遑先詣
工所察看情形曉夜焦思雖安壤饑據實瀝陳　憲
藩邀准賞給冬春口糧復蒙籌款捐廉以濟工用爰
做照富工於賑之例計日而授以食卽按畝而派以
工現奉　本府督率邀請城內公正紳董親歷勘估
數夯詳加勸諭則除從前一切積弊在在節省親視如

已事爾等俱當激發天良踴躍從事上體　大憲高
厚之恩下爲身命久長之計第工段有多寡工程有
險夷工料堅實慎始之謀保護周防全終之要旣酌
盈以劑虛復慮前而顧後總期工必核實費不虛縻
衆志成城　天心可轉茲將派費做工搶險歲修各
事宜示列於後
一民工宜照出也原議每畝一夫照數出齊先儘要工
興築惟本年要工工程太鉅民力不逮現已籌款卽
數給領興修嗣後不得援以爲例但亦以錢完工竣
爲準如錢完而工未竣惟該圩修是問

一興工宜擇要也要工外舊有措淚埂長亦十里原因
要工難保易潰設此以爲保障先民慮周藻密於此
可見今八坍沒無存東北岸瀕臨丹湖以一綫圩隄
當百里之長風巨浪無怪四年三潰而缺口俱在此
三十里之内民困若此心竊憂之是以於工費力求
撙節留爲建築外隄之用以期一勞永逸再近來次
要工一帶蘆灘經水衝刷其險無異於要工擬自李
村涵至荆羊村約長五里一律添築外埂並捐資栽
種蘆葦以爲防護原議興工自要工起首其餘次第
施工但措淚埂關繫全圩明年節令太早誠恐春水

一發貽誤全局關繫匪淺不可不防應先修復措淚
外埂並築埂之兩頭接連圩身以禦春水而便於取
土舊制高五尺今一律建高八尺
一派費宜平允也除各缺口填塘及孟公碑添築月隄
填平溝身加磯埂腳樁木蘆蓆俱已照數估計給費
興修外所有要工十里爲二十九圩攢築之工議將
經費先儘此處攤派則二十九圩均有幫貼不致慮
及向隅又於次要工稍工内量爲津貼既視里數之
長短復辦工程之難易斟酌權衡均甘共苦毫無偏
袒各照估計土方興築取具領狀附卷

一圩修宜合辦也今冬興工新圩修之事而今夏搶險
舊圩修之責如但令新圩修經管則舊圩修搶險不
力轉得逍遥事外易啟因循取巧之弊且今年之新
圩修即明年之舊圩修以此輾轉推諉無人任患伊
於胡底圩之莫保實由於此著新舊圩修一同合辦
則興工時可以互相覺察搶險時不致退縮不前成
功後由新圩修出具保固切結附卷嗣後永以爲例
一工程宜如式也　本縣察看官圩形勢本年工程須
比從前加高二尺加寬三四五尺不等俱於各圩承
領結内開載某圩身高若干面寬若干底寬若干爾

等具有天良既已承領經費俱要遵式興築夯硪堅
固方足以資捍禦此繫爾等身家性命所關不得稍
有草率偷減貽誤全局現在湖水極小著一律均取
湖土其湖面有浮沙者起除盡淨然後取土不准稍
有夾雜至埂腳稍有堆積螺殼瓦礫者最爲圩工之
害一併起去然後加土如有違誤懲罰重修決不寬
貸至孟公碑攺建月隄緊歷年衝潰之所尤宜格外
加工底寬十丈面寬二丈五尺每挑土一層和以石
灰夯硪三徧再挑二層和灰夯硪如前如此辦法可
保無虞

一開工宜及早也來歲節令太早春水一發即無礙於圩身而湖灘湮沒無從取土必致仍舊挑挖埂脚以及挑取田內抛鬆之土掩飾目前自貽後患是爲剜肉補瘡飲鴆療渴其爲害正無窮也前車可鑒務各尅期開工如違嚴懲不貸

一夫役宜多集也譬如兩段工程一段五十人爲之百日方可告竣一段百人爲之五十日即可蕆事工多早完不但湖水未漲可以放心即一切靡費俱可從減風日之中爾等亦可少喫辛苦今年於正埂之外又添出搪浪埂工程夫役尤宜格外加多儻仍派夫不多遷延時日開工雖早其貽誤一也坐失機宜豈不可惜

一靡費宜節省也向來圩務之壞總緣靡費過重圩修承領經費又繫一統給發以致層層剝削節節欺朦所領若干到工不知幾何積弊相沿習焉不察即如往年經費或多於今年而搪浪外埂無人議及可勝浩歎今定夫價俱由本官委員親身給發不假胥吏之手且按日計工核給不經圩修甲首之手所有經費絲毫均歸工用可免侵蝕中飽等弊至委員紳董薪水以及書役工食舟車夫馬等費由　府縣捐給

不動公項一文以期節省而歸核實多一擔土即多一擔之益如有向爾等圩修人夫需索者不論何項人色一律執法從事不少寬貸

一公項宜揭示也經費若干共見共聞俟工竣後即將領銀若干易錢若干各圩承領若干外埂動用若干樁木石灰蘆蓆行用運費夯硪木石若干一一分別明白出示通衢有目共覩總期明可以對衆庶幽可以質鬼神

一工料宜豫備也每年水大之時民人率皆畏難苟安即有一二踴躍從事者而斂費購料動多掣肘不免臨時猝辦措手不及且湖土淹沒不可撈取勢不得已買取民間鬆土搶救是以往往失事今擬於工竣後豫備蘆蓆樁木堆存工所並於埂面堆築土牛臨時取用甚便既不至互相推諉更不致倉卒難圖此項經費亦由　府縣分捐置備不在正工內開銷再查從前舊章農佃編草爲簾每畝一只以爲搪浪之用通圩計得草簾二萬五千餘丈合少成多工微利溥須做照成式爲之明夏雖無稻草可用暫以麥荄代之亦可

一搶險宜協力也通圩周遭一百七十餘里一處失事

宮圩修防彙述　咸豐　皆縣　袁青雲　汪承佩助印

通圩受害水大之時果能同心協力隨時搶救不難化險爲夷費用有限保全實多如有圩修不肯向前圩民逍遥觀望置身事外者立卽枷治工所飭令搶救果能保護當寻省釋如有失事定寻重懲且圩工在平時原有此疆爾界一旦告險當思同舟共濟不分畛域鄉鄰之間卽有害於人無害於已之事當亦休戚相關守望相助況同在一圩失事雖有彼此之分而受害則無人我之別如果某圩告險而路遠一時傳呼不及或本工人力太單隣近之人卽當協力搶救保全爲人亦卽以爲已也況今日我能搶救鄰圩他日我有危險隣圩亦必爲我搶救此心此理今古從同

一巡圩宜周密也近來圩工之弊總緣人心不齊水大之時圩工告險者不過數處及時補救危可復安巡查不到立卽失事去圩遠者在家安坐不肯勤勞去圩近者因非本工視同膜外甚至未險之時虛張聲勢希圖於中取利真險之時反不以告卽告亦不足取信往往因而失事殊堪痛恨今與爾等約每逢水大之時各圩本工就近各自巡查無可推諉至十里攢築之工通圩圩修輪流值班巡查圩大者二三圩

卷四　條陳

宮圩修防彙述　咸豐　皆縣　袁青雲　汪承佩助印

爲一班圩小者三四圩爲一班每班帶夫二三十名五日一輪常川駐工晝夜梭巡一有警急立時搶救甚爲得力計一年之内巡圩不過數月而各班輪流每圩值班不過數十日且各班之内初次派某人二次另派某人則某人巡查不過數日以數十日數十之辛苦而獲終歲之安全何樂如之偷懶數日數十日而致全功盡棄身家莫保何苦如之人雖至愚孰得孰失應所共曉而往往坐失事機者總緣偷懶推諉積習相沿惜未有以提醒之耳況早救一時則用力少而成功多遲救一時則用力多而成功少是圩工之難易全在乎搶救之早遲而搶救之早遲全在乎巡查之勤惰且窵遠之人不自巡查附近者或袖手旁觀或藉端浮鬧皆所難免果能帶夫巡查二者之弊不除自絕自示之後其各激發天良通盤打算一翻必當幡然省悟在愚儒懶惰之人或計不及此然十室必有忠信其間明白能任事者當不乏人是在委曲開導以身先之斷無不有信從之者今於各圩圩修外論派圩首三人四岸共十二人分爲三班每岸各派一人十日一輪遇有緊急立卽傳呼搶救如圩修中有輪班巡工而怠誤不到者卽指名稟究

卷四　條陳

官圩修防彙述　咸豐　當塗縣　袁青綬　向克明助印

本官仍不時親詣稽察勤惰分別究懲
一 歲修宜及時也圩破之後民情困苦不堪議及興修
工程浩大經費甚無所出豐收之年民力寬裕施工
無多然亦不可大意埂卸處所因承宜修整即未坍
卸者亦必加高幫寬萬萬不可因其工程稍好以爲
不甚要緊將來要緊悔無及矣若果年年保固歲歲
加修金隄鞏固萬無一失豈不甚好將來連得豐收
夫工有餘不但正埂外俱宜加築即十字埂亦可復
舊此次工程修復之難幾同創始既蒙　大憲恩施
有加無已復苛
天心仁愛雨暘時若湖水不生得以一律完固土性既堅
夯硪亦實從此經年積累逐加高厚可以永保無虞
一 安民宜除莠民也救災恤鄰者爲良民幸災樂禍者爲
莠民近聞水大告險之時有等不法莠民從中阻撓
把持包攬甚至將圩首蹧蹋不堪乘人家危急之時
爲自己濟利之見況圩破同受其害則不但乘人之
危直是利己之災矣此心若此大膽若此深堪髮指
現在圩修已不能努力向前出費更不容易若不將
此莠民除去何以安我良善自示之後如再有敢蹈
前轍者爲有生所共嫉爲覆載所不容定即嚴法處

官圩修防彙述　咸豐　當塗縣　袁青綬　向克明助印

治不遺餘力　本縣去惡務盡令出惟行凜之慎之
勿謂不教而誅也
一 借款宜有著也爾等現因民力不逮呈請詳借育嬰
堂存典生息銀兩以濟公用原爲一時權宜俯如所
請應照各圩承領若干各歸各圩按畝攤派認還定
於明年秋熟楚繳以清首尾而符舊制仍取具承領
認還切結存案
一 塘溝宜填實也查圩身內外多有深塘處所或因歷
年圩潰之時衝刷所致或因圩民無知挑挖成坑以
爲養魚之計顧小利而忘大害於圩工大有關繫本
應責令該圩修復惟念民情困苦力難堪此今勘估
貼費飭令補土還原一律加寬嗣後如再有在埂腳
挑塘養魚者一經查出除責令補還外仍從嚴懲處
不貸
一 圩身宜禁葬也始而棺柩則圩受其害繼而圩潰則
棺亦莫保現在要工一帶厝棺甚多其中破損不全
者亦復不少目擊之餘慘然難安爾等爲其後者竟
熟視若無睹耶今已捐置義地於青山之麓除有力
有後者限令自行遷葬外其餘無力無後者由官給
費一概遷葬淨盡嗣後永遠不准再行在圩身埋葬

遊者重究不貸

一外埂宜保固也萬姓之身命繫乎圩隄全圩之關鍵在乎要工而擋浪埂則要工之門戶即全圩之保障關繫最爲緊要此埂舊在湖邊地勢低於正埂五六尺不等舊高五尺上栽蘆葦與之委蛇則浪柔而無力是蘆葦藉此埂以滋長即通圩恃此埂以保全若不竭力保固貽誤可勝言哉今建高八尺夯硪堅固自足以資捍禦惟日在風浪中衝激洗刷損傷實所難免若僅照常歲修不但每歲冬令功多且恐夏令或有疏虞著秋成後各於外埂之外一律堆築品字墩三五層愈多愈好墩形宜圓浪勢易分層層錯列上栽蘆葦浪雖抵埂亦强努之末矣且現在就近取土工減費輕易於爲力而將來外埂不致坍卸冬令歲修之時工亦無幾兼之墩上蘆葦有利挑墩成塘養魚又有利凡此皆自然之利也計其出息足敷歲修有餘保護外埂之法莫善於此爾圩民其敬聽而遵行之

按諸條示切而當約而賅如剝蕉如抽繭其爲吾圩籌畫者至已盡矣果遵是法而行之由要工而標工而擋浪埂而品字墩而十字隄誠綱舉目張矣況又

栽蘆葦砌石壩塡溝塘遷棺厝之各有裨益乎官爲經理如是顧名思義其斯以爲官圩乎

附興工章程

一設官局一所委員駐工彈壓城內諭首士五人四岸派首士十二人隨委員在工經理缺口並十里要工

城紳名目

王蔚卿文炳　杜寶田潤坊　張小雪國傑

唐子瑜　瑩　朱月波汝桂

一孟公碑及廣義圩二處本年缺口爲工甚鉅民力不逮算明土方如數給費興修他處不得援以爲例其十里要工各漫缺口各歸各圩派夫赴工算明土方若干該錢若干圩修具領存局每日查夫多少給錢多少錢完工竣如錢有存則賞給圩夫錢完而工未竣即責成圩修

一設五色小旗編列圩名及土夫名號插立擔頭各依旗色魚貫而行毋許擁擠

一設五色大旗標立埂頭五處以便各夫認旗卸土又標湖內五處以便各夫認旗取土

一土夫夯夫椿夫各局棚頭由各局首士給與木牌執照以憑查核棚頭逐日持牌向本局首士支領工食

官圩修防彙述

散夫不得冒領如違責革不貸
一孟公碑廣義圩二處搭蓋棚廠每棚給棚費價錢二千文棚頭除工食外日加錢十文
一募土夫每棚二十人每名給工食錢七十文內派棚頭一名值管火食送飯指點土方
一夯夫在土夫內每棚輪流各提二名大夯八名小夯六名每名日給工食同土夫層土層夯以期堅固違示者並棚頭責革
一土夫夯夫每天陰在午後歇工者酌予工食錢一半土夫未滿二十擔者又折半未滿十擔者無工食錢

汪承澍助印

椿夫木末入土者無錢
一圩夫在棚倘有怠惰滋事不遵督夫之人使喚等弊應革旗號者革去旗號應革腰牌者革去腰牌罰本日工食錢一半
一土夫做卯限定卯集酉散每日午飯放夫一次下午放夫喫烟一次倘有偷閒好懶及擔土太少者酌罰本日工錢二十文再犯重處不貸如督夫之人不肯勤勞避怨徇情聽夫怠情經官查出除各補諭以示懲警
一官局夜設信香以稽時候雇鑼夫一人司香按時起

官圩修防彙述

更爲各局傳更之准給工食錢七十文
一各局各雇鑼夫一名逐日巡埂凡集夫散夫傳更敬衆以昭劃一逐日巡工以防竊匪等事日給工食錢七十文
一官局雇銃手一名給工價錢七十文每日四更頭炮各棚造飯五更二炮各夫齊集三炮各夫上工午飯後各局鑼夫悉聽信炮傳更集夫上工
一各夫在工鬭毆在棚酗酒賭博情弊一經發覺由本局首士指名稟究除本人枷號示工外該棚頭責革不貸

汪承澍助印

一奉發官項在各缺口併十里要工及次要工併各稍工俱照土方酌給項盡爲度至借育嬰堂銀兩照各圩田畝派借具領來年秋後各歸各圩加息按畝派費償還
一各圩修廒所向有拜帖請酒祖墉一切陋習槪行裁革至缺口每土夫一名給棚廠足錢七十文其餘每夫一名廒所給足錢七十文儻有仍蹈前轍格外需索立提重究
附巡圩章程並示
諭圩首人等知悉照得豫備不虞古之善教今年圩

工較勝往年現在水勢亦視往年較小然慎重巡防
必實力奉行可萬無一失且必自今年爲始行之
有效將來即可永遠遵守照章施行豐亨慶除本
縣隨時親臨巡查外所有各圩圩修輪班巡圩章程
前已明晰示諭茲將添派總巡事宜開列於後
該圩首等務各任勞任怨勿稍泄視以爲各圩修表
率本署縣有厚望焉仍將到工日期稟明以便稽
查給發薪水切切特諭
計開
西南岸圩首　朱位中　向曙庵　丁玉聲

東南岸圩首　周潤滋　姚信中　汪永成
東北岸圩首　姚饋仁　徐方疇　戎金軫
西北岸圩首　夏朝玉　徐蓮九　詹達望
以上圩首十二人作爲總巡每岸各派一人十日一
輪往
天后宮守汛其餘各圩圩首圩修並各甲長仍各分段在
本工守汛
一
天后宮宮項捐置椿蓆原備不時之需如有某處險要歸
該圩圩首稟明傾用秋後歸還

宮圩修防彙述

一　各圩工段應用椿木蘆蓆仍照舊章各圩自備毋得
觀望
一　各圩應用麥蒿草購辦此麥秋登場該圩修等傳知
各甲首早爲預備各儲該圩公所以備不時之需
一　各圩極要工次要工如遇潮汛泛漲將至埂面五尺
時各圩修甲首即齊赴工身日派人在圩巡更守宿
水退後始准回歸倘有不到以及私逃立時提究[illegible]
一　各圩在埂遇浪損椿木如附近居民乘間竊取或藉水
興放划船滋擾圩修立時提究
一　堆積土牛本年水勢可不需用俟冬令水涸挑取湖
土一律撥築作爲子埝再加寬厚庶水長埂高可以
永保無虞
一　水小之時四岸圩首各派一人駐工由官給發薪水
如遇水大四岸十二圩首齊赴工所薪水概發其餘
各圩修甲長人數過多各守汛地自備資斧此因疊
災之後格外體恤恐因費用無出[illegible]總巡所關係匪
淺將來果得有收成下年不得援以爲例
一　按巡防夏汛一役最爲圩政[illegible]尤
我圩民幸勿聽之藐藐焉
國朝光緒十二年署縣事華椿採取土民輿情[illegible]陳並

官圩修防彙述

示勘石
為嚴訂章程剴切出示實力奉行共安樂利事照得
大官圩為當邑首圩向分四岸計圩一百有九總計
數十萬田廬全賴圩隄為保障該圩人衆田多隄埂
向稱高厚乙酉夏五陰雨連旬山洪下注外江
湖水上漲太平新溝兩圩隄埂相繼衝潰多方搶救
人力難施田廬盡成澤國心焉傷之　本縣痛癢相
關瀝情上告蒙各　大憲軫念民艱准緩丁漕並籌
發撫䘏津貼以工代賑經論各紳董同心協力將漂
工缺口一律修築告成本年春夏以來雨暘時若湖
水亦平如天之福三時不害五穀豐收吾民安衽席
而登仁壽誠大幸也惟事豫則立遠慮乃無近憂事
簡易行有備乃能無患旱澇雖曰天定挽回端在人
謀是圩隄尤重冬工之堅固纔賴夏水之警防尤宜
加意整頓也　本縣接見都人士時以圩工為先務
之急延訪紳士詢及耆農得其大要茲就該紳士所
議章程並采文生吳德成條陳圩務各屬擇其簡而
易行者釐為八條合行剴切曉諭為此示仰大官圩
四岸士民人等一體知悉爾等居屬同井數十萬田
廬悉恃圩隄為保障歲修防護章程行之已久凡該

卷三

官圩修防彙述

圩夫卯經費及縣工要工董段認修各屬悉照舊章
辦理外所有後開章程八條繫為整頓圩規起見不
強人以所難但求事之有濟各宜齊心協力慎始圖
終永固百餘里之隄防共享數萬家之樂利實有厚
望焉倘有因時變通盡善盡美由各紳耆隨時條陳
辦理勿隱勿延切切特示

一　董事最宜和衷共濟也官圩向分四岸岸有總董二
三人不等經理一岸之事遇有要件則四岸公議每
岸有七八圩不等每圩另舉圩董經理一圩之事凡
官接見岸董論辦圩務岸董傳知圩董圩董傳知圩
修甲長官不能徧見茲人以岸董為總匯岸董圩董
原無軒輊也圩各二十有九均繫官圩隄防為保障
各據所見擇善而從同心協力繼之以和衷從此隄
防鞏固年穀順成家給人足實地方之幸也

一　歲修必須冬工告竣也冬令水涸挑取湖土堅築時
値農隙鳩集卯夫亦易照章應辦歲修須及早開辦
冬工一律加高培厚夯硪堅固年復一年則隄高且
厚固若長城矣若遲至春水漸生買取田土不特廢
業缺糧且農工漸忙必致草率偷減於合圩大局關
繫匪淺嗣後圩董稽查歲修如有圩修玩誤冬工及

卷三

草率偷減情事公同稟官究懲

一淌工宜加意防護也查花津淌工共長十有餘里向歸四岸劃分工段各專責成值今圩修務乘冬晴水涸將應管歲修工段集夫加高培厚夯硪堅固逮至夏水漸漲務備樁蓆遮護周密以保隄身水勢較大風浪又狂甚至護隄樁蓆衝刷飄淌至再至三恐值段圩修力難撐持四岸總董先期密勘妥議於適中處所設立總局籌辦樁木蓆片黃蔗等項堆積公所如某段某圩應需樁蓆該圩修親身赴局點數領取計價若干即由領取樁蓆之圩籌費歸款庶樁蓆可以濟急圩段均獲保全矣

一樁蓆須預爲籌備也查各岸各圩分段巡防設遇水漲勢急臨時籌欵購辦樁蓆誠恐轉輾貽誤何如豫爲籌備緩急可以應手嗣後責成各圩董除歲修認眞稽查及一切夫費均照向章辦理外酌以本年爲始於秋收後按畝另籌善後保全費一次大圩約銀七八十兩小圩約銀五六十兩或堆積五穀或寄存殷實店舖水年買辦樁蓆堆存工次設遇防護夏水用盡或已用若干秋收另籌補足存儲倘備而未用由該圩公舉妥人經理專備善後保全之需不得挪

充別項公用此繫有備無患之舉業佃均宜踴躍切勿觀望爲要

一船隻須公辦應用也圩隄瀕臨河湖取土裝夫需船駕駛夏令水漲之年按圩按甲公起大船四隻長夫六七十名自備口糧土具推夯在該圩應築標工地段搭廠晝夜防護一圩圍聚一處聯絡梭巡或有隄埂危險該管段圩夫力不能支即鳴鑼呼救他圩夫船聞鑼即至齊心堵築共保隄防如有違抗滋事即惟該圩圩董圩修甲長等是問

一隄防宜聲氣聯絡也官圩雖分四岸四岸雖有二十九圩全賴一隄爲保障分地段以專責成非分畛域也俗云一寸不牢萬丈無用則防護聯絡爲先務凡遇水勢稍大之年四岸各設一局在本岸險要之處籌備樁蓆等件堆貯公所並每岸派出划船一隻公議董事一人帶長夫二十名在本岸標工處所逐段梭巡與隣岸會哨輪流不息遇有標工單薄即責成管段圩修加高培厚設有江潮山洪風浪衝激勢甚洶險即鳴鑼呼救逐段聲傳頃刻即周三岸夫船聞信馳至協力保救以固全局而樂豐年惟各岸夫船各插顏色小旗各岸民夫均掛腰牌一面寫定某岸

官圩修防彙述

某圩某姓名以便辨認切勿持眾聽從故縱滋事認
明何邑小族應將卸知何岸夫難定責成該圩董圩
修等查出送官究懲
一埂外埂內應加意培護也蓋埂外之遮浪埂布種蘆
葦茭草原期發長茂盛抵禦風浪保衛外埂之用近
埂居民不准私行砍取亦不准縱放牲畜作踐至周
圍隄埂外濱河湖內亦多臨運港近埂農民每於埂
腳撈泥肥田歷久挖傷必致埂腳單薄日久坍卸嗣
後埂腳不准撈泥取將以固隄身倘有前項故違情
事查出公同稟究

〇〇〇

一舊章新章宜相輔而行也官圩通共二十九圩每年
歲修分段夫則經費及夏令防護一切舊章行之已
久仍宜循舊辦理不得輕議紛更至前第四條酌籌
善後保全費一款繫為另備樁蓆未雨綢繆之計眾
擎易舉並不強人所難關係實心整頓如有盡善條
陳隨時商辦惟期革之有濟斯已耳　以上八條簡
而易行甚合輿情為要
按舉俟採前條議以示圩民慮周藻密且日新章舊
章相輔而行並非故立崖岸強人以所難能者奈圩
眾不察視若罔聞何哉前年丁亥太平圩低窪矣守

〇〇〇

官圩修防彙述

憤有煩言若有不滿於公者觀其示諭所切實有愷
惻之苦心一展卷而不忍沒云爾
國朝光緒十四年署太平府事史久常勒石條示
為出示勒石曉諭永禁惡習整頓圩規事照得當塗
縣過境圩岸惟大官圩為首民間向章按年歲修立
法周密　本府訪聞近來人心不古每遇興工之處
四岸集夫到齊無處棲身須向附近居民或租屋居
住或扁地搭棚該處居民間顧大局視為利藪任意
高擡時價勒索酒食並有挑土上埂者由他人田埂
經過者亦必索要路錢文故作刁難無所不至尤有
甚者乘遇水大之時各洵工處所名曰甲首均置備樁
木蘆蓆等料以禦風浪以保圩隄關繫甚大而附近
居民竟敢伺隙在埂肆行竊取種種惡習實堪痛恨
亟應永遠嚴禁況此次該圩工程稟蒙　大憲軫念
民艱不遺餘力籌款發　縣會委興修尤應整頓圩
規妥慎保護除行　縣遵照外合併明晰開列規條
於後出示勒石曉諭為此示仰當塗縣大官圩軍民
人等知悉自示之後爾等務各洗除積習恪守
舊章新規保護圩隄為人為己倘敢不遵復萌故智
一經查出或被告發定即飭縣提案從嚴懲辦決不

姑寬其咎嗣後毋違切切特示

計開新增整頓圩規八條

一圩隄下無論官塘私塘概不准撈泥以傷埂腳是第

一要着

一圩隄上概不准厝葬栽木現擬於四岸及中心埂附

近擇於高阜處所另行設立義塚以便安葬

一圩隄上概不准散放豬牛以免作踐

一洵工陡門處所除時加修理外隄上每年必須多添

土牛並備樁木蘆蓆等件以防不測工次所存木料

等項無論何人均不准擅用

一洵工陡門下外灘均須添插蘆葦茭草以禦風浪

一陡門石涵均須公同因時啟閉概不得擅自私開取

魚貪利忘害

一每年歲修挑夫照章按田分派不准賣夫霸夫以歸

公允

一遇水大之年四岸設局晝夜巡查以便救護

按　署府勒石條示特舉舊章申明之耳惟挨埂撈

泥一事是害埂之尤者特具隻眼列入首條繼以厝

棺放畜等事皆人所不免而易犯者茲特揭明於圩

政亦大有裨益

光緒十四年知縣金耀奎批准朋修條議六則

查歷屆圩潰各段稍工冲刷殘做獨力難支茲邀圩

公議朋費朋夫事屬可行但須得人庶免僨事此亦

慎終於始之意所擬六條榜示通衢俾令周知條列

於後

一凡遇歲歉朋充如上廣濟圩與沛王明諸圩已為前

導同在圍內何不可行第作事先貴謀始尤貴圖終

前屆未曾議及姑置勿論茲擬兼辦之法朋修値修

相輔而行較之諸圩似為妥善

一值修當為首領餘甲附從所有承充繳報諸役均繫

首領承辦先計定該甲按畝費若干餘甲幫費若干

如不敷用按事酌加凡釘木樁添土龍置水箭等事

必將捐費用盡不必存留

一議甲首編牌催夫赴埂所轄畝數不得稍為隱匿更

不得以已田編散各牌如有此情查出重罰自冬徂

夏土夫一律到底不准換替斷以五十以內二十以

上方准赴工其老幼疲癃立時剔斥遠者惟該甲長

是問

一除岸總圩首甲首及客稽會田暨孤寡戶名重複外

再選老成殷實戶名赴工督理商酌諸務不必復令

集費僅六

一各甲圩費[illegible]三二人照議條繳限[illegible]繳局彙票計數

以資工需一條今須務擧辦一切工需擠示通衢俾

有目共見尋外業主不得提刁抗費如違稟究

一明修之法一圩雖以奏功惟周圩一次工必肥實其

中辦事諸人如有年久歲更田畝變買再議妥人以

補其缺

以上六條酌擬時勢並非强人以難大約費廣人多

易於集事且明修之法不必定要歲歲或年久歲修

不振一圩並滿之際明修推及各岸各岸皆然如果

各發天良不存吝嫉或將此議稍有變通或另行添

補均無不可是否可行以斂差爲度

宣圩修防彙述初編卷四終

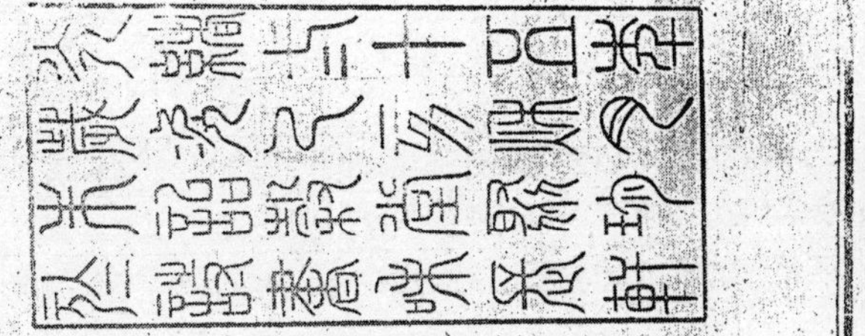

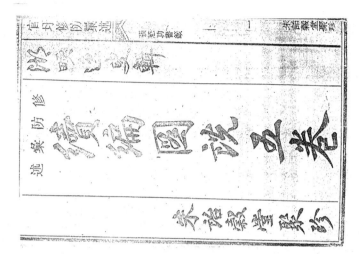

官圩修防彙述

張荳功書籤

湖暎遺叟輯

修防彙述

續編圖說五卷

朱詒穀堂聚珍

官圩修防彙述續編圖說

圖說引

詩譜豳風書陳無逸尙已漢所以具知天下阨塞者入關先得圖書也晉裴秀製圖之體六曰分率辨廣輪也曰準望正彊界也曰道里定起止也曰高下方邪紆直三者因地制用也吾圩司馬朱小岩前輩勤勞圩務鞅掌一生於經籍不暇表見獨於圩務有裨桑梓兵燹後賫志以沒某於餘燼得敝簏中藏圩圖五幅幅綴以萬言其村莊土俗頃畝工丈逐細臚陳雖未經剞劂莊誦之下如示諸掌余近輯彙述不亟

官圩修防彙述 圖說引

爲闡揚以詔來者致令湮沒不傳伊誰之咎也吉光片羽雖曰碩果僅存然而祖宗廬墓之鄉傳留宇宙意者呵護有靈與爰詮次之壽之梨棗以公同好他日太史采風輶軒過境得邀公卿顧問備知風土人情使片壤尺地若燭照數計焉未必無補於政治民生也由是獻之

天子陳之廣厦細旃之上仰邀

睿鑒知揚圖之桑稼穡之艱胥於是圖得之矣其亦猶

豳風無逸之意也夫湖暎逸叟著

朱詒穀堂聚珍 朱法成助印

官圩修防彙述續編圖說卷一

分圩列岸目次

西北岸六圩派工等處

老陡門 邢家甸 長亭埂 千金閘

薛家樓 北峰 印心庵 項家橋

青山鎮 諭家埠 伏龍橋 雙溝

圩豐庵 花津要工 戴家莊至戚家橋

西南七圩派工等處

雙溝 亭頭 颺板街 東西承天

小牛灘 烏溪 棗樹灣 紅廟

官圩修防彙述 一 朱詒穀堂聚珍 徐月泉助印

王家[illegible]　蔣家陡門　花津要工

清水潭至戴家莊

東南岸七圩派工等處

老莊　邊湖　井家涵　普通寺

新溝　陳家巷　汪村　大隴口

花津要工　戚家橋至枸橘茨

東北岸九圩派工等處

潘家埠　錢底港　刑羊村　孟公碑

花津要工　稽村灣　陳公渡　郜家灣

章公祠　畢家灣　枸橘茨至梁家橋

官圩修防彙述續編圖說卷一

湖㬂逸叟編輯

朱甸寅大本校

分圩列岸圖一

書曰申畫郊圻慎固封守王政也考官圩舊制畫分四岸綑列二十又九圩蓋得君陳之遺意焉子輿氏亦云仁政必自經界始官圩橫縱其畝非仿法以疆理之吾民其魚矣遺言有冢乎此按田徵夫按夫築隄工役之所由興當先知圩岸之所由劃也述分圩列岸

官圩修防彙述 續稿卷一 分圩列岸 一 吳德成篆額 王文炳題辭 朱詒穀堂聚珍 趙玉璜助印

官圩四岸二十九圩圖

古廣濟圩吳德成子平篆

官圩四岸二十九圩圖題辭

撫兹圩圖襟河帶湖四隅環繞萬井摩挲長隄百里

風浪堪虞中分界限十字成區董以官長命我農夫

擔畚負鍤其來于于載植楊柳載種蒲盧安瀾永慶

其在斯乎其在斯乎

時在

咸豐二年壬子同邑優選八旗教習王文炳蔚卿氏

識於花津孟公碑工次之廨廬

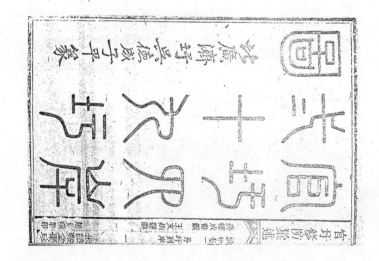

官圩修防彙述 卷一 分圩列岸全圖 二

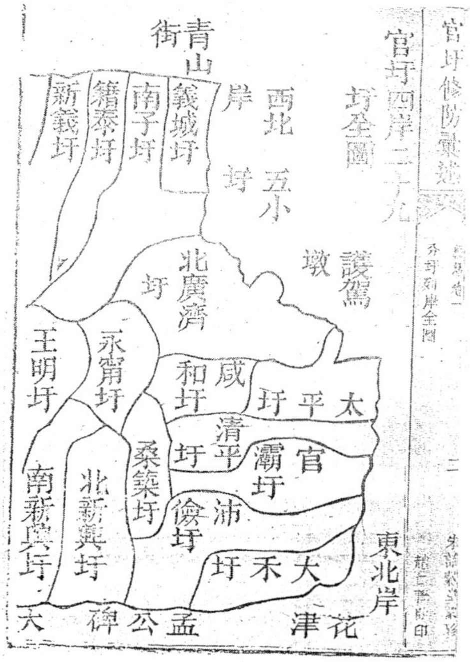

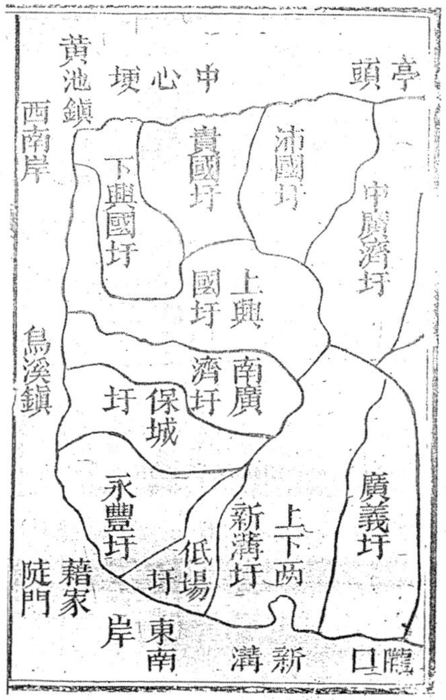

官圩修防彙述 卷一 分圩列岸 三

官圩四岸二十九圩圖說

周公營洛邑書稱伻來以圖周禮大司馬設司險掌九州之圖以周知其山林川澤之阻是知輿地之學最重者圖有書無圖則脈絡不貫有圖無說則畺界茫然圩隄亦猶是也官圩古名十字圩前人經營分列四岸中區縷隄似十字形善制也考諸志乘或稱八十四圩或云五十四圩皆無定局至有宋隆興間戶部侍郎葉衡核實太平州圩岸延袤等五十四圩周一百五十餘里而圩之大圖始就復相其地勢高下區子埂以分水使其高不致乾卑不致溢如西北岸旁青山勢高阜東北岸近花津地低窪設無縷隄以界之其不至旱者屢旱澇者益澇不止由縱而觀南自烏溪直達馬練港如十字之竪畫以横而論西自雙溝東行至新溝如十字之横畫中間子埂劈鼻十字而已然南兩岸猶犬牙相錯也永豐保城二圩本僻處東南隅而隸於西南岸下興國南廣濟二圩本坐落西南隅反隸於東南岸兩北岸亦間有穿插非列圖以明之茫無把握幾何不同於暗中摸索耶至圩分小大各殊工段參錯良由地勢使然非前人別有深意也圖後謹將圩岸四至田畝數目甲分工

官圩修防彙述　西北岸　北廣濟圩　四　周承儀助印

段逐節註明使閲知焉

西北岸　北倚青山包五小圩西面青山湖並韋饒兩圩南鄰西南岸之中廣濟圩東連東北岸之咸太新興東南岸之新溝王明等圩計田四萬八千七十四畝四分又濡夫田六百九十畝八分劃分六圩曰北廣濟圩曰永甯圩曰新義圩曰南子圩曰義城圩曰籍泰圩

北廣濟圩　東北咸太兩圩並感義圩西官埂西南南子永甯諸圩共田一萬六千六百四十二畝五分又濡夫田三百八十二畝一分分七甲編博厚高明悠久長字號派工七段二十年輪修一次

一派西北馬練港西首邢家甸稍工六百弓起自老陡門至本圩長亭埂工止

一派新陡門長亭埂亥淌工八百弓起自本圩稍工至本圩陽和埂工止

一派西北陽和埂于夠鬧埂上任村佘村薛家樓等處稍工一千九百零九弓起自本圩亥淌工至秋花墳南子圩工止

一派正東齋母灘淌工一百一十一弓起自中廣濟圩工至北新興圩工止又一百一十一弓起自北新興圩工至上興國圩止

官圩修防彙述　西北岸　南子圩　五　徐世璟助印

一派東北花津撌築要工一百一十一弓起自太平圩工至南子圩工止

一派戚家橋中心埂三百二十四弓起自籍泰圩工至義城圩工止　又有撌築失修工下同

南子圩　西官埂南籍泰新義兩圩北義城圩並官埂東永甯北廣濟兩圩共田一萬零八十畝分四甲計十二號派工五段十二年輪修一次

一派西北周郎橋印心庵北峰等處稍工一千七百四十九弓起自北廣濟圩秋花墳工至永甯圩工止

一派正西伏龍橋後亥淌工三百二十五弓起自新義圩工至籍泰圩工止

一派正東三十貳號內圩豐庵淌工一百七十九弓起自籍泰圩工至永甯圩工止

一派東北十七號內花津老莊村前要工七十弓起自北廣濟圩工至永甯圩工止

一派戚家橋中心埂二百零五弓起自新義圩工至永甯圩工止

永甯圩　西新義南子兩圩南新義王明兩圩東王明圩北北廣濟圩共田四千三百六十畝九分又濡夫田二百二十四畝八分分□甲派工四段□年輪修

一次
一派西北北岭臧村等處稍工八百四十九弓起自南
子圩工至義城圩工止
一派正東三十四號內圩豐庵洵工一百二十二弓起
自南子圩工至永甯圩工止
一派東北十七號內花津老莊村前要工三十弓起自
南子圩工至新義圩工止
一派戚家橋中心埂八十七弓起自南子圩工至籍泰
圩工止
義城圩　北青山澗官埂西青山湖官埂東南均南子
圩共田四千六百一畝五分分十甲派工四段十年
輪修一次
一派西北青山澗埂稍工三百七十弓起自永甯圩工
至青山鎮工止
一派正西青山鎮南首湖旁次洵工六百一十一弓起
自青山鎮南至新義圩工止
一派東北十八號內花津老莊村後要工三十弓起自
籍泰圩工至西南岸保城圩工止
一派戚家橋中心埂八十七弓起自北廣濟圩工至原
至東南岸中心埂工止今段至西北岸六圩中心埂
撥築工止
新義圩　西官埂南上下兩廣濟圩北籍泰南子永甯
三圩東新溝王明兩圩共田八千六百五十六畝又
溺失田一百八十四畝分四甲甲分四號派工五段
十六年輪修一次
一派正西青山湖喻家埠次洵工六百九十五弓起自
義城圩工至南子圩工止
一派正西雙溝後稍工六百八十五弓起自籍泰圩工
至雙溝陡門工止
一派正東三十三號內圩豐庵洵工一百九十二弓起
自王明圩工至籍泰圩工止
一派東北十七號內花津老莊村畔要工五十八弓起
自永甯圩工至籍泰圩工止
一派戚家橋後許高涵中心埂一百六十六弓起自西
南岸貫國圩工至南子圩工止
籍泰圩　西依官埂東南均新義圩北南子圩共田三
千七百三十七畝五分分十甲派工四段十年輪修
一次
一派正西小浮橋稍工七百四十弓又次洵工十九弓
起自南子圩工至新義圩工止

官圩修防彙述

一派正東三十[illegible]號內圩豐庵洵工七十二弓起自新
義圩工至南子圩工止
一派東北十八號內花津老莊村前要工二十五弓起
自新義圩工至義城圩工止
一派戚家橋中心埂七十一弓起自永甯圩工至北廣
濟圩工止
又合西北岸攢築中心埂六十弓起自北廣濟圩工至
東南岸中心埂工止萬善庵前有分工碑
又有青山鎮七十三弓市民自築
西南岸　南界宣邑大河西隣福定圩及洪拓兩小圩北
連西北岸新義圩東與東南岸參互錯綜至橫湖陡門
計田六萬五千八百七十畝盡分七圩曰上興國圩曰
上廣濟圩曰下廣濟圩曰貴國圩曰沛國圩曰永豐圩
曰保城圩
上廣濟圩　東新溝圩西南下廣濟並上興國圩北新
義圩共田一萬一千二十畝分頭二三四甲甲編恭
寬信敏惠五號派工五段五年輪修一次遇歉朋修
一派正西亭頭鎮北稍工八百弓起自下廣濟圩工至
亭頭鎮三淤蕩工止　今四甲細分
一派正南福興庵洵工二百弓起自下廣濟圩工至本

官圩修防彙述　西南岸　下廣濟圩

圩三甲工止
一派正南葛家淩洵工二百弓起自本圩四甲工至下
廣濟圩工止
一派正南紅廟洵工二百弓起自下廣濟圩工至本圩
二甲工止
一派正南王家潭洵工二百弓起自本圩頭甲工至下
廣濟圩工止
以上四段原繫一段今細分之
一派正東十三號內薺母灘洵工三十五弓起自北新
興圩工至下廣濟圩工止　今四甲細分
一派東北二十二號內花滹宋村前要工七十九弓起
自沛國圩工至下廣濟圩工止　今四甲細分各硐
石磡
一派中間舖中心埂一百六十四弓起自上興國圩工
至貴國圩工止　今四甲細分
下廣濟圩　南沛國圩並上興國圩西官埂東上廣濟
圩北新義圩共田一萬一千五百二十畝又收入上
廣濟圩撥補田五百零四畝分五六七八四甲甲編
文行忠信四號派工五段十六年輪修一次
一派正西雙溝南首稍工八百三十弓起自雙溝鎮至

上廣濟圩工止
一派正南費村灣首溝工二百二十五弓起自保城
圩工至上廣濟圩四甲工止
一派正南紅廟溝工四百二十五弓起自上廣濟圩四
甲工至上廣濟圩頭甲工止
一派正南王家潭沿溝工二百弓起自上廣濟圩二甲
工至沛國圩工止
以上三段原緊一段緣與上廣濟圩細分故致落錯
綜也
一派正東十三號內薺母灘溝工四十弓起自上廣濟
圩工至北廣濟圩工止
一派東北二十二號內花津宋村要工八十四弓起自
上廣濟圩工至上興國圩工止　今砌石磡
一派清水潭中心埂一百八十六弓起自沛國圩工至
保城圩工止
沛國圩　南貴國圩東上興國圩西官埂北下廣濟圩
共田五千七百六十畝分東西各五甲編國止天心
順官清民自安十號派工四段十年輪修一次遇歉
朋修
一派正西亭頭鎮南稍工七百五十八弓起自亭頭鎮

南隳至清水潭陡門工止
一派正南王家潭王祠旁溝工二百七十三弓起自下
廣濟圩工至貴國圩工止
一派東北二十一號花津宋村前雙墖口要工三十五
弓起自保城圩工至上廣濟圩工止　今砌石磡
一派清水潭中心埂七十八弓起自清水潭陡門至下
廣濟圩工止
上興國圩　東保城圩及南廣濟圩南官埂並下興國
圩西貴沛及下興國圩北下廣濟圩共田一萬一千
一百六十畝分五甲甲分四號以聰明睿知寬裕溫
柔齊莊中正發强剛毅文理密察爲目派工六段二
十年輪修一次遇歉朋修
一派正南東承天寺小牛灘一里碑等處灰溝工並稍
工共五百七十一弓又一千六百零九弓起自下興
國圩工至保城圩工止
一派正東谷家埠溝工二百弓起自低場圩工至下興
國圩工止　此段緊與下興國圩調築
一派正東十五號內薺母灘溝工四十弓起自北廣濟
圩工至太平圩工止
一派東北二十二號內花津宋村後要工六十九弓起

自下廣濟圩工至貴國圩工止　今砌石磡一半
一派正南黄池鎮東稍工二百弓起自鎮基至下興國圩工止該工與鎮鞏固年久玩修
一派賈家潭中心埂一百六十九弓起自永豐圩工至上廣濟圩工止

保城圩　南官埂西上下興國兩圩並南廣濟圩東永豐圩北東南岸新溝圩共田一萬零一百六十畝分四甲派工五段二十□年輪修一次
一派正南烏溪鎮西龍華寺前夾淌工十五弓起自上興國圩工至鎮基工止
一派正南烏溪鎮東魏家灣周家埨棗樹灣等處夾淌工一千四百七十七弓起自烏溪鎮基至下廣濟圩工止
一派東北十八號内花津後湯村前要工七十弓起自西北岸義城圩工至東南岸南廣濟圩工止
一派東北二十一號内花津犬聖堂後要工七十弓起自永豐圩工至沛國圩工止
一派清水潭前中心埂一百五十四弓起自下廣濟圩工至永豐圩工止

貴國圩　南下興國圩西官埂東上興國圩北沛國圩

共出六千四百二十畝分前後各五甲派工三段十年輪修一次
一派正南王家潭後五顯廟淌工五百九十五弓起自沛國圩工至永豐圩工止
一派東北二十二號内花津張家甸要工四十五弓起自上興國圩工至東北岸大禾圩工止　今砌石磡
一派戴家莊中心埂九十八弓起自上廣濟圩工至西北岸新義圩工止

永豐圩　東南官埂西保城圩及南廣濟圩東北低塲圩及新溝圩共田九千三百三十六畝分五甲派工三段□□年輪修一次
一派正南籍家陡門西首淌工九百一十弓起自貴國圩工至過陡門東首東南岸低塲圩工止
一派東北二十一號内花津大聖堂要工六十三弓起自下新溝圩工至保城圩工止
一派秋溝中心埂一百四十二弓起自保城圩工至上興國圩工止
外有亭頭鎮一百四十四弓市民自築
黄池鎮四百二十九弓市民自築
烏溪鎮三百一十五弓市民自築

東南岸　東南瀕丹湖葛家所至新溝所一帶西與西南岸犬牙交錯迤至黄池鎮北界東北岸南新興圩計田六萬九千九百三十畝又漏夫田三千一百零二畝畫分七圩曰上新溝圩曰下新溝圩曰廣濟圩曰王明圩曰南廣濟圩曰下興國圩曰低塲圩

低塲圩　東南均官埂西南永豐圩西北新溝圩共田五千五百二十畝分二甲派工二段□年輪修一次

一派正東邊湖老莊溝工四百二十六弓起自西南岸永豐圩工至上興國圩工止

一派東北十九號內花津前陳村要工三十四弓起自廣義圩工至下新溝圩工止

又與合岸攢築中心埂

下興國圩　西南黄池鎮東保城圩並南廣濟圩南上興國圩北亦上興國圩及貴國圩共田八千一百二十畝又漏夫田一千二百零八畝分十甲派工三段十年輪修一次

一派黄池鎮東馬坊口稍工四百弓起自上興國圩工至上興國圩工止　內有二百弓調與上興國圩築

一派正東普通寺溝工五百三十六弓起自上興國圩工至南廣濟圩工止

一派東北十八號內花津後湯村要工五十四弓起自南廣濟圩工至王明圩工止　今砌石磡

又與合岸攢築中心埂

南廣濟圩　西南上下兩興國圩東保城圩並永豐圩北新溝下廣濟兩圩共田八千六百六十四畝又漏夫田一千一百三十六畝分四甲派工二段二十□年輪修一次

一派正東普通寺溝工七百六十七弓起自下興國圩工至上興國圩工止

一派東北十八號內花津後湯村要工五十三弓起自保城圩工至下興國圩工止

又與合岸攢築中心埂

上新溝圩　南低塲永豐二圩西下新溝圩北王明廣義二圩東官埂共田一萬二千三百七十六畝分十五甲派工二段□年輪修一次

一派正東普通寺後王村于村新溝陡門大灣等處溝工一千一百三十三弓起自上興國圩工至下新溝圩工止

一派東北十九號內花津大聖堂要工八十四弓起自低塲圩工至下新溝圩工止

又與合岸攢築中心埂

下新溝圩　南低埸圩西上廣濟圩及新義圩東上新溝圩北王明廣義兩圩共田一萬二千三百七十六畝分下五甲派工二段□年輪修一次

一派正東七甲灣戀墖小汪村等處洶工一千一百三十二弓起自上新溝圩工至廣義圩工止

一派東北二十號內花津大聖堂要工八十四弓起自上新溝圩工至永豐圩工止

又與合岸攢築中心埂

廣義圩　南上下兩新溝圩北東北岸南新興圩東官埂西王明圩共田一萬四千五百六十二畝分六甲派工三段□□年輪修一次

一派正東陳家巷南柘港汪村等處洶工一千三百十八弓起自下新溝圩工至王明圩工止

一派東北十九號內花津後湯村要工七十九弓起自王明圩工至低埸圩工止

一派東北二十五號內花津稽村灣南要工二十二弓起自南新興圩工至大禾圩工止　今砌石磡

又與合岸攢築中心埂

王明圩　南新溝圩西永甯圩西北北廣濟圩東廣義

圩共田八千三百二十畝又漏夫田九十六畝分四甲派工二段□□年輪修一次遇歉朋修

一派正東大隴口孫趙二村等處洶工七百二十九弓起自廣義圩工至西北岸新義圩工止

一派東北十九號內花津後湯村要工五十七弓起自下興國圩工至廣義圩工止

又與合岸攢築中心埂

按中心埂一千弓合岸公築七圩未分派也起自咸家橋茶庵前西北岸止工處至枸橋茨東北岸起工處止

東北岸　東瀕三湖北臨姑孰溪南界東南岸王明廣義二圩西連西北岸永甯北廣濟並感義圩計田六萬五千零六十一畝一分又漏夫田一千零九十六畝皆分九圩曰南新興圩曰北新興圩曰太平圩曰官壩圩曰清平圩曰沛儉圩曰大禾圩曰咸和圩曰桑竺圩今議合岸照田派夫籌一百二十五枝

南新興圩　南王明廣義二圩東官埂西永甯北廣濟圩北北新興圩共田一萬二千零八十六畝五分又漏夫田四百四十六畝分六甲派工三段□年輪修一次

派東北潘家埠方家嘴釜底港徐家界等處淘工一
千零六十弓起自永甯圩工至北新興圩工止
派楊林塘四十弓夾入北新興圩工內
一派東北二十四號內花津邵村後要工八十三弓起
自官壩圩工至桑桑圩工止
又攢築中心埂派夫籌二十枝
北新興圩　南南新興圩東官埂北沛儉桑築官壩清
平等圩西北永甯北廣濟圩共田一萬五千八百零
八畝五分又漏夫田二百八十畝分九甲派工二段
□年輪修一次

一派東北刑羊村至孟公碑等處淘工一千四百五十
五弓內有八十五弓夾北廣濟圩工內起自南新興
圩工至上廣濟圩工止
一派東北二十三號內花津張家甸要工一百一十弓
起自咸和圩工至沛儉圩工止
又攢築中心埂派夫籌三十一枝
太平圩　東清平圩北臨官埂西南北廣濟咸和諸圩
共田一萬零七百五十六畝又漏夫田五十六畝分
□甲派工三段□年輪修一次
一派東北李村埝南北淘工二百零六弓中夾大禾圩

六十六弓起自上興國圩工至北廣濟圩工止
一派正北郁家灣稍工一千四百二十弓起自清平圩
工至本圩工止
一派正北儲家壩稍工六百一十弓起自本圩工至咸
和圩工止
又攢築中心埂派夫籌二十一枝
大禾圩　東北均官埂郎十里要工西沛儉圩南北新
興圩共田五千一百二十畝又漏夫田四十畝分□
甲派工三段□年輪修一次
一派東北花津天妃宮西北首夾淘工六百一十三弓

起自沛儉圩工至沛儉圩工止
一派東北十五號內花津李村涵要工六十六弓起自
太平圩工至太平圩工止
一派東北二十三號內花津宋村後要工三十四弓起
自貴國圩工至咸和圩工止
又攢築中心埂派夫籌十枝
沛儉圩　東大禾圩南北新興圩西官壩桑竺二圩北
官埂共田八千二百五十七畝九分六釐分□甲派
工四段□年輪修一次
一派東北二十六號內花津稽村淘工二百四十八弓

起自官壩圩工至大禾圩工止

一派東北二十三號内花津邵村要工五十七弓起自北新興圩工至太平圩工止

一派東北該分渡夾淌工七百弓起自大禾圩工至本圩稍工止

一派東北賈家垻稍工五百四十弓起自本圩淌工至官壩圩工止

又攢築中心埂派夫籌十六枝

官壩圩　東沛儉圩西清平圩南桑築圩北官埂共田四千三百三十六畝又漏夫田七十六畝分□甲派

工三段□年輪修一次

一派東北二十四號内花津稽村灣要工三十八弓起自清平圩工至南新興圩工止

一派東北二十五號内花津稽村灣要工七十二弓起自廣義圩工至沛儉圩工止

一派正北賈家垻稍工九百四十二弓起自沛儉圩工至桑埜圩工止

又攢築中心埂派夫籌八枝

清平圩　西南咸和北廣濟兩圩西太平圩東官壩桑築兩圩北官埂共田三千六百四十二畝又漏夫田

四十四畝分□甲派工二段□年輪修一次

一派正北周古潭牛力灣等處夾淌工七百七十八弓起自桑築圩工至太平圩工止

一派東北二十四號内花津稽村灣要工二十三弓起自桑築圩工至官壩圩工止

又攢築中心埂派夫籌七枝

桑築圩　南北新興圩東沛儉圩東北清平官壩兩圩西北咸和太平北廣濟諸圩共田一千七百九十三畝又漏夫田二十四畝分□甲派工三段□年輪修一次

一派東北二十五號内花津稽村灣要工三十六弓起自南新興圩工至咸和圩工止

一派東北二十四號内花津稽村灣要工十一弓起自太平圩工至清平圩工止

一派東北張紀埂稍工三百四十弓起自官壩圩工至清平圩工止

又攢築中心埂派夫籌三枝

咸和圩　北太平圩東桑築清平兩圩南北廣濟圩西感義圩共田二千九百八十八畝二分四釐分□甲派工三段□年輪修一次

一派東北二十五號內花津稽村灣要工六十弓起自桑竺圩工至廣義圩工止

一派東北二十三號內花津張家甸要工十九弓起自大禾圩工至北新興圩工止

一派正北畢家灣稍工五百九十弓起自太平圩工至馬練港陡門止

又攢築中心埂派夫籌五枝

按中心埂一千弓合岸公築九圩未分工也起自栒橋茨東南岸止工處至黃池鎮北梁家橋工止

按官圩分工修築在乾嘉以前照夫輪修至道光間疊遇水災遂致牽混隱抗者多西兩岸圩董首事分甲按年清釐積弊緣東畔陡遠力難撐支也惟東兩岸居址近陡作息較便故仍照夫籌輸差與西畔未嘗一轍焉

官圩修防彙述續編分圩列岸卷一終

官圩修防彙述續編圖說卷二

工段標號目次

東北六十一號

除少實計工一萬二千零十弓

西北四十八號

除少實計工九千四百二十五弓

西南五十六號

除少實計工一萬零九百七十六弓

正東三十五號

除少實計工六千七百九十六弓

中心埂二十號

計工四千弓

統計四萬三千二百零七弓

內青山鎮七十三弓

亭頭鎮一百四十四弓

黃池鎮四百二十九弓

烏溪鎮三百二十五弓

均在數內

官圩修防彙述續編圖說卷二

湖㮚逸叟編輯

朱大椽佐廷校

工段標號圖說二

國語曰天根見而水涸言節交寒露收場功而脩畚挶也又曰立鄙食以守路言路有廬食分程限以備傳報也官圩之有隄防纔長堉高殆無虛歲夏秋氾濫來者日益甚去者日益緩防者可日益弛乎計惟有使之按部就班焉則畚挶興而程限定矣述工段標號

官圩四岸分工畫段標號圖

大隴口趙錫純韻亭甫書

趙韻亭書額 夏宣題辭 劉晶章助印

官圩分工畫段標號圖題辭

非不計功是不誇大我無爾虞爾無我詐計畝均分

勤於農隙百堵皆興星言夙駕築之登登乃歌穲稏

先知稼穡之艱難庶幾吹豳而息蜡

余欲思輯圩務一書有志未逮獲覩此編若有導

吾以先路者因題數語用誌景仰云爾

時在

道光丁未秋月同里夏宣竹心氏敬識於鹿龕精舍

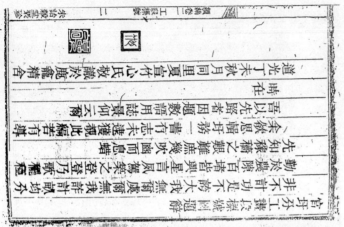

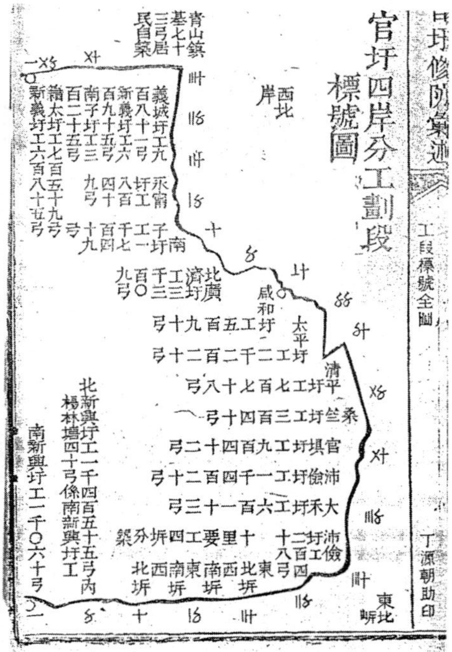

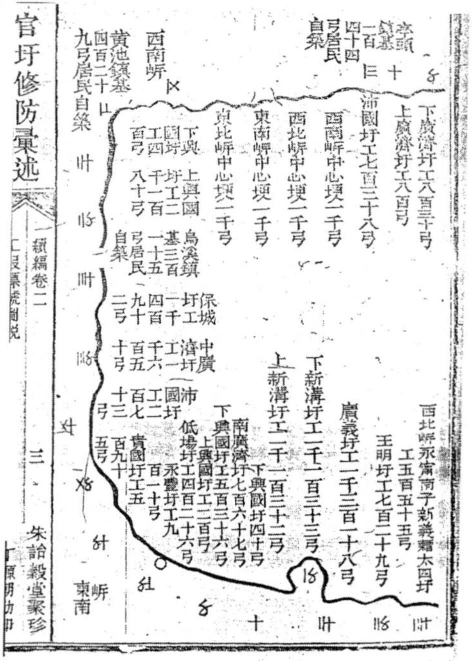

官圩分工劃段標號圖說

考圩字未見經典梁沈約韻書亦未收錄惟史記孔子世家云孔子生而盂頂司馬貞曰圩窊也江淮間水高於田築隄捍水曰圩言周圍築成隄岸以防水患此圩字之始也古通盂外高中低象形也書禹貢九澤既陂蔡註云陂障也即今保障之義禮月令完隄防言築圖防水也楚境作垸淮上作圍土音也官圩舊屬湖蕩自圖隄後奠厥攸居廣輪幾及百里隔膜視者固難洞察即生長是鄉終老牖下某段洶要某處平穩某工派與某圩修築問之則茫無所對即有能道其大概者非屬約略之詞即有偏舉之弊求其井井有條鑿鑿可據者百無一二焉況宦遊千里來自遠方人地不宜言語或齟車塵偶駐其能以驟識乎即艮有司擘畫彌周而邑號衝繁錢穀簿書喧闐旁午加以冠蓋送迎莫遑暇食乂安能徧歷原野到處留神而尺寸不迷乎余奉公有素疆理雖無善狀而閱歷彌覺畢心凡合圩周圍工段無不詳加審察用是繪成圖幅恪遵　前明分工劃段良法計弓標號成規逐一臚列復憾幅隘莫能詳載倣術家用橫推直看之法將四岸二十九圩工段標號數目備

官圩修防彙述　續編卷二　工段標號　四　朱詒穀堂彙珍

刻幅中上註某地某名下載某圩應修工若干丈尺
起止分明俾閱者一覽而知如親歷其地云

計開

每埂二百弓爲一標界以石分列方位編以號數
東北自潘家埠起第一號環至馬練港陡門計六十
一標
西北自馬練港陡門起第一號迤至雙溝陡門計四
十八標
西南自雙溝陡門南起第一號至清水潭跨中心埂
至黃池鎭繞至籍家陡門計五十六標

劉品章助印

正東自籍家陡門北起第一號直至潘家埠交匯計
三十五標
以上謹遵前　明知縣朱公標定惟中心埂四千弓
每岸一千弓原册未曾標定今並逐段載明以完全
璧焉
按老册清丈者册弓今所用者悉遵
部發京弓每尺較短册弓一寸通隄四萬數千餘弓
一准此計之不必蛇行鴨步其相去也遠矣况歷届退
挽月隄在在添築新工則必不止此數可知也繪成
圖式如左

潘家埠
韓家村北
首有漫缺
【第壹號洵工】

外面丹陽
湖以下至
花津同
【第貳號洵工】

方家嘴
【第叁號洵工】

東北第一號起工所
自第一號二百弓起遞至第二號二百弓
第三號二百弓第四號二百弓第五號二
百弓第六號內六十弓共洵工一千零六
十弓分屬南新興圩修築

丁焜權助印

盔瓲港陡
門
【第肆號洵工】

元壽庵
萬壽庵
【第伍號洵工】

徐家界
刑羊村
外有支港
【第陸號洵工】

南新興圩工止
自第六號內六十弓南新興圩止工起餘
一百四十弓遞至第七號二百弓第八號

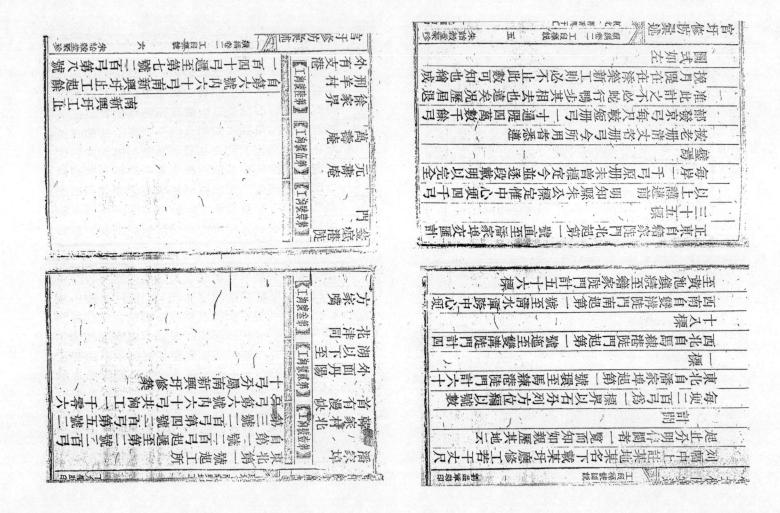

【工溝號柒第】謝家潭村北有大漫缺灣一

【工溝號捌第】陶家潭孟公碑道光二十八九年連潰咸豐元年又潰圖

【工溝號玖第】

二百弓第九號二百弓第十號二百弓十一號二百弓十二號二百弓十三號內三十弓越至十四號內八十五弓共溝工一千四百五十五弓分屬北新興圩修築

東北 北新興圩工

劉同進助印

【工溝號拾第】□月陡

【工溝號壹拾】□家潭

【工溝號貳拾】官義門元至正間朱榮甫造 楊柳塘

楊柳塘溝工四十弓撥與南新興圩修築

31

【工溝號叄拾第】吳家潭村 後漫灣 延福庵 薺母灘

【工要號肆拾第】□灣北十里 □江四岸 十九圩

【工要號伍拾第】□□□ □村涵

北新興圩三十弓

中廣濟圩七十五弓 細分兩圩

北廣濟圩號九十一十五弓十六弓合下共一百一十一弓

北新興圩八十五弓

北廣濟圩號九十十九弓十二弓合下共一百一十一弓

上興國圩四十弓

太平圩五十五弓

大禾圩六十六弓

太平圩二十七弓合下號一百二十四弓

東北 四岸二十九圩築

北新興圩工止

丁紹雙助印

【工要號陸拾第】前湯村

【工要號柒拾第】前陳村 老莊一名

【工要號捌拾第】蔣家巷 後湯村

共一百五十一弓

北廣濟圩號七三十六弓十五弓合下共一百一十一弓

南子圩七十弓

永甯圩三十弓

新義圩五十八弓

籍泰圩七弓合下號十八弓共二十五弓

義城圩三十弓

保城圩七十弓

南廣濟圩五十三弓

下興國圩二十九弓合下號二十五弓共

後陳村

【第拾玖號要工】

五十四弓

王明圩五十七弓

廣義圩七十九弓

低塌圩三十四弓

上下新溝圩五弓合下號一百六十三弓共一百六十八弓

大聖堂

【第貳拾號要工】

永豐圩三十七弓合下號二十六弓共六十三弓

保城圩七十弓

滸國圩三十九弓

雙涵口

【第貳壹號要工】

中廣濟圩六十五弓合下號九十八弓共

宋村

【第貳貳號要工】

一百六十三弓今分上廣濟圩七十九弓

下廣濟圩八十四弓

上興國圩六十九弓

張家甸

【第貳叁號要工】

貴國圩三十三弓合下號十二弓共四十五弓

大禾圩三十四弓

咸和圩十九弓

邨村

北新義圩一百十弓

稽村灣

【第貳肆號要工】

沛儉圩二十五弓合下號三十二弓共五十七弓

太平圩七十二弓

桑竺圩十一弓

清平圩二十三弓

官壩圩二十八弓

稽村

十里攢築

要工止

【第貳伍號要工】

南新興圩合上號三十四弓又本號四十九弓共八十三弓

桑築圩三十六弓

咸禾圩六十弓

廣義圩二十二弓

官壩圩三十三弓合下號三十九弓共七十二弓

【第貳陸號洶工】

自第二十六號內三十九弓官壩圩止工起餘一百六十一弓遞至二十七號內八十七弓止共洶工二百四十八弓分屬沛儉圩修築

【第貳柒號洶工】

自第二十七號內八十七弓沛儉圩止工起餘一百一十三弓洶工分屬大禾圩修築

龍王廟

天后宮坐圩向湖

【貳捌號次洶工】

自本圩止工起爲第二十八號二百弓遞至二十九號二百弓三十號內一百弓共次洶工五百弓亦分屬大禾圩修築

花津渡口

自此轉灣

【貳玖號次洶工】

大禾圩工止

向西行以下姑孰溪

【叁拾號次洶工】

自第三十號內一百弓大禾圩止工起餘一百弓遞至三十一號二百弓三十二號

正北　沛儉圩工

小村落依
喪傍
畢家涵
陳公渡原
名該分渡

《工洵夾號壹叁》《工洵夾號貳叁》《工洵夾號叁叁》

二百弓三十三號二百弓止共夾洵工七
百弓分屬沛儉圩修築
沛儉圩工止

谷鳳祥助印

《工稍號肆拾叁》《工稍號伍拾叁》《工稍號陸拾叁》

自本圩三十三號止工起爲第三十四號
二百弓遞至三十五號二百弓三十六號
內一百四十弓共稍工五百四十弓亦分
屬沛儉圩修築
沛儉圩工止
自第三十六號內一百四十弓沛儉圩止

續編卷二　工段標號　十一　朱詒穀堂聚珍

正北　官壩桑築圩工

賈家垻
同治八年
潰
史金閣
舊有慈慧

《工稍號柒拾叁》《工稍號捌拾叁》《工稍號玖拾叁》

工起餘六十弓遞至三十七號二百弓三
十八號二百弓三十九號二百弓四十號
二百弓四十一號內八十二弓止共稍工
九百四十二弓分屬官壩圩修築

丁紹雙助印

庵楊球建
張紀埂

《工稍號拾肆第》《工稍號壹拾肆》《工稍號貳拾肆》

官壩圩工止
自第四十一號內八十二弓官壩圩止工
起餘一百一十八弓遞至四十二號二百
弓四十三號內二十二弓共稍工三百四
十弓分屬桑築圩修築

續編卷二　工段標號　十二　朱詒穀堂聚珍

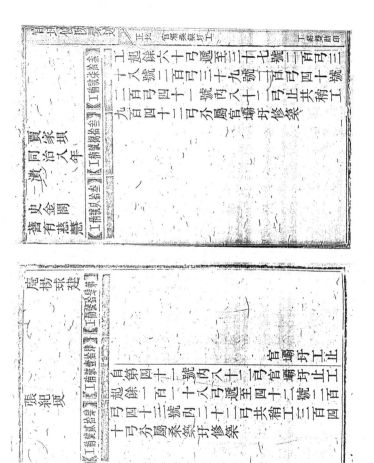

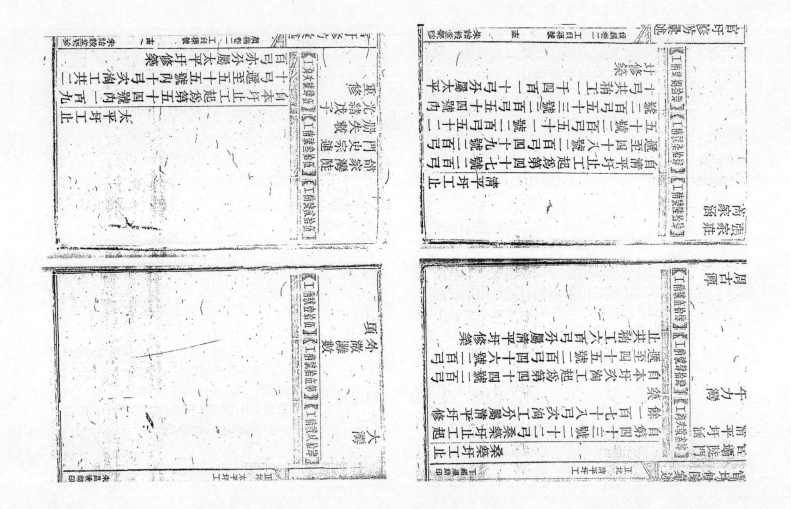

官壩陡門

清平圩涵

《工淌次號叁肆》

自第四十三號二十二弓桑築圩止工起

桑築圩工止

餘一百七十八弓次淌工分屬清平圩修

築

牛力灣

《工稍號肆拾肆》

自本圩次淌工起爲第四十四號二百弓

遞至四十五號二百弓四十六號二百弓

止共稍工六百弓分屬清平圩修築

周古潭

《工稍號伍拾肆》

正北　清平圩工

丁紹濂助印

張家莊

髙家涵

《工稍號陸拾肆》《工稍號柒拾肆》《工稍號捌拾肆》

清平圩工止

自清平圩止工起爲第四十七號二百弓

遞至四十八號二百弓四十九號二百弓

五十號二百弓五十一號二百弓五十二

號二百弓五十三號二百弓五十四號內

十弓共稍工一千四百一十弓分屬太平

圩修築

大灣

外澂灘數

項

《工稍號壹拾伍》《工稍號拾伍第》《工稍號貳拾肆》

正北　太平圩工

朱昌後助印

郃家灣陡

門史宗連

册失載

光緒戊子

重修

《工稍號貳拾伍》《工稍號叁拾伍》《工淌次號肆伍》

太平圩工止

自本圩止工起爲第五十四號內一百九

十弓遞至五十五號內十弓次淌工共二

百弓亦分屬太平圩修築

官圩修防彙述　西北　咸和圩工　唐履之助印

【工稍號伍拾伍】儲家壩

【工稍號伍拾陸】老鸛嘴低涵　光緒十三年潰

【工稍號伍拾柒】章公祠　光緒十一年潰

自本圩止工起爲第五十五號內一百九十弓遞至五十六號二百弓五十七號二百弓五十八號內二十弓止共稍工六百二十弓仍分屬太平圩修築

太平圩工止

【工稍號伍拾捌】護駕墩

【工稍號伍拾玖】外附感義圩

【工稍號陸拾】畢家灣一作筆架灣

自第五十八號內二十弓太平圩止工起餘一百八十弓遞至五十九號二百弓六十號二百弓六十一號內十弓終共稍工五百九十弓分屬咸和圩修築

咸和圩工止

官圩修防彙述　續編卷二　工良標號　圭　朱詒穀堂褒珍

【工稍號陸拾壹】馬練港陡門俗名老陡門今塞

【工稍號第壹】外有港在感義圩水由觀音閘出入

【工稍號第貳】同治八年連潰二缺

此號僅有十弓自潘家埠起第一號丈量至此六十一號未必適全號數蓋闕如也以下爲西北岸標號

西北第一號起工所

自第一號起二百弓遞至第二號二百弓第三號二百弓止共稍工六百弓分屬北廣濟圩修築

工止

【工稍號第叁】向感義圩圍築三百餘弓

【工稍號第肆】邢家甸自此轉南新陡門

【工稍號第伍】長亭埂外面山激畏西風下逼

自本圩止工起爲第四號二百弓遞至第五號二百弓第六號二百弓第七號二百弓止共次洵工八百弓亦分屬北廣濟圩修築

按此四號八百弓老冊載一千八百弓乃多列一千兩字查圩分工章程照田派夫照夫分埂而埂又分洵稍次三等

官圩修防彙述　續編卷二　工良標號　夫　朱詒穀堂褒珍

對面白土
山一
千觔閘五
小圩出入
水道
自此轉東
陽和埂
埂上
佘村

【第陸號稍工】【第柒號稍工】【第捌號稍工】

洵工每夫七八弓之間次洵工每夫十
六弓稍工每夫二十四弓此工次洵派
夫五十名六分以十六弓計之定是八
百弓無疑矣卽稍工每夫亦祇二十四
弓焉有次洵工派及二十六弓之多乎
一千兩字行文
工止
自本圩止工起爲第八號二百弓遞至第
九號二百弓第十號二百弓十一號二百
弓十二號二百弓十三號二百弓十四號

[illegible]村
自此曲折
遞遷西南
行
自千觔閘
迤至項家
橋外附塘
下山南保
與周城城
子五小圩

【第玖號稍工】【第拾號稍工】【拾壹號稍工】

二百弓十五號二百弓十六號二百弓十
七號內一百零九弓止共稍工一千九百
零九弓仍分屬北廣濟圩修築

均有私埂
界之中有
港道水之
出進北行
者由千觔
閘出進
西行者由
青山閘出
進

【第拾貳號稍工】【第拾叁號稍工】【第拾肆號稍工】

秋花墳

【第拾伍號稍工】【第拾陸號稍工】【第拾柒號稍工】

自第十七號內一百零九弓北廣濟圩止
北廣濟圩工止

官圩修防彙述　西北　南子圩工　張里仁助印

薛家樓　北峰埂

《第拾捌號稍工》《第拾玖號稍工》《第貳拾號稍工》

工起餘九十一弓遞至十八號二百弓十九號二百弓二十號二百弓二十一號二百弓二十二號二百弓二十三號二百弓二十四號二百弓二十五號二百弓二十六號內五十八弓止共稍工一千七百四十九弓分屬南子圩修築

《貳拾壹號稍工》《貳拾貳號稍工》《貳拾叁號稍工》

續編卷二　工段稱號　九　朱詒穀堂聚珍

官圩修防彙述　西北　永甯圩工　蕭日生助印

周郎橋　印心庵　古涵

《貳拾肆號稍工》《貳拾伍號稍工》《貳拾陸號稍工》

南子圩工止

自第二十六號內五十八弓南子圩止工起餘一百四十二弓遞至二十七號二百弓二十八號二百弓二十九號二百弓三十號內一百零七弓止共稍工八百四十九弓分屬永甯圩修築

《貳拾柒號稍工》《貳拾捌號稍工》《貳拾玖號稍工》

續編卷二　工段稱號　十　朱詒穀堂聚珍

西北　義城圩工　青山鎮　張里仁助印

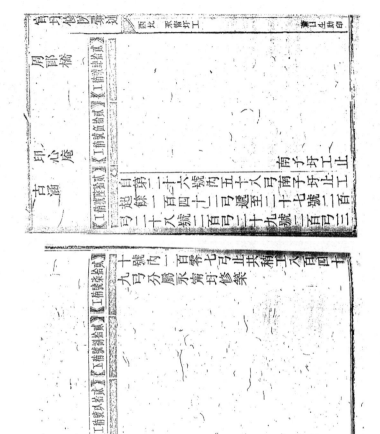

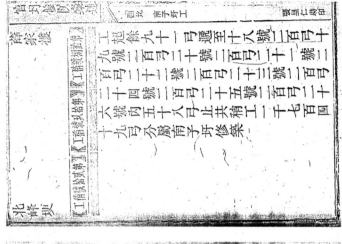

家橋　永甯圩工止
𦨴山澗山【工稍義拾叁弟】自第三十號內一百零七弓永甯圩止工
小下注　起餘九十三弓遞至三十一號二百弓三
青山閘【工稍號壹拾叁】十二號內七十七弓共稍工三百七十弓
青山鎮　分屬義城圩修築
西麓有朱【工稍號貳拾叁】此號青山鎮基七十三弓市民自築
公祠　自第三十二號青山鎮南起餘五十弓遞

李四公陡【工洵夾號叁叁】至三十三號二百弓三十四號二百弓三
門　十五號內一百六十一弓止共夾洵工六
以下繫青【工洵夾號肆叁】百一十一弓亦分屬義城圩修築
山湖面原
圍圩朱閘
寶間李
戶部劉廢
水漲畏西
風浪拍【工洵夾號伍叁】自第三十五號內一百六十一弓義城圩
九船口　義城圩工止

喻家埠【工洵夾號陸叁】止工起餘三十九弓遞至三十六號二百
弓三十七號二百弓三十八號二百弓三
【工洵夾號柒叁】十九號內五十六弓共夾洵工六百九十
【工洵夾號捌叁】五弓分屬新義圩修築

伏龍橋陡【工洵夾號玖叁】自第三十九號內五十六弓新義圩止工　新義圩工止
門　起餘一百四十四弓遞至四十號內一百
有小市　八十一弓止共夾洵工三百二十五弓分
韋家圩　屬南子圩修築
浮橋陡門【工洵夾號拾肆】此第四十號內一百八十一弓南子圩止　南子圩工止
北閘　工起餘十九弓爲夾洵工分屬籍泰圩修
饒家圩【工稍號壹拾肆】築
此第四十一號二百弓四十二號二百弓

利埂頭

《肆拾貳號稍工》

四十三號二百弓四十四號內一百四十弓止共稍工七百四十弓亦分屬籍泰圩修築

《肆拾叁號稍工》

籍泰圩工止

《肆拾肆號稍工》

自第四十四號內一百四十弓籍泰圩止

元過塘

利山嶺

《肆拾伍號稍工》《肆拾陸號稍工》《肆拾柒號稍工》

工拗僅六十弓遞至四十五號二百弓四十六號二百弓四十七號二百弓四十八號[illegible]終共稍工六百八十五弓分屬新義圩修築

雙溝陡門原有舖自青山至此十里舖基地

《肆拾捌號稍工》

新義圩工止

此號僅二十五弓如東北六十一號之例

陡門南首即西南岸標號

自浮橋陡門南行至雙溝舖經亭頭鎮達清水潭外

《第壹號稍工》

西南第一號起工所

《第貳號稍工》

自第一號起二百弓遞至第二號二百弓第三號二百弓第四號二百弓第五號二百弓第六號二百弓第七號二百弓第八號二百弓第九號內三十弓共稍工一千六百三十弓分屬中廣濟圩修築今分兩圩下廣濟圩四甲修雙溝舖南首工八百

附洪栢饒三圩中有夾港十餘里近設三閘不修東埂苟利目前非長策也

《第叁號稍工》

三十弓上廣濟圩修亭頭鎮北首工八百弓

《第肆號稍工》

下廣濟圩工止

北閘設浮橋陡門南

《第伍號稍工》

上廣濟圩起工今四甲細分

頭甲工

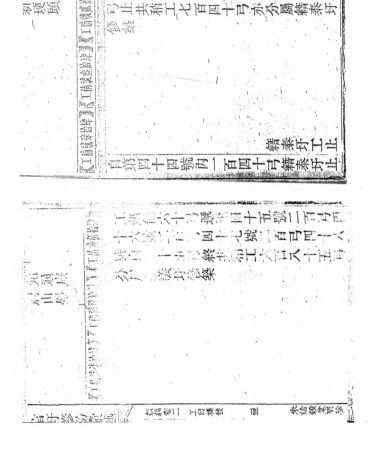

官圩修防彙述
正西 上廣濟圩沛國圩工
王敬昭助印

中閘設洪
渾寺西
南閘設颺
板街西里
餘
洪潭圩
五顯廟
土橋
三涵蕩

【第陸號稍工】【第柒號稍工】【第捌號稍工】

二甲工
三甲工
四甲工

亭頭鎮
殷家潭
龍王廟
陡門
丁家潭原
名饒家潭
長樂庵
官塘壩濟

【第玖號稍工】【第拾號稍工】【拾壹號稍工】

上廣濟圩工止
此號內一百四十四弓繫亭頭鎮基居民
自築
自亭頭鎮南第九號內二十六弓起遞至
第十號二百弓十一號三百弓十二號二
百弓十三號內一百三十二弓共稍工七
百五十八弓分屬沛國圩修築

官圩修防彙述 續編卷二 工段標號 亖 朱詒穀堂藂珍

官圩修防彙述
正西 西南岸中心埂 [illegible]

夏家橋
清水潭陡
門
中心埂分
工碑亭
清水潭明
萬歷戊申

【第拾貳號稍工】【第拾叁號稍工】【中心埂】

沛國圩工止
此號未滿數如前例核少六十八弓
西南岸中心埂起工所
沛國圩工七 自清水潭起
十八弓 至戴家莊止

癸丑蓮瀆
迤南至黃
池鎮外附
福定圩
秋瀆
賈家潭道
光十九年
瀆
中間舖道

【中心埂】【中心埂】【中心埂】

下廣濟圩工一 共一千弓分
百八十六弓 屬西南岸修
保城圩工一百 築今七圩細
五十四弓 分如上數
永豐圩工一百
四十二弓
上興國圩工一
百六十九弓
上廣濟圩工一
百六十四弓

官圩修防彙述 續編卷二 工段標號 兲 朱詒穀堂藂珍

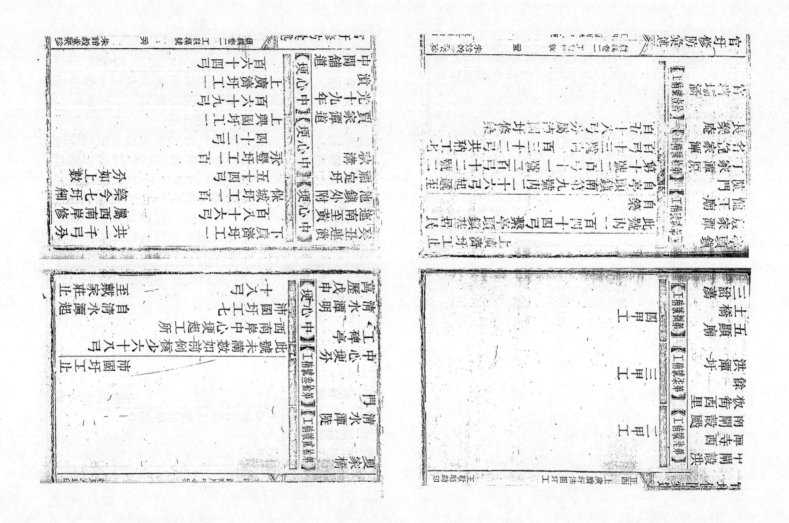

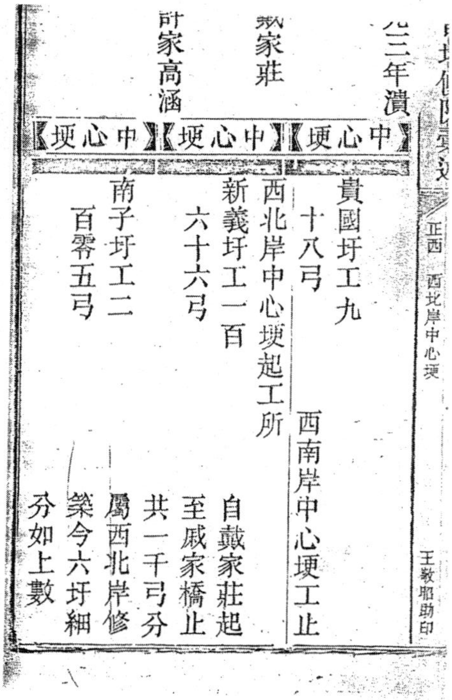

光三年潰
戴家莊
許家高涵
【埂心中】【埂心中】【埂心中】
貴國圩工九
十八弓
西南岸中心埂工止
西北岸中心埂起工所
新義圩工一百
六十六弓
南子圩工二
百零五弓
自戴家莊起
至戚家橋止
共一千弓分
屬西北岸修
築今六圩細
分如上數
正西　西北岸中心埂
王敦昭助印

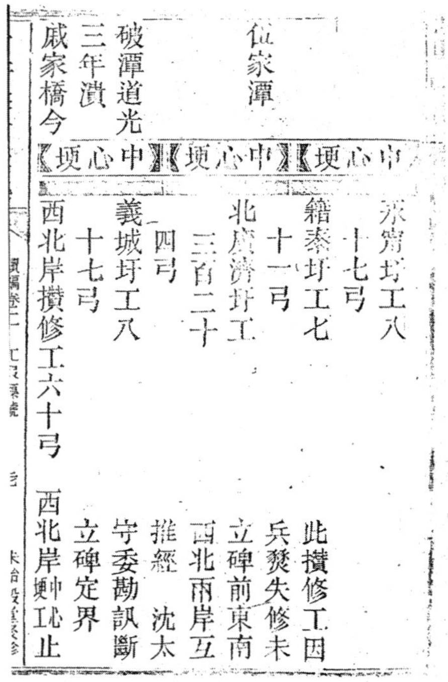

伍家潭
破潭道光
三年潰
戚家橋今
【埂心中】【埂心中】【埂心中】
采宵圩工八
十七弓
繒泰圩工七
十一弓
北廣濟圩工
三百二十
四弓
義城圩工八
十七弓
西北岸攢修工六十弓
此攢修工因
兵燹失修未
立碑前東南
西北兩岸互
推經　沈太
守委勘訊斷
立碑定界
西北岸埂中心止
續編卷二　工段彙號

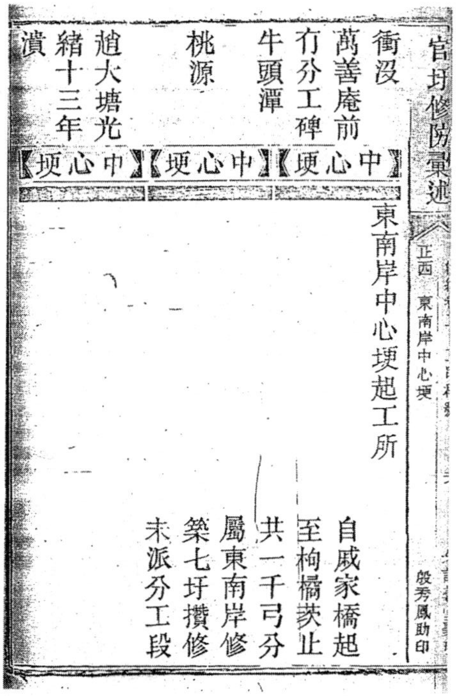

官圩修防彙述
衝沒
萬善庵前
冇分工碑
牛頭潭
桃源
迨大塘光
緒十三年
潰
【埂心中】【埂心中】【埂心中】
東南岸中心埂起工所
自戚家橋起
至枸橋茨止
共一千弓分
屬東南岸修
築七圩攢修
未派分工段
正西　東南岸中心埂
殷秀鳳助印

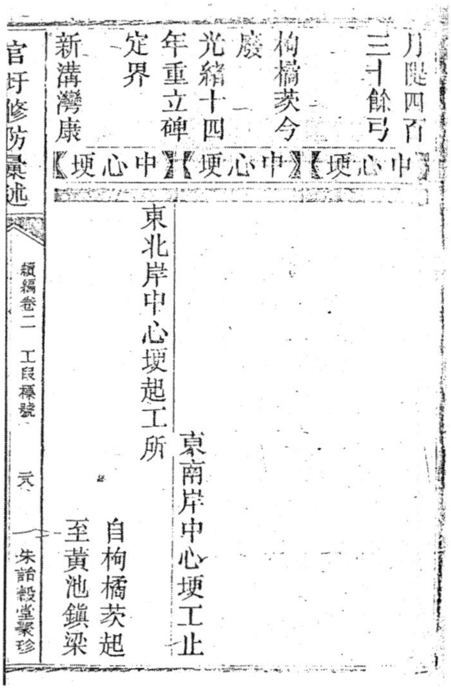

月隄四百
三十餘弓
枸橋茨今
廢
光緒十四
年重立碑
定界
新溝灣康
【埂心中】【埂心中】【埂心中】
東南岸中心埂工止
東北岸中心埂起工所
自枸橋茨起
至黃池鎮梁
官圩修防彙述
續編卷二　工段彙號　三
朱詒穀堂彙珍

熙四十七
年潰
倉基渡
五里界
王氏母橋
咸豐十一
年潰
自潭道咸
間連潰四
五次

【中心埂】【中心埂】【中心埂】

家橋止共一
千弓分屬東
北岸修築九
圩攢修未派
分工段

正西 東北岸中心埂 殷秀鳳助印

葉家橋
觸蛟寺今
改名普安
黃池鎮
稠塘
廣教寺
丹陽書院
城隍廟
鳳凰樓
留鑾橋

【中心埂】【黃池鎮】【黃池鎮】

東北岸中心埂工止
此第十四號二百弓遞至十五號二百弓
十六號內二十九弓共計四百二十九弓
緊黃池鎮基居民自築

官圩修防彙述 續編卷二 工段標號 元 朱詒穀堂聚珍

自此轉灣
向東
三忠廟
礦屋
貴明關
賓圩
馬坊口
西承天寺
對河宣城
界外面大

【第拾陸號稍工】【第拾柒號稍工】【第拾捌號稍工】

自鎮基二十九弓外此號內有一百七十
一弓遞至十七號內二十九弓共稍工二
百弓分屬上興國圩修築緣基址堅固歷
年玩修
此第十七號內一百七十一弓起遞至十
八號二百弓十九號內二十九弓共稍工
四百弓亦分屬上興國圩修築緣坐落下
興國圩調與下興國圩修築

官圩修防彙述 正南 上下興國圩工 徐裕九助印

河
高涵
吳家涵
東承天寺
蔣家涵

【第拾玖號稍工】【第貳拾號稍工】【第貳拾壹號稍工】

下興國圩工止
自第十九號內二十九弓下興國圩止工
起餘一百七十一弓遞至二十號二百弓
二十一號二百弓止共稍工五百七十一
弓分屬上興國圩修築
合上工並調與下興國圩工共稍工一
千一百七十一弓

官圩修防彙述 續編卷二 工段標號 平 朱詒穀堂聚珍

〖貳拾貳號稍工〗〖貳拾叁號稍工〗〖貳拾肆號稍工〗

小牛灘
同治二年
漫口
對河宣邑
咸定圩

自第二十二號二百弓起遞至二十三號
二百弓二十四號二百弓二十五號內一
百八十七弓共稍工七百八十七弓亦分
屬上興國圩修築

正南　上興國圩工　蘇世金助印

〖貳拾伍號稍工〗〖貳拾陸號稍工〗〖貳拾柒號稍工〗

[illegible]刀塘
一里碑

自第二十五號內一百八十七弓本圩稍
工起餘一十三弓遞至二十六號二百弓
二十七號二百弓二十八號二百弓二十
九號二百弓三十號內九弓止共次洶工
八百二十二弓仍分屬上興國圩修築
合上稍工七百八十七弓共計工一千
六百零九弓

〖貳拾捌號稍工〗〖貳拾玖號稍工〗〖第叁拾號稍工〗

龍華庵
烏溪鎮陡門
三官殿

上興國圩工止
此號內有一十五弓保城圩築入後弁
此第三十號內一百七十六弓起遞至三
十一號內一百三十九弓共計三百一十

正南　烏溪鎮　保城圩工　徐裕九助印

〖烏溪鎮〗〖叁貳號次洶工〗〖叁叁號次洶工〗

對河宣邑
金保圩
魏家灣
呂祖廟
馬神廟
保甯庵

五弓繫烏溪鎮基居民自築陡門兩旁餘
基上興國貴國南廣濟下興國四圩公地
自烏溪鎮東三十一號內有六十一弓起
遞至三十二號二百弓三十三號二百弓
三十四號二百弓三十五號二百弓三十
六號二百弓三十七號內一百八十弓加
鎮西十五弓共次洶工一千二百五十六
弓分屬保城圩修築

棗樹灣邑
志載湯家
灣即此
康熙二年
潰
周家涵

【工溝夾號肆叁】【工溝夾號伍叁】【工溝夾號陸叁】

順水埂

【工溝夾號柒叁】【工溝號捌拾叁】【工溝號玖拾叁】

自第三十七號內一百八十弓本圩夾溝工起餘二十弓遞至三十八號二百弓三十九號內一十六弓止共溝工二百三十六弓亦分屬保城圩修築　合上夾溝工一千二百五十六弓共計工一千四百九十二弓　保城圩工止

此工二百二十五弓分屬下廣濟圩修築

自第三十九號內十六弓

烟興庵
苟家所
何花埂
新庵

【工溝號拾肆第】【工溝號壹拾肆】【工溝號貳拾肆】

此工二百弓分屬上廣濟圩四甲修築

此工二百弓分屬上廣濟圩三甲修築

此工二百二十五弓分屬下廣濟圩修築

保城圩止工起餘一百八十四弓遞至四十號二百弓四十一號二百弓四十二號二百弓四十三號二百弓四十四號二百弓四

紅廟
楊姓
塌塘埂
張官埂

【工溝號叁拾肆】【工溝號肆拾肆】【工溝號伍拾肆】

此工二百弓分屬下廣濟圩修築

此工二百弓分屬上廣濟圩頭甲修築

此工二百弓分屬上廣濟圩二甲修築

十五號二百弓四十六號二百弓四十七號內六十六弓止共溝工一千六百五十弓分屬中廣濟圩修築今分上下兩圩各四甲

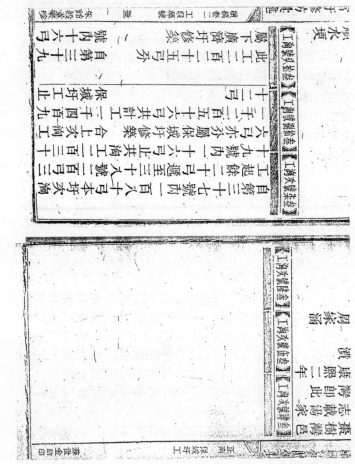

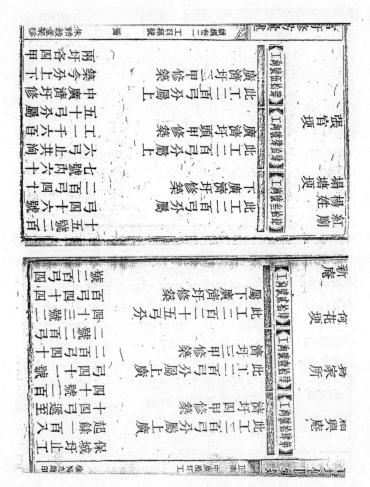

錯綜如上式

圭家潭寬闊數頃淵深莫測外過大河險工也

【肆拾陸號溝工】

此工二百弓分屬下廣濟圩修築

【肆拾柒號溝工】

中廣濟圩工止
自第四十七號內六十六弓中廣濟圩止工起餘一百三十四弓遞至四十八號內一百三十九弓止共溝工二百七十三弓分屬沛國圩修築

王祠

【肆拾捌號溝工】

沛國圩工止
自第四十八號內一百三十九弓沛國圩

五顯廟

【肆拾玖號溝工】

止工起餘六十一弓遞至四十九號二百弓五十號二百弓五十一號內一百三十四弓止共溝工五百九十五弓分屬貴國圩修築

小村

【第伍拾號溝工】

入面佛

【伍拾壹號溝工】

貴國圩工止
自第五十一號內一百三十四弓貴國圩

【伍拾貳號溝工】

止工起餘六十六弓遞至五十二號二百弓五十三號二百弓五十四號二百弓五十五號二百弓五十六號內四十四弓終共溝工九百一十弓分屬永豐圩修築

李家灣

【伍拾叁號溝工】

圓灣徐

【伍拾肆號溝工】

橫湖陡門俗稱藉家陡門

【伍拾伍號溝工】

永豐圩工止

【伍拾陸號溝工】

此號僅四十四弓如上例或未設此號永豐圩工即在正東第一號數內觀下弓數恰合可以恍然

老莊陳大王廟

【第壹號溝工】

正東第一號起工所
自第一號一百五十六弓起遞至第二號二百弓第三號內七十弓共溝工四百二

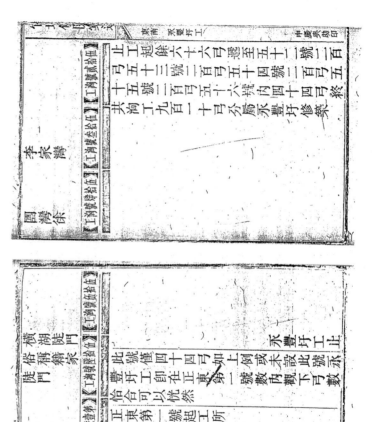

陶家莊

【第貳號工洶】

十六弓分屬低塲圩修築

按上第一號一百五十六弓接五十六號四十四弓恰符二百弓數故斷爲一號也

低塲圩工止

邊湖谷村 祠

【第叁號工洶】

此第三號內一百三十弓遞至第四號內七十弓共洶工二百弓謫與上興國圩修築緣十七號十八號十九號內分有稍工四百弓謫與下興國圩修築

谷家涵

【第肆號工洶】

自第四號內七十弓上興國圩止工起餘一百三十弓遞至第五號二百弓第六號

【第伍號工洶】

二百弓第七號內六弓共洶工五百三十六弓分屬下興國圩修築

【第陸號工洶】

下興國圩工止

井家涵八閉

【第柒號工洶】

自第七號內六弓下興國圩止工起餘一百九十四弓遞至第八號二百弓第九號二百弓第十號內一百七十三弓共洶工

【第捌號工洶】

七百六十七弓分屬南廣濟圩修築內撥出工四十弓與下興國圩修築俗名親家公埂

寺門前峡

【第玖號工洶】

南廣濟圩工止

【第拾號工洶】

此號內有親家工四十弓下興國圩修築

普通寺

【第拾壹號工洶】

自第十號內一百七十三弓下興國圩止工起餘二十七弓遞至十一號二百弓十二號二百弓十三號二百弓十四號二百弓十五號二百弓十六號二百弓十七號二百弓十八號二百弓十九號二百弓二十號二百弓二十一號二百弓二十二號內三十八弓共洶工二千二百六十五弓

【第拾貳號工洶】

【第拾叁號工洶】

分屬上下兩新溝圩修築

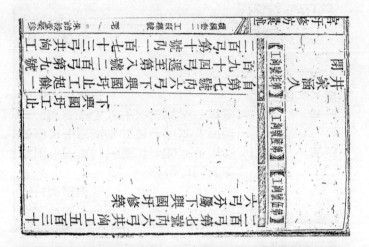

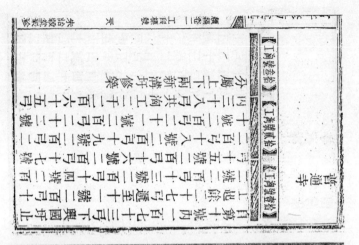

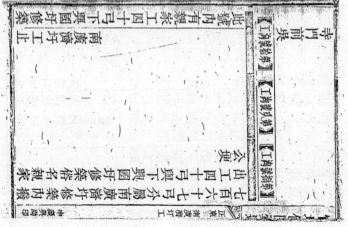

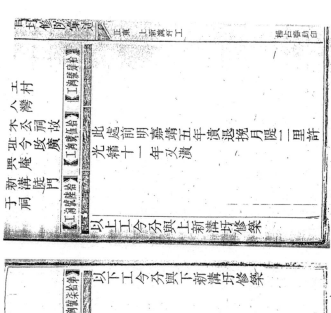

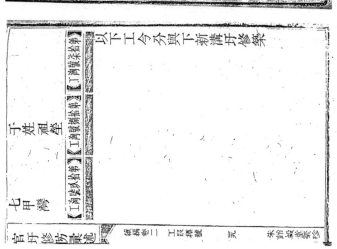

第拾肆號洶工

王村

八灣

第拾伍號洶工

朱公祠故址今改廣興庵

此處前明嘉靖五年潰退挽月隄二里許

光緒十一年又潰

第拾陸號洶工

新溝陡門

于祠

以上工今分與上新溝圩修築

第拾柒號洶工

以下工今分與下新溝圩修築

第拾捌號洶工

于姓祖塋

第拾玖號洶工

七甲灣

第貳拾號洶工

楊氏佳城

八甲灣

嚮涵

上下兩新溝圩工止

第貳拾壹號洶工

王家莊

小汪村

第貳拾貳號洶工

陳家巷

自第二十二號內三十八弓新溝圩止工起餘一百六十二弓遞至二十三號二百弓二十四號二百弓二十五號二百弓二

第貳拾參號洶工

十六號二百弓二十七號二百弓二十八號內一百五十六弓止共洶工一千三百二十八弓分屬廣義圩修築

第貳拾肆號洶工

南柘港陡門

第貳拾伍號洶工

汪村九姓

甲福殿 葦庵 九福裏
【工溝號陸拾貳】

多福鄉約 縣主
【工溝號柒拾貳】

丁洪立 孫村 井巷 入隴口陡
【工溝號捌拾貳】

廣義圩工止

鄭立玉助印

門 廻村
【工溝號玖拾貳】

自第二十八號內一百五十六弓廣義圩止工起餘四十四弓遞至二十九號二百弓三十號二百弓三十一號二百弓三十二號內八十五弓共溝工七百二十九弓分屬王明圩修築

廻家港
【工溝號拾叁第】

細祿埂
【工溝號壹拾叁】

朱詒穀堂聚珍

圩豐庵
【工溝號貳拾叁】
新義圩修築一百九十二弓

鄉約埂
【工溝號叁拾叁】
籍泰圩修築七十二弓
南子圩修築一百七十九弓

一味庵
【工溝號肆拾叁】
永甯圩修築一

王明圩工止

王之生助印

史家涵 下接潘家 埠合圈
【工溝號伍叁】
百一十二弓
此號僅四十弓如上例之未滿數下接東北第一號圩几一周

已上遶中心埂合共二百二十號內東北第六十一號內少一百九十弓西北第四十八號內少一百七十五弓西南第十三號內少六十八弓第五十六號內少一百五十六弓正東第一號內少四十四弓第三十五號內少一百六十弓共少七百九十三弓皆號之未滿數者耳實計四萬三千二百零七弓近因倒潰圈挽則不止此數矣

續編工段標號卷二終

朱詒穀堂聚珍

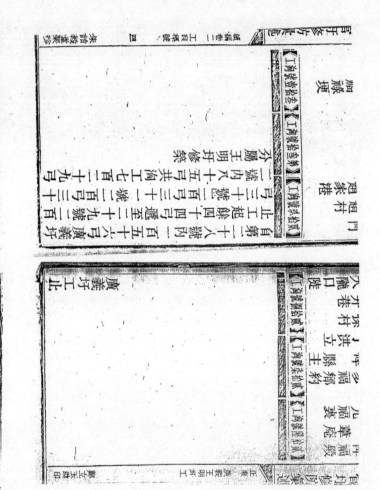

官圩修防彙述

鄭致貴助印

敬敬者綠

湖嘐逸叟輯成官圩修防彙述四編共二十二卷又述餘八卷補編一卷用聚珍梓排印裝訂全集每部十二本揀選工料怡杭聯紙合銀貳兩陸錢連泗與毛邊紙均合銀貳兩叁錢倘蒙

諸君子願覩斯編請移　玉至華亭下詩書味長軒敬以待價此禱

官圩修防彙述續編圖說卷三

陡門涵洞目次

馬練港陡門　新陡門　李四公陡門
伏龍橋陡門　浮橋陡門　雙溝陡門
亭頭陡門　乾塘壩涵　清水潭陡門
許家高涵　黃池塞陡門　吳家涵
東承天高涵　蔣家涵　烏溪陡門
周家涵　橫湖陡門　谷家涵
井家涵　新溝陡門　南柘港陡門
響涵　大隴口陡門　史家涵

目次　一　朱詒燉堂聚珍

官圩修防彙述

釜底港陡門　官義門　李村涵
雙涵　孟家涵　官壩陡門
清平圩涵　芮家涵　郜家灣陡門
低涵　千觔閘　青山閘
北閘　中閘　南閘

官圩修防彙述續編圖說卷三

湖嚶逸叟編輯
朱大椿佐朝校

陡門涵洞圖說三

陽開陰闔天之道也出呼入吸人之道也圩隄之有陡門有涵洞開闔之際而呼吸隨之地道不其然乎然必乘天時盡人事而後地利有資焉以是知陡門涵洞之設地道也卽人道也實法天道也官圩四岸所設規畫雖微有不同而利用則無或異焉述陡門涵洞

官圩修防彙述

官圩四岸陡門涵洞圖

王明姚信中楷

姚信中書額　張在川題辭

官圩四岸陡門涵洞圖題辭

爲磐石與爲帶礪與修之屏之職司啓閉灌之溉之田原樂利放乎四海有本者如是觀其汩汩乎來滔滔而逝後進者盈科而達而不悖問創始於何時則將應之曰倣周禮稻人之遺制變而通之俾周流而一無所滯

時維

咸豐十年歲次庚申二月花朝張在川佑泉甫敬題

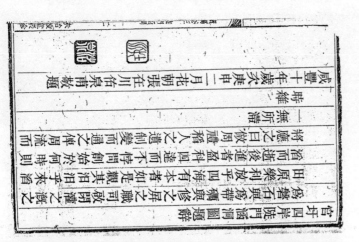

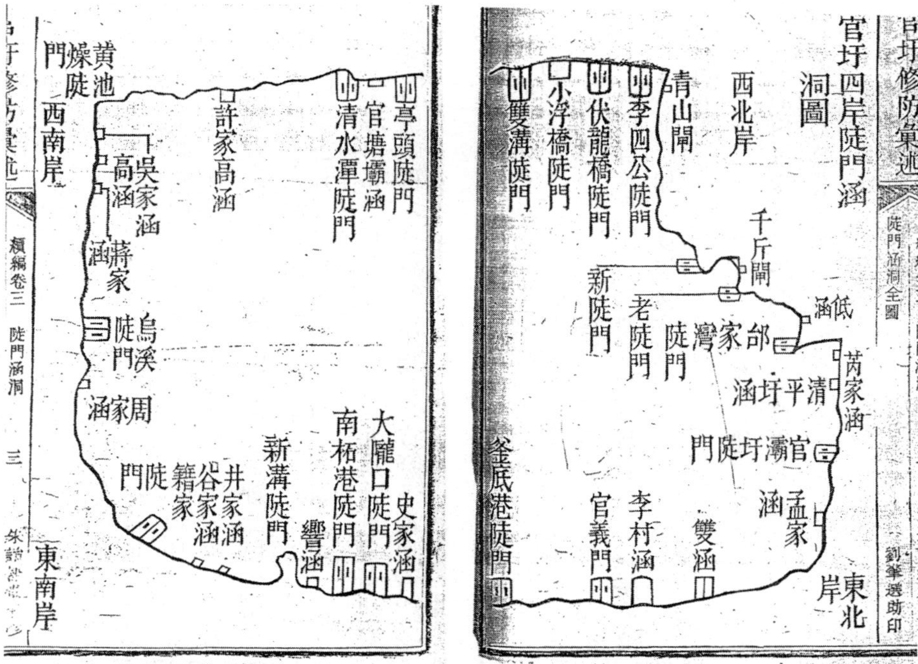

官圩四岸陡門涵洞圖說

周禮稻人掌稼下地鄭疏謂種稼之下地宜水職司水利也旱則引流以滋灌潦澇則堵築以備渰濾後人師其意而變通之陡門所由設也圩有陡門如戶牖然所以利啟閉也如喉舌然所以便出納也圩分二十有九傳言古制設陡門十三座與石頭城門符今逐一考之未必盡然也考陡門之設或數圩共置一座如上下兩興國圩貴國圩及南廣濟圩公建烏溪陡門上下兩廣濟圩公建亭頭陡門上下兩新溝圩公建新溝陡門等類是也或一圩各置一座如新義圩之建雙孝走門沛國圩之建清水潭陡門王明圩之建大隴口陡門廣義圩之建南栢港陡門官壩圩之建官壩陡門等類是也有圩在垓心不能建置陡門附鄰圩爲出入如咸和永甯桑竺等圩均有幫貼建置之議今分水縷陡半廢古制就湮水之出入漫瀚以行如郜家灣及浮橋陡門久經閉塞雙溝清水潭陡門視爲虛器籍家陡門李村埝陡門釜底港陡門官義門皆瀕臨丹湖歷久未修時虞窳朽久閉不開然前人規畫皆相地勢高下以時啟閉而防旱澇者非苟焉以爲之也陡門之外又有石涵如保城

圩之周家涵大禾圩之雙涵孟家涵異其名不異其
用也凡此皆遵圩公議奉　憲建置頗昭鄭重焉爰
備列圖中以便稽閱若夫自立涵洞如高涵吳家涵
蔣家涵響涵井家涵谷家涵低涵或未便而另籌置
造或因巧而得占便宜或恃形勢而時貪灌溉或吝防
積勞而特放壅霖均載圖中俾　官紳隨時督率防
範有方庶幾免傾覆之虞矣

馬練港陡門　俗名老陡門

坐落西北岸北廣濟圩陡畔繫北廣濟圩建置也東
北岸成和圩附焉坐向正北為官圩下游門戶水道
原由感義圩北埂觀音閘出入勢紆甚
國朝乾隆二十二年圩紳　等謀易之遂稟
請　邑尊經　顧馮婁三公其議始成相地於邢家
甸西首長亭埂西向建置今名新陡門經費議廣濟
七而感和一後遂援為成例焉

新陡門

在邢家甸西首即上老陡門移建也說見上條　同
治丙寅李明經用昭奉　憲修葺之

李四公陡門　俗名青山陡門

西北岸義城圩建置也在青山鎮南數十武地勢高

阜便於進水而不輟於洩水其身短促故常終年閉
錮焉今尚完好

伏龍橋陡門

西北岸南子圩建置也在伏龍橋市中　明萬歷四
十六年圩紳潘應欽倡建
國朝康熙三十三年欽孫潘人傑鳩工重修事載邑志今
亦完固適用特口門外堆積瓦礫過多淘浚之功洵
不可少

按光緒二十一年重修

浮橋陡門

西北岸籍泰圩建置也今圯塞未啟者近百年矣詢
之居民僉曰該圩田畝無多陡門瀕臨外湖隄埂單
薄艱於啟閉水勢直灌隄身震撼恐誤隄也故圯後
遂塞之

雙溝陡門

西北岸新義圩建置也不臨外湖以內港水為出入
道遠甚北距浮橋四里今饒家圩築土閘障之洩水
甚難南港距亭頭三溜蕩五里又有洪渾圩土橋鎮
之逆西三四里洪柘兩圩復築土閘適閘紆回曲折
至隆事港始入大河水道幾十五里在此接水亦復

圩 修防彙述　亭頭陡門　乾塘壩涵　劉肇選助印

不易陡門之設如虛器焉特不如深濬北閘水便出入之為愈也

按此陡門 同治十年修之石工草率今又倒塌不適用矣

亭頭陡門

西南岸上下兩廣濟圩公建也 明天順元年移建

國朝乾隆五十五年修興沛諸圩用水之田例幫經費在下廣濟圩挑取閘夫十二名免赴工築自備牐板應用聽下廣濟圩值修相時啟閉兩旁餘址無多北建

龍王廟圩民祀之

按該陡門水道出入紆甚當鄉氛時鎮西有港為苑碟壅塞兼居民任意鋪占且有廟橋庵橋重鎮之洪柘兩圩近添土牐不修官埂假傍官圩西埂為東面長城陡門之啟閉直視閘為啟閉矣委蛇十餘里經隆華港始達大河曲如蠖細如縷使數萬畝膏腴血脈不能流通後有作者知必以濬港濬河為急務也且陡門滲漏朽敗尤不能不籌修葺焉 又考該陡門原在亭頭鎮北首三溪蕩口川流直瀉難於啟閉因移建於此焉

乾塘壩涵

圩 修防彙述　清水潭陡門　許家高涵　黃池壅陡門　陶光理助印

此內水私涵也在沛國圩長樂庵南首陡畔內有壩由壩灌水入田今廢

清水潭陡門

西南岸沛國圩建置也面臨夾河北岸柘林圩南岸福定圩兩圩當河口近築土閘號為南閘不開者五十餘年置陡門於無用之地今亦傾圮焉南畔有碑亭 乾隆間史君彝尊倡修中心古埂四岸分工立碑於此有記

按官圩西埂外附福柘洪饒四圩均有港溢以利水道 道光二十一年議設土閘作暫為防水之計不過免西顧憂耳豈知近來諸小圩緣此不修內埂專恃南北中三閘致雙溝亭頭清水潭三處陡門不適於用是最下乘也設諸小圩有失官圩西埂三十餘里不堪障水可毋慮與

許家高涵

沛國圩許姓所置私涵也外臨深湫接福定圩陡門之水資灌溉焉

黃池壅陡門 一作爍陡門

廢塞多年相傳在稠塘以南即鐵巴橋是其水與鎮北之梁橋通焉古有夜行船水路可達亭鎮今祇空

存其名而實蹟已湮矣
按鎮西鐵巴橋原設陡門爲興貴水道鎮民傅光斗
許共善朱尚賢等請於當道塞之緣二圩水由烏溪
陡門可出入也塞與騷同音俗譌爲騷陡門其名殊
不雅馴矣

吳家涵
外臨大河在西承天寺東首官埂畔上興國圩頭甲
建進水灌田甚便

高涵
在東承天寺西首上興國圩隄畔其用與吳家涵略
相同耳

蔣家涵
在東承天東首上興國圩隄畔皆進水私涵也
按上三涵緣隄畔無溝田畝依埂因建涵洞俾外水
內注足資灌漑且省桔槔之用便甚也故俗諺有云
快活似神仙東承天做田正謂此也

烏溪陡門
南兩岸四圩公同建置也坐落圩之正南烏溪鎮中
乃官圩上游門戶其在東南岸南廣濟圩下興國圩
屬焉其在西南岸貴國圩上興國圩屬焉內臨無涺

港外瀕大河上頂宣邑諸河之衝東迎葛家渡西來
之溜波瀾瀰漫陡門短促最險要之區焉歷久失修
深虞傾圮上有
三官殿　陡門橋額云　溪崖准望　秀水冋春　龍
巖四德
按該陡門兩畔餘址十餘丈東西均以關巷爲界召
與市民列肆歲收其租頗不貲如有廉能者出區畫
善章積儲此項嗣而葺之或亦不至於窘用也至
光緒二十二年張懋功王承槐汪文聚尙在雍等重
建完固第以四圩子隄未修水仍無歸宿尤有待於
繼起者

周家涵
此繫公涵西南岸保城圩建置也在棗樹灣因地段
瀕湖風浪險惡久閉不開該圩子埂荒墜日久水道
漫瀚以行附近圩陡門爲出入安所得廉能者設法
以修葺之

橫湖陡門　俗名籍家陡門
西南岸永豐圩東南岸低塲圩公建置也俗呼爲籍
家陡門緣籍爲永豐著姓且爲建造首圩又得叁分
有貳故以是傳焉兩圩地處窪下遭粵氛後戶口寥

落無力繕整比歲不行啓閉田塍積潦難望麥秋因
思該圩前哲劉廷柱陳宗升諸君助修中心古埂告
除採買弊政力振衰頹今修葺無人甘居窪下何今
人不若古人哉姑識之以冀後啓者
按該陡門籍經始時鋪底之石寬且大年久兩牆欹
側　光緒十二年　史蓮叔太尊親臨履勘諭孑與
楊明經甸臣董其役仍議將修隄欵內提東北岸溢
領銀一千兩續交當塗縣　金公着該圩董任禮堂
吳樹基徐振宙等承領雇工購料重加修葺陡門自
是適用矣且恐上圩高仰放水以十五層石爲准不
至久澇亦不至過涸善策也　史金功德圩民謳思
不置也宜哉
谷家涵
土洞也在低塲圩邊湖谷村前首片石俱無冬令盤
埂洩水以冀種麥毋或失時交春堵築還原特恐閉
塞不堅夏漲浸淊失守是又不可以不防
井家涵
在邊湖谷村後閉塞年久不能開閉名徒存矣
新溝陡門
東南岸上下兩新溝圩建置也該圩隄有大灣傳言

前明嘉靖間潰缺退挽月隄築作三載乃成陡門原
瀕湖旁緣圈隄後移置灣內于祠南首基址短促識
者惜之
按此陡門　同治六年修整尚堅好足用　光緒辛
卯又續添出隄身接修數丈
南柘港陡門
東南岸廣義圩建置也坐落汪村故名汪村陡門瀕
臨丹湖　乾隆己巳知縣事　李永芳諭令董事汪
芝田周漢英紀明易孫光第等重修有碑記見藝文
響涵
此隄畔外水私涵也滲漏久不開閉
大隴口陡門
東南岸王明圩建置也西北岸永甯圩附焉在大隴
口孫村之北趙村之南瀕丹陽湖畔下有支港土名
趙家港十餘里始達運河水涸時設壩以通舸舟便
撥運焉其地有小市居民數百家商賈輻輳抑且芻
蕘雉兔者均於湖上取求則港之有利於圩也亦溥
矣哉
史家涵
在韓家村今失其故處

釜底港陡門

東北岸南新興圩建置也在元壽庵前畔外臨丹湖緣圩内出水港底深而似釜故得名也俗謡爲無底港者非

官義門

是門之建在　元順帝至正年間朱榮甫修圩時所設也坐落北東岸北新興圩隄畔其制與陡門同用閘板以時啓閉特未設圈門微有異耳史宗連圩圖失載今亦朽壞圯塞不開矣

按邑志載李維楨金柱山記云吳興章公嘉禎來爲令會洪水潰缺官圩田二十七萬悉爲汙萊召有田者謀曰無圩則無田吾假爾粟以食貧民假貧民力以築圩隄此兩利之道也有田者皆諾得糈十萬而圩成建官義門備旱澇蓄洩據此則又似爲　前明萬歷年間重建也

李村涵

此雖名之以涵製實與陡門同用也坐落在東北岸猫耳潭前湯村瀕臨丹陽石白兩湖東北岸沛儉圩水由此出入

雙涵

東北岸大禾圩建置也在東埂大聖塘後宋村之前考大禾圩原有上中下三圩是涵之設適臨上中兩圩分水私埂處開涵放水可以歧出歧入緣口門用舌也故以雙名

孟家涵

亦東北岸大禾圩建置也下大禾圩最低不能逆流至雙涵故設此涵在北横埂畔與沛儉圩同用

按此涵　光緒戊子　史蓮叔太尊籌請庫欵重修石工完好

官壩陡門

東北岸官壩圩建置也在北横埂面臨姑孰溪迤西數十丈卽清平圩涵

清平圩涵

東北岸清平圩建置也較陡門稍小亦臨姑孰溪

芮家涵

亦清平圩建置也與上涵同

邰家灣陡門

東北岸太平圩建置也史氏圩圖失載焉

按該陡門

國朝順康間久已湮塞故未載入考李習朱榮甫修陂

塘記載黄池鄉邰家灣陡門不通川流新鑿溝渠深
八尺闊一丈二尺長五百六十二丈引姑溪河水直
入陡門榮甫與習係　元末　明初人勁此鉅工建
是陡門知必有大利於民者
又　光緒丁亥圩之老鸛嘴低涵衝潰積潦無從消
洩　郡伯史蓮叔廉得其情俯准圩民之請知東北
岸一帶低窪民情倍苦並將該陡門及孟家涵瀝詳
撫憲陳六舟中丞　阿嘯山方伯撥庫銀二千兩力修
廢墜工竣後仍議將盜領銀兩撥貼西南岸之籍家
陡門卸篆時殷屬　新守王子范汝礪諭董挨次提
欵妥爲修葺仍留去後之思云

低涵

東北岸太平圩置也在護駕墩章公祠東北首老鸛
嘴地最低窪咸太諸圩積水均由此出今廢
按此涵祇洩圩內積潦不常啟閉　光緒十三年五
月十二日太平圩首戎文軒因濡網魚失守致潰全
圩被淹時江潮實未漲也事聞　上憲由四百里牌
單懸賞百金會營拿獲後經　邑侯金公反覆申詳
議從末減枷示三年從寬開釋是年建造潰缺越築
在外該涵片石無存莫知其向矣姑記之以備考焉

附記隄外諸小圩各閘

千觔閘

青山下五小圩公建也在白土山東麓之保興圩與
北廣濟圩之長亭埂交內有五小圩私隄外有瀫迤
北有夏氏易盈橋水出入必由之所
按是閘曾於　光緒戊子同刋案牘請欵重修

青山閘

在青山鎮東義城圩隄畔能障山水以灌義城圩田
亦能引河水以溉五小圩諸田緣山下有溪足以瀦
水也

北閘

在饒家圩東北隅以土爲之

中閘

在洪柘兩圩夾河內啟閉均在此閘夏汛將發旋諆
築塞舟楫不通亦一憾事

南閘

在福定柘林兩圩夾河內
按上三閘皆近年用土築成爲一時權宜之計策之
未善者也參見雙溝亭頭及清水潭陡門下

官圩修防彙述續編陡門涵洞卷三終

官圩修防彙述

官圩修防彙述續編圖說卷四

鎮市村落目次

青山鎮 伏龍橋 浮橋 元通庵
祠山殿 雙溝 五顯廟 亭頭鎮
清水潭 颺板街 中間舖 戴家莊
戚家橋 龍潭灣 趙大塘 枸橘荚
五里界 王氏母橋 倉基渡 梁家橋
騰蛟寺 稠塘 琴橋 黃池鎮
楊泗廟 貫明閘 碾屋 寶圩
西承天寺 東承天寺 一里碑 烏溪鎮

魏家灣 呂祖廟 馬神廟 唐家莊
孫家莊 保甯庵 福興庵 葛家所
紅廟 新庵 王家潭 五顯廟
張官埂 王家莊 葉家埠 蘇陶二莊
團灣 籍家陡門 陳老莊 邊湖谷
井家涵 陳家潭 普通寺 王村
廣興庵 新溝所 于祠 陳家巷
元福裏 南柘港 汪村九姓 大隴口
孫趙二村 圩豐庵 潘家埠 韓家村
方家嘴 釜底港 元壽庵 徐家界

刑羊村 萬壽庵 陶家潭 謝家潭
孟公碑 夏家潭 吳家潭 延福庵
薺母灘 李村埨 猫耳潭 前陳村
前湯村 老莊 後陳村 後湯村
大聖堂 宋村 張家甸 邵村
稽村灣 天妃宮 花津 陳公渡
孟家埨 張家莊 楊家莊 史金閣
邰家灣 護駕墩 章公祠 畢家灣
老陡門 邢家甸 新陡門 長亭埂
埂上 陳家村 佘家村 周郎橋

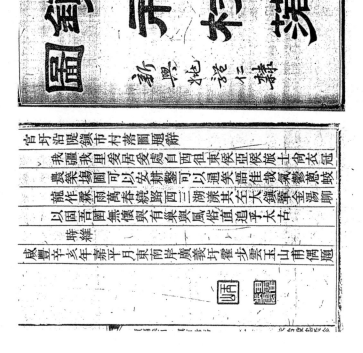

薛家樓　項家橋

秋花墳

印心庵

北峰埂

官圩修防彙述續編圖說卷四

湖嘎逸叟編輯

朱大柯質成校

鎮市村落圖說四

先王疆理天下有分土遂有分民自井田廢而阡陌開民之託處官圩者大都自食其力平日所習不外士農工賈少而習焉長而安焉不見異物而遷焉父詔其子兄勉其弟寖久而桑麻利楹雞狗相聞雖康衢樂土無以加茲彼通都大邑猶少此敦龐也述鎮市村落

官圩沿隄鎮市村落圖

新興姚詒仁隸

姚蕃長書籤　翟步雲題辭

朱逢川勘印

官圩沿隄鎮市村落圖題辭

我疆我里爰居爰處自西徂東侯亞侯旅士尙衣冠農築塲圃可以安耕鑿可以通笑語佳哉氣鬱蔥蛟龍作霖雨萬春繞路西三湖漾其左大鎮輦金湯聊以固吾圉無懷與有巢與風俗直追乎太古

時維

咸豐辛亥年嘉平月東南岸廣義圩翟步雲玉山甫偶題

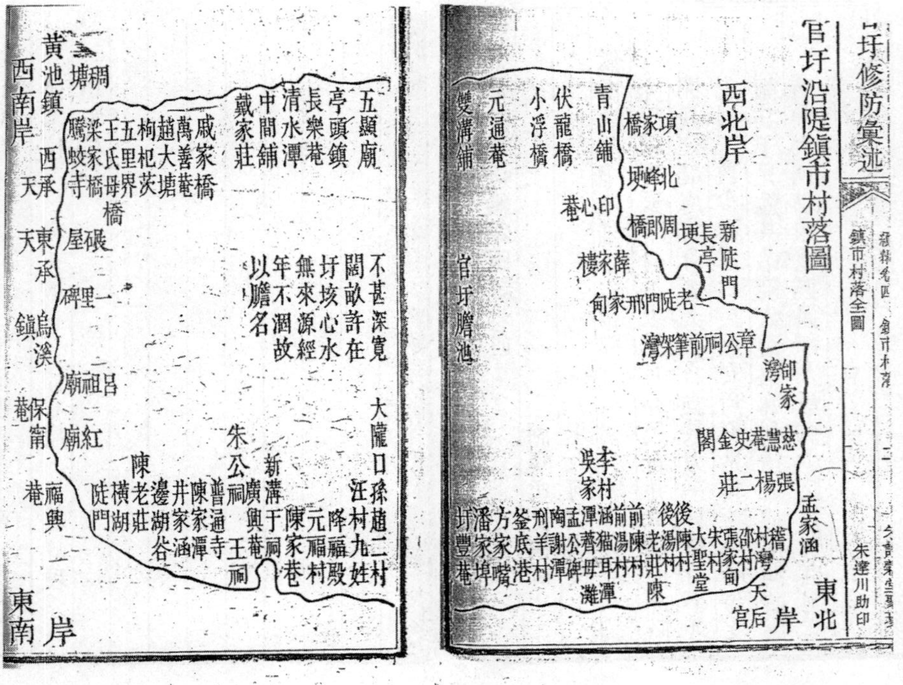

官圩修防彙述　鎮市村落圖說

官圩沿隄鎮市村落圖說

孔子曰里仁爲美又曰十室之邑必有忠信可知人不以地囿地必以人傳也官圩膏腴數千頃烟火數萬家所恃爲安堵無恐者長隄百里耳考當邑原爲澤國官圩左當三湖之衝走鋌而來上承兩郡之水建瓴而下一段不堅全圩成壑農佃僻處鄉隅作息僅在隴畝間罔識全局士君子呷唔斗室不出戶庭又未嘗留心圩政即有時輪修一載十數年偶一經營各管各工不暇兼顧抑且閱時卸事視爲傳舍漫不經心余席先人餘蔭薄有產業緣此弱歲從公自道光癸未即與圩前輩周旋執鞭効命今耄矣回憶數十年前風霜備歷執掌一生幾如孔席不暇煖墨突不得黔者以故足蹟所經未嘗至通都大邑祇於沿隄要害之區名勝之地輒數數過焉其有關於圩隄者在在訪諸叟老搜之碑碣靡不殫精竭慮以期於當爰曲折繪圖詳誌村鎮細載坐落俾閱者摩挲披覽如掌上螺紋纖悉畢露如鏡中人面媸妍畢呈庶幾某地鞏固某段險要某屬名勝某涉洶涌一展卷間瞭然在望矣至若垓心勝蹟各區其足以資流覽而助謳歌者不一而足茲僅以沿隄大概著於編

陶有功助印

青山鎮

鎮距郡城三十里山麓有古寺鎮中闤闠百室　宋米南宮有第一山碑其山逶迤包孕五小圩感義圩鎮之西鄙有朱公祠朱孔暘稽廷相趙栻鄭文化四人侑食廡下有書院　明萬歷八年　知府錢立建後移入郡城馬軍寨山於秋夏之交霪雨經旬間起小蛟山洪俯注近逼義城圩隄畔因培高岸以障之旋於鎮東偏設石閘以利水道隄外平湖一面名青山湖汪洋七八百頃　宋開寶間　知縣孫宣教呈請路西湖永不圖田以甦民累奉　戶部劄禁廢渟蓄山水俾不壞隄乃急來緩受之策也鎮舊有鋪設鋪司一鋪兵一名半

伏龍橋

橋之所在失考自青山南來五里地脈直注於此似龍伏焉故名有小市市中設陡門南子圩潘氏倡建北有祠山殿南有得月庵西面韋家圩附焉一作圓圓橋未知孰是前有　宋故朝散大夫蔣氏墓碑

浮橋

夏氏宅也　邑鄉宦朗齋先生族人分支聚此更旁原設木橋農佃赴湖樵牧路經是橋夜則撤之備不

虞也籍泰圩建置陡門於此今坦塞隄外湖灘至冬常涸可以取土修隄西南首饒家圩附其外旁

元通庵　祠山殿

在雙溝鋪北約里許土人春秋二社常報賽焉門西向秋來爽氣撲人眉宇

雙溝鋪

舊有鋪設鋪司一鋪兵一名半自青山鋪至此十里爲西兩岸交界所饒家圩附其外傍有夾港一道新義圩陡門水由此出入焉北距浮橋四里南距亭頭鎮五里

五顯廟

在亭頭鎮北半里廟祀治水諸神廣濟圩民社鼓賜簫春祈秋報咸集於此猶存古陶唐氏之幽簫遺風焉其羣聚而共飲者率皆村釀豚蹄直不啻家家扶醉矣

亭頭鎮

古華亭也距郡城四十五里繫姑孰鄉鎮之南爲沛國圩亭在洪柘夾隄中沚昔爲圩衆講約所未詳築自何代相傳爲天女散花鄉三老醵金爲亭以供之今址沒於水南首丁氏聚族居焉　國初有青麓先

生詣再籌者讀書亭下　康熙己未成進士選授黔
南祿豐縣令補知勸州攝安甯州行取科道後奉諱
家居作傳經家塾於亭之南子弟薰陶者甚衆其於
圩政亦多所指畫惜稿本盡散去鎮南數十武有潭
舊名倪家潭今更名丁家潭緣潭北有丁祠也潭之
西有長樂庵設茶以慰行旅外附洪柘兩小圩中有
夾河中廣濟圩建立陡門前有潭名殷家潭以殷
祠得名也殷亦爲圩望族　乾隆間有太軒者甫弱
冠侍母疾奉湯藥不忍赴試母促之至郡而院門扃
矣乃叩門曰滄海遺珠文宗奇之試以七藝皆英氣
逼人遂冠軍焉首四題爲毋意毋必毋固毋我繼三
題爲晉之乘三句後以文名著於時其子姪紹軾紹
輅紹輒輩皆蜚聲黌序間也

清水潭　一名颺板街

前明萬歷間圩潰胡守約承領稻穀築作未堅越五
年原缺復潰衝成大潭隄畔居民數家自成小市漁
翁緣潭得魚在此賣之以沽酒焉俗名颺板街地以
物形名耳潭東北隅史宗連建立四岸中心埂分工
劃段碑亭今圯碑亦殘缺矣自此至黃池鎮原計十
五里　道咸之世屢潰屢修添挽月隄十餘所約計

不下二十里雖繫內埂實屬要工　順康間倚祠定
圩爲屏障廢弛四五十載得沛國圩史宗連朱爾立
等大聲疾呼經營五歷寒暑始得恢復飭四岸照舊
額各修工埂一千弓編册載入府志至今遵守無違
惜老册數經翻刻頗多別風淮雨之憾擬校正之

中間鋪　俗誤鍾家鋪

在中心埂畔繫姑孰鄉二十五都自雙溝至此十里
舊設鋪司一鋪兵一名半南至黃池鎮十里　道光
三年潰缺遺址就湮

戴家莊

中間鋪前一小村落也今則蔓草荒烟居無人矣該
莊爲西兩岸中心埂分界所特誌之

戚家橋

橋甃以石甃成　道光癸未圯於水傳言　前明總
兵戚繼光建按　明史繼光閩之連江人字元敬
嘉靖中除浙江都司四十一年倭寇犯閩繼光奉檄
往剿似政績所至與此無涉意者僑寓此間爲是利
涉與抑傳聞異詞與又聞戚氏抄沒子孫變姓爲伍
旁有伍家潭伍氏墓或曰黃池漆榮祖建後被害仇
家二說未知孰是考邑志載榮祖繫　元末人好周

濟無建橋之事其南至黃池八里北距亭頭七里時
有七上八下之謠又有讖云上七里下七里金銀窖
存七七里前有萬善茶庵圩民亦行祈報故事再數
十武有桃源源前有潭名牛頭潭

龍潭灣　趙大塘

康熙戊子年潰與枸橋茭相近趙大塘在其北　後
光緒丁亥年又潰

枸橋茭

此楦物也何以名又何以書　乾隆二十二年史宗
連倡修中心古埂丈分工段東兩岸工段起止適如
茭邊遂名之載入郡志故不能略也第茭乃微楦歷
久易朽今立界石

五里界

自此南行至黃池鎮五里一名犁頭尖以物形名也

王氏母橋　倉基渡

王氏不知何許人也或曰黃池鎮有王侍郎巷　明
初居此其母好施與建是橋以通利濟焉今失考又
半里許有倉基渡傳言　明祖渡江首定太平置倉
庾於此儲宣歙糧餉轉輸金陵今橋圮倉亦尋沒惟
片石僅存焉

梁家橋　騰蛟寺　稠塘　琴橋

橋在騰蛟寺西南隅稠塘通焉塘之南有陡門今塞
俗謂塞陡門或謂燥陡門又傳爲鐵巴橋猶髮鬚有
鐵巴形屐之有聲遂譌爲琴橋稠塘栽藕九孔甜嫩
無渣滓土人漉粉作
貢載入安徽通志今寺改名普安因澤國不宜於蛟遷
邑侯王公指也橋畔有史宗連倡修中心古埂分工
劃段碑記　咸豐間燬於兵

黃池鎮

在官圩西南隅南界大河有浮橋名留蝬橋亘當二
邑各置船六艘鎮北東北岸中心埂鎮東上興國圩
標工西首爲福定圩官埂該鎮計長四百二十九弓
市民自築考邑志載鎮距城八十里繫姑孰鄉二十
四都爲邑重鎮西有城隍廟再西里許有起鳳山與
騰蛟寺相望有稠塘南畔有廣教寺　唐大中二年
華林覺禪師創　宋宣和間僧晉明修　元時廢
明洪武十八年僧知遠重建　萬歷三十九年僧勝
德修均歲收稠塘藕稅以供佛緣有當仁公館　明
嘉靖中知府林鉞請贖鍰建有丹陽書院　宋景定
五年劉貢士建　郡守朱禩孫聞於朝錫是名　元

至元間　憲使盧摯創天門書院餘緡重建吳澄記
之　明天順間改爲公館尋廢今遺址均在寺前有
梯雲坊王衕立攀桂坊楊景立有鳳凰樓臨大河流
丹聳翠南岸大觀鎮孝廉趙東田先生請人文蔚起
肇端此樓題其額筆墨飛舞場之者咸珍如拱璧大
興　朱文正公經此擊節歎賞遂聘孝廉爲西席且
什襲字蹟以去小遒之名遂滿江南矣鎮之北有崇
元觀在福定圩亦鎮之拱衛有晴嵐會館在騰蛟寺
西偏庚文石先生倡建課鎮中子弟者其後胡徑三
汪景曹聯翩舉於鄉其食廩餼貢成均者指不勝屈
有五顯廟鑒王廟三忠廟有井五東街焌廟內義全
井廣教寺內廣教井五顯廟內北廟井北街綫巷口
內綫巷井叉梁橋井有東上街西上街東下街西下
街實水陸通衢焉宛陵施愚山先生有夜泊黃池詩
舊設舖司一舖兵一名十里至宣城橫罡舖今燕采
營烏溪汛分設黃池外委一員汛兵六名

楊泗廟

在黃池鎮東盡處俗傳神能治水族諸怪並救暴風
覆舟之阨故設廟祀之

貴明關

俗譌作鬼門關咸繼光葬此石碣尚存字蹟磨滅不
可辨識

碾屋

黃池鎮積儲倉也在東上街可貯粟十萬擔以備荒

寶圩

有田三十餘畝四圍墳起官圩潰亦無風浪尚堪收
穫與稠塘碾屋爲鎮之三寶故稱寶圩

西承天寺

出黃池鎮東半里許大河中積土成基　宋嘉定八
年僧從密卓錫於此募創　元圮　明成化戊子僧
如潭募化重建板橋殷居士出貲助培基址而規模
遂宏敞矣東北隅有文昌閣趙東田前輩爲撰記
國朝咸豐間燬於兵　光緒四年僧本玉募建宅成
四圍植以嘉木蔚然可觀門臨大溪風檣往來上下
儼堪廣目

東承天寺

由西承天寺東行二里許兩寺對峙地名上官莊繫
姑孰鄉　唐大中三年建　宋嘉定間僧普照修
明正統間僧智榮重建　成化十七年僧惠眞增修
初寺基隘甚橫溪廣東番禺縣大尹朱遇春解囊置

基址三畝樂助之並建後樓三楹鑄銅佛像三尊尊各數千觔臧獲亦樂脫簪貝以助佛臂左右嘗見之下猶隱隱有簪珥泉貝形也細察潛無亦一異事咸豐間粵氛猖熾寺宇灰燼僧宏源潛將銅佛抽坎埋之　同治乙丑募建漸復舊觀銅佛依然璀璨矣

一里碑

距烏溪一里許無村落惟荒塚纍纍耳濱臨大河隄亦衝要

烏溪鎮

志載在縣治東南九十里一名墨溪由黃池鎮東行十里至鎮鎮基長三百一十五弓居民自築對河宣邑金保圩鎮之東西皆保城圩隄工中間建立陡門爲官圩上游門戶內臨大港曰無溢港長近二十里寬闊數百頃水心寺孤懸港中　宋淳熙間僧珍恭建　元廢　明洪武十六年僧正炤重建鎮西有龍華寺　宋景定間僧道清建　明洪武八年僧德壽重建近爲通衢鹽鐵輻輳亦且人文鵲起居民魯趙麻魏諸族均衣冠濟美似較勝池上邑志載舊設汎司一各兵十二名專防官圩湖山村鎮等汎

魏家灣

與烏溪鎮毗連魏姓聚族於灣畔

呂祖廟　馬神廟

二廟均　同治年間新建呂祖廟門臨大溪傍晚一輪明月上下相印幾如不夜天佳境也內建育嬰堂居士顧文明爲柱臣後行之麻子青魏奉之等經營誠盛事也　馬神廟北向背河面圩勢亦雄壯第門首榜曰聖興庵則近於鑿矣

唐家莊　孫家莊

二莊沿隄小村落也

保甯庵

庵面大溪水陸交通之地居民設茶爲旅人解渴東首有灣邑志名湯家灣俗稱棗樹灣　前明萬歷間有謠讖曰九月二十三打破湯家灣卽此

國朝康熙二年屆期果潰後築挽月隄內外險峻其工段原分屬保城圩歲修如果加工培築可無再誤之虞矣

福興庵

亦保城圩士民施茶所也兩庵相匹與黃池鎮東西兩承天寺等春冬修隄董首圩夫作爲僑寓中供達摩佛有僧以奉香火焉

葛家所

由溪至涫往來要路向有私渡行旅苦勒索焉志載雍正七年湯恭友丁建中等募衆捐金買作義渡置芮家埠民田四十一畝歲取其租備修船雇夫之費

紅廟　新庵

楊氏家廟也村落百餘家祈年報社咸集於此亦足徵獻羔祭韭之遺風矣後進供奉大士亦名新庵屋宇閎廠董夫歲修可賃作廨乃居停索值艮苛且要求酒食視憲禁如弁髦迤東一帶沿隄數十村落大率類此刑羊村以北尤甚痼疾難化其積漸使然也

安得艮有司力除此習乎庶幾改之予日望之

王家潭

潭廣約千畝深不可測鰭鯊鰋鯉潛伏其中縮項鯿味尤美有重至十數斤者土人網得之常昂其值該潭外瀕丹湖傍濬大河一綫危隄兩水相夾誠通圩第一險工也分屬下廣濟圩修築未知何時成此巨潭亦未知圖隄時緣何包孕圩內請俟知者有汎地邑志載舊設汎兵三名

五顯廟

在貴國圩隄畔祀五顯五福諸神疑近於五通不足

數也

張官埂　王家莊　葉家埠　蘇家莊　陶家莊

圓灣徐姓

以上諸處皆附隄畔小莊村農佃居址也可廨土夫食息免往來步履之勞

籍家陡門

原名横湖陡門籍爲承豐圩著姓倡首建置故因以名隄岸列肆近湖居民所弋魚鳧蓑蓼諸物均於此交易焉

陳家莊

陳氏聚族而居古木蕭森禽鳥上下中有廟春秋報賽讌集於此　乾隆時有陳九朝者倡首告除採買稗政亦人傑也自此至花津六七十里村落相望皆逼近三湖風浪險惡

邊湖谷村　井家涵　陳家潭

丹陽湖邊谷姓居之爲孝廉谷鳳喈族東望數十里青葱無際初夏早起曉風蕩霧旭日升輪長白河帥麟見亭詩句有云遠岫青從天際落初陽紅向樹頭看斯境似之第蓑草豪茸居民慓悍各爭界限時而鬮毆識者憂之越北里許有井家涵今塞再北有陳

家灑爲低搗圩最低處

普通寺

在東岸隄畔多福鄉　唐貞觀間有僧凈慧結茅於此綠蓑青笠具瀟灑出塵之表因建是寺臨湖旁近水拖藍遠山疊翠如天然畫圖焉寺後楦翠柏四株大可十圍高聳雲際　宋景定三年明極禪師重建明洪武間普度再建至今叢林梵宇香火彌盛

王村

在廣興庵南　前明嘉靖五年隄決村北圖成大灣約三里許堵築三載乃告成功外爲魚池中設陡門王祠峙立東南于祠鼎建西北邑志載舊有新溝市南至黃池鎮北通郡城逼衢也

廣興庵

前明邑侯朱汝鼇專祠故址在新溝市南首今改作廣興茶庵東南岸會議圩務時設局於此適中處也

新溝所

在多福鄉志載與葛家所均納漁課

于祠

于與王比鄰而居皆圩耆族也　元有于勝一始遷於此官拜集賢院學士　明有于鏉拾遺金還原主

事績均載邑志王於

國朝乾嘉間衣冠特盛二姓合好世爲昏因惟於圩隄多齟齬一恃以力一營以私安所得周禮調人之法而治之于祠東北有灣滲滿亦緊要隄工

陳家巷

此間有灣下新溝圩八甲洵工巷亦失其故處

元福裏

孫氏莊也與南柘港接壤

南柘港　汪村九姓

廣義圩陡門設此前有講約碑　邑侯丁洪立其聚族者邢鄧宋莊葉孔茅方並汪而九汪尤著故總以汪村名也有降福殿三月間村者彥醵錢米會酒食鳴鉦攢鼓列幰張幟神於中呼哨竟日老少雜遝以將事謂之臉神藉以逐疫其方相氏之遺意與

大隴口　孫趙二村

中有王明圩陡門孫村在其南趙村居其北官圩東岸大村落也人烟稠密基址寬厚瀕丹湖旁魚鳧菱芡取不禁而用不竭直不啻雲連徒洲也有港名趙家港水涸時用小舟出入濴洄十餘里始達運河對岸湖陽鄉先正鴻博徐文靖居也

官圩修防彙述

圩豐庵

在北新興圩隄畔　宋咸淳元年建原名圩夫庵改作圩豐者望歲之遺意也初圖隄時經始於此　歷朝圩政條教禁令豐碑林立　道光己酉庵沒於水咸豐癸丑又燬於兵至　光緒初年始議重建今大殿煥然矣　有福祿埂

潘家埠

明太祖渡江時有潘庭堅爲本府儒學教授其子黼嗣任事載邑志

韓家村

卽潘家埠也村首有潘祠韓氏繼起立祠在村中間其處爲東兩岸分工起止界限

方家嘴

在潘家埠北村落也南首有潰缺

釜底港　元壽庵　徐家界

其地有陡門村無著姓漁村蜑戸比屋而居北有元壽庵　再北有徐家界

刑羊村　萬壽庵

邑志載舊設汛兵三名陳爲村著姓望衡對宇東岸一大村落也　祝邑侯鑾所謂質而不華儉而不侈其殆是與一說村名刑羊爲興築時刑少牢以祭於此北有萬壽庵

謝家潭　陶家潭

二村相聯世敦姻睦緣隄內有潭故名之俗務耕讀古處可風列庠序者聯翩以入

孟公碑

孟公字知縉太平州判官也　宋度宗咸淳八年大水投衣捍水水爲之却民爲立碑亭以誌遺愛焉事載安徽通志

國朝道光二十八年碑沒於水後爲漁人網得之仍立廟以護神歲時爲之祭祀

夏家潭

前有官義門最古　元至正間朱樂甫造

吳家潭　延福庵

山東按察司吳駦族人聚此初駦祖時舉居花津博學工文倡濂洛之傳搆濬甯齋著掃花尋徑集有遺訓三百餘言施閏章笪重光輩稱其語語眞摯子姓化之故至今質樸有古人風焉村北有延福庵當門空潭印月靜境也

薺母灘

官圩修防彙述　李村埝　前後陳湯　老莊　大聖堂　宋村　丁文權助印

丹湖此處較高有灘爹野薺大而茂甘而脆士人掘
取漉粉歛歲可以充飢　咸豐壬子修隄茂才丁逢
年工次郎事有句贈云薺母灘頭二月天正豕此也

李村埝　猫耳潭

有陡門爲沛儉圩洩水處一名猫耳潭象形也又譌
爲毛家潭

前陳村　前湯村

二村烟火相連夙稱醇樸士讀農耕崇本抑末唐魏
鄒魯之風庶幾近之　順治間有歲進士湯天隆洞
悉圩弊擬十六條上之　巡按批准施行永著爲令

老莊

陳氏發祥地也故名老莊一云蔣家巷

後湯村　後陳村

此以後村名者緣前有湯陳二村此以後別之也其
風俗大略與前村等

大聖堂

在圩東埂濱丹陽湖　唐寶歷元年建　明時宋允
都重建前門今增修院宇宏廠庖湢寮房煥然具備
西岸董首時庽焉

宋村

續編卷四　鎮市村落　三　朱詒穀堂彙珍

官圩修防彙述　張家甸　邵村　稽村灣　天后宮　花埠　郭年清助印

居民百家惟本業是崇盡力田畝收功錢鎛者居多
夏水嚙隄有時爲邑於里焉今亦改爲弦誦聲矣

張家甸

附隄畔小村落也開軒面場圃可以方斯佳境

邵村

逼處十里要工三湖風浪至是歸束最洶涌處

稽村灣

自薺母灘迤北十里至此皆屬要工此灣緊　道光
間連潰　明分工總首稽廷相居此

天妃宮

在官圩東北隅旁有　龍王廟邑志載每歲夏水將
泛濫時具牲幣　守令躬詣湖傍祭　湖神卽此
國朝順治十五年　知縣王國彰緣湯天隆條陳圩務
十六欵上之　巡案批永施行勒石宮右
按此宮臨湖畔十里要工保護事宜四岸士民會集
府縣官吏歲勘均駐其地其有功德於圩隄者歲時
祀之如
陳六舟中丞　潘鶴笙　黃冰臣　史蓮叔三太守
袁瞻卿　趙燀堂　張樵秋　嚴心田　周小蓮
金蘭生諸明府皆設栗主焉又丁亥賑濟諸善士通

續編卷四　鎮市村落　三　朱詒穀堂彙珍

官圩修防彙述　天后宮　花津　郭年清助印

判張承　劉蘭階呂少卿亦附姓氏　邑侯趙眪贈
東北岸董首姚上舍額善長一方
附龍王廟楹聯　明經姚元熙撰　一廟鎮湖隄控
丹陽石臼以同歸鼉伏蛟潛民不擾　萬年資保障
統河伯波臣而受治鷗眠雁落物無驚
天后宮聯額　潘正海題　全圩福主　廟中誰共千秋
想屬麻姑仙人曹娥孝女　門外春來百里但看白
湖春日釜嶂炊烟　謹按
天妃繫福建莆田林氏女母陳氏孕十四月而生於　唐
天寶元年三月二十三日甫周歲見諸神乂手作拜

狀嫛婗按節兄弟四人業商往來海島忽一日妃若
有所失瞑目父母以爲暴疾呼之醒而悔曰何不使
我保全兄弟無恙乎不解其意後兄弟歸哭言前日
颶風大作見一女牽蓬引導始知向之瞑目乃出元
神以救之年及笄誓不適人無何端坐而逝無嗣者
隨禱隨應至　宋中貴路允廸使高麗颶風幾覆舟
見有人登檣救援知妃靈護還　朝奏聞詔封靈惠
夫人立廟於湄州　明永樂七年中使鄭和通西南
夷禱其廟徵應如之遂　勅封護國庇民妙靈昭應
宏仁普濟天妃　神始封靈惠夫人歷　元明累封

續編卷四　鎮市村落　三　朱詒穀堂聚珍

官圩修防彙述　天后宮　花津　陳公渡　孟家涵　丁支椿助印

天后至
國朝屢葉加封列在祀典
又按歷朝諸家所稱龍王如法華經載難陀等八龍
王華嚴經毗樓博乂等十龍王紀數畧載乾闥婆八
部龍神文獻通考載　唐肅宗詔修龍湫祠又　宋
徽宗詔封五色龍神格致鏡原載茆山有龍池歲旱
祈雨輙應伽藍記載烏場國有池龍王居之神農求
雨占載甲乙日不雨命青龍東方舞之等詞山海經
載應龍處南極殺蚩尤不得飛故旱淮南子載土龍
致雨諸家所說類多詭誕惟　會典云金龍四大王

姓謝名緒　宋亡投苕溪死節門人葬其鄉之金龍
山　明太祖呂梁之捷緒顯靈助焉遂　勅封爲河
神立廟祀之
國朝加封歲時祭祀
花津渡
官圩由此渡河經黃土八圩至花津鎮有汾汎三湖
盡而姑溪之源接矣
陳公渡
疑即老册所載該分渡
孟家涵

續編卷四　鎮市村落　四　朱詒穀堂聚珍

在陡北畔曠野無村落叁見陡門涵洞下

楊家莊

三家小村落也自此以下皆臨姑孰溪

張家莊

亦幽僻村落也自

天后宮至護駕墩幾二十里一綫危隄孤寂如鶩惟此二莊有烟戸然亦相距三四里焉莊之北面姑孰溪風檣往來不絕謫仙過此曾詠及之詩見述餘文藝

史金閣 附

光緒戊子修隄始建閣焉考此址原屬慈慧庵里人揚球等建

郈家灣 一作西圩角

北橫埂大曲折處環繞六七里當日圍隄緣東南運河之水下注恐無渟蓄處囑隄防特曲留大灘潴之如青山湖永不圖隄急來緩受之意也內有金家莊

護駕墩

俗傳古者天子巡狩蹕駐於此臣民衞護無驚恐也一作賀駕取萬民趨賀之意也邑志未載二說亦未知孰是坐臨官感二圩隄畔市民列肆而居如繡毯狀楊氏祝氏爲著姓焉鎮中有財神閣觀音閘東有

章公祠

章公祠

前明邑侯章公嘉禎抱册投水潰缺得合龍焉圩人立專祠祀之世享勿替　附楹聯云撰文姓氏失考

拯全圩百里風濤功施到今政績與孟公並永　賚北岸一方保障恩傳自昔德澤偕姑水同流　旁有大士庵

筆架灣

在章公祠前一里三灣如筆架形一作畢家灣係太平咸和兩圩派分標工老册作中心埂界隔感義圩者今屬險工蓋此埂終年不經水漲倘感義圩有失外患猝乘官圩臥不安枕矣

老陡門

在邢家甸東里許曠地也內名馬練港外港在感義圩逼觀音閘今廢

邢家甸　新陡門

十數家烟戸青山斜郭綠樹圍村田家自有樂也西數武即新陡門

長亭埂　陽和埂

外面自土山澗夏水漲時畏西風下逼新陡門在其

北首再北爲感義圩之磨盤埂險工也

埂上　陳家村　佘家村

皆田家小村落也外附五小圩不見風浪然其間亦數數潰圖旁多小潭不可考矣

周郎橋

塘下圩尹姓建適生子週歲故名之

薛家樓　秋花墳

薛氏居也亦詩書族隄畔有秋花墳爲北廣濟圩止工南子圩起工處

印心庵

在南子圩隄畔未詳建自何時觀其背倚青山松林翳薪面臨沃野畦麥豐盈抑且空潭印月可證前身正不僅風籟遥吟泉聲不絶已也

北峰埂

南子圩標工屬焉在青山澗下有石涵今塞外面臧家村

項家橋

山梁也北接山隴南連義城圩隄亦堪止水依山有一小村

官圩修防彙述續編鎮市村落卷四終

官圩修防彙述續編圖説卷五

修造潰缺目次

道光三年癸未

道光十一年辛卯

道光十三年癸巳

道光十四年甲午　俗傳破牛邊官圩

道光十九年己亥

道光二十一年辛丑

道光二十八年戊申

道光二十九年己酉

官圩修防彙述

咸豐元年辛亥
上李方伯書　勘估工程書
復李方伯書　築圩大槪情形書
工竣錄呈條約　李方伯復書
咸豐十年庚申
咸豐十一年辛酉
同治二年癸亥　漫缺未潰
同治八年己巳
光緒十一年乙酉　制府批　府批並捐費示
光緒十三年丁亥　史太尊示

官圩修防彙述續編圖說卷五
湖㬂逸叟編輯
朱萬溢璞臣校

修造潰缺 圖說五

書云既修太原修之云者仍其舊而培其新也官圩爲可耕之地必不容棄以寻水脱非極力崇修井里桑麻葬於魚腹室廬墳墓化作蛟宫矣　道光癸未以後天災流行人事容有未盡乎其問易危爲安轉敗爲福端賴有心民瘼者宣上德抒下情也豈曰小補之哉述修造潰缺

續編卷五　修造潰缺　一　朱詒穀堂聚珍

官圩修防彙述　魯元翃書籤　丁逢年題辭

官圩歷屆修造潰缺圖

烏溪魯元翃謹書

朱正儀助印

官圩歷屆修造潰缺圖題辭

河水洋洋靡所定止壞我隄防沒我稷黍父母斯民
心不容已灑沈澹災入告
天子賑撫兼施饑溺由已嗟我農夫爰衆爰旅鼛鼓勿勝
各無解體固於苞桑自今以始天工人其代之吾圩
庶幾乎有豸
時在
咸豐十一年歲次辛酉丁逢年玉聲甫書於硯傭莊

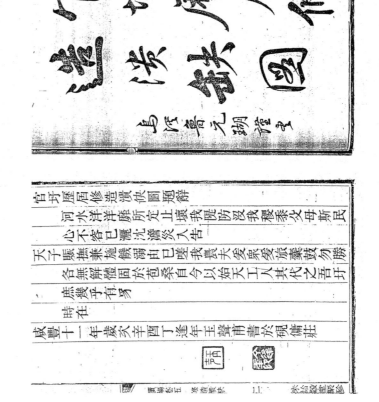

續編卷五　修造潰缺　二　朱詒穀堂聚珍

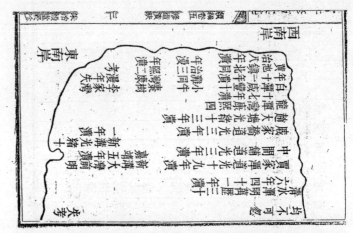

宮圩歷屆修造潰缺圖

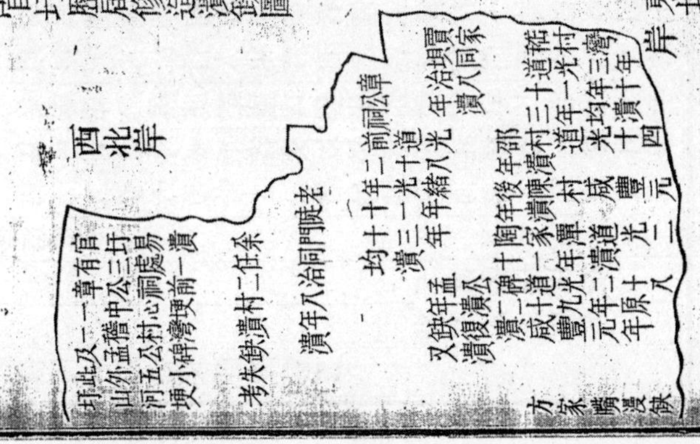

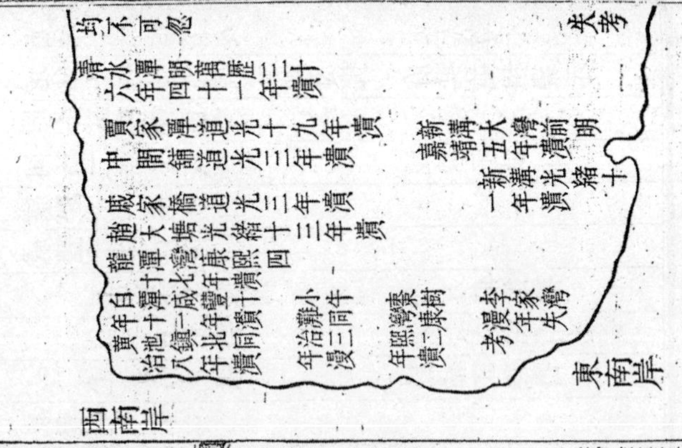

宮圩歷屆修造潰缺圖說

自來洪水爲災　一
聖世亦所難免堯有九年之泪陳殷有五遷之蕩析
近自　唐宋以迄
國朝河工告決海塘漫淹亦所時有而督理者相望於
道豈惟官圩官圩之告潰屢矣雖有天意尙賴人謀
其間時勢不同章程屢易除邑志載　歷朝水災外
閱前輩史宗連冊知　前明萬歷三十六年清水潭
潰係胡守約承修築作未堅歷五載而原缺復潰人
謀不臧可知矣後來所潰者如　康熙二年潰四十
七年潰　雍正四年潰　乾隆三十四年潰缺在何
地修自何人傳聞異辭茫無左證逮至　道光朝八
潰　咸豐朝三潰皆余所目見者回思年少奉公亦
越於今四十餘載督造潰缺凡十有一次若者勤爲
保障若者偷惰而誤工潰在何日缺在何圩竊嘗自愧
不能灑沈澹災芟夷定難幸得蠲荀咎　大憲軫卹
災區羣相安於衽席仁心善政民不能忘爰次第其
事豈爲後人資談柄哉亦聊以爲考鏡也繼自今得
良有司別勤惰嚴創懲措吾圩如磐石之安金湯自
堤永賴矣寔頻蹀躞爲哉兹將所潰地段督修姓名

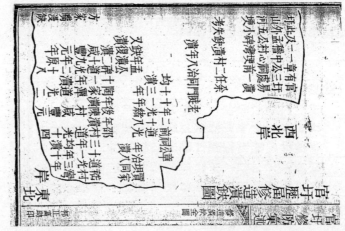

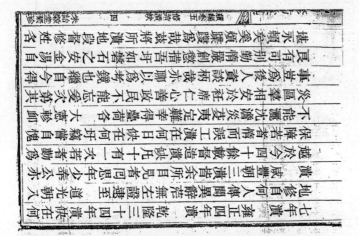

繪寫成圖詳記其事以俟後之君子論定焉斷自道
光癸未年始
道光三年癸未五月二十日福定圩周家埠潰波及官圩
中心埂二十二日戚家橋潰（北廣濟圩工）同時中間舖亦
潰（上廣濟圩工）連日風雨東岸稽村灣繼之（沛儉圩工）蓋援西
失東也自　乾隆戊子至是幾六十載豐亭日久未
經河伯農佃聞風哭泣坐任飄淌田廬農器無一存
者次春餓莩盈途圩之富室如竹院張氏曹家壩楊
氏黃池張氏周氏刑羊村陳氏塘南閣周氏徐氏馬
家橋臧氏上下埠陶氏夏村夏氏李家甸李氏太陽
村姚氏華亭丁氏均解己囊加惠近地余家亦勉力
爲之凡姻族鄉黨按口給穀並勸烏黃等鎮平糶貢
米水退後仍有掩骸骨借牛種諸善舉諸殷實無不
彼此爭勝　邑令王公寅軒正邀集四岸紳董公議
修築事宜東北岸徐金魁西北岸陶之鍾東南岸楊
炳蔚西南岸臧懋金等倡首協築費出捐金余亦忝
附驥尾次年上其事於　大府奏請分別予奬
部議照例准行
按戚家橋之潰匪人謀之不臧乃天意之有在此橋
甃石甚堅居民瓦屋兩進惟陰溝隧道小水浸淫至

夜烈風甚雨猝然大崩霎時間石橋瓦屋舉無存者
其中必藏蛟龍惡物得水便興乘以雲雨致潰圩隄
也可畏哉又按中心埂之易潰者良由土鬆水驟非
外埂漸潰可比故福定圩有失此埂殆哉岌岌乎可
危矣若能保守旬日或可無虞
道光十一年辛卯六月十一日花津稽村前潰（沛儉圩工）是冬
邑令趙汝和　署府陳公煦做照舊章邀集四岸承
辦東北岸姚體仁東南岸楊訓昭西北岸陶之鍇西
南岸朱位中勸令倡首捐資堵築工甫竣而瘟疫盛
行閉門無人烟者十居八九麥熟田畦無能刈穫至
六月中播種秋穀各殷實之元氣傷矣卹鄰之舉所
以未行
道光十三年癸巳六月十三日圩潰其缺又在花津稽村
灣前（沛儉圩工）水較十一年爲大有業之家日形支絀是
以四岸紳民稟請　府憲陳遠雯雲撥借普濟堂欵
銀一千七百兩照典生息諭東南岸楊訓昭西北岸
陶之鍇東北岸姚體仁西南岸朱位中督辦大俠四
圍衝刷殘敝工段復諭余等承葺之余奉父命倡首
解囊助工需銀七百兩　太守陳據實詳　部邀請
議敘得八品職銜歸之我父信五公其借欵至次年

恭熟加息繳還並濟堂
道光十四年甲午六月十四日圩漫溢時水未大漲緣花
津邵村圩（圩隸新興工）要工風狂浪激幾欲失守經傳知三
圩余等躬詣危隄督見浪雪飛花儼同瀑布遂懸賞
格得對岸人圩河簽水手下椿貼蓆水勢漸殺經月
餘乃得斷流圩獲半收兩西岸幸無淹沒謠所謂破
半邊官圩是也一切救險工需除捐費外仍向烏葉
各鎮富商挪借　署府曹王水江　邑侯徐茲照舊
遴議於是陶之鎬爲領袖姚體仁臧在濱張殿邦楊
謨臧上國丁葆光陳許士夏美王朱位中等匯情稟

請豪借育嬰堂存典生息銀三千兩整修築還口次
年隨同完編一並歸款其貧苦不能完納者四岸富
紳代之無有一帶欠者
按前人制十字圖其妙處於此可驗
道光十九年己亥七月十一日中心埂賈家潭潰（圩隸興工圖）
四岸董首援例借款修築是時堂款奇絀　邑侯某
諭令本岸承修三岸幫費四總長東北岸姚體仁西
北岸夏漢王東南岸張雲翔西南岸朱位中推西南
岸爲首事緣是缺在西南岸工也一切工需均由西
南岸措辦除三岸幫貼外其不敷者仍有六百餘金

後三岸解體經西南岸者遂探囊足之
道光二十一年辛丑五月十五日花津孟公碑陶家潭潰
（圩隸新興工）其日疾風甚雨至夜尤暴余督夫往救覺眼
前都是微茫地身外頻臨浩渺天無怪乎當日孟公
殉節也水涸後東北岸祝起慶遂集東南岸張雲翔
西南岸朱位中西北岸夏漢王謀建造之策請釋前
嫌而東北岸究無敢肩任者於是匍赴金陵上控藉
督轅蒙批廣工於賑准給庫款撥與修隄而快口藉
以蕆事
道光二十八年戊申七月十七日東北岸三公祠前潰觚
圩緣感義圩先告潰也時孟公碑陶家潭又潰（圩隸北興工）
工潮漲不已依秋一汛直至霜降始退延及凌汛積
勞未乾次年春月疹疫盛行隄工無着　府縣屢諭
莫展一籌不獲已援請成例廣工於賑時爲首者東
北岸祝起慶東南岸張雲翔西北岸詹蓬望西南岸
朱位中乃姚體仁堅持外圍之說諸人信之詎知賑
款無多興工又晏己酉二月杪起工至四月中旬外
湖漲盛原缺未竣先潰麥熟未收
道光二十九年己酉閏四月初四日孟公碑原缺未竣先
潰（圩隸新興工）先是二十八年未興冬工本年桃汛陡發

一日夜間乃至三尺許趕修不及時尙無官督民辦
章程麥熟在望夫皆散歸工亦停止繼而水漲甚大
漫口漸平延至五月十三日大雨如注伏汛踵生三
數日間水溢丈餘故傳言未竣先潰也由是汪洋千
里水天一色皖江郡邑無完區焉四圖工段沒盡百
室飄淌無存近來第一大水之年也九月水涸四岸
士民力請當事籌欵修築連年歲歉徧野哀鴻其散
而之四方者聞賑歸來 上憲諭令以賑代工設有
不敷繼以借欵時東北岸祝起慶東南岸張雲翔西
北岸詹蓬望西南岸朱位中督理隄工至次年三月
報竣焉

咸豐元年辛亥六月初一日圩潰在後湯村（廣義圩工）時夏水
過漲十里要工十數處同日告警孟公碑亦潰（興北圩） 署縣
工本年開辦冬工 前邑侯趙昞撤篆陪同
袁青雲遵奉 藩憲李本仁扎辦隄工旋奉 府憲
潘鈞綦諭在城紳士孝廉唐瑩朱汝桂優選王文炳
明經杜開坊張國傑督同四岸十二總修東北岸姚
體仁戎金輅徐方疇東南岸周樹滋汪丞成姚信中
西北岸詹蓬望夏朝玉徐逵九西南岸尙成熹丁玉
聲朱位中並委 石少尹琛駐工彈壓此次興修若

綱在綱有條不紊一切規模悉由 府縣酌定縷晰
合圩情形上之 大府往復函商逐條布置工竣作
圩工條約一書俾圩遵守向來未有之盛舉也余年
屆服政工次稱觴諸同人即席賦詩晉祝自愧磃砆
獲親珠玉焉迄今追憶殊深舊雨之思益歎晨星之
散矣

上李方伯書

敬稟者竊卑職叩辭後由省起身行抵當邑隨同潘
牧暨 汪令 趙令親詣大官圩勘閱情形查該圩
坐落縣之南境離城四十里其東北隅瀕臨丹陽湖
湖面週圍一百八十餘里風浪最惡其瀕湖圩埂三
十里土人謂之洶工今夏衝決各口均在此三十里
之內據土人云西南風軟東北風硬洶工之外舊有
圩埂以爲外障本形單薄近來頻年大水坍塌無存
每遇東北風大作湖水縱低圩埂一二尺而風猛浪
高圩外之水即能打過圩內人力已屬難施加以波
浪洶湧晝夜衝激洗刷湖面一望無涯之水僅靠此
一綫長隄實難恃以無恐故隄工之厚薄堅鬆在乎
人事而風勢之大小久暫亦視乎天時此洶工一帶
所以易於衝潰之情形也至東南一帶臨固城石臼

二湖西南一帶臨路西萬春一湖湖面較窄尚易保護其北境河身尤小查該圩周圍一百七十餘里最險者爲淘工計長十里次者爲次淘工約近二十里其餘爲稍工計一百四十里內決口衝刷成塘者計十二處所現在測量有深至七八尺不等者將來水退之後必須填實塘底方可興工有深至一丈以外者必須讓過深潭圈越施工圩破之後內外風浪沖矚淘工十里全行淹沒間有墈腳尚存者數處次淘工殘缺不堪約存十之三四稍工殘缺較輕而里數較長工程亦復不少今年水勢較小而圩破後兩面

受傷形勢與往年較重此圩工浩大之實在情形也現在圩內二十九圩普被淹沒一片汪洋田內積水仍有二三四五尺不等間有高阜屋基露出水面村落盡成瓦礫圩內民人寥寥不過十分之一餘俱逃荒外出目擊之餘殊深焦灼卑職前過當邑略訪情形或以爲中心埂未破尚獲有秋今查北中心埂約長八里緊附在官圩西北隅之感義圩南中心埂約長十五里緊附在官圩西南隅之福定圩此二圩附在官圩之外遂以官圩爲中心埂二圩田畝僅二萬三千有奇雖獲保全與官圩內二十九圩被淹之田

畝風馬牛也又查圩內舊有十字埂如田字式從前圩破一隅其三隅尚可保護今則十字埂久已無存一處告險全圩受害此現在官圩概行被淹與從前傳說不同之實情也圩工既經開工自應從速但各圩田畝有多寡工段有險夷向來派工不能一致現在民人尚未歸里章程難以懸定況水未涸復無從取土詢諸土人現在之水較冬臘極小之時尚大一丈有餘頃奉 本府飭限圩差傳集各圩首來城諭話並出示勸導察其情形各圩首恐難如限取齊第極承 憲恩何敢苟安旦夕自取愆尤然必有人而

後議可集有土而後工可興此又不得不俟水退之後方可提緊修築之情形也伏念頻年災歉民人逃荒者習以爲常今歲自夏徂冬歷時既久異鄉苟可覓食縱然水退無可招徠未必盡行歸里卑職飭諭興工之中寓撫綏之意前奉面諭格外體恤酌請春賞猶慮緩不濟急不但恐誤要工併恐嗷嗷之衆朝不及夕用是展轉思維必得 恩施早沛所全實多憲天軫念民依無微不至保赤嬀工一舉兩得如蒙允准功德無涯此委員 金令 趙令會稟內所以請給冬賞與卑職不謀而合之由來也倘荷 福庇

水勢早退一日卽人民早回一日湖土可取圩工可興定卽趕速督催盡心竭力以期仰副　憲懷斷不敢稍事須臾致負委任至選擇圩首之必得其人按段計工之務核其實此又宜隨時隨事稟承　本府斟酌稽查無煩縷述者也肅泐蕪稟併呈圖說

上李方伯勘估工程書

敬稟者竊卑職前將官圩大概情形肅函專呈業蒙慈鑒並將未能盡善之處明晰指示批發仰見　憲臺軫念民依無微不至慮前顧後訓示周詳捧誦之餘寅感無已茲於月日隨同　本府潘牧暨　趙令等並敦請城鄉公正紳董親詣周歷勘估現在水勢比較上屆已退五尺有餘圩內高阜田畝均已涸復問有佈種麥耔處所其低窪田畝尚積水數寸至尺許不等圩外埂腳亦已出水惟取土不能過近必得再退水三四尺稍俟風臛方可挑取湖土大約十月上旬可以尅期開工先行填實塘衝夯硪壩腳以便次第興築衝缺各口亦多涸出塘不甚深加工有限惟淘工內之廣義圩缺口計長十三丈零隄底水深三尺有餘內外皆緊深塘此處仍可就原處接築惟塡塘底爲平地必得裏外鑲寬多用夯硪工須加倍

方能堅固其次淘工之孟公碑缺口計長二十一丈有奇隄底水深一丈數尺至二丈不等口寬且深若仍接築不但工多且難保固惟缺口內衝塘更深於隄底七八尺現擬讓過最深之處圈越施工計添出月隄一百六十五丈而圈越處所仍有穿溝二道一深七八尺寬二丈七八尺一深一丈四五尺寬四丈有奇此兩溝身視缺口較淺較窄且縮在圩內風浪較減但塡河身爲平地尤須格外鑲寬夯硪結實多用椿木柴綑此兩缺口約需用土十一萬方有零且月隄去湖尤遠挑土之工須加三倍淘工十里壩腳蕩然無存全要重新興築隄高一丈二尺面寬二丈六七尺腳寬六七丈計用土九萬方次淘工二十里隄高一丈二尺面寬一丈六尺至二丈不等腳寬七八丈不等除去壩腳稍存處所仍需用土十二萬八千七百餘方其稍工一百四十餘里內有完好無須施工者約近百里其殘缺單薄應須修整加高培厚者四十餘里牽算約用土四萬二千二百餘方以上通共約用土三十萬三千五百餘方應用夫六十萬七千餘工現因民人來歸者甚少圩修傳到者逾半約略估計工程已屬浩大而湖土潮濕肩挑自下而上

人力與重每擔不能足數與平地取土者土方同而夫工迥不相同至按畝派工本極公允第貧窮小戶輕去其鄉既未必其盡能歸里其大戶業田至數百畝數千畝者頻遭水災室盡懸磬既不能親身挑土復又無力雇夫其爲難處更甚於小戶現在發令之始總以按畝派夫爲准而體察民隱將來斷不能如數取齊所以不得不思爲津貼據實上告併未敢公然先議津貼致啟弊端而親見民間困憊畏葸情形又不能不略示其機宜俾知事有可爲庶幾或能踴躍查圩內二十九圩各分段落而洶工十里則通圩攢築又於十里之內各分段落計畝出工詢之紳耆云官圩舊稱十字圩分爲四岸一岸失事三岸可保無虞洶工十里舊皆石工外有搪浪埂長六十里於以見先民之慮周藻密而洶工之難保易潰非一日之故也又查西南兩岸現在殘缺處所多在埂內而不在埂外於以見東北風之爲力最猛爲患甚大前稟內土人西南風軟東北風硬之說誠不誣也現今十字埂杳然無存且東西長四十餘里南北長亦相等爲工甚鉅經費無出不敢議及搪浪埂間有段落露出水面者據紳耆云此埂舊不過高五尺面寬二

丈腳寬五丈頂圓而不平上栽蘆葦水小之時風浪不大可保無虞水大之時浪從頂過圓則過而不留再大則蘆葦當之浪柔而不動且就埂二面取土堆築甚便較之圩工事半功倍以土方計之每長一丈用土十七方半埂長十里計長一千八百丈共用土三萬一千五百方而工易價省用費並不及隄工之半詢以石工始於何代廢於何年則皆茫然不知所對現查石工尚存者不過數十丈其餘間有亂石數處不成分數擬俟圩工畢後收拾擺好而已夫同一洶工昔則甃之以石既有搪浪埂以護之於外復有十字埂以防之於內今則三項無一存者縱費盡心力而以一綫長隄當數十里長風巨浪何恃不恐卑職等在工數日輾轉思維睹湖水之汪洋保全無策念民生之凋敝寢饋難安事處其難却不能不於萬難之中極力圖全工段派之圩修監工責之紳董工價則本官委員親身支放不假手於他人一切薪水費用皆由　府縣捐給不用公項一文上思不孤負大　國恩下思不得罪於百姓擬於民間按畝派費之工認眞照派於口糧津貼之工力求撙節總期工必核實費不虛糜倘有贏餘再行勸諭圩民協力出

工興築搪浪外埂以爲一勞永逸之計卑縣等怦然
有動於中紳士等亦翕然肇以爲請若能將此埂築
成洵全圩之保障而萬姓之身命所繫也但通盤打
算必得經費稍寬工程乃能兼顧明知庫欵不足而
目擊情形關繫匪淺陳請固恐涉冒昧而民情不以
上達又恐非　憲天痌瘝在抱之意統計各工斟酌
遠近配搭險夷每土一方需銀八分萬難再減加以
椿木柴綑夯硪埂脚等費核實估計共需銀二萬五
千餘兩冬春口糧懇共發一萬二千兩其餘盡派民
工仍恐不敷猶須設法籌理若一核減實難爲力爲

此縷述下懷伏乞格外垂憐從寬速給則事出萬全
恩同再造當邑億萬生靈胥荷高厚之恩德於無窮
矣總之外埂築成則爲功少而爲利溥若此埂不築
則在在堪虞難期安堵再來年節令甚早誠恐春水
一發卽無礙於圩身而湖灘淹沒無從取土必致有
挑挖埂脚及取用田内抛鬆之土等弊是以開工萬
不容遲而集夫務求其多現已飭差提傳各圩圩修
一俟水再大退有土可取圩修到齊刻卽飭令分工
派段卑縣等復行親勘確估再將核實工銀確數開
工日期切實稟報合先將勘估工程實在情形肅泐

具稟伏乞
垂鑒

復李方伯書

敬稟者卑職於工次接奉　鈞函以當邑官圩民命
所關除將冬春兩賞一統給發外復又籌欵津貼併
倡捐廉銀以濟工用仰見　憲恩高厚洽浹靡涯籌
畫精詳痌瘝彌切當卽集衆宣示咸使聽聞凋瘵餘
生莫不歡如挾纊感激涕零併蒙格外體恤不加核
減俾卑職得所藉手從容佈置細民沐再生之德卑
職荷不次之恩薰沐再三冰淵盆懍因念向來工程
之壞總緣糜費過重圩修承領經費又繫一統給發

不加查察以致層層剝削節節欺朦不免授人以柄
無可究詰所領若干到工者不知幾何矣經費虛糜
災黎困苦其弊有不忍言者今年米價尚平現已議
定每夫日給大錢七十文卑職稟商　本府將領銀
若干易錢若干共一圩承領若干椿木蘆蓆石灰動
用若干一一明晰示諭俾之共見共聞此外一切薪
水工食夫馬各費俱由　府縣捐給不動公項一文
而圩修所領經費每段立一經摺各圩修帶同夫役
由本官委員親身給算按日零發不准多領卽欲侵
蝕却已無從下手併又出示嚴禁復傳集夫役人等

當面詳切曉諭凡有家丁書役以及圩修人等或有
暗中需索勒扣之弊不論何項人色一律盡法懲治
必得剔盡弊端事事核實而後已伏讀　憲諭作自
己田園廬舍觀愈撙節乃愈見核實協力於事後者
由不知審計於事前並以不在近功小補相期具悉
憲天明無不燭而期望允殷卑職一介庸愚苟蒙信
任愈覺知遇之厚益思報稱之難惟僅自己不肯糜
費而蠹蠹剔弊思患預防有一處不到處其為害斯
民有以異耶又獨非自作之孽耶卑職有鑒於此斷
不敢稍形疏懈自貽伊戚惟念來年節令太早春水

一發即無許可施現已飭令修復塘浪埂並培築埂
之兩頭接連埂身以禦春水而便於取土似可有備
無患又近來究淘工無異於淘工擬擇其險要處所
一概添築外埂以為防護所有津貼力加撙節如再
不敷　本府暨卑縣捐廉濟用總期完固周到下紓
民困上慰　憲懷斷不肯為山九仞功虧一簣至民
情拮据異常流亡未復按畝派夫實在為難萬不得
已是以呈請籌借育嬰堂存典生息銀兩暫貼工用
明年秋熟認利攤還就本年從歉而論堂內收養嬰
孩需用此項似未可擅動惟查堂內存典本銀一萬

數千餘兩每月八釐生息計每年得息銀二千餘兩
向來總能敷用有餘仍可撥為
文廟考棚修理之費現議酌借本銀三千兩誠恐顧此失
彼已於圩民承借銀內先行坐扣一年息銀存堂來
秋由圩民照領數清繳此款上屆會經行過後來併
無貽誤今年照舊籌理官圩田地廣多按畝攤還實
非所難而現在將息銀扣存堂用似亦不相妨礙至
文廟考棚兩項止共有千金之數萬不能提所有籌款修
復塘浪埂之處現已稟請　本府據情轉稟俟奉到
憲批再容遵丁赴省具領至圩工已開工除另文申

報外合併呈明肅泐寸丹伏惟　慈鑒

上李方伯現築官圩大概情形書

敬稟者竊卑縣官圩於去冬某日開工先築塘浪外
埂及填築淘工衝陷各口深塘並孟公碑月隄溝身
原擬勉期將塘浪埂限年內告竣以便新正提築正
埂緣人夫陸續而到臘初甫全到工望後又遭雨雪
以致塘浪埂年內止有七成工程今於新正初旬開
工旬外人夫始齊又陰雨數次所有淘工外塘浪埂
十里工程望後始能次第告竣因恐正工貽誤飭令
各段夫役提築正埂其次淘工外添之塘浪埂俟正

上李方伯築官圩情形書　楊友倫助印

工後再行興築現在人夫四千有餘各圩工段實在俱用夯築其孟公碑月隄壩腳以及各缺口深塘處所繫歷年衝潰之區尤須格外加意每挑土一層和以石灰夯硪三徧再挑二層和灰加夯如前　趙令駐紮在此督辦極爲認眞似此工程將來可保無虞再查舊埂腳內有沙土夾雜者有堆積瓦礫螺壳者最爲圩工之害稍有含糊爲害滋大是以飭令一律起除盡淨然後挑塡湖土不准雜以浮沙　委員石從九　王經歷分段督率民皆用力惟東北岸圩修大役向來誤事竟有取巧違抗不遵號令併敢倡挑

田之議卑縣親詣工次周歷查察分別申飭懲創不敢稍事姑容致貽後累現在均已帖服踴躍從事連日天色陰晴不定湖水漸長實深焦灼倘能從此晴霽約略估計二月總可蕆事謹將現築圩工大概情形肅泐再稟伏維　慈鑒

上李方伯領到銀兩並天晴水退情形書

敬稟者卑縣前將官圩興修情形具稟諒邀　慈鑒茲於工次冋署接准　憲飭發下津貼銀四千五百兩又　憲捐廉銀一千千文並奉　鈞函慮周民瘼眞痌瘝之在身體卹下情如醍醐之灌頂又許其已

上李方伯領銀天晴水退書　朱廣川助印

然勉其未至賢父兄之養子弟不是過也竊思當邑官圩上沐　憲恩下關民命卑職身任地方無論若何辛勤若何撙節皆分內應辦之事何敢告瘁更何敢見功方以公事緊冗深懼有不克周到之處時用惴惴殛蒙逾格之優容復荷過情之獎勵薰沐再三益深悚仄現在天已晴朗百堵皆興湖水前長三尺今已退去一半可以放心所有淘工一帶工程除各缺口格外加工外其餘圩工俱比照上居加高二尺加寬二尺又圩身內外多有深塘難以施工加寬之處查繫歷年以來愚民無知挑挖成坑以爲養魚之

計顧小利而忘大害若責成民修仍必有名無實現已貼費飭令補修還原一律加寬併嚴爲禁止嗣後不准再行挑挖養魚至埂面堆築土牛豫備工料栽種蘆葦一切事宜俱當次第興理齊全斷不肯稍留餘憾自詒伊戚現在估計工費不支約在千餘金之數卑職願勉爲之　本府潘牧復分任之縱將來再有短絀亦必竭力圖全期於工程完固而後止何敢稍存吝惜瞻顧之情上負　鴻恩謹將領到銀兩並天晴水退情形肅泐寸丹稍紓廑念臨稟神馳無任感激悚惶之至伏維垂鑒

上李方伯工竣情形並錄呈圩務條約書
敬稟者竊卑縣官圩圩工荷蒙 憲臺恩施逾格俾
卑職得以竭力圖全圩民感激實無既極計此次圩
工較之 道光二十八九年費少於舊工多於前而
做工較實收工較早者緣向來圩務經費繫歸圩修
統領工竣官爲驗收其中百弊叢生難以究詰再開
工遲至二月夫役又復不齊工未及半湖水已長是
其先無求好之心遂其後更無能好之勢此圩工之
所以不可恃而民困之所以不克蘇也卑職奉委以
來保障危懼仰體誠求之憲意思出萬全脩念凋瘵

之餘生不堪再誤是以力求撙節剔盡弊端庶幾一
勞永逸業於前各稟內具悉不贅卑心力所可自盡
時勢難以逆料每於朔望行香默爲祈禱幸而冬春
晴霽湖水不生庶草善應勝於往歲圩民苟安難期
振作者今皆可與有爲圩修償蝕不歸實用者今果
幸行無弊土性既堅夯破亦固人皆踴躍費不虛糜
耆老扶杖來觀者咸以爲數十年來所未有於以見
天心之慈地運之轉人性之善而皆 憲天福澤殷
抱惠澤旁流感應之速鼓舞之神卑職日在帡幪之
內順流奉法藉手告成胥荷 福蔭於無窮也查東

北岸三十里要工舊稱洵工或作凶工相沿數百年
音義俱不佳今改稱要工建牌坊於工所標示焉現
在工程要工十里濱臨湖面寬且深高一丈二尺底
寬七丈面寬一丈五六尺至二丈不等次洵工二十
里湖邊多有柴灘埂高一丈一二尺底寬五六丈面
寬一丈四五六七尺不等東南西南稍工湖面較窄
柴灘較高埂高相等底寬四五丈面寬一丈三四五
尺不等西北稍工或近山腳或瀕內河地勢甚高水
繫順流埂面寬一丈至一二尺不等今年新工一律
高於上屆凡完好處所普行加高一尺五六寸至二

尺不等方與新工相平殘缺處所一概修築整齊並
公砌新建月隄因繫歷年衝潰之區格外加高溝身
埂底寬十五六丈平地硬腳寬十丈面寬一丈五尺
因圩內田身稍高埂腳一丈已與他處相等塘漊埂
一律建高八尺底寬五丈面寬一丈五尺各工均用
夯破各鍬口均用石灰孟公碑月隄用灰尤多夯工
尤倍以上均繫動用公項不敷者由民工按畝攤夫
歲事其要工一帶堆築土牛一千堵豫備樁木二千
根蘆蓆二千片塘漊埂栽插蘆葦一切經費業由
府縣捐辦齊全至委員紳董薪水書役工食來往夫

咸豐元年辛亥　上李方伯工竣縷呈條約書　朱利川助印

馬一切糜費俱由　府縣分捐給發不用公項一文
查卑邑士庶民貧併無捐輸合例請獎之人所有在
事人等卑職與趙令皆分內應辦之事不敢妄議
趙令辛苦最久積勞成疾今已平復其餘委員王經
歷石從九城內紳董優貢教習知縣王文炳舉人唐
瑩歲貢朱汝桂職員張國傑杜開坊分段監修或微
員或局外均能矢公矢慎任怨任勞認真出力始終
一致其勞勤似均不可沒卑職敦請紳董時王文炳
實為之倡在工尤能運量全局杜開坊於勘估工程
計算土方大為得力在伊等並不敢妄生希冀而卑
職獲收指臂之效不敢沒人之長理合稟明　憲鑒
將來委員等或可酌予外獎紳董等或可量加鼓勵
之處　恩由憲施又要工舊有
天后宮　道光二十九年被水衝塌僅存瓦礫神像漂至
對岸民人撈起供奉　本府與卑職於去冬捐廉興
修今春落成迎歸　神像係內藏版開載　萬歷三
十六年江湖異漲廟宇飄淌無存塘浪埂亦於是年
廢棄辛亥土人捐修壬子告成等語上下二百四十
年歲次適符亦異事也至鄉愚小民慮始固難善後
亦不易卑職廣為諮詢詳加體察稟商　本府謀及

咸豐元年辛亥　李方伯復書　朱利川助印

董者業於去冬興工之時將圩務一切事宜詳悉示
諭茲於工成後增易數語刊刻刷印裝訂成帙以期
徧行曉諭永遠遵守合行抄錄恭呈　憲覽為此肅
泐具稟伏維　慈鑒

李方伯復書

連接來啟知懃懃懇懇所以為百姓者既周且摯覆
案所論官圩形勢及估計工料推察民隱直如畫沙
聚米瞭然在目若非親身體勘悉意講求何能親切
如此耶尋繹再三具用忻喜以賑濟工最為良法但
核計本年應放當塗被災口糧銀數不及二千多則
恐遺駁飭且恐為他邑效尤轉致掣肘然據情實核
斷不敷用躊躇至再就事酌增擬共給口糧銀四千
五百兩然尚止請數三分之一　復另籌公項銀四千
五百兩作為津貼至稟中所請酌借育嬰堂存款弟
意此項似未可動已詳覆　本府函中矣聞本處尚
有民捐考棚修費一項現無支動要用可酌提一千
兩以足萬金之數希與　本府商之特念工程浩大
經費慮有不敷乃詳稽　庫籍既無閑款可籌而專
責編民又恐民力不逮復念　閣下櫛風沐雨規畫
焦勞轉輾思維何能袖視茲特捐廉銀五百兩以為

官圩修防彙述　咸豐元年辛亥　李方伯復書

之倡衆擎易舉惟鑄附爲至名屬請領賑賞問必由
司核減此次興修圩堤得員有司如　閣下者事事
從實斷不肯循照舊章中飽賢勞之財惟於關領支
放之時愈撙節乃愈見核實從來糜費冒濫之輩未
有不遇事於後者由其不知決計於事前也今觀
閣下胝誠剴切必肯於經費出入加一倍料量爲百
姓身家加無窮顧慮紳董知官長認真辦事似亦不
致浪費侵蝕下至胥役圩修亦何敢隱乾沒中飽之
意撙節之大號有踰於此者乎一切興築事宜　閣
下言之鑿鑿且能窮就近取士之弊將就粗略之患

可無慮矣鄙意爲政之要莫大於農功田野蕪萊長
吏所愧弟同任守土之責目覩連歲荒歉黔黎嗷嗷
知沿江圩壩實通省民命所關古稱一夫不獲或受
之飢今棄百數十里之膏腴付之巨浸則終歲受飢
者尚可數計耶此弟所以早夜皇皇首以圩隄爲急
圖所望共事寅好善體區區之誠不視爲上官之事
並不視爲百姓之事直作自己田園廬舍觀則痌瘝
相關所以爲之計慮者不能不慘淡經營矣仁人之
澤孔長　閣下所以自處與弟之所以期望於　閣
下者要不在近功小補耳前已囑淸甫大兄先致大

彙編卷五　修造續志

官圩修防彙述　咸豐十年庚申

略茲再手溯布覆順頌　升安不一
按是年修隄官紳書役上下一體一切事宜確有把
握且各清勤自矢爲近年第一善舉所刊條約兵燹
後無一存焉以故　同治己巳及　光緒乙酉無從
則效遂至物議沸騰戊子修隄　史蓮叔太尊聞有
是稿爰哀少君攜至湖南郵函覓得遂重刊之
咸豐十年庚申九月中旬連日霪雨秋汛大作福定圩周
家埠潰至十九日天已晴明時粵逆盤踞黃池開濠
於塍畈寺北水由濠灌一晝夜間遂大崩塌無敢搶
救者維時早稻已獲遲豆在田水不甚深駕舟撈取

然漫溢多日不甚濟事饑饉師旅因加災集且流亡
者多圩務束之高閣延至次年麥穗結實未熟而又
被淹矣
咸豐十一年辛酉四月十六日水復由黃池賊濠灌入綠
上届議堵福定圩外圍草率了事余避亂於清邑既
峰有感語張在川楊成孟倚友先徐梓鄉丁錫源戎
宗淦諸公乃相與謀日歷居倡造君與有勞近聞桑
梓多難而起然遠引忍乎爰偕同志束裝歸里幸天
不棄孑遺得收潰息以濟工需時慮不敷適
王師南下賊聞風逃逸棄賸二千擔分給挑夫匝月而竣

彙編卷五　修造續志　朱詒穀堂藏版

官圩修防彙述　咸豐十一年辛酉　同治二年癸亥　丁明章助印

事焉計三百餘夯土夫加倍出力一切撙節不滿三千緡此殆天誘愚衷抑且諸同人戮力夫各用命故得藉手以告成功也首事東南岸王考中霍際雲楊芝山西南岸丁玉聲徐梓鄉東北岸丁錫源戎宗淦西北岸夏朝玉張在川時余周花甲同憶壬子修隄稱觴工次不勝盛衰之感矣

同治二年癸亥五月十八日夏汛未氾烏溪東小牛灘緣山洪下注漫溢十五丈時餘孽未靖流亡未復爰募圍防烏溪趙豫章魏繼雲等堵護月餘口門未深涓流不絕秋成失望　趙邑侯光縉籌欵修之並商河西董事部學曾吳樹仁酌借牛種余奉諭分酌四岸領之計六千餘金此欵後繳　本府修衙署

按以上歷敘修造潰決情形實止於此以下三條乃做原體續之

同治八年己巳五月晦日感義福定兩圩同日告潰六月初一日老陡門連潰二缺（北圩工賡善）繫感義圩崩入北橫埂賁家垻同日又潰（官壩圩工）黃池鎮北白潭越日又潰（東北岸中心埂）此埂緣粤逆入境坑盜四五十名皆竄中空不能障水圩衆集夫搶救顧此失彼　邑侯春林徐正家力請撫卹籌欵修隄蒙　大府撥給庫欵官

續編卷五　修造實迹　元　朱合毅堂孫參

官圩修防彙述　同治八年己巳　光緒十一年乙酉　殷合文助印

圩總首西北岸李用昭東北岸湯上林東南岸王舟西南岸徐光瀛承領庫銀二萬七千有奇工需不敷仍稟請接濟蒙　撫憲喬鶴儕次年續發庫銀二千兩隨糧分得甦合邑攤徵六限歸還得此鉅欵圩衆未悉後　邑侯榜示聚訟不休一切文移容異日補入緣足蹟不入城市不通胥吏是以闕如

光緒十一年乙酉五月二十七日大雨如注感義圩章公祠前漫溢（北圩工城和）其感義圩先潰之缺口在易盃橋內水由獨甕入過潰口迤至章公祠前勢洄漩圩衆下樁塌蓆幾奏膚功詎東南岸王村後埂漏魚潛網利者放水得魚該埂因之大潰（圩工新溝）東岸夫各竘赴北岸猝不及防也由是于王搆釁徐李罰工　太守聯廉得其情飭東北岸湯某繳銀三百兩賠修漫缺諭戎承恩汪景榮王槐督之　華邑侯椿諭令西南岸朱萬滋東南岸楊楨西北岸陶英同辦新溝大缺按畝起夫空拳徒張者月餘兼以埂腳未定歌謠四起教諭姚星榆有官圩愁一闋　華侯勒結分段承修工將竣始奉到　大府給發撫卹銀四千兩以賑代工其不敷者示令按畝捐番銀二分惟西南岸力行撙節猶有餘不如數者

續編卷五　修造實迹　平　朱合毅堂孫參

宮圩修防彙述　光緒十一年乙酉　稟官制府呈　徐朝士勘印
附錄呈　制府曾沅圃宮圩被淹請款修隄稟具稟
文生戎全幹等爲工鉅民困請款興修以工爲賑而
全課命事切生等官圩東界丹陽石臼固城三湖西
接路西萬春兩湖南承徽甯山水北據皖省江湖周
圍隄埂縣亘幾一百里全賴堅固以衛田廬今夏天
雨連綿洪湖並漲太平新溝兩隄各卸缺口五六十
丈曾經搶堵晝夜防護無如人力難施先後衛
潰農具飄淌廬舍傾流極目汪洋水天一色現今水
涸生等逐細勘察有僅存埂腳者有衝刷及半者估
計工程較諸　同治八年爲尤甚災黎露宿風棲已

歸者情願懷涼未歸者流連觀望當此水劫餘生苟
延殘喘如蒙以工爲賑乘時修築俾災黎食力有資
藉以播種仰准　宮保憲天大人恢復江皖拯民水
火今幸　福庇兩江無微不照卑當邑同府之蕪湖
縣境本年圩潰當請借款委員興修已沐　憲恩飭
司辦理生等係屬接壤被災已甚擬合瀝情匍叩
爵前伏乞　電鑒下情賞准飭　司委員勘明估計
工程酌借款項及早興工仍責成受益田畝攤徵歸
款俾圩隄藉資鞏固而於　國課民生兩有依賴
公侯萬代頂祝　上稟

宮圩修防彙述　光緒十一年乙酉　官制府　聯太守批　鈕仁德堂印
制軍批　安徽太平府當塗縣官圩文生戎全幹等
借款興修大官圩隄究竟是否實繫工大費鉅該民
人等力有未逮仰　安徽布政司即飭當塗縣查勘
明確妥議詳奪稟發仍繳
又批縣詳前據詳已悉昨據當塗文生戎全幹等來
轅具稟當經　本爵部堂以據請借款興修大官圩
隄究竟是否實繫工大費鉅該民人等力有未逮批
司飭縣查勘明確妥議詳奪在案茲據該縣具詳各
圩決口隄身核得估計土方需銀四萬四千八百餘
兩災民無力承辦請照成案籌借庫款分給各圩董

承領開工分年攤征還款仰　安徽布政司迅即核
明妥籌議詳察辦仍候　撫部院批示檄存
又奉　太平府聯批示據稟情形應先赴　縣呈明
靜候查辦毋得警望　同治八年之鉅款也
華邑侯示爲再行曉諭速築圩埂以濟工需事照得
大官圩隄埂前因上年夏間被水冲潰洗刷甚多迭
經諭飭籌修並請親詣勘估開具土方清摺通詳請
款嗣奉　府憲面諭照章起夫每畝先捐畨銀一分
以濟工料又經先將稟存撫卹銀兩按照通境已潰
各圩缺口土方勻攤給領並諭飭照章集費速開冬

工在案茲查該圩雖經開工尙未及半而諭捐圩費
亟應上緊隨催隨繳以濟工需一面廣集人夫趕緊
挑築完固共保田廬除諭董催捐外合再出示曉諭
爲此示仰業佃人等一體知悉自示之後爾等務要
將應出圩費如數繳清以濟工用一面照章出夫一
律報竣聽候親臨勘驗此繫合圩保障共保身家各
宜勉力盡心倘有阻撓不遵及抗夫霸費者許卽指
名稟究該業佃等務須上緊措繳接濟工需其各懍
遵特示
按是年圩潰合邑免徵丁漕且蒙　大憲籌給撫䘏

銀兩第因海防費鉅撥欵無多工程浩大動多掣肘
不得已按畝捐費亦百年來未有者錄此以見經手
之難也古今局變誠難遥測
光緒十三年丁亥六月初二日水僅半河東北岸太平圩
低涵水漏魚潛圩修戎文軒貪利忘害致潰圩隄
華邑尊據實通詳　上憲用四百里牌單會營拏獲
赴省確訊後得從末減僅予荷校河干警衆三年期
滿釋放會　撫憲陳大中丞六舟視師過境親閱情
形酌撥庫欵撒　太守史蓮叔並委　前署縣嚴心
田　知縣金蘭生同任專辦隄工時有廸餘生呈圩

務瑣言蒙　中丞首肯採擇施行初福定圩未潰六
月十九日東風大作東南岸中心埂遂潰議定南北
分工爲總首者南工張懋功楊楨趙連城朱萬滋王
承槐朱萬淦也北工戎承恩汪景榮潘汝霖何代華
徐玉成徐慶芳詹正達也大工告成周圍合造工賑
兼需約銀三萬餘兩官督民辦官爲報銷五限攤徵
還欵銀二萬二千二百兩零餘作津貼駐南工者爲
嚴心田明府駐北工者爲　二尹朱達九云
史太尊辦理章程與壬子修隄同工異曲茲錄曉諭
照得當塗縣大官圩被水衝潰缺口及四岸衝刷塌

卸殘損隄埂並擇要修整陡門石涵等項工程業已
稟奉　大憲軫念民艱籌欵發縣會委　候補知
縣嚴令督率興修以工代賑　本府訪聞從前圩董
承領銀兩每多折扣甚至門丁書吏表裏爲姦通同
一氣多方需索　府縣下鄉驗圩書差家丁亦有使
費圩董人等因以爲利侵蝕浮冒諸弊叢生實屬玩
法今該　縣委等正已率屬辦事實心此次工程原
議官督民辦需用物料按工給價仍須由董領辦散
放不經丁胥之手實領實發實用實銷按欵榜示共
見共聞　本府現已再三誥誡一洗積弊剔除盡淨

光緒十三年丁亥　署府史久常興工章程示　版在東助印

所有　府縣衙門胥吏承辦圩工事宜以及造册報銷辛工紙張等費概由本官給發不准丁書人等暗中需索總期涓滴歸公費不虛糜事歸實際除行縣委遵照外誠恐爾民未能周知合行曉諭爲此示仰當邑官圩董保料首小甲人夫等一體知悉須知此次給發圩工銀欵並無絲毫尅扣需索能省一分之糜費即多一分之實工該董等當潔已奉公認眞辦理各項工程均須工堅料實夯硪完固不准稍有草率偷減如有各衙門丁胥需索情弊以及該董等從中侵蝕浮冒一經查出或被人告發定即從嚴懲辦決不姑寬　本府言出法隨其各懔遵慎毋嘗試

特示

按此次修隄余奉　太守專諭督辦南工旬報榜示工需其規畫一切皆　太守自爲政也上下一心書差絕弊爲董首者不過督夫搆料而已較諸前年乙酉修隄其難易不大相徑庭哉

官圩修防彙述續編修造潰缺卷五終

續編卷五　修造潰缺　壹　朱詒穀堂聚珍

光緒二十五年
歲次己亥冬月
朱詒穀堂聚珍
於詒書味吾軒

朱詒穀堂聚珍

張慈功書籤

湖嘆逸叟輯

修防彙述

三編瑣言六卷

朱諮穀堂聚珍

瑣言引

虞書曰敷奏以言明試以功言與功其並傳乎戰國策曰貌言華也至言實也甘言疾也苦言藥也言曷爲以瑣名乎然辨察邇言邇言不異乎瑣言也禹拜昌言昌言安必非瑣言也茲者甩餘生因圩務而著瑣言言雖近俚片言足錄言或至激讜言居多爲苦言與爲至言與其不屑爲貌言爲甘言也明矣善知言者謂之爲邇言也可謂之爲昌言也亦無不可抑又聞之古人立肺石以招言設謗木以納言資芻蕘

以詢言蓍期其盡言無隱也欲其明言不諱也閱斯言者謂爲逆耳之言也吾知其有利於行焉謂爲仁人之言也吾決其爲利最溥焉或察之或拜之正無庸以瑣屑目之矣作瑣言引湖嘆逸叟箸

徐承五助印

瑣言原敘

瑣言總冒

修築目次

山水江潮條內

上承山水下接江潮　周圍一百七八十里

屢潰屢修　朋修爲上策

輪修不力　排釘木樁

一定程式　層設土埝

圩面身腳條內

起造水箭　築塘涙埂

砌礪石磡　立品字墩
標淘分段條內　事無左證　扶匿不報
內外取土條內　代報豁糧除額
遮糊眼面

瑣言原敘

僕先世力農儱於斯粥於斯聚族於斯已閱數十傳矣憶自　道光癸未迄今
皇上御極之十三年五十年中官圩潰凡十四次疊荷
大府立沛　恩施有加無已　咸豐壬子修隄前輩著圩工條約一書俾圩衆咸知法守生圩中者宜何如感激乎詎老成凋謝舊制就湮兼以氛起紅羊潮乘白馬世事日歧人心叵測竟以田廬家室之區甘爲蠅鼉魚鼈之渚圩隄重務畧而不講焉嗚呼艮可慨已僕竊不自揣謂隄工一役始於能修中於能保終

於能救乃力懈於夫計窮於董事撓於吏因是感時憤事日深杞人之憂握管抒詞聊博
大雅一哂知我罪我聽之公論而已時
光緒丁亥七月旭餘生自敘於華亭水榭

瑣言總冒

蓋聞天定者勝人而人定者亦勝天近年官圩連潰雖曰天數豈非人事哉盖天高難測而人近可徵同是江潮氾濫彼能完隄我連潰坝此非別有天也殆有人事在焉官圩人事愈趨愈險愈變愈詐自然之利不興顯然之害不除而且見利爭趨見害交避循

不爲怪莫可挽回吾民蕩析離居罔有定極目擊心傷是以不能嘿然耳明知積重實爲難返然而千慮必有一得譏將利弊兩途逐一推勘倘蒙
當路公卿下車採訪俯察芻言用深藻鑑或者有補於萬一云爾至修造俠口事宜是所望於有識君子按切時勢妥設章程早興厥工而蕆厥事俾吾民安土重遷實私心所翹企焉

按上總冒乃作瑣言者不得已之苦心也涵泳意語活描出近今一幅官圩圖中間民情困苦與夫宵小行樂可於言外得之豈徒託諸空言者哉

是秋瑣言編出　邑侯金公呈上
巡撫陳六舟中丞面許採擇施行後奉發
輅鉅萬大造官圩未必非斯言之力也時圩工條約一書
兵燹後片紙隻字無存得此言而情弊利害勃現紙
上加以
史太尊力爲慫慂而方鳩僝工吾知立言爲不朽矣

官圩修防彙述三編瑣言卷一

湖瞑逸叟編輯
徐建勳克明校

修築　瑣言一

官圩向屬民隄　前明萬歷年間劃段分工以後培
厚增高殆無虛歲人事既盡天災其或可免乎何以
告潰者之難更僕數也於以知天不可恃矣述修築
一官圩隄埂上承山水下接江潮周圍一百七八十里
目下處處單薄況既潰後又兼風衝浪激乎　道咸
之世屢潰屢修似舉其大略而忘其遠慮其歷居歲

修浮堆鬆土風雨剝蝕年復一年每下愈況皆由輪
修不力耳今以數十年垂敝之埂大傷元氣災祲之
後責以一二人承修程功於三兩月之內有是理乎
卸該修責無可辭而無事倖免有事潛逃來年卸責
於他人此埂終形其凋敝此一弊也　若據管見各
段工程凡遇水刼均以朋修爲上策朋修者通力合
作之謂也邇年潰缺四岸朋築法固善已四岸通計
二十九圩工段各有分責其中人事不齊地勢不一
埂卸有肥瘦不等諭令各圩朋修察勘該埂情形或
暫朋一載或朋修三五年以至七八年庶幾費廣夫
多衆擎易舉譬彼沈疴之後常服補劑自然日見起
色設或天災流行不幸連潰亦當援爲成例如式築
修以期一律堅固俾元氣大復然後已則大利矣
按官圩四岸二十九圩中有遇圩潰之年暫行朋修
一載得熟仍歸歲修者若西南岸之上廣濟圩上興
國圩沛國圩東南岸之王明圩均立成議以昭劃一
然僅爲値修費用不敷起見並未籌及高厚如式爲
工段大復元氣也
按壬子修隄工程條約中載有新舊朋修之議因上
湖　乾隆十五年東北岸湯天隆上巡案十六條中

有二年一艤之議皆有鑒於輸修之不力不若朋修
之爲愈耳
口上承山水下接江潮註
官圩在邑之南鄉地勢下土性疏其形亦平中見側
西北依山麓略高阜東南近湖蕩似卑窪建瓴之勢
幾以丈計仰承新安宛陵諸山左瀕丹陽石臼三湖
迎溜頂衝實與水爭地焉考邑志載丹陽湖其源有
三一出徽之黟縣入寧之太平境曰舒泉合宣之白
襄溪滕溪麻溪池之蓋山泉復合宣之漢溪經溪東
北行匯於湖一出廣德州之白石山合宣之玉湖殺
溪句溪宛溪西北行匯於湖一出溧水之東廬山曰
吳瀆水合小茅山等水西北行匯於湖湖之上承諸
山之水如是其遠且多也三湖者一曰固城湖屬高
淳境一曰丹陽湖屬當塗境一曰石臼湖南屬高淳
境北屬溧水西屬當塗百川俯注匯於其際是謂三
湖而丹陽爲大又總名也圩瀕湖傍當未築銀林堰
時水性東趨吳下西行者則由蕪湖入江焉其東北
一股湖盡而姑孰溪接西過花津達青山之陰經兩
盤磯至白紵山之陽逼新壩口出南津橋越西朵虹
橋四十里入江迨東壩成水遂無復東行事特西注

官圩之患作矣宣歙山水下注圩之南畔當其衝匯
爲二股西南一股源繇宣之灣沚河道寧河蕪之清
水河夏令江潮上壅匯成萬春路西等湖東注烏溪
黃池等處繇霽定之九都圩西達魚塍塘張家拐下
至翁家灣匯於青山湖由梅塘嘴下逼近旁出龍山港
經花亭渡過津溪越采虹橋八十里始入江東南一
股源由建平之畢家橋高淳之獅子樹唐溝河宣城
之裘公渡並水陽運河諸溜夾瀉葛家所橫湖陡門
及新溝一帶承之兼以江潮上湧湖水日增圩之東
岸百里受敵此上承山水之情形也旁有溧水一股
入湖者四支大溪港新開港武山港花津渡河是也
自溧水至邑之橫望山有博望新市長流嘴陳子山
絮師橋陶家橋諸流紛投於湖委蛇四十五里至津
溪始入江復有雙虹鎮其下流兼以江潮上溯故灣
漫日甚而隄岸堪虞也是湖橫亘隄畔計其廣闊東
西七十五里南北九十里夏秋氾濫水衝山峙雁鶩
叫天一碧瀰漫渺焉無際一遇霾雨霏霏連月不開
陰風怒號波濤山立姑孰之巨浸官圩之險境也若
夫江潮漸增上有鵲岸之大蟂磯之阻下隔庫江之
隘牛渚之雄逆流上擁汩汩乎來抵津溪之口焉水

之難洩如是如是
□周圍一百七八十里註
自郡城出廣安門過南津橋至花亭橋越高岡鋪經太白祠之泉水灣緣山行計三十里至青山鋪始入官圩境鎮舊設鋪司自鎮南行十里（中有伏龍橋）至雙溝鋪再南行十里（中有亭頭鎮）至中間鋪（一作鍾家鋪）又南行十里（中有咸家橋）至黃池鎮鎮舊有鋪今設分汛埂外有福定圩以界隔之是名中心埂道咸之世屢居潰決退挽月隄約增七八里自黃池鎮東行十里至烏溪鎮有總司駐防由鎮東行五里至葛家渡舊有汛自葛家所東行二十里（中有橫湖陡門）至新溝市舊設汛自新溝至大隴口十里自大隴口至刑羊村十里舊有汛自刑羊村至天后宮二十里（內有花津十里要工）自此西行二十里至護駕墩（有章公祠）由祠前南行至老陡門西轉至邢家甸新陡門約十里南行至千觔閘經埂上曲折赴西南行過薛家樓印心庵項家橋至青山鎮約十餘里圩凡一周共百四十五里中間歷居挽月除中心埂屢圈外仍有湯家灣李家灣新溝大灣東畔陶吳謝夏諸潭及稽村灣牛力灣筆架灣等處大約一百

七八十里今以京弓丈量該計五萬　千　百　十弓實計一百　十　里　分
道咸之世屢潰屢修註
乾隆三十四年圩潰後歷六十餘載至　道光三年癸未始潰嗣後十一年辛卯　十三年癸巳　十四年甲午　十九年己亥　二十一年庚子　二十八年戊申　二十九年己酉　咸豐元年辛亥　十年庚申　十一年辛酉　同治八年己巳　光緒十一年乙酉　十三年丁亥皆潰詳見修造
□輪修不力註
宋元之世百川東之隄防無須修築　有明中葉始議崇修緣東壩成而水無洩路也　萬歷十五年設四總長分工劃段而輪修之議起至
國朝康熙四十七年革四總長此承彼卸而輪修之弊滋嗣後安瀾日久官疲於督民懈於修强梁者橫推懦弱者苟免遂致甲分大小不齊田畝牽混不一甚有夫各分工家各分段自三五弓至十數丈者且有修聽其便築聽其時剷草見新將高就矮者觔蝕碑殘無從徵信歷居視爲傳舍寖久漸致凋殘一遇汎漲有不决裂也得乎若泥古例專責輪修視重任如

轉圜倚支厦於獨木若秦越之相視漠不加喜戚焉抑何計之左也

□以朋修爲上策註

前人有善建不拔之規世人斷無歷久不敝之事圩隄輪修之法行於波平浪靜之年非不善也一遇水刼斷有不可行者殘喘苟延責令獨肩重任諸人同處圩中置身事外以性命攸關之事略而勿講彼値修者才力不逮早已視爲畏途苟且塞責矣卽稍可摒擋又將尢而效之不肯前進此而責以輪修年荒遇閏是重困也無事倖免有事而不逃亡者誰乎匪直此也設遇該埂滲漏坍卸未能障水不無礙事地段若非朋築不特力難勝任也或隱匿不報或希圖叐卸或回護多方了此一年輪修之役殊不思川盧恃埂而存身命賴埂而活噬膚之事莫切於此惟通圩籌議朋費朋大或朋一年或朋數年相時而動擇要而行總以如式爲準成法之中參以活法果一圩修築堅固推而至於圩圩皆然則所費者少所償者大此羣策羣力也是烏可以不行哉

一歷屆春冬修築無論埂面寬窄埂身高低埂脚平險概以加高培厚爲詞似也乃習以爲常不論何樣埂

一段何圩歲修聲稱業經培厚加高等語糊塗報竣竟有不應加而加之無益者不必培而培之無濟者盍祇圖鋪排埂面均於埂身隄脚毫無利賴此一弊也若據管見先議朋修相其地勢觀其河流宜加則加不使之高險而使之坦夷宜培則培不使之膨脹而使之平穩或舍埂面而培埂脚或依埂脚而培埂身或排釘木樁而謹防內崩或起造水箭而挑截回溜或於險處層設土埒或於要工硼砌石磡或立品字墩以分浪或挑搪浪埂以遮風夯硪堅固著實加功毋專恃輪修毋蹈常習故則大利矣

□埂面埂身埂脚註

大凡築埂須有一定程式官圩工程大略有四內外皆無風浪謂之標工外臨大河謂之次洶工外臨湖面謂之洶工花津十里風浪險惡謂之要工又謂之極洶工惟酌定程式如西北之埂上陽和埂北峰埂諸處及西畔之伏龍橋雙溝亭頭清水潭中心埂諸處標工隄面應寬若干埂身應寬若干埂脚應闊若干南岸之黃池烏溪葛家渡橫湖陡門北岸之陳公渡賈家垻邰家灣長亭埂青山鎭等處次洶工埂面應寬若干埂身應高若干埂脚應闊若干東面之邊

湖新溝大隴口荆羊村等處洵工堰面應寬若干堰
身應高若干堰腳應闊若干花津十里要工堰面應
寬若干堰身應高若干堰腳應闊若干務令修築如
式並勘其圩無昂頭縮腳躺腰窪心穿靴戴帽諸弊
其高以水大之年為定寬以地勢之險為衡闊以二
五收分為妙其法具詳見選能

□排釘木樁註

官圩坐落湖壖沙土疏鬆浮泥輕薄立腳不堅即堰
身不固若非排釘木樁終屬軟弱遇有此等要處正
宜相機行事先有要者或為鱔所攻或為鼉所伏或
為獺所藏木樁之外仍宜多備石灰煤炭以壓制之
使其不敢穿穴自無浸漏之患矣

□起造水簣註

水簣之法原設以挑外水之溜著河工例謂銳出河
流以分水勢名磯嘴壩是也以鵝卵石為上碎磚次
之土又次之先用木樁植其下覆以土石撐持日久
不特更無傾倒坍卸之患而銳立河干挑溜遠行淤
泥壅結積久自成大灘

□層設土埒註

堰內留溝之處必需土埒其法築土一層收分一層

築高一層陷起一層層累而上形如梯並復有土隴
一法下垂上銳形如龍伏用此撐持深溝大渾之畔
年復增添積之不已更有不占大壯乎

□砌磡石磡註

花津十里要工潮汐風浪衝撼汕刷前人慮其傾頹
埋石堰心以作骨凡以防覆敗也後來歲歉鬆土屢
為風浪淘汰岌岌可危緣該堰瀕臨湖口東北風硬
遂有甃石外方中襯裏石實以米汁石灰謂之三和
土層砌丁石砌成高岸雖狂風怒濤撼之不動或用
樁蕭遞護功相萬矣且無觀望恇怯之形又況風浪
至此擊撞退步斯真一勞永逸之計也查西南岸之
中廣濟圩沛國圩貴國圩上興國圩東南岸之南廣
濟圩下興國圩皆後先建築惟時數十年一修耳廣
義圩僅砌十數丈在稽村灣南諸圩均未建置匯而
行之是所望於接武者

□立品字墩以分浪註

官圩東畔自橫湖以至花津隄長百里瀕近三湖洪
濤巨浸前人曾倣河工成例沿灘栽柳以防坍塌且
禦風浪也宋楊萬里過丹湖有句云夾岸垂楊一千
里風流國是太平州正詠此也隄外多設土墩寬闊

數畝許參伍錯綜如品字形上樅蘆葦下濬魚池雖
有滸漲至此歧分縱遇駛流不能衝突一舉而三善
咸備自然之利無窮已
□築搪浪埂以護隄註
花津十里要工扼三湖之口當風浪之衝至危至險
之地前人去隄百餘丈另建一隄爲重關疊障之計
名曰搪浪埂謂可抵搪風浪卽河工所謂遥隄是也
近年荒沒殆甚自　咸豐壬子　邑侯袁瞻卿監造
後閱二十餘年至　周小蓮宰吾邑方議興修不築
者今又二十年矣四岸小修視爲傳舍動謂瓜代有

人毋庸前席而借箸也燕雀處堂未知外侮識者猶
竊笑之而況剝牀以膚尤爲切近災者乎
一官圩向分四岸爲圩二十有九標工洵工各分地段
創自　前明永無異議矣向鬮隄決某岸卽責某岸
承修昔也事無考證今又力不能支但所潰缺口必
坐落一圩工段該管業戶歲修不力故罹此患彼歲
修時大都敷衍成功保護又屬苟且塞責所以一段
失守全圩被淹此一弊也　若據管見輪修數載誠
恐夫玩工疲習常蹈故中間朋修一次整飭一番合
圩平賁平夫實修實用不使草率偷減務必抵隙尋

瑕如本段工程著實而在前在後工段或有苟且偷
幸鬆堆浮土夯硪不實折裂浸漏等弊難與着實之
工比較者許趕止接壤之圩修甲長地保圩差人等
聲明指築偷抗玩不遵聯名據實稟究一圩不如式
許鄰圩以告發之一岸不如式許三岸以告發之倘
扶匿不報共相袒護隣圩與有責焉諺云一寸無功
萬丈無用正謂此也執是以求必無草率偷減之弊
則大利矣
按現今合圩各管各段他圩工段似與已無與者往
往你不說我我不說你殊不知此弊大壞吾不知潰

彼之隄可淹我之田廬否請問之
□事無左證註
官圩向屬民隄按田起工按畝捐費事過輒忘非河
工海塘比也既無成例恪遵亦無成書可證惟傳聞
道光癸未福定圩先潰西北岸之中心埂戚家橋驟
經漲潰西南岸之中心埂賈家潭繼之當時倡議合
圩按畝派費公築惟東北岸稍形柄鑿經邑尊王公
寅軒諭以同患相卹之義勸令先潰之岸爲領袖餘
岸爲附從焉是年工費西南岸微有偏累然亦無從
左證矣嗣後同勷義舉倘無膠柱鼓瑟之見焉

□扶匿不報註

官圩近今數壞正坐扶匿不報之病自分工劃段以來爾界此疆各循部位道途之隔離大違畫修之恐綽雖周中間惟差役主持其事卽經上憲委員查勘而人地生疏耳目易蔽廉明勤謹留心民瘼者能有幾人若夫惟賄之求撑肥而噬俾不肖若分潤此餘上扶下匿是又卑鄙齷齪人所不屑道者也況有於水漲隄危之際一經報明非傾家卽隕命也乎吁可畏哉

一沿隄外湖灘如南畔之東西承天葛家所西畔之谷家埠新溝大隴口圩豐庵刑羊村灘母灘西岸之喻家埠北岸北横埂之外灘有土可取足敷挑築之處宜趁冬融水涸按段興修惟中心埂及亭頭鎮雙溝舖前後並青山果南沿山一帶標工若無外灘取土近年歲修强從對工編田取土致令附埂有編之田廢業闕糧誰其作俑無從必究何也蓋田既不可以遷移而變賣又無人承受加以愚夫是頑得罪亂挑妄挖歷屆習以爲常值修覗若無覩嗟彼業戶旣不能停此資生又未能代報除額遭此狠藉不堪兼之蠶食無已飲恨吞聲籲天無路不得已歲歲懇值修圩

夫諸人少挑些須遮糊眼面以致無土可挑卽挑亦不飽滿數足此一弊也 若據管見凡對工取土之處明立章程務使兩有裨益不得以一家課命兼資之田畝爲合圩歷屆修築之土方召沿隄業戶撥田多寡照時給價造册呈縣準予立案除額豁糧或比年一報或十年彙報庶幾土足敷用隄亦漸堅合圩公享其利一家不受其害則大利矣

□未能代報除額豁糧註

自章公祠至老陡門繫東北岸咸太兩圩內水標工

自老陡門至新陡門越過長亭埂至于助闕莊圻迤邐西南行至青山鎮繁西北岸北廣濟南子永寧義城等圩內水標工自伏龍橋至雙溝鎮繁西北岸籍泰新義兩圩內水標工自雙溝至亭頭鎮及清水潭繁西南岸中廣濟沛國諸圩內水標工自清水潭至黃池中心埂四千弓爲四岸內水標工均無外灘無土可取乾嘉之世不經見水災不大加修築每有創草見新遂畢乃事若如中心埂數十年廢墜不修是也按史宗連老册云對工池內取土 道光初年仍照老議車戽取土不能車洩勤船裝運以老猶有親見之者今則池港已成大溝 咸豐之際兵燹十年

旦暮人疲皆工圖便始以暫借爲名繼且相沿爲習
終乃對工亂挖遂使有漏業戶含冤莫訴受累無窮
官紳莫有過問者不顧民命獨不畏天譴乎竊恐其
永墮泥犂也不見夫東岸居民鑿魚池而礙官埂過
甽壩而索租錢乎何受制於彼而作虐於此也方今
國家隆盛提封萬里擁薄海內外之大財賦充盈豈與
此蚩蚩之氓爭毫忽之賦稅哉爲民父母者如有不
忍之心備陳民間疾苦據實
上聞其苟
僉允也必矣竊願行仁心者行仁政焉

恭讀　光緒十五年
皇上親政詔曰凡各州縣如有圩卸挑挖田畝該州縣行
詳咨　部議准豁糧毋任失業致累
又光緒十六年三月
詔曰凡圩沒田及挖廢地仍舊追完錢糧者該州縣官詳
明督撫報部一律開除
按陂埂對工之處有無業之外難有有編之賦產非
可一槪論也若田既已被挑猶令歲歲納稅非世累
乎有天良者必不忍爲
聖天子留心民瘼故屢屢詔諭如此至舊例云對工池內

取土對工云者言百步外難挑方也故必對工池內云
者不可在有編之田取土也故必車戽池內蓄專主
對工之說抹煞池內二字未免執滯不通不近人情
者矣
王道不外人情如果給價買田作爲土方彙豁編糧庶幾
兩得其平矣
□遮糊眼面註
中心埂之四千弓　雍乾間失修者垂五十載經西
南岸士民史宗連朱爾立等力圖恢復四岸始勸修
葺其埂坐落西南岸猶花津十里要工坐落東沆岸

均四岸攢築也乃內水諳處標工特有感義圩及五
小圩並章饑洪祐福定諸圩爲之屏蔽或剷草見新
或間段補綴甚至臨暖不到函託近地查閱即行了
事此皆遮糊眼面者所以外藩一潰莫可救藥也自
家門戶待鄰關鎖天下有是事乎且外埂水漲浸潤
漸潰爲日既久土性堅凝足資抵禦至若內埂八不
經水一遇外潰新隄驟乘如以羸兵應敵忽來萬馬
奔騰枯樹經霜加以朔風震撼其不摧折敗裂也幾
希矣至青山東南之一帶沿山內埂地幽境僻絕少
行蹤官紳勘驗隄工陸路由青山鎮起程過亭頭經

黄池烏溪大隴口花津到護駕墩卽行回程水路由護駕墩起椗赴花津大隴口烏黄兩鎮自三里埂九都圩周家埠餘剩塘張家拐沿洪栢僥韋等圩順流而下卽或舍舟登岸自黄池達中心埂至青山鎮卽從未有紆道巡察沿山埂及附官圩之十一小圩上段者風浪雖稱安堵其如追蠡之欲絶何哉

按親徒門南首有埂數百弓臨山河畏西風下逼章公祠前首筆架灣工段二面深溝難於取土無從修築感義圩有失此埂難保又感義圩西埂單薄險要處最多尤不可不加意勘驗官圩失事多在彼處良由人未習見不介意也

官圩修防彙述三編卷一修築終

官圩修防彙述三編瑣言卷二

保護目次

官圩修防彙述三編瑣言卷二

湖曛逸叟編輯

尙　樸在雍校

保護瑣言二

夏汛將臨如病之已發如寇之欲乘向非平時選方
配劑秣馬厲兵病亟矣寇深矣若之何故消導培補
在良醫以藥之守陴布壘在勁旅以制之其功則在
於平時其機則在於當境也述保護
一沿堰之溝池塘段撈泥取草雖經圩禁並奉　憲示
日久漸弛彼撈泥取草者竊謂我田既被圩挖我村

自應我取於是有分者取之寖久而無分者亦取之
取之無已堰腳挖凹堰身坍卸一遇盛漲難保無虞
此一弊也　若據管見凡周圍之附堰溝塘池段無
論公產私業以及有分無分一律永禁不准撈泥取
草請示勒石豎立各圩工畔咸使周知不拘軍民董
役如違禁示撈取毋論何時何處若被圩差小甲地
保暨諸色人等拿獲立將所用船隻器具據實送縣
究治仍議將該犯取具變價入公並給重資以賞拏
獲之人該拿獲之人亦不得挾嫌栽誣以及聽徇賄
放果如是議重賞重罰遲之又久堰腳自寬堰身自
固即附堰之內田亦不至妄挖亂挑致啟挑業戶受
累則大利矣

□撈泥取草註

官圩周圍隄堰無溝池處極少良由圍築之際就近
挑方水浸草生泥淤料厚農佃貪取糞田地面愈撈
愈大溝心愈撈愈深堰腳愈撈愈陡且所用鐵爬攫
取鋭利所用船隻裝運便捷乎取乎求不禁不塌溝
池有不寬且深隄堰有不坍且剝耶國語曰狐埋之
而狐搰之是以無成功於撈泥而益信矣若能永遠
禁止倣照鄰邑全保圩規條不特永禁撈泥即傍堰

之茭蒲茨芡一概不准採取遲之三五十年溝塘漸
漸淤塞百年外幾無溝塘矣
□公產私業註
沿隄溝池均繫隨田產業既有田產即有溝洫古之
制也故業戶據爲私業焉然間有公產也前代創濬
地段除清水潭載入鄒志湯家灣載入邑志孟公碑
月隄載入圩工條約外餘俱無考近來修造供口均
繫四岸公築其挑廢坐壓田畝照時給價俾該業戶
承領所衛深潭應繫公產如白潭破潭龍潭灣潭大
塘賈家潭中閘鋪潭新溝大潭老隄門潭凡屬衝潰
必有淵潭既經給價買定該潭應歸公執且深潭之
內藏魚必多若逐一查驗計數登册呈　縣立案按
年召販濕戶網取收其租利作爲夏汛設局工需亦
未必無小補也非網利也濟公用也近地土著亦不
得據爲囊中物矣
一 隄埂向多樹木埂畔亦多茭草一經猪牛踐踏是以
若彼濯濯也蓋牲畜踐踏樹木就萎柴草不生土鬆
雨淋漸漸下墜埂面日形卑矮矣茭草茭刈風浪必
大日衝夜撞處處成礦埂腳日見單薄矣此一弊也
若據舊見不准六畜在埂踐踏無論縱放暫放及失

防閑而逸出者不拘何項人包許其網送該畜鳴公
協地變價給予一半以充賞資該管圩長甲首人等
斷不得徇私釋放倘有畔存護庇許鄰圩鳴公禀究其
遇境之牛羊等畜豫着地保知會原主不得在埂游
牧至於茭草蘆葦柴薪一概不得採取則大利矣
□猪牛踐踏註
猪牛踐踏本干禁例是在平昔防閑勿使寬縱耳夫
芻圈小事何以必懲誠恐積漸成風爲階之厲查圩
內習俗平時漫不加察春冬修築夫役常川在埂管
見牲畜乘興拿獲彼非有心整頓圩務也特挾此以
索酒食焉比養牲者尋覓圩修甲長順人情顧體面
轉爲撮合僅以掛紅放炮彈壓一番其事遂寢工竣
以後遂無有過問者矣
□採取柴薪註
斧斤以時王者之政此在山林則然耳圩隄非所論
也沿隄栽插楊柳樹木原爲抵禦之資況柴薪長養
根可護隄枝葉遮浪且溝池塘畔間茭草愈滋愈蔓
雖有撈泥船隻驟難進攫是兩利之術也何故而妄
取哉
一 各圩分工畫段起止自有碑記然東西相望南北相

距或十數里或一二三十里及五六十里者不等夏水
遞漲所釘樁木所護蘆蓆費用雖數有不等徒
乘間竊取樁木不特本年難備來年之用卽今日難
保明日之風彼圩修數十里辛苦遠來指據遞護一
刻偶離乘間竊取祇圖利已不顧損人及細思之亦
未嘗不自害耳此一弊也　若據管見各圩遞漲樁
蓆各圩公備若干責令值修小甲及地保居停人等
承守一俟水落該值修率領小甲夫民逐一起出繳
公還原着令接辦承領以符來年需用若有損壞短
數事所難免令該值修設法補償至有竊取情事一
經查獲定卽送　縣按法重懲則大利矣

□夏水遞漲註

圩岸濱臨三湖伏秋汎漲風浪撞擊除石工外仍多
土工多方保護乃可無恙其餘王家潭邊湖谷家埠
新溝大隴口圩豐庵潘家埠荊羊村孟公碑龔母灘
一帶均需保護工需樁蓆費煩不貲諺云日進斗金
不抵東風一浪甚言風浪之可畏且費工需也圩修
保護至再至三艱難萬狀乃狼子野心垂涎罔堵乘
間伺隙竊負而逃言之能無痛心

□繳公還原註

樁木繳公還原誠善舉也舊修所深稱無幾新修之
獲盜只多縱使夏潮泛溢大有所恃不致臨時掣肘
且省費亦只多矣

按　光緒丙戌　華邑尊條示有於秋收後按畝另
籌善後保全費一次作買辦樁蓆之用云云亦未雨
綢繆之意也願圩衆共遵行之見條陳

一近今年歲每形歉薄世道事尚繁華每遇議公酒席
殽品豐盈靡費欵項殊不知肉食者鄙未能遠謀古
語昭然堪爲殷鑒第以豐腆爲尚不過飽一刻之饕
餮實以耗有限之脂膏蓋酒食多一虛糜卽隄工少
一實用又其甚者西岸赴東岸修築沿隄土著需索
酒食藉爲照拂之資慾壑不飽夏汛一漲明則報復
暗則竊樁鬭弱圩修心多畏懼不得已將東邀請先
爲夏求免凋之地此一弊也　若據管見凡籌議圩
隄公事勢固不能概限需用酒食葷素兩殽適可而
止至土著索食多方亦宜禁革若夫夫名庸舍按牌
酌給租錢百文圩修酌增亦不得肆行苛索圩差小
甲按工給與亦不准格外勒取庶幾不以有限之錢
作爲無益之用則大利矣

□需索酒食註

歷任　府縣兩憲暨各　大府委員皆請請示諭不
准土著需索酒食乃置若罔聞且有沿門拜帖陋習
推厥由來實闒弱者自召之耳習以爲常牢不可破
其將奈之何哉

□按工給價註

有事而食常理也見功行賞定論也　前明圩例小
甲鑼夫圩内各提點一二名士夫充當聽用作免夫
論並無工價至牌册卯簿圩修自行裝釘送　縣鈐
印工房不得與事並無圩差自役長隨幫夥等名志
乘昭彰猶堪查閱後因水患頻仍隄工孔亟遂有因
緣爲姦希圖工食者今且夜郎自大矣甚且有張膽
明目賣卯賣夫票飭簽提勒財勒食勿論事功徒掄
陋例以通圩四岸計之所給工食規費有不可思議
者矣問其所司不過持票走信而已執杖敲夫而已
嗚呼自忘卑賤並無事功竟敢朘削脂膏抑且分庭
抗禮年規月例若操券而得焉若輩行爲殊堪髮指
有心圩政者雖不能因噎廢食斷不容姑息養姦

官圩修防彙述三編卷二保護終

官圩修防彙述三編瑣言卷三

搶險目次

總匯查悉條内　　幸災樂禍

　　　　　　　　逼設總局

　　　　　　　　搭棚看守

歷屆搶救條内　　告潰時多保全時少

　　　　　　　　畏縮不前中途躲避

諸弊雜出條内　　乘間報復

　　　　　　　　不敢聲傳

　　　　　　　　採辦苗木

搶手船隻
陡門公私條內　前車覆轍
霸佔水道

官圩修防彙述三編瑣言卷三

湖暘遐夐編輯
尚佩嚴遇森校

搶險瑣言三

天時人事有常有變隄工一役常則無安無事變則
驟漲堤憂然常而不計其變變而無以濟其變是以
人事之常而聽命於天時不可知之變也東下挽既
倒之瀾庶西成得更生之慶乎述搶險

一　時交夏令伏汛將生董首散處圩中非總匯焉能查
悉卽有圩修肩其責而各管各段或道路相距或言

□幸災樂禍註

孟子曰安其危而利其災樂其所以亡者甚言不仁
者之不可與言也　同治己巳圩潰　徐春林明府
力請　上憲給發錢款爲向來所無者是役也經手
侵漁胥吏中飽潛行祕計若暮夜無知焉嗣後老饕
蒙嚼饞口垂涎誠有如　馬逢皋廉訪修隄詳文所
云以決隄爲壽常以領款作生計官民之災異反爲
若輩之禎祥者　史蓮叔觀察敘工程條約亦云其
不願圩破而有害鮮利者皆哀鴻中澤惟希無能輩
耳一一念之言切中圩弊官斯土者屬紳禁蠹之法當

訛傳譌設非梭巡不得確實逮至疏虞然後設局集
董通信傳夫業已晚矣況又有幸災樂禍者偃旗息
鼓而匿跡銷聲乎此一弊也若據管見夏汛將臨
通圩四岸設一總局岸總主之岸各設一小局圩董
主之各派划船二三隻選派壯夫數十名賞以口糧
督以甲首接班內外梭巡我巡彼岸彼巡我岸交勸
互驗不准夫各躲避再於緊要地段搭棚看守着令
地保小甲輪夜支更逐日迭籌循環無已一有疏虞
信息的確遞於置郵傳命頃刻集夫搶救各圩夫各
立時雲集變應則大利矣

防其微而杜其漸也　又傳聞某年官圩亟危某紳執田數頃陽理圩務陰實害隄隣佑促令傳鑼搶護其婦子遽阻之曰我家收花租幾何何如領欵之多且便也吁人道滅矣

□道圩設總局註

冬春鳩夫修築倣照舊例有緒可尋夏令變起倉卒官圩地面廣闊尾大莫掉若非設局難匯其全兢地勢遠近適中之處西南岸可於清水潭設一小局兼顧中心埂及福定圩外障或在烏溪東首保甯庵亦可東南岸可於新溝設一小局兼顧籍家陡門邊湖及大隴口刑羊村等處東北岸可於花津天后宮設一小局兼顧十里洵工並北横埂一帶或在史金閣章公祠亦可西北岸可於新陡門設一小局兼顧感義圩內水埂及外障並青山東南一帶之沿山埂芒種前後伏汛將生刻不容緩若惜區區小費卽存迫不及待者因小以失大也可無慮哉

□搭棚看守註

鄰邑金保圩與官圩僅界一河其隄務最密水路划船廵哨旱路搭棚看守逐日送籌徹夜支更一切米鹽設局支應得古人守望相助之法所以歷久不敝

也　又倪豹岑制軍守荊州時萬城大隄用擡棚法簡便易行可以奉為程式說見述餘器具

一歷屆搶救往往告潰時多保全時少何也無頭緒也以彼往來不齊傳聞不一卽偶得確實又恐無椿無蓆無筏纜黄蔴及夫名船隻椿手等項於是有畏縮不前者有中途躲避者束手待斃無可如何此一弊也　若據管見豫先設局並將急需應用等物備齊設立顔旗大書某岸某圩某甲倣照軍法以部勒之

一船之夫督以甲首各予顔旗一面某船某處便可

一覽而知某船踴躍赴功某船嘈⿰口累致事均可查究是其多兼得天時如此其晴明地勢如此其阨要始得收功搶險之事蓋綦難哉

□畏縮不前中途躲避註

圩無經畫費用無着誰敢肩此重任乎況良莠不分勸懲無法彼喜事者未有不僨事者也為領袖者其不畏縮退避也幾希矣又況夫名見事不濟咸以換夫討糧等事乘間躲避中途逃囘者蓋無從查點也

一近今連潰苦無椿蓆人咸畏縮不前其中亦非無故也人心不古年歲不豐措費維艱諸弊雜出或因苛索而乘間報復或畏蹂躪而不敢聲傳因譌傳譌一

誤再誤此一弊也　若據管見各岸豫籌▢費採辦
苗木三五百竿多多益善做成樁式上籤以鐵中絡
以印計數登簿一貼
天后宮一貼　章公祠及孟公碑大隴口烏溪黃池等處
就近取用用後深補倘有不肯蓄首或因年深月久
備而未用覬覦該樁變賣抵作別項合圩鳴公見一
罰十至若蕭片蔴筋鐵鑛繩縴零星小物隨時備用
則大利矣
□苛索乘間報復註
圩僉董首若世及然往往藉仗官吏虐待農佃先日
用薪水月役工食不無飛灑以及乾沒等事由未有
定章也近又不能撙節所估計不免生苛派妄索諸弊
爲所虐者當時無所控訴隱忍不言至是竣使頑愚
乘間報復圩固多此惡習也出爾反爾此曾子所爲
戒之戒之焉
□蹂躪不敢聲偉註
圩務果有條理即事變猝起何敢肆行蹂躪近無規
畫一遇崩塌早知力難措拄不敢聲偉比及他處僨
知糾集多夫爲合而求承哭從事方且誇大其詞立
需樁蕭若干蕢蔴纜縴若干偶有拂慾遂有折毀誘

處農具莊屋者且有擊碎屏門槅扇者肆行勒索無
所忌憚該處丁男閃避如入無人之境焉若遇董首
或牽繫樁頭或拋墜浪坎窮凶極惡有因此而喪其
生者先事不爲籌劃臨事必貴周張後事有不深爲
懊悔也乎
□採辦苗木註
搶救潰缺定需苗木大樁窮鄉僻壤不近城市呼吸
垂危之際往郡及蕪縱不嫌其價昂未免虞其路遠
一往一返必措手不及矣況竊崩卸之後傳信者一
時集夫者一時相機宜者一時籌採辦者又一時遺
缺尚可問乎故不如豫備之爲計得也所以近來遺
缺總無獲全之際
□樁手船隻註
搶險下樁非平時可比必得熟手方可奏功驚濤駭
浪之下如徒恃夫多人衆轉不足以濟事惟平昔熵
蘚方能應手如有爭先恐後超越尋常者宜破格犒
勞至大小船隻圩內不下數千搶險之事在在需船
如下樁運土裝夫巡更催夫搬料皆不可無船惟一
圩派定幾隻仍備幾隻頂換按工給價一以免其推
諉並可以免其偏勞

一周圍陡門向有舊章惟涵有公私難於劃一現今人事紛更庸夫妄議將可用之陡門終年堵塞不使宣通既朽之涵洞擅自私開猝難築塞如乙酉年新溝圩之土洞丁亥年太平圩之低涵前車覆轍此一弊也　若據管見逐岸查驗朽壞陡門責令具結究第籌欵興修倣照舊章以時啟閉至於公涵與陡門同例若夫私涵土洞押令永遠閉塞以絶涓流至若攔河張網射利取魚築土堉基阻塞水道諸弊尤干禁例衆共擊之使其永無礙事倘有負固不服鳴公稟憲究懲則大利矣

□前車覆轍註

圩設陡門倣周官稻人遂意酌斟而善用之啟閉因時旱潦可禦此公事也圩田少則公設石涵焉啟閉與陡門同若私涵若土洞則非所宜矣以數萬家之公產爲一二人之私見致淪胥以敗焉可乎乃涵洞放水彼既曲爲掩護衆復怠於巡查惟利是圖據爲壟斷旱則放水灌田澇則取魚肥己乙酉新溝漏洞放魚鄰近偵知屬令堵塞彼恃安流置之不理時適感義圩先潰　章公祠前隄矮漫溢咸赴該處救護新溝虛無人焉土洞猝然大崩是時腹背受敵搶救

不及此一失也丁亥太平圩老鸛嘴之低涵未啟閉者近百載董首戎某賄通姦胥徑行開啟夏汛驟發堵塞未堅魚潛其中坐收其利已至月餘後忽崩潰又一失也閱　道光戊申孟公碑瀆亦緣漏洞網魚猝致失事歷觀已事有明證也前車覆轍後車不可鑒乎

□霸佔水道註

外水陡門均有支港出入水道近有網利者伺於啟放時攔張瀘網重重架隔有礙瀠洄而內水陡門尤甚如亭頭陡門水由細港出入曲折兵燹後抛棄瓦礫填塞咽喉該地居民藉培基址水道幾塞雙溝陡門水道亦屬不利伏龍橋陡門水口高仰間亦隔塞清水潭陡門朽敗不堪用自南壩築成遂無有開啟時矣

官圩修防彙述三編卷三搶險終

官圩修防彙述三編瑣言卷四

夫役目次

糊工了事條內　函詐賄買

鍬夫攔夫夯夫施夫

隱差閃避條內　頂夫換夫

各衛室廬

老幼搪塞條內　老幼疲癃

報仇挾怨條內　米糧不敷

勒令猝辦

夏水籌費

官圩修防彙述三編瑣言卷四

湖墺逸叟編輯

于鏞侯朵蘂校

夫役　瑣言四

深溝高壘，無兵卒以戍之則失嶮；隄防無夫役以守之則危。夫人而知之矣。然兵貴速，夫貴齊；兵貴嚴，夫貴壯；兵貴銳，夫貴公；兵貴以律，夫貴有章。是不可以不急講也。述夫役。

一、圩內土夫不明憲典，不服圩規，糊工了事，種種惡習，責之既不能改，懲之又勿能勝，非盡屬夫名之咎

也盖按畝徵夫情理允協乃有土豪劣董自巳應出夫名不令赴工修築祇以空函囑託圩修代收空卯或有無恥之圩修受賄賣卯致令衆夫不平不肯上前出力甚且有攔夫鍬夫夯夫施夫等名一切取巧之法相沿成例此一弊也　若據管見各圩按甲分田計田派夫多寡適均勞逸並舉至鍬夯等夫即於挑夫中聽圩長相時抽點應用圩修親手點卯夫役親身應名如有不法不公情事無論何等董修何項弊竇准夫名查確據實指稟從重究罰倘夫董等扶同作弊經隣圩指破者加倍罰之果如是法自無滬夫閃差及賄賣取巧諸弊則大利矣

□函託賄賣註

有田當差分也計田徵夫理也乃貴者以勢陵富者以賄免弱者畏其逼貪者利其財有此敳端弊竇雜出衆夫能甘心乎取巧之人日益衆完隄之計日益隳矣　前明紳衿免夫之弊業經奏　憲革除具載邑志惟老册中載圩長小甲免夫亦是彰明較著並非私函賄託也近來刁狡日生百弊叢出無非希圖避役耳是在當事者熟察而細懲之

□鍬夫攔夫夯夫施夫註

監於成憲其永無愆書言之矣然而有難焉者蓋百年無有不弊之俗亦羣生不皆好義之人故一利興即一弊見也如鍬夫攔夫夯夫隄防之役必不可少而鍬夫專攖鍬攔夫專用攔夯夫專打夯當時未嘗不利也日久則弊生矣惟於挑土夫中擇能事者而善用之當鍬便鍬當攔便攔當夯便夯其數多寡相時點用不必執定呆法自無舍重就輕之弊也施夫云者未知託始何人緣會議時承辦酒席遂令免赴工役慫　憲施恩或作屍如尸位之意有名無實也又云死夫施字之轉音也此夫免赴工役如巳死然

查此陋習惟保城圩有之

一夫名更換不時臨差閃避者居多雖有頂夫換夫之說究竟延挨時日轉相傚效名雖有卯實則無功且時屆搶救多方呼喚彼此交推各衛室廬聚訟不休不聽圩長調用圩隄將何恃乎此一弊也　若據管見按畝派夫各予腰牌一面編定甲乙自冬徂夏一律到底不設副牌不更換不頂替不開閃避之門其畸零田畝少以幫多按照工程妥爲定議大約以貼米爲是行見踴躍赴工無處推託則大利矣

□頂夫換夫註

各府州縣隄工歲修有徵土核計者有斂費召募者有發帑津貼者官工民工不一而足官圩向例修隄照田派夫往往有頂夫換托之法殊不知此往彼來中間閃曠是以行路之閑工作修隄之正卯矣況零星散戶一牌數名彼頂此換是卯愈多而工愈少矣春工曠日持久猶恐雨多水漲修築不堅設遇搶救變故不測爲刻無多其能更番替代乎故及瓜而代者猶知奉公守法也期逝不至者是尤罪之魁者也籌善後之君子倘其整頓之更有畸零田畝費不貼工不赴尤爲可惡故有以整飭之田分戶散編倫巧之至罪不容誅

□各衛室廬註

官圩農佃僻處鄉隅未經閱歷罔識大體當隄防告警各衛身家不顧局面修董催夫雜亂無章誰人應卯秖圖搬家運物移置高阜地面救眉睫之急忘性命之憂推原其故一由路遠難知音耗一由茅屋易於飄淌人人如是推而至於圩圩皆然狂瀾既倒誰其挽乎

一按畝派夫編定牌籌大都以老幼搪塞其數雖具其力實微彼此相覷謂彼老而更有老於彼者謂此幼

而更有幼於此者尤而效之如代他人作事者然爲謀不忠猶且不可況自謀乎此一弊也　若據管見每圩各設卯簿編定甲號田畝夫名排定甲乙註明年紀强壯有力方准入册以二十歲至五十歲爲度其餘老幼疲癃立時剔斥則大利矣

□老幼疲癃註

老者筋力已衰少者血氣未定聖人所爲安懷也其能以努力乎以老幼赴工不啻傀儡登場矣況修築隄工乃效力之所非養病之區若竟以疲癃之人使充是役是先自棄也奈何諉之於天哉圩潰而諉諸天殊不可解

一夏漲搶救集夫既難呼喚多時零星而至此猶後也乃有猶豫未定足趑趄而不前抑或蜂擁而來情騷擾而不已大都藉以米糧不敷椿蓆未備勒令修董猝辦其中因仇報復挾怨生端或竟扭辱毆傷莫可救藥推原其故皆緣平昔辦理未善臨時無從查考此一弊也　若據管見春冬工畢着令値修邀同圩首甲長通圩籌費先辦樁蓆豫派夫船設立卯簿按定成數編定甲乙一經傳喚在於要路點名齊赴險處救護倘有持頑不聽徵調仍復蹈常襲故者指名

官圩修防彙述　米糧不敷　勒令猝辦　查復和助印

窠究庶幾指揮如意有進無退有成無敗則大利矣
□米糧不敷註
春工照田出夫自備米糧夏令如之圩之舊例也行
之已久矣夏令防禦爲日無多難以懸揣每囑以持
三日糧糞了此役如未竣事用替代以繼之殊不知
此最誤事試問此三日中一往一來夫名即能齊備
乎彼往此來隄防遂能完固乎歸覔口糧不過藉端
逃避耳設能豫爲籌足俾夫飽餐一乃心力行見易
危爲安轉禍爲福矣至於划船巡埂宜豫派定班次
多齎口糧使彼一意廵綽本日在何圩廵哨明日在
某岸會哨持籌報局刻卽驗明一面詳察各段情形
庶幾有所恃以無恐書曰惟事事乃其備有備無患
此之謂也
□勒令猝辦註
兵燹餘生田畝累重圩內土著未聞有千金之家者
值年修埂按甲輪差照田科費取之盡錙銖事端猝
發用之如泥沙誰敢力肩重任乎又況呼吸垂危誰
肯揮翟已囊後來不能歸趙遂致子虛故有應辦之
事斷無承辦之人會閧　同治丙寅花津要工風浪
大作需樁保護該處地痞勒令某紳猝辦於時大費

官圩修防彙述　夏水籌費　劉恒德助印

周張得三尹張子赤主持之不致僨事然亦乘危肆
虐納某紳於浪坎中矣可畏哉後仍賠墊多金得驚
悸病逾時而卒傷已
□夏水籌費註
大凡作事勤於謀始而忽於圖終春工已畢而忽於
夏令是有始而無終也且舍難而就易也安不忘危
之謂何惟邀同合圩籌議樁蓆並一切工需或貯款
或派費總不使臨時掣肘匪特愼終於始之意亦未
雨綢繆圩工之要着也
官圩修防彙述三編卷四夫役終

官圩修防彙述三編瑣言卷五
董首目次
圩董畏事條內
寒素者多
廉能　功名　口給
妄巧詭譎
貪緣當路
自逞才能
共事不和條內
花面逢迎
塗抹擴竊
姻戚

盧舍可安邱隴無恙

大局無主條內　萬頃膏腴

夯擾巡檢

大局不和

不肖姦徒條內　持強自揹

希圖斂費

設計脫空

事外造言

榜示通衢

公攤散貯

官圩修防彚述三編瑣言卷五

湖嘆逸叟編輯

臧文銘成鼎校

董首瑣言五

爲官難爲董亦不易爲官者爵以榮其身祿以養其體奉君之法行巳之權中材之人猶猷有爲有守馴致於爲好官爲清官不難巳爲董者反是述董首

一圩董畏事一因措費無出一因共事非人諺云薰蕕不同器冰炭不同爐凡今之人寒素者多諭令辦公無暇復理本業乃顧多憂況不肖者流以諭紙爲護

身符以緺岻爲食邑戶乘便營私利巳損人不特鴉片梟盧明耗公欵一經錢穀藉養身家射利之計叢生全公之處絕少此一弊也　若據管見遴選董事以田多而又廉能者爲首領田少者次之諺云有田須當差此語良可味也其餘恃功各恃口給恃姦巧詭譎及武斷鄉曲貪緣當路者逐細訪察一概革除不用至未經奉諭之人必非良善若自逞才能妄生覬倖因而攻訐陰私揑誣架訟飾詞聳聽顚倒是非一切強詞奪理之輩皆宜深察而痛懲之則大利矣

□寒素者多註

查同治庚午修隄除正用外尚存餘欵一無正用圩衆沸騰乃分潤寒素爲實興資議遂寢　光緒乙酉圩濱好事者覦爲利藪串通房役打探消息豫圖官諭張本當時有納粟捐董之謡甚至賄求聽委微員在諭紙隙縫中滲補者況該董寥寥薄產田本無多碌碌庸夫才又不大不過藉以哄嚇鄉里小兒因之獲利耳以若輩爲領袖能無階之厲乎

□廉能註

周禮六計廉爲本能次之廉而不能誤工也能而不廉累民也專論田多庸有裨乎惟給資斧以養其廉

假魁柄以覘其能糾察嚴而去取當斯得之矣

□功名註

朝廷名器原以彰有德勵有能者近因兩粵軍興纔以河工海防在在動帑共有捐納正雜均減其成文武歲科均增其額非濫予也冀得人也國家需才孔亟殷實俊秀亦得厠身冠裳中俾扶翼名教化導顓蒙遇有箝制鄉愚串通衙蠹一切蠅營狗苟無所不爲者賴彼以匡植之也彼恃之者何心哉噫異已

□口給註

傳曰子產有詞家國賴之詞之不可以已也若談天若說法已卑之無甚高論矣口給何爲者禦人以口給冇不屢憎於人哉奈何嘴似鐵鑄鼻以粉敷者之猶有其人也極而言之爲流屍爲草肚人名而畜號者安知不插腳於其際哉金盤貯狗矢其所爲致誚也夫

□姦巧詭譎註

姦巧詭譎君子所不爲也若夫宵小者流異已者力肆傾排附已者心相印照此猶盡人而可知也更有

一種巨蠹陽博寬厚之名陰懷姦很之計慣與若輩聯爲親戚託以心腹此而假以事權彼即任意羅織是猶啖虎狼以肉而欲止其吞噬也得乎爲董首諸君子有則改之無則加勉焉可

□貪緣當路註

貪緣者乞憐昏夜驕人白日之態也正直者豈肯爲哉　光緒乙酉之役官圩多難之秋也當事者以耳食倡議者以計逃暗與狡差猾吏健僕刁奴結約要盟一切文書欵項上下其手　太守廉得其情面斥之猶怙惡不悛圩訓導姚心畬作官圩愁五古有句云胥吏即官長百喏無一譌太守今龍圖窮治非臆度又云謠唱聽忠姦笑駡適搒掠竟有顏之厚居然屐之錯等語言之誠確詩見逃餘藝文

□自逞才能註

時際晚近姦佞用事以故狡焉思逞者實繁有徒語曰慕羶者嗜味戀錦者圖榮無非利心中之也自逞如是其不至證父攘羊彩兄奪食不止觀於同治庚午修隄以姪訟叔以弟戕師不一而足孟子曰不奪不饜誠哉是言

一圩務日壞雖日值修者不力實緣共事者不和孟子

官圩修防彙述　花面逢迎　塗抹擴竄

曰天時不如地利地利不如人和近今强者剛愎自用弱者樸陋自安固已更有狡黠者流或倚强欺弱變亂是非或花面逢迎獻諛貢媚不特錢穀希圖染指卽簿書議約塗抹擴竄直欲貽害於一人彼一人者鶴立雞羣欲鳴官則胥吏把持欲遏衆而彼此唯諾孤立無援撫膺長歎能無褱足不前乎此一弊也若據管見爲董首者當知情同桑梓誼切葭莩慄利盡交疏之戒法守望相助之風如果和衷共濟自能和氣致祥不得聯姻戚而不辨和同不得挾嫌疑而遂傷和好人言勿恤大局攸關將見子孫之廬舍可安祖宗之邱隴無恙則大利矣

按人和爲多助之本君子與君子和小人與小人亦和君子不樂與小人共事故不和小人偏欲藉君子以成功更不和

□花面逢迎註

花花世界面面玲瓏此傀儡場中事也人奈何操此術作逢迎事哉圩有其人我防其脇肩諂笑也倘遇其人我决其人面獸心矣可不愼哉

□塗抹擴竄註

竄比老彭竄聞游夏孔孟之心也其竄尙已竄鉤者

官圩修防彙述　因戚　廬舍可安邱隴無恙

誅竊國者侯賞罰之謬也其竊顯已降至竊位者蔽賢臧孫見譏於泗水竊名者謂盗介子矢怨於緜山其竊之事已不雅馴矣奈之何而有擴竄議捺者殊不思背盟不祥棄信不義古人嘗三致意焉乃一朝失足千古貽羞圩人何屑見壘出也臨財苟得臨難苟免夫巳氏其眞齷齪哉

□姻戚註

古人內舉不避親外舉不避讎今人阿巳則爲親拂巳則爲仇公私之界顯判矣更有可嗤者攀籐附葛出肝膽相示謂生死可以不渝焉一旦臨小害反眼若不相識更擠之落井而又下石焉者此猶在人情意料中也所不可測者因利生嫌因嫌結訟似有不共天不反兵不同國之勢不旋踵間因利辦公因公投契反爲之結姻黨聯世誼前後若兩截人者吁人情至此天理淪亡眞禽獸之不若也

□廬舍可安邱隴無恙註

官圩之築創始於宋大備於明戸口日增人烟日密始由他郡遷徙而來亦越數傳村落以著祖宗之塋兆祔焉子孫之廬舍安焉如星羅棋布然者且平疇曠野無爽塏之可更一遇圩潰蓬戸飄搖桐棺流蕩

時出沒於洪波巨浸中有目不忍覩耳不忍聞者能
無惻然

一官圩大局不特不和亦且無主忘身家之重開泄沓
之風以數十萬之生命億萬畝之膏腴百餘里之隄
障坐而待亡付之洪濤而不顧皆由各岸各意一圩
一心秦越相視彼此相推各挾所私茫無一是此一
弊也　若據管見岸設一總總一岸之成圩設一董
董一圩之役甲長理一甲之費催首管一甲之夫各
司其責各問此心上下相聯彼此相顧並懇
大府爲民請命詳奏

國家分撥巡檢駐紮官圩專司隄務按時沿隄巡綽數
四並指示一切機宜俾各岸總董有所稟承徧傳圩
甲若身之使臂臂之使指焉則大利矣

□萬頃膏腴註

官圩魚米之鄉膏腴之產也向分四岸二十九圩西
北岸本圩計田四萬八千零西南岸七圩計田六萬
五千零東南岸七圩計田六萬九千零東北岸九圩
計田六萬五千零四岸總共田二十四萬八千有零
此前明分工老册數也近因倒塌衝潰圈挽挑壓並
歷屆歲修挖廢不下數千餘畝未能適符上數

□分撥巡檢註

當邑官圩賦幾居邑之半　道光間水災屢告閭閻
田糧悉蒙
大府軫念民瘼奏請
蠲免至今沿以爲例邊徼小邑出不滿數萬戶不足數千
國家愼重版圖特設縣尉丞倅各職司以重守令而勤
牧養官圩版圖如許額徵如許設官統率一切應辦
圩務呼應較靈查楚省萬城大隄責成於刺史縣令
分勸於制府中丞凡以爲鄭重圩隄耳但設一官必
任一職此請專主圩務起見思出其位識者慮之如
有效忠盡職者躬莅官圩春冬督築秋夏宣防三載
安瀾記功一次至於戶昏田產諸案絕不越俎而代
庖焉相彼小民誰不額手稱慶乎倘若鬬蛇起釁猛
虎貽苛以吾圩爲湯沐地以吾民作魚肉覩誠不如
不設是職之爲省事也

□大局不和註

天地和而品物亨上下和而庶民阜用禮以和爲貴
作樂以和爲先推而至於夫婦和人道正兄弟和家
道興君臣僚友之間穆穆棣棣將見和親有象和恒
四方矣和之時義大矣哉官圩大局不和良亦有故

蓋自分工劃段以來設局辦公則散處四岸進城會議則先後不齊况稟見府縣情形亦復不同議論又自各別不和根源隱伏於此殊不知

京師爲首善之區郡城乃四鄉之望若於城內覓一館垣略備薪水俾四岸總首咸集其中公議一切隄務四岸情形縱難劃一而裒多益寡分岸分圩不分畛域則大局有光圩政舉舉矣救時政者宜於此處禁之

一圩工按畝科費自　前明已有成例奈不肖姦徒希圖斂費藉肥身家或持強自措專索愚懦或設計脫空化爲無有或事外造言妄稱浮派或局中濫用藹費脂膏無事時旋收旋支臨險俟無着無措此一弊也　若據管見春工報竣按畝積費封貯殷實妥貼圩首之家臨時驗用俟秋汛畢再行結算榜示通衢共聞共見不得因胥利之貪饕經手之侵蝕含糊不語如果不敷秋收積穀以補其缺田少之家寒素之衿均不得藉口公攤私貯致令易放難收臨時掣肘則大利矣

□持強自措註

圩繫民隄一切修防搶救之用無役不照田公派使費董首奉諭督辦圩務終歲勤劬既無優奬又無薪

資誰無本業誰無室家顧忍令其舍已芸人因公受累乎官有祿吏有規役有工食惟茲董首介乎其間官責其成吏索其賄誰肯以羞澁之阮囊供雜沓之慾壑乎暗裏開銷勢所不免稍露破綻局外者羣伺其隙以攻之此持强者藉詞措費所由來也當斯時也縱之則效尤者衆懲之則造意者多負固不服競爲喧呶謠諑之聲安所得良法以馭之也諺云捉賊子稱乖子圩習使然也或曰做　前明免夫之例明給工食以專責成卯簿自行裝訂送　縣鈐印差房請官給與紙張飯食不使擅權其亦庶有豸乎

□希圖斂費註

歷屆起費大率浮報前日某事已墊用若干現在某事又需用若干將來某事更約用若干或倍蓰或什伯皆任意爲之一圩之中有議首有甲長等數十人朝夕聚斂甚至斂十而繳一焉此所以有喫七用三之妄說也故斂費者多而出費者少

□設計脫空註

心與口一其人必端卽遇有糊塗等事彼亦不屑染此骫髒物何至東扯西曳設詭計以脫空乎嗚呼廉恥道喪也久矣凡今之人口夷齊而行盜跖吾於圩

費益信

□事外造言註

敏事慎言聖人稱之爲君子人果祇行立名事不經手落得安閔幸也豈有胥動浮言恐沈於衆乎揑造謠言徧張揭帖毀人廉恥敗人聲名斷不爲也顚蒙罔識藉口生端誤聽刁唆肆行揹吝且有剛愎不仁擅用公欵毫無忌憚者彼肩任者恐其敗乃公事不得不籠絡衙門先存異日買禍地步設有不白賴彼先容蒙蔽憲聽圩務尚可問乎

□榜示通衢註

事外造言　榜示通衢　公攤私貯　王成緒助印

此實用實銷共見共聞之舉也共不能奉行者有二弊焉薦費過度轇轕多端或暗地挪移或私囊飽蝕一切供人指摘者亦且隱諱之不暇其何以能大書特書爲之榜示乎此其一也又有門丁蒐扣書吏侵擾以及長隨白役百端吹求一切犯遣禁例者亦均不能榜示又其一也必欲清釐積弊先除衙蠹再飭紳鯨涓滴歸公毫無飛灑共有揹吝不出者是亦妄人也已矣

□公攤私貯註

倡此說者其心必不甘彼意謂先圖現錢到手異日

官圩修防彙述　公攤私貯　汪慰親助印

卽歸公應用已有取巧之處抑或遲之又久可消歸於無何有之鄉復恐積貯之家亦有脫空事故難於抵用其名雖公攤散貯其實則暗地瓜分遇有要工妄將前事支吾虛報盡凈再爲設法或旁處挪移或勒人暫墊以爲後日科費張本傳曰貨悖而入者亦悖而出天道好還鑒觀叵不爽也

官圩修防彙述三編卷五董首終

官圩修防彙述三編瑣言卷六

胥吏目次

丈驗履勘條內　年規節例　沿隄細勘

水仗旱路條內　高不踰丈細僅如縷　至危至險

懇官借欵條內　借欵　實用實銷

隔塞公事條內　蠹吏舞文　狂奴挾勢

總束一條

自喪廉恥

因公受累

官圩修防彙述三編瑣言卷六

湖曠逸叟編輯

俞麗生德儉校

胥吏 瑣言六

官需吏以成事故有官即有吏也吏假官以逞威故民不畏官而畏吏也諺云清官難逃猾吏手又曰官去衙門在可懼哉可懼哉述胥吏

一歷屆收驗圩工官紳親臨履勘沿隄環繞遇有單薄埂段責令具結復工宜也詎知官紳過境以後文案空存修復無日書差吏役專講年規節例程儀贐封

等事其夫馬等費雖經示諭自行給發不准需索分文乃陰奉陽違多方苛派視財賄之多寡爲隄工之優劣肆行抑勒甚且有錢到公事了之語該工之修復與否概置不論此一弊也　若據管見驗收圩工先由該圩董首邀同四岸總董沿隄細勘據實稟明請官復驗遇有草率單薄之處立登號簿頂停該修具限復工屆期復驗期與前後工埂一律堅固然後已倘仍玩延及用賄免脫查出枷示河干罰一警百則大利矣

□年規節例註

春冬工役有牌示有卯簿有諭紙其事已成規例矣若遇要件票飭籤提亦時所或有焉更有驗收之際府縣事煩無服親詣旋委在城聽遣人員赴工查閱乃竟視爲利藪雖經勘驗終覺顢頇並不察隄之險夷工之勤惰往往藉事生風沿途乞賄遂所欲者衷揚萬狀拂其意者鞭笞立行問其該埂何處凶險何地草率某當修補某應幫培彼昏不知朦覆長官茫無確遽即使行心民瘼胥吏百計蔽其聰明導其貪黷然後施其伎倆按籍需索殼非潤澤即該工高厚寬闊且將吹毛求疵矣衞民適以厲民也可無慮乎

□沿隄細勘註
光緒戊子四月大工告成
黃冰臣太守恭
撫憲陳六舟中丞檄查勘驗收輕騎減從自備夫馬火
食躬率紳士沿隄相視逐一指示方略且云北岸新
工圖牆雖閉牕櫺洞開恐貽後患尋繹語意洵爲吾
圩謀遠慮也其於陋規習弊一切掃除盡凈僕從不
敢出聲斯眞一塵不染者又　嚴心田明府奉檄幫
辦圩工減膳勞夫工竣回省士民備蔬菓以餞之
明府一介不取圩衆咸揮淚而不忍別焉又
史蓮叔大尊逐圩評定工程等第甲乙犒以酒肉絲
毫不費民財是三公者皆能造福吾圩並設栗主祀
於花津
天妃宮之右偏
一府縣委員驗收隄工水仗由護駕墩泊岸沿隄繞至
黃池卽由福定圩之三里埂順流而下以抵郡城旱
路由青山鎮至圩繞圩至護駕墩選舟回郡輒謂圩
隄一周可以報命矣殊不知　章公祠前數標埂段
至危至險長亭外埂西風下逼亦屬要工薛家樓印
心庵等隄十數里高不滿丈細僅如絲該管諸圩恃

非孔道人蹟罕到之區風浪不生之地無人指摘又
不經官勘驗歷屆不修此一弊也　若據管見官吏
紳董臨工勘驗雖此等無事工段萬不能漫不經心
縱無風浪之險惡實慮蛟水之激衝逐細查察責令
年年培築段段堅牢且可免勞逸不均則大利矣
□高不踰丈細僅如絲註
自千觔牐至項家橋西北岸北廣濟永寧南子諸圩
標工也外附五小圩中界一港僻處山麓盤回曲折
十餘里寬僅弓許窄處半之如襟帶然雖無長風巨
浪夏秋霪雨蛟虬時作往往山洪下注間亦壞隄
光緒四年七月保興圩幾乎失守波及官圩得　嚴
心田明府力護之而圩岸護全費用頗不貲矣至戊
子修隄　史蓮叔觀察會紆道勘驗一次惜未經指
示措置一番該管諸圩沿舊草率致該埂日就低塌
不絕者僅一綫耳以之禦水則吾未之敢信且人皆
於耳目之地辛苦備嘗彼獨安享一隅偷閑無事揆
之於理殊屬不妥
□至危至險註
章公祠前工段約五里許繫東北岸咸太兩圩標工
外附感義圩原設縷隄俾馬練港陡門之水由觀音

開出入今私閼已廢而陡門亦閉塞不用矣設感義圩行失此埂不能障水禍不旋踵能無慮哉 道光年間屢潰均在此埂是其明證

一圩無存欵遇搶險修潰時一應工需無敢承辦計無復之懇官借欵假手丁胥領則尅扣減成償則加倍稱息圩民固受累匪淺經董亦措辦維艱此一弊也 若據管見凡隄工告警之時不及斂費遇有請官借欵等事稟明官長酌給丁胥紙張飯食不准從中尅減以及格外需索俾實用實銷不苛不濫則大利矣

□借欵註

請借官欵必經胥吏之手誠以文牒待伊書寫出入需伊傳遞多一人經手即多一番尅剝借到之時祇得十之九繳還之候率以二償一爲民父母豈忍尅剝吾民者況

聖恩寬厚若撫恤若津貼若賑濟從無徵還之例茲緣借欵倍稱取息謂董首能解囊賠補乎不苛派以累民焉其何事之能濟也

國家經制出入有火耗有平餘若輩貪婪經手一次遞減一成稍不遂慾公事扞格不行矣吁可慮哉

□實用實銷註

光緒戊子修隄

陳大中丞撥欵三萬餘金檄

太守史 縣主金實發實用旬日一報絲毫不假丁胥之手工竣之後榜示鄉城有目共見其委員薪水胥吏紙張飯食概由官給逐項詳登無有不衢歌巷祝者

一官紳書吏呼吸原貴相通蓋

國家設官原以勸求民隱上下隔塞公事不便施行即行亦未免延宕近今衙門動索賄賂其簽束茶號諸役必先講定規例公事方可施行如稍一窒礙下情不能上達貽誤良多蓋侯門似海慾壑難塡遇有緊要事件若輩故作躊躇不爲通報董首猝難入告此時姦吏舞文狂奴挾勢官長末之知也爲董首者家無阿堵俸無支度因公受累師出無名一應陋規不能載之簿書榜示圩衆況又有乘間抵隙者隨而媒孽其短跋前疐後欲進不能欲退不得其誰秉公矢正出而辦事乎無怪乎貪鄙姦詐之徒始而玩事繼而好事終而誤事且又居間滋事此一弊也 若據管見書差吏役酌與飯食紙張亦須共見共聞不准格外苛索其門應簽押官爲給與爲董首者亦不可

自喪廉恥自敗名節動謂衙蠹需索多門俾人受污
名已收實利也況出入公門結交聯黨干求私室固
寵希榮皆自愛者所不屑爲也夫惟先自愛而後能
愛民亦惟擴大公始可以全公務官紳吏民果如是
焉則大利矣
□姦吏舞文註
光緒乙酉建造新溝潰缺相度地勢應由　朱公祠
故址過峽依大埂塡溝順至王祠右首合龍詢謀僉
同艮以官圩數十萬生靈倚隄爲命永宜並腳堅牢
善建不拔即稍有溢用亦無不可乃當事者誤聽青
蠅以省工節用爲詞彼處賄通姦吏揑就諭紙勒令
沿潭建築險處小圈於時衆議大譁雖行路者亦非
之嗣經紳民請勘謠諑鼎沸退駐大隴口埂腳凡五
易乃定由大旱圍築仍勒諸紳遵結退繞王村畈原
估工程增三之一焉且挑沙堔埂雖免後來生患一
家哭何如一路哭儼然爲民上者何竟未聞斯語耶
□狂奴挾勢註
勢者利之見端也勢行則利無不得故求利者必先
挾勢也夫跟役長隨官所必有果能秋毫明察何至
魁柄下移其有狂徒健僕倚勢作威而舉趾高意氣

揚者積漸使然也新溝之役彼處傾家賄吏越築村
基若輩百端狡黠誅求無厭經　聯仙蘅太守訪察
其人而面斥之其氣稍懾及　太守調陞又漸漸鴟
張矣
儲方慶曰今天下之患獨在胥吏吏之驕横與官長
同搢紳士大夫俯首屈志以順從其所欲小民之受
其漁奪者無所控訴而轉死於溝壑蓄怨讟之入人
深矣凡入出身爲胥吏者類皆鄉里桀黠者流不肯
自安於耕鑿然後受役於官而爲吏吏之所爲横行
無忌殫百姓之脂膏以自肥其家而其所謂禍敗者
甥而華嘗而復入輩於此復移於彼至萬不得已而
又使其子弟爲之爲之官長者特取捷給可供事左
右而已固不暇考其所由來也胥吏之心尚何所畏
而不爲小民惜身家顧妻子惟恐觸其放縱之怒是
以拱手聽命之不暇也
張惟赤曰從來剝啄小民惡莫甚於衙蠹然立法雖
嚴而蒙蔽之局愈不可破究之殘民肥已盈千累百
而未嘗發覺即使發覺又有巧術多端打點彌縫終
成漏網故肆意虐民曾無顧忌衙門串成一片互相
救援雖有三年更替之令而移姓改名出此入彼引

接下手非其親族即其子孫盤踞日深綫索日熟內則伺本官之性情窺打點之捷徑外則聯唆訟之積棍交不肖之紳衿因而瞞官嚼民無所不至盛服逍遥游行市上愚民見之又孰敢犯其兇鋒者

□自喪廉恥註

張氏望曰鄉里不選擇而使使之又不以禮則夫自愛者固不肯爲爲者類鄉里無賴之人耳借以生事容姦賈禍於民而陰享其利且彼亦窺上之以無恥待也衆之所謂下流而居之不疑雖欲潔清不污不可得也

□因公受累註

東北岸姚上舍善長家頗富有督理圩工賠墊之多動以千計坐是中落 縣主□公以善長一方領賠之若東南岸之楊明經訓昭西北岸之隋主簿之鍾經理圩政均能慷慨濟急西南岸州司馬朱位中督造潰缺凡十一次經營隄務四十餘年資斧喪盡死而後已良足悲也之三人者生則未蒙奬敘没焉未有報稱九原有知幽魂應難自慰也記曰以死勤事則祀之能禦大災捍大患則祀之莅茲土者發微闡幽彰往察來或贈以聯額或予以明禋俾後人有所

矜式百世下猶能歆動也有不聞風而興起乎

右說六卷總計二十四條略分大概先詳言修築保護搶救之利弊再申言夫役董首胥吏之利弊祇就目前覆轍者言之詞不厭鄙語不憚煩即有觸犯忌諱揭破隱情者亦在所勿恤苦心孤詣實欲除一弊即以興一利耳當事公卿若能採及芻蕘開廠彰癉如牧羊者去其敗羣治癰者剔其腐肉防其弊中生弊推求利外之利行見舊染污俗咸與維新磐石金湯萬世永賴矣伏願有心圩政者聊以一得之愚再效三隅之反不以言之瑣屑而忽之僕幸甚圩衆亦幸甚爬餘生謹識於草舍緼樞之水榭

官圩修防彙述三編卷六胥吏終

光緒弍十五年
歲次己亥孟冬
朱詒穀堂聚珍
印於書味根軒

宜圩修防彙述

涇暌逸叟輯

修防彙述

四編庶議七卷

朱詒穀堂聚珍

張懋功書籤

宜圩修防彙述四編庶議

庶議引

堯典曰庶績咸熙周官曰議事以制古帝王萬幾待理百姓從風未嘗不親庶務也未嘗不詢衆議也顧說者謂公事不私議處士多橫議議亦何可遽信乎然而衆庶如熾富庶何加飽食煖衣且不可得奚暇治禮義哉故無論周禮有八議之條唐書有四議之例即巷議曲議與夫末議諷議未必無取焉爰採聖賢成議古今名議爲吾圩以陳讜議凡訓俗型方勸農勵教諸庶事在在議之如曲議鄙瑣如巷議沸騰

宜圩修防彙述 庶議引 一 朱詒穀堂聚珍

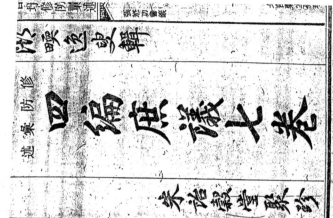

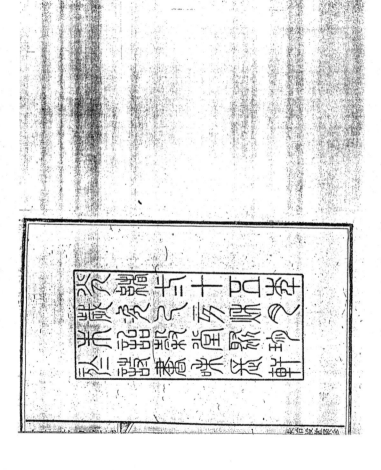

事雖私議則引公家以證之蹟似横議則援直道以明之不敢嫌末議也不必存諷議也東萊博議謂胸中所存所操所識所習毫忽髮謬隨筆呈露舉無留藏焉此議是也偏致於諸公長者之側或同心爲之會議或異意爲之駁議勿過而莫孚輔也勿跌而莫孚挽也勿因意念之差聞見之誤而莫孚正也由是庶績咸熙議事以制以斷合乎帝王之治不可思議則庶幾矣論語云庶人不議言禮樂征伐之大非庶民所得議也不在此例湖暝逸叟箸

張學初助印

官圩修防彙述四編庶議卷一

醫俗上編目次

教導類

王政

祖制

師訓

家道

身範

生理類

士

朱詒穀堂聚珍

農

工

商賈

婦女

童穉

耆老

胡玉齋助印

官圩修防彙述四編庶議卷一

湖暝逸叟編輯

胡壽椿茂蕿校

醫俗上 庶議一

書曰若藥勿瞑眩厥疾勿瘳孟子輿氏引以治滕謂可爲善國也官圩一待治之區也果其遵教導謀生理崇正術黜邪誣爲之痛下鍼砭而對證用藥焉凡有血氣者得壽終得遂長得飽食而煖衣亦誰不畢棄答耶然藥雖出於醫手方多傳於古人吾儕處爲遠志出爲小草當思所以藥之毋謂勿藥有喜也豈必

朱詒穀堂聚珍

家遇越人代生岐伯乎逃醫俗

竊謂教導之法多方誠不可不畢細詳密也方今
聖天子德備生成仁兼胞與建中和而立極君臣佐使各
就部位經
聖祖仁皇帝製爲
聖諭約束軍民救弊扶衰使之返本還原具見伐毛洗髓
革面政心矣復有
欽定臥碑文栽培士類俾令棫樸成材已非小補之術焉
況又有師道以輔翼之宗法以維調之鄉約以薰陶
之可以修身可以齊家慎無競刀錐之末失涵養之
功也謹議庶事如左　王政　祖制　師訓　家道
身範

王政

王者本乎天察乎地順乎人因性情而利導之非逆
心志而矯揉之故無論剛柔燥濕必使之化其疵焉
吾圩僻處湖蕩昏墊堪虞雖耳目未擴心竅未開亦
未聞有惡阻梗化者況仁心仁術鉅細必周爲持爲
扶顛危必慎爰恭錄
聖諭冠首繼以賢宰執示諭參以呂氏鄉約俾優而柔之
以俟其至浸淫漸漬衽席同登矣何慮養癰致潰乎

聖諭十六條

敦孝弟以重人倫　篤宗族以昭雍睦
和鄉黨以息爭訟　重農桑以足衣食
尚節儉以惜財用　隆學校以端士習
黜異端以崇正學　講法律以儆愚頑
明禮讓以厚風俗　務本業以定民志
訓子弟以禁非爲　息誣告以全善良
誡逃匿以免株連　完錢糧以省催科
聯保甲以弭盜賊　解仇忿以重身命

恭讀
聖諭仰見
王言綸綍其中修身治心之道袪邪保正之方表裏融然
洞中肯綮復經
世宗憲皇帝逐條推闡製爲萬言諭小之日用飲食之微
大之身心性命之脈與夫忠孝廉節之根和親康樂
之象無不可體驗出來
功令定於朔望命師儒在鄉村莊落講解召鄉三老率
其子弟一一祇聆遵是術也感召
天和彼蒼默佑疾疢去元氣回矣由此灑沈澹災圩隄安
得致潰乎

欽定臥碑文
朝廷設立學校選取生員免其丁糧厚以廩膳設學院學
道學官以教之各衙門官以禮相待全要養成全材以供
朝廷之用諸生皆當上報
國恩下立人品所有條教開列於後
一生員之家父母賢知者子當受教父母愚魯或有非爲
者子旣讀書明理當再三懇告使父母不陷於危亡
一生員立志當學爲忠臣清官書史所載淸忠事蹟務須
互相講究凡利國愛民之事更宜留心
一生員居心忠厚正直讀書方有實用出仕必作良吏若

心術邪刻讀書必無成就爲官必取禍患行害人之事
者往往自殺其身當宜思省
一生員不可干求官長結交勢要希圖進身若果心善德
全上天知之必加以福
一生員當愛身忍性凡有司官衙門不可輕入卽有切己
之事只許家人代告不許干與他人詞訟他人亦不許
牽連生員作證
一爲學當尊敬先生若講究皆須誠心聽受如有未明從
容再問毋妄行辨難爲師者亦當盡心教訓勿致怠惰
一軍民一切利病不許生員上書陳言如有一言建白以

違制論黜革治罪
一生員不許糾黨多人立盟結社把持官府武斷鄉曲所
作文字不許妄行刊刻違者聽提調官治罪
御製訓飭士子文
國家建立學校原以興行教化作育人材典至渥也朕臨
御以來隆重師儒加意庠序近復愼簡學使釐剔弊端務
期風教休明賢才蔚起庶幾棫樸作人之意乃比年士習
未端儒效罕著雖因內外臣工奉行未能盡善亦由爾諸
生積錮已久猝難改易之故也茲特親製訓言再加警飭
爾諸生敬聽之從來學者先立品行次及文學學術事功

原委有敘爾諸生幼聞庭訓長立宮牆朝夕誦讀寧無究
心必也躬修實踐砥礪廉隅敦孝順以事親秉忠貞以立
志窮經考業勿雜荒誕之談取友親師悉化驕盈之氣文
章歸於醇雅毋事浮華軌度式於准繩最防蕩軼子衿佻
達自昔所譏苟行止有虧雖讀書何益若夫宅心弗正行
己多愆或蜚語流言挾制官長或隱糧包訟出入公門或
噉發姦猾欺陵孤弱或招朋呼類結社要盟乃如之人名
教不容鄉黨勿齒縱幸逃褫扑濫竊章縫返之於衷能毋
愧乎况夫鄉會科名乃掄才大典關繫尤鉅士子果有眞
才實學何患困不逢年顧乃標榜虛名暗通聲氣貪緣詭

遇罔顧身家又或攺竄鄉貫希圖進取囂陵騰沸網利營
私種種弊端深堪痛恨且夫士子出身之始尤貴以正若
茲厥初拜獻便已作姦犯科則異時敗檢踰閑何所不至
又安望其秉公持正爲　國家宣猷樹績膺後先疏附之
選哉朕用嘉惠爾等故不禁反覆惓惓殞茲訓言爾等務
共體朕心恪遵明訓一切痛加改省爭自濯磨積行勤學
以圖上進　國家三年登造束帛弓旌不特爾身有榮即
爾祖父亦增光寵矣逢時得志甯俟他求哉若乃視爲具
文玩愒勿儆毀方躍冶暴棄自甘則是爾等冥頑無知終
不率教也既負栽培復干咎戾王章具在朕亦不能爲爾

等寬矣自茲以往內而國學外而直省鄉校凡學臣師長
皆有司鐸之責者並宜傳集諸生多方董勸以副朕懷否
則職業勿修咎亦難逭勿謂朕言之不預也爾多士尙敬
聽之

明高帝聖諭六條

孝順父母　教訓子孫　尊敬長上
和睦鄉里　各安生理　毋作非爲

陸清獻曰煌煌
天語凡衆庶所當念茲在茲永矢勿諼者也
按公諱隴其號稼書浙江平湖人　康熙庚戌進士

官至御史贈內閣學士從祀
孔廟有三魚堂文集共治嘉定時以此六事訓誨鄉民
嘗邑志曰舊制每月朔望府縣正官傳集軍民宣揚
六諭即謂此也
按吾官圩倚隄爲命如
聖諭中重農足食
臥碑文利國愛民皆衞生濟世良方士庶允宜佩服咀嚼
不忘者也即
明諭所云各安生理一節吾圩修防服田力穡非生理
之上者耶衆共體之醞釀太和庶無恙矣

湯文正曰余於朔望率爾百姓叩拜
龍亭講解鄉約亦欲使爾百姓知君臣大義
朝廷恩德自今以後願爾百姓孝親敬長教子訓孫忠
信勤儉公平謙讓事要忍耐勿得妄興詞訟心要慈
和勿得輕起鬬爭勿賭博勿淫佚勿聽邪誕師巫之
說勿輿淫祠早完　國課共享天和其惓惓於爾百
姓者惟望爾士歸書舍農歸田疇商賈歸市肆使吾
心稍安無復紛紛擾亂可也
按文正諱斌號潛庵河南睢州人　康熙己未博學
鴻詞攺侍講官至禮部尙書從祀

 王政

孔廟有湯子遺書其生平尤以毀吳中淫祠著績與狄梁
公埒
王文成曰風俗不美亂所由興窮苦已甚而又競爲
侈淫豈不重自困乏夫民習染已久亦難一旦盡變
吾姑就其易改者漸次誨爾吾民居喪不得用鼓樂
爲佛事竭貲分帛費財於無用之地而儉於其親投
之水火亦獨何心病者宜求醫藥不得聽信邪説專
工巫禱嫁娶之家豐儉稱貲不得計論聘財粧奩不
得大會賓客酒食連朝親戚隨時相問惟貴誠心實
禮不得徒尚虛浮爲送節等名目而奢靡相尚街市

胡玉齋助印

村坊不得迎神賽會百十成羣凡此皆靡費無益之
事不可不知
按陽明先生字守仁明浙江餘姚人官四省總制封
新建伯崇祀
孔廟其學問功業炳著人寰茲讀訓示禁民爲誕妄虛浮
等事皆適中吾圩之病而茲篇所選率多類此蓋欲
滌舊染之污俗云爾
袁邑尊曰當邑夙號衝繁近尤凋敝頻年以來水患
洊至民情困苦實堪惻惻然災祥聽其在天而修省
宜盡其在我果能四民各安本業三代直道而行勤

 朱詒穀堂藏珍

 王政

操作而懲游惰尙節儉而戒奢華敦孝弟而泯鬬爭
息訟獄而杜刁詐愚而懦者安分守己無作非爲秀
而文者砥礪廉隅無踰繩墨將見豫順之氣雍睦之
風未始不可以感召天和也然而天理雖難憑而
國典尤可畏容有行險之小人斷無不懷刑之君子
當邑猶是民也近今頗有難治之目試問爾等是美
名乎是惡名乎竊爲爾等惜之且民風與士習相表
裏民風之不醇由士習之不端也當邑純謹端正之
士頗不乏人總緣一二刁健者流不以讀書爲上進
之路直以科名爲作惡之符淆亂是非任情武斷包

張鑒清助印

攬詞訟遇事把持勾通胥役煽惑鄉愚士也如此民
更可知無怪耳濡目染尤而效之也究之喪其廉恥
而不知淪於污蠛而不恤踰閑蕩檢安危利災如燕
之在幕如露之未晞此等伎倆何恃不恐尤爲爾等
危之然父兄之教不先子弟之率不謹士習之不端
抑亦有司之恥也躭安逸而不勤於民事旣予以口
實之端務優柔而不予以創懲復授以倒持之柄無
怪積久玩生肆無忌憚也本署縣筮仕八載情僞周
知事必躬親從無假手破除情面審訊一稟大公黽
勉所脣斷結以免拖累所到之處總以去其太甚與

 朱詒穀堂藏珍

惡如讎催科法從嚴斯詰誠不得不惡催員民可愛
斯去惡不得不嚴開誠布公令行禁止非徒託之空
言也
按邑侯諱青雲字聽卿見政績而此一示尤語切不同
泛常語也
用文鏡日民間用財大則納官糧免追呼之擾次則
留餘粱備終歲之需此外或置產買牛明年當倍而
入或娶婦嫁女凡事備分而行或布帛所必需但求
溫煖或祭葬所不免毋奢修即報賽田功而雞酒
豚蹄須多誠意當歲時伏臘而汗樽杯飲饑有醞風

民休息爲說旒往往子一員善身受者未必以爲榮
旁觀者羣然喜形於色懲一不肖旁觀者莫不以爲
宜即身受者亦曉然於殃必及身矣以故到官之日
人憚其嚴去任之日率皆有依戀不舍之意於以見
人心之同而皆可爲善也今蒙憲委權攝斯邦士
習民風皆有司責本署縣不忍不教而誅爾百姓慎
毋以身試法合行示諭爲此示仰合邑士民人等知
悉其有高年碩德敦品力學之士本署縣敬之重之
奉爲矜式其忠孝節義命者本署縣愛之護
之子以安全即從前蹈於匪僻今茲悔悟向善者本

若因歲人之既豐便爾用財之無度或赴會廠而羣
相賭博或進酒館而共快酣醺或恃其有餘而與人
爭訟或祇圖適意不念將來則日用不保其常充青
黃必至於不接諺云常將有日思無日不可無時想
有時雖屬鄙語可爲格言合再勸諭爾民知悉不得
視爲具文惟善作及見告誡時時將日刻刻經心而
財有不常積用有不常充者無是理也有父母斯民
之責者其諄諄之有不舉響世之心者其提撕之有
好樂無荒之思者其諦聽之毋忽
按公正黃旗漢軍人由縣丞累官河東總督兵部尚

署縣亦必寬之恕之許以自新各從此洗心革面共
遊夫化日光天閭閻於以富庶學校於以振興斯民
幸甚本官幸甚倘有怙惡不悛仍前包漕包訟者則
是不率教訓自外生成三尺具在本署縣惟有盡法
懲處決不稍事姑容夫明刑所以弼教除莠乃可安
良是非淆惑爾等所共知也賞罰勸懲原與爾等共
之試問爾等大廷之質對何如爾室之嚬歌也汙莊之
羈囚何如名教尊崇也吏役之呵叱道塗之匯罵何
如家人父子聚首言歡也士各有志民就無良與其
後悔之莫追曷若前非之痛改本署縣愛民如子疾

書諡端肅有撫豫宣化錄此言尤切中吾圩病根
呂氏鄉約曰凡鄉約有四一曰德業相勸二曰過失
相規三曰禮俗相交四曰患難相恤推有齒德者一
人爲約正有學行者二人副之置三籍願入約者書
名於籍德業可勸者書一籍過失可規者書一籍值
月掌之月終告於約正呈之官
德業相勸條目
見善必行　聞過必改　導人爲善　自治其身
善治其家　規人過失　奉事父母　敬事長上
善待妻妾　教訓子弟　善御僮僕　多睦親故
愼擇交遊　自守廉介　爲人忠謀　廣施恩惠
能救患難　爲衆集事　能決是非　能受寄託
興利除害　解鬬息爭　居官舉職
至於讀書治田持家濟物畏法令謹租賦好禮樂射
御書數之類皆可爲之非此皆爲無益
過失相規條目
酗博鬬訟　行止踰違　言不恭孫　言不忠信
造言毀謗　營私太甚　交非其人　游戲怠惰
動作無儀　臨事不恪　用度不節
右件過失同約各自省察互相規戒小則密勸之大

則衆誡之不聽值月告於約正以義理諭之謝過請
改則書於籍若爭辨不服與終不能改者出約
禮俗相交條目
尊卑行輩　造請拜謁　請召迎送　慶弔贈遺
以上禮俗相交之事有期者如其期當集者戒其慢
凡不如約者告於約正且書於籍
患難相卹條目
水火　盜賊　疾病　死喪　孤弱　誣枉　貧乏
右患難相卹之事凡同約者財物有無相假若不急
之用及有所妨者則不必借可借不借及踰期不還
致損壞者書於籍隣里或有緩急雖非同約亦當救
助能如是者則亦書其善於籍以告鄉人
按呂氏宋時人兄弟有四曰大中大防大約大臨藍
田人皆從學於伊川横渠兩先生者也德行道藝萃
於一門爲鄉人所敬信故所約如是
祖制
祖宗爲根本地命脈之所關也近世祭掃墳塋松楸
勿求修理祠譜葛藟多傷交相爲痛年穀安得順成
也不有隄何有歲不有歲何有先宗廟之間蛇龍居
之邱墓之間蛙蟆潴之不祀忽諸鬼其餒而矣當夫

未張既危設無起死回生之術徒曰天災流行也殆
矣故奉先以思孝允不得不集衆以修隄

王士晉宗規十六則節句

鄉約當遵　孝順父母尊敬長上和睦鄉里教訓子
孫各安生理毋作非爲六句包盡做人之道凡忠臣
孝子順孫良民皆由此出無論聖愚皆曉此義祇是
不肯遵行故陷於惡祖宗在上豈忍子孫如此今倣
鄉約儀節朔日族長率子弟赴祠聽講各宜體認共
成美俗焉

祠墓當展　祠乃靈爽所依墓乃體魄所藏思祖宗
不可見所藏依卽如見祖宗時而祠祭時而墓祭
必加敬謹棟宇壞則葺之漏則補之垣砌損則整之
荆棘生則薙之樹木祭器護之惜之被人侵害盜賣
盜葬同心合力復之此事死如事生事亡如事存之
道也

族類當辨　類族辨物聖人不廢世有門第相高非
族認爲族者或同姓雜居一里或外邑移居本村或
同宗繼爲子嗣而祠不同入墓不同祭是非難淆疑
似當辨倘妄從稱謂後將若之何故必嚴爲之防蓋
神不歆非類也

四編卷一　譜俗上

名分當正　非族者辨之易也同宗者有兄弟叔姪
祖孫名分稱呼自有定序晚近澆漓狎於褻昵狃於
阿承皆非禮也其拜揖必恭言語必遜坐次必依先
後不論遠近俱照序列情則相洽心更相安各門故
家禮原如此又有尊庶爲嫡躋妾爲妻者大乖綱常
若同族義男必有約束不得陵犯長上有失族誼

宗族當睦　睦族有三要尊尊老老賢賢是也名分
尊者恭順退遜不敢觸犯分屬雖卑而齒邁衆者老
也當扶持保護事以高年之禮有德行者乃本宗楨
榦則親炙之景仰之每事效法忘分忘年以敬之此
之謂三要又有四務矜幼弱恤孤寡周窘急解忿競
是也幼者無知弱者鮮勢人所易欺一有矜憫之心
自隨處爲之効力鰥寡孤獨王政所先況同族爲耳
聞目見者乎貧者即以言富者即以穀皆陰德也衣
食窘急生計無聊量力周之不必望其報不必使人
知吾盡吾心焉耳人有忿則爭得一人勸之氣可平
遇一人助之氣愈激然當局者迷居間解之族人之
責也亦積善之事也此之謂四務若以富貴驕以智
力抗以頑潑欺陵雖爭勝一時而孽由自作循環不
爽人厭之天惡之未有不敗者

四編卷一　譜俗上

官圳修防彙述　祖制　胡炳乾助印

譜牒當重　譜牒所載皆宗族祖考名諱目可得睹
口不可得言收藏貴密保守貴久每屆祭期各帶編
發原本詣祠會勘祭畢帶回收藏如有鼠侵蠹蝕黴
爛油污字蹟卽在案前量加懲誡另擇賢能收管登
簿稽查倘有不肖鬻譜賣宗瞞衆覓利以贗亂眞不
惟得罪族衆抑且得罪祖宗衆共黜之不許入祠仍
呈官追譜治罪
閨門當肅　君子正家首在閨門嚴肅縱使貧富不
齊如饁耕採桑提甕操井臼之類清白家風自若也
或不幸寡居則丹心鐵石白首冰霜如古史所載相
傳不朽皆風化之助也若徇利妄娶門閥不稱家教
無聞又或賦性凶悍妬忌長舌皆爲家之索罪坐其
夫若本婦委實冥頑化誨不改夫無如之何者據本
夫告詞詢訪的確給以除名帖或屏之外氏亦少有
所警矣近時惡俗婦女羣聚結社講經不分曉夜有
跋涉數千里外朝南海走東岱者有朔望入廟燒香
者有春節看春燈節看燈者有往來搬弄是非者均
失閑家之道也
蒙養當豫　古有胎教有能言之教又有小學之教
大學之教是以子弟易於成材今俗上者教之作文

四編卷一　醫俗上　十六　朱詒穀堂聚珍

官圳修防彙述　祖制　胡炳乾助印

取科第而已道德未教也次者教之雜字柬牋以便
書計下者教之狀詞活套爲他日刁猾之地是教之
實害之矣爲父兄者須知子弟之當教又須知教法
之當正又須知養正之當豫七歲入鄉塾學書字隨
其資質漸有知識便擇端慤師友將經史嚴加訓廸
務使變化氣質陶鎔德性他日做秀才做好官爲良
士爲廉吏就是爲農工商賈亦不失爲醇謹
姻里當厚　姻者族之親里者族之隣遠則情誼相
問近則出門相見宇宙茫茫幸而聚集亦是良緣況
童蒙時或同塾或嬉游比路人迥別凡事從厚遇有
無恤患難當以誠心和氣遇之卽彼曾待我薄我不
可以薄待久之且感而化矣若以强陵弱衆暴寡富
欺貧揑故占田地謀風水侵疆界放債違例過三分
取息此皆薄惡凶習天道好還毋自害兒孫也
職業當勤　士農工商皆是本職勤則修惰則隳修
則俯仰有賴隳則無策資身然所謂勤者非徒盡力
尤要盡道如士先德行次文藝切勿舞文弄法顚倒
是非造歌謡匿名帖若生監出入公門有玷行止仕
宦以賄敗官貽辱祖宗農竊田水縱牲畜賴田租工
作淫巧售做僞器什商賈紈袴冶游酒色浪費皆不

四編卷一　醫俗上　十七　朱詒穀堂聚珍

可也四民之外爲僧道爲胥隸爲優伶爲賭博爲椎埋屠宰皆非正業犯者會族送官懲治

賦役當供　以下事上古今通義賦税力役之征國家法度所係若拖欠錢糧躲避差徭便是不良的百姓連累里長惱煩官府追呼問罪甚至枷號鞫破身家玷辱父母仍要完官是何算計苟將一年本等差糧先行辦納討印票存證不欠官錢何等自在亦良民職分所當盡者

爭訟當止　太平百姓無爭訟事便是天堂訟則有害無利要盤纏要奔走若造機關又壞心術且無論

周品三助印

官府廉明如何到城市歇家撥弄到衙門胥隸叱呵伺候幾朝方能訊斷理直猶可理曲受笞杖受罰責甚至破家忘身辱親害及子孫總爲一念忿氣始易日君子以作事謀始能忍終無禍卽有萬不得已關繫倫常私下處不得沒奈何鳴官衹宜從直切莫架虛揑空又要早早回頭不可終訟聖人繫訟卦曰惕中吉終凶此是錦囊妙策切不可聽訟棍刁唆財被人得禍自己當省之省之

節儉當崇　人生福分各有節制衣食日用留其有餘以還造化可以養福儉約鮮過不遜寧固可以養

德少費少取隨分隨足浩然自得可以養氣且以之示子孫有益於家以之挽風俗有益於國世顧莫之行者弊在於好撐體面爭訟好贏則鬻産借債禮節好厚則典質挪移嫁女厚賂聘媳鋪張發引開厨燕賓設席與夫搬戲許愿預修祈福力實不支設法應用挖肉補瘡所損益甚也凡此惡俗可憫可悲

守望當嚴　設立保甲衹爲安靖地方而乃虛應故事以致防盜無術小則竊大則强及至告官得不償失卽能獲盜牽累無時拋棄本業是百姓之自爲計疏也鄉鄰同井相友相助須依條約平居互議出入

胡炳乾助印

有事遞爲聲援若有不遵防範蹤蹟可疑者卽時察之果有實據會呈送官究治蓋思患豫防不可不爲之慮也

邪巫當禁　禁止師巫邪術律有明條鬼道盛人道衰理之一定者　國將興聽於人將亡聽於神況百姓之家乎故一切左道惑衆輩勿令入門至於婦女識見庸下更喜媚神徼福其惑於邪巫也尤甚於男子且僧道之外又有齋婆賣婆尼姑跳神卜婦女相女戲等項穿門入戸哄誘錢財甚有犯姦盜者須皆豫防察其動靜杜其往來以免後悔是齊家最要緊

宮圩修防彙述　祀制　周昌三助印

的事

四禮當行　先王制冠昏喪祭之禮以範後世民生
日用常行四者最切惟禮可成父道子道夫婦之道
無禮則禽獸耳所以不由禮者動謂禮節煩多傷財
廢事不知師其意而用其精至易至簡何不可行如
冠則賓不用幣歸俎祗果品酒殽加冠醮酒讀祝詞
三加之禮初用小帽再用折巾三用方巾皆從便昏
則禁同姓禁服婦改嫁恐犯譁異之律女未及笄無
過門夫亡無招贅無招夫養子受聘擇門第辨長賤
無貪下賤貪財許配作賤骨肉玷辱祖宗喪則惟竭
力於衣衾棺槨遺體哀泣棺內不得用金銀玉物弔
者止款茶遠途待以素飯不設酒筵服未除不嫁娶
不聽樂不與燕賀衰絰不入公門葬必擇地不得泥
風水邀福至終身不葬累世不葬不得盜葬傍葬求
葬火葬犯律重罪祭則聚精神致孝享內外一心長
幼有序具物惟稱不得爲非禮之禮皆孝子慈孫所
當盡者

按此宗規自家庭鄉黨以至涉世應務之道均和盤
託出節錄於此亦加減之一助也欲窺全璧宜取原
帙觀之公字犀川貴州人康熙辛丑進士官至總督

宮圩修防彙述　師訓　胡炳乾助印

師訓

夫人氣稟清濁有異強弱各殊古人立師道以明之
豈閒道於盲哉然而盲於目不盲於心者世有幾人
乎雖有美質不教胡成即使頑鈍鏃之砥之父母之
心期望甚切安可不關不問以故中材之人得導引
則從而上失栽培則流而下甚有明師益友藥石成
仇吾圩亦有所難免者救死不贍奚暇治禮義哉是
又貧夫樂歲耳修防隄岸保身保家非當務之急乎

張楊園曰近世師道不立爲子孫計者孰知尊師重
傳之道甚至生子不復延師蓋思爲人父母將以田
宅金錢遺子之爲愛其子乎抑以道德遺子之爲愛
其子乎此司馬溫公謂積陰德於冥冥之中不若求
賢師教之於昭昭之際也古稱民生於三事之如一
世人但知不可生而無父豈知尤不可生而無師乎

按公諱履祥字考夫浙江桐鄉人有楊園文集

王陽明曰各教讀務遵原定條教盡心訓導視童蒙
如己子以啓迪爲家事不但訓飭其子弟亦復化諭
其父兄不但勤勞於章句之間尤在致力於心德之
本務使禮讓日新風俗日美庶不負有司興作之意
與士民趨向之心凡教授茲土者亦有光矣

四編卷一　鑒首上　三　朱詒穀堂彙珍

官圩修防彙述

師訓　　周品三助印

陳榕門曰士能克端師範實心訓課茲州縣優其禮貌時加獎勵如虛糜修脯惰於督課查明另延倘不安本分跡涉訟生事照所犯查審詳究

按公諱宏謀字汝咨廣西臨桂人雍正癸卯進士官至東閣大學士諡文恭有培遠堂文集且刻五種遺規藉益人心不少

蔣省庵尊師說曰人有三本師居其一乃所以傳道授業解惑者成我之恩與生我等惡可以不尊記曰大學之禮雖詔於天子無北面所以尊師也又曰師嚴然後道尊道尊然後民知敬學道不尊則學鮮成器惟在爲父兄者能敬師子弟方知敬學識自師道之衰弟子之儀不講富貴之家以勢利自矜寒素之家以吝嗇自喜而教詩說禮之儒竟等梓匠輪輿之輩無怪領師去而庸師來矣父兄若此子弟看作榜樣遇師之寬者則高心傲氣不服訓誡若遇師嚴又多方詆毀諸如此類子弟安成李笠翁曰人肯捐百萬錢嫁女不肯捐十萬錢教子不知凡人一生碌碌無非爲子孫身家計子孫不肖縱祖父富貴豈能長享教得成人富貴也好貧賤也好士也好農商也好受用無窮劉蕺山曰教子莫若擇師而童子師尤切

四編卷一　師訓上　三

官圩修防彙述

師訓　　張又□助印

要先人之言終身切記非端人正士不可爲小學師表也及至成人其學問又必有得力處師之尤貴有常故未師不可不擇既師不可不尊今或慕名高或貪省費厭故喜新勢必至有名而無實爲小而失大不重可惜哉凡人一器一物付工造製猶必殷勤鄭重況以子弟託師關繫甚大而養成德器爲孝子爲忠臣爲善士次而造就學業擢科名登仕版胥在於是必隆其禮厚其誼誠心以待折節以求則學成名立獲報無窮矣

按公字士銓號心餘江西鉛山人乾隆丁丑進士官至編修有忠雅堂集

陸清獻曰處館先生多半是貧儒先生訓子弟賓主師生四拜之後是以子弟一生學術付託先生先生亦以子弟之才不才任爲訓教矣豈不與父母一般心腸爲主人者決不可欺先生是一個貧人隨意簡慢務要致敬盡禮朱墨筆硯鋪陳床帳梳篦牙刷鏡盒盤臺手巾腳桶腳布草紙寒天腳爐暑天浴盆陳列在房鎖鑰俱備日送面湯茶水果品點心不致苟且粥飯必時酒殽須檢點淨衣裳灑被席督館僮傍侍周到冬夏巾服鞋襪亦須照顧日間或偶有時新

四編卷一　師訓上　三

小物不拘時進所奉束修不必四季時節破格從重
或一起或二起一頓送足使先生無內顧憂並可做
一件正經事間或隨時隨意送折席一緘出自先生
意外使之銘感此亦請先生者皆所必有但要留心
撿察不得始勤終怠先生自然不肯輕率妄動加意
訓誨講解百端啟發引導學生出息亦如父母之教
兒子一樣親切雖終其身一位先生足矣父母在家
庭間又以朝夕訓誡要聽先生教誨如此內外夾攻
必定成器儻不率教我偶然遷怒或有不適意先生
處斷不可使厨竈人知覺以致怠慢便覺參商師弟

一不相得雖誨爾諄諄聽我藐藐矣則何益哉此請
先生者不可不知又不可逐日稽察功課亦不可年
常輕易易師只要我尊師重傅爲主一概教法心思
俱不必參用
又曰天下不讀書之主人專責備先生天下惟賴束
修之主人專責備先生又或家本貧窮自愧不能尊
師重傅而反責備先生噫先生何可責備哉蓋讀書
一事要涵育薰陶俟其自化不可欲速但可說子弟
之不率教不可說先生之不善教但自愧主人之不
誠不可云先生之不誠子弟自然成器矣切勿歸罪

先生使先生矣我午出頭也
又曰做先生第一要人品端正第二要認眞教訓第
三要有坐性第四要勿求備供給第五要弗濫交賓
客干預外事
又曰子弟讀書無論延師附學舉業句讀各要於修
贄儀節之外意氣勤勤懇懇另加厚一兩五錢先生
自然有感動耳提面命觸景啟發不寬不嚴師愛其
弟弟愛其師加工倍常無言不悅其加工處便要知
感知謝先生曉得主人知感愈覺有興子弟愛益處
全在我待師從厚得力也儻不知此而徒事稽功察

課抑末矣未可也
又曰嚮弟自膳就村館訓蒙童東家要寬西家要嚴
寬是眞心嚴是假詐費盡心思淘盡悶氣四時八節
束修節儀不見面延至年終歲畢家家不清楚一年
硯田竟不收成所當立定主意弗苟就焉可也
夏潑甫曰先君子六歲發蒙性穎悟汝梅公奇之閱
兩載偶至塾試所讀頗不如意誚師愚可公曰此子
不可被吾弟教壞愚可公即送入汝梅公塾中老輩
兄弟不存形蹟如此
按公諱炘字心伯邑之谷村隴人道光辛巳舉人授

内閣中書
武英殿分校官選婺源縣教諭有景紫堂集續著一隅錄
皆朝夕切用事愈覺有味
張楊園曰師一入門子弟志尚因之以變術業因之以成賢則數世賴之否亦害匪朝夕不可謂非家之所由存亡也擇之又擇慎之又慎夫豈不宜而可隨人上下乎
按吾圩重農師道輕藝課子弟者正月杪始入學未届臘節遂有歸志中間歇忙過節會友赴試與夫游戲樗蒱諸事雖云經七蒙八逐一計之猶未也仍有疾病不時風雨不測等日青氈耐守有幾時乎庸師誤人與庸醫殺人等昔年大將軍羹堯有聯云輕慢先生天誅地滅誤荒子弟男盜女娼言雖粗鄙讀之猶髮悚云

家道

治家之道惟儉與勤味此二字有益無損乃補中益氣湯也夫號曰嚴君有治理之責焉稱曰家督有約束之形焉故克勤者卒瘏不厭克儉者刀圭不遺抑且制用有日計月計歲計而又欲作子孫計無在不津津有味也吾圩生計大都業農其制產爲上守成

次之事雖微末亦重農首務也農田先在水利修之防之其回元續命之善策與
朱柏廬曰黎明卽起灑掃庭除要內外整潔既昏便息關鎖門戶必親自撿點一粥一飯當思來處不易半絲半縷恒念物力維艱宜未雨而綢繆毋臨渴而掘井自奉必須儉約燕客切勿流連器具質而潔瓦缶勝金玉飲食約而精園蔬愈珍饈勿營華屋勿謀良田三姑六婆實淫盜之媒婢美妾嬌非閨房之福奴僕勿用俊美妻妾切忌豔粧子孫雖愚經書不可不讀祖宗雖遠祭祀不可不誠居身務期質樸教子要有義方勿貪義外之財勿飲過量之酒與肩挑貿易勿佔便宜見貧苦親隣須加溫卹刻薄成家理無久享倫常乖舛立見消亡兄弟叔姪須分多潤寡長幼內外宜法肅詞嚴聽婦言乖骨肉豈是丈夫重貲財薄父母不成人子嫁女擇佳壻毋索重聘娶媳求淑女勿計厚奩見富貴而生諂容者最可恥遇貧窮而作驕態者賤莫甚居家戒爭訟訟則終凶處世莫多言言多必失毋恃勢力而陵逼孤寡勿貪口腹而恣殺生禽乖僻自是悔誤必多頹惰自甘家園終替狎昵惡少久必受其累屈志老成急則可相依輕聽

官圩修防彙述　四編卷二　藝作　家道

發言安知非人之譖慭當忍耐三思因事相爭安知
非我之不是須平心暗想施惠無念受恩莫忘凡事
當留餘地得意不宜再往人有喜慶不可生妬嫉心
人有禍患不可生欣幸心善欲人見不是眞善惡恐
人知便是大惡見色而起淫心報在妻女匿怨而用
暗箭禍延子孫家門和順雖饔飧不給亦有餘歡國
課早完卽囊橐無餘自得至樂讀書志在聖賢爲官
心存君國守分安命順時聽天爲人若此庶乎近焉
按古人治家之訓頗多茲獨取乎是者其言質愚智
皆能通曉其事盡貴賤皆可遵行先生名用純字致
一尊甫節孝先生　明季以諸生殉節先生哀痛自
比廬墓攀柏之義潛心聖學躬行實踐箸爲此言以
之型家家道日隆已
張文端曰三代而上田以井授雖至富貴求數頃田
貽子孫不可得也後世給價書契而買之
國家版圖聽人畫界分疆使後人善守而不輕棄子
孫百世斷不能爲他人所有深念及此可不思所以
保之哉置田產
又曰天下貨財所積時有水火盜賊之憂獨有田產
强暴不能竟奪尺寸卽兵燹亂離事定歸來室廬蓄

官圩修防彙述　四編卷二　藝作　家道

聚一無可問惟茲片壤仍歸原主芟荑墾闢仍不失
爲殷實之家守田產
又曰兵燹水旱佃逃田荒此時賦稅差徭多而且急
有田之累因苦異常因此輕鬻圖免追呼必至之勢
也然亂離日少而太平日多能有忍力咬定牙根典
衣賣器藉完糧役百費從儉招佃墾闢保守先業大
約十餘年仍可殷實譬隆冬熬過春光一到又是柳
媚花明守產業
又曰田產息微較商賈不及三四然月計不足歲計
有餘歲計不足世計有餘嘗有厭田產之生息微而
緩謂貿易之生息速而饒至鬻產以從事斷未有不
蕩廢者無論愚弱者不能行卽聰明强幹者亦行之
而必敗賣田產
又曰田產不可賣而世之賣產者其根源多在債負
債負之來由於用度不經至舉息既多計無所出不
得不鬻累世之產故用度不經者債負之由也債負
者鬻產之由也鬻產者飢寒之由也惟量入爲出始
無舉債之事若一歲所入止給一歲之用則產不可
保矣賣田產
又曰田不可鬻設遇凶荒養生之物變爲累身之具

由是有追怨祖父貽累子孫者然則如何而可欲不
賣産當思保産欲常保産當盡地利其道有二一在
擇艮佃一在興水利諺曰艮田不如艮佃肥田不如
瘦水此論最確 艮佃
按公諱英安徽桐城人字敦復康熙丁未進士歷官
至文華殿大學士諡文端有存誠篤素堂集其守業
之語誠千金不易方也
陸棱山曰古之爲國者冢宰制國用必於歲之杪五
穀皆入然後制國用用地大小視年之豐耗三年耕
必有一年之食九年耕必有三年之食以三十年之
通制用雖有凶旱水溢民無菜色國既若是家亦宜
然凡有田疇足贍給者當量入以爲出 制用
又曰田疇所收除租税種治之外所存若干十分均
之留三分爲水旱之備一分爲祭祀之用六分分十
二月之用一月合用之數約爲三十分日用其一可
餘而不可盡七分爲得中不及五分爲嗇有餘則度
伏臘衣裘葛葺牆宇燕賓客勤弔問時饋送又有餘
周隣族之貧弱者賢士之困苦者佃人之饑寒者過
往之無聊者切勿妄施僧道此輩本是蠹民頗多豐
足施之適以濟姦長惡費農夫血汗之勞未必不增

我罪果何福之有哉 制用
按公諱九韶字子美金谿人象山先生兄也有居家
正本制用篇
倪文節曰儉爲美德世俗以儉爲鄙非遠識也富家
有富家計貧家有貧家計今以家之用分而爲二其
歲收計爲一其月支計爲一以家之薄産所入計之
歲終統核有餘則來歲可以舉事不足則一切可展
向後待可爲而爲之 歲計
又曰人若無家業經營衣食不過三端上焉者仕而
仰祿中焉者聚館就徒下焉者干求假貸但居官凡
事掣肘而就館尤臬況娶後遠離在巳爲羇旅在家
則百事不可照應至於干謁其狀尤惡趑趄囁嚅奔
走於道見拒於閽所得無幾廉介化爲可厭若假貸
親故至再至三亦難啟齒已作歲計簿復作月計簿
蓋先有月計積至歲計可知若月之所用浮於其所
入至歲終則大闕用矣 月計
又曰人有子孫爲子孫計人之情也余曰君子豈不
爲子孫計者然而有道矣種德一也家傳清白二也
使之從學知義三也授以資身之術才高者命習舉
業卑者使營生理四也家法整齊上下和睦五也爲

宮圩修防彙述　家道　汪大倫助印

擇良師友六也爲娶賢淑婦七也常存儉風八也如
此八者豈非爲子孫計乎孔子教伯魚以詩禮漢儒
教子一經楊震使人謂其後爲清白子孫鄧禹十子
各授一業龐德公云人皆遺之以危我獨遺之以安
皆善爲子孫計者 子孫計
按公諱思字正甫歸安人宋進士仕至禮部尚書有
經鋤堂雜志
曾文正日吾家代有世德明訓惟星岡公之教尤應
謹守近將家訓編成八句云書蔬魚猪考早掃寶常
說常行八者都好地命醫理僧巫祈禱留客久住六
者俱惱蓋此五項進門及親友遠客久住皆可斷也
我家世世守之永爲子孫範圍焉
按公字滌生湖南湘鄉人道光戊戌進士官至兩江
總督封一等毅勇侯世襲罔替

身範

凡經之政首在修身如慎言語節飲食爲保身袪病
之源尚已然時歲或有豐凶而圩民不外耕讀苟非
從此洗濯或迷於酒色或湛乎財氣以致陰騭不能
修淫慾不能遏賭博不能戒字穀不能惜感應不能
通危若朝露尚望延年益壽乎區區圩規尚何足以

宮圩修防彙述　家道　汪大倫助印

除其隱慝哉如見肺肝是猶欲進昌陽以引年而妄
用稀莶也
王朗川日酒誥一書知古人垂慮之遠一獻之禮賓
主交拜終日不醉防酒失也世人嗜酒無厭失禮喪
心罵座臥衢墜上犯法能使士敗名官落職農荒疇
商賈廢貨甚至損肺腐腸喪命亡國皆酒誤之也糟
又曰粒米皆從農夫血汗出來很藉酒漿造物所忌
此折福也治事極當一至酒醉迷離顛倒此昏志也
流連盃酌不顧正業此誤事也一人之費可供一家
食用此[illegible]
日淵此肆害也寒暑食慾服侍應勞此招嫌也嘔吐
酸悶損精傷脾此致病也更有不畏王法不顧倫理
放肆悪洞身亡家破王法究不因醉而寬此殺身也
酒戒
又曰夫婦正也然貴有節若云正慾非淫豈家醜送
不醉乎且生人終身疾病恒從初昏時恣情無度受
成癆怯甚至夭亡累婦孀居當思百年姻眷終身相
偶何苦從數月內種却一生禍根 色戒
又曰淫念一萌便思邪緣相湊生幻妄心設計引誘
生機械心少有阻礙生嗔恨心奪人之愛生殺害心

宮圩修防彙述　四編卷一　譜傳上　三

種種善願由此消種種惡念由此起故曰萬惡淫爲首也色戒

又曰張甯晚年無子多置姬妾禱於家廟曰甯何陰禍至絕嗣續傍一妾云誤我輩卽陰禍也於是遣去數人留者生子蓋遣年身擁多妾誤其終身妾不敢言人不忍言故曰陰禍留者生子此亦寡慾多男之至理也歷觀士夫多妾無子遣諳妾而一妾獨生子者往往有之

按公諱之鈇湖南湘陰人有言行彙纂

呂純陽曰人性惟淫難戒人罪惟淫最重世間淫孽不一今細拈出見好婦女時刻注念廢飲食而形夢寐謂之想淫言語輕挑恣諧謔以動心性謂之語淫有心凝視眼目射而神魂飛謂之視淫假託殷勤飾禮節而圖媚悅謂之意淫凡此之類雖衽席未交而淫心已蕩止無隙可乘耳豈得謂無罪哉茲猶爲未成者言也幼少婦女心志未堅狂且引誘食物投其所嗜衣飾迎其所好容止笑貌得其歡心心非木石孰能無情苟合一成於是玷門風壞名節夫恥其爲妻子恥其爲母翁姑恥其爲媳父母恥其爲女宗族恥其爲本姓婦辱及三黨污流數代淫罪滔天天地

斷難寬縱者也嫠婦孀妻守節不易或逢透引捐彼紅顏甘蹈白刃能有幾人哉較有夫之婦爲易誘也不知數載冰心片時掃地新姦眠於黑夜故夫哭於黃泉祖宗髮豎鬼神眦裂淫罪滔天天地尤難寬縱者也閨姝處子情竇已通或遇勾引斷臂見貞刎心示烈能有幾人哉較已嫁之女爲易動也不知一旦失身終身抱恥有慚花燭之宵殊愧奠雁之禮琴瑟必乖家門非吉淫罪滔天天地更難寬縱者也至於青衣使婢亦婦人也勿謂圖養姦宿無妨青樓紅粉亦婦人也勿謂得財淫慾無害雖罪有差等而淫則一焉嗚呼淫罪易犯卽平昔以正人君子自命者猝遇邪緣不能堅忍鮮有不浮沈慾海中矣何不思我之妻女被人思念被人挑逗被人偷覷被人媚悅甚而被人私狎我必非常忿怒手刃其人而未洩也人之妻女被我如是如是甚而私狎人亦必非常忿怒思磨刃以殺我此心此理同也不獨陰律有犯實乃性命攸關何苦以頃刻之歡蹈不測之禍哉而況報施不爽我今夜淫人妻女而妻女今夜未必不被人淫卽或不然是天之積怒遲之愈久報之愈刻後世爲娼爲妓皆未可知吁可畏哉不淫之人天地重之

官圳修防彙述　身範　張左川助印

鬼神敬之不犯陽條不遭陰譴後世貞女烈婦必生其家閨房肅婦道正子孫之興可立見矣不幸邪緣相逼學魯男子閉戸可也學柳下惠坐懷可也學謝端明臥不解衣可也學狄仁傑題詩黏壁可也遇此能堅忍不及亂爲聖爲賢在是矣人胡不勉而戒之

按公字洞濱名巖唐咸通進士游廬山遂號純陽子繫河中府永樂人

帝君曰孽海茫茫首惡無如色慾塵寰擾擾易犯惟有邪淫拔山舉鼎之雄坐此亡身喪國錦心繡口之士因茲敗節喪名始爲一念偶差遂致畢身莫贖何乃淫風日熾天理淪亡以當羞當愧之行反爲得計而衆怒衆賤之事毫不知羞刊淫詞談豔色目注道左嬌姿腸斷簾中窈窕閫正論疾若仇讎好邪言甘如酒醴或貞節或淑德可敬可嘉乃計誘而使無完行若婢女若僕婦宜憐宜憫何勢逼而致玷終身旣令親族含羞又使子孫蒙垢嗟嗟總由心昏氣濁賢遠佞親豈知天地難容神人共憤或妻女酬償或子孫受報絕嗣之墳墓無非好色狂且妓女之祖宗盡是貪花浪子當富則玉樓削籍應貴則金榜除名笞杖流徒大辟生遭五等之誅地獄餓鬼畜生沒受三

官圳修防彙述　身範　張左川助印

途之苦從前恩愛至此成空昔日風流而今安在與其後悔以無從何不早思而勿犯謹勸青年佳士黃卷名流發覺悟之心破色魔之障芙蓉白面不過帶肉骷髏美豔紅粧乃是殺人利刃縱對如花如玉之貌常存若姊若妹之心未犯者宜防失足已行者急早回頭更望轉輾流通迭相化導必使在在齊歸覺路人人共出迷津則首惡既除萬邪自去靈臺無滯世有餘榮矣

按文昌六星在北斗魁前其第三星主理文緒道家所云化生在周爲張善勳又爲張仲在秦爲仲弓子長西漢爲趙王如意又爲金色蛇東漢時爲張勳或名孝仲西晉時名張惡又名謝艾唐爲張九齡北宋名張浚均雜出於稗說惟明史禮志云文昌姓張名亞子居蜀之梓潼縣七曲山仕晉戰殁立廟唐宋封至英顯王元加封爲帝君謂掌人間祿籍也

按戒淫詩文甚夥如蕉牕十則及戴湘圃三十韻皆膾炙人口然危言苦口不過如是且集隘不及備載故皆從割愛焉

王朗川曰古今書籍開卷皆有益也獨至淫詞豔曲無一句好話偷香竊玉機械不止千般賣俏丟情流

官圩修防彙述　身範　陳開順助印

毒直兼數世庸夫俗子被其誑惑學士文人遺其引誘方謂風流俊彦才子思得佳人豈知損德虧行衣冠等於禽獸慾心方熾不顧綱常惡緣既成罔惜身命皆由邪説煽惑故使穢蹟彰聞若使留觀必然喪檢縱難毁板曷先焚書

又曰人生終日營謀爲衣食計不能一日不需財也故聖人不禁人取利唯教人思義農桑者衣食之源勤儉者治家之本耕讀者分内之事經營者生理之常公平者積福之基知足者不貪爲實盡在已之力不敢好逸而惡勞存撙節之心務期量入以爲出循自然之命不得損人而利己求之有道得之有命俗人不知此理習巧用詐刻薄循私犯　國典而不畏干天怒而不懼喪良心而不顧害乎人而不恤敗倫紀而不問當得利時未嘗不喜其術之工也一轉瞬間淫佚奢蕩化爲烏有天災人禍害且莫測亦何益之有哉錢從金戈利從禾刀故君子戒乎苟取所以安身立命也

又曰昔張九韶謂人幸生太平之世無兵禍又骨肉團聚不至飢寒牀榻無病人獄無囚人非清福乎若好貨無厭有盈笥之帛而憂寒有充室之金而憂飢

官圩修防彙述　身範　張左川助印

卽令富堪敵國粟比太倉田園徧鄉邑猶不滿欲日夜焦勞算無遺策祇緣一點貪心造出無端罪惡一旦臨終田園萬頃徒供兒女之爭金寶千箱終作街坊之市亦可哀已

顏壯其曰居官之業自詩書禮樂中來亦知廉潔足尚第習見夫營官還債饋遺薦援非財不行初猶染指繼遂喪心性情遂爲芬羶所中且人心何厭至百思千至千思萬似有癖焉大都爲子孫計耳不知多少豪華子弟而滅門多少清寒子弟而發憤得不義之財留子孫之貴非計也

按公字茂猷號光衷福建平湖人明崇正進士官禮部主事

張橫渠曰姦利二字所指甚廣凡非本分中事如私鹽私鑄傾人肥己捉㿍舞文皆姦利也瞞心昧己欺天罔上亦姦利也

按公諱載著有東西銘行世謚曰明

王朗川曰陳幾亭先生有言俗謂富人爲財主言能主持財帛也祖父傳業雖不可廢然須約已周人當舍處雖多弗吝焉能守能散是名財主曰慳曰吝謂之才奴

官圩修防彙述　身範

唐巽修曰利可共而不可獨利專於己怨必集焉禍患之來皆生於財敗名喪節皆起於利苟不貪利名從何玷禍從何生

按公諱彪浙江蘭谿人任會稽長著有人生必讀書

顧亭林曰積財可以備患患亦生於多財與其患生於多財孰若少財而無患

按公名炎武江蘇崑山人有亭林文集日知錄詠中隨筆天下郡國利病書

袁君載曰存心仁厚者尺度權衡公平均一不貪小利以防人此即善也存心私刻者買貴異其尺秤出入異其斗斛其間得財幾何而喪心若此幽暗之中鬼神伺焉其不遣天譴者蓋亦未之有也財反上

公諱采宋時衢州人官至檢院箸有袁氏世範

王朗川曰氣准於理孟子所謂浩然而塞乎天地者也又必集義以生之不參以懦弱不假以矯激古今來忠孝節義扶綱常振頹靡者全賴此一團正氣獨行其是也所謂血氣者量褊急而少容性暴燥而難忍平居既無涵養臨事又無抑制偶有拂意輒忿懥不平必欲逞吾氣以求勝一朝之忿忘其身以及其親所謂太剛則折未有不覆敗者也又有平時以理

官圩修防彙述　身範

自處返已若無不是之處而橫逆之來直令人捺捺不下不得不拂然生氣者此時當稍爲退步且就其人與事而熟思之權其輕重緩急卽萬不獲已亦必靜鎭從容而處置之所謂退步自然寬也倘恃血氣一直作到盡頭不留餘地處人者卽不留餘地自處者也

又曰氣有一時浮氣有生來稟氣若祗制遏浮氣不知變化稟氣根本已錯臨時縱能抑制發動必不能中節

呂東萊曰二十年治一怒字尚未消得融盡人生於氣不可無根本功夫也

按公諱祖謙宋人崇祀文廟箸有博議

古箴曰人之七情惟怒難制制怒之藥忍爲妙劑醫之不早厥躬斯戾滔天之水生乎其滴燎原之火起於其細兩石相撞必有一碎兩虎相鬭必有一斃怒以動成忍以靜濟怒主於張忍主乎閉始怒之時祇須忍氣忍之再三漸無芥蔕積之百回有張公藝

薛文清曰辱之一字所最難忍竊意挫辱之來須察其人何如彼爲小人則直在我何必怒彼爲君子則

曲在我何可怒不審所自一以怒應之所以相仇相害也

按公諱瑄號敬齋河津人明永樂間進士仕至禮部侍郎從祀孔廟

又曰吾鄉勞餘山有言處心雖正或挾忿氣以陵之則人不服事必敗豈得謂人盡非禮乎

韓魏公曰小人不必遠求三家村裏便有一人知其爲小人以小人處之與之相較則自已亦小人已且不必三家村也兄弟四五人中便有一小人安有許多

鬪氣與之相較此最宜識得透鈲杜

按任氣最爲害事睚眦小怨遂似病入膏肓而不能和解以消導者無足取也古來忍人之所不能忍方能爲人所不能爲如留侯不以納履爲恥淮陰不以胯下爲辱卒成莫大功名苟遇小挫而抑鬱夭折何濟於事故昔人稱句踐范雎之量宏識屈原賈誼之量隘也

按公諱琦字稚圭相州人宋英宗朝年二十登進士第一太史奏日下五色雲見官至宰相封魏國公

太上曰禍福無門惟人自召善惡之報如影隨形是

以天地有司過之神依所人犯輕重以奪人算算減則貧耗　是道則進非道則退不履邪徑不欺暗室積德累功慈心於物忠孝友悌正已化人矜孤卹寡敬老慈幼昆蟲草木猶不可傷宜憫人之凶樂人之善濟人之急救人之危見人之得如已之得見人之失如已之失不彰人短不已炫長遏惡揚善推多取少受辱不怨受寵若驚施恩不求報與人不追悔所謂善人人皆敬之天道佑之　苟或非義而動背理而行以惡爲能忍作殘害陰賊良善暗侮君親慢其

宗親剛强不仁很戾自用是非不當向背乖宜虐下取功諂上希旨受恩不感念怨不休輕蔑天民擾亂國政賞及非義刑及無辜殺人取財傾人取位誅降戮服貶正排賢陵孤逼寡棄法受賂以直爲曲以曲爲直入輕爲重見殺加怒知過不改知善不爲自罪引他壅塞方術訕謗聖賢侵陵道德願人有失毀人成功危人自安減人自益以惡易好以私廢公竊人之能蔽人之善形人之短訐人之私耗人貨財離人骨肉侵人所愛助人爲非逞志作威辱人求勝敗人苗稼破人昏因苟富而驕苟免無恥認恩推過嫁禍

官圩修防彙述

實惡沽買虛譽包藏險心挫人所長護已所短乘威
廹脅縱暴殺傷無故翦裁非禮烹宰散棄五穀勞擾
衆生破人之家取其財寶決水放火以害民生紊亂
規模以敗人功損人器物以窮人用見他榮貴願他
流貶見他富有願他破散見他色美起心私之負他
貨財願他身死干求不遂便生咒恨見他失處便說
他過見他體相不具而笑之見人才能可稱而抑之
埋蠱厭人用藥殺樹恚怒師傅抵觸父兄强取强求
好侵好奪虜掠致富巧詐求遷賞罰不平逸樂過節

甘溶全助印

妄逐朋黨用妻妾語違父母訓得新忘故口是心非
貪冒於財欺罔其上造作惡語欺毀平人毀人稱直
駡神稱正棄順效逆背親向疏指天地以證鄙懷引
神明而鑑猥事施予後悔假借不還分外求營力上
設施淫慾過度心毒貌慈穢食餧人左道惑衆短尺
狹度輕秤小斗以僞雜眞採取姦利壓良爲賤謾驀
愚人貪婪無厭咒詛求直嗜酒悖亂骨肉忿爭男不
忠良女不柔順不和其室不敬其夫每好矜誇常行
妬忌無行於妻子失禮於舅姑輕慢先靈違逆上命
作爲無益懷挾外心　晦臘歌舞朔旦號怒　夜起

官圩修防彙述

裸露八節行刑　如是等罪司命隨其輕重奪其紀
算算盡則死死有餘責乃殃及子孫夫心起於善善
雖未爲而吉神已隨之或心起於惡惡雖未爲而凶
神已隨之其有曾行惡事後自改悔諸惡莫作衆善
奉行久久必獲吉慶所謂轉禍爲福也　胡不勉而
行之
按是篇出於道藏　宋眞宗賜錢命刻自是流傳於
世不脛而走　明世宗作序頒行至
國朝順治十三年

魯源緒助印

是編旨盖明知一竪洞見五神遂致膺華膴聯科甲
彰禍澤起沈痾也玆姑不論而詳繹詞意其欲挽人
心維世道大要在良善二字着眼爰節呴嘔等語餘
與聖賢彰癉之道脗合錄之以告圩人果以此爲肘
後方護心散病無有不立愈者誠有奇效可知矣
帝君曰吾一十七世爲士大夫身未嘗虐民酷吏救
人之難濟人之急憫人之孤容人之過廣行陰隲上
格穹蒼人能如我存心天必錫汝以福於是訓於人
曰昔于公治獄大興駟馬之門竇氏濟人高折五枝
之桂救蟻中狀元之選埋蛇享宰相之榮欲廣福田

官圩修防彙述　身範　甘裕金助印

須憑心地行時時之方便作種種之陰功利物利人
修善修福正直代天行化慈祥爲國救民忠主孝親
敬兄信友　濟急如濟涸轍之魚救危如救密羅之
雀矜孤卹寡敬老憐貧措衣食周道路之饑寒施棺
槨免尸骸之暴露家富提攜親戚歲飢賑濟隣朋斗
秤須要公平不可輕出重入奴僕待之寬恕豈宜備
責苛求　捨藥材以拯疾苦施茶湯以解渴煩　舉
步常看蟲蟻禁火莫燒山林點夜燈以照人行造河
船以濟人渡　勿宰耕牛勿棄字紙勿謀人之財産
勿妬人之技能勿淫人之妻女勿唆人之爭訟勿壞

人之名節勿破人之昏因勿爲私仇使人兄弟不和
勿以小利使人父子不睦勿倚權勢而辱善良勿恃
富豪而欺窮困善人則親近之助德行於身心惡人
則遠避之杜災殃於眉睫常須隱惡揚善不可口是
心非翦礙道之荆榛除當途之瓦礫修數百年崎嶇
之路造千萬人來往之橋垂訓以格人非捐資以成
人美作事須循天理出言要順人心見先哲於羹牆
愼獨知於衾影諸惡莫作衆善奉行永無惡曜加臨
常有吉神擁護近報則在自己遠報則在兒孫百福
駢臻千祥雲集豈不從陰騭中得來哉　陰騭文

官圩修防彙述　身範　魯源鵠助印

按書洪範云惟天陰騭下民彝倫攸敘推至雨暘無
忒惡弱潛消人果恪遵
帝訓爲賢爲聖蘄蒸日上矣世奉爲主桂籍沾沾作弋取
科名計抑又淺視斯文猶未得其精液也
湯春生曰三教推儒爲首四民列士於先既讀
先聖之書當敬
古皇之字況黃冠披籙尙潔手以焚香卽緇衲誦經亦整
容而正几豈可輕拋典籍蔑視詩書或攜作枕聊圖
假寐之安或積如山僅博外觀之富謄文畢而稿吞
[illegible]

[illegible]手持一卷以吟哦書斷卷以裨書案猶
文而賣市濫詞敗俗何好緝歌曲之文戲語嘲人乃
巧借經書之語扯殘箋而揩桌面尋廢紙而捲煤頭
蒙館背書書不熟而怒投於地芸牕寫草草未就而
忿裂其箋出游則記名於牆赴考則寫詞於板士人
若此安問愚夫男子且然遑言婦女由是補牕而貼
壁加之拭桌以開盤捲入燭根火滅則根埋瓦礫糊
成餅匣紙殘而盒棄泥沙佛旛爲茶肆之捌旗號代
船篷之帝傘頭扇面大標某館某齋衣背裙腰暗號
幾錢幾兩各目印粉糕之上賬單夾襪桶之中當鋪

官圩修防彙述　身範

剷牌故牘已成夫木屑漆工修器舊痕盡掃於灰堆包烟而瑙篇拌土造爆而錦句飛花靴底鞋底紙是還魂壽幛祭幛綾都覆染猪體翦毛而作字馬身烙印以成文揭帖鳴冤大張滿路醫方招紙碎片盈街兒童爲糖裹之包婦女作絨花之樣春糊蠶匾用完竟擲於溝涂夏㸃蚊烟燒剩常丟於糞壤病人則醫來診脈臂擱書編喜事則拜罷歸房脚移米袋甚至淨桶之葢木條則十字成形他如挑孩褲之花綫脚亦卍紋不斷無窮罪孽莫罄形容褻瀆千般多自士人之創始尊崇一道願由男子以開先試思坐書者

甘裕全助印

全家皆[illegible]竊見惜字者累代元魁報施無爽幸祈勿等於常談因果非誣所願共深大猛省　惜字文

按湯係浙江人履歷失考

惜字十八戒

賣廢書與人　遺棄污穢中　糊牕槅
脚下踐踏　刀剪裁破　覆瓿罐
燃燈夜照　因怒扯碎　褙聯畫
點火喫烟　嚼爛吐地　包什物
燒灰棄地　以書作枕　拭几硯
塞牆壁孔内　揩垢穢物　與婦人夾鍼綫

四編卷一　藝文上

官圩修防彙述　身範

惜字十二則

下筆有關人性命者此字當惜
下筆有關人名節者此字當惜
下筆關人功名者此字當惜
下筆屬人閨閫陰事及離間字者此字當惜
下筆離間人骨肉者此字當惜
下筆謀人自肥傾人自活者此字當惜
下筆陵高年欺幼弱者此字當惜
下筆挾私懷隙故實直道毁人成謀此字當惜
[illegible]

魯源籍助印

下筆恣意顛倒是非使人含冤者此字當惜
下筆喜作淫詞豔曲並譏笑他人者此字當惜
下筆刺人忌諱令人終身飲恨者此字當惜

舊說曰世人不知敬字因不惜字欲勸人惜字先勸人敬字字何以當敬其有功於世也偉矣昔蒼頡造字洩天地之機開萬物之知發聖賢之秘續道德之傳記古今之治亂著人物之賢姦若天下無字終古如長夜此一宜敬也

天曹公案

皇朝律例公門文移冥府卷籍咸以字爲憑是字能生人

官圩修防彙述　四編卷一　身範　闢俗上　兇　朱詒穀堂聚珍　魯源緒助印

殺人榮人辱人寻人奪人者也可不重與此二宜敬
天地神祇之號日月星辰之紀聖賢仙佛之名祖宗
父母之諱皆散著於字棄置踐污於心何忍此三宜
敬養天下之人者字也世之由科名而取青紫固賴
乎字卽窮而爲師爲吏爲幕賓爲記室爲剞劂以字
而謀生者天下不知其幾億兆也此四宜敬成天下
之務者字也
朝廷之典籍官府之簿書親朋之簡翰釋道之文疏商
賈之帳目無一人不用字無一事一時不用字此五
宜敬夫字之宜敬如此身可以不惜哉第人非不知

四編卷一　闢俗上　字　朱詒穀堂聚珍

字之當敬當惜而實能敬之惜之者甚少蓋見字實
有一種尊重之意斯之謂敬實有一種珍愛之心斯
之謂惜使徒泛泛視之雖偶然檢拾亦與不敬惜者
等固不必污衊棄褻而後爲不敬不惜也若至污衊
棄褻則罪更不可逭矣先哲云字乃天地間至寶成
人功名在人事業開人見識爲人憑據不思而得不
言而喻一紙之通千里一室也數編之紀千載一堂
也下至記錙銖載瑣碎上至銘鐘鼎垂竹帛發號出
令經國安邦字之成天下之務也至矣胡乃聽傷於
蟲鼠遺棄於道途屋角牆傍舉目卽是殘編斷簡作

官圩修防彙述　身範　魯源緒助印

賤多端畀過可勝言哉況神明所鑒禍福所繫貴賤
所關壽夭所定古來以惜字而得善報以褻字而獲
重譴者不可悉數是不獨士林中宜加敬惜農工商
賈無不共宜敬惜者也而士林尤貴恪盡其所以敬
惜之實以爲四民法　以上惜字
蔣省庵曰天下之寶無逾五穀者也嘉種誕降厥由
帝命而又發之以土膏潤之以雨澤水旱風雹不使害螟
蝗蟊蠈去其災而後苗而秀秀而實登諸場圃薦諸
盤餐故五穀者天所愛也人情一日不再食則飢乞
兒貧婦窮途困頓簞食豆羮得之則生勿得則死然

四編卷一　闢俗上

而星霜野店索貧何從風雨荒村呼號莫顧當此之
時雖一粟一米亦不易得故五穀者民之命也況夫
農家作苦更有什百於士商工賈者冒暑而鋤帶星
而汲終年勞瘁常在泥塗糞土之中盡室經營竭其
婦子家人之力蓋自耕耘以迄斂穫而舂之揄之簸
之蹂之不知幾番變護幾許辛勤故五穀者人力所
萃而以我之福消受之者也可不惜哉其一在鋪館
之中就食之客來去不常而奔走滌器者往往取便
一時不暇顧惜殘羮餘粒捐而棄諸道旁矣揮而沃
諸溝中矣其一在衙署之中食指繁多准量無數官

長簿書般追不暇計及饔飧僕隸魚肉腥羶遂亦自忘其艱苦釜底之飯隔宿之餐竟視爲可棄之物因而及於鷄柵雞栖矣因而及於牛溲馬勃矣其一在富家貴族主中饋者經年不入庖廚任使令者終日居然飽食人浮於食則請而益之矣食浮於人則餺而棄之矣其一在棘闈號舍爲士子者多取則必多餘司巡綽者計納不復計出當步履之所及則在蹴踏中步履之所不及則在便溺中矣其他隨地隨時不勝枚舉或以爲無傷或以爲難禁或以爲瑣務不必經心或以爲忙中不遑留意然而咎已日積也是

必有歸也惜之於無形而豫防之可也節用之可也申諭之可也惜之於有形而時察之可也曲全之可也檢拾之可也故感應篇有跳食之戒救刼訓嚴棄穀之條瞿某以稻田潤米怒觸雷神沈婦以釜粥流污身嬰惡疾袁大葵之家僮誤抛溷厠而遠犯天威沈判官之厨婢委牆棄溝而頓遭冥譴陳孟玉穢中拾取獲膺誥贈之榮元參政器内無餘滌註耆頤之算揆之人情物理所宜愛重寶貴者如此考之禍福報應所宜警惕勸勉者又如此奈何以小善勿爲小惡勿去也哉（惜穀文）

晁錯曰夫寒之於衣不待輕煖饑之於食不待甘旨饑寒至身不顧廉恥人情一日不再食則饑終歲不製衣則寒夫腹饑不得食膚寒不得衣雖慈母不能保其子君安能以有其民哉今農夫五口之家其服役者不下二人其能耕者不過百畝百畝之收不過百石春耕夏耘秋穫冬藏伐薪樵治官府給徭役春不得避風塵夏不得避暑熱秋不得避陰雨冬不得避寒凍四時之間無日休息又私自送往迎來弔死問疾養孤長幼在其中勤苦如此尚復被水旱之災急政暴虐賦斂不時朝令而暮改當其有者半賈而

賣無者取倍稱之息於是有賣田宅鬻子孫以償債者矣而商賈大者積貯倍息小者坐列販賣操其奇贏日遊都市乘上之急所賣必倍故其男不耕耘女不蠶織衣必文采食必粱肉亡農夫之苦有阡陌之得以利相傾千里游遨冠蓋相望乘堅策肥履絲曳縞此商人所以兼并農人農人所以流亡者也方今之務莫若使民務農而已矣欲民務農在於貴粟貴粟之道在於使民以粟爲賞罰

按公西漢潁川人也號曰智囊

覺世經曰敬天地禮神明奉祖先孝雙親守

王法重師尊愛兄弟信友朋睦宗族和鄉隣別夫婦教
子孫時行方便廣積陰功救難濟急卹孤憐貧創修
廟宇印造經文施捨藥茶戒殺放生造橋修路矜寡
拔困重粟惜福排難解紛捐貲成美垂訓教人寃仇
解釋斗秤公平親近有德遠避凶人隱惡揚善利物
救民回心向道改過自新滿腔仁慈惡念不存一切
善事信心奉行人雖不見神已早聞加福增壽添子
益孫災消病減禍患不侵人物咸若吉星照臨若存
惡心不行善事淫人妻女破人昏姻壞人名節妒人
技能謀人財產唆人訟爭損人利己肥家潤身恨天
怨地罵雨呵風毁賢謗聖滅像欺神宰牛殺犬褻字
滅形恃勢辱善倚富壓貧離人骨肉間人弟昆不信
正直姦盜邪淫好尚奢詐不重儉勤輕棄五穀不報
有恩瞞心昧己大斗小秤假立邪教引誘愚人託說
昇天斂物行淫明瞞暗騙語曲言橫白日咒咀背他
謀人不存天理不順人心引人作惡不信報因不修
片善惡事皆行官司口舌水火盜侵惡毒癘疫生敗
產蠢殺身亡家男盜女淫近報在身遠報子孫神明
鑒察毫髮不紊善惡兩途禍福攸分行善福報作惡
禍臨我作斯語願人奉行言雖淺近大益身心戲侮

吾言斬首分形有能持此凶消吉臨求子得子求壽
得壽富貴功名皆能有成凡有所禱如意而行萬禍
雪消百福駢臻諸如此福惟善可成吾本無私惟佑
善人毋怠厥志衆善奉行覺世經

蔣省庵曰

聖朝移風易俗禁賭綦嚴以其爲害至大也禁後風似稍
息然特不敢顯爲耳其最甚者富貴之家不弟男子
爲然閨閫殆有甚焉不特長上爲然臧獲尤有效者
相習成風又何怪乎閭閻細民今試言之其害有三
曰鬬曰盗曰私同桌共戲儼然良友既而勝者矜負
者怨則不免口角矣口角不已至於鬬毆甚而至於
衣帽破頭面裂者其常也乃不甘心於負圖恢復性
急手癢挾采不得不免出於盜竊矣一經敗露當官
枷責尚可爲人乎窩賭之家惡少羣聚自守頭瓶復
有閒蕩數人遞茶進食出入無忌夜深人靜假寐一
室婦女雜處保其無私事乎敗壞風俗類多此三者
自來賭博亦有二種一則貪得性成妄思滿載而歸
當其勝而貪心益熾不轉瞬而還於人及其負而貪
念未忘不旋踵又多方而籌於已由是家產傾蕩父
母怨恨妻子分離者所在皆是也一則游惰無藝不

習生理以賭博爲捷身之所有錢入局無錢旁觀不
顧家室不計終身卒至凍餓而死者比比然也嗟乎
富貴之家以業子爲消遣具賭勝負於錙銖家長罔
知羞恥子弟效尤家教安在閨閫尊盛淫藏成風更
雜以三姑六婆外親同室其弊尚可言哉諺云賭風
即是淫風良有以也奴僕習見家風知是心無所畏
拋職守遣使令戲具出諸袖中朋輩不招自至盜貸
物藏發究貲之已遲倚之已晚吾願戒賭一法先自
富貴家長始家長不爲子弟斷不敢爲閨閫亦不得
爲奴僕有故犯家法而不畏者乎由是閨閫細民凜
然　圖法男勤耕讀婦勤紡績保家養親不特三害
俱無抑且不暇游蕩矣風俗之良何如哉
陳成卿戒賭十則
一壞心地假博奕以攫財無異盜賊此勝者壞心地
也因賭傾家寡廉鮮恥之事亦忍爲之此負者壞心
地也况賭生貪心詐心爭競心逸樂心有一事不壞
良心乎
二耗貲財偶負即止其害尚淺若妄想完璧其患轉
深始則賭餘貲繼則賭正項末則賭盡用富人不破
產不休窮人不滋盜不止

三誤正業士農工商各有一業一貪賭迷廢時失業
身爲緊綁正務轉託他人因而覆敗富貴者事務殷
繁致人守候逾期失信所誤更大
四傷人倫子好賭父未有不怒者至蕩已蕩盡百計
攫親之有子道安在不惟是也更傷兄弟强者侵奪
弱者借貸累緣嫌隙一開相戕無已不惟是也更傷夫婦
規勸反目典鬻觸心妻子怨苦莫訴終身失所
五致疾病沈迷賭賻夜以繼日飲食失節寒暑失宜
囊空志怠亢神耗散皆致病之由
六結怨毒賭局易啟爭端雖至親密友往往反爲攫
背親情友誼頃刻頓忘一時懷恨報復無窮
七生事變賭博少正人出入門戶疏虞致生盜賊
之變夜深人倦薪炭未熄致生回祿之變晝夜不歸
家門不謹致生奸淫之變爭忿告訐或被查拿即指
辨之當品望之儒間罪受縲則又受聲名之變矣
八損品望凡迷賭局即聰明俊秀人料其無成輕而
賤之正士勿與交賢易勿與聯昏因勿與通似一文
不值也
九召侮辱賭局無分貴賤雖極下流皆爲平輩信口
稱呼任情嘲笑一言不合欺侮相加既與朋賭莫可

如何
十失家教身率以正然後可訓子孫馭奴僕好賭者
不然往還多淫朋子孫日與狎褻志氣乖言行壞不
止傾家敗產已也男女共席而不避嫌親串雜處而
無所忌帷箔不修勢所必有卑下因賭致盜又在所
必然矣
按陳氏失考見全人矩矱
王鷟思曰賭之禁例綦嚴矣今則有曰壓寶者處處
爲之市肆之中廟會之際公然搭棚賃地保役齒其
陋規不但明知不問抑且與爲朋黨且有無賴首事
藉其地脚爲酬神賽者非禮之祀神其吐之姑不具
論雖使三尺童子有錢一二文誘其入局覶擲骰抹
牌其害尤甚
按公諱楨直隸深澤人康熙辛丑進士官知縣有崇
雅堂稾嘗試語等書
程漢舒曰今鄉村人家中堂之上貼天地君親師五
字不知起於何時人若看得此五字重大持身涉世
不至大無忌憚人身日將此五字顧名思義觸目警
心一生所益不少
按公爲二至先生之尊人有讀書筆記

竊以生理爲養身之具誠不可不急謀也人生不可一
日無衣食卽不可一日無生理一失頤養蹉跎歲月
凋瘵日形理固然也士冠四民士品也降至農佃新
寒暑雨卽形容憔悴不敢告勞焉其次爲工爲商賈
執技藝操奇贏青亭烏黃間居肆成事未有不起於
辛苦者蓋家業本於積聚而成德基於萌芽勿謂孺
婦可以養癰而不治勿謂耆老仍使血氣之妄行時
有水旱舍圩隄而勿修將欲薅荼蓼食藜藿不可得
矣以是知國無捐瘠者蓄積多而生理裕也謹議庶
事如左　士　農　工　商賈　婦女　童稺　耆
老

士

吾人讀書明理咸謂之士子弟七八歲時無論敏鈍
俱令就塾去其浮躁開其心竅則主腦已得矣至十
五六再觀其氣質淸濁身體强弱爲士爲農始分其
業吾圩詩禮之家如翅東田之考據汪非九之著作
王櫟園胡燕喜之教授生徒葛維嶽潘章甫之潛心
理學詹用章丁青麓之治行卓卓湯天龍史彝尊劉
朝望之經畫井井載入志乘均三伐毛三洗髓火候
確到時也天地生才何處蔑有端賴吾儒潛移默運

勿以圩圍爲可

吕新吾曰子弟讀書大則名就功成小則識字明理世間第一好事

按公名坤字叔簡甯陵人明嘉靖中進士仕至少司寇有雜箸

張楊園曰從師受學便有上達之路非謂富貴也人自愛身惟有讀書愛其子弟惟有教之讀書近代游庠序而至飢寒側衣冠而多敗行遂歸咎讀書不知末世之攻習浮文以資進取初未嘗學聖賢一節是以失意斯濫得意斯淫爲里俗所羞稱蓋不讀書則

不知禮義一再傳後蚩蚩蠢蠢親不知事身不知修子不知教愚者安於固陋慧者習爲黠詐循是以往雖違禽獸不遠矣

陸九韶曰古者民生八歲入小學學禮樂射御書數至十五歲各因其材而歸之四民故爲農工商賈者亦得入小學也七年而後就其業其秀異者入大學而爲士教之德行凡小學大學之教俱不在語言文字故民皆有實行而無詐僞

程畏齋曰竊聞之朱子曰爲學之道莫先窮理窮理之要必在讀書讀書之法貴乎循序而致精致精之

本則在乎居敬而持志此不易之理也其門人私淑之徒薈萃朱子平日之訓而節序其要定爲讀書法六條　循序漸進　熟讀深思　虛心涵泳　切己體察　著緊用力　居敬持志

按公名端禮四明人有讀書分年日程

熊勉庵曰忠主孝親　敬奉典籍　以名節立身　以忠孝訓俗　敬見信友　盡心啟發　敬惜字穀　謹僃言行　誨人言行並重　無故不曠功課　不菲薄人爲不足教。耐心教訓貧家子弟　聰明人教以誠實　富貴子弟教以禮義　講鄉約例法勸

戒愚頑　事涉閨閫者不輕言不落筆　事屬陰虛者不攻發不猜疑　不書誣揭　不寫呈稟　不作離昏分別紙　不昧心袒護親朋　不扛幇打降　不演邪淫謗說　不加人混號歌謠　不褻視利濟爲善者　不詆毀平人　不陵虐鄉愚　不妄圖文字欺哄無知　不自負才高輕漫同學　不譏笑人文字　不廢散人書籍　不恃衣頂呈人　不作昧心干證　遇上智講性理學　見愚人說因果事　勸止人不孝不睦諸事　引導愚人敬宗睦族　傳人保益身命事　此皆士人不費錢功德也

官圩修防彙述

賀陽亨曰士人讀書欲作秀才一作秀才便軒然里巷間些小利必就些微氣必爭自待已輕如何長進有志之士必思量我既作秀才如何混過一生必不貪圖小利即位極人臣益當休休有容坦坦無欺俾鄉里可敬可愛後世可法可則纔充滿秀才分量若自恃門第爭些小退容氣撐支門面不知門面所以大者是有好人樣子若倖博一衿妄行武斷刻削元氣結怨鄉里天理昭昭何益之有

按公名時泰字叔交江夏人甘貧樂道教子義方子逢聖仕至宰相謚文忠

張步階助印

朱柏廬曰讀書須先論人次論法所謂法者不但記章句當求義理所謂人者不但取科第要做好人取科第者未嘗不求義理而其重在章句做好人者未嘗不解章句而其重在義理先儒謂今人不會讀書如讀論語未讀時是此等人讀了後只是此等人便是不會讀要知聖賢之書不爲後世科名而設是教千萬世做好人直至於大聖大賢讀一句書反之於身能如是否行一件事合之於書比古人如何此纔會讀書徒習記誦猶未善也若攏列淫詞雜劇誤自己並誤子弟家有此書便爲不祥即詩詞歌賦亦屬緒事孝能兼通六經及性理綱目大學衍義諸書固爲上等不然亦將孝經小學四書本註置在案頭自讀並教子弟讀則必定爲好人科第一事不在其身必在其子孫

又曰積德之事人皆謂惟富貴可爲抑知富貴者積德之報必待富貴而後積德果何日富貴乎又何日積德乎惟於不富貴時行善爲尤難其功爲尤倍蓋德是天性中所備無事外求積德亦隨在可爲不必有待如蟻子入水飛蟲投網見而救之又如乞人哀號輟與錢飯即此便是德日漸做之便是積今人但知積財積産而於已所完備之德不思積之且又喪之不可解也論積之序首親戚次族黨次交游次物類不求知於世不責報於天若當面錯過不富貴時不肯爲即富貴時吾亦未知其果爲否也

楊椒山曰習舉業只要多記多作四書五經之外古文論策表判皆須熟讀多作不可專讀時文專作時文尤不可一日無師傅無師傅則無嚴憚無考正雖十分用功終是疏散又必須擇好師傅如不愜意辭之另請不可惜費遷延誤業又必擇好朋友日日會講舉業何患不成

按公名穉盛直隸容城人明嘉靖間進士官兵部諡

忠愍

陳聚川助印

史搢臣曰開卷有益獨今之謏說以淫奔無恥爲逸韻以私情苟合爲風流摹寫傳神老成人閱之或爲搖撼無識少年未有不神魂顛倒者在作者本屬於虛在看者竟認爲實因而傷風敗俗犯法滅倫矣雖倜爲腐意之作而因果報應略而不看人生好德之心不勝其好色之念既已挑引於其前鮮能謹持於其後吾願主持風化君子將此等淫書燒其本毀其板使民惟經史是讀厚風俗保元氣是亦聖王之善政也

按公名典江南揚州人有願體集

按吾圩紳士 前明有免役之習邑志載之詳矣近來士林率因董首致誤舉業且有慕羶蕕希充是役以圖染指甚而爲之肆毒者若考据若箸作與夫天文歷數及輿圖訓詁之學制度名物之爲瞻望弗及不聞不問故未切理饜心焉宜其終老牖下也惜哉

農

邑重農圩業之者十有八九胼手胝足自幼而壯而衰而老幾無息肩日水消渴時賚以修築水漲滿候

費少階助印

用以宣防終歲勞苦不敢少休除地丁南米外又有橋梁土木諸役苟非寒燠雨暘之協解飢療渴之宜五月間卽有賣新穀者剜肉補瘡痛心疾首不忍言矣豈曰惰農自安乎

張楊園曰近世以耕爲恥只緣制科以文藝取士競趨浮末若漢世孝弟力田爲科人卽以爲榮矣實論之耕則無遊惰無飢寒無外慕失是無黠詐驕奢思無越畔土物愛厥心臧保世承家之本也

熊勉菴曰 耕作以時 照顧蟲蟻 糞田不戕物命 不阻塞道路 塡坑塹以便行人 不謀買田主產業 不聽僕盜田主租穀 不藉主勢踐人禾苗 不諂奉主人侵佔鄰產 不挖人墓風水 不壞無主墳 不唆主故塞水利 不私動田主種糧 不忌隣田禾盛妄害 不誤荒人田畝 不愛他人農具 牲畜踐踏不剌戳 不抄近損人苗穀 戊己日不動土不澆糞汚觸地祇

按公名宏備江南淮安人有寶善堂不費錢功德例

邑志曰圩瀕湖畔冬春築埂夏取菱草於湖以壅田稱沃壤焉秋冬拾菱芡罱水族以爲利然春夏之交

黴雨不閉湖水溢江潮注一隄如綫生靈寄命
又曰四時燥濕寒燠與淮以南並蘇常諸郡大抵相
同麥秋在芒種前後稻之成熟有早晏晚稻有經霜
猶棲畝者
耕讀十便曰以耕兼讀習於勞苦勞則善心生一也
治家不期勤而勤不期儉而儉二也一應柴蔬油米
不向市買三也婦女不染城市繁華之習四也讀書
餘暇種竹養魚有一種生趣五也田夫野老話桑麻
事歷歷可聽並無機械語六也官稅早完門無剝啄
歲晚務閒室家團聚七也可造就者指點讀書行文
之法八也鄉愚告以禮義廉恥道以孝弟忠信九也
日後做官巡野勞農事皆閱歷語皆切要十也
陸桴亭曰種田唱歌最妙田夫群聚人多口雜非閑
談即互謔嚴禁之不可止惟歌聲一發群囂寂然應
節赴工力齊事速但歌詞淫穢殊壞風俗擬效吳歈
撰數十首端本人情發揮風雅凡田家作苦孝弟力
行及種植事宜家常功課較晴量雨報賽祈年之類
播之聲歌以教農民似於風教有裨
按公諱世儀江蘇太倉人有集思辨錄等書
按築隄用夯夫必唱歌而力乃齊古例一曲三夯勿

使緩緩可也余綱夯夫曲三十韻皆工交眼前光景
口頭語用節疲勞未必無所補益也見述餘文藝
張文端曰上農有三益一在耕種及時一在培壅有
力一在蓄洩有方農最重時早穫一月有一月之益
冬最良春次之早種一日有一日之益至培壅即古
所云糞其田也一畝可得兩畝之入而稅不加增何
快如之蓄水用水最有緩急在當其可惟老於農者
知之劣者反是樂於偏災租額任其高下此陋習也
包世臣曰周公曰先知稼穡之艱難乃逸則知小人
之役孔子曰使民以時既富矣又何加焉孟子曰民
事不可緩也易其田疇薄其稅斂民可使富夫民歸
農則穀殖繁姦邪息上明農則力作勸侈靡衰倉廩
實而知禮節先王之本政也自士不興學校鄙夷田
事高者談性命卑者矜詞章洎乎通籍兼并農民田
輸兩稅而官吏征收公私加派甚有鬻獄賣法分紳
富之膏腴折糧加漕浚惸獨之勞血者農民終歲勤
動幸不罹於天災而父母妻子已迫飢寒卒歲爲常
何以堪此余家居瘠野且以食貧幼親園圃衰棄農
說務在易曉并文獻之無徵無迂闊而遠事其目有
此曰辨穀曰任土曰養種曰作力曰蠶桑曰樹植曰

官圩修防彙述

蓄牧

按原篇詞繁理緒不及備載謹將乘時者錄於後非
吾圩所宜者仍節之略增數事

立春 修農具 鋤二麥 織草鞋 爬麥塿
雨水 編籬笆 出牛糞 掐菜薹 罱夏泥
驚蟄 糞菜子 插楊柳 造醬 劃土糞
春分 糞大麥 種薯蕷 打糞草 挑泥
清明 浸早稻 種瓜壺 合牛馬 下秧
穀雨 浸遲稻 種芋藤 種棉花 種茄莧蘆穄
立夏 刈大麥 刈菜子 種早豆 刈豌豆蠶豆

小滿 刈小麥 拔早秧 種芝蔴
芒種 栽中稻 蒔早稻 點中荳 刈芒
夏至 栽晚稻 點菜荳 種蔴 鋤一切荳
小暑 耘晚稻 撿稗 納上忙
大暑 薅田 鑽風 摘菜荳 斫早黃荳
立秋 刈早稻 種蕎麥 撿棉花 下菜秧
處暑 刈中稻 種蘿蔔 種泥黃荳
白露 栽白菜 收苧蔴 打草 起稻板田
秋分 種早麥 收蘆穄 刈芋 收中黃荳
寒露 刈遲稻 收芝蔴 種油菜及豌蠶荳

官圩修防彙述

霜降 收遲荳 種麥 掘荸薺 拔棉 栽蒜
立冬 醃菜 刈蘆葦 擺麥塿 蓋屋
小雪 芸麥 刈蒲 耕水田 完下忙漕米
大雪 修橋道 釀酒 刈柴草 罱泥
冬至 糞小麥 車池 伐木 積耩
小寒 澆糞水 挑泥 撒麥 打泥塊
大寒 鋤菜 糞菜 鍘菜 編草鞋蓑笠

按公字慎伯涇縣人嘉慶戊辰舉人有倦游閣文集
並安吳四種

以昔詩者惟農家爲然耳聶夷中詩二月賣新絲五
月糶新穀醫得眼前瘡剜去心頭肉語雖鄙俚曲盡
農家情狀四民之中最爲勤苦者
按公歷事五代仕至宰相封瀛王自稱長樂老一
李殿圖曰延訟之謀蠹也戶婚田產細故累民非萬
不得已不敢興訟或誤聽刁唆捨非爲是全在有司
明決剖析俾受誣開釋無辜民始得盡力於隴畝但責
吏胥絕少逢官嚴則盡其伎倆遇上官則畏其上控退
劣衿則防其告端至賢良則無可生發獨務農小康

官圩修防彙述　卷一　工

按朱字九符號露桐直隸高陽人乾隆丙戌進士官
至福建巡撫有年譜

邑志曰菖蒲有花選種浸水七晝夜勾萌乃折叉三
日附土五日苗青芒種前後分秈而蒔之其界如棋
盤綫以便耕耨薙芟𣂏莠疏其鬱滯凡三致力而秋
乃成

工

吾圩樸陋自安不尚彫斵茅茨土階猶有陶唐氏之
遺風焉惟桔橰之器尙備其法髣節靈通腠理拍合
業是工者卽至白頭猶在熟地遷而勿能爲良主攻
石之工如陡門涵洞磚砌諸役皆雇之外府若陶冶
若圬墍間亦有之奇技淫巧腐朽化爲神奇非所習
也其傭力者苦無恒心幸僕御賤役所勿屑爲故無
有充當差役者禮俗然也

熊勉庵曰　雕鑄不褻瀆聖像　造物必堅實　不
因酒飯怠慢生壞念　不苟且草率　不行壓魅法
不哄人興造房具　不播東家隱微事　不造磽薄
假物　不混延時日　不送禮物圖生意　不以破
碎混完全貨　不輕毀成物　不妄作淫巧　不污
損人衣服　不偷人材料　不輕費物料　不抄行

官圩修防彙述　卷一　商賈

蓉市聽主延緩　不藉故中止　不臨事脫逃　不
擬支工價

畢二尹曰查農民雇工幇作往往豫圖辛俸到手臨
期託故逃工嗣後如有坐此許該主扭帶送廳懲治

大清會典曰工程需用匠役選樸實有身家者爲大頭召
募匠夫責令具結倘案人給腰牌稽察出入不奉法者懲
逐有竊匿隱藏工所夫頭不舉者論如例

商賈

考邑志載民多士著故安土重遷商人無而賈人少
卽有爲之者惟以江設出入是務錢竹木皆取之於外
府業是者微濟客民居多且有世賈吾圩置產業者
永漲隄危計無復之間亦向殷實仗義大賈挪移錢
穀選材配料以資保障歲熟徵還估入倉於暢消又
得易值亦樂爲之乃挽回造化之一法也

熊勉庵曰　討價不欺哄鄉愚　不高擡柴米價
貧人買米不虧升合　不賣假貨　不開蕩帳　出
入不用輕重戥秤大小升斗　病人所需不勒高價
不可欺人不見賣污穢物食　不設計謀奪生意
不忌人生意茂盛多方譭毀　交易公平童叟無二
深夜買急物不以寒冷不應　典舖輕減利息所當

銀錢足其戕邑　貧人錢數分釐尤加寬恤　贖當少虧諒情讓免勿使致恨　不齊行勒重價　貧人買衣帳哀憐讓價勿使不成

史揩臣曰凡商賈出外每帶器械防身能帶未必能用不特疑有重貲而且防我害彼先下毒手是防身適害身也江湖老客衣囊藏索錢財秘藏不貪路程不冒風浪擇旅店慎舟車禁嫖絶賭節飲醒睡而寬袍大袖粗帽敝衣未嘗見其失事也

呂新吾曰宋呂滎公母申國夫人性嚴有法教公平居衣服唯謹出入無得入茶酒肆

按今街坊鎮市茶館酒肆處處都有人人競入若嗜痂然不特蕩費資財其嬉戲謔浪大都誤工失業傳染此習者良多近有鴉片烟館費精耗神害人終身誤一家事業且延禍於鄰里所貴爲父兄者勿因疥癬之疾致心腹之憂以身爲倡先不入茶坊酒肆終身不入烟館然後戒子弟以不入久之而設館者無生理自閉門而改業矣

包世臣曰近日本末並耗致民窮而不能禦災其故有三一曰烟耗穀於暗二曰酒耗穀於明三曰鴉片耗銀於外夷請詳指其弊而後陳其救弊之法烟出

於淡巴菰國　前明中葉內地始有其種前之食者十人而二三今則男女小大莫不喫烟人每日約費七八文八口之家終歲之費不下數十金膏腴種烟已占生穀之土且須厚糞下種耕鋤摘頭捉蟲採葉曬簾畝須五十工而後成種穀畝不過十工烟則加五倍矣治田糞一偏溢穀二斗加一工亦溢穀二斗種烟耗糞與耗工乘除之其耗穀不可計算且驅農民爲做烟綑烟抱烟包烟者數復不少至開烟袋店烟袋頭尾大抵銷青黄銅錢爲之制錢十文重一兩好銅一兩值制錢二十文雖嚴法不能禁而錢法沮壞矣且做工者皆喫烟耕耘未幾開火閒談十工止得八工力耗工無算減穀無算所謂烟耗穀於暗如此　古用酒有三成禮養老養病非此則荒湎焉周公忠厚立國羣飲者執拘歸周似乎過苛今吳越齊豫之郊荒村野巷莫非酒店切倚悲歌莫非醉民乃知周法不爲過當上農畝常收麥一擔二斗收米三擔何畏凶荒而漕坊酤於市士庶釀於家本地所產耗於大半中人飯米半升黄酒一擔用米七斗一人可飲黄酒五六觔是酒增於飯七八倍也燒酒成於膏粱及大小麥膏粱一擔得酒二十五觔大麥五十

官圩修防彙述　商賈　朱子餘助印

勅小麥六十勅常人飲燒酒亦可勅餘是一人耗兩日之食也所謂酒耗穀於明如此　鴉片產於外夷害人不異鴆毒販賣者死買食者刑　例禁綦嚴近年轉盛始惟閩粵今則無處不有鴉片之價較銀四倍牽算每人日需銀一錢每日所費每年所費不下萬萬近習奢靡所費散於貧苦工作楚人亡弓尚不過害惟買食鴉片銀歸外夷　國家正供并鹽關各課不過四千餘萬而鴉片散於外夷者且倍差於正賦近來銀價日高市銀日少究厥漏卮實由於此況夷以泥來華以銀往虛中實外關已匪細又況耗精神誤本業喪身命乎所謂鴉片耗銀於外夷如此

張南皮曰悲哉洋烟之害乃今日洪水猛獸也然而殆有甚焉洪水之災不過九載猛獸之噬不出殷都此害流毒百年蔓延廿省以後浸淫尚未有艾天禍中國誰能除之記曰君子如欲化民成俗其必由學乎中國吸烟之始由於懶惰懶惰由於無事無事由於無所知無所知由於無見聞士之學取辦於講章墨卷官之學取辦於例案兵之學取辦於鈍器老陣如是而已農無厚利地無異產工無新器商無遠志行旅無捷途大率以不勤動不深思不廣交不遠行

官圩修防彙述　卷二　警俗上　商　朱詒穀等助印

官圩修防彙述　商賈　汪濠金助印

而得之陋生抽抽生緩緩生暇暇生廢於是嗜好中之皆不學之故也海內志士傷時念亂怵然有人類絕滅之憂設戒烟會大都治愚賤之人而智能之人恃有逃墨歸楊之藪猶不戒也吾謂先以學治知能少壯之人彼愚賤者聽其衰老三十年而絕蹟矣家訓訓此鄉約約此學規規此剝窮則反此其時乎

按公名之洞字香濤同治癸亥探花現任湖廣總督有勸學篇

陸清獻曰作家切勿賒欠店帳寫票支取非不便易未免過取濫用日久算帳不覺驟積多金豈不悶心何如發錢現買畢竟惜費或亦少省些須未必非作家一助云

按賈人以僞貨用紙盒包裹甚以牛溲馬勃假爲玉札丹砂金玉其外敗絮其中賒放民間歲時伏臘尤甚窮戶貧須臾之弛緩朝賒夕欠一屆收割價賤之期挈帳駕舟沿門坐索此困農之事也嗟乎謀生理者將本求息誰願以零星細帳再三膽算雇艘駕船屢次催索任將潮雜穀麥抵付且又昂價此而不多算者吾決未之敢信也彼賒欠者何其憒憒

童稺

陸象山曰古者教子弟自能言能食即有教以至灑
掃應對進退皆有所習今人自小即教做對稍大即
做虛誕之文皆壞其質性
按公諱九淵字子靜宋乾道中進士知荊門軍居象
山教授生徒有語錄
陸清獻曰小學不止是教童蒙之書人生自少至老
不可須臾離故許魯齋敬之如神明近思錄乃朱子
聚周張二程先生之要語為學者指南時玩味此二
書人品學問自然不凡
張儀封曰余纂刊養正編書要言於卷首欲子弟自
書嘉言懿行貼壁觀覽不但長益其記誦兼可觸發
其性情
按公字孝先河南儀封人康熙乙丑進士官至禮部
尚書有正誼堂集謚清恪崇祀
孔廟
按人當童穉之年其忠厚樸實天性未漓惟嚴防風
俗人心乃正是必使君子教之然後可以益智不至
終為牽牛老死牖下也朱子有童蒙須知一冊始於
衣服冠履次及言語步趨次及灑掃涓潔次及讀書
寫字此外雜細事宜均去其浮躁病根而歸於中正

天下有真教術斯有真人才教術之行不以鄉曲棄
也宮墻因鄉曲也導引可無亟乎人才之成原以童
蒙基也宮墻多童蒙也保赤能無急乎乃修防之役
羸老疲癃外舉以幼穉趨工供收並用是力未足而
使之並行事不成而人將尤效庸有濟乎少而習焉
長而安焉我知其難與言矣
朱子曰童蒙之教始於衣服冠履次及言語步趨次
及灑掃應對次及讀書寫字
真西山曰凡為人子弟在家庭事父母入書塾事先
生並要恭敬順從遵依教訓與之言則應教之事則
行毋得怠慢自任己意此學禮也　定身端坐齊腳
斂手毋得伏靠偃仰傾側此學坐也　籠袖徐
行垂手緩步毋得搖肩跐足此學行也　拱手正身
毋得跛倚欹邪此學立也　樸實語事毋得妄誕低
細出聲毋得叫嚻此學言也　低頭鞠躬斂容收手
毋得輕躁浸易此學揖也　專心看字斷句明讀字
字分明毋得目視他所手弄別物此學誦也　定志
把筆字要齊整圓淨毋得輕易糊塗此學書也
按公諱德秀宋浦城人參知政事謚文忠崇祀
孔廟

官圩修防彙述　童稺　朱子餘勛印

部位謹按熟摩未必無小補也云爾
其首章曰大抵爲人先要身體端整自冠巾衣服鞵
韈皆須收拾愛護常令潔凈整理蓋男子有三緊謂
頭緊腰緊脚緊頭謂頭角未冠者總髻腰謂以條帶
束腰脚謂鞵韈此三者不可寬慢身體放肆爲人所
輕賤矣凡著衣服先整領結兩衽紐帶不可闕落飲
食照管勿令污壞行路看顧勿令泥漬凡脫衣須齊
整摺疊勿散亂放則不爲塵埃所污仍易尋取既久
則不免垢膩須要勤洗破綻則補綴之儘補無害只
要完潔凡盥面束兩袖勿令有濕凡就勞役必去上

衣只著短便勿使損污日中所著夜臥必更不藏蚤
蝨如此不但威儀可法又可不費錢文晏子一狐裘
三十年雖意在以儉化俗亦其愛惜有道也
其次章曰子弟須是低聲下氣語言詳緩不可高言
諠鬨浮言戲笑父兄有所教督當低首聽受不可妄
議檢責或有過誤不可便自分解姑且隱默久方徐
徐細云此事恐是如此向者偶爾遺忘思省未至如
是則無傷忤而理自明至於朋友亦當如此凡聞人
所爲不善下至婢僕有過宜且包藏不便聲言當詰
語使其知改凡行步須是端正不可跳躑若父母長

官圩修防彙述　四編卷一　圖絡上　宍　朱詒穀堂聚珍

官圩修防彙述　童稺　朱子餘勛印

上喚召又當疾走不可舒緩
其三章曰凡爲人子弟當灑掃居處之地拂拭几案
當令潔凈文字筆硯凡百器用皆當嚴肅整齊頓放
有常處取用既畢復置原所父兄長上坐起處文字
紙劄之屬或有散亂當加意整齊不可輒自取用凡
借人文字皆置簿鈔錄主名及時取還牕壁几案不
可書字前輩云壞筆污墨瘝子弟職書几書硯自黥
其面此爲最不雅潔切宜深戒
其四章曰凡讀書整頓几案令潔凈端正將書冊整
齊然後正身體對書冊詳看字字分明讀之須要字字

響亮不可誤一字不可少一字不可多一字不可倒
一字不可牽强暗記只要多誦徧數自然久遠不忘
古人云讀書千遍其義自見余嘗謂讀書有三到謂
心到眼到口到心不在此則眼不到孟浪誦讀决不
能記記亦不能久也三到之法心到最急心既到矣
眼口豈不到乎凡書冊須要愛護不可損污縐摺凡
寫文字須高執墨錠端正研摩勿使墨汁污手高執
筆管雙鈞端楷不得令手指著毫頭未問工拙如何
且要一筆一畫嚴正分明不可潦草
其五章曰凡子弟須要早起晏眠諠鬨爭鬭之處不

言行修防彙述　童蒙

可近繁瑣之事不可為如賭博竊盜打毬踢毬放風
箏皆是飲食有則食之無則不可思想但粥飯充饑
不可闘向火勿近火旁不惟舉止不佳且防焚爇衣
服相揖必折腰對父母長上朋友必稱名凡稱呼長
上不可以字必云某丈如弟行者則云某姓某丈凡
出外及歸必於長上前作揖雖暫出亦然凡飲食於
長上之前必輕嚼緩嚥不可聞飲食之聲飲食之物
勿爭毀多少美惡侍長者之側必正立拱手有所問
則必以實對開門揭簾須徐徐輕手不可令震驚聲
響眾坐必斂身勿廣占坐席侍長上出行必居路之
右任必居左飲酒不可令至醉如廁必去外衣夜行
以燭無燭則止待僕婢勿與嬉笑執器皿惟恐有失
危險不可近道路遇長者必正立拱手疾趨而揖夜
臥必用枕勿以寢衣覆首飲食舉匙必置箸舉箸必
置匙食已則置於案上　以上雜細事宜品目甚多
若舉大概吾篇若能遵守自不失為謹愿士必又能
讀聖賢之書恢大此心進德修業入於大賢君子之
域無不可者並稱其勉之

婦女

男正位乎外女正位乎內言無藻躟也凡主中饋習

言行修防彙述　婦女

女紅蠶桑勤紡織皆分內事也豈尋習齋沐乎奸
因兵後居民鮮少婦女蒔菜藝於田間采樵薪於湖
蕩伊其相謔如賓之敬者不可追此蔓草之詩桑中
之什聖人存之所以防淫近來寺院燒香朔望問男
女膜拜街坊買物接受者言語談諧不肯淡薄貫米
私圖脂澤憎於負穢臨墓忍謂淫波甚有咒詛鄰帶
陵毋家以遂謗不安家室背夫主以奪逃者婦道至
此天理滅矣蕩言員節恐過隳吁而夫者鼓譟識何
謂哉勿謂齋狎之疾母虧洗滌將來讒戾心腹之患
倖莫及矣芝之草無根醴泉無源凡為丈夫者先為調
攝可也
隋元譜曰陰陽之氣不相陵內外之職不相紊故男
耕女織人倫之制王化之基也今爾民晝居於內而
使其婦露體塗足力作於外易陰陽之位亂男女之
別傷化薄俗莫甚於此且非所以勸勤也夫一夫不
耕則受其飢況皆棄職業乎今與爾民約男子治外
婦人治內不得復循陋習
按公字子師江蘇常熟人康熙戊辰進士官昌化縣
有崇雅集
曹大家曰女有四行一曰德二曰言三曰容四曰功

夫曰婦德不必才能絕異也婦言不必口辯利辭也婦容不必顏色美麗也婦功不必技巧過人也幽閒貞靜舉止整齊行已有恥動靜有法是謂婦德擇詞而說不道惡語時然後言不厭於人是謂婦言盥洗塵穢服食鮮潔沐浴以時身無垢辱是謂婦容專心紡績破衣縫補潔齊酒食以供賓客是謂婦功此皆婦女大節而不可無者

按大家姓班氏名昭後漢平陽曹世叔妻扶風班彪之女青年守志教子穀成人兄固作前漢書未畢昭續成之

吳復昌助印

宋尚宮女論語十二章目　立身　學作　學禮　早起　事父母　事舅姑　事夫　訓男女　營家　待客　和柔　守節

按宋若昭貝州人父棻好學生五女昭居二不願適人著女論語奉詔入禁教諸公主號曰宮師

呂新吾曰婦有七去不順父母去無子去淫去妬去有惡疾去多言去竊盜去　有三不去有所取無所歸不去與三年喪不去先貧賤後富貴不去

王朗川曰婦禁有十三一干預外政二入寺廟燒香三無故聚飲四會諸姻黨同席熟談五痛撻奴婢惡

聲詈罵六優厚三姑六婆七侈蓄珠翠八看龍舟觀燈看戲做會諸外場雜遝事九與妯娌們鬬勝十分理是非十一不親中饋十二厭夫交友賓客十三貪嗜肥甘懶於工作

張楊園曰男子服用固宜儉素婦人尤戒奢侈衹宜勤紡績供饋食飾珥衣服簡質而已若金珠綺繡求全責備慢藏誨盜冶容誨淫一事兩害莫過於此況婦德無極閑家之道當以此爲先

又曰男子婦人不可與僧尼往來敗壞家風也宗支雖有貧賤不可令子女爲僧尼若寡婦與尼通欵接

望源大助印

及佞佛燒香又不如更嫁之猶爲乾淨也

魏叔子曰古今以婦人釀成父子兄弟姻友鄉隣之禍者不一而足總緣婦人之性專一自是非人其言偏屬有情有理爲夫者每是已婦而非人婦賢知者亦陰移而不覺故不聽婦言自是難事然試一平心推勘婦人與人爭詬百十次中衹有怨人責人曾有一次肯說自已不是向人謝過否然則世上婦人盡是聖人也乎平勘到此其言自有不可聽處

按公諱禧字冰叔康熙己未博學鴻詞不赴有叔子文集

官圩修防彙述　婦女

左傳曰晉冀邑人郤缺夫婦相敬如賓客一日缺耨其妻饁持飱奉夫甚謹缺亦斂容受之晉大夫白季過而見之載以歸言諸文公曰敬德之聚也能敬必有德德能治民君請用之遂爲下軍大夫

魯語曰公父文伯退朝朝其母敬姜方績文伯曰以歜之家而主猶績懼干季孫之怒也其以歜爲不能事主乎其母歎曰魯其亡乎使童子備官而未之聞耶居吾語女昔聖王之處民也擇瘠土而處之勞其民而用之故長王天下夫民勞則思思則善心生逸則淫淫則忘善忘善則惡心生沃土之民不材淫也

吳復昌助印

瘠土之民莫不向義勞也是故天子諸侯大夫士皆日夜盡心而後卽安王后夫人內子命婦各修職業今我寡也爾又在下位朝夕處事猶恐忘先人之業況有怠惰其何以避辟仲尼聞之曰弟子志之季氏之婦不淫矣

史播臣曰男女之別惟爭一見禮云外言不入於梱內言不出於梱聲音不通況授受乎此聖賢防微杜漸也今婦女竟不避人燒香游玩丈夫明知之而故縱之反笑避人者爲不大方及至牝雞司晨服食器用脂粉鋮綫聽其自搆閨媛寡婦竟與街市貨郎掂

四編卷一　醫俗上　朱治毅堂聚珍

官圩修防彙述　婦女

兩論斤奪來搶去男女混雜言語詼諧大爲不雅

又曰有等驕悍婦人不知禮法翁姑丈夫開口便罵及至事生丈夫顧恤體面不肯露醜彼反輕生恐嚇否則背夫逃走卽不然唆母家婦女前來蹂躪此最惡習

郭子儀曰諺有云不癡不聾不作阿家翁兒女子閨房之言何足聽也

按公唐華州鄭人平寇有功卒贈太子太傅

陸清獻曰人當極盛氣時妻孥於中委曲勸解切勿高聲助氣故曰家有賢妻夫不遭橫事又曰家有賢

瞿源大助印

妻猶國有良相

又曰世上婦人但知備辦衣飾一件未壞又做一件未可稱之爲賢冬年時節淡糊自適者方爲賢婦

又曰做人家切不可輕賤使米當思青黃不接時往店自糴店家升斗淺小米色潮碎有無數氣悶若米賤尤不可使用雜用難免需可遽糶切不可零星賤賣況婦人私下使米乎宜切戒之

葉某曰溺女不但傷風害理凡姦拐賣休買休及窮民終身不得一婦盡根於此女少男多流惡種種能立法禁革所關世道人心不少

四編卷一　醫俗上　朱治毅堂聚珍

史搢臣曰世有愚人生育舉女投之水中嬰兒何罪遭此毒手嗚呼鳥戀巢雛甘心受弋鱔憐腹子鞠體重傷物類如斯人何異焉緣吝日後之財遂肆臨時之毒殊不知天生一人自有一人衣祿且骨肉天性投生反死不但於心不忍自是天地鬼神之所共憤仁人君子亟宜勸戒如能設育嬰堂亦是體天地好生之意也

黃乙藜曰溺嬰之事雖很毒婦人所爲亦出於丈夫之意或欲轉產爲男或因家貧致累殊不知嗣續有定卽云遺嫁殊難粧奩有累而忍耐須臾彌月寄養

於人亦可保全性命丈夫決志不溺彼時悍婦亦無奈何矣是在處置得妥也如謂貧不能養彼豈向父母終身求活者耶

按黃未知何人履歷待考見全人矩矱

無名氏溺女論曰孔子曰始作俑者其無後乎夫作俑不過象人而已聖人猶惡之況殺親生之女乎如曰我之女人之妻也幼而養養人之妻長而嫁嫁與人爲妻何所利而爲之嗚呼爾之母獨非人之女乎爾之妻獨非人之女乎曩者爾母之父若母設心如爾爾且無母爾將孕於浮水產於空桑乎爾妻之父

若毋設心如爾爾已無妻爾將以猿爲妻以虎爲偶乎今爾所殺者女雖未嘗殺爾母與爾妻充爾殺女之心不啻殺爾母與妻也人倫之禍烈矣尙忍言哉夫虎戾蟲也饑麋鹿而飽狐兔凶暴之性仁不能服義不能馴諺云虎毒不食兒凶暴如虎猶知愛其所生虎愛其子而人殺其女殘害天理滅絶人類眞虎狼之不若矣例云故殺子孫者依例擬徒是溺女者王法所不容矣卽閨房曖昧之中司牧者見聞所不及肆意而爲罔知顧忌不知天地好生鬼神惡殺幸不罹於法網豈能逃彼冥誅自來溺女之家或產蛇

而死或孕怪而亡或惡病牽纏而沒種種慘報猶其小焉卽幸而生子因子而破家者有之覆宗者有之非子之咎也爾自殺其所生之女傷天地之和干鬼神之怒若更全爾家延爾宗則是天地鬼神助人爲虐矣有是理乎孟子曰今人乍見孺子將入於井皆有怵惕惻隱之心夫孺子非我之孺子也入井非我推而內之也君子不忍焉況我所生之女竟忍溺而殺之乎我生之我殺之曾不稍動其心尙得謂之人乎哉吾願世之列於人類者懼 王法畏冥誅懷不若虎狼之恥存惻隱孺子之仁則人倫之禍或幾乎

熄矣

夏甥甫日鄉土惡俗生女恒不舉先君子每與所言之而有成咨在徽任貽書宗老願捐銀爲育嬰費并勸捐權子母貧苦之家力不能舉給以銀村中遂無溺女者先君子論救溺女之法曰當塗爲濱江窮邑恃農爲生類儉嗇禍患不明大義所以遺嫁慮耗其生產乳哺恐遲其弄璋忍心悖義皆緣利之一字起見欲變其俗仍莫若以利誘之其所貪之利不必大即數金微利亦於歲勤劬所不易得彼不能不取於此則必能稍緩於彼綏至數刻而不溺則終無溺女之華矣

耆老

養國老於上庠養庶老於下庠王者之政也當夫筋力衰頹含飴可樂世情飽閱還觀當留乃耤老農以抵工役且諭老饕以集顧捐不亦謬哉更有坐茶坊剡酒肆街談巷議亦復成何體統乎肆其老莽武斷鄉曲裝作老朽袒護兒孫甚至有故加年齒妄冀恩榮者其人安足數耶

左史倚相曰昔衛武公年數九十五矣猶箴儆於國曰自卿以下至於師長士苟在朝者無謂我老耄而

舍我必恭恪於朝夕以交戒我在輿有旅賁之規位宁有官師之典倚几有誦訓之諫居寢有暬御之箴臨事有瞽史之道宴居有師工之誦史不失書矇不失誦以訓御之於是作抑戒以自儆及其沒也謂之睿聖武公

按倚相事見左傳

後漢書馬援傳曰方今匈奴烏桓尚擾北邊男兒要當死於邊野以馬革裹屍還葬耳何能臥牀上在兒女子手中邪因復請行時年六十二　帝愍其老未許之援自請曰臣尚能被甲上馬　帝令試之乃據鞍顧盼以示可用　帝笑曰矍鑠哉是翁也

疏廣曰吾豈老誖不念子孫哉顧自有舊田廬令子孫勤力其中足以供衣食與凡人齊今復增益之以爲贏餘但教子孫怠惰耳賢而多財則損其志愚而多財則益其過且夫富者衆之怨也吾既亡以教化子孫不欲益其過而生怨又此金者　聖主所以惠養老臣也故樂與鄉黨宗族共饗其賜以盡吾餘日不亦可乎

按公字仲翁東海蘭陵人仕至太傅謂兄子受曰知足不辱知止不殆功成身退天之道也遂乞骸骨歸

吳德昌助印

論語曰原壤夷俟子曰幼而不孫弟長而無述焉老而不死是爲賊以杖叩其脛

按朱註云原壤孔子之故人母死而歌蓋老氏之流自放於禮法之外者夷蹲踞也俟待也言見孔子來而蹲踞以待之也述猶稱也賊者害人之名以其自幼至長無一善狀而久生於世徒足以敗常亂俗則是賊而已矣脛足骨也孔子既責之而因以所曳之杖微擊其脛若使勿蹲踞然

官圩修防彙述四編習俗上卷一終

官圩修防彙述四編庶議卷二

習俗下編目次

正術類

孝

弟

忠

信

禮

義

廉

宗詒設董襄修

王鴻鵬助印

恥

邪誕類

僧道

覡巫

星命

遊戲

後附擇生格言

官圩修防彙述四編庶議卷二

湖陽逸叟編輯

魏晉璋奉之校

習俗下 庶議二

竊議正術爲衛生濟世良方吾圩不可不尊崇也天生烝民含和吐氣履陰負陽靡不在日用倫常中經史所載教孝教弟教忠信並禮義廉恥莫不苦口危言切中時病茲擇擇一二爲圩傳會合渣滓盡淨表裏胥融其品節氣概良可味也第以剛柔異性燥濕異宜苟無以薰陶之則悖無以制治之則狂用是細摩

四編卷二 習俗下

宗詒設董襄修

蒸摩俾父詔其子兄勉其弟飲之食之教之誨之如
靈壽扶藜得蹈實地夠通引孳得階宿嚮行見韓康
履重仁傑籠深正術是崇咸熹為挽中丹秘也於圩
務也何有謙讓庶事如左　孝　弟　忠　信　禮
義　廉　恥

孝

夫孝道不一祠饗抑搔疾痛扶持細事也而著其儀
脂膏滫瀡棗栗服修微物也而備其禮飭世俗所傳
勸孝歌為父母者憂其有疾畏其不壽也可
以人而無孝乎孝之大者曰生養則親嘗湯藥曰死
葬則厚用棺衾若鰥父病父若寡母後母尤不可忽
奈何以附贅懸疣目之乎然又不得似孝非孝也近
有於大斬後用鼓樂彌留際完昏姻豈孝子忍出此
哉至妄受賻儀多散巾帕以及停柩莽葬撥厭亦尤不
孝之大者吾鄉圩隄固守耕大舜之田采曾參之薪
負子路之米一或不慎或行傭或郭母及衣蘆臥冰
諸若均在意中以是知隄防一役孝之資也何忍失
修埋而抱恨終身乎
王中書曰孝為百行首詩書不勝錄富貴與貧賤俱
可追芳躅若不盡孝道何以分人畜我今進俚言為

汝效忠告百骸未成人十月懷母腹渴飲母之血飢
食母之肉兒身將欲生母身如在獄惟恐臨蓐時身
為鬼眷屬一旦兒見面母命喜再續一種誠求心日
夜勤撫育母臥濕簟席兒眠乾淋褥及安至穩時不
敢一伸縮有穢不嫌臭有病甘身贖擔憂爺與娘冠不
暇思沐浴若能步履時舉步憂顛躓若能自飲食旨
甘恣所欲乳哺經三年汗血耗千斛劬勞至苦盡養
至十五六性氣漸剛強行止難拘束衣食父經營禮
義父教育尊望子成人延師課誦讀慧敏恐疲勞愚
息憂勞撫育有過當提攜有善先表暴子出未歸來倚
門牆以燭兒行十里程親心千里送兒長欲成昏為
訪閨中淑媒妁費金錢釵釧捐布粟一日媳入門孝
思遂衰薄父母面如土妻子顏如玉親責反唯唯妻
詈不知辱母拔舊裙衫妻著新羅穀父母或鰥寡為
兒守孤獨父慮後母虐鬻膠不再續母慮兒孤苦孀
幃忍寂寞身長不知恩饑飽先兒屬健不祝哽噎病
不恭湯藥衣衾或單寒衾裯失溫燠風燭忽垂危兒
弟分財穀不思創業艱惟說遺資薄忘卻本與源不
念風與木悉嘗亦虛文宅兆何時卜人不孝其親不
若禽與畜慈烏尚反哺羔羊猶跪足人不孝其親不

如草與木孝竹體寒暑慈芝顧本末勸爾爲人子孝經須勤讀王祥臥寒冰孟宗哭枯竹蔡順拾桑葚賊爲母奉栗楊香救父危虎不敢肆毒伯俞嘗泣杖平仲身自鬻江革甘行傭丁蘭悲刻木如何今世人不效古風俗何不思此身形體誰養育何不思此身德性誰式穀何不思此身家業誰給足父母即天地罔極難報復親恩說不盡略舉粗與俗聞歌憬然悟省得悲莪蓼勿以不孝首枉戴人間屋勿以不孝身枉着人間服勿以不孝口枉食人間穀天地雖廣大難容忤逆賊及早悔前非莫待天誅戮萬善孝爲先信

陳鶴巢助印

奉臻福祿

按王中書未詳履歷陳文恭公列入四種遺規

勸孝文曰世人之善莫大於孝不善莫大於不孝試思人子墮地時手足難動無知無識爲之含哺懷抱體察飢寒萬惜千憐非親而誰也則親之耳聾眼昏齒落筋衰步履艱難之日回想從前當孝乎不當孝乎再思襁褓時患瘡患病遺矢遺溲與死爲隣爲之撫摩調治推乾就濕萬病千疼非親而誰也則親之疾病龍鍾淹然牀笫宛轉沈吟之日回想從前當孝乎不當孝乎又思長成時爲之求衣食完昏娶立財

產萬計千錙非親而誰也則親之形骸憔悴精神耗消非帛不温非肉不飽回想從前當孝乎不當孝乎夫在富貴者父有家業之豐饒母有婢媼之使令而生我鞠我顧我復我教誨貽謀我罔極深恩猶難酬報而況貧賤者猶忍飢以食之忍寒以衣之劬勞辛苦以養之哀哀父母生我勞瘁欲報之恩寧有涯涘耶至於孩母存孤煢煢矢志一絲血亂養育成人天地爲之改色鬼神爲之含悽設有不孝罪大尋常十倍或有媵妾生子遺嫡婦之妬虐母命陷在深淵子女危如累卵僥倖成立艱苦備嘗設有不孝惡加忤

麻竹笙助印

逆三重是故不孝之愆陽律所不赦陰譴所難容吾觀人子自幼而長長而壯親之養子其日頗長父母自衰而髦髦而死子之養親其日甚短晻嵫暮矣桑榆廹矣盡心盡孝曾幾何時乎思念及此有不悲且懼者天理已滅人性已絕不死則殃自然之理也吾勸世人我能孝自無逆子子能孝自無逆孫繩繩克繼葉葉永昌善孰大焉利孰大焉詩曰孝子不匱永錫爾類洵不誣也勉哉

顏茂猷曰有似孝而非孝者父母有過當幾諫有愆當克蓋但知順親於情而不知順親於理或任其偏

僻而致戾於家或毗離而取憎鄉里或議其陰私而
致干
王法得罪天地縱親之慾成親之過孝乎以父有諍子
爲安親揚名不然卽膺貴顯愈揚親不義名親得安
乎可謂孝乎（以上孝非孝）
又曰世有四種父母待孝尤切一曰老二曰病三曰
鰥寡四曰貧乏父母壯盛食息起居猶能自理至龍
鍾時寒夜苦楚偏體不適子所難辭者惟此時親所
賴子者亦惟此時又有老境失偶形影相吊心話莫
提或有昏耄力竭窮而且老盛首疇瞻爲子孫者盍

當行孝
又曰世有前後之間嫡庶之際父母偏向子生嫌怨
韓魏公云父慈而子孝乃常事獨父母不慈而子不
失孝古今所以推大舜也親生兒女雖有時呵譴過
則忘矣而與生者執以求備展轉不化氣色時形縱
百般諂倖不能如無事時也人子當委心付之期得
歡心然後已（後母庶母）
王朗川曰初終疾病遷居正寢既絕乃哭夫正寢卽
家之正廳也惟家主爲然餘各遷於所居之室病勢
度不可起始設牀子弟扶出居牀上東首受生氣也

既遷袱內外安靜令人坐其旁覘手足男子不死於
婦人之手婦人不死於男子之手恐其褻也問病者朝
有何言書於紙無則否撤舊時褻衣加新衣眞者絕鋪褥
服無人深衣手足各一人持之屬纊以俟氣絕鋪禱
於地扶居其上以衾覆之冀其生氣復反也始死遷
尸於牀以箸楔齒恐口閉閉以含也至是舉哀哭
擗踊無數
又曰人子送親最要在棺木預備者少匆忙昏聵諸
務託之戚誼倘不如式一錯弗能再補棺以四川花
板爲上婺源紫梅次之皆堅緻入土不朽湖廣福建

求衫松壓鬆敲脆造作擇吉朔選能手兩牆不宜太薄
恐不能載土其棚縫鑿裏封口全要生漆釘以蘇木
爲上柏次之熟鐵又次之
又曰入殮之時舉家哭踊棺內憑之僕奴遣謀匪小
須親手鋪墊手足要安勿拘曲衣履要正勿捲摺空
處用石灰紙包塞滿八而內化灰鎔相成一塊棺宜
平兩耳襯緊庶不摇動掛縫蓋棺要中正山向始可
朝對入土爲先擇厝乃一時權宜久則潮濕內蒸風
日外鑠數年棺朽矣坐向年庚姓氏內宜墓誌外宜
勒石使日後子孫修葺而界址弓丈勒於碑陰庶免

墳丁侵竊盜賣之患

又曰卜宅兆葬之事也乘生氣葬之理也世有溺於風水可致富貴百計營求甚至暴露其親以求善地至終身不葬焉殊不知人固有得地而發者苟非天與善人或亦地遇其主耳若心慕富貴專思謀以致之是欲以智力而奪造化之權也豈理也哉俗有詩曰風水先生慣說空指南指北指西東山中定有王侯地何不搜尋葬乃翁風水

張楊園曰墳墓不宜侈大宜倣族葬法父子祖孫生同居死同穴子孫祭掃畢萃於斯仁義之道也深埋

實築不易之理也以地狹不足載棺更闢他所葬師邪說遺前人遺訓與自蹈於不孝也

唐浩儒曰不孝之罪莫大乎不葬其親而以貧自解加以陰陽拘忌既俟卜地又俟卜年月日利又俟有餘資有此三者遷延歲月而不可濟也時愈久勢愈重罪愈深矣

按公諱達浙江德清人隱居不仕

魏環溪曰程子曰擇地有五患不可不謹須使他日不爲道路不爲城郭不爲溝池不爲貴勢所奪不爲耕牛所及此擇地實理非風水形勢之言也至陽宅

亦有五患愚亦竊取程子之意以補之曰不近寺廟不近城垣不近卑濕不近屠沽之所不近奢淫之家卽吉宅也若以禍福論之祇在修德與否人不修德而求地山川有靈其許之乎

按公諱象樞蔚州人順治丙戌進士官至刑部尚書謚敏果有寒松堂集

又曰風水吾不敢知知其理而已祖父在堂朝夕晉責猶且不服況已死枯骨安葬未妥子孫旣不興隆而在生之身奉養未周子孫豈無災禍欲於葬後享福利當於生前致歡心此吾所謂風水之理也

蔡文勤曰葬必擇地自古有之故程子有草木茂盛土色光潤之言故爲其說者務其氣所流貫勢所凝聚山則拱衛水則環抱無風逼無蟻聚何嘗不宜祖宗安子孫與安理固然也乃不修人事專恃吉地以爲獲福之資遲之多年而不葬者夫停匶不孝也世有不孝之人能獲福乎且天地人一理也地理無憑飭行於身行善於家天必報之以福幾見有檢身樂善而家不興者乎幾見有存心險刻而能得福者乎舍昭昭之可憑索冥冥之莫據獨何心也其至愚者陰謀横據相爭相奪以爲福在是矣不知其爲禍基

也又有惑於房分之說果何所見謂左爲長房中爲二房右爲三房不及生三子者又何以稱乎生子至十以上者何以位置乎謂八卦謂震爲東方爲長子所葬之處未必盡南向也庚之五行細求其法卒無有合卽郭璞葬經亦無所謂房分也術家藉此使人尊信而延請之陰以誘其利陽以博其歡貽害之深至使死者不得歸土生者不得相和皆此術誤之也又如時日之說古所不廢用剛用柔經有明文但不過爲拘忌如襲殮入棺有造爲的呼重喪等祟自謂至親不避必有大凶俗竟有不察而信之者抑情壞

陳鶴樂助印

性莫此爲甚但棺物具備不必另尋時日是爲合禮術家乘此逐利皆所當斥逐者讀書明理之士或無此患其有心實不信不能自拔於流俗者曰寧可信其有大信無稽之談至啟爭端而不葬徇拘忌之失入棺殮而不臨斯何事也而可信乎惑之至已

按公名世達字梁村福建潭淵人康熙己丑進士官至禮部尚書

存耕錄詩曰踏破鐵鞋無覓處得來全不用工夫牛眠鶴舉雖奇遇只在方圓寸地圖

宋謙父曰世人盡知穴在山豈知近在方寸間好山

好水世不欠苟非其人尋不見我見富貴人家墳往往葬時皆貧賤逮至富貴力可求人事盡時天事變仁人孝子可以知所自處矣考朱新安知祟安有貪大姓吉地豫以石埋之後數年哭以强佔爲訟兩造爭執不決公至其地見山明水秀鳳舞鸞飛意大姓侵占之情眞矣及驗其碑記皆小民之祖先名諱公遂斷歸之後罷官居武夷閒步往觀問其居民備言埋石誣告一事公悔之乃曰此地不發是無地理此地若發是無天理祝罷而去是夕風雨大作次日視之冡棺俱不見矣

陳鶴樂助印

按公諱自遜南昌人著有漁樵笛譜

顧亭林曰黃震爲吳縣尉乞免再起化人亭狀曰城外有通濟寺爲焚人空亭約十餘間親死舉而付之烈焰餘骸不畢而投之深淵父母何辜遭此身後之戮震所久痛心欲言者也

按圩俗幸無此事錄之以備一格

吳榮光曰喪禮云百日卒哭後護喪者代喪主爲書使人徧謝親友弔賻者此亦士禮之所宜近日民家於出葬後百日未滿孝子衰杖步行詣親友門外一叩而士紳亦往往效之蓋不親往則議其簡也不知

百日之內衰絰在身無出門酬謝之理俟卒哭後易素服於鄰里則親至其家稍遠者爲書致謝庶於情禮兼盡

按公係廣東南海人官至總督著有吾學錄

通禮曰歲寒食節或霜降節日主人夙興率子弟素服具酒饌詣墓拜掃既至芟除荆草設饌於墓前主人以下序立焚香再拜興別陳饌於墓左祀土神行禮如儀

吳榮光曰按左傳有虞殯莊子有紼謳田横之客有挽歌皆匶出於途勞者助力之辭未可施於喪次今田野之俗於出殯前一夕招集隣里擊鼓敲鉦長歌達旦謂之唱輓歌有違舂相巷歌之戒矣

毛奇齡曰周禮以喪禮哀死亡卽今弔喪之禮也竊謂生相親者死相恤凡弔者賻者必實盡其情不徒飾往來之虛文逐飲食之末節始於哀死亡之禮庶幾不失

按公字大可浙江蕭山人康熙己未鴻博授檢討有西河文集

徐乾學曰後世有謝孝之禮考之古經有拜君命及衆賓之文註謂尊者加惠必往拜謝則所謝者曾來

賵賻之人非盡弔客而謝之也孝子處苫由之次當奉朝夕之奠乃以惡車苴絰奔走道途甚非守禮者所當爲況吾誠能守禮卽不往謝人亦安得而責之愼毋錯會經言以貽知禮之誚

按公字原一號健庵江蘇崑山人康熙庚戌進士官刑部尚書有憺園文集

劉氏榛曰陰陽家言有所謂避殃者父母而忍加以殃名不孝之罪通天矣夫殃何物也由俗所云猶之乎其魂也魂與氣非二也氣散而魂獨留魂去而殃獨在乎殃之爲義禍也罰也死者又何惡於其家而降之禍罰邪

按劉履歷俟考吳榮光引入吾學錄

吳榮光曰回煞之說始見於唐初博士李才書有喪煞損害法故世俗相戒雖孝子亦避之夫人子之於親也始死充充如有窮既殯瞿瞿如有求而弗得既葬皇皇如有望而弗至其祭也僾然見乎其位肅然聞其容聲愾然聞其歎息是欲求其一見而不可得矣豈有惡之倍之覘爲異類舉家避害扃靈匱於空室者哉

黄梨州曰古之筮日非生尅衙合之謂也風和日出

便於將事謂之吉日風雨即是凶日筮者筮此也時則皆以質明惟昏禮用夜有定期也今之葬不以雨止擇日之害也宵中而下窆擇時之害也

按公諱宗羲字太冲浙江餘姚人舉鴻博未赴有南雷文定明夷待訪錄

吳榮光曰今之爲地師者甫識一丁字即取世俗謬悠之書意爲揣摩挾大羅經步田塍山角譁然號於衆曰某地富某地貴某地旺丁主者利其地之可以速售而得善價也則傳述而誇耀之又恐其說之無徵而不足取信也則抵首下心而詢究之彼即證以

胡賓甫助印

謬悠之書主者入市果得是書從而意爲揣摩遞相傳受則又一地師出且百地師出矣此謬悠之書之害人也其文人墨客稍知俗說之失剽竊楊曾緒餘以逞雄辨而足蹟不踰百里終日講求皆紙上之辯頭畫中之沙水而不知形勢理氣之妙差以毫釐失以千里也則楊曾之書亦足以害人也由是各是其是各非其非甚則己之非而强以爲是人之是而强以爲非求地者徇道旁之謀溺禍福之說紛然無所措其手足竟有遷延至數十百年而不葬者於戲仁人孝子之掩其親亦必有道而不料其流弊至於斯

極也

徐乾學曰古者葬不擇地周官墓大夫職曰凡邦墓之地域爲之圖令國民族葬而掌其禁令蓋萬民墓地同處墓大夫爲分其界亦如家人以昭穆定位次而預爲之圖新死者則授之兆而無所容其擇也自孝經有卜宅安厝之文雖程朱大儒亦以爲地不可不慎昔晉有九原漢有北邙凡國家之冢墓萃焉今則高陵平原盈至數頃而葬師謂所乘者止一綫之氣僅容一人之棺餘皆爲彼法所棄而不用如此則舊棺未沒新棺日多安所得千百億兆之美地而給

趙元和助印

之耶

張爾岐曰易服而弔禮自賓出何煩主人之裂帛食於喪側或非得已何至置酒而高會

按公字稷若山東濟陽人有蒿庵閒話

朱高安曰近世士大夫有累世數棺不葬者詢其所以則有三焉一曰家貧不能葬喪之需斂殯矣未聞有因貧而委其親不斂不殯者亦既安其親矣何有於葬一曰不得其地古者按圖族葬其地皆在國都之北夫何擇焉一曰時日不利禮三月而葬是不擇月也春秋九月丁巳葬定公雨不克戊午日昃乃克

官圩修防彙述

葬是不拘日也鄭葬簡公毀當路之室則朝而堋不
毀則日中而堋是不拘時也
楊曄吉曰近世泥陰陽之術恣富貴之求而不計先
靈之安妥與否者以遷移窀穸爲最夫人不忍其親
體之未安也於是乎愼其地避隰從原就燥防濕又
恐朝市變遷泉石交侵不可前知此古人用卜所以
諏之龜筮也其後惑於堪輿之說尋龍指穴選日諏
時不顧停閣歲年惟慮身之不富貴後之不昌熾者
既葬之後或少不適意輒歸咎於塋地使然一遷不
已至於再三大親體不安而子心獨能安乎然則皆

不可遷與日不然寄客歸里則宜遷防備崩潰則宜
遷知有水蟻則宜遷是皆爲親而非爲已也
按公係滇南人見賀長齡皇朝經世文編
夏骙甫曰君子居喪朝夕哭奠哀甚俗例凡來弔者
必給帕布腰巾名曰散孝先君子於有服者給之無
服者不給曰吾非省費也無服而爲有服於心安乎
出殯俗用鼓樂先君子曰鼓樂陳於前而哭泣隨之
吾不忍爲也鄉人奉爲矜式
無名氏燒衣紙論曰自古庸夫俗子意見多歧以人
事之固然擬冥間之舉動謂死後無衣蔽體故燒衣

官圩修防彙述

無錢適用而冥鏹難化故燒紙錢此倡彼和自王公
以至士庶率循此例考儀禮與喪大記皆曰陳衣不
曰焚化三代時未有是舉也五代史載　晉天福八
年祭　顯陵焚化御衣是殆燒衣之始　元典章載
至元七年尚書奏民間喪葬多無益費如紙糊房子
金錢人馬綵帛帳幕等物欽依
聖旨盡行禁斷據是則燒衣之俗盛行於　元矣而紙錢
之始更遠於此封演見聞記謂魏晉始有其事　唐
王嶼傳謂漢喪葬皆有瘞錢李濟翁資暇錄以紙寓
錢起於殷長史洪慶辨證云　南齊東昏侯好事鬼

禘嘗紙以代束帛綜此數說紙錢箔錠習俗相沿杭
城錘箔之家不下千戸商販各處幼女寡婦糊鏹度
日又不知幾千萬人度節祀祖家家化之加以解天
餉作佛事行喪致祭往往以數金數十金楮錠頃刻
變爲灰塵惑衆傷財可謂極矣殊不知人死形腐所
存者魂而已矣夫魂無形與聲無形聲卽無衣冠財
帛之用何以言之衣冠章身而無身不可以章財帛
養身無身何需乎養古者日中爲市冥間並無此市
也金作贖刑冥中不尙苞苴也藉令細葛輕裘禦寒
沒世青蚨白撰見重陰曹而靈捷如魂當亦自能措

官圻修防彙述 弟 趙元和勘印

辨何假手於生人即不然供以真物尚可取攜乃楚
人一炬空際飛揚雖至愚者亦知無用謂死者反爲
美材有是理乎且紙之灰無異草木之灰果變五銖
何不歷火山林燒盡萬頃孤魂將取用不竭矣堯舜
禹湯之世並無此俗豈古鬼皆露體新鬼則軒昂乎
豈古鬼盡空囊新鬼獨多使用乎世人迷溺隨風真
不可解矣
陸桴亭曰錢藹侯有妹未嫁遭其翁夫家欲乘凶而
娶錢不允而勢不可已因與共議其事且曰律有明
禁世俗習而不察亦有善處法乎世儀曰此處決不

可通融然庶民之家儘有勢不能不娶者將何如曰
不用鼓樂一也娶後不同寢二也嫁之夕以奔喪之
禮往茭拜哭歸成禮畢而就昏禮之正也

弟

張子西銘曰民吾同胞物吾同與況兄弟乎人果能
達弟道必思手足一體持必均持行必均行適必均
適痛必均痛偏墜則勿安騈枝則兩害形分而氣同
也故服勞有事無嗜好之偏墜少臭味之差池則家
無分析何有私財外守溫和不爲督亂況圩隄工段
臨以董長道在救弊扶衰督以官紳力祛吮癰舐痔

四編卷二 家範下 十 朱燮堂藏板

官圻修防彙述 弟 胡炳吉勘印

上下交洽俾之十全尚有交相爲病殆人於險者乎
彼合歡捐忿護譽草忘恩慼葛藟庇根棠棣急難草木無
情尚知護蔭其有失天顯黨私親爲之含沙射影者
真禽獸不若矣
呂洞賓曰人生最親切莫如兄弟同此父母同此血
氣同此胞胎安可不同心往憶幼時總角斑衣嬉
集共食併馬共騎出入嬉游不離跬步何其相愛相
樂也及至長成分居授室或因妻妾枕言蠱惑或因
朋友讒語勸擠或因財產利心攘奪有此三者遂使
友愛頓成嫌隙手足化爲干戈仇恨切齒鬩牆之釁

由是萌矣不知朋友勢盡則去利盡則疏一有患難
畏避不暇誰肯赴湯蹈火爲之救援兄弟雖大怨大
恨者義難坐視情難恝然理上說不去亦當挺身而
出爲之百方營解而後已故吾見朋友援溺者少而
兄弟救難者實多也是朋友不如兄弟者如此妻妾
情意相孚恩愛交篤或有不幸中道死亡或改嫁或
繼組遺孤在室屬之何人兄弟情關骨肉義難捐棄
理上行不去自當爲之撫養教誨使之成人而後已
故吾見妻妾棄子者儘多兄弟存孤者不少也是妻
妾不如兄弟者如此嗚呼世人亦何苦溺妻妾仇兄

四編卷二 家範下 九 朱燮堂藏板

趙善帆助印

弟信朋友疏手足哉至於財產乃祖父所遺爭之奪之或鬩或訟兩不甘休祖父在堂者豈不痛心歿世者焉能瞑目謂一生辛苦勤劬本作兒孫之久計反爲豚犬之爭端安耶否耶況兄弟同氣同根譬如一榦兩枝一枯一榮一身兩足一行一跛彼枯而跛者則亦已矣彼榮而能行者勢能久乎何不思之甚也孰若互推互讓不奪不爭上以安祖父之心下以敦同氣之好使根本敷榮手足扶助其爲計不亦大而可久哉吾願有兄弟者當同想幼年總角時糕菓共食竹馬共騎曾幾何時離離白首霜染鬚眉正宜相友相愛培田氏之花温姜家之被書張公之忍字猶恐不及矣思之思之其毋忽

張楊園曰兄弟手足之誼人人所聞其實未嘗身體力求盍思手足二體持必均持行必均行適必皆適痛必皆痛偏廢必勿窜駢枝必兩礙是爲分形連氣也方其幼時無不相好及其長也漸至乖離古人謂孝衰於妻子孝衰弟因以俱失人能保幼時之心勿令外人得以傷吾肢體庶可永好矣世人嘗言一人不能獨好意將歸惡於兄弟也卽此一言不好之情形盡見果然一人獨好其同父母之人豈有不好之

俞樹臣助印

理乎

又曰骨肉搆難同室操戈天必兩棄從無獨全之理蓋天之生物使之一本未有根本旣傷而枝葉如故者其有獲全必其弱勿克競而深受侮虐者

史搢臣曰分析之事不宜太早亦不宜太遲早則恐少年不知物力艱難浮蕩輕廢以速其敗太遲則變幻多端如子孫蕃衍眷屬衆多家資統於祖父一人掌管一切食用衣服事事取盈人人要足全無體貼之心或有取而私蓄不用稍有低昂卽比例陳詞甚有明知家道漸衰而取用如常目擊婢僕暗竊覩爲公中之物漠然不顧且衣服什物亟索不已稍不遂意卽懷不滿之心莫若酌量各房人口多寡每年給以衣食令其自盥自炊俗云親生子着已財使知物力之艱不獨惜財亦且惜福

又曰兄弟同居固妙然有勢不得不分者如食指多寡不同人事厚薄不一各有親戚交游各有好尚不齊難稱衆心易生水火各行其志則事無條理況妯娌和睦者少米鹽口語易啟爭端分釁而不分居者爲上諺云兄弟同居忍便安莫因毫末啟爭端眼前生子又兄弟莫把兒孫作樣看念之哉

宣圩修防彙述 忠 趙善昭刻印

張揚圖曰古者父母在不有私財蓋財之有無所繫
孝弟之道不小無則不欺於親不欺兄弟大段已是
和順若好貨財私妻子便將不順父母而況兄弟不
孝每從此始近世人子多有父母在而蓄私財及父
母在而借己債均是不肖所爲甚或父母以偏愛之
心陰厚以財與不卹其逆敵乎兄之釁其害尤大
袁君載曰骨肉之失歡有本於至微而終至於不可
解者只由失歡之後各自負氣不肯相下耳朝夕群
居不能無失相失之後有一人先下氣與之話言則
彼此酬復遂如平時

宣圩修防彙述 忠 趙善昭刻印

有君臣之義
賀陽亭曰世人惟知父子兄弟夫婦朋友四者爲切
於人君臣之義獨搢紳家爲急嗚呼何其日用不知
也古人有言曰食我者君治我者君之法試觀天下
之人强不得以凌弱衆不得以暴寡富不得以欺貧
貧不得以覬富居處之安阡陌之遵有無之遷無適
不可皆賴有君也是於人尤切也惟人不知其切故
不知效忠卽宦遊士人惟以爵位之及稱爲感恩圖
報殊不知完盤厥職忠也各勤厥職亦忠也輸納賦
稅亦忠也效順

忠
蓋聞燮理陰陽宰相之忠也此固老壽士民何敢望
乎攻堅破積將軍之忠也此猛將壽圩役能無效乎
況夫爻爻當忠告爲人當忠誠吾儕小民愼隄防重
身命出租稅供君上滿腔熱血皆忠之屬也近有喪
心病狂者違限延期微災捏大事事皆骨節靈通語
語非肺腑流出不仁之術若有興功散也降至僕不
忠於主佃不忠於業失其分之所當然心地污濁世
態炎涼元神其卑耗敗哉
高纖成曰余有田百畝人必先輸賦蓋草莽中惟此

四編卷二 議論下 三 朱裕毅堂藏板

朝廷亦忠也卽不犯有司亦忠也君恩與親恩並重
忠孝兩字自三公至齊民皆不可後特顯晦之膺不
同大小之分有異耳此君臣之倫所以冠乎四者可
謂不切哉
史搢臣曰錢糧差徭輸納自有定期供應自有定例
惟謂先措辦依期完公免滋差擾自然快活若遷延
時日使催者受比較之苦而我亦終不免反多出一
番紛纏使用有何益哉況 國賦原繫正供避重就
輕閃差賍印恐一敗露爲罪尤大縱然隱祕從來數
公不富冥冥中必不放過也

四編卷二 議論下 三 朱裕毅堂藏板

王鳳生曰按荒政輯要開載莊書地保每逢災歉或向業佃討畝索錢將成熟田畝代爲虛報業戶貪圖錮免錢漕佃戶藉可減交租米給與使費囑其入册名曰做荒或業主佃戶俱不知會徑自揑報准後賣於别人名曰賣災應由地方官先行出示嚴禁蓋水旱花災易於影射惟挨莊親勘可除前弊其圩保隨同查勘有飯食船錢戶書造册詳報有辛工油燭卽院房之核轉 部吏之核銷不無需費一切取給如此況多錢難開銷是致冒之由所以下情格於上達上澤靳於下逮者此也惟另行籌欵不徒繩以法庶幾可行

按公字振軒安徽婺源人由通判至轉運有從政錄

趙申喬曰小民田糧自應及時完納非至頑梗誰敢抗欠 正供押拘聽比不得已而用之此等差役不耕而食不織而衣沿鄉督催索取飯食盤費借名包攬收正項復收私派飽在役而欠在民害在官而病在國甚至結連衿棍見事生風串合衙蠹扶同作弊虎狼擇食魑魅現形有司任其欺朦窮民莫可控訴

按公字松五江蘇武進人康熙庚戌進士官至吏部尙書謚恭毅有自治官書

朱氏家譜曰恭讀

聖諭第十四條載完錢糧以省催科經

世宗憲皇帝詳繹凡食毛踐土無不具有天良矣況賦税有常經 朝廷有正用豈好爲聚斂哉有郊

天祀

祖之禮有修城鑿池之用有百官廩餼之須有直省軍糈之備且有科舉之制 封建之典獎賞之儀賑卹之惠取之於民仍爲吾民用之聚斂云乎哉乃有刁劣莠民或包攬花丁或延宕限期甚且甘心編入流亡竟欲儕同死籍冀僥倖而苟免焉吁免則免矣果自居何等耶稍自愛者必不爲此更有假以苞苴賄通猾吏偶因雨暘之愆候捏是水旱之無收冀倖緩徵扶同作弊應錮之戶彼則谿壑未遂編入應完可賦之田彼見貨利一投卽爲邀免甚至誘財入橐仍不免於追呼納欵經年並不與以印票推原其故李有代而桃僵欺揣其由民完官而吏蝕藉此飽中實爲罔上諸如此類切宜痛懲家柏廬先生有言 國課早完卽囊橐無餘自得至樂願我族人三復是言他如圩隄公事也當急於保衛焉祠譜公務也當急於修葺焉卽至春祈秋報允宜公奉明禋抑或濟急

解豁不可遺公耕初如果辜公守法急公仗義子孫
賢族將入有必然者
按今時勢誣民欺善往往熟田匿糧良民坐法鄙意
謂清釐一法舉串歸戶尚已然猶須不准分戶着將
印票數貼保甲門牌之上庶可一望而知又減訟一
法如有含冤呈控者飭其先赴族中及圩甲調處若
藏舍者負固不服衆書花押以作證據方准呈控
賀陽亭曰蒀蒀小民耕田鑿井忘
帝力於何有此特形容王民皞皞順 帝則於不知耳論
民之於君實有一日不能忘者傳曰小人樂其樂而

利其利易曰君子以教思無窮容保民無疆孟子曰
大人勞心小人勞力勞心者治人又曰教稼明倫勞
來匡植聖人之憂民如此則君不能一日忘民民可
一日忘君哉天地生萬物天子養萬民天地有憾之
處如雨暘失時則爲之修省祈禱年不順成則爲之
發 帑賑卹無事則籌積貯備荒歉有警則緝姦匪
靖地方民所不必得於天地者皆可望於君且豈
桑畜物井井區畫孝友睦婣諄諄勸勉民所望於父
母之訓誨而不能盡者皆可以得之於君且戶禁私
派丞禁需索丁鋤租減賦驅除匪類保全善良胥役不

攢鼠竊潛消蠹豪斂蹟勢宦不行凡官司之興利除
弊無非君之令行禁止田夫野老雖日戴天而不知
天之高日履地而不知地之厚舉其大概無日不在
昊天罔極中也可參以僞心哉
又曰農工商賈不見
九重宮闕而四海之廣萬民之衆得以相安相樂以偕
以熙熙皞皞太平無事之福者何一非大君之賜哉勞
農勸桑之舉水利河渠之修魚鹽山海之公其利時
使薄斂之善爲經爲民開衣食之源節衣食之流等
威上下之有制食時用禮之有常爲之條教而襲獎

立爲之誥令而節欲防淫俾親親長長之各安其
性鼠牙雀角之各釋其爭息至而爲之禦害生而爲
之防鋤強暴以安善良修武備以固疆圉擇夫牧豎
鰥寡孤獨疲癃殘疾毋令失所事事皆
帝力即人人沐 君恩也惟願芸芸而生者咸知 君恩
而油然生愛戴之心肅然起忠敬之意農工商賈各
安其業早完 國課守公奉法不作姦慝以干刑憲
不逞私智以亂 王章敬官長所以報 君恩凜
國法所以酬
帝德君之養民如天則民之事君如事天錫福者 君王

愛福者萬民也
張文端曰諺云良田不如良佃人家僕童管莊務每喜劣佃而不喜良佃良佃則家必殷實體面不肯諂媚人且性必梗直樸野飲食必儉節又不聽童僕之指使惡佃則必惰而且窮事事聽其指使以任其饕餮情狀不同此所以惡佃而不如良佃也至主人之田疇美惡彼皆不顧且又甚樂於水旱則租不能足額而可以任其高下此積弊陋習不可不知良佃所居則屋宇整齊場圃茂盛樹木葱鬱此皆主人童僕力之所不能及而彼自爲之惡者則件件反是此擇莊佃第一要務也
司馬溫公曰凡男僕有忠信可任者重其祿能幹家事者次之其專務欺詐背公徇私屢爲盜竊弄權犯上者逐之凡女僕年滿不願留者縱之勤業少過者資而嫁之其兩面二舌飾虛造讒離間骨肉者逐之屢爲盜竊者逐之放蕩不謹者逐之有離叛之志者逐之
按公諱光字君實宋時宰相謚文正

信

四時行百物生天之信也觀夫五行司運二氣相調

故疾疢不作而無妖祥焉人果知病之所發相見以心信在一家妻妾之讒不作信在一世唆訟之語不聞不諫估產業而相示以肺肝不增找田價而傾如葵藿萬不至如修隄集費蒐消甚而蕙鼓謗生防堵興工草率多而脈魚性蠶甚至苒扃天冬承充而互相狡賴節交半夏搶險而故作顛狂再造難期人而無信一至如此能無汗流浹背也哉宜其上干和氣疫癘爲災也
勸信文曰夫信者天地之經人心之本也月暈而風日暈而雨熱極則雷冷極則雪四時節候寒暑溫凉未嘗或爽否則災眚生焉此天之信也土濕則風礎潤則雨朝而有潮暮而有汐四時草木敷榮零落未嘗或失否則怪異見焉此地之信也天不信於地地不信於天則陰陽失調而萬物爲殃旱澇疫癘山崩水決之變出矣是天地不可無信故曰天地之經也人稟天地陰陽而生安可無信君信於臣則聖臣信於君則忠父信於子則慈子信於父則孝夫信於妻必賢妻信於夫必淑兄弟相信必友恭朋友相信必直諒自然姦詐不興邪僞不作人道正而世風醇君子多而小人寡是人不可無信故曰人心之本也吾

官圩修防彙述　信　周信和勤印

見世人諾不由衷言不踐行既面是而背非復朝許
而夕毀或愛則諾之憎則否焉喜則諾之怒則忘焉
醉則諾之醒則悔焉或因其老而詐之或因其幼而
欺之或因其愚而侮弄之二三其心反覆其行遇利
則不約而趨見害雖有期必避嗚呼人道不立大本
已失安望其能忠能義能孝能弟哉乃人復自解曰
吾不足信者不過一言耳不言言如是也不過一事
耳不事事如是也殊不知一言不信人將言言疑之
一事不信人將事事疑之信其可失耶又自解曰吾
不足信者言之小者耳大者不如是也事之小者耳

大者不如是也殊不知言小不信人并其言大者疑
之事小不信人並其事大者疑之信其可失耶是故
天不失信而暘時若而四時順地不失信水土滋膏
而萬物生人不失信忠義孝弟五倫由此而立何也
信也者誠也實也苟不誠實五倫之間惟相詐而已
矣信之一字豈非參天經贊地紀正人心之大綱與
先師孔子有言曰人而無信不知其可也吾故作信
言廣爲世人勸
袁君栽曰人之不信多因婦女以言激怒其夫反覆
無常由其所見不廣不遠不公不平所謂舅姑伯叔

官圩修防彙述　信　周信和勤印

姊娌皆爲假合强爲之稱呼非自然天屬故離於割
恩易於修怨
又曰貧富無定局田宅無定主有錢則買無錢則賣
理也買產之家當知此理不可苦害賣產之人蓋賣
產者或闕食用或負債累或因疾病死亡昏嫁爭訟
有百千之費始鬻百千之產置產之家既成契後立
清其値宜也乃爲富不仁者知其用之急則陽距而
陰鉤之姑付一二約以數日而償至數日而問之則
辭以未辦齊請展限或僅以數緡或雜以米穀及零
星貨物高估而補償之賣產者大窘所得隨收隨耗

向擬應辦某事不能辦矣彼買產者方自詡得計不
知天道好還有及其身而獲報者有不在其身而在
其子孫者富者多不之悟豈不迷哉
李瑧曰楊侯愼修莅富平邑俗有鬻賣田產嘗於十
數年後找價追贖歲底滋擾買主侯一槪斥退刁俗
遂革
按公字剛主直隸人康熙庚午舉人有田賦考辨
裕魯山曰訟則終凶害多不測小而結怨耗財廢時
失業大且傾家蕩產招禍忘身何不自愛之甚也毋
思鄉里愚民生平不見官長出作入息何等安閑至

一入公門便難自主歇家保戶詐僞多端累月經年資斧莫繼兼之胥吏把持差役勒索逮得質訊已費多少藭消有理者恃氣陵人也要向公堂屈膝無理者將曲作直更不堪清夜捫心即贏得官司積下子孫讎怨倘招來刑辱益增臉面羞慚甚至坐獄洗牢囚徒斃命披枷帶鎖桎梏戕生無一不緣爭訟來也

更有一種好訟之人以簸弄是非爲得計以顛倒黑白而迷人每當兩造紛爭從中搆釁及兩造懊悔之後猶復肆行挑唆不肯聽其速結何則訟師之谿壑未滿則訟事之枝節迭生訟息而刁猾者無所逞其譎張積久而醞厚者亦將變爲澆薄人心風俗之患可勝言哉茲爲爾民好訟者計與其伺候公庭受隸卒之呵斥何若優游井里樂婦子之團圓能平得一分心便積得滿家福能忍得一分氣便省得幾多財特將戒訟十條錄示於後

一曰壞心術大抵好訟者不論理之曲直徒欲以氣壓人以智勝人不勝則忿愈熾投訟師造機關顛倒是非以求必勝甚或挾嫌圖詐牽砌多方以致無辜受累此壞心地也

二曰耗貨財無論大小事一經官府茶坊酒肆離他

不得親友顧問慢他不得胥役隸卒少他不得以數年之蓄積不敷一案之藭消官司未完家貲已了此耗貨財也

三曰誤正事士農工商各有正務苟涉於訟身不自由拋失家業即有不容已之事亦因以停擱此誤正事也

四曰傷天倫父子兄弟夫妻天性至愛或意見不合而相責備或錢財多寡而相怨尤或事涉牽纏而株連坐累此傷天倫也

按骨肉爭訟情理乖違其子孫不日見消亡家道不日見零落者幾希

五曰致疾病思慮傷心忿怒傷肝飢渴傷脾驚恐傷腎憂鬱傷肺走傷血立傷骨多言傷氣以至朝行露宿冒暑衝寒種種受病一時叢集此致疾病也

六曰結怨毒諺云冤家宜解不宜結不訟則怨猶可解訟則親情友誼頃刻頓忘彼此報復無有窮期告人一狀七世冤讎令我毛骨悚然也此結怨毒也

七曰生事變公門出入之人大都好生事端幸我有事可以漁利或暗中搬唆或乘機挑撥往往事外生事此生事變也

八曰損品望人無品望者更歷訟事彌增狡猾所不待言即平時方言矩行一至訐訟非以爲是曲以爲直投胥吏冤證佐所不屑與言者與之言所不屑與交者與之交此損品望也

按生監爲四民首尤宜立品讀書勉圖上進若涉訟事即不守臥碑也例應懲治士宜自愛即有干己者調其虛實和其順逆可也山藪藏垢川澤納污宜懔此言身有瘍則浴之此外勿得干預

九曰召侮辱官府廉明自無枉斷而終訟必凶訾見好訟人受呵叱受笞杖受罰贖甚而受胥吏輩惡言相加意氣陵逼至極不堪試設身處地知氣死不告狀眞名言也此召侮辱也

按訟雖理直勝負難必與其終訟骨立形癯甚或瘐死獄中何如息事全身逍遥局外若得親友調和自宜猛省

十曰失家教善教家者必曰仁義禮知信好訟則居心刻薄非仁也事理失宜非義也挾怨忿爭非禮也傾貲破產非知也欺詐百出非信也家人婦子之見聞無非惡習而欲其內外和順不至悖常亂德決無

是理此失家教也

按公諱謙滿州鑲黃旗人嘉慶丁丑進士官至兩淮總督有勉益齋偶存稿

按世俗有婦女出頭是最爲惡習大干例禁有玷家風里黨相嘲宗族不齒更宜切戒

又按世間破家結怨莫甚於訟何則有司未必盡清廉也衙門未必能修行也干證未必皆因激發也若果有理無錢詞本直也而寻以曲案可結也而捱以時致令口不能言如瘖者又況訟師居間愚弄佯爲勸止陰以刀唆明似竭忠暗以輸敵幸而獲勝而家已破矣而怨已深矣彼懷恨者不怨官長不怨胥吏不怨訟師獨怨對爭對訟之人至於子孫而不能忘觀其所失倍於所爭所得不償所失抑何不思之甚也更有誣告一流謂吾之訟成固可以直尋敗亦止於枉尺何所憚而不幸其偶中乎惟嚴以反坐之條加以三等之法庶幾姦民無所施其伎倆善良得免傾陷之憂矣若夫誣命一事直是父子兄弟間以死爲利暴屍滅法揣其情蹟與手刃無異是必嚴繩以法懲一儆百可也豈眞有覆盆之冤乎

禮

安上治民莫善於禮冠昏喪祭無地無之苟非有適中之禮使之淪肌洽髓非失之暴躁卽流於卑弱一切虛誕浮滑狂言譫語久之病入膏肓不可救藥矣如嫁娶鋪門面好侈華援時節尙饋遺致蕩財用與夫弔唁祝嘏等事在在耗其精液竭其脂膏按切情理一若樂此不疲者遂將保身衞命之圩隄忘其所事故水災薦至而途有餓殍國多捐瘠也然好禮之民易使焉有不赴工者子來之效可覩焉禮達分定故也

禮曰凡人之所以爲人者禮義也禮義之始在於正容體齊顏色順辭令此禮之始也是故古者聖王重冠筮日筮賓所以敬冠事卽所以重禮也故冠於阼以著代也醮於客位三加彌尊加有成也已冠而字之成人之道也見於母母拜之見於兄弟兄弟拜之成人而與爲禮也元冠元端奠摯於君遂以贄見於鄉大夫鄉先生以成人禮也

吳榮光曰庶人以力田爲本業秋收豐稔出其蓋藏之餘辦理昏嫁羅黍延賓荆布飾婦正冃家極樂之事何必竭終歲之勤劬以供一朝之靡費與其稱貸而用致令舉室饑寒何如循分而行長使合家温飽

至於商賈之流以逐末爲務囊雖偶贏不能保其無紬乃至僭用官紳輿服競尙奢華不獨遺制無等亦將立見困窮又如有餘之家必欲厚贈其女匳田耩資侈無不可一切外飾繁文概可從省貧者量力所重冠昏禮成更無需於多費也

文公家禮曰冠禮先期告祠堂請賓擯厥明陳設冠服主迎賓入擯者布席將冠者出房贊者奠櫛賓揖將冠者卽席爲理其髮合紒行始加禮賓字冠者上行禮復禮賓事畢遂出見鄉先生及父之執友

按冠禮三加近世不行冠禮卽於昏娶時行之蓋男子自十五至二十無期服皆可冠必年相若者三五人以便行禮三日前備酒果詣祠擇親友之賢而知禮者更擇司儀一人擯一人三揖升階主人迎賓卽位贊以盤盛冠進至階賓降一等受執之詣冠者前祝曰吉月今日始加元服棄爾幼志順爾成德壽考維祺介爾景福以冠加首贊者代簪之又祝曰禮儀既備昭告爾字爰字某某永保受之主人再拜賓荅拜主人獻酒進饌奉幣賓再拜謝主人冠者出見諸戚友茲舉大略俾知來由云爾

王吉曰夫婦人倫大綱夭壽之萌也世俗嫁娶太蚤

未知爲人父母之道而有子是以教化不明而民多夭札

按公字子陽漢人爲昌邑王中尉

文中子曰昏娶而論財夷虜之道也君子不入其鄉古者男女之族各擇德焉不以財爲禮

按公諱通隋開皇時人著有禮論詩書

司馬温公曰凡議昏姻當先察其壻與婦之性行及家法何如勿苟慕其富貴壻苟賢矣今雖貧賤安知異時不富貴乎苟爲不肖今雖富盛安知異日不貧賤乎婦者家之所由盛衰也苟慕一時之富貴而娶之彼挾其富貴鮮有不輕其夫而傲其舅姑養成驕妒之性異日爲患庸有極乎借使因婦財以致富依婦勢以取貴苟有丈夫之志氣者能無愧乎

胡安定曰嫁女必須勝吾家者勝吾家則女之事人必欽必戒娶婦必須不若吾家者不若吾家則婦之事舅姑必執婦道

顔氏家訓曰婦主中饋唯事酒食衣服之禮耳國不可使預政家不可使幹蠱如有聰明才智識達古今正當佐輔君子勸其不足必無牝雞晨鳴以致禍也

按公諱琰字璞之以白衣對策改殿封校書郎改湖州教授

張楊園曰古者男子三十而娶女子二十而嫁其昏姻之訂不在臨時近世昏娶已早不能不通變從時男女訂昏大約在十歲上下便須留意遲則難於選擇選擇當自舊親始以及通家故舊與里中名德世舊之門切不可有所貪慕攀附非偶

吳榮光曰納幣請期必以儀物將事非重其物也所以教夫婦之始而勿咨苟也力不足者雖一禽一果豈得議其過儉哉至於擇婦必問資裝之厚薄苟厚矣女雖不淑亦姑就之嫁女必計聘資之豐儉苟豐矣壻雖不佳亦利其所有而不恤其他此又市井駔儈之所爲豈士大夫所當效之哉

又曰古之言昏期者不一端要以季秋至仲春爲得理之正蓋生閉藏乎陰而爲化育之始無在霜降以前者亦泮而農桑起昏禮殺於此無在仲春以後者今之昏期必決之於陰陽家不論日月之早晚矣昏者昏也納采至請期皆用昕日出時也所謂旭日始旦是也惟親迎則必以昏爲期今則迎娶恒以日中惟儀仗用鐙尚存遺制至於昏不及時徒尚奢侈自行聘以迄匳贈綵帛金珠兩家羅列內外器物既期

華美又務精工迎娶之綵輿鐙仗會親之酒筵犒賞
富家爭勝貧者效尤一有不備深以爲恥不顧舉債
變産止圖一時美觀以致兩家推諉期屢卜而屢更
相習成風貴賤一轍不但男女怨曠甚至釀成强娶
賴昏之獄至戚反成仇讎過門立見貧窶富者不爲
子女惜福貧者不以入口自計推求其故皆搢紳之
族不以節儉爲先故無以爲綢繆之率也
又曰親友慶弔稱情量力以誠爲主世俗浮奢非禮
也不足循也稱情者親親有殺尊賢有等厚其所宜
薄薄其所宜厚逆情倒施也量力則稱家有無富而
惜財非禮也貧而借貸非禮面以求備亦非禮也
史搢臣曰饋送儀文人情不免貴於所送之物令人
得用世人動輒雞魚蹄鴨糕餅包匣之類喜慶塞滿
庭廚焉能一時盡用在隆冬尚可區處炎夏頃刻餒
敗常有物未出匣已有臭氣在送者必費數千在受
者有何濟益余意可贈之物多何必盡在包裹拘於
口腹夏則手巾凉鞋砂壺紙扇枕簟松茗筆墨磁器
以至紗羅葛苎冬則紅燭烏薪絨襪暖帽爐香坐褥
書畫醋醪以至綢緞靴襪均可適用且免縻費暴殄
之過否則或竟用儀函豐儉隨宜受者欸之不受者

璧之彼此兩使亦交可久之道耳
按圩俗朝年拜節不論泛交平輩長親厚戚概以刀
圭餅餌貼紙飼鑊拔來報往及至腐爛又重包之至
再至三既費財又無用且導以虛僞誠可鄙也
魏環溪曰子孫爲祖父慶生辰膝下稱觴情也禮也
至於我之生日乃母難日若受親戚隣里門徒故交
之祝開筵扮戲饋遺殺生於心安忍然斟酌情理我
之生日當齋心以報親令我之子孫每年稱觴以盡
孝庶幾兩全矣
按老年慶壽事不能廢猶必子孫無故方爲近理若
少年慶祝斷斷不可
夏心伯曰先君子喜賓客酒食聚會常有之然延客
不過五品使子婦治庖酒惟家釀不强人令醉皖城
吳春麓先生主講紫陽書院與先君子有同志刻五
簋約以爲俗勸
王士俊曰王制司徒修六禮以節民性冠昏喪祭鄉
相見也今貴賤踰制貧富相耀莫如昏喪二事考
古昏禮周官媒氏云入幣純帛無過五兩儀禮昏禮
云皮帛必以制禮記昏義云婦執笲棗栗腶修以見
如是而已今則女索男以厚聘男期女以盛匳篋筐

之費勷逾中人之產猶云未愜又昏禮不賀今則賀者喧闐昏禮不用樂今則樂連數部殊可怪已至喪爲大事子路曰不若禮不足而哀有餘郎夫子與其易也甯戚之意古者桐棺以殮今則絲綢着體矣莫用素器今則酒肉燕賓矣喪必廢樂今則金鼓雜沓矣耶隴緊小今則故存局勢矣旣糜費夫金錢又顯背夫古禮風俗囂陵俱由士大家權與奢僭裝飾外觀富厚之家效之空乏之家亦效之竭蹶疲力悅耳玩心竟忘奢代之思但化之感謂不如是不足以避姗笑也豈不愚哉

楊金衡助印

按今世娶親俗有小登科之說竭財耀世往往有賣去產田以圖體面者竊謂無千金之家品官之分一槪不許花轎鳴鑼省却多少費用

陸清獻曰後生不幸遭鼓盆此極不堪事安得不再娶若再醮婦不可娶尤不可用婢女塡房須擇閨女娶之一心一路且無陵虐前子之事亦無溺厄之虞若女幼穉不可鹵莽娶之恐少不更事未能持家也又曰不孝有三無後爲大正妻無子有家私者安得不娶妾但婦女性多疑多險多詐多刻多忍口從心違不相容者十有八九然夫爲妻綱處之有道勿溺

夔勿聽讒共桌而食同室而居我無詐爾無虞妻道宜寬妾道宜遜妾或有子妻宜撫畜緜延祖宗一脈血食非孝子之事乎若以嫉妬貴新閒畜小加大滔破義是先開其畀也於妻乎何尤

或問孀婦於理似不可取如何伊川先生曰然凡取以配身也若取失節者以配身是已失節也又問或有孤孀貧窮無託者可再嫁否曰只是後世怕寒餓死故有是說然餓死事極小失節事極大

按上略言昏禮無非循分從儉兩途至喪祭大禮有成書在不敢輕議然前於孝道略見一斑矣

劉左筆助印

義

前漢薛宣傳遇人不以義而見痍者與痏人之罪鈞惡不直也吾圩義舉無有愈於保衛圩隄者水漲隄傾蒨一旦易危爲安如起死人而肉白骨焉若義塾義倉義塚義渡雖有百益猶後也乃有負義者流無故殺羊宰牛屠犬隔膜而視種種不情難更僕數如有義不容辭之舉爲義所宜正之事不特靳其與又從而餂其餘沐猴而冠無怪乎兄弟鬩牆夫妻反目朋友下石者之多行不義也危若朝露尚望延年益壽乎

聖祖仁皇帝御製牛戒序曰人賴穀以生穀賴農以成農賴牛以耕是牛之爲物天特產之爲稼穡之資用佐農養人者也牛既竭力以養人反殺牛以自養戕物命而違天意是誠何心故禮重特殺律嚴私宰齊宣王不忍一牛孟子與許其足王誠以凡殺皆忍也而殺牛更慘凡戒殺皆不忍也而全牛更大惟全其大不忍者而舉斯加彼治天下運於掌上矣朕嘗巡行畿甸目覩耕牛之辛苦遂一嚮不嘗憫茲愚民多恣饕餮豈以人靈物蠢可悍然不卹乎左傳載介葛盧來朝聞牛鳴曰是生三犧皆用之矣問之信然則仰刀就死之頃其觳觫涕泣哀鳴乞命何異於人

揚金衢助印

殺牛之人蠢然罔覺而謬以牛爲無知深可歎也朕繙閱諸書見有切戒食牛者靡其合理因鈔以授梓用廣流傳而示勸導若云報應杳冥獨不觀諸書易乎書曰作善降之百祥作不善降之百殃易曰積善之家必有餘慶積不善之家必有餘殃可謂彰明較著矣人殺牛則妨農農妨則乏穀穀乏則民飢殃孰甚焉不殺牛則蓄牧蕃而田疇治倉廩實而禮義興縱偶值水旱災荒而耕有餘蓄民無死徙陶唐之雍熙成周之太和皆可馴致所謂吉祥善事孰有踰於此朕誠欲以自全其不忍者期天下共全其不忍而推廣此心正不止於愛牛也因序之以冠其端

按是編宣付史館刊刻流傳內大臣金之俊傳以漸各序其後恭讀

宸翰仰見

皇上如天好生之心何其摯也烝民粒食惟牛是賴既藉其力以資耕反戕其生以恣欲忍心害理莫大乎是編中經史格言福壽徵應與夫刑獄昭彰所以勸導而警悚者歷歷不爽集隘僅載數條備覽

律例文曰凡私宰自己馬牛者杖一百故殺他人牛馬者杖七十徒一年半又宰殺耕牛私開圈店及知情販賣牛隻與宰殺者俱問罪枷號一個月照前發遣

穎文明助印

闕啟祥曰人生罪孽甚多而殺牛爲最食者之罪亦與殺等薦東自云我勸世人勿食牛肉服耕效勞返遭殺戮爾食何來忍爲烹鬻又云肢解體分猶張兩目目豈徒張看爾反覆能保他年不變爲畜讀之令人心懼骨驚食不下咽況殺啖報應鑿鑿不爽奈何負此寸心而自貽伊戚哉

嚴潮御曰萬物皆畏死牛更人相似夜闌鼓刀聲雙跪淚如雨哽絕不得言知死猶向賈賈怒奮搥擊剌礎信刀斧皮血委地鮮生剝遭萬苦赤瀝已肉身蠕然動肺腑頭角雖捨地中情未肯俯魄大命難絕心

恨兩睛努觔脊餘皮賊鑿薪已成脯饞口涎剪遭烹
號泣中釜牢犢母念兒刳母兒痛楚離離原上田宿
是犁下土何況食牛報昭昭腸盈萬古如何忍殺咬饞
饕同飢虎腥羶穢天地修羅貝訴營生有千端胡
忍作屠估充腸不過飽豈必饕死牯牸育牸牛人三
思莫終牿
盛肇秀州人好牛肉一夕有叩門者啓視之見髯頭
送一簡書曰六畜皆全黎惟牛最苦辛若看橫死者
盡是食牛人讀畢人與簡俱失大驚悔自此戒食牛
肉壽至八十

妻候抱之一牛犢隔其中既而生子彌月不育又禱
卯刻即若告曰子酷啗牛肉豈謂是與節慎然誓合
家不復食乃生子成人
嘗櫃密師仁縉雲人爲士時正旦夙興出門遇大鬼
數輩形貌獰惡叱問之對曰我瘟鬼也行疫人間仁
日吾家有之乎曰無也曰何故得免曰不食牛犬
徽郡邵某屠牛爲業日將沉而牽一牛命弟進圖牽取有
驅牛長跪下淚弟不忍訴取之一日見進圖曰何不
殺此苗壯者弟以長跪下淚告之且欲賣與盤家兄
不信明早試之果然持刀殺之而煮未熟鍋火爇出

徐拱宸心不殺尤惡殺牛居恒謂太牢最鉅而最有
功於世天子無故不殺人以爲祿盎之恒物何也故
所涖官必嚴禁之後仕至尚書
金陵朱之蕃未第時夢神語曰今科狀元當是鎮江
徐某因私弈女賜之汝家陰德與彼相等當及汝因
汝父子未能戒食牛肉倘能早戒狀元屬汝無疑矣覺
語其父父曰夢境渺茫屠前牛肉遠近馳名可自誤
耶次日父夢如之父子鼓香告天誓不食牛肉是年
果狀元及第
瞿節京師人五十無子禱於神夢神以盤送一兒

店房盡拋仍不改業忽一日宗醫懷困爭艱命訟之
官抵死其子胸生一毒五臟皆見每號泣曰吾父殺
牛造孽貽累於我至此憊也其弟善終
滁州某屠牛爲生每令其子視其用刀終世其業一
日父酣寢子以爲牛持刀斷其首衆駭問曰我見是
牛不見是父父嘗殺牛今見其畢試手法耳
瀧安某父陷獄子擬鬻牛得百金詣郡關說所養黑
犬從之呵逐便退既走又從之某以石投之始奔去
某既去犬縈然復來鳴吠不已似阻去路乃以爲不
祥盤怒逐之疾馳抵府椚囊金亡其牛轆轉中夜頓

念犬噬有因候關出城又念衢儒遺金豈有存理忽見犬斃草間提耳起視封金儼然感其義買棺葬之按上聞敬祥與嚴調御及盛管等並下李信純均見

牛戒彙鈔

按牛應元武之精太牢之物非郊祀不敢用有功於世無害於民殺之者 國有刑食之者幽有禍犬能守夜故牢從牛獄從犬不食牛犬牢獄可免此之謂也 又羊爲少牢禮大夫無故不殺羊圩中庶民之家家殺一羊以慶茂籍名亭神大士庶所奉者中霤戶竈耳焉有聰明正直而一者歆此非祀乎會韻泰山不如林放夫子早已念之矣

國初李信純家蓄一犬甚愛之一日純飲城南醉臥荒草中太守出獵見草深茂縱火犬拖純衣搖之不醒旁有溪犬乃入水濕身近純數步草盡爲浸火遇濕而止犬斃入水病甚死於旁覺而義之具棺以葬名曰義犬墳

王士俊曰埋胔掩骼仁政所先死者不歸土猶生者不庇椽也漢周暢葬洛城棄骸而澍雨降孔融埋四方遺骨而歌頌與皆明驗也余宦轍所經捐俸錢置義塚立界址繚土垣凡寄櫬遺棺別男女鱗次深埋

編列字號姓氏籍貫標鐵立界另給一冊勘對以便承領毋許牧放牛羊種植蔬菜歷年培補窟穴淋蝕其貧民無力營葬俱許赴阡

凡立義倉如遇花災糧食昂貴照市價每石減數百文俗稱平糶是也歲若大歉豁數賑之章程務要得宜用人更要得當以功歸實際各鎮各村各設一倉爲妙 此下數條與圖卷借備類參看

凡立義學首宜擇師人師經師品學兼優者爲上次亦必篤行功課方可任事否則轉誤後生過莫大焉切不可徇情受薦

大清會典曰直省府州縣大鄉巨堡各置社學擇學優行端之生員爲師免其差役由地方官量給廩餼仍報學政查覆

凡設義渡船必平穩方能禦風駕浪如駛平地又須按年設法修葺之

大清會典曰水陸通衢額設渡船浮橋隨時補艌或分別年限修造各視其地之衝僻以爲差

按此外又有濟弱會養孤會卹寡會放生會與夫施粥施藥施棺惜字惜穀諸會不拘士農工商均可行之或行一條或行數條有錢者助錢無錢者助力事

周念順助印

廉

勿難爲惟在量力舉行耳夫人誕降宇宙間不思圖
立功立德亦何足爲鬚眉丈夫况天道恢恢報應不
爽古來壽考富貴子孫榮昌者無一不從行善中得
來衆善奉行自求多福之旨訣也望之勉之

廉

豺狼之狠無不貪焉因狗之爽無不臨焉寡廉者無
以異此顧亭林日知錄有曰今日所以變化人心滌
蕩污俗者莫亟於獎廉一事以六計廉爲本也奈何請
索邑愿醫平圩役修防育工需即有科派有科派即有
藉消惟儉可以養廉惟清足以化貪上好是物下必
有甚焉者官吏一筆碌農民一點血滴乃身能無
毛髮悚然
何士祁曰惟儉足以養廉蓋費廣則用奢用奢然後
儉不足則所守必不固雖未至有非義之舉苟念慮
紛擾已不克以廉潔自居矣
又曰三代盛時民德歸一豈詳新報而已今也萃斂
征賦急於官府是以豐年常苦不給一遇饑饉則流
亡矣上教之不明下由之而莫悟也知之何而使斯
民之富庶也
按公字伸宗號竹蕃浙江山陰人道光壬午進士官

官守　修方廉處　四韓卷二　官僚下　平　朱論　撰　箴贊

劉運熙助印

江蘇川沙縣有學治補說
汪輝祖曰用財須儉爲一已言之也若以財用人處
處須留餘地人之聽用於我無不爲財起見不使之
稍有所利其心思材力豈肯實爲我用且不惟不爲
用將轉爲我害矣
又曰清特治術之一端也嘗有潔已者事務嚴法務
峻雖賣在日人人側目一事偶失環聚而攻不原稱
所由起輒曰廉吏不可爲豈廉之過哉廉近於刻耳
清以律已可也刻以繩人豈可哉
按公字煥會號龍莊人乾隆乙未進士官道州知州有
佐治藥言學治臆說
陳慶門曰士子讀書博一第居四民之上自謂
朝廷倚重生民利賴孰知日日行害人事件件行折福
事時時做違心蓋理事反在人前揚揚得意略無愧
色豈復有廉恥哉
按公陝西人　雍正癸卯進士官綏定府
袁守定曰錢字之義金旁加戈賤字之義以戈爭貝
戈非吉祥物也傳曰匹夫無罪懷璧其罪又曰象有
齒以焚其身賄也人奈何貪此物哉
按公字易齋江西豐城人　雍正庚戌進士官至禮

部祠祭司主事有圖民錄

張楊園曰處貧因惟有勤勞刻苦以營本業布衣蔬食終歲所需無幾何憂弗給喪祭大事稱財而行於心而安於義爲得當以窮乃益堅自勉自勵勿萌妄想勿作妄求妄想壞心術妄求喪廉恥貧窮命也奚足爲憂所憂者不克自立辱其身以及其親耳

蔡文勤曰家中須節用爲先每日食用須有限制輕用不節其害首端又切不可鄙吝爲心凡義所應用不可有一毫吝心也自家用度即紙筆油鹽以至微物皆宜愛惜宜用處則不然若只以求田問舍爲心

人品最下恥惡衣惡食志趨卑陋之甚者推之凡事皆要虛體面以誇流俗此最壞品立心行事讀書作文不如人實可恥也

恥

道德齊禮有恥且格聖人預知其性使民如意做去也一切容感從此洗滌爲特汨沒者不自知耳人不可以無恥無恥之恥無恥矣近世嫁女索聘招夫養子與夫擒親找價諸弊皆無恥之尤者下至飢寒交廹或沿門求乞或鑿壁潛偷終且爲竊爲盜爲所害者如芒刺在肉如毒蛇嚙指有覥面目令人恨入骨

髓矣恥顧可忽乎哉

魏叔子曰人極重一恥字即盜賊娼優若有些恥意在便可教化若其人雖未大惡或遇羞惡之事恬然可安肆然不畏則終身無向善之日推至極不善事亦所肯爲恥字是爲人喉關聖人教人與小人轉爲皆從恥上引過去無恥則如病者閉喉雖有神丹格不入矣

許魯齋曰教人必先使有恥又須養護其知恥之心督責之使有所畏君子榮耀之使有所慕皆所以爲教也至無所畏不知慕時却行不去

程漢舒曰人壞念將起時只覺得可恥便有轉機人看得自己貴重方能有恥　人平日講得義理明白纔得有恥　人世得意事我看得可恥亦非易事又曰學者平日在家中一言一動輕率苟且慣了一人於衣冠禮樂之場便覺耳目無所加手足無所措豈不可恥

按公名衡字平仲河南人元國子祭酒謚文正崇祀孔廟

謝金鑾曰民間有先年買過田地之人貧難度歲竟往買業之家痞賴或支使病叟潑婦前往臺索該約

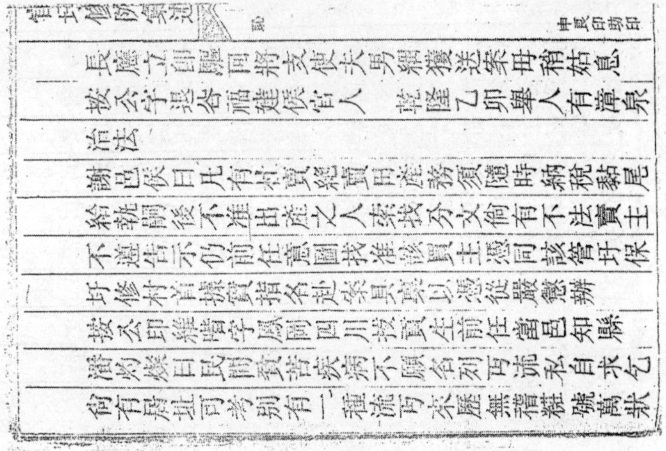
官箴修防彙述 記
中長印勢印
長膺立印縣同將支使夫男羅獲送案冉稍茹息
䂓公字退谷福建侯官人 乾隆乙卯舉人有薄泉
治法
謝邑侯曰凡有紅貫總貫田產務須隨時納稅黏尾
給執嗣後不準出產之人索找分文倘有不法貫主
不遵告示仍前任意圖找准該買主憑同該管圩保
圩修村首據實指名赴案具稟以憑從嚴懲辦
按公印維喈字鳳岡四川拔貢生前任當邑知縣
譜州縣曰民間竊賊苦痛不願各刑丐流私自求乞
倘有居址司考別有一種流丐求匿無籍藉號萬狀

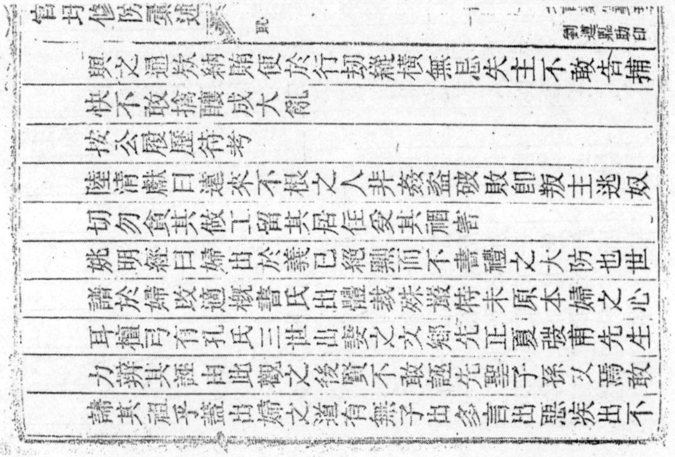
官箴修防彙述 記
劉遵雕勘印
聚之混淆納賄僱於行劫縱橫無忌失主不敢告補
快不敢擒獲成大亂
按公履歷待考
陸清獻曰遠來不根之人非姦盜娼賊即叛主逃奴
切勿貪其傭工留其居住受其禍害
姚明察曰婦出於義已絕斷而不書禮之大防也世
譜於婦既適概書氏出體裁殊嚴特未原本婦之心
耳檀弓有孔氏三世出妻之文鄉先正夏彝甫先生
力辨其誣由此觀之後賢不敢誣先聖子孫又焉敢
誣其祖乎蓋出婦之道有無子出多言出惡疾出不

假亾爲名相憐路徑旋處竊盜見有塗穢詐死不捨
不休亦盜類也急宜驅逐以清盜源至丐頭坐分週
有紅白事呼聚索食叫罵污穢事主因其無賴忍氣
吞聲是宜痛懲革去坐分包攬名色
謝邑侯曰民間有貧難度日緣事帶刀帶索及磁片
寄頓者該約首勸解使去如其不然立綑即獲送案
高存之曰盜賊地方大害必有窩家必與捕快交通
當宦訪置之法有則嚴拿務必擒住此等風聞盜自
屏息倘不肖者護盜如子既欲避盜息民安之譽又
欲避上司之責深怒失主呈告反責捕快詐誣甚而
四譯卷一 讞語下
長合文藝交全

孝翁姑出皆干犯出例者出歸母家觀其既否非毀
適他姓也婦人之義從一而終其因夫家貧困下堂
求去者固不屑齒至爲夫所鬻亦有不得已而去者
與夫故年少無嗣而改適者常情類然至招夫養子
情似可原究之既構之下他人薪雖亦未可以言善
也所可憫者禍身自失遺孩多難留血脈而改適者
則在可矜可憫中也由以行載古訓昭然如范文正
公爲朱名臣幼隨母改適朱氏登第後始改宗歸范
其講恩義文至今允稱以朔云
按公爲圩東南岸人歲進士官訓導前有蓋序
呂編卷二 讞語下
宗譜總堂藏

竊議邪說誣民充塞仁義而祛除尤不可不急也近世男婦大小不明大體往往羣聚會集入廟燒香佞佛茹齋求乩擲筶召師巫而治病演譚白而酬神藉里儺而判是論非假競渡而倫船竊料舉國若狂幾成痼疾是猶棄蘇合之丸而取蛣蜣之轉作爲無益者也吳王好劍百姓多瘢信然謹議庶事如左　僧道

硯蟲　星命　游戲

僧道

自二氏流入中國毒痛四海闢之者欲人其人火其書廬其居佞之者謂可薦亡可免罪可拔獄鄙意謂闢之者激佞之者愚井田之制不行無業游民募建寺宇一若樂此不疲者吾圩蕪閔祈報藉奉土穀明禋鳩衆修防假爲畫夫邸廌奚不可者若謂辟穀尊引煉鼎燒丹乃赤松黃石諸人卿爲蟬脫者豈眞有再造散續命丹乎

唐武宗曰朕聞三代以前未嘗言佛漢魏之後象教寖興勞人力於土木之功奪人利於金寶之飾壞法害人無踰此道且一夫不作有受其飢寒者今天下僧尼皆待農而食待蠶而衣寺宇招提幸雲構藻飾僭擬宮居晉宋齊梁凋瘵澆漓莫不由是而致也我

高祖太宗以武定禍亂以文理華夏執此二柄用以經邦豈區區西方之教與我抗衡哉貞觀開元亦嘗釐革剷除不盡流衍轉滋朕博覽前言旁求輿議弊之可革斷在不疑而中外臣民協予至意條律至當宜在必行懲千古之蠹源成百王之法典濟人利物予何讓焉其天下所拆寺四千六百餘所還俗僧尼二十六萬五千人招提蘭若四萬餘所所收膏腴土田數千萬頃於戲前古未行以將有俟及今盡去豈謂無時將使六合黔黎同歸皇化倘以除弊之始日用不知下制明庭宜體至意

韓昌黎曰佛者夷狄之一法耳自黃帝以至禹湯文武皆享壽考百姓安樂當是時未有佛也漢明帝時始有佛法其後亂亡相繼運祚不長宋齊梁陳元魏以下事佛漸謹年代尤促惟梁武帝在位四十八年前後三度捨身施佛宗廟之祭不用牲牢日食蔬菓竟爲侯景所逼餓死臺城國亦尋滅事佛求福乃更得禍由此觀之佛不足信亦可知矣高祖始受隋禪則議除之當時羣臣識見不遠不能深究先王之道古今之宜推闡聖明以救斯弊其事遂止臣常恨焉伏惟陛下卽位之初卽不許度人爲僧尼道士又不

許別立寺觀臣以爲高祖之志必行於今縱未能即
行豈可恣之轉盛也今令諸僧迎佛骨於鳳翔臣雖
至愚必知陛下不惑於佛直以年豐人樂徇人之心
爲戲玩之具耳安有聖明肯信此等事乎然百姓愚
冥見陛下事佛豈合更惜身命焚頂燒指百十爲羣
解衣散錢自朝至暮惟恐後時老少奔波棄其業次
不加禁遏必有斷臂臠身者傷風敗俗傳笑四方非
細事也夫佛本夷狄之俗言語不通衣服殊制不知
君臣之義父子之情假如其身尚在來朝京師容而
接之不過宣政一見衛而出之於境不令惑衆也況

其身死已久枯朽之骨凶穢之餘豈宜令入宮禁孔
子曰敬鬼神而遠之乞付之水火永絕根本斷天下
之疑絕前代之惑佛如有靈能作禍祟凡有殃咎宜
加臣身上天鑒臨臣不怨悔
按公諱愈字退之南陽人拜國子祭酒人仰之爲泰
山北斗云
袁子才曰佛之非佛自知之不待人攻也惟其自知
故所以備攻者無所不至而所以自衛與誘人者亦
無所不周天下有非其力而可以美食者乎佛知之
故茹素有非其財而可以厚葬者乎佛知之故火化

有懲民而可以留種者乎佛知之故不娶此佛之本
意也然其說則託之於慈悲矣不殺矣不淫矣且慮
其坐而食則病乃禮拜以勞之死而焚則熄乃塔廟
以神之無子孫則絕乃招徒衆以續之取於人而自利
則術破乃爲祈爲禱以利益之城市居則褻乃踞名
山勝境以崇耀之曼衍其書一波既窮一波又起蔽
聰明者恍焉合宏其說元惡大憝立可懺免故下愚
者悅焉彼九流者誰與佛同而不自知其非故肉食
者要取人以自華宜其教之行於世者不如佛也夫
吉凶禍福無人而不動心也因人心所易動者動之

而謂常人能免之乎
按公名枚號簡齋浙江錢塘人乾隆己未進士官江
甯知縣有隨園文集三十卷
大清會典曰僧道不得於市肆誦經托鉢陳說因果斂錢
聚會違者懲責遊手惑民托名方外或指稱仙佛謬許前
知以惑民聽者從重治之若創立無爲白蓮焚香聞香混
元龍華元滄陽元通大乘等教誘致愚民男女擾雜擊鼓鳴
金迎神賽會者論如律
翁蓬庵曰　乾隆時有以沙汰僧道爲請者
高宗曰沙汰何難即盡去之不過一紙之頒天下有不

刑部律曰居喪之家修齋設醮若男女混雜飲酒食肉者家長杖八十僧道同罪還俗民間喪葬之事凡有聚集演戲及扮演雜劇等或用絲竹管絃演唱佛戲者照遺制律治罪

魏環溪曰幼年讀書以至於長且老閱孔孟之教久矣及其死也兒孫用浮屠追薦之令地下之魂屏諸孔孟宮牆之外是可忍也孰不可忍也世俗迷謬一至於此幸而浮屠幻事也若其果眞則不孝之罪安可贖哉

王朗川曰俗用僧道作齋或作水陸會寫經造像謂

爲死者滅罪惡生天堂受種種快樂否則入地獄日則沿街隨僧迎懺夜則破獄跑橋照星或人物戲具講經說法或男女夜出迎鑾法禁不能理諭不曉士人家亦復爲此曰未能免俗姑妄聽之嗟夫人死則形神離豈復有入地獄受苦痛之理溫公引唐李舟與妹書曰天堂無則已有則君子登地獄無則已有則小人入世人親死而禱浮屠是不以其親爲君子而爲積惡有罪之小人也何待其親之薄哉就使積惡有罪豈賂浮屠所能免哉

陳定宇曰程子曰吾家不用浮屠洛中亦有一二家

奉行者乎但今之僧道不比昔之橫恣有賴儒氏闢而闢之蓋彼教已式微矣且藉以養流民分田授井之制既不可行將此數千百萬無衣無食遊手好閒之人置之何處故爲詩以見意云頹波日下豈能回二氏於今亦可哀何必闢邪猶泥古留資蠶景與詩材大哉

王言足以遏邪說而息迂談矣是僧道與聚游手好閒之人既無材藝可資溫飽於是臆造妄誕誘人施捨而被其惑者今古同揆雖賢者猶不免焉亦可嘆已

按公名心存字二銘江蘇常熟人道光壬午進士仕

至吏部尚書有兩般秋雨庵

邑志曰近俗溺於浮屠爲盲僧所惑騙多至破產作佛事者而祭禮廢置不行士夫倡之愚昧效之可哂也已

又曰七月間變薦新之祭爲盂蘭會純用蔬食俾其祖宗不血食然愚夫不足責也詩禮搢紳之家當亟改耳

魏環溪曰喪祭之禮不行請僧設醮輒謂超度地獄安知親必在地獄中乎此惡俗也有志維風化者其勿忽焉耳

化之近年同邑范君求遁歙邑吳公古梅之家皆然然程子大賢范吳富者人無敢非之吾家三世皆貧人咸曰以貧故耳安得家肥更酌古禮行之一洗流俗之見乎

又曰平夙不知佛事一旦至於大故姻族交以不孝責我嗟乎佛入中原祭禮荒胡僧奏樂孤子忙劉後村嘆之久矣孝也者豈作佛事之謂與世俗所謂不孝乃我之所謂孝也世俗之所謂孝乃我之所謂不孝也兒輩其聽之

按公名樑字齋公元時休甯人有先世事略

王宏圻助印

劉誠意曰世之所謂浮屠者果何道而能使人信奉之若是哉人情莫不好安樂而惡憂患故揣之必於其所恒懼誘之必於其所恒願然後不待趨而自赴浮屠氏設爲禍福之說其亦巧於致人與夫四海之衆林林也而無不爲所致者何哉彼固非止於惑愚昧已也人情無不愛其親親沒矣哀痛之情未置而謂冥冥之中欲加以罪孰不惕然而動於心間有疑焉則羣咻之若目見其死者拘於囹圄受笞楚而望救故中材之人莫不波馳蟻附雖有篤行守道之親則亦文致其罪以告哀於土偶木偶之前彼固自以

爲孝而不知其大不孝也豈不哀哉且彼謂戕物者必償其死故有牛馬羊豕蛇虺之獄是天下之蠢動者舉不可殺也今夫虎豹鷹鸇搏擊飛走以食日不知其何幾而獨無罪乎人之殺物有獄矣虎豹食人而無獄何其重禽獸而輕人也彼又謂婦人之育子者必有大罪故兒女子尤篤信其說以致恩於其母吾不知司是獄者爲誰人必有母將舍其母而獄人之母與將併其母而獄之與獄其母不孝捨其母而獄人之母不公不孝不公不可以令二者必居一焉將見羣疑而攻之雖有獄誰與治之宰天地者帝也

王宏圻助印

彼則謂有佛焉至論佛所爲呴嘔喣煦若老婦然有呼而求救不論是非雖窮凶極惡卒無不引手援之使有罪者勿恒刑是以情破法也夫法出於帝而佛破之是自獲罪於天也吾知其必無是事也昭昭矣

按公諱基青田人輔　明祖成帝業封誠意伯有青田文集

按世俗親死延僧薦拔鋪陳水陸幾費中人之產且有至再至三仍稱超渡者是不能超渡之明證也何憒憒者徒知愛親而不知道乎涑水伊南而外餘皆不免焉得文成大聲疾呼喚醒多少癡迷者

東方朔曰夫仙者得之自然不必躁求若其有道不
憂不得若其無道雖至蓬萊見仙人亦無益也上乃
還宮
按公字曼倩漢人三冬文史足用
谷永曰吾聞明於天地之性者不可惑以神怪知萬
物之情者不可罔以非類凡背仁義之正道不遵五
經之法言而盛稱奇怪鬼神及有仙人服食不死之
藥遥興輕舉黃冶變化之術者皆姦人惑衆挾左道
懷詐僞以欺罔世主聽其言洋洋盈耳若將可遇求
之蕩蕩如繫風捕影之終不可得是以明王拒而不
聽聖人絕而不諂
按公字子雲漢建始初舉直言對賢良策擢上第仕
至大司農
辛替否曰太宗撥亂反正開基立極官不虛受財不
枉廢不多造寺觀而有福不多度僧尼而無災享國
長久名高萬古陛下何不取而法之中宗棄祖宗之
業徇中宮之意無能而祿者數千人無功而封者百
餘家造寺不止度人無窮奪民之食以養貪殘剝民
之衣以塗土木人怨神怒衆叛親離享國不永禍及
其身陛下何不懲而改之

按公唐睿宗時爲補闕與桓彥範同諫
李蕃曰秦始皇漢武帝學仙之效具載前史太宗服
天竺僧長年藥致疾此古今之明戒也陛下春秋鼎
盛勵志太平宜拒絕方士之說苟道德盛充人安國
理何憂無堯舜之壽乎
又曰除天下之害者受天下之利同天下之樂者享
天下之福自黃帝以及文武享國壽考皆用此道也
去歲以來所在多薦方士設令果有神仙彼必深潛
岩壑惟恐人知凡伺候權貴之門以大言自衒奇伎
驚衆者皆不軌徇利之人豈可信其說而餌其藥耶
夫藥以愈疾非朝夕常食之品況金石酷烈有毒又
益以火氣非五臟所能勝也古者君飲藥臣先嘗之
乞令獻藥者先餌一年則眞贋可辨矣
按公字遠翰唐滄州人累官給事中
黃伯祿曰羽士黃冠之流符籙丹黃雷聲禹步僉曰
老子我教之祖也一爲探其根原知道教並非創自
老子文獻通考曰老子初未嘗欲以道德五千言設
教也羽人方士借其名以自重耳且道家之術雜而
多端如清淨一說也煉養一說也服食又一說也符
籙又一說經典科教又一說也黃帝老子列禦寇莊

僧道　　汪叔文助印

周之書所言者清淨無為而已略及煉養之事服食
以下所不道也至赤松子魏伯陽之徒則言煉養而
不言清淨盧生李少君欒大之徒則言服食而不言
煉養張道陵寇謙之之輩則言符籙而俱不言煉養
服食至杜光庭而下以及近世黃冠緇流則專言經
典科教所謂符籙者特其教中一事於是不惟清靜
無為之教不能知其旨雖所謂煉養服食之書亦未
嘗過而問焉偏且欲冒老氏以為宗主而行其教然
則柱史五千言曷嘗有是乎蓋愈遠而愈失其真矣
由是言之今之所謂道教並非創自老子乃方士之

流任聽翻新恣行妄誕者也其教之總嚮尚符咒乎
按公字斐默官上海教諭有輯說真詮
按道教出於老子其書道德經未嘗以之設教也周
秦以來但有方士為神仙之術無所謂道家者北魏
寇謙之以老明為道教祖以張道陵為大宗至唐信
州龍虎山世襲封號歷傳至張永緒荒淫吞噬明穆
宗革之歷代如秦始求不死藥崩於沙邱漢武求長
生藥止自曼倩成帝時谷永諫之哀帝時高嵩諫之
嗣是郝處俊辛替否梁鎮李藩范雍王曙宋濂海瑞
諸公詞昭史冊皆以明其詭妄不經也特無如迷惑

四編卷二　釋俗下　卅六　求諸己齋叢鈔

巫蠱　　劉道福助印

已深膠固不解雖侃侃陳詞類皆空言無補競相傳
說執迷不悟習俗移人賢者不免吾圩小民幾何而
不胥為漬染也豈不可慨也夫

巫蠱

酣歌恆舞時謂巫風謂其興淫亂風皆取喪亡也
古者五辰失布四序未調則祓除癘疫春招冬贈不
過設桃茢以除不祥近有藉以斂財者或刻木石埋
於地或書符咒壓其門拔髮佯狂說靈魘豹皆巫蠱
類也圩藉此術以愚人者雖厲參參而為所嚇者殊
多夢裝炯召神治病延道順星與夫叫魂招嚇朝凡

忌錢等類一局不售又設一局以神其術賺錢到手
卒墮其術中至垂危而不悟其病札瘥夭昏終歸不
治也可慨也夫
李剛主曰至誠之道可格幽明此仁術亦正術也若
詭譎祇可用於兵旅家人父子朋友儕從一毫參不
得其異孔子曰中庸不可能也仁心仁政至平至易
平地成天皆在其內若假鬼神好元虛說夢幻不惟
無益且啟人疑致人驚甚不必也至於講六壬奇門
南宮劍客皆殺身禍世塗炭生民也萬勿信而近之
王懿思曰師巫治病是由子路請禱一語開之人特

四編卷二　釋俗下　求諸己齋叢鈔

知有疾而禱豈知獲罪於天無所禱乎故夫子云某之禱久矣自不得妄聽師巫

夏澂甫曰新安汪致中性剛直平生不信神異之說試歸過鄱陽湖友皆向元將軍廟進香汪不肯適大風舟幾覆咸叩求救汪頓足詈之卒無恙毋命齊雲進香長揖不跪且高聲曰吾奉母命不得不來願神聰明正直毋以禍福恐嚇愚民致男女奔走雜沓誨盜致淫且寺中羽流多不法非所以表率一山也同人代爲縮頸汪終不顧竟以壽終

禮部律例曰凡師巫假降邪神書符咒水扶鸞祈聖自號端公太保師婆名色及妄稱彌勒佛白蓮社明尊教白雲宗等會一應左道異端之術或隱藏圖像燒香集衆夜聚曉散佯修善事煽惑人民爲首者絞監候爲從者杖一百流三千里里長知而不首者笞四十

又曰凡軍民之家縱令妻女於寺觀神廟燒香者笞四十罪坐夫男無者罪坐本婦其住持及守門不爲禁止者與同罪

石天基曰有鄉愚擔糞灌園忽無賴數人誘之曰汝終歲勞苦有一術可以致富汝肯從乎應曰唯引至僻處盡受訣明日方灌忽狂呼跳躑自稱都天神下

降大言不立廟祀我此方無噍類人因其愚咸信之先搆蓆殿奉以居稱之曰活菩薩遠近相傳男女雜沓不可以數計鄉愚默坐有所禱卜答而已廣爲募化願免災者爭輸之太守金公按之擒出一鞫便伏立斃杖下餘黨盡散殿宇燼焉

按公字成金揚州人著有傳家寶書六集

湯文正曰竊以吳中之俗尚氣節而重文章閭閻詩書以著述相高固天下所未有也但其風涉淫靡黠者藉以爲利而愚者墮其術中爭相倣效無所底止婦女好爲冶游豔粧倩服連袂僧院羣聚寺觀裹身燃背虧體誨淫目以爲孝且聚會斂錢迎神賽社刻造傀儡編作淫詞流傳天下壞人心術昏喪不遵家禮戲樂參靈綵服送喪仁孝之意衰任卹之風微而無賴少年習拳勇身刺文繡輕生好鬬如此之類不可枚舉臣皆嚴加禁飭委曲告戒今寺院無婦女之蹟河下無管絃之聲迎神罷會穢曲絕編三年之後庶幾返樸還湻且浮費減則賦稅足禮教明則爭訟息固吳中之急務也惟有淫祠一事挾禍福之說年代久遠入人膏肓非奉

天語申飭不能永絕根株其荒誕不經民間家祀戶祝飲

民恐召災而讒言起矣西門豹治鄴處置河伯婦大
是快人偶閱後漢書宋均爲九江守所屬浚遒縣祠
唐后二山衆巫取民女爲公嫗有妨嫁娶前後守令
莫敢禁均令今後爲山娶婦皆娶巫家女勿擾良民
其害遂絶較之西門豹投巫不惡而嚴變移惡俗若
行所無事尤善術也
吳榮光曰當出會時鐙亭旗纛備極鮮研擡閣雜劇
巧爲裝演或陳古玩以炫富或飾冶容以導淫清歌
十番輪班疊進不惜百家之產以供一日之觀其於
居民生計實爲大蠹更有燃肉鐙以解罪冥判以

以災道與世間貪夫行事一般決非正神吾祗是不
信話出陳榕門四種遺規
邑志曰有疾稍一服藥即延僧道巫覡禮金仙北斗
燒香指瞑拜以禱若庸醫誤殺恬不怪也又垂小兒
痘謂有娘娘神司之雖凶戾暴慢者亦加虔敬以雜
色紙糊輿馬祀中堂痘已則謠演戲刲羊以酬之爲
醫藥誤殺不校亦歸之神勿敢言
又曰歲將暮則有黃冠書符呪以除一歲之眚曰
發檄曰謝土遍行之
熊勉庵曰凡俗好鬼神之事以其能禍福人懸禁之

食必祭妖邪巫覡創爲怪誕之說愚夫愚婦爲其所
惑牢不可破奔走如鶩牲牢酒醴之享歌舞笙簧之
聲晝夜喧闐男女雜遝歲費金錢何止鉅萬蕩民志
耗民財此爲最甚更可恨者女有姿色偶因祟熱必
曰五通將娶爲婦婦亦恍惚夢與神交羸瘵而死不
以爲哀反豔稱之歲常數十家覡河伯娶婦何其甚
聖上治教如日中天豈容此淫昏之鬼肆行於光天化日
之下臣多方禁之其風稍息遂取妖像木偶付之烈
炬土偶投之深淵檄行有司凡如此類盡數查毀撤
其材木備修學宮並葺城垣之用民皆爲臣危之後

竟無異始信往日之非然吳中師巫最黠而悍議恐
臣去之後必有造怪誕之說簧鼓民財更議興復愚
民無知舉國若狂不可禁遏請賜特旨嚴禁勒石山
巔令地方官加意嚴察有敢興復淫祠者作何治罪
其師巫人等責令改業勿使邪說誑惑民聽
天威所震重祟當離人心既正風俗可醇矣
接先生撫吳時閶上方山神最靈祭禱最盛問起於
何時門人范景對曰相傳是　南宋時沿流至今靈
異之說皆出鄉里所傳耳先生曰鬼神禍善禍淫治
幽贊化若來祭享者方免其禍其不來祭享者即降

自豪足縛喬竿面施五采喪神厲鬼伯什成羣絕不知愧恥爲何事此非敬神實慢神也又復裝飾小兒目爲神犯轀則械其手重則檻其軀謂可以保壽命之延而獲神靈之佑不知養蒙之道當教以正示以恭謹尙恐其頑乃以赭衣加於髫稚既爲不祥自其少日已使之縲絏通衢及至長成尙何羞恥卽可因此而免天傷彼爲父母者亦何貴有此不肖之子抑或赤日羸肌因而致疾是生之而適殺之也

又曰子產爲伯有立後使鬼有所歸遂不爲厲

朝廷之設厲祭正以無主孤魂或能依草附木求食殃民故於季春仲秋孟冬歲祭者三迎　城隍以爲之主卽國僑治鄭之遺法也然無主之鬼既有此祭自不敢復爲民害卽間有搏膺之晉厲披髮之㝵夫彼其以宼孽相尋又豈祈禱可免惟有省愆修德以正勝邪自能郤路鬼之揶揄而爲神明所默佑晉人不禱桑林楚子不修河禜而鬼神究不得而祟也昧者不察值陰陽偶戾寒燠違和不推其致疾之由輙以爲羣魔所祟雖有和緩不取驗於參苓乃召巫師立爲收魂袪鬼之計遂使病者偃臥在牀聽其日就沈錮一家男婦徒營營於飯巫化楮渺茫無益之爲而覡

師遂得憑其符箸造作誣詞謂某日某方鬼神作祟遂使其家愈增惶惑乞靈桼於野廟舁木偶於通衢爲門外之袪除舍室中之湯藥及至病成綿惙卽使和緩重來亦將望而郤走是疾原可治一經引邪入室乃眞爲鬼所祟矣豈不謬哉又有一種不法僧徒粉立藥方乘危射利遇有因病求神者不問人之男女老少不討病之寒熱陰陽不論藥之温涼平燥方之君臣佐使香噴到手憑菱付方幸而自愈貪爲神功彩帳鐙油酬資踵至卽令誤投不以爲誠求未至則以爲命實使然而爲之父兄妻子者甘受其愚弄而不知寤是誠何心也哉

陸次雲曰苗人能爲蠱毒其法五月五日聚毒蟲於一器之中使相吞噬併而爲之乃諸毒之尤也以之爲蠱中者立斃然造蠱之法多端如有所謂金蠶蜈蚣諸名者其術不可思議大約其用法恒在冷茶冷酒中及菜蔬肉食中第一塊上行其地者慮爲所害宜帶甘草三兩生薑四兩水六升煮二升日三服或用都淋黃籐煮酒温服常服則毒隨大便出若含甘草而不吐者非也又三七末薺苨皆可解又白礬細辛爲末各五錢新汲水調下得吐卽止又蠶人解蠱

藥有名三百頭牛者士常山也有言三百兩銀者馬
兜鈴也皆宜佩帶有中之而臥病者燒病人所臥之
簀則病者皆自言下毒者爲何人也其祟有神夜出
攝死者之魂光如曳彗流入人家當知防禦蓋下蠱
之家其君必潔鬼死爲之拂拭故牕牖之上塵絲不
染也覺之者爲女字坐則其法不靈又聞蓄蠱之家
雞輒飛去彼或害我方食時竊其少許密埋十字街
心則其神反爲彼祟又該神畏蝟取入其家其祟立
擒數說皆有徵驗
按公字雲士錢塘人著有洞溪纖志

星命

悔吝吉凶大易明其理孤虛旺相陰符載其文似星
術家推測選擇若有足憑者故輕躁狂險之人輻輳
其門爭問吉凶然夫子罕言命大褻不問卜與其誑
語以惑人不若行法以俟命乃今之推測者察言色
伺音聲不揣順逆而第投其所好焉寒暑失調寢興
不節一旦爭窮勢變禍生不測不能療飢又難糊口
皆委之於命豈不誤甚即如圩隄致潰亦束手待斃
焉天工人代之語幾爲誕妄不經矣
王朋川曰世人立宅營墓交易昏嫁以至動一椽一

瓦由行數百里無不占方向擇日辰急急焉以趨吉
避凶爲事不知自己一個元吉主人却不料理慈湖
先訓云心吉則百事俱吉吉人於爲善者命曰吉人
此人通體是善世間凶神惡煞何處干礙得他
又曰同一甲子也周以甲子興紂以甲子亡觀此可
以恍然悟矣
高深甫曰命由心造今人將妻財子祿流年月建預
推一册以爲左劵知命該顯達者自諉必得功名詩
書不必苦讀也命該富饒者自諉必致豐豫食用不
必經營也一生無禍者竟放心行險恃以無恐也終

身少病者遂恣意荒淫可保無虞也是命章令人隳
志失業不加修省何其拘泥不通也是猶炊飯待火
而不知其有燈也故命之一字夫子罕言之
按公名濂浙江杭州人有尊生箋見訓俗遺規
史搢臣曰合昏一事古所無也今惑於星家動稱命
犯鐵帚狼藉退財等煞因而破昏者甚多不知古來
雀屏中選坦復擇壻未聞有合昏之說止宜男擇女
德女擇男行門戶相當年齒相等勿攀援勿苟就即
合昏之道也
魏環溪曰居官何嘗不擇日任事而陞者陞降者降

黜者黜死者死未嘗皆吉也娶婦何嘗不擇日成昏而壽者壽夭者夭孕者孕絕者絕未嘗皆吉也類而推之諸事皆然其義何居蓋君子則吉小人則凶理固然也

袁子才曰堯之時皋夔隆貴人不言其命達共驩流放人不言其命窮及西伯勘黎紂無以自解乃嘆曰我生不有命在天非唐虞時無命桀紂時有命也理不足而後求諸數也古之神於命者首推李虛中然餌金丹疽發背死其於知命何如也大撓作甲子毫無義意猶之一二三四紀數云爾一二三四無可測則甲子乙丑亦無可測晁補之曰一時生一人一歲只四千三百二十人一甲子只二十五萬九千二百人一郡戸口不下百萬則命同者多矣又何富貴貧賤之紛紛乎宋景濂稱命只五十一萬八千而四柱盡矣餘皆雷同陰陽雜家愈神奇則愈受禍如郭璞郭磨輩是也天下多無業之民托九流雜技以謀其生先王勿禁仁人君子妄言妄聽亦無所爲苦若奉之如神此輩無識藉此吆喝鄉閭覥然與士大夫抗禮正王制所謂假鬼神時日以惑衆者殺之可也

游戲

閑暇時般樂怠敖孟子謂是自求禍也何爲去順就逆自荒於嬉戲乎圩工與緊農事將興不此之務而以戲事神里許一搭戲臺家各斂迓神會動曰演戲酬神下里巴人不可勝數間有謌淫祀無福者則舉戒以勿妄言耗財誤工亟爲憂鉅沿村婦女鬨笑慵糙非誨淫乎遂會棍徒擾往呼來非誨盗乎雖古禮有大儺變爲扛神惑衆而韻事傳兢渡甚至打降報仇到處磨來竟安鴆毒不僅妨農誤隄亦且傷風敗俗也可不戒哉

湯文正曰吳地風俗每事浮誇粉飾動多無益之費外觀富庶內鮮蓋藏偶遇災祲救死不贍如迎神賽會搭臺演戲一節耗費尤甚釀禍更深此皆無賴棍徒藉祈年報賽爲名貪圖飽腹每至春時出頭斂財挨門科派高搭戲臺鬨動遠近男婦羣聚往觀舉國若狂廢時失業田疇菜麥踐蹋無遺甚至拳勇惡少尋釁鬬很擁竊荒淫迷失子女種種禍端難以悉數竊爲爾民計以此無益之費而周卹鄉黨窮乏刊布嘉言懿行則人稱善士已積陰功何苦以終歲勤動所獲輕擲於一旦曾何益之有哉宜細思之毋忽

陳文恭曰黎園唱劇至今日濫觴極矣然而敬神燕

蓋世俗不廢但所演傳奇有邪正不同主持世道者正宜從此設法立教雖無益之事未必非轉移風俗之一機也先輩陶石梁曰今之院本古之樂章也每演戲時見有孝子悌弟忠臣義士激烈悲苦流離患難雖婦人牧豎往往涕泗交流不能自已旁觀左右莫不皆然此其動人最懇切最神速較之老生坐皋比講經義老衲登上座說佛法功效百倍至渡蟻還帶等劇更能使人知因果報應秋毫不爽殺盜淫妄不覺自化而好生樂善之心油然生已此雖戲而有益者也近來所撰院本多是男女私媟之事深可痛

恨世人喜爲搬演聚父子兄弟並闔其婦女而觀之見此淫謔褻穢倍極醜態恬不知愧不思男女之慾如水浸灌卽日事防閑猶恐有瀆倫犯紀之事而況宣淫以導之試思此時觀者之心作何形狀不獨少年不檢之人情意飛揚卽生平禮義自持者看到此時亦不覺怦怦欲動稍不自持便入禽獸一路矣可不戒與

田文鏡曰異端邪教最易煽惑人心鄉愚男婦聚處混雜不但敗壞風俗亦且陰作非爲若不嚴加戢禁日久釀成禍患誠非細故然聚衆必有其由而入教

必有其漸挨厥根源皆自迎神賽會始蓋小民每於秋收無事之時以及春二三月共爲神會挨戶斂錢或搭棠高臺演戲鑼唱或裝扮故事鼓樂迎神引誘附近男女招集遠方匪類初則假借祈年報賽等名鼓惑愚民經旬浹月聚而不散遂成黨羽因而焚香設誓布散謠言此卽邪教之所由起也故欲遏邪教先嚴神會嗣後男耕女織各安本業毋得聽信妄棍騙誘佯修善事甘入邪教除秋冬祈報及凡在應祭神祇赴地方官具稟批准止許日間祭告不繼以夜亦不得過三日如敢裝扮神像鳴鑼擊鼓迎神賽會

者不時嚴查犯則立拿照師巫邪術例分别首從治罪若婦女有犯罪坐夫男鄉保地隣知而不舉一並連坐

按祈報一節古禮也邇來藉此演戲婦女冶容農佃玩日此猶後也其間聚賭窩竊招盜藏姦事所必有正風俗者宜於此着意也

王懿思曰循舊會期焚香拜神禮亦可行行商坐賈各攜貨物人所必用聚於一所亦可勿問若婦女擁擠糾人進駕紛紛若狂恬不知恥一廟所耗費數月衣食之資前余在新會見撞城隍神像沿門募化嘗

（有施至十餘金者金鼓導從名曰出巡示諭之曰聽明正直之謂神幽明一理神何樂乎托鉢求乞有倡首者罪之乃不敢動

又曰地保棍徒勁輙斂錢演戲喧聒晧鬧不願者强派惡取不知財帛竭於倡優子弟流於浮蕩賭博竊竊乘機而起余出示拏禁有謂不順民情者勿之卹也久之有以戲錢修橋道者此風遂絶

按戲爲無益以此錢修圩隄保身家較修橋道尤勝吾圩冬春修隄無知之徒乘此斂錢演戲聚衆開塲農佃曠工卯婦女競衣飾子弟荒本業童穉索糕菓

加以烟酒賭博一事而數害俱備禍生肘腋焉有正直而壹之神歆此非禮之祀乎

邑志曰所費過中人之産即貧乏之家都惑於禍福無難色設有睦婣任卹之舉以及存亡繼絶之誼餜寡孤獨之賑雖素封不無悋也

又曰賽神有祠山文昌關帝五顯都天諸社皆醵錢米斂會酒食金鐃攢鼓列幰張幟神於中呼哨競日老少雜遝以將事枕藉而醉戟手而罵膠轕不可解扶掖各歸夙昔而不仇

又曰昔方相氏蒙熊皮黃金四目以逐疫當塗之臉

神自初春至春暮競爲神會一人以天神像作面具擐甲錦袍金帶爲神狀數百十人擎鉦而張之緣坊骯巷跳舞旬餘更可笑者俗侚鬼而不擇醫病者卒許鑼酬愿故神像出鑼聲數百前後圍繞觀者堵砌以致廢稽行路實可厭惡況其復肆飲食縻費金錢更復無算有明哲正直者非誚之則以不狂者爲狂惡習幾徧里巷　康熙三十四年知縣祝元敏爲厲禁禁之識者稱快愚昧之夫猶大惑不解

戶部例律曰凡寺觀庵院除見在處所先年額設外不許私自剏建增置違者杖一百僧道還俗發邊遠充軍尼僧

女冠入官爲奴地基材料入官

吳榮光曰堯湯之世不能無水旱之災暘雨愆期爲民請命亦聖世之所不廢也惟有恪遵國制地方官設壇致禱力田之民亦惟有分禱於社神田祖蓋祀神之道不外一誠誠之所孚求無不應其在月令曰仲夏之月乃命百縣雩祀百辟卿士之有益於民者以祈穀實而周禮荒政十有二一曰索鬼神註家謂搜索鬼神而祭之雲漢之詩亦曰靡神不舉觀於月令之文則知所謂索而舉之者皆有益於

瑞歲 蕭德華助印

民若也乃鄉民無知不諳禁例每值旱澇奔禱於山
魈野魅之祠自棄其㞐水築防之力甚至舁土木之
偶敲鉦鼓抑佾什成羣抑思彼淫昏之鬼何能爲一
方禍福哉
又曰俗傳東嶽注生南嶽主壽故進香之期東嶽以
三月南嶽以八月各處之愚夫愚婦爲祈年者求
福求子者男女混雜奔走若狂或爲跟隨習其酬神之
資備極豐腆獻祭盡之神像傍於禮拜時一張上竟
月之油鐙而神座仍無一夕之照或募修鐵瓦則錄
蟻爲字以告裝或捐造扁祠則僞拓碑條以斂貲倡

道以此牟利乎民因而貪財乃有迷而不惜其貲其
敦者何哉
又曰端陽競渡始於楚人其俗遂浸淫於各省原不
過年豐人和藉以稍紓力作非爲祀神而設也何至
綵飾龍舟干橈鬪捷旌旗鉦鼓喧譟中流兩岸閑人
觀者如堵而倩粧婦女亦復攙雜其中墮珥遺簪深
爲風俗之玷彼操舟者或以巧拙相形因而凶頑自
逞叢毆辱詈落水受傷皆嬉游無節之所由起也
接此俗亦有此習如元華進香三元做會往往藉以
求福祿不知家有生佛即進香頭倒屣若是也奚待遷

瑞歲 王耀楊助印

求哉至如施捨寺僧即謂爲功德何不轉移此項修
隄固圍除道成梁卹寡矜孤扶危救急作現在功德
乎蓋濟急非以濟多事不如無事競渡本繫頭事無
邑志載宋石以文巧勝黃池以勇捷勝皆謂作爲無
益且有因此致溺者
附攝生格言
慎風寒節飲食是從吾身上卻病法寡嗜慾戒煩惱
是從吾心上卻病法少思慮以養心氣寡色慾以養
腎氣勿妄動以養骨氣戒嗔怒以養肝氣薄滋味以
養胃氣省言語以養神氣多讀書以養膽氣順時令

以養元氣怒則氣結怒則氣逆恐則氣陷拘
廹則氣鬱急遽則氣耗行欲徐而穩立欲定而恭坐
欲端而正聲欲低而和心神欲靜身力欲動胸懷欲
開筋骸欲硬脊梁欲直腸胃欲淨舌端欲捲脚跟欲
定耳目欲清精魂欲正多靜坐以收心寡酒色以清
心去嗜慾以養心玩古訓以警心悟至理以明心寵
辱不驚肝木自寧動靜以敬心火自定飲食有節脾
土不洩調息寡言肺金自全恬淡寡欲腎水自足道
生於安靜德生於卑退福生於清儉命生於和暢天
地不可一日無和氣人心不可一日無喜神抽守可

以寡過綏字可以免悔退字可以遠禍苟字可以養福靜字可以益壽毋以妄心戕眞心勿以客氣傷元氣拂意處要遣得過淸苦日要守得過非理來要受得過忿怒時要耐得過嗜慾生要忍得過言語知節則愆尤少舉動知節則悔吝少愛慕知節則營求少歡樂知節則禍敗少飲食知節則疾病少人知言語足以彰吾德而不知愼言語乃所以養吾德人知飲食足以益吾身而不知節飲食乃所以養吾身閑時鍊心靜時養心坐時守心行時驗心言時省心動時制心榮枯倚伏寸田自開惠逆何須歷問塞翁修短

潘德華助印

參差四體自造彭殤似難專咎司命節慾以驅二豎修身以屆三彭安貧以聽五鬼息機以弭六賊衰後罪孽都是盛時作的老來疾病都是壯年招的敗德之事非一而酗酒者德必敗傷生之事非一而好色者生必傷木有根則榮根壞則枯魚有水則活水涸則死燈有膏則明膏盡則滅人有眞精保之則壽戕之則妖

官圩修防彙述四編醫俗下卷二終

四編卷二　醫俗下

官圩修防彙述四編庶議卷三

選能目次

僉舉類　官守　岸總　圩董　甲長

鑼夫　工書　圩差

輪修類　承充　繳報　包攬　規避

廣卯　隱夫　斂費　乘時

責成

建造類　相度地勢　對岸鋪築　退挽月隄

估計價值　核算土方　塡泓

掀沙　撿螺蛤殼　定土塘

錢鳳來助印

土坯　夯硪　鏟試　驗收
倡捐　挪移　津貼　借款
承領　不敷　請接濟　旬月報
榜示　報銷　保固　攤徵還款
搢浪埂　品字墩　土培　土壟
石礅　三和土　灰漿　鎮壓
勘驗類
丈量高厚　二五收分
昂首　窪心　聳肩　躡履
縮腳　穿靴　戴帽　接縫起止
方向　斜口　評定甲乙

官圩修防彙述四編庶議卷三
湖瞑遂袁編輯
汪支聚鏡耕校
選能（庶議三）
圩隄重務首在選能書曰舉惟其能孟子曰能者在
職言能足以任事也
國家量能授職內而翰詹科道外而府縣州廳下至丞
倅汎委靡不聯指臂而效腹心者有他道哉選其能
耳圩務雖不敢上擬之於理亦不外是果僉舉得
其材脩修得其當建造得其法勘驗得其詳隄焉有

朱詒穀助資

陶長春助印

不固者乎爰述事以梳櫛之述選能
竊議圩務需人辦理而僉舉察訪尤不可不慎重也圩
例向設岸總圩董甲長諸名色無異銓曹之階級軍
伍之部勒焉岸總總一岸之成圩董董一圩之事甲
長長一甲之夫苟非其人圩民累圩務壞矣惟鄉里
為之舉選而報以名官長為之察訪而諭以事肩斯
役者毋推諉毋欺發毋執成心而懷私見量而後入
斷不使書差為政意為僉選以致黏紅舞弊焉於圩
務也何有謹議庶事如左　官守　岸總　圩董
甲長　鑲夫　工書　圩差

官守
農田水利冬春工竣官為勘驗凡守土者皆如是也
况州縣為親民之官乎官圩向屬民隄工竣驗收近
今奉為故事或委員赴工夫馬舟糧不勝其擾或差
役持票烟酒飯食悉索難填　光緒九年土民舒請
道轅稟請禁止委員勘隄有苛如虎猛利等蠅營之
語其弊遂革至十四年　郡伯史公深鑒利弊既恐
貽害閭里又慮廢弛圩隄酌請　大府以邑之糧廳
移駐官圩專司圩務兼撥廬金以酬勞費此外毋許
縱用圩費亦不得擅理民詞其為善後計者至周且

朱詒穀助資

密矣

俔豹岑曰志官守者知其人考其事也天下有治人無治法事窮則變勢所必然惟列敘有隄務之責者標其姓氏別其功過可也

按公印文蔚望江人仕至兩廣總督有萬城隄志

李九我曰宋范延貴爲殿直押兵過金陵張忠定公時爲守因問曰天使沿路來會見好官否延貴曰昨夜過袁州萍鄉縣邑宰張希賢雖不識之知其好官也忠定曰何以見之延貴曰自入其境驛傳橋道皆完葺田萊墾闢野無惰農村市無賭博交易不諠爭夜宿邸中聞更鼓分明是以知其善政也有善政非好官乎

按公諱廷機明榜眼仕至尚書

大清會典曰吏部糾以八法曰貪曰酷曰罷軟無爲曰不謹曰年老曰有疾曰浮躁曰才力不足

按貪之爲害法所必懲駐工者既有廉俸又得酬資越位理詞沿隄索餉有仁心仁聞者不肯爲也

岸總

前明謂之總料者又謂之總圩長言總理各圩長也

萬歷三十六年西南岸朱孔暘西北岸鄭文化東南

岸趙栻東北岸稽廷相創爲四總長倡分工段會同四岸業戸稟請　邑尊朱汝黿逐段分標立碑至今遵守勿替事見老冊

國朝順治十五年東北岸湯天隆東南岸孫啟芝等條陳十六事上之　巡案衞公貞元　邑尊王國勷勒石花津

天后宮傍

國朝康熙四十九年西南岸劉煥鑒總首之失歴陳弊竇禁革總修又條陳四事載入邑志均詳條陳

國朝道光十一年東南岸楊訓昭西北岸陶之鎬東北岸姚善長西南岸朱位中解囊倡首建造中心埂潰缺又並造十里要工暨週圍加高培厚均邀議敘詳修造

國朝咸豐二年東北岸姚體仁戎金輅徐方疇東南岸周樹滋汪永成姚信中西北岸詹蓬望夏朝玉徐逵九西南岸尚曙庵丁玉聲朱位中十二總首敦請郡紳王文炳朱汝桂杜開坊唐金波張國傑五人奉方伯李中丞檄建造孟公碑月隄並修搪浪埂及各隄漫缺推朱位中總其成時年剛服政工次稱觴歌詩贈之詳藝文

 甲長

按上數則均岸總之卓卓者岸總親肩斯役爲全圩領袖當顧大局以全厥功億萬生靈託命可不慎與

圩董

國朝乾隆十九年沛國圩史宗連朱爾立貴國圩倚士椿等興復中心古埂重清界限稟、府憲朱、邑尊歷李秦孫三公委典史鈕押修五載始終其事復請府教授朱將四岸工段起止載入郡志詳舊制

按官圩向分四隅爲四岸岸有六七八圩不等大者田以萬計小亦不下數千畝岸總不暇兼顧推圩中殷實老成者董之如丞尉然圩有要舉赴局商榷勿上干勿下虐圩務可全也

馬逢皋曰圩董圩甲選有中人之產年力精且壯者爲之亦免本身徭役

按公順天人　順治中貢入官至廣東按察司副使

甲長

官圩四岸二十九圩圩各四五甲及七八九十甲不等甲各舉一人爲之長但事非艱鉅其承行者不過催夫集費耳爲岸總者擇該圩內力堪任事之人呈之府縣諭以事宜妥爲供役切不可任胥吏黏紅意爲簽點强人以所難使老實忠厚之人視爲畏途也

 鑼夫

倪豹岑曰僉點田多大戶承充夫頭沿鄉催令業佃赴工修築仍聽民間公舉諳練誠實紳耆司理出入

按隄工需人僉選不易有其田非其人不近於黠也即鄰於愚也有其人無其田非肆其貪也即挾其勢也得人其難哉彼刁劣者隨地插腳固無論已至客民所置產業其注意者本不在此又不可以圩務重託之

王陽明曰薦人與用人不同用人權度在我雖小人而有才者亦堪器使薦人於朝品評一定黑白遂分砒礵芒硝有攻毒破壅之功但混於參苓者尤用之不精鮮有不誤者矣

鑼夫 一名小甲

圩例集夫鳴鑼申警必僉一人爲之名曰夫頭又曰小甲如催趲不力及誤公行私賣夫賣卯等事查出立時斥革

按小甲既領工食一切索取過鄉規費概宜革除或議在該圩公置田數畝令小甲收租抵其工食或在該圩抽點土夫充當免其挑築亦是

工書

即府縣工房書吏也差役之狡黠書吏之貪饕前編

瑣言中已詳論之矣第若輩雖屬可惡而枵腹難
從公惟稟明官長量事大小酌予工食紙張若干此
外無許越分苛索非特有以饜其心亦庶幾可以用
其力

粟毓美曰隄工敗壞皆由於工書向例雖屬官督民
修官盡委其權於書吏於是僉首事有費造估册有
費承領有費驗收有費甚至串通董事浮派浸吞無
弊不作公項盡飽私囊應行嚴禁至於申文報册應
捐給紙筆之費

按公字樸園山西渾源州人　嘉慶辛酉拔貢官河
道總督謚恭勤有實政遺編

史郡伯曰此次工程實用實銷府縣衙門書吏承辦
圩工事宜以及造册報銷辛工紙張等費概由本官
給發不准丁書人等暗中需索

按史公履歷見述餘宦績

唐鶴九曰書吏幾同世業洋烟喫着交友肥家取諸
宮中享用已極慣矣若逆違其意則設法以害之所
求不遂則多方以恐之恐嚇不濟則又遲延以誤之
也其害可勝道哉

按公名景皋湖南人前任太平府知府有善政

圩差

官圩向有圩差四名未知始於何時所司者不過傳
信票遞牌卯而已年規季費索取鉅數且自各缺額
殳殁子承兄終弟及仍用白役幫夥索賄曰小季規
值修者甘心俯首如其欲以付之噫甚矣憊

竊議圩例歲修輪流充役而修築尤不可不有法律也
蓋自承充以迄繳報舉有所事焉一歲之中關繫閭
圩生命可勿慎與若任胥吏黏紅意爲舉報弊端由
此生矣於是畏事者巧爲規避好事者樂於包攬農
佃之人不識不知工急則廒卯工怠則隱夫當役者
恒懼斂費不清而修築不克乘時此而欲責其成吾
未見其有當也謹議庶事如左　承充　繳報　包
攬　規避　廒卯　隱夫　斂費　乘時　責成

承充

充當圩役挨甲輪修例也田多者列名於首田少者
以次佐之俗所謂田多者當田少者幫是也大約亦
需十餘人乃堪集事宜開的名承充具名縣案庶無
臨期閃避者

俞昌烈曰承充修隄宜開具的名並有次序否則宜
當者反諉宜幫者反充宜前者反後宜後者反前隄

工所由誤也

按公係直隸監生仕荆州府通判有土工利弊說

繳報

自發土開工中間守汎保險以至繳差一屆之任畢矣若安瀾無事須在秋汎已落冬令初交即行繳報遲亦恐誤下屆之事盖接辦冬工日期過促殊多掣肘也

某侍御奏曰工房書吏毆換另簽冇費給發牌卯有費具認承充有費正費賤盡不得已破産傾家苟求訖事至是訖事而又索費故簽充之時田少者視爲畏途其狡黠者則又鑽充頂替與工書表裏爲姦甚至工書亦自包攬庸懦者深知修隄之害情願以重貲倩辦所收畝費盡供慾壑並不加培祇剗草見新藉掩耳目水愈長而愈高隄愈修而愈薄數十萬生命盡爲所害矣

包攬 規避

圩有狡黠游民戲定圩務按畝派費藉名傭工得值其實包攬弄權容民散處彼乃代爲分勞一俟春費到手夏令匿蹟此先包攬而旋規避也又有簭庸劣深怕差役纏身倩人包庇及事難措手代者逃而倩

者匿此規避實由包攬也是有包攬卽有規避有規避卽有包攬二者迭起循生理必然者

倪豹岑曰修隄之弊甚多其有冒名包攬漁利及至水漲閃避無蹤擬照河工包攬之例二名以上發附近充軍一名者枷號一月仍杖一百發落庶人各知儆畏

按修防重務近皆奉行故事視若無關考成始則畏難苟安坐荒時日比及興工並不認眞趕修大都草率偷減且於防護保險事宜又復漫不經心敷衍塞責一經漲潰潛匿無蹤矣甚復已潰猶或掩飾使人不及知延緩時日爲自己脫身計噫罪不容誅矣

隱夫 廒卯

踹田出夫事不容隱貪鄙之流先隱田以圖隱費旣隱費亦並隱夫人皆力役彼獨安居該圩甲長尙未查明夫伴早已偵知嘖有煩言不肯前進又有廒卯陋俗一牌之中掭來兩三夫先行點卯或數日不到雇工補之參差不齊行止不一俗謂之廒卯爲値修者稽延時日費用多虧不可以爲法若修潰則以多爲貴人衆則收工早不可不知

按廒卯云者不依開工時日後先補工多寡不齊謂

之廩卯
汪制府曰圩隄工程夫數多寡允宜劃一強者不親身赴隄捐微貲以付佃民佃疲無能爲役黠者藉以自肥有混領雙籌而點空卯者有出錢一工而算雙卯者皆誤工也
按公名志伊號稼門安徽舉人仕至湖廣總督有工程紀略近腐齋集

斂費

民隄興修按畝科費俶所不禁近因水勢大小計一歲需用多寡豫爲履畝重輕遂使大戶欺隱小戶受累遇搶險需用尤繁有紳士設局公收者有各圩自收自用者欲使涓滴歸公實收實用則吾未之敢信撙節者少染指者多習俗然也此清白者所以賠累謗振定曰隄事初興按畝派費多至千餘少亦不下四五百大戶難收取償小戶故尺寸之土無所隱逃阡陌之產絲毫不破以小戶可以魚肉也
又曰出費小戶間有繳不如期則首事稟官催索差役一出如虎踹羊不遂所欲肆行拘帶誣以抗繳毆差官不之察而枷號比追至畝費繳清所出已至倍蓰矣

按公字薌泉湖南湘鄉人乾隆庚子進士官御史有知恥齋集

乘時

水有桃伏秋凌四汛四汛惟凌汛最緩此修隄貴在冬工也冬令水涸農務又閑乘此力作有不及完工之處交春補修隄有不堅固者乎至清明前後農務興桃汛發矣若不乘時修築外灘湮沒無處取土不便處居多
梁觀察曰歲修工程霜降後俶估應辦籌欵農事既畢傭工多閑冬水常乾取土甚便層土層硪夯打認眞工程可期堅固春雨連緜集夫難而施工不易尅期完竣斷未有不草率者正不僅多費錢財也
按公諱章鉅福建進士官至荆宜道
袁邑尊曰開工延至二月夫役又復不齊湖水已漲是其先已無求好之心逮其後更無能好之勢此圩工之所以不可恃也
又曰工程浩大本縣籌欵津貼並捐廉濟工爾民宜踴躍從事本縣尅期開工近者某日遠者某日本縣駐工以待如有遲延定干重究

責成

輪修之法一歲一更隄防倒潰事無責成始也狃而
玩之終且幸而免焉此圩董甲長所爲輕於撒手也
若委員管理隄工移駐要地以資防守而專責成且
呼應較靈一切工需均有着落並可以隨時指授方
略卽有呈控圩務事件亦可以隨在受理
周太守曰地處低窪均須隄障全賴歲修如法防護
得宜近來圩民心存觀望應修隄段並不趕修逮至
再三查催始據開報州縣俟報齊履勘轉輾稽遲且
有工未興而水已至欲無潰也得乎且各隄距城遠
州縣鞭長莫及未便責令隨時往查勢不得不藉資

佐雜分管惟嚴訂章程明定功過倣照
部例九月興工次年二月完竣節候較遲年分亦不得
逾三月底如有雨淋殘損獾洞蟻穴汛水滲漏一歲
計大過三次三次不實力經營歸入大計案內糾參
修防得宜一歲記大功三次三載安瀾請予大計或
俟俸滿予以保薦
按公各樂見萬城隄志
竊謂建造生工事件重大而規畫尤不可不知式也考
建造之法惟官督民修爲最善若聽民自修非廢弛
卽違抗甚至包攬漁利百弊叢生是以重其責於官

若祇交官修非書役卽役蠹甚至勾串分肥毫無實
濟是以分其事於民凡建造之法先宜相度地勢或
對岸平鋪或退後挽月定埂脚量埂身隨同估計價
值核算土方有泓者先填泓有沙者卽掀沙並撿去
螺蛤壳定土塘之界限准土坯之厚薄層土層硪以
飽錐試注水不漏爲上然後驗收工無有不固者矣
第工由費舉或倡捐或挪借或請津貼或借
庫欵如期承領趕興厥工費或不敷工或續補再請接
濟需用必榜示工竣則報銷准定保固限期分年攤
徵還欵此大略也若平日應辦之工修揗浪埂立品

字墩磡石磡造水箭設土埼土隴大約不外撙節估
計照式興修者近是謹議庶事如左 相度地勢
對岸補築 退挽月隄 估計價值 核算土方
塡泓 掀沙 撿螺蛤壳 定土塘 土坯 夯硪
錐試 驗收 倡捐 挪移 津貼 借欵 承領
不敷請接濟 旬月報 榜示 報銷 保固期限
攤徵還欵 揗浪埂 品字墩 水箭 土埼 土
壟 石磡
相度地勢
凡塞口門必須相度地勢不可過長長則費工勞民

不可過促促則與水爭地或退挽或外圖或直接總以地形高阜爲上塡泓炙之一切溝塝古塚壞培皆宜留意

褚魯山曰査築隄用二五收分頂底相配鋪底時照原估丈尺間段標籤寬闊一律未鋪底前重硪排實免致跟脚浮鬆謂之盤底然後加坯鋪採平匀不使結岀成團每坯一尺二寸打實八寸逐層夯硪連環套打以硪花爲驗再行錐試可也

對岸補築

凡遇漫缺旁無深泓及衝刷處皆可就原埂對工補築先除去爛柴腐草浪渣螺蚌殼及一切礙隄者兩頭塌崖用鍬卸放使新舊之土兩相膠黏然後進占

荆隄志曰凡隄段衝刷自應估修一例高厚而老隄底面未將原本高厚註岀僅開載自某工至某工幫寬加高若干儱侗一筆則新修土方必剷草以舊爲新矣

袁邑尊曰原處接築必內外鑲寬加培方能堅固修葺殘敝估計用牽算法

月隄

倒缺漫缺原有兩途漫缺不壞埂脚可照原地鋪築

若係倒潰必有口門門外必有深潭宜用退挽之法如月牛規形也

汪制軍曰挽月之法地勢太遠隄長工大有失撙節估計之意太近則泓深地險又恐浪洗風淘面背受敵總以適中爲是毋急鈎由漸而灣形如半月接頭處尤宜加寬厚

按漫缺勢緩水由漸入旁無深泓可以補築原地衝潰勢猛猝然大崩衝刷成潭故宜退後挽月　光緒乙酉新溝潰缺測量口門長約六十餘丈內外衝成深潭約五六丈內泓尤不見底挽月不宜急鈎當從朱公祠址起工經大埠由巽方接縫有惜田產坐壓者輾轉互議當路誤以爲然諭畫首以從減之法輿論大譁旬日間埂脚五易後從大圈紆迴包裹工費浮三之一然此役雖未適中較臨潭急鈎似勝一籌矣因附記之

又挽月無外圈法緣湖畔風浪險惡也若中心埂緊內隄不拘內外可相地形高下爲之能高尺許即省土若干方

估計

凡有建造大而夫工木植小而薪水工需一一撙節

估計毋冒毋遺冒則虧費脂膏遺則累及經手虧則上蝕　國帑下耗民生累則公廉正直不肯出而應事二者均未爲得焉

袁邑尊曰本屆缺口及殘薄單𨻶處通共約用土三十萬三千五百方應用六十萬七千工有零核實估計必需此數

按建造新工均照　部例用土方法估算添補修葺則用牽算法大約估土一方需民二工如　袁邑尊所論是也木植工需另當估計尤宜按時價爲之

核算土方

量定埂腳長若干丈尺寬若干丈尺高若干丈尺底面用若干丈尺非計算土方不能符例若遇溝潭又須先將該溝潭丈量若干深闊加三倍計之方出水面又倍計之方平埂腳如是測量百不失一

荆隄志曰做照　工部則例每土長一丈寬一丈深一尺爲一方長寬均一丈深五寸爲一箇每方例價銀一錢二分　法曰假如挽修隄工一百一十七丈陡高二丈面寬三弓腳寬二十三弓問該土若干荅曰一萬五千二百一十方法將面寬三弓底寬二十三弓合爲二十六弓以五因乘之得十三弓再以五

因乘之得六方五分又將陡高二丈以二因乘之得一百三十方又將隄長一百一十七丈以一因一七乘之得一萬五千二百一十方　一法以二十六弓爲五因乘之得十三方以四歸歸之得三方二分五釐接以隄長若干弓乘之此爲弓與弓乘　一法以二十六弓用五因乘之得十三丈以二因乘之得二十六方以四歸歸之得六方五分接以隄長若干丈此爲丈與丈乘　一法以面寬三弓作一丈五尺腳寬二十三弓作十一丈五尺合爲十三丈以五因乘之得六方五分　更有不用五因直以二十六弓用

四歸歸之得六方五分更捷至塡溝潭丈尺法相同大約加三倍過之蓋溝深則底大且土入水易淤淤則立腳愈難堅固此又宜細心估計也

荆隄志曰土方價值不失於濫不失於刻爲最難也　部例原有定價辦公尚須變通刻則傷大濫則糜費兼之天時有晴雨地勢有陡夷食貨有貴賤夫工有暇否價值亦難確定惟以公平之法爲程可耳

按挑方之法百步以外遂難如例況有拼船過隄雇船裝運各價又宜化裁通變神明於法斯不爲法所窘爾

木碼

價值因時長落不能豫定碼則劃一遵行略存其說以備參考

荆隄志曰照工部例苗木用灘尺除鼻眼五尺起圍不登木自七八寸至九寸七分止不上尺故曰不登價碼銀二分一尺至一尺四寸每寸加銀一分一尺四寸至一尺五寸每寸加銀二分應長三丈五六尺一尺五寸至一尺八寸每寸加銀三分應長四尺外一尺九寸至二尺五寸每寸加銀五分應長五丈有餘二尺六寸至三尺每寸加銀一錢應長六七丈三尺以外之圍其材中選隄工用之未免糜費

凡杉木徑五寸每根銀三錢三分鋸樁斫尖每工做八十枝

按木樁猶有入壞不可不知凡空芭捲漏彎短尖枯是也

定例列後

一尺三分　尺零半三分半
一尺一寸四分　尺一半四分半
一尺二寸五分　尺二半五分半
一尺三寸六分　尺三半六分半

一尺四寸七分　尺四半八分
一尺五寸九分　尺五半一錢零半分
一尺六寸一錢二分　尺六半一錢三分半
一尺七寸一錢五分　尺七半一錢六分半
一尺八寸一錢八分　尺八半二錢零半分
一尺九寸二錢三分　尺九半二錢五分半
二尺二錢八分　二尺零半三錢零半分
二尺一寸三錢三分　二尺一寸半三錢五分半
二尺二寸三錢八分　二尺二寸半四錢零半分
二尺三寸四錢三分　二尺三寸半四錢五分半
二尺四寸四錢八分　二尺四寸半五錢零半分
二尺五寸五錢三分　二尺五寸半五錢八分
二尺六寸六錢三分　二尺六寸半六錢八分
二尺七寸七錢三分　二尺七寸半七錢八分
二尺八寸八錢三分　二尺八寸半八錢八分
二尺九寸九錢三分　二尺九寸半九錢八分
三尺一兩零三分

每逢四分算半寸八分算一尺三七分不入算

石價

條石以寬厚起算有運腳鑿盤上位諸費裏石一云

伴石卽毛石以斤趄算板石照方趄算有冰紋石角
沿石厚薄各有不同
餘明府昌烈曰工部營造木尺劍加七分石尺劍加
一寸五分每石六面琢平見方每丈劍用丁頭石三
塊夠丁頭石劍長三尺六寸夠石上下四方各見一
寸爲一積劍重三兩每積劍用價銀一毫外有運腳
壁鑿安砌諸費
凡石八寸見方積五百一十二積合漕砝一千五百
三十六兩計重一百觔
凡石一尺見方積一千積計重一百八十七觔半
一尺二寸見方積一千七百二十八積見尺積一千
二百積　一尺六寸見方積四千零九十六積見尺
積二千五百六十積其重照前類推
凡石運腳每十擔劍價銀一分日行百里其在五百
里內若搬程以究酌增一二趨陸運倍之
凡石鑿鏨見尺接丈劍價工食銀三錢八寸照減尺
二照增此外照算
凡石安砌見尺接丈劍價工食銀一分增減照上
凡石見尺每丈按照部例牽算合銀一兩五錢
凡石有黃尖砠碎圓餘趄片參節皀凌者爲黃兩頭

爽劍內鑲外砌者爲尖石傷而敲聲不叶和者爲啞
長不滿二尺者爲碎碎石祇宜作裏不中正用
凡尺二沿石厚須三寸夠只積三百六十積　尺四
沿石厚須四寸每只積五百六十積　尺六沿石厚
須五寸夠只積八百積　其尺八以至二尺外者相
其厚薄由此類推
凡丁頭石面照正石餘照裏石
塡泓
深濶大潭最難塡實水深不測土覆易淤符其自槎
工須三四倍
汪劍府工程記曰有口必有泓固也但泓有淤未淤
水有流不流之別泓腳宜聽自撐若用鐵障遏立成
腳意在土不坍卸及至土重難勝中途崩裂水還夾
縫枉費謀工
撩沙
湖埂沙土一經潰決飛沙洄聚先將厚薄不一之沙
撩翻盡淨然後鋪埰埂腳再行起築庶免面實底虛
或曰將沙堆似山形參伍錯綜埋壓底腳亦無礙隄
然不如去之爲是
遺劍府曰凡隄衝潰之處自必積有浮沙若不撈除

盡淨驟加土塡築則跟腳虛鬆遇水又將復潰須刨
盡至底乃可　或曰沙可塡泓一舉而兩便也出水
則不堪用矣

按公名柱姓喜臘塔滿洲鑲藍旗人官至武英殿大
學士湖廣總督謚文恭

撿螺蛤壳

盛漲之年螺蛤尤多水族逐臭隨渦聚處有至數十
百斛者水落後肉腐壳空散布隄畔若不揀盡遠爾
築土亦足妨隄

袁邑尊曰舊埂腳內有沙土夾雜者有堆積瓦礫螺
壳者最爲圩工之害稍有含糊爲害滋大飭令一一
起除盡淨然後挑塡

土塘

挑方必有土塘離隄十丈方可取用圩夫性多逐庳
祿宜排齊編號量限丈尺留定土路令其挨序挑取
非此則無頭緒矣

俞昌烈曰土塘稍不經心不留土路一雨之後積水
汪洋無土可取惟先定遠近應計該隄用土若干如
頂寬三丈底寬十三丈高二丈每丈需土一百六十
方土塘以挑深五尺爲度每丈可出土五方必得三

十二丈之土方可敷用連原十丈禁止應於隄腳四
十二丈挖起逐漸進步方得符十丈之例

土坯

挑夫上土不可過厚厚則難以行夯大約一尺爲度
夯成八寸謂之一坯

俞昌烈曰上土坯頭原有限制每坯以一尺三寸打
成一尺爲式如估高一丈五尺之埂須用十五坯倘
若不敷一塌足矣如坯頭過厚雖至重硪無能爲力
交互處尤宜認眞

夯硪

築隄堅固全在夯硪如能照坯夯打著實自無滲漏
儘可飽錐又舊隄滲漏宜內外兩旁剷平逐序重花
套打然後加以新土方能堅實以期不漏

林文忠曰查築隄用二五收分頂底相配先行量進
丈尺間段插樁灰綫誌定照原估寬長重硪套打免
致跟腳浮鬆謂之盤底然後加上底坯鋪垛均平不
得結凷成團一坯祇許一尺二寸打成八寸不准過
厚連環套打三遍以硪花爲驗夯夫須選能手起得
高落得平便無鬆勁庸手反是隨時錐試頂底如是
坦坡尤宜肥滿不許躺腰以丈桿平放坡上下中無

隊總卽是飽滿
挨厶名則係字少穆鄜建進士仕至兩廣總督
挨圩夫行夯用唱歌法口手相應方能起落故鐃
豹岑中丞在萬城隄中製爲夯夫曲使夯夫歌之某
師其意亦作俚詞三十首載入述餘藝文歌之者亦
須一句三夯否則不免遲慢矣

錐試

逐坯夯打逐層錐試實水孔中不滑乃堅然須防毀
壩之弊若待工已告竣再行籤錐則誤矣匪特無此
長錐亦復深錐不下

汪制府工程記曰欲驗堅實之工以錐試不漏爲度
今用數尺長錐飭役於隄頂隄腰釘下拔起成孔以
壺水灌之土鬆者水不能久注又釘須一直拔起不
任緩緩搖轉將四面磨光無從滲漏並防水中和藥
拔錐以三稜爲上不能搖轉

驗收

隄工竣事經手可卸責矣未也須請　府縣逐段勘
驗丈量寬長高厚各若干弓尺有無昂頭縮腰聳肩
窪心縮腳等弊帶同各弊即歲修告竣勿謂無關緊
要亦當逐段如法驗之俾下屆有所考驗庶無貽誤

圩工程記曰各圩承修工程是否一律堅固有無浮
冒立卽查明造具丈尺土方工價報銷細冊取具各
圩董姓名及承修段落各清摺出具承修保固印甘
各結加具無扶驗收切結刻卽送司以憑核轉毋任
遲延

陳文恭曰州縣因公下鄉怒歷勘驗原以爲民非以
病民也倘或候迎送或事鋪陳或備供應或供馬草
或平道路均屬擾累卽或不須伺候不肯苛求亦宜
不時檢點以防里中指派或自己絲毫不擾而隨帶
丁胥亦須防其暗地需索騎馬乘轎等費有一於此
決不姑容蓋州縣乃親民之官下鄉乃親民之時勘
驗乃親民之事非立威地也祇宜拜跪坐立之有禮
不在儀從供帳之可觀雖無有擾累之事須存惟恐
擾累之心周歷一鄉可使鄉民羣聚樂觀毋使鄉民
怨聲載道必使吾民幸其復來不可使吾民憂其再
至斯爲得之

倡捐　挪借　試費

道光年間圩隄屢潰董首倡捐如癸未辛卯等年陶
之鐄號體仁等是也　挪借公款得熟照畝加息徵
還如癸巳甲午等年籌借青畧堂公款是也　至如

畝捐惟　光緒丙戌　郡伯聯示以按畝捐番蚨二
分是也是年工需不敷薑夫交困刁劣者故爲留難
分見歷居修潰

戸部則例曰搢紳士民有敦任䘏之風者遇歲不登或輸
粟或輸銀糴穀或助官賑饑或依官價減糶或利及姻族
或施及鄉里由州縣而府而司道而督撫爲表其閭視其
所輸之多寡以爲差等過二三百石者以聞於　朝官予
紀錄民予品銜以　旌獎之

晏斯盛曰民間自行修築計其功之多寡報明查核
請　獎如例

按公字一齋江西新喻人康熙辛丑進士官湖北廵
撫有楚蒙山房集

荆隄志曰徵收畝費公正紳耆孰肯與書吏共事同
里之人非親卽友彼此援引倚勢招搖有治人無治
法亦有治法無治人也

倪豹岑曰借用之累領解有費報銷有費申平補色
有費私貸公收半爲胥吏中飽有工程之責者非萬
不得已與其借　帑不若募貲

請欵　津貼

工大民窮倡捐無力募資無應挪借無門而工程又

勢不能已不得不瀝情具呈　大府借欵興修或俟
得熟按限徵還或請以賑代工作爲津貼均須豫爲
呈明後來自無掣肘

晏斯盛曰時遇偏災工程歸入廣賑於工條內動用
賑銀辦理至最要鉅工工大費多民力不能舉均請
旨動項興修以惠民生

屠之申曰邇年每逢盛漲輙遭水患幾無虛歲一經
上請仰蒙
聖恩蠲緩撫䘏無不立沛　恩膏惟思田廬常被淹浸糧
賦屢致虛懸卽於　國計民生殊有關繫且民無恒
業難保其有恒心積患不除難圖生聚所慮者大

按公字可如湖北孝感人仕直隸布政司

承領

上有所發按工酌給而承領者宜何如鄭重焉且關
繫甚大一切尅減冒濫諸弊宜淨剔之上不在國下
不在民此之謂中飽

袁邑尊曰工程浩大民力不堪本縣邀准冬春兩賞
憲恩高厚各宜激發天良不准稍有草率承領經費
俱照土方給算且繫按日計工零星給發如果實心
實力斷無不敷設有贏餘照數賞給人夫倘有偷情

致欵完而工未竣定將棚頭懲處責令圩修罰賠倘夠粤日起工時夫頭紛紛認領意在多求須查夫名若干每日挑土若干祇給二三分俟告竣後方許全給驗明並無草率偷減另當酌賞花紅酒食 一

接濟

工需不敷斷難中止或因續添工程或緣物價昂貴或遇陰雨阻礙原估難符而捐募之法莫能措手自不得不請接濟

工部都水司例曰凡有修築河道隄埝掃壩務於原估工程長深高厚丈尺銀數詳細開具清單奏報續有應增應減之工亦應於具奏清單內將更改之處據實聲明抑或清單奏報在先復有增減之工段丈尺亦應另行具 奏

旬報

逐日工需細底設立循環帳簿二册逐件列入簿中請 縣鈐印登號循去環來旬日一報

荆隄志曰設局駐工一切工需須用印流逐日開列底細按旬日一報 縣按月分一總結庶無歧舛其薪水火食逐件總登

榜示

工次需用樁木灰炭工價食貨事件紛繁務須逐項

列入循環簿呈明 府縣轉飭工書逐項照底抄登張掛俾實支實用共見共聞旬日一結匝月一總竣事報銷

袁邑尊曰經費若干共見共聞俟工竣後即將領銀若干各圩承領若干外埂動用若干樁木蓆片若干石灰行用運腳夯硪木石若干一一分别明白出示通衢有目共覩總期明可以對衆庶幽可以質鬼神

史部伯曰此次工程原議官督民辦需用物料按工給價仍須由董支放不經丁胥之手實領實發實用實銷按欵榜示共見共聞總期涓滴歸公費不虛糜事歸實際

報銷

承領欵項若干該挑土方若干築成隄工若干高厚丈尺需用樁蓆灰炭薪水物料價値若干逐項聲明造册彙報立案至民捐民辦毋庸造報

工部則例曰些小工程民間自行辦理如繫緊要工程處所在五百兩以上者俱着一體報部査核寻以保固限期著爲令

又曰銀數在五百兩以下工程無關緊要者免其造報卽在五百兩以上緊士民捐修之工並不邀請議敘亦未借

動官項者但令造册備查免其報銷其餘各工有士民出貲捐修奏請　獎敘者有該地方官勸捐興辦工竣奏請議敘並請實任官階者均無異動用正欵至例在民修之河道隄岸橋牐等工有關田廬保障而工程緊要民力未逮奏請借動官欵仍由民間攤徵還欵者自應遵照定例一體造册報　部核銷予以保固限期

保固限期

借欵築隄例有保固條期或酌以三年五年至十年不等予以定期如在限內有崩塌坍卸之處惟該保固人是問石工亦例應保固民捐民辦無保固例

大清會典曰凡保固險工限一年平易工限三年均以報竣之日起限限內衝决責令承修暨督修賠修不修治以罪限外衝决守汛並該管官分別議處

攤徵

興修水利隄塍民力不勝往往動借帑金分年於受益田畝業戶名下限年攤還查　同治八年借欵闔邑六年攤還外有火耗解費　光緒十三年借欵合圩並附圩之十一小圩五年攤還革除火耗浮收等弊紙張飯食由縣捐廉

工部則例曰建造生工需借銀兩應先於司庫借支給發

俟下年於業戶名下按畝攤徵還欵其動用何欵之處應令該督撫豫爲籌酌先行報　部仍將按畝攤徵細數造册送　部查核

搪泿埂

圩之東北隅名花津有要工十里俗傳東北風勁其泿最惡隄當其衝前人離隄數十丈作外埂以拒風泿故謂之搪泿埂或謂之套埂河工所謂遥隄是也袁邑尊曰此埂舊高不過五尺面寬二丈脚寬五丈頂圓而不平上栽蘆葦水小之時風泿不大可保無虞水大則泿從頂過圓則過而不留再大則蘆葦當之泿柔而不動且就埂二面取土堆築甚便較之隄工事半功倍

按此埂不必過高須沒在半水泿不起勢上栽蘆葦虛與委蛇誠良法也

品字墩

離隄築土成堆參伍錯綜用以分泿上栽蘆葦下潛魚池一舉而三善兼備也說見瑣言

按此爲吾圩創制也徧查他處未見或亦遥隄之變通與

土垳　土壟

官圩修防彙述　水簹　石礲　陡門　涵洞　閘　汪大興助印

依隄層遞鑲幫謂之土坦間段直搶謂之土壟皆有
禪於隄岸者說見瑣言
倪豹岑曰河逼隄畔流水直瀉難作外幫每届歲修
頭費籌畫令先在內做土坦數座遞年加增可免矬
溜之患

水簹　土磯

用以挑洄溜者即河工所謂磯嘴壩也圩俗謂之水
簹說見瑣言
工部則例曰土磯石磯挑溜保隄最關緊要竭力進占挑溜
遣行無壞埂脚其法以碎石抛砌為上石縫拴壩河泥膠
黏日久融成堅固逼水遠行功效甚著

石礲　陡門　涵洞　閘

十里要工風浪險惡惟石工大有裨益說見修築至
陡門涵閘皆放水出入者石工居多說見陡門
擔相國石工說曰石工之要先察水勢除山陵岡麓
土性堅凝量為建築石工以資捍禦其餘概行壘砌
之法又行當水頂衝之處建閘若遇山水大發全力
衝動必至潰裂難支惟熟察夫來源之清濁為頂衝
為拖溜擇地建造方能堅久是水勢之貴於斟酌者
一也一在先據根基如根基不能堅實雖密釘長樁

四編卷三　隄龍　圖　朱治綏堂彙參

官圩修防彙述　石工說　趙家林助印

層纍鉅石平墊下坐必至塌陷務須選擇土性堅凝
之處然後施工則久而不敝即至歷年既遠間有損
傷基址永固易於修理是根基之貴於堅實者一也
至於纍砌之法首重底樁毋論馬牙梅瓣務必株株
實在方能着力一有虛鬆力難勝重上實下虛通身
受病即全體俱墮間有一二樁不能到底倘遇石縫
接筍之處立致欹斜偏側是以按照漕規估計有一
截三截之分而其測量地勢簽釘務以著實到地為
要是底樁之貴於實在者一也一重石塊不拘丁砌
順砌務須六面琢平方能穩固倘一面不平即一處
不穩剪有任聽匠作草率了事鑿鑿不平用碎石襯
墊遠纍砌既高其力愈重所墊碎石難支工完未幾
旋有墊裂是石塊之貴於平整者一也一重對縫石
縫不密則罅隙可虞易於滲漏即使灌以漿而灰
縫相疏不能鎔成一片串水之患勢不能免凡關筍
接縫之處務必琢磨細緻參差壓縫勾搭合勢方資
鞏固是接縫之貴於密緻者一也一重灰漿灰有眞
贗之別汁有濃薄之分少不留心察看動攙虛假若
至計及鐵鋦鐵錠圖節省卽有匠工牙儈乘機舞弊灰
則攙和泥沙汁則半和清水豈易融洽膠黏充盈飽

滿徒飾外觀其弊不可勝言是灰汁之貴乎察核者
一也一重丁石不拘大小石工如得層層丁砌自當
格外堅固否則層丁層順間砌皆能垂久如非㮚緊
大工則估計順砌居多每層順砌一丈側用丁頭石
三塊每塊長三尺六寸庶與襯裏磚石內外牽扯方
資鞏固如謂梟砌在中無可考究所用丁頭石長不
如式則牆裏二石兩不相蒙倒卸之虞半多由此是
丁頭之貴於照估者一也一重襯砌牆石之後接襯
裏石裏石之後復襯河瓢蓋土石性殊難於聯屬以
瓤貼土城有砂礫如或聰明自用更改成規動輒
性不堅不如省去不知土石性難融洽分而不屬大
有疏虞是磚襯石之貴乎如式者一也一重尾土石
工背後用土塡築土石相接最難聯屬夯杵不密每
致成患務須砌石一層即塡土一層用雜木夯杵百
鍊千錘方能堅凝貼合如梟砌既高方始塡土以及
任意堆積先後失宜雨淋水灌非虛鬆塌卸即脹裂
傾欹均爲石工大患是尾土之貴乎堅密者一也一
重月壩攔水法用兩面排樁襯以笆席中心塡土擄
溜不使少有滲漏以便施工此不易之則也然於洪
波巨浪中一壩孤懸勢難屹立如徒固執舊章不知

變通萬一工程將半壩有疏虞前功盡棄所損實多
又在因地制宜如水淺則用月壩水深則稍留存舊
工一二層以爲外障進退一二丈挖槽釘樁梟砌是
月壩之貴於相機者一也他如淸槽戽水扣錠安局
集料庀材毋臨期而滋誤若夫金門雁翅之須詳磯
心裏頭之有別迎水跌水在長短之合宜減壩滾壩
實同工而異用牐洞無分乎大小隄堰總貴乎高堅
形制雖殊施工則一須要熟習於平時方不周章於
臨事也已

按公字松友江蘇長洲人由進士爲河道總督諡文
敏著有河防奏議

尹相國石工用簾筍疏略曰查勘石工之堅固非僅
由於灰漿充足而工內俱用鐵簾鐵筍水力甚大一
石移動欹斜則全身搖動惟於兩層石梟之處各於
頭尾鑿空用鐵簾關住左右貫穿通身聯絡一片雖
風衝浪激不能撼動較用鐵錠釘搭浮面易脫相去
懸殊每丈需用鐵筍三十二枚枚重二觔所費無多
於石工大爲得力焉

按公姓章佳氏字元長滿洲正黃旗人雍正癸卯進
士官文華殿大學士諡文端

按石工用葡有陰陽配合牝牡相交之法並不用鐵籥者其制更密且堅固特工料稍多耳

僉昌烈石工六則曰一估計宜細酌也估計石工舊有定例石量尺寸木較圍長生鐵鑄錠熟鐵爲鍋一切物料准定價值多則冒費少則貽累經手俱關部駁礙難報銷建工之地形水勢機宜不可不察地之高窪水之深淺易於測量惟土之堅鬆溜之緩急及截木爲樁宜斟酌耳地窪水深樁宜長地高水淺樁宜短固屬定矩不知土堅溜緩短樁亦可濟事土鬆溜急短樁斷難持久覺察未盡貽誤匪輕一石料宜首理也趲運宜速鑿鑿宜平石料早齊方得從容細緻安砌斯穩面石六面見方丁石三尺以外順石務長二尺四五寸寬厚均要一尺二寸裏石寬厚如之亦須鑿鑿平正不得多用薄窨湊數以致修砌不一一樁木宜圓收也石工之根生於樁樁視乎木木植大小關繫錢之多寡細軟樁木便難耐久大頭短稍斜灣腐朽多不適用不能不逐根圓收也生翔之工用木多拆修之工用木少必按原估或一木一截或二截裁算定准計算圖搆自足敷用不致糜費而辦木到工查收照估圖量至一切米汁石灰鍋錠

等項務符原估不得尅減勿重亦須逐一查點秤收方得實料實工之益一釘樁宜勤察也石工堅否全恃底樁之力其中弊端百出截樁短少鐵釘稀疏此承辦之弊或釘繞過半私截樁頭或先截樁尾以圖省力此匠工之弊務於截樁時量定尺寸兩頭各用鈐記用鐵箍打以免披頭用撐掀扶以免歪側佈置疏密務照原估一律齊平然後舖底一砌石宜平正也收分宜酌定明收暗收不妨略寬分數寬則坦而着實窄則陡而易欹面石務要縫縫裏石最忌墊山一層曰單山兩層曰雙山此匠工牢不可破之積弊也面石砌平鐵錢鏾試不入則縫細堅牢一不如式難免水浸沺刷之累至灌汁宜滿熬汁宜濃安置錠鍋宜照原估此皆石工第一喫緊處至襯砌磚石更宜灌汁飽滿修建如式自必至金湯鞏固焉一尾土宜鄭重也石工填墊尾土有用净土者有用石灰黃土二八三七攙和者有用煤炭石灰並土三和者但三和過費净土不牢適中之道惟灰土攙搭爲宜

部議每石一層填土務要兩次分填每次六寸加土攙和使土與石共融一片浸以汁水細力緩夯鏾試不

漏再填土六寸層加細夯飽鏟爲要用力忌猛猛則震動石縫不得不爲之細細加工也

按稽相國曾筠及尹文端公繼善所論石工均有至理惟兪明府三和土過費之言不可爲訓不特大工不惜小費且非灰炭結實亦不足驅水族一旦浸滛成窟蛇鼉居之能無慮乎

三和土

用石灰煤炭與土三物和用謂之三和土

灰漿

用糯米熬成稀粥多澆石縫罅隙之中使之融洽膠黏以成一片

按熬漿時當防石工私和藥水致漿不成

採辦

凡有興造必有工需如椿石灰炭等物均非土產取之外府乃足敷用第長途跋涉逢關納稅過卡抽釐部議在所必遵籌費究將何出且恐風雨稽遲遷延日久不無遺誤工程查　光緒戊子史蓮叔太尊給予信憑移知關卡豁免釐稅刻到刻行但必如數萬不可稍存夾帶及中途加載偷漏以致稽延要工且干例禁

鎮壓

鐵牛可以制服水怪綠土尅水也　咸豐九年荆州太守唐際盛修萬城隄成鑄角端鎮水於幫內而繫以銘曰嶙嶙峋峋其德貞純吐和孕寶守捍江濱駭浪不作怪族胥馴千秋萬世兮福我下民

竊議隄工勘驗原防罅隙隨事相視尤不可不認眞也工段縣長難以遙度非丈量不可夫工紛沓必有微瑕非詳察不可中於疏忽亦足以敗乃事也必也驗其高厚與否勘其平險與否照例核准二五收分並祛其昂首窪心聳肩躬腰縮腳穿靴帶帽者[illegible]工交界接縫之處尤宜留神庶圩隄可永固焉謹議庶事如左

丈量高厚尺寸　二五收分　昂首　窪心　聳肩　縮腳　躬腰　穿靴　帶帽　接縫　超止　方向

丈量高厚

工段有險夷卽隄有寬窄地勢有高下卽埂有低昂宜查東北要工高厚若干正東洶工高厚若干東南洶工高厚若干西畔稍工高厚若干西北傍山麓處高厚若干北橫埂亥洶工高厚若干中心埂高厚若干底若干闊面若干闊雖非一例當相其地之險夷

官圩修防彙述　二五收分　朱九如助印

以爲高厚總以道光己酉大水之年爲定衡祇宜
逐段肥培慎毋流爲虚䉈也與界石條參看
荆隄志曰人畜往來之地加高一尺五寸增寬如之
無人行走之處不宜偷減
又曰修隄照
部尺式如敢偷少跂短即行嚴究並另作十丈簋羅每
丈以紅械爲隔工長之處便可扯量加高之法以至
大之水年爲准隄如高出水三五尺自不礙事培厚
之法鳳浪險要處尤宜幫補
粟毓美曰隄身高下必審度地宜低窪雖隄身高
墊必須加培地處高阜即隄身稍形低矮足資捍禦
總以水衡爲度盛漲之年量定水痕所至之處加高
三五尺方妥
二五收分
隄岸倘平坦人人所知也但不如側亦屬無憑得二
五收分則合式矣三收更妙如未至二分者其隄必
陡陡則難禦風浪
工部則例曰收分之法如隄面寬三尺高三尺底寬一丈
八尺始符二五收分之數
按收分之法當由此推之如隄面寬五尺高一丈底

四編卷三　選能　四　朱韶發堂敬參

官圩修防彙述　昂頭　窪心　聳肩　鵝肫　綿腳　朱三泰助印

寬則須五丈五尺矣
昂頭
兩工交接之處彼此故意加高謂之昂頭且虚土鬆
浮配搭尤易滲漏
荆隄志曰凡兩頭上土故意加高以顯已隄肥茸乍
看未始不壯觀及至中間漸形低塌矣此之謂昂頭
窪心　聳肩
隄頭隄面中間微凹行潦之水漸漬浸下使兩沿高
聳中間低窪水不能洩是謂窪心又謂之聳肩以形
名也
墊必須加培地處高阜即隄身稍形低矮足資捍禦
總以水衡爲度盛漲之年量定水痕所至之處加高
三五尺方妥
二五收分
隄岸倘平坦人人所知也但不如側亦屬無憑得二
五收分則合式矣三收更妙如未至二分者其隄必
陡陡則難禦風浪
工部則例曰收分之法如隄面寬三尺高三尺底寬一丈
八尺始符二五收分之數
按收分之法當由此推之如隄面寬五尺高一丈底

四編卷三　選能　四　朱韶發堂敬參

寬則須五丈五尺矣

昂頭

兩工交接之處彼此故意加高謂之昂頭且虛土鬆浮配搭尤易滲漏

荆隄志曰凡兩頭上土故意加高以顯已隄寬實乍看未始不壯觀及至中間漸形低塌矣此之謂昂頭

窪心　聳肩

隄頭隄面中間微凹行潦之水漸漬浸下使兩沿高聳中間低窪水不能洩是謂窪心又謂之聳肩以形名也

荆隄志曰隄面兩邊微高中間凹蕩是謂窪心一經兩後心中存水此滲漏所由生也又謂之聳肩

躺腰

收分不如法隄坡隄脚陡然脱卸一經水漲腰畔空虛隄頭必險此可危之勢也

荆隄志曰隄坡坦闊陡然起高腰間必躺用木竿橫架之中間卽有空虛尺寸

縮脚

隄之內外如臨深溝大河無地伸脚其隄必陡不符收分之例謂之縮脚

荆隄志曰隄面貪寬不合收分之例陡然直下謂之縮脚

穿靴　戴帽

脚寬而隄頂小似穿靴形脚縮而隄頭大如戴帽形二者皆未合修隄之式

荆隄志曰撐幫矬墊皆以土從上淋下或[illegible]脚縮加脚並不用硪身腰空虛謂之穿靴戴帽而躺腰卽從此生矣

按以上諸弊總未符二五收分之例異名同弊勘驗時宜細酌之　又隄成後兩旁如花鼓如魚背[illegible]如此則諸弊去矣

接縫起止

兩工交界彼此互縮易涉鬆浮此滲漏所由出也舊工宜令其夯平再加新工用牲牝配搭之法交互以成方見實功

稽魯山曰隄工浸漏固由土性鬆浮其蟻穴貛洞所致往往在接頭處所蓋各分段落硪築每空留槽溝彼此交相推諉以爲隨後補築遂致兩不膠黏今後務使犬牙相錯實力埰築倍加夯硪毋忽略焉

方向

埂有四圖卸有方向要知風起何方某埂受敵某處
湖面寬闊尤宜着意官圩當日分工原派有西北正
西西南正南東南正東及東北之部位而東北尤喫
緊壽故土人云東北風硬最易嚙隄
荆隄志曰修隄重在丈尺固已然防汛非熟習方向
不知何處最受風浪特定以南鎮俾知某風防某處
開卷瞭然

蝦墩

外灘取土向設蝦墩中開口門支䠶便於行舟為水
北大注來路羅不絕法須先挑高厚歷屆加培方下
低塌且夏水浸没尤易洗濯不可不知

斜口

斜口者挑夫上埂之斜行處也無礙於隄而工程既
竣亦須挑土鋪平庶幾壯觀

評定甲乙

官圩分工劃段均勻抑配彼此似無優劣也第滄桑
更變不無險夷世路崎嶇必分勤惰兼以東西相望
南北攸殊非有勘驗之功固不能明知緩急且非有
品評之當亦不能考課功修而又不可因此案賄也
設或關節稍通本堅固加以塵浮本低塌稱為肥壯

唍民膏血昧己天良不卹人言專求己賄幸以保固
了事及至事失又為未滅曷貴有此長民者哉

官圩修防彙述四編選能卷三終

官圩修防彙述四編蒐議卷四

均役目次

甲分類	埠名	畝數	牌夫
夫名類	春冬修築	夏秋守護	按地分派
	首事優免	夯夫	鍬夫
	攔夫	夫不替換	
歲修類	新舊門築	加倍出夫	二年一次
	十年一門	歲歉門修	次第修舉
	賣賞助工		
土塘類	内田	外灘	土牛

搶險土　蝦壩
界石類　高厚定式　起止　界縫
印簿類　議據　規條　工段坐落
陡門　涵洞　土夫
牐夫　畝費　閘板
添戧　豐墩　石坳
禁規　需用　酒食
辛力

錢鳳來助印

官圩修防彙述四編庶議卷四

湖曛逸叟編輯
汪興基殿榮校

均役庶議四

役之不均作僞之弊興怨咨之聲沸矣詩云普天之下莫非王土率土之濵莫非王臣爲不均而作也子曰不患寡而患不均蓋不均之失也故均平而天下治矧在圩隄如各圩分甲按畝派夫照夫築埂輪流歲修置塘取土諸務悉以均爲本而又立界石以驗功刋印簿以防僞則圩政畢舉矣述均役

竊議圩中分甲其中田畝多寡不一甚不可不清釐也官圩舊分四岸四岸又因地勢分爲二十九圩圩岸雖大小不齊而照田出夫照夫分工迄今三百餘年沿爲成例不爲不均矣惟一甲無疆界往往牽混遂致田畝多寡不均夫工多有偏累者良由埠無定名田無定數於是狡黠者應修不修闒弱者修亦不力計惟逐圩定甲逐甲查埠逐埠清田均勻抑配不多不寡設有挑挖廢壓田畝仍當衰多以益寡焉故定埠名計畝數派牌夫此當務也爰次第籌之謹議庶

埠名　畝數　牌夫

汪振全助印

埠名

凡圩皆埠積成或數十埠數百埠不等惟查明某埠田若干畝數應派入第幾甲起定土名或編字號雖遷延日久業主更換而埠名永無改移隱田閃差之弊無由生矣

康熙字典曰埠小隄也古者田有溝洫溝水縱橫相交接故有溝有溝則有埠

按周禮溝澮之法先王所爲用人之力盡地之利任土之宜而補救天時之偏者也稻人掌水田之法原佐遂人所不及秦漢以還阡陌興井田廢五溝五涂

宮圩修防彙述　畝數　牌夫　一

之法亦勝所謂蓄水之利止水之防蕩水之濬合水
之列瀉水之溝則未之廢也務厥本意欲使水多之
年行溝濬而不氾水少之歲灌田畝而不勞故有埂
即有溝溝乃埂之界限也今並資其泥草糞田尤善

畝數

今制縱橫二百四十弓為畝埂有數十畝數百畝數
千畝不等第某埂田若干畝數派人夯幾甲修築某
處隄工俾無貽誤以專責成若該埂田畝或緣隄倒
衛或挑挖廢壓或買為歲修土方該甲田少他甲應
修補之

按官圩歲修圩隄照畝徵夫照田捐費事屬平允特
無如含糊牽混田數不能劃一所以閃差隱費者之
多多也

牌夫

圩例徵夫用木牌標明某某田若干畝數應出長夫
一名赴某處隄工修築法以田多者為牌頭畸零小
戶按本圩工程難易照畝酌貼錢米若干似也乃有
竟不貼者往往在附近標工頂替工成平卯㚢閉閃
避之端牌頭受累殊不思春工零星之戶藉口頂換
一經夏漲牌頭推諉究何人赴工乎

宮圩修防彙述　畝數　牌夫　三

按隄工歲修照田徵夫設立牌首尚已然不若發定
一人為之其零星小戶照工程之難易一概酌貼一
屆春工以及夏漲搶險保護各事宜惟牌頭是問庶
可免臨時推諉之弊但一甲之長決不可輙頂過去
王藹思曰夫編歷牌十人作一棚給蓆十張自帶鍋
碗賬宿造飯皆當住工所早起晚宿不許一人潛回
及私有更換夫頭在工掌管號鑼一名造飯二名喫
飯三名下土擡挑土聽鑼放夫不時查點
竊議派夫修隄工段有定而程章尤不可不豫設也蓋
修隄成例照田派夫理也亦分也第詭寄之徒豫隱
田以圖隱費既隱費亦並隱夫抑或徇牽舊例罔識
變通恃有夯夫鍬夫攔夫諸名色衆皆效命彼獨存
私無事則袖手旁觀有事則苟且塞責不均之役訛
有甚於此者冬春偷漏夏秋其誰保乎平時閃避以
地其可期乎惟按田派夫多寡一例宜修則修宜守
則守宜救則救宜免則免夯破鍬攔諸役一聽圩長
挑選頭編卯冊註明强壯年貌以憑點卯時核對庶
無老幼搪塞之弊亦可免措手不及之虞謹議庶事
如左　冬春修築　夏秋守護　按地分派　首事
免夫　夯夫　鍬夫　攔夫　夫不替換

冬春修築　夏秋守護

歲修隄工時在農隙飭遵圩規事雖應爲心似多勉強矣夏秋守護時際農忙調度無方事保無廢墜乎惟春工竣後並將夏秋守汛夫名逐一編排班次造冊備核重申圩令居期鑼傳備時聽用自不致臨事張皇在在掣肘矣抑或先存本甲僱差夫若干名免做春工專防夏汛亦可

衍方伯慶日有隄而無夫防守與無隄等有夫而無錢養贍與無夫等又曰夫名每見官長巡查應名充數逮官過後卽便回家或在他處遊蕩惟在汛員到處留心查看如有日間割草及填補水溝夜間在工巡鑼者卽分別給賞否則責懲

按公滿洲生員有防汛章程見萬城隄志

按夫名無知眞難調度古云常督千兵不督一夫無法處治財難馴已

按照地段

徵夫章程已按田均派矣然時有閒忙事有緩急夫有衆寡路有遠近工有險夷彼此均匀抑配調度惟我其何工之不濟乎

馬逢皋曰受害之處宜多派不受害處宜少派相事

爲之

首事免夫

首事出身爲夫領袖心已勞矣設家無次丁又需勞力於心忍乎況以一身而兼營兩務非特勢有所不暇顧抑亦禮有所不能通者惟明訂免夫章程做前明舊制化裁而通變之其岸總圩董甲首酌免夫名以示優勵餘雖僉者一概不准邀免第免役而再徇私則難以自問已

按前明紳衿免役其弊艮深禁革條陳刊入縣志前並采入盖圩役役田畝也非役紳衿也紳衿有田而免役設圩多紳衿亦盡皆免役乎傳日或勞心或勞力勞心者治人勞力者治於人若紳衿概從優免彼從旁袖手旣不勞心又不勞力隄工伊誰修乎世間有是理哉

夯夫　鍬夫　攔夫船夫　跳夫　樁夫同

春工修築不常用夯雖用亦偶然事也惟工有殘損抑或滲漏均須用之或硪舊埂或硪新坯夯埂無定時夯夫應無定局也杲設夯夫則謬矣夫有定數夯無定工平時歲修勞逸不均其患猶小若大加幫培以有限之夯夫夯無定之鉅埂將使衆挑夫歇而俟

其夯乎抑使爲夯夫者以一人而出數人之力乎決未有不草率偷減者

荆隄志曰鍬掀擱拍之夫均未可拘泥相事而行臨事僉點可也使鍬夫少而挑夫多則土未能細碎均平挑夫少而鍬夫多適足以見延宕夯夫擱夫亦然斷不可拘爲一例也

按圩有鍬夯等呆定之夫未知何時沿以爲例特取巧者泥守而不肯更正耳至排船搭跳等夫亦當臨事僉點不得妄牽舊例至於樁夫尤要選能手

夫不頂替

夫一更代便開推諉之門今日頂換偶少一名明日詭稱即到遂少三五名狎而玩之尤而效之此來彼往隄將何日竣乎惟一牌之田雖有數十畝三五戸不等中有願充長夫者出名註册充當赴工春冬修築夏秋守護一年承認到底不准私自更換其畸零散戸照以圩規概貼錢米不得藉口換脫

按各圩內亦有行是法者最爲穩當搶險之際易於徵夫

竊議歲修一事率多苟且其規矩不可不振興也圩隄按甲輪修向有成例近因甲分大小不均夫名牽混

不一且有分甲分夫分段陋習其糙門面者假築高寬習偷減者意爲遲速甚有同屬一圩四五卯聊以蒇役同是修埂數十卯不能成功者此分夫分甲及分段之不均也近來歲修疲玩工段不能趕已迭出殘損此不必專泥輪修貴之一人程功旦夕也或新舊朋築或加倍出夫或次第興舉或幫工費以協濟或因荒歉以朋修則隄工庶幾永賴焉謹議庶事如左　新舊朋築　加倍出夫　二年一次　十年一朋　歲歉朋修　次第修舉　幫費協濟

新舊朋築　加倍出夫

新舊朋築者交接兩班合作也加倍出夫者工大而一牌兩夫也舊修似可息肩新修應當接手奈上屆修隄草率舊修未見出力新修不肯承肩工程既大官示又嚴復恐來年春漲早發故勿使舊修卸責爲令新修上前且用一牌雙夫加倍出力期於早竣

袁邑尊日衡决各口皆由搶險不力所致該各舊修均着一體協辦不得置身事外又各決口業主逼近圩隄保固尤爲切已若果及時搶救何至如是著新舊圩修協同查取姓名每派夫二名以爲玩視圩工者戒所有新舊協辦毎畝二夫章程嗣後永以爲例

又曰多集夫役嘗如兩段工程一段五十人爲之百日方可竣事一段百人爲之五十日即可告成工多早完不但湖水未長可以放心風日之中亦可少喫許多辛苦若遷延時日坐失機宜豈不可惜

二年一次

一甲之人輪修一年有等不肖愚民希圖了役安瀾無事將爲已福設遇汎濫彼乃延挨時刻僥倖苟免貽害全圩大局爲其所誤矣故有二年一次之議

涉天隆曰圩工多偷減擬以二年一次以糾前弊說見條陳

按公圩東北岸人歲進士見述餘人物

按圩蓋例有正差副差如頭甲承差二甲副之是也竊謂春工獨辦夏水協濟則人多無畏葸費廣則敷用最爲善法

十年一朋

近來歲修草率人愈趨愈巧圩愈修愈壞誰肯以有限之經費興無窮之土工如能十年朋修周圍大造一次亦屬振興之舉或五七年亦可按此說乃係創解嘗與瑣言修築條參看之

歲歉朋修

荒歉之年圩民外出糊口流離轉徙田畝無人承佃照工遂無着落若俟回歸迫不及待矣且一甲獨充人少力微通圩合辦衆擎易舉

按朋修之役當以輪修之甲爲主餘甲附從選出公正耕著按段督率司理出入若概以合圩朋修論之恐無人承辦或有推諉貽誤之處

是法處荒歉之歲第一善策也圩間有遵行之者說見參修築

金邑尊曰據西南岸稟稱下廣濟等圩請倣上廣濟圍朋修章程辦理事屬可行且工程可無取巧偷減諸弊着即會商妥議定章辦理

按公印鑵奎見述餘政績

次第修舉

諺曰土工無盡日刻期難以修復當先擇要興舉餘再次第接修本屆修築此段下屆修築彼段歲歲興修段段培築何憂單薄何虞險工之叢出乎

按此爲歷豐之後節次興修安不忘危之意近則燕巢幕下待過且過誰爲此多事乎

幫貲協濟

春工歲修按畝派費一甲之差役田多者主之田少

若副之畸零田畝酌貼差費於理亦當但夏令水漲
工需浩繁既無頭緒亦無底止設事出非常罰銀在
二三十兩以內者力尚可支多則不能勝任矣惟議
定幫貼工費需在五六十兩以外者一圩任之百金外
若合岸任之多至五百金若四岸通籌辦理經手者
自不受累然亦當無濫無私如有虛浮一經查出照
贓議罰亦不得恃有幫貼任意詐索而不撙節
陳桂生日土費設局徵收各花戶各下應繳畝費迅
速赴局完繳以濟要工即核發票上載某業姓名畝數
若干數記字樣該業戶將此紙裁貼門首以便一望
而知

按公繫浙江優貢生官至湖北荊宜施道
竊議與修隄岸需土必多而土方更不可不籌備也蓋
修隄必需取土諺曰水來土堰緣土可制水也然挑
土取用有內外之分緩急之別非一律論也外灘無
糧宜離外隄二十弓取之日久自免貽闕之弊若隄
以內深溝大洫兼有土方勢不得不在業戶有糧之
田買土取用惟立契予價買定對隄之田若干畝數
隨時報縣立案豁免編糧土自源源濟用尚有單薄
之虞哉若夫夏秋之交山潮並漲內外瀰漫搶險築薄

洪取土尤難是又須設土牛以備之謹議應事如左
內田 外灘 土牛 搶險土 暵壩
內田 宜給予價值請豁編糧
圩之東岸盡屬外灘坐落稍低稍一耽延湖水沒灘
無從取土不得已買取圩內田土該處業主故昂其
值計工索價不無倍蓰十百之慮工畢仍歸原主執
業完糧下屆修隄乘機再賣甚至歲以為常用土不
多得值不貲以故歲修者一失外灘焦灼萬狀計無
復之惟命是聽總以省工減價為難實其兩面之中
心埂及北面山河埂各內水稍工歲修取土均在有
糧之田對工取用靈食無已業戶無從控訴哀懇圩
修乞少減焉隄何從而高厚哉說見修築
外灘 宜嚴立界限
隄外取土湖灘寬闊亦須離隄十丈方可取用若貪
圖近便年復一年近隄卑窪一經雨水淹沒或雇船
遠運或搭跳支挑皆敷衍了事矣況沿隄地痞百計
叢生有跳庇隱之說以相阻撓者有藉據為業前來
索鬧者是皆貪目前小利罔顧大害
搶險
近來圩政廢弛搶險無土或掘埂脚以敷埂頭或挑

平處以救險地剜肉補瘡非計也又於附近所在或挖溝埂或揠墳塋管業之家不敢聲張緣事大而夫衆也忍心害理莫此爲甚且途路紛歧豈能救急特爲土夫躲懶張本耳古云遠水難救近火洵然

但明倫曰天雨連綿內隄均係積水土牛業已用盡萬不得已揭取上下堅穩隄內裏身之土暫救目前先搶外幫用盡心力幸得塞築此僥倖於萬一之事必不可爲也

按公字雲湖廣東順德人官至揚州都轉有新評聊齋志異

土牛

險工多設土牛當將險未潰之時卽行堵築需土無多此機若失必大崩創雖有土牛終屬告罄

林文忠曰汛漲猝至臨時無土每致束手須冬春挑土積起土牛每座高四尺長二丈面寬二尺底寬一丈若歷年增添可當加高培厚豈第於防汛有益哉

竊議　前明分工界石燬湮而嗣後不可不重立也官圩四岸二十九圩各圩工段彼此穿插均勻配搭非明定界石莫能備查應於隄面確立豐高界碑大書某圩應管某段某工若干丈尺自某工起至某工止

原寬若干弓原高若干丈挨次標記臨勘時便於識認所有高厚之制起止之淸接縫之緊雖行路者亦識焉况由此細勘利弊自見勤惰自分又誰敢指鹿爲馬乎蓋官長勘隄乘輿馳驟縱逐段查察亦記憶勿勝爾謹議庶事如左　高厚定式　起止　界縫

高厚定式

加高培厚盡人所知然必符收分之式挨平險之宜乃爲至當四圍有險有夷夷則不妨於狹小險則愈宜高厚雖非概以例論亦當準以定衡若任爲增減諸弊雜出矣且官圩隄埂大都外河內溝無地伸腳加以逐處罱泥隨生陡砌高則必險厚又將崩惟內外永禁罱泥是爲上策

袁邑尊曰本届壬子修隄以　道光己酉水痕爲準要工十里湖面寬且深埂高一丈五尺底寬七丈面寬一丈五六尺至二丈不等次要工二十里湖邊多有柴灘埂高一丈一二尺底寬五六丈面寬一丈四五尺不等東南正南稍工湖面較窄柴灘較高埂高相等底寬四五丈面寬一丈三四尺不等西北稍工或近山腳或濱內溝地勢甚高水繫順流埂寬一丈至三五尺不等

拔官圩四圖臨溝處多撈泥雖干禁例愚民無知往
往偷取埂脚逐漸收縮即　袁邑尊所議正西與中
心埂未曾議及細核之亦於收分之例不符合矣

起止

起自某工止自某工計長若干丈尺面寬若干丈尺
頂高若干丈尺均宜刊入碑中碑式見述餘器具
條約等日工段起止分明匪特推諉不生亦工之勤
惰立見

接縫

既分工段各築各隄其興工有早遲程工有勤怠則
收工自有接縫此處正不可忽須知牝牡配搭方可
膠黏

林支忠曰分段處所夫工性多懶惰每於兩段分工
交界地段彼此退縮不肯跨越一步中間留出溝槽
鏡侯工完填補以致不相聯絡最為隱患准嚴諭夫
頭各就交界處所交互多做幾尺彼此套搭牝牡相
交隨時夯打融成一片庶免虛鬆不開裂縫

竊議修隄成例刊載印簿而奉行尤不可不細密也晚
近人心不古姦巧叢生議據有時而竊毀碑碣有時
而潛移陡門涵洞有時而私啟閘吏規牌卯有時

而意為補增他若置備之板添鍬之木豐墩之土硼
礎之石多有私取臨時無以備用者惟逐項詳悉刊
載簿中降至酒席辛俸一例臚陳送　縣鈐印有業
之戶家置一編俾令通曉以遵成憲如有歷久變生
應令隨時更正重為刊修補添新例謹議事如左
議據　規條　工段坐落　陡門　涵洞　土夫
閘夫　訟費　閘板　添鍬　豐墩土　石硼　禁
規　需用　酒食　辛力

議據

上古結繩而治無所為約誓也降及後世會議之法
起焉近日人情更多反覆矣如議據一紙羣推首事
收執有偷毀全頁者有私塗已名者惟刊入簿中俾
家喻戶曉此弊自杜

規條

凡事必需條理而隄務尤雜或因時或因地或因人
與事各有其宜准逐件詳列俾圩民咸知法守其有
宜乎古而不宜乎今者斟酌而損益之可也
熊宏備曰一切令甲之所垂憲檄之所飭民生之所
繫　國計之所關均詳載議約

工段坐落

該圩應修標工幾百幾十弓坐落某地應修夾洵工幾百幾十弓坐落某地應修東北花津要工幾百幾十弓應修中心埂幾百幾十弓起止繫何圩工段或有倒潰地段挽修月隄續添弓數亦應補入

栗毓美曰愼防守隄工雖完竣毋當大汛經臨迎溜頂衝之處風狂浪激難於查核惟先知某工繫某人承管雖汕刷崩塌彼自多備蘆蓆草繩桊樁擋護其夯硪畚鍤之具亦必於各工段酌量備用安瀾後存貯公所嗣後制爲定例

陡門　涵洞

圩有陡門或一圩公建或隣圩共建例於九月下旬水涸開啟三月初旬水漲堵築倘或旱澇不時值修圩長會商董首示期啟閉毋擅毋私涵閘如之事件均列簿中下屆接辦庶無推諉

陳文恭曰凡築圩圍均於圩根設立涵洞旱則引水入田潦則放水出外式用磚石圈砌或用燒成瓦筒低窪蕩地逐一照行

土夫　閘夫

逼圩計田若干畝總計長夫若干名再分一甲計田若干畝派出長夫若干名再分一甲計田若干畝派

出長夫若干名應赴何工修築先期在於要路點清名數立將老幼剔回仍存附近陡門兩畔田若干畝派夫若干名免修隄工專司陡門啟閉謂之閘夫一聞鑼響毋分雨夜閧忙立刻迅赴陡門聽憑使用蓋陡門遇盛漲時易於傾壞有抽腸漫頂諸事誠恐措手不及宜在密邇豫定方可無虞若向遠地挑取恐難以救眉急

林文忠曰圩內工段最要幾處派夫幾名歸於汛員管束先核定人數造冊候驗防汛之夫日給飯食油燭挑土者視其難易遠近加增

閘板　滚戗　豐墩土

三者陡門必需之物也閘板以雜木樹料爲上寬闊只許方中選須三槽四槽乃足敷用歷屆添補並剔去腐敗者滚戗以杉木爲之或兩排三排相水勢平險爲之豐墩制同土牛言豐備之墩也高堆土塊積於陡門兩傍臨時取用以此三物綑載簿中繫何人管理何時增置何地堆貯事後卽堪查核

石墈

說見選能本圩某年建造若干丈尺歷年將裏坡培補外腳撐幫隄面挑塡飽滿似龜背形方可免雨淋

官圩修防彙述　禁規　辛力　需用　酒食　尚時修助印

崩塌之患若石縫有隙漏速用油灰彌補慎毋以鐵
釘釘之以致水漲雨淋腹中膨脹拆裂多虞且隨壞
隨修可免無賴偷竊石片
王驄思曰石砌裹坡宜平使隄面之雨從裹面而下
切不可外面聳肩致雨浸灌

禁規

旁埂罱泥有禁縱畜踐埂有禁埋棺隄畔有禁竊取
椿木石片有禁隱田閃差有禁捐費抗夫有禁逐條
申明載入簿中庶閱之者知所儆畏焉

辛力

近今人情好結交胥吏有以圩中公欵作爲自己人
情而若輩慾壑無窮屢增不已惟議工房紙張飯食
歲需若干圩差小甲鑼夫辛力歲需若干逐項載簿
俾經手者有所憑據且以免無厭之求也

費用　酒食

凡祀土清籌必需酒食承充繳報以及赴工督率必
有費用然祇宜撙節爲是卽有會議籌商亦不宜過
豐蓋圩役輪班轉換今日使人費財異時已必耗財
不過一反手間耳若夫椿蓆灰筋則又不宜過省詳
載簿中庶幾妥當

四編卷四　均役

官圩修防彙述　錢鳳崗助印

崔見龍曰業戶赴工修築聽民間公舉諳練紳耆司
理出入一應價値均由董事經理書役人等不許絲
毫指派以杜包攬侵蝕諸弊
按官圩隄工向繫民修歷屆按畝捐費不借欵不報
銷不保固歲修則繫一甲朋修則繫合圩俱宜載印
簿中

官圩修防彙述四編卷四均役終

官圩修防彙述四編庶議卷五

興釐目次

樹蓄類　楊柳　蘆葦　荻　茭
蓼　龍骨　菖蒲　蒲
儲備類　溝　潭　池塘　公田
公地　社倉　義倉　善倉
常平倉　豐備倉　義塚
禁厲類　罱泥　猪牛踐踏　埋棺
油榨　糞窖　魚池　蔬圃
開龍口

目次

官圩修防彙述

搜剔類　伐蛟　捕獺　搜貛洞　挖蟻穴

吳同興助印

官圩修防彙述四編庶議卷五

湖隩逸叟編輯

趙潤身禮德校

興釐　庶議五

天地有自然之利人生有甚溥之利因民之所利而利之雖王政勿能外也豈若桑宏羊孔僅輩哉官圩民隄例緊民修按畝捐費民力苦疲夏漲猝發禍出非常設無經費人皆視爲畏途矣不爲之興釐其何恃而不恐乎惟先爲樹蓄以固其本申之禁厲以俟其成廣爲積儲以裕其用嚴行搜剔以祛其害不言

官圩修防彙述

利而美利見矣述興釐

竊議樹蓄一事原保衛圩隄之一端而尤不可不茂密也聞之百年樹德十年樹木故安邑千樹棗燕秦千樹栗渭川千畝竹其人皆與萬戶侯等言措之裕如取之不竭也官圩屬古揚州厥土塗泥除稼穡外種桑種竹種棉種柏匪特土性不宜亦無裨於圩政惟楊柳利於卑濕且可以禦風浪至蘆葦芻茭尤生物之至敏者愼無視爲老生常談也謹議庶事如左

楊柳　蘆葦　荻　茭　蓼　龍骨　菖蒲　蒲

楊柳

丁子城助印

楊柳

官圩東畔舊皆楦柳今寥落矣竊謂澤國宜柳見水逐節長根且河隄外灘大路村旁沙坡水激均宜種楦路旁可廕行旅村畔可護民居沙坡水激化無用爲有用惟路旁樹蓄稍難緣牛羊踐踏無賴偷竊也栽法宜冬至前後十日爲上春交之沙地惟六七八等月大雨時行將楊柳新枝砍壓之無不活者總以入土深築土實爲主一法用簽釘孔旁用泥漿糞土灌之仍築緊或以麥灌入土四五寸藉其芽以行根使其本固不搖可也繁枝芟盡無使洩氣上長葉下自長根則活矣

雍正七年部劄曰文武員弁捐種柳五千株給予頂戴至
二萬株者分別議敘百姓種至萬株者給予頂戴
劉天和六柳說曰一曰臥柳春令用柳枝橫鋪夯枝
距尺許毋密毋疏土內橫鋪一二尺許土面祇留一二
寸　二曰低柳春初用小引橛縱橫各尺許入土深一
埋二尺　三曰編柳凡緊要處用柳樁如雞子大四
尺長者用引橛細栽一排下栽臥柳低柳如編籬將
土築實如是者三次內則根株固結外則枝葉綢繆
名曰活龍埽尾雖縱衝激可保無虞而柳梢之利不
可勝用矣　四曰深柳前三法祇可護隄而倒衝潰
隄之所丈八長條以橛釘深運鋒帶稍栽入用稀泥
灌之覘河溜栽用多寡似勝於以樁釘土　五曰漫
柳凡坡水漫流之處難以築隄惟密栽低小檉柳數
十層不畏淹沒水退泥沙委積隨淤隨漲自然成隄
矣　六曰高柳照常於隄外用高大柳樁成行栽植
不可稀少節句
按公見萬城隄志纂卽劉氏榛字山蔚河南商邱人
有虛直堂集
按栽柳護隄有謂其年久根朽易生蟻蛀者有謂其
經風搖曳傷隄者如前明平江伯陳瑄謂根株可

護隄身枝葉足供鑲埽此利隄也又
國朝兩江吳制軍璥謂隄上植柳有損無益之二說者
似多事盾大抵隄外洲灘宜密栽柳且宜多種俾茭柯
接葉以禦風濤離隄十數武外方可栽種青蔥可資
抵禦朽爛亦不壞隄至如
部議是令河灘種柳非勸令隄畔種柳也不可不知

蘆　荻　葦

圩之東有湖湖畔立品字墩上栽蘆葦足資抵禦風
浪蓋倣河工側葦蕩營之法變通之特不如設營守
汛之爲愈也
方大湜曰保固之謀莫如栽植蘆葦葦高八尺稠密
叢生禦浪保隄無妙於此栽葦之地不論冬夏根可
栽花可栽桿亦可栽易莫易於此矣且發生最速今
年一株明年可發數十株如人不侵害牛不踐食其
生自蕃有二種一名泡蘆一名荻荻泡可編蓆荻可
供爨初栽略費工本栽成不費半文一歲半收次年
全收三年倍收既不畏水又不憂旱安坐以享其利
或曰錢糧爲重然蘆課亦無幾耳或曰盜賊堪虞殊
不知有葦之處不必定藏盜賊盜賊之藏亦不必定
在葦中況盜賊禍害一家隄岸一決受害無窮孰救

一路哭不得救一家哭也
按公湖南附生　同治八年任湖北荆宜施道見萬
城隄志
按是物三種泡蘆可以編蓆荻之高大與此相同葉
長而桿實中薪葦似荻形差矮細不過五六尺均可
以鑲護隄塍

茭

淺灘微窪之處隨地可生苗可蔬子可食葉桿可薪
擁此以禦風浪甚佳大者其根如氈相結成片至數
畝許
俛弱岑曰隄有栽種楊柳均不相宜之處惟茭草一
物隨水長落滋蔓叢生足以禦浪且根苗可當蔬菜
結實名菰米細粒黑色質黏味淡而香較蒲蘆生發
尤敏

蓼　龍骨草

榦多節似龍骨故名春初生芽時畏水驟漲滅其頂
卽不茂延至五七寸水漲而莖亦長湖灘若生此物
隄畔卽無風浪一說高大者爲龍骨細矮者爲蓼前
人詩云紅蓼花疏水國秋是也本草釋名曰蓼性飛
揚故字從翏高飛貌言隨水長也旱地亦有長至丈

餘者
袁邑尊曰蓼花俗稱龍骨草據土人云此草搪浪最
好生至一尺以外便不怕水水勢雖長勢必高出水
面但不能每年皆生向來以生草之多寡占年歲之
豐歉

蒲　菖蒲

生水澤中高六七尺縱橫茂密亦資抵禦材可織蓆
菖蒲葉似劍尤易化生所生之處亦足保隄其根能
入藥蒲茂密年歲豐所謂瞻蒲是也爾雅郭璞註曰
莞苻蘺其上蒚今西方人呼蒲爲官蒲蒚謂其頭臺
首也今江東謂之苻蘺西方亦名蒲中莖爲蒚用之
爲蓆

竊議修隄廣儲物力乃有備無患之善舉尤不可不富
厚也大凡利民之政不儲備則患將猝至可立視其
死徙儲備而無法以馭之則益滋詐僞焉官圩俗做
民玩一切公欵公費上下覬覦必使蝕盡然後已全
不顧下届需用而溝渠之美利半沒於差胥公欵之
羨餘盡銷於烏有其義倉社穀之法杳不可行置塚
埋棺之舉更無倡首下不能盡人事上不克召
天和徒沾沾焉佞佛祈神賽會演戲以僥倖於不敗也豈

官圩修防彙述　溝渾池塘　丁丑[illegible]助印

不修哉謹議應事如左　溝　渾　池塘　公田
公地　社倉　義倉　善倉　常平田　豐備倉
義塚
溝渾池塘魚利
隨田溝池塘段魚利向來各業戶自行網取今爲圩
甲首代庖矣召販漁戶收取利息名抵差徭事件實
則牛沒於追呼牛由於飛灑有廉慎者出司其事則
衆人環伺暗地與爲留難雖戚誼不顧也倘能區支
有法亦未必無補於萬一云
又官圩沿堤深渾大都歷屆倒潰而成寬闊滑深均
屬藏魚之所良以溪深魚肥也其挖壓田畝業經奉
憲撥畝給價俾該業戶親領所有深渾應繳公産如
果沿隄逐一查核呈　憲立案詳登册籍召募漁戶
承管歲收租息以濟公用亦補助之一策也
倪豹岑曰紳士稟請緐費無出將以溝渾魚利補歷
年歲修之資從之
公田　公地
附缺口旁有業經價償挑方未盡之田花息應歸公
收又各陡門兩畔餘地租與市僧是爲公地
撥公項有兩弊存積則無穎莛遞瓜分則終歸烏有

四編卷五　興建　七　朱治般[illegible]

官圩修防彙述　公田　公地　義倉　社倉　常平倉　趙世附助印

史太尊有言人心之隄防易而難此之謂也
義倉　社倉
義倉之設法良意美大都不外因其時隨其地擇其
人三者近是漢之常平隋之義倉均有成效師其法
而善用之者莫如朱子社倉至
國朝名公鉅卿又祖朱子之法而斟酌之如陳文恭公
之條規方恪敏公之圖說陶安化之豐備倉文弼之
分設既成竹之羅胸復蹈象於八門原帙具在集隘
不及備詳謹擇與官圩相宜者節錄之以見一斑云
大清會典曰凡民間收穫時隨其所贏聽出粟麥建倉貯
之以備鄉里借貸曰社倉公舉殷實有行誼者一人爲社
長能書者一人副之共領其事按保甲印牌有習業而貧
者春貸其穀於倉秋冬大熟加一計息以償中歲則捐其
息之半下歲免息社長社副執簿檢校歲以穀數呈官經
理出納惟民所便官不得以法繩之豐年勸捐稻穀在順
民情禁吏抑派有好義能捐穀十擔至百擔以上者
旌獎有差社長社副經理有方者按年給獎仍以息穀酌
酬勞勛
又曰凡紳士捐穀以待賑貸曰義倉各就市鎮鄉村建廒
春[illegible]秋斂取贏散滯獎善酬勞悉依社倉規條惟須斂之

期出入之籍時呈所在官覈之所在官於去任蒞任期授受簿籍察其虛實以行勸懲

常平倉

大清會典曰國家循古制設常平倉隨時糶糴用資賑貸豐年則勸民出升斗以益之厥後戶口殷阜匯出庫藏市糴或截漕運貯各州縣分上中下等以三萬二萬萬六千擔爲差承平歲久生齒日繁益需委積聽所在俊秀納粟入監視其土地廣狹山川險易物產盛衰酌蓄額而更定之每歲出陳易新土高燥者以十之七存倉十之三平糶卑濕則存半糶半各因時地而變通之以均歲之豐歉

督撫於歲終彙冊奏銷以冊送　部稽察如有虧缺先請

勒　着買補將虧空官題參照例治罪限年追賠凡買補之法春夏出糶秋冬還倉依市價於本地產穀之區或隣邑價平處買運如數還倉遇歲歉市貴則展至次年若倉庾闕乏亟需補足者申明上官准於價賤之州縣和糴抑富民派保甲者刻之

按採買稻穀胥吏時以僞銀封裹抑勒富戶圩民深受其累　乾隆年間保城貢生劉朝奎約南廣張清遠新義郭豐侯永豐陳九韶沛國朱爾立等十人據實上之　巡按遂除之惜刊案亡於兵燹不可考矣

阮廣春助印

王懿思曰常平社倉皆以積貯爲豫備之計其常平之設輕出重入假手胥吏藉公肥己者舉不足道也惟社倉之法宜勸民多置而官爲經理以善其事凡烟戶殷繁之所勸令設倉其畸零小戶數處合爲一倉有族巨丁繁願自爲一倉者聽之或該地商賈人多願自設倉者亦聽之建倉伊始或於寺院中擇閑房暫貯仍勸於各捐穀外量捐錢文爲建倉費倘好義樂輸捐穀至十擔以上者州縣給扁　旌門百擔以上者報上官　旌奬如三年內捐穀至五百擔以上者詳請具

題給予頂戴立社正副各一人主其事凡社中有恒產者皆得借給現在公門及遊手無業者不與當借者邀族長保任之佃田者田主保任之皆限以十月全完否則惟保任之人是問收息略如朱子之法有年三分小歉則半大歉捐之每擔別取三升以備耗折俱出入平概其始捐之籍二請官鈐印一存社正副所一存官備案遞年出納之籍亦二以防遺漏舛錯過期不償稟官追之且除其籍不得復借其實在逃亡極貧極苦者公議免償仍註所少之數於籍此其大略也

殷成珠助印

又曰社倉之行有數利焉歉闕量捐明春借出以公
儲爲外府利一宗族里黨聯爲一體利二幸而歲豐
無容出借至青黃不接僅必少貸一出入轉移間可
以增多利三如有六百擔之數歲有豐年之息約十
一年可得萬擔至此可永免其息卽遇凶年社中亦
可分濟利四餘利既多如社學橋道隄防之類社中
可以推行利五小歉之歲社有餘穀可以減價平糶
使鄰社均沾利六
陳榕門曰社倉穀擔不貯於城而貯於鄉原期便民
借還無往返之苦也不主於官而主於社長更期隨
時接濟無守候之累也其成法與常平各不相同其
利濟與常平相表裏況常平倉穀皆貯城中歷年有
糶無借祇利及於近城而遠鄉之窮民不得焉祇便
於貿易有錢之戶而耕鑿乏食者不與焉春耕之時
農之耔種多方典借加三四之息皆所不惜甚以爲
苦隨處皆有社穀可以領借年年接濟其事不經
官役其利實爲公溥
汪輝祖曰設積貯於民間社義二倉尚已然行之不
善厥害彌鉅官不與聞則飽社長之橐官稍與聞則
恣吏役之姦蠹貧窶者須多貧窮出借難緩須臾還

會不無延宕官爲勾稽吏需規費營鑽之私終爲賠
累故周吏替之期畀事者多方規避牟利者百計營
營甚有因而虧挪僅存虛籍者此社長之害也其或
勸捐之日勉強書捐歷時久遠力不能完官吏從而
追呼子孫因之受累此捐戶之害也欲使吏不操權
會歸實際全在因時制宜因地立法長社得人
按公字懷曾浙江蕭山人 乾隆乙未進士官道州
知州有佐治藥言
豐備倉
附文毅疏曰伏惟民以食爲本事須豫則立前年皖
江被水哀鴻徧野仰蒙
恩旨賑撫兼施並經臣勸諭有力之家捐輸助賑流離數
十萬獲就安全事後猶深惆悵因思博施濟衆自古
甚難徹土綢繆宜先陰雨常平之制善矣然荷惠者
無窮至社倉春借秋還初意未始不美而歷久弊生
官民俱累變而通之惟有於州縣中每鄉中各設一
倉秋收後聽民間量力捐輸積存倉內遇歲歉則以
本境所積之粟卽散給本境之人一切出納聽民間
自擇殷實老成管理不經官吏之手以冀圖匱於豐
積少成多衆擎易舉所以圖便民也各保各境人心

易齊耳目亦周所以免牽制也擇人經管立册交代所以防侵蝕也紳民自理不經官員吏役之手所以杜騷擾也不減糶不出易不借貸專意存貯以備歉時所以杜糾轕而起爭端也凶年不妨盡用樂歲仍可捐輸以一鄉濟一鄉之衆故不患其不均以數歲救一歲之荒故不憂其不給可小可大無窮匱也取錙銖於狠戾之時求水火於至足之地捐穀者不以爲難司事者不以爲累行所無事不求其利而弊自除豫防其弊而利乃見臣爲此章程籌思經歲簡易直截似可爲備荒之一助如果各州縣能實心實力勸導有成是亦不費之惠惟所議章程與社倉之法有異本以豐歲之有餘備荒年之不足可否即以豐備二字仰懇

天恩賜爲倉名俾垂永久敬爲

皇上陳之

按公名澍字雲汀湖南安化人官至兩江總督

按安化疏意籌畫盡善其中有二慮焉一倉費未及籌與夫折耗氣頭廒底並貯久黴爛又何以處之一遇歉盡發設再歉又何以處之彼窺覬與偷竊者又無論已

善倉

徐文弼曰今欲爲有備無患之計兼倣義社儲米之規聚各戶分給之糧歸本鄉統貯之所取愷惠之義名曰善倉視諸倉較爲便民蓋常平倉設在官出納拘於

功令此自民儲之而民散之不待請命需時一便也義社二倉粟出自民非僅升斗之納此斂米無多易於捐助二便也諸法積久而弊生此於數月內旋斂旋放歷時無幾無姦欺侵蝕之虞三便也常平取償義社取償此有發無收不必按錢輸粟免稽數追逋之煩四便也公家發賑澤自上施此酌盈劑虛不出閭里使比戶敦尚仁風相觀而善膺教化於惠養之中五便也有此五便想亦爾民或未深諳合行曉諭俾各遵行

按公字襄右江西豐城人官知縣有吏治懸鏡

常平田

陸世儀曰鄉里捐資買田以爲常平歲收其所入之粟於倉欲賑則賑欲貸則貸欲減價則減價所糶之錢又可買田爲久大張本源源無窮歲有增益即遇貪滑侵蝕倉粟而卸事之後田腳固在修舉不難

按吾圩祈神祭祖田產頗多除歲時伏臘儘可撙節為周濟貧乏之計或遇歉撥給卽常平田之遺意也

又 光緒十二年華邑尊有豫籌穀擔防護圩隄章程與陶中丞雲汀豐備意見相同詳見條陳

黃可潤曰倉有穀至歉變立召民借急不暇擇以借多爲善借者皆刁劣破落下戶衙役鄉保地棍自其來借之時已懷不還之念矣不如減價猶爲得計

按公字澤夫福建龍溪人進士官至河間知府有畿輔見聞錄

義塚 與下埋棺參看

圩俗貧不能葬者往往厝於隄畔遲之又久隄塍堆築塚平棺朽年久雨水浸灌蟻獺穴洞足以壞隄且無名倒斃圖便埋隄者隨處有之惟擇高阜地落厝置義塚立山向按部位挨次序葬復爲之緺其號誌其塚勸附近樂善者主其事詳開某號某年月日葬某籍某姓男婦日後庶有所稽考焉倘該子孫力能起厝改葬所遺空壟仍著後來者補葬凡願葬者當懍後先之次毋許僭越

裕魯山曰災祲之後每多疫癘蓋因貧民病故往往暴露荒郊雖有代爲收瘞者又因掘土不深掩蓋不

固春融屍骸腐化戾氣與地氣同升流爲疫癘傳染病斃難保無腐尸之沴氣所致凡有路斃貧民務令親屬認領妥爲殮埋儻係無主之屍卽報地方官驗明深埋標記掘土以三尺爲度上面包砌高大不得草率

大清會典曰地方無主暴露枯骨該地方官建置義塚立碑勒用仍咨報 部如有好善之人收瘞貧屍及收暴骨至數多者有司勘實給匾以旌其善

竊議禁厲之事條教繁多而有妨於興務者尤不可不嚴肅也夫入國問禁自古常昭境有禁厲然後强梁者知儆畏闒弱者明是非如沿隄罱泥顯害也首宜禁之若縱猪牛以踐隄埋棺柩以穴隄推而至於開油榨穿糞窖潛魚池凡屬在隄畔足以損隄者均不能無禁厲焉他如貪微利而刨隄作圃以蒔蔬忘顯害而盤隄用水以灌注皆在所當禁者謹議庶事如左 罱泥 猪牛踐踏 埋棺 油榨 糞窖 魚池 蔬圃 開龍口

罱泥

沿隄內外罱泥隄防第一顯害也語詳保護如捉獲船隻所議罰酒席罰演戲匪特無益於隄亦不足以

蔽其辜惟將該船鋃成兩截埋竪隄畔俾人人望而知儆餘具變價入公若官紳吏民受賄而私爲了事者尤無足取

按甯泥爲害史府立碑示禁畢尹提案究懲而圩民尤不知儆畏重見叠出人心之危何可防哉

猪牛踐踏

近埂居民貪圖牧厰知小利而忘大害縱放猪牛游隄掀土一經驟雨瀉入溝池農民貪取糞田遂生掃泥之計是猪牛踐踏與掃泥交相爲害也又有冥頑無知者公然搭圍隄畔棲息豚蹄莫不知禁厲者矣

荆隄志曰凡近隄居民餵養猪豚踐害尤甚草根不長泥土掀翻積雨便成坑坎足以損隄牛羊亦然

埋棺

隄之上下左右最忌有壙匪特進土不便亦且爲貛蟻之窩日久棺壞雨水浸注陷成坑坎每致壞隄

袁邑尊曰圩隄葬棺棺朽則圩受其傷圩壞則棺亦不保久經嚴禁並買置義田飭令遷葬乃圩民頑梗並不遵行殊堪痛恨現飭圩差巡查凡埂旁棺匶無論浮厝埋葬其無主者由官給費雇夫起扦其有後者限月內一概自行起除淨盡倘敢違延定行嚴究

油榨

油榨之設震動隄身傷害地脈固已若湖邊之隄尤不可設黿鼉喜聞油香近岸爲窟隄埂尤多漏洞

王若閎曰油榨在平原地方尚且有礙地脈逼近隄脚隄身朝夕震撼若在隄面設榨終年撃撞不將隄身拆裂不止不法已極仰爾等迅卽刻日移遷倘敢抗違拏究治罪

按公安徽人進士　道光間任荆州知府陞道見萬城隄志

魚池

傍埂脚鑿池車洩魚利並挑淤泥糞田池日益深埂日益陡亦一事而兩害也

袁邑尊曰歷年以來愚民無知挑挖成坑以爲養魚之計顧小利而忘大害若責成民修必有名而無實現已貼費飭令補修還原嚴爲禁止嗣後不准再行挑挖

藕塘

隄畔栽藕其簪穿埂愚民旁隄掘取跟脚鬆浮亦屬壞隄之一事

按藕塘壞隄與魚池相類旁隄掘取猪豚哄食皆爲

隄害惟淺處蓄茭蒲深際栽菱芡並使沙葳芀葉茂
密叢生不能運船諸害絕隄埂固矣

糞窖

隄旁穿窖貯糞漸漬浸淫亦足穴隄

胡祖翮曰厠屋糞窖不加察禁暗水浸淫隄易受傷

按公爲明經官績侯考

按　道光癸未戚家橋某姓陰溝內小水浸淫不知
何來水族穴據其中夏間雷雨驟發因之潰隄該處
基址寬厚數丈瓦屋兩層一旦猝裂禍甚烈也吁可
畏哉

蔬圃

旁埂居民希圖微利遇稍寬處擅用犂鋤蒔種園蔬
更有不知利害者緣地僻靜沿隄刨種芝蔴黃麻等
類浮土鬆動暴雨灌注泥沙直下矣農佃緣以爲利
爾取糞田爲害滋甚

胡祖翮曰隄不刨種草皮堅實一經刨鬆種蓺一望
蒙茸浸漏難察

開龍口

有等田畝近隄不過溝洫即有溝洫淺隘不容多水
且與陡門涵洞不相通乃私自鑿隄開穴旱則引灌

冬則洩水官圩間有此弊惟小圩甚多脣齒相依亦
不能不爲巡察

又圩潰後積水難出時有於低窪處開口分洩者

近有隣圩先潰官圩代爲堵塞隣圩水滿擇寬厚處
開口用竹篙塌其下使水洩入官圩　同治庚午福
定圩潰　邑侯周小蓮用此法施於黃池鎮北騰蛟
寺旁

竊議搜剔弊端爲興利之首務而禍害不可不殲除也
利興矣而不除其妨利者利尤未全也故伐蛟捕獺
挖蟻洞搜貛穴甯焉諸物皆足以害隄隄爲所穴則

漏生焉寖久而崩削而倒潰事之所或有者數者之
患蛟尤烈圩非出蛟之地湖乃藏蛟之藪並論及之
謹議庶事如左　伐蛟　捕獺　捕貛洞　挖蟻穴

蛟

圩瀕三湖蛟龍竄也徽甯諸山多蛟徽天乘霧往往
崛起奔赴湖畔水驟氾溢隄不能容時時壞之又圩
西北隅之青山間亦有此俗謂之蚯蚓礶五小圩諸
埂時爲之壞特不若高山大澤之多且鉅也附議伐
蛟之說冀　當路君子移知產蛟諸郡邑按月令伐
蛟之政命漁師伐之則高處免暴溢之害下游享無

窮之利斯德澤爲不小云

陳文恭曰月令季夏之月命漁師伐蛟伐者何除民害也先王之愛民也至故衛民也周凡妖鳥猛獸之屬無不設官以治之蛟之爲害尤酷故聲罪致討焉蛟之情狀有似蛇四足細頸白嬰本龍屬孕而成形在陵谷間雉與蛇當春而交精淪於地聞雷下入成卵直達於泉俟年久氣足卵大如輪其地冬雪不存夏苗不長衆鳥不集土色赤有氣朝黃暮紫夜視之上衝於霄卵既成形聞雷聲自泉間起由漸而上其地氣色亦漸明顯未起三月前遠聞似秋蟬鳴悶在掌中或如醉人聲此時能動不能飛可掘取及漸上距土面三尺許聲漸大候雷雨即出多在夏末秋初善識者依法掘之其卵即得大如三斛甕豫以不潔之物或鐵與犬血鎮之或利刃剖之害可絕又畏金鼓及火山中久雨夜立高竿掛一燈可以辟蛟

挖蟻

蟻生濕地亦畏水時傍隄爲穴　此物生産最遲隄潰以後三年乃生

兪昌烈曰朽樹枯棺皆足生蟻每逢汎漲內必浸漏點誌其處俟冬令挖開用篾絲通入視其邪正跟挖

大約不過五尺再以石灰拌土築塞其穴蟻最畏灰故也

捕獾獺

獾産平地多於朽棺內爲穴塚中枯骨時爲搬運獺則有水旱兩種旱地捕法尋其後戶先塞之用濕草燒烟由前洞灌入即斃

兪明府曰獺穴最爲害隄惟捕盡而患乃絕洞門有前後捕後則跳前捕前則遁後所謂狡兎三窟也曰門有虛土一堆照此捜挖

按上諸物穴隄倘有可捕之法惟鼉一物居無定處本草云穿山甲善竄穴隄最速牝牡呼應如雷恍惚不知其處究無法以捕之漁人間亦有網得者其首如烏魚四足行甚疾尾尖長而銳甲堪入藥善治風

官圩修防彙述四編卷五興釐終

官圩修防彙述

官圩修防彙述

官圩修防彙述四編芻議卷六

湖陽逸叟編輯
丁玉山允寬校

宣防 芻議六

治水之術神禹主宣後世主防徒防而不知宣則多
壅塞徒宣而不克防則亦氾濫二者可偏廢乎圩當
徽甯下游湖蕩環繞左右東壩隱[?]陂岡西兜姑溪口
宣固無能為力也於是專主乎防焉不為之理其緒
則叢脞生矣故設局尚焉不為之察其失則安危聯
矣故守望宜焉向使懲緝不時以致危險叠出然後

四編卷六　宣防

官圩修防彙述四編芻議卷六

宣防目次

設局類　經費　樁木　蘆蓆　草鞵　柴束
攤貲　等件　一切器用　顏旗[?]
守望類　防堵　棚廠　划船　會哨　傳籌
報汛　支更　路燈
懲緝類[?]　大河　支港　攔河箔[?]　灘網
土塘　石閘　私壩　私涵
搶救類　刈草　尋漏裂　釘樁　撈薪[?]
塌蓆　鑲埽　下絡　沉舟　罨稷桶[?]

再議搶救成則貪天之功敗則委之於數嗚呼其亦不思而已矣述宣防

竊議工多事先必有公局以筦鑰之故不可不先籌設也官圩周圍綿亘幾二百里勢難兼顧是不能無總匯之所爲故設局爲保障之先務芒種前後水漲之時每岸各於適中地段設立公局俾圩董司之通圩設一總局岸總咸駐其中先籌經費置辦椿蓆一切器具並製顏旗做軍法部勒之蓋衛人卽以衛己保圩卽以保家不必惜小費而誤全圩也謹議庶事如左　經費　椿木　蘆蓆　草鞲　柴束　攤簟等物　一切器具　顏旗

經費

圩例各修各隄各用各費原有成例當已夏汎驟發迭出險工費用多寡難以逆料或措借公欵或按圩分派總以豫爲籌畫乃爲得計也

荆隄志曰隄工之局設首事之用度均取給於甲去恣情揮霍工竣則彌縫簿籍以少作多例有限之脂膏飽無窮之慾壑此爲隄蠹

椿木

圩例保隄遮浪原議自備椿木然至呼吸垂危該管

圩修業經氣衰力竭幾有束手待斃者其誰承辦大木平局中豫辦若干以備不虞可免臨時掣肘矣

按圩隄果能出力上緊護衛需用椿木亦不須乎太料倘涓涓不絕流爲江河卽令多備亦難濟事也詳見搶險

蘆蓆　草鞲　柴束　柴篾

以上四物護隄必需多貯局中臨時聽用某圩需用若干仍着該圩董甲長出具領結登簿事竣後照原值償之倘用後有餘繳還登簿以待來年

袁邑尊曰

天后宮存貯官項置辦椿蓆原備不時之需如有某地險要歸該圩圩首赴局稟明領用秋後歸還

又曰各圩應用麥荄草鞲趁此麥秋登場該圩修等傳知各甲首每佃田一畝出鞲一尺早爲綑齊各貯各圩隄畔

攤簟　稄桶　炭簍　油簍　破帳　棉絮　舊船

以上諸物塞决時相機取用

器具

石夯　海膀夯　石鎯　木鎯　鐵鍬　蓑衣　雨笠　雨傘　草鞋　燈籠驗有籤　火把　油燭

官圩修防彙述　續集　劉宗玉助印

蔴繩　簑纜　破鍋堵泉眼　蔴袋　銅鑼　斧　鍬
備覆鐵　誌樁　水平
以上諸器護隄所需散見諸條毋庸贅列
按破鍋以堵泉眼誌樁定水痕圩人未諳此法

號旗

諺云寧督千軍莫督一夫言無頭緒以制之也事變
猝起衆人層集無以齊之難已考軍政以旗爲號指
揮如意進退有方所以步伐止齊無慮人心之不一
也四岸倣其法而部署之照以方位屬邑西南岸用
赤色旗白邊鑲之東北岸用黑色旗藍邊鑲之西北
岸用黑色旗白邊鑲之東南岸用赤色旗藍邊鑲之
故一望旗色而知爲某岸也旗上仍大書某圩某甲
便於查識倘有捲旗卽以怠工論此旗該備局中
搶險時由局給領事過繳還
華邑尊日各圩夫船各插旗幟寫定某岸某圩某墟
各以便識認
竊以守望之法圩工最宜其中交勘互察故不可不急
切也孟子曰守望相助言有患難一人守之而衆人
助之也守彼望此譬鼓後繼前推守近望遠自能左
瞻右顧安則同安危則同危相助爲理無非事苦等

官圩修防彙述　防堵　孫文焴助印

防堵之法惟果夜之間荒曠之所疾風暴雨之候爲
最難計惟是多搭棚廠徹夜支更明點路燈划船會
哨傳鑼報汛等事設遇坍卸滲漏立時防堵謹議數
事如左　防堵　棚廠　撞棚　窩鋪　支更　點
燈　划船會哨　傳鑼報汛

防堵

防水如防賊然乘我之懈猝然以崩苟非籌備有方
鮮不敗乃事者觀下四防其言可信已
魯之裕曰防有四一曰晝防五六七八四月雨多水
漲時也當率夫各巡隄埂搜獺洞實蟻孔堆土牛埧
水溝險要之地尤宜多積樁蓆蔴袋麻等物　一曰夜
防設燈竿定汛地計里數編號栅備夫食汛至隄危
圩甲鳴鑼左右棚夫奔而至至則運土下樁倘一段
之夫力不勝疊振其金合岸皆來料備夫齊未有不
可保之隄埂也　一曰雨防防雨與防夜等惟多設
棚廠使有可以避雨處勞可暫息然亦不可聽其熟
匿宜標禁於棚首違者嚴懲　一曰風防四防之中
風爲劇波浪翻滴乃風所致宜於平靜時豫束柴綑
草[illegible]堆於隄畔及水發風狂以此施之而殺其勢是
亦以柔克剛之義

按公宇亮儕湖北麻城人直隸候補道有趣陶園集

棚廠　搭棚　窩舖

棚廠之制春工便於宿食毋庸租賃房屋省費已多夏令藉此守望傳汛亦莫便於是棚各於要工地段廢寺餘址蓋造草棚著該地保居住看守或竟令僧道住持獲便良多

林文忠曰隄上多設窩舖於臨水頂衝最要之處以便聚人夫貯物料也非此豈能露處乎凡適中最要處報明　上憲建蓋局房計轄隄工幾段大若干名以憑點驗　乾隆年間　部議查江南所設堡夫隄長人等造蓋堡房以資任宿防守該管州縣督令業民於汛漲時多備守水器具晝夜防守一有危險即行搶護州縣督率不力該管道府查明糾參

倪豹岑曰窩舖不能多設即設亦不能遷移應添置擡棚隨地搬用法詳見器具

划船會哨

官圩地面遼闊遇緊迫事差役傳喚言語枝梧難憑的確又必需三五日方得周知事在春工尙虞歧誤夏汛搶護其能耐乎惟划船便捷輕利一有確信頃刻傳知一有疏虞逐處親見岸各置划船兩隻選夫

四十名派甲首督之逐日交互梭巡比將各隄情形有無險要塡入循環籤報明　汛官及飭知總局使圩董甲長皆知實際自不致誤以傳譌

傳籌報汛

圩隄各司一段良法也其如互衞何惟於要害喫緊之處設循環籤逐日傳遞試其守之勤惰稽其夫之衆寡驗其工之安否如有停滯即有妨礙若擊逃匿鳴官究責可也或曰夫不在棚守汛潛火其棚夫即不敢逃匿矣

倪豹岑曰用板籤入枝註明某時至某工交某局挨局塡寫查驗有無險工輪流梭巡早發晚收循去環來聯絡一氣晴雨無間夜則繼之以燭可也

支更　路燈

公局門口及各段窩舖懸以路燈遠遠望之自見防護之密並用竹梆徹夜支更守候如有警報則叠鳴其金警之至金鼓齊鳴可也

按圩傳鼓習俗稍見險工四路傳鼓徵夫無有應者抑且譌言百出此傳而彼亦傳聲鬨四野夫無一名亦復成何體統且速百姓搬移拉船拆屋皆由無確信誤之近亦有不傳之議祇憑私信以通消息此乃

爲自身脫逃計耳人心如此庸有濟乎
竊以水性就下惟疏通之乃無滯焉故經緯不可不附
也若至汛漲始議疏濬晚已蓋隄外有大河有汊港
或設箭或張網皆阻礙水道者至若隄內有土壩有
石閘有私壩私埝或宜於此而不利於彼者以鄰爲
壑由防之禁何在乎隨在經緯毋使壅礙焉可也謹
議庶事如左 大河 支港 擱河箭 灌網 土
閘 石閘 私壩 私埝

大河 支港

官圩東南兩畔瀕臨大河北面姑孰溪西則福定洪
祐饒章環繞其側由港支河近多壅滯西北一隅憑
陵山岡五小圩包孕腹裏均有港汊由閘宣洩脈
絡不通卽多壅塞況無知居民時行登墾斷而罔利
者因之疊出險工
余昌烈曰水因河窄而難容隄因水壅而易潰惟多
承而以寬受之急來而以緩待之自無妨也
邁制府柱曰支河曲港有淤淺者急宜疏濬而隄內
深溝大溢蜿蜒於田畝間引以灌溉利濟甚溥或明
設石閘或暗砌瓦筒旱則閉之以灌田潦則放之以
洩水五月陡發蛟水建瓴而下容納無所氾濫而旁

溢矣

灌網

支河曲港擱張灌網水不暢洩亦足壞隄尤有甚者
隄門涵洞外水內侵魚鱗潛伏莠民貪利網取往往
潰隄 光緒乙酉丁亥等年相繼失事皆前車可鑒
者矣

擱河箭

法用三尺許圍栗樹長數丈一二百枝由河道兩岸
挨次馬牙排釘中間留口門丈許用大網袋兜於中
間沈入半水魚經箭過順流入袋不能轉身出網一
日夜間可得魚百餘擔花津姑孰溪龍山橋三處河
干曾設此箭山洪下注障水截溜致出險工不特官
圩受害上游諸圖亦有波及者嗟乎得魚如許利誠
厚矣如億萬生命何 同治某年宣溪紳士訪知其
害據情上控經 制府批示檄縣嚴禁嗣後未聞此
患矣
詹爾選鎭曰築隄防川治水下策況近年汛水盛漲
往往漫過隄頂是築防尚未可恃必宜力求宣導之
方張網設箭之事尚可爲乎
按公滿洲人仕至湖廣總督見萬城堤志

接設箔之法用此搶險塞决亦足濟事但彼故作矜張不能應急事後且索重酬况明奉憲禁亦無有習此技者

土閘　石閘

五小圩有千觔閘青山鎮有石閘　道光未造洪栢饒福又設土閘三所在福栢交匯者爲南閘洪栢交匯者爲中閘在饒家圩者爲北閘南北二閘不開惟中閘時爲啓閉其中三圩內埂不修亦未爲善策也詳見陡門

正字通曰閘字同牐左右如門設版瀦水時啓閉以通舟水門容一舟銜尾貫行門曰閘門河曰閘河設官司之

私隄　私埝

內圍二十九圩各分疆域緣地有高低中設縷隄以界之今十字隄亦荒廢不舉高阜者圖水灌田不肯宣洩夏雨霪注漫溢就下低窪者受累良多且私隄之下復有私埝旱則承接上圩之水溢則宣洩使入下圩亦未免厲隣而自便矣

彭中丞曰治水者譬如一人之身胸鬲欲其寬尾閭欲其通四肢欲其周流無滯可也　又曰人與水爭地曰利水與民爭地曰殃民者不之去豈足以言利哉

竊議夏汛氾溢壘出險工多方搶救尤不可不迅速也昔人比治水如治兵守隄如守城防漲如防寇兵臨城下廹人於險外援不至內備多疏狂寇掩襲倉皇失措潰敗决裂不可復問矣防隄亦若是也故必先去其妨隄者如刈柴草捜漏洞衝激則用樁蓆坍剝則用撐幫極而言之下絡沈舟諸事亦非所得已者兵法云無幸其不來恃吾有以待之勿徼倖於不可知之天焉可謹議庶事如左　刈草　尋漏　裂　釘

樁　撐幫　塌蓆　鑲掃　覆稜桶　下絡　沈舟

刈草

柴草蒙茸滿洞開裂舉不能見先令農佃刈之一望瞭然矣

林文忠曰隄面隄坡除巴根草外凡有長柴茂草必須割去以清眉目裏坡草割至腰畔爲止須留根三五寸以護隄身不得連根剷拔外坡之草不可芟刈留之以禦風浪

倪豹岑曰若隄潰後沿隄漂有柴草謂之浪渣頗足禦浪應禁民間不得撈取

搜漏洞　裂折

一蟻穴獾洞鱔攻皆能穴隄水漲則漏又有鼉龍一物喙利而尾尖鋭至若隄埂昂頭縮脚之處定有陡礴外水浸淫卽開裂折宜逐細搜尋之爲是

衍方伯桐曰大隄走漏至險至危須先察隄形勢是淤是沙測量深若干尺見有漩渦卽近口門或用鍋扣或用棉塞或用口袋裝土壓之此外堵法也或外面無從下手祗於裏坡築月埝此內堵法也

釘樁

樁有小大之分自三五尺至丈餘者皆用以拴柴纜繫葦鞽者若鑲埽撑幫又須用丈八長樁土壓乃不外欹至搶險塞決有用三丈餘者波洶洶湧之際不易施功非平昔熟手不能濟事如有踴躍爭先者更宜格外犒勞

按建造生工隄身用梅花樁與隄高下相宜口門溝段用大樁排釘如馬牙式　又石工鋪底必用梅花樁一石能載三樁便穩

撑幫　塌蓆

俗名打包子幫包音相近其形如包子故名水漲隄裂以丈五六之長樁釘排隄畔形如半規靠樁塌蓆

中實以土有鑲幫撑拱之義外則代塌以逼水護隄也內則實土以壓隄塞漏也皆權宜之用也

按此卽河工鑲埽之法

沈舟　下絡　覆稜桶

險工驟出無法可施用大船實土沈於隄決處以殺洶勢再用木簰繫於上游水勢自紓緩矣然後釘以大樁塌以攤篚用土實之此僥倖於萬一之事不能常用者　又將告險時以稜稻之桶覆於險處實土其中鑿空其底而下以樁亦足以救眉急

漢書溝洫志曰建始四年河決王延世塞以竹絡長四丈大九圍

按此卽今用攤篚之法也

元至正河防記曰賈魯治河用沈舟之法以爲塞決簡便之用

按沈舟塞決乃一時救急之用水涸時仍宜起除盡淨蓋決口淺深坦陷不一以至平之船底沈於不一之湍流未必妥貼歷年久遠左欹右側上實下空仍恐礙事切不可以孟浪成功而忘遠慮也外此仍有用炭簍盛土破帳裹土諸事

官圩修防彙述四編卷六宣防終

吕仁卿助印

督理目次

創懲類　抗匿夫卯　偷竊樁木　拜帖
　　　　請酒　騷擾　貪婪
　　　　賭博　議罰　賠修
　　　　狡推　游談
獎敘類　犒勞　獎語　聯額
　　　　題賠　議敘
和衷類　協濟　幫工　助費
　　　　平價值

崇報類　天妃宮　龍王廟　楊泗廟
　　　　湖神見條陳　孟公碑　章公祠
　　　　朱公祠　史金閣　陳公祠
　　　　栗主

王錫順助印

湖𤄃逸叟編輯

丁佩卿筱陵校

督理庶議七

治絲而棼，古人時懍懍焉。隄務其難哉！然有常有變，守其常以濟其變，大約不外乎賞罰兩途。覆餗者懲之，製錦者敘之，使之和衷以共濟，且崇德而報功焉。圩務就緒，永慶安瀾矣。述督理。

竊以圩務欲驗勤惰，當明創懲，而尤不可不有法也。有陽必有陰，有公必有私，有善必有惡，理也。欲善吾事

而不袪夫弊吾事者事何由善如抗夫不出乘間竊椿拜帖請酒請習皆莠民所爲貽誤隄工者若貪婪若賭博若游談均非隄工所宜小則議罰大則賠修斷不容開狡推之門也謹議庶事如左

抗匿夫名　偷取椿木　拜帖　請酒　騷擾　貪婪　賭博　游談　罰欵　賠修　狡推

抗匿

隱夫抗卯罪不容誅以彼素行刁猾冬春工作罔章輪辦尙且閃避時至夏汎彼先偵知事無頭緒莫可清釐公然不至即至起行往往中途逃匿一夫如是衆夫尤而效之矣人孰無心隄將付與東流乎

袁邑尊曰隄工當告險時宜思同舟共濟不分畛域失事雖有彼此之分而受害則無人我之別也

竊椿料

偷竊椿木之害詳見搶險至一切工料如有乘便順取者亦宜繩之以法庶警將來

袁邑尊曰各圩在埂椿木附近居民乘間竊取或藉水勢與放划船滋擾圩修立時提究

拜帖　請酒

拜謁尊長禮也人非親故勒令沿門持帖不勝其煩

煩則非禮矣且圩長歲歲赴工何必拘此習套若夫邀請酒席禮尙往來何圩長歲歲請邀無一人復酬乎此理殊不可解況同禦一圩人事即是己事此非有所挾以要求也吾不信也

袁邑尊曰各圩修廒所向有拜帖請酒租墹一切陋規概行裁革每夫一名廒所給錢七十文倘有格外需索立提重究

貪婪

圩工需用按畝起捐向無榜示染指者多習焉不察圩俗謂之打夾帳謂一事而加倍出錢也或此已記帳而彼又牽連及之也設遇兩路夾察彼乃含糊混過如此等輩豈非混帳而何

蔣省庵曰義利之關即人禽之界故君子喻義而不喻利也利心一萌凡逆理背義欺心犯法之事靡所不爲心術由此壞人品由此污聲名由此敗天災隨至人禍即來是利者害之階也漏脯鴆酒非不暫飽死亦隨之故財與命連雖能生人亦能殺人奈貪僻性成謂錢之爲物可以術取可以力求鄰雞未唱出戸爭先銜鼓徧傳歸程恨早繞牀倚枕通夜徬徨何智不周何計不到不知大富由天乃人看不破守不

堅平日聰明才辨一旦臨財而頓喪其名節學問未嘗見利思義也試思我多取一分人即受一分虧我横取一財人即受一財害悖出悖入理所必至彼世之攘奪欺陵一切禍害皆由於此即盜賊偷竊殘忍亦始於一念之貪耳至居閒得財之醜不滅室女從人之羞甚矣臨財毋苟得也顧人惟知取財於人而不知取財於天人果勤以開源儉以節流各執一業則生之有道量入爲出則用之者舒貧則謹身節用不至於困富則處善循理不傷於盈爲官潔已愛民子孫享無窮之利士庶濟人利物門閭得昌大之庥何必狡爲聚斂算盡錙銖貪利忘義以致禍不旋踵哉吾人辭受取與間總以公正分明爲要云爾

按貪最爲害事昔人云知足不辱知止不殆何無厭者以寡廉鮮恥棄禮蔑義一切損人利已之事左思右算甚至將鬼神祭品折入於已囊親戚命田謀買以薦帳推其心非聚天下之財盡歸於吾手不止嗚呼何其愚哉叢怨之府彼昏不知獨不觀蝗螂捕蟬乎彼貪者何不悟也吾圩修隄歲徵椿蓆諸費閭是編居間得財之醜不滅室女從人之羞彼染指者倘其省諸

賭博

賭博最害事於圩隄尤甚蓋修隄非賭博時隄工非賭博厰隄費非賭博錢若曉散夜聚疲精耗神有何力而擔土負重乎又有何神而理事督工乎故曰害隄尤甚

舉二尹曰有等無賴之徒專放賭債鄉愚不知賭禁故勸入局贏則或喫或喝不乾不止輸則量其家資縱放重利一千當扣二百一日不還又加二百不數日倍蓰加遞利望得錢還債不知日積日深迨索盈急遂有典田賣産甚至服毒呑煙縱有正人規勸反指爲多事嗣後因賭放債毋論有利無利許借戶一概不還有爭訟者詳縣究治

按賭之爲害醫俗編已言之綦詳圩役尤有甚焉士夫朋聚夜間入局日作多疲且有猫鼠同眠蓋夫交賭者始以錢賭繼以米賭終且以鍬籃衣被賭曠卯逃工率多由此是在長夫名者先自禁以爲之倡

騷擾

水汎驟漲隄至垂危圩長畏事不肯顧夫哭出划船擁至其家肆行毒害故爲騷擾　又私隄漲漫近隄農具莊屋時亦拆毀藉名築壩實則貽害近鄰　又

一搶險時夫名紛至沓來藉以造飯爲名間亦攫取雞豚以爲食者玩法已極

刑部例曰不先事修築隄岸及修而失時日笞三十因而淹沒禾苗者笞五十盜決民間圩岸陂塘致水勢漫漲貽害人家漂及財物淹沒田禾者坐贓論罪杖一百徒三年

袁邑尊曰各夫在工鬬毆在棚酗酒賭博及暗地逃匿者與抗夫不出情弊一經發覺由本局首事稟究除本夫枷號示工外該棚頭責革不貸

又曰救災卹鄰者爲良民幸災樂禍者爲莠民近聞水大告險之時有等不法莠民從中阻撓把持包攬甚至將圩首躪蹋不堪乘人家危急之時爲自已漁利之計況圩破同受其害則不但乘人之危直是自已之災矣喪心若此大膽若此深堪髮指爲有生所同嫉爲覆載所不容定即盡法處治

游談

一凡夫到埂性多懶惰往往信口游談一切不經之語彼此聽聞互相爭勝甚有觸犯長上以致鬬毆者此最躭擱時光嗣後除當言外無論挑夫在塘取土鍬夫在埂旁拍一概不許閑言妄語此戰士之勇所以尚無譁也縱有些語惟放夫喫烟一晤即董首齊集

議公相見客情一兩言外亦不得刺刺不休更不能從中妄插別議

議罰　賠修

一罰條甚多如隱夫抗費乘隙竊樁縱畜踐隄鬧泥壞埂均可相其事之小大而議罰之輕重焉富者輸以財貧者示以辱若保固限內失事並原缺復潰均著賠修

某侍御奏議曰民間修隄委員及工書等以其並無功過是以恣意需索而州縣亦以毫無考成漫不經心如此辦理安能保其不潰若嚴定考課之法知必互相鼓舞畏懼

按　咸豐元年邑尊趙燁堂緣孟公磚月隄未竣復潰　大府檄令離任自備資斧留工効力賠修　又光緒十三年　郡伯聯仙蘅罰東北岸董首湯某銀三百兩另諭董首戎汪王承領修築　章公祠前漫缺亦緣原缺復潰也

狡推

一印簿不立甲分不清項畝不一事無左證有牽混諉差不當者有隱匿抗夫不出者事雖不多見而人已不堪問矣更有隄埂廢墜失久不修互相狡推者

史錄旨曰中心埂連年廢弛低塌日甚余與首事諸公目擊者久具呈上請　府縣兩憲以照舊額壹段分工飭四岸各遵應分一千弓修築完固以衛田疇五歷寒暑始獲準行定案

按光緒九年咸家橋中心埂一段兵燹失修東南西北兩岸交相推諉經　郡伯沈芸閣委員勘丈飭令承修案始定附批詞云　大官圩與福定圩爲唇齒之依工程最關緊要丟埂五十餘丈因止工界碑多年燬失以致西北東南兩岸互相推諉歲久失修責前府任內經兩造具控未結本府查閱接管卷內供詞扎縣傳集公訊斷艮以圩隄工程稍有罅隙卽爲合圩之累何況失修至五十餘丈之多耶該圩首等毋以福定圩爲外捍恃以無恐因循玩忽漫不經心本府若亦稍存此念亦何必與該首等爲難豈知天不可恃萬一福定圩稍有疏虞以區區數十丈有限之工而致四岸於淪陷此心忍乎不忍是皆各圩首狃於習見而不知顧大局所致也該某某如果實心任事何妨於其時出而調停之准情酌理持平定議認界立碑以爲一勞永逸之舉該某某近在一方見聞較確且士爲四民之首若能稟公排解兩造未有

不心折者也而當時則未聞有此及至冬盡春來水將漲發本府念此失修工程焦灼萬狀又以兩造詞尙各執均未投案一若以延宕爲得計而爲期又迫不得已飭縣查明大官圩圖志兩岸各修一千弓雖無圵工界碑而起工界石猶存各由起工碑起除去沖潰決口包築圈內秉公勘量丈得東南岸已修一千二百四十七弓西北岸僅修九百五十五弓是失修之五十餘丈應屬何岸承修已顯而易見矣乃丈量之日西北岸首事先以業經處息朦稟候至次日臨丈則西北岸並無一人該某某如果爲地方起見何不於其時眼同勘丈當面指陳而當時亦不聞出此縣勘回城面稟情形本府深知此間風氣稍一耽延卽有從而阻撓者因飭縣卽日簽傳兩岸首事及圩內人等赴城集訊稟公核斷當堂具結失修之處由西北岸承修給讞立碑該某某如果尙有意見何不於其時赴案呈明而當時亦未聞出此圩首等具限於四月十五日工竣候報本府親臨勘驗適因天雨請展五日而某某等遂起而阻之矣夫以全圩工程爲億萬生靈所關繫且經官勘斷兩造遵結在案而以一舉人出而翻異之是圩工不必講求而地方

皆圩修防彙述　校推　周方裕助印

赤無須官長矣此案原控無該某某拼解無該某某
勘丈詳斷無該某某忽於案結之後起工之時插身
自任謂非把持撓阻其誰信之試令清夜自思其自
命爲何等人其所存爲何如心耶本府即據此數端
通詳懲辦以爲撓阻圩工者戒亦不得謂本府之過
激也惟念該某某由圍一隅目染耳濡未知大體若
不明白指示轉不知獲咎之由是以委令査訓導深
縣丞據理傳諭冀其省悟一命之士苟心存利物必
於事有濟況圩工爲切已之事利人即利已耶本府
謂讀書苟能明理必當仰體此心自悔不暇乃復跳

梁性成毫無悔懼細西南東北兩岸首事顧全大局
代爲修築本府實嘉賴之該某某若鑒於西南東北
兩岸首事之居心而撫衷自問何致退有後言今閱
來呈一味狡執直一昏憒無知之人不復以斯文苟
之其餘附名各生監本府訪聞率皆隨聲附和不足
與校所開該某某堅僻相同者亦不過一二人耳既
以縣勘爲未允現在失修段落已由西南東北兩岸
首事代修且前可以無虞本府定於秋闌後金陵回
郡秋冬之交示期親勘以免藉口本府素性質直凡
於地方公事認眞辦理旣願任勞亦不辭怨固不敢

皆圩修防彙述　校推　倩勞　王慶成助印

偏執成見亦不能受人挾制該某某愼毋以身嘗試
區區此心唯我四岸士民共諒之
按某某繫邑孝廉誠篤君子也爲圩巨族累葉縉晝
圩工得邀議敘孝廉需次家居聲小耕其聲望以昔
其狡推之訐控名上控　郡伯亦所明知但不知是
痛詆一番互相推諉何由水落石出而讋服愚小乎
於以見節儉者之必露破綻而不可恃也批詞氣盛
言宜附載於此非敢揚人之惡也直欲爲該孝廉鳴
寃耳後之覽者其將鑒諸
竊議獎善之舉貴治輿情敘功之典端邀上鑒故不可

不崇優也謹按　官制郢文疏云請以春冬興修劉
督纂備夏秋汎漲駐工防護旣未暑之奔馳不辭勞
瘁復捐貲以搶險力挽狂瀾故得歲慶有秋豈合田
疇均資保護應請獎勵以示將來官圩民隄不敢上
邀
國典如有倘義急公者或犒賞微勞或酌予聯額亦足
感發人心使之聞風興起也至解護助公勁以千計
果能實用實銷又當據情上達矣謹議應事如左
犒勞　薪水　獎語　聯額　題贈　議敘
犒勞

夫名出力爭先如下椿壑決等事或賞以錢文或犒以酒肉亦是鼓舞之意　又擔土出力較常加倍者立插彩旗至晚酬以錢文

黃可潤日隄工緊急之時用威不如用惠余常取庫錢百十千文分置隄上買土多則多與故民踴躍無廢事

按圩有買土之法一擔一錢亦足見王

袁邑尊日最先收工在前五名者分別酌賞在後五名者分別酌罰

府火

枵腹從公不可強也查　咸豐壬子修隄按董日給薪水二百文聽自食用巡圩亦然

潘郡伯日每圩酌舉紳董一人其願自備資斧者仍聽其便若係寒素由　府縣捐給薪水不得在公項開支

聯額　題贈

東北岸姚體仁字善長歷屆修隄出力倡捐　邑侯王公以善長一方額獎之　朱公小岩經理隄工四十餘載解囊倡首事甚夥　咸豐壬子五十初度工次稱觴圩僉孝廉曙庵徐茂才梓鄉暨郡紳唐子瑜

朱月坡二孝廉教習王蔚卿皆聯吟贈和詩見藝文

趙邑侯燡堂製五十壽序多述修隄之功

羅遵殿日或專司銀錢帳目鄭重收支一毫不苟或分督夫名料物隨時彈壓片刻靡閒均能竭力盡心不辭辛苦大工告竣百姓咸歡似未便沒其微勞應如何獎勸以示鼓勵

按公籍貫待考　咸豐間仕至湖北布政司見萬城隄志

議敘

工費浩大急公有人如願出力助工者不拘官紳士庶聽其助修請照地方公事樂輸題請議敘之例計其工之大小題請議敘則善與人同成工亦易

大清會典日搢紳士民有敦任卹之風者遇歲不登或輸粟或輸銀助穀或助官賑饑或佽官價減糶或利及族姻或施及鄉里由州縣而府而司道而督撫爲表其閭視其所助之多寡以爲差等過二三百擔者以聞於　朝官予紀錄民予品銜以旌獎之

羅遵殿日查

吏禮二部則例內載獎勵專條凡捐穀三四百擔銀三

四百兩請給頂戴捐銀一二千兩者　題請從優議
敘現奉　藩憲飭知捐銀二百兩以上者奉部行文
亦准咨獎勵凡有捐施紳商富戶以及出力之董事
應照新例造報分別具　題以彰善類而酬賢勞其
捐四五十兩至一二十兩者各給匾額
袁邑尊曰圩內業戶有力者少應請照無爲州成案
其有貼費數百千以上合例請獎者仍予獎勵以昭
激勸
竊議修隄夫多人衆惟和衷共濟乃克有成尤不可不
輯睦也官圩劃分四岸分責成非分畛域也分圩甲
非分安危也然分之則必有異議有異議遂各有異
心有異心遂有不相和協者病之所由伏也譬之養
癰乃氣血不和所致無論左潰右潰內潰外潰總不
如豫爲和解之妙觀夫堯之協和舜之惟和夏商之
燮和文武之修和古帝王修齊以致平治者無非和
以作其基也圩工彼此協濟助工幫費均平價值和
之道也謹議庶事如左　協濟　助工費　平價值

協濟

事至棘手一圩夫力不濟鄰圩亦可協之一岸夫力
不濟三岸亦可協之袖手旁觀謂非已事抑何其計
之左也
遵制府桂曰隄段雖有疆界田畝同在一圖此段隄
潰淹及彼段利害相關豈宜膜視凡遇水勢危急協
同搶護不許互相推諉如有抗阻爲首棍徒嚴拿詳
解治罪
林文忠曰此段有險上下段夫役均須趕往幫搶并
攜帶物料協濟如有明知而坐視不理者查明罰責
不貸

幫費　助工

險工疊出需用浩繁若不幫費則獨力難支勢有不
債事者古者鄉田同井尙多友助扶持況同在一圩
安危與共利人卽利已乎幫費助工理所應爾此後
責令實力修舉亦不得恃幫助有人一誤再誤
袁邑尊曰舊制某圩失守先自估工籌費次邀本岸
業戶幫費若干又次邀三岸各幫費若干或四六或
三七分派銀數公幫者衆擎易舉獨保者責有專司

平價值

凡工需樁木蔴蓆一切食物按時估值賣者不得過
昂斬而不與買者亦不能討巧硬行攫去惟有照市
估計兩得其平當時雖無現錢事後斷宜歸趙

袁邑尊曰爾等平時買賣原爲謀利起見茲須照常交易仍多爲販運源源接濟以應工需倘有藉此居奇長價壟斷把持以致病民誤工者定卽枷號工次該民夫亦不得恃衆滋事自取罪戾

竊議太上立德其次立功崇之報之禮所宜然故不可不舉行也禮曰有功德於民者則祀之能禦大災捍大患則祀之官圩士食舊德之名謚農服先疇之畎畝親賢樂利復古何難是在振而興之爾若廟食若專祠若附祀皆不可忽者謹議庶事如左　天妃宮　龍王廟　楊泗廟　孟公碑　章公祠　朱公祠　史金閣　陳公祠　附祀府縣名爵

天妃宮

在東北岸大禾圩隄畔面丹陽湖左臨花津姑孰繞其傍舊制宮闕壯麗　道光三年圯於水　同治四年縣主簿張子赤大心諭四岸士民重建

吳榮光曰神始封靈惠夫人歷　元明累封

天妃

國朝康熙十九年封護國佑民妙靈昭應宏仁普濟

天妃加封

天后　乾隆二年加封福佑羣生二十二年加封誠感咸

孚五十三年加封顯神贊順　嘉慶五年加封垂慈篤祜六年追封神父爲積慶公母爲積慶夫人

龍王廟

圩立龍王廟有數區惟花津

天后宮南偏繫四岸公建　同治五年重修

文獻通考曰　唐肅宗至德二年詔修龍湫祠照應縣令梁鎭上疏曰夫湫者龍之窟也龍得水則神無水則螻蟻之匹也故知水存則龍在水竭則龍亡

又曰　宋徽宗大觀四年詔天下五龍神皆封王爵青龍廣仁王赤龍嘉澤王黃龍孚應王白龍義濟王黑龍靈澤王

格致鏡原曰茀山有龍池池不甚廣小黑龍十數游其中取觀之長僅三尺昂首四足目睛爛然腹有丹書而無牝牡似蜥蜴類也每歲旱禱雨輒應今與山神同著祀典

聊齋志異新評註曰金龍四大王姓謝名緒居錢塘安溪宋謝太后姪也三宮北行緒投苕溪死門人葬其鄉之金龍山　明太祖呂梁之捷緒顯靈助焉遂勅封王立廟黃河之上緒父生四子紀綱統緒緒居季故號四大王

按 會典祭顯佑通濟昭靈效須廣利安民惠孚金龍四大王於江蘇宿遷及濱河各縣
國朝順治三年封顯佑通濟 康熙三十九年加封昭靈效順 乾隆二十二年加封廣利安民 嘉慶年間加封惠孚

楊泗將軍廟

黃池鎮東有楊泗廟神履歷俟考或曰神名伯遠充里正值鹹水決隄官督築圩堰不就爰責神剖股投水沙漲隄成

按楊泗神有打樁故事圩逢搶險立需下樁宜選精銳壯夫四五十人操演是法供神護衛水勢洶湧或不致誤

孟公碑

宋判官孟知縉投身捍水水爲之却圩人立碑頌功設廟祀之在東埂陶家潭後

章公祠

在護駕墩 前明萬歷十五年邑侯章公嘉禎抱册投水處圩人立專祠祀之右側有佛殿公履歷政績見述餘

朱公祠

祠有二一在青山鎮西麓今廢僅存石碣二剝蝕不可辨一在新溝市前隄畔故址今爲廣興庵均祀
前明邑侯朱汝鼇詳見政績

按上二專祠均載邑志

大清會典曰凡祀禦災捍患之禮因所捍禦之地建立專祠特加封號飭所在有司歲以春秋諏吉致祭

吳榮光曰禦災捍患諸神祠載在祀典所以順民情之趨向爲敷政之一端非以神道設教而惑於巫覡祈禳之術也乃自秦人求仙粵人尙鬼其流弊遂至於叢祠古樹野石殘碑不在祀典之例者無不老少奔馳男女雜沓彼僧尼廟祝遂得造作浮詞謂偶爾之吉凶爲神靈之禍福藉以誑謞香資實爲人心風俗之害禦災捍患諸神例所不禁誠能明於彰癉懔以鑒臨知福非諂可邀則慶緣善而積庶不爲鄉巫野史所惑而永荷神庥於無斁也

史金閣

光緒十四年東北岸建瓦屋三椽爲修防公所本慈慧庵基內供 史郡伯蓮叔 邑尊金蘭生二公栗主爲尸祝爲在北横埂賈家垻

陳公祠

官圩修防彙述

府縣果主

四岸士民捐資建造在郡城東大街祿光緒十三年

廵撫陳六舟中丞雨亥勸隄籌請鉅欵建造大工並

四圍加高培厚仍以餘欵賑卹窮民民不能忘立專

祠祀之官圩圩工委員駐此

附祀知府諸公

郡伯潘鴝笙諱鈞基　蘇州人咸豐二年任

郡伯黃冰臣諱雲　湖南清泉人光緒五年任

郡伯史蓮叔諱久常　江都人光緒十三年任

知縣諸公

邑尊袁瞻卿諱青雲　興化人咸豐二年任

朱彩雲助印

邑尊趙燁堂諱昞　山西人咸豐元年任

邑尊徐春林諱正家　江西人同治八年任

邑尊周春浦諱濬　同治九年任

邑尊周小蓮諱德棵　同治十一年任

邑尊張樵秋諱攀桂　通州人同治十二年任

邑尊嚴心田印忠培　常熟人光緒五年任

邑尊金蘭生印耀奎　青浦人光緒十三年任

官圩修防彙述四編卷七督理終

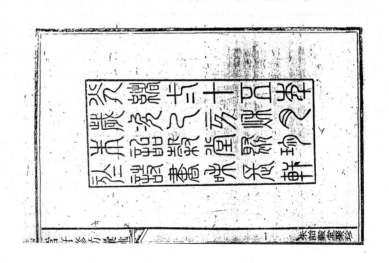

四編卷七　督理　卄　朱詒穀堂聚珍

光緒弍十五年

歲次己亥[illegible]月

朱詒穀堂聚珍

[illegible]書味長軒

一　朱詒穀堂聚珍

官圩修防
述餘八卷
附嘆逸史鑰軒

朱治穀堂聚珍

張慈功書籤

鐵罐潭　清水潭　牧牛埂
邵家湖　九十九　釜底港
官圩膽

南家塘刊印

官圩修防述餘卷之一
山水目次
青山　白土山　武山
甂定山　丹陽湖　石臼湖
固城湖　青山湖　路西湖
萬春湖　姑孰溪　支港入丹陽湖
支港入姑孰溪　謝公池
獨塘　華塘　火燒塘
無溶港　白潭　王家潭
三條港　南河　沙潭

官圩修防述餘卷之一
三湖嘆逸叟編輯
張孔修昌灝校

山水

官圩舊爲湖蕩無高山大川惟青山峙於西北謝李留題丹湖匯於東南吳楚泛棹吟哦所至神會及之雖鹿石興居觀萊爲侶或亦可以適情也述山水

青山

距郡城三十里在圩之西北隅繫姑孰鄉晉袁宏爲桓溫記室召遊青山卽此山南古寺闕闕百室齊宣

城守謝朓卜築焉唐天寶初改爲謝公山宋米南宫芾游此書第一山三字刻石於山之南麓傳誦一字成龍欲飛去雷震之明崇禎五年耤茂才廷譽補葺完好其山自南遥望翁崒嶔崎重巒叠嶂環亘官圩西北隅諸峰如千瓣芙蕖不可摹狀西北雙峯插天土人望雲之有無卜天之晴雨委蛇數十里包孕山南保興城子塘下周城五小圩感義圩附其左方東南一支名獅子峯林木幽蒨右首臨河一支似象形俗名包子山青鳥家謂有獅子回頭象不過之勢山上有石池二謝元暉所鑿也高下相懸經冬不涸紅鱗游泳相傳爲齊梁時物謝詩杳杳雲竇深淵淵石溜淺正詠此也爲姑孰八景之一前有白雲寺寺舊名南峯院晉咸甯方慧禪師創宋嘉定改白雲院熙甯間僧懷式增修改爲寺郭祥正有記寺後有五賢樓邑人祀郭祥正□□□等五人邑宮保黃勤敏公有題詠中一支名萬佳山昔人謂萬種佳趣咸聚於此南有保和庵明萬歷僧如慧建西偏有朱公汝龍專祠明萬歷年建以朱孔暘稽廷相趙栻鄭文化侑食廡下鈕廷森作碑記其實

國朝康熙三年修今圯西北十餘里過泉水灣唐李謫

仙墓在焉范傳正碑銘屹立基隴古梅數十本寒香滿谷澗水潺潺可聽 光緒六年蕪關兵備道巴陵孫振銓甃以石作祠祀之

白土山

土白色可陶可堊舊志云即白雲山者非白雲寺在青山中支是山與青山連特標以白土山耳塗邑山無以白雲名者山東麓有石隱庵爲鄉宦夏郎齋前輩讀書處督學上虞徐立綱游此作記送之二子炘燮均以名孝廉一教授新安一出宰江右

武山

距城五十里在圩東畔之花津湖中山形如蛤又圓如覆釜故又名釜山一嵐孤立獨塞湖咽傍多漁罾蟹簖歌聲互荅清徹可聽疏烟淡月之際景況尤臻妙境運河環亘其下帆檣絡繹奔赴津溪亦足徵王政之順軌也

福定山

距城六十里在福定圩有若覆艇然者一名覆艇山與官圩中心埂遥對山之東麓有福山寺有梓潼閣有樓有亭亦佳處也

附覆艇山記 當塗之南鄉距治六十里曰福定圩

仙山焉曰覆艇周里餘高數仞蓋諸山之小者亦青
山之別支也名是山者或以其地謂之福定或以其
形謂之覆艇士人居者斷斷然是可兼存之而不可
偏廢也步其椒而登焉豁目四望則巉巖輪囷絡
繹西顧平湖一碧萬頃池鏡屏其南青山桃林其北綠
野相延闤闠相望溝池漩洄而互球樹林蓊鬱而成
陰鳥啼花發聲色鮮妍熙熙然尻巧獻技以效茲山
者足以極視聽之娛信可樂也我始祖雝一公來竹
木櫛徘徊此山以寄勝概因挺以面勢乃暨乃塗作
我彼宇故吾氏世其家焉　明嘉靖間捐山左地數
畝與里人建禪寺曰福山寺闢石以爲基壘石以爲
樓依岸以爲垣種竹以爲蔭寺號曰福香烟含□
覽者遊觀而悲息焉尤覺引人入勝也是有石宇小
而固者福德祠也陰有石穴窈而深若神仙洞也上
有小塔高不盈丈者寺僧慈忍浮屠也四圍周匝□
立或蹲或臥或仆者怪石森然也其旁之美輪美奐
者吾氏之宮室與宗廟也冀有數武焉下而坦蕩山
居者暑夜納涼每於雲煞升出時少長咸集或坑
而臥或踞石而坐或擊節而歌清風徐來蛟蝶嬉□
相傳爲洞仙坐所故異致有知此者又有見戲者時

以足轟然有聲山鳴谷應故老目此山中空山隙之
洞與此相達故擊之有聲不觀夫鼉乎詩譽而擊之
有不轟然者乎山之所以名覆艇者其以外形乎抑
以中空乎夫山不在高有仙則名撫茲勝境驗以
縱雖青山之別支未始不可與青山並美也顧美不
自美以人而彰青山也不遇謝公則鬱鬱峻嶺湮□
而不彰矣予家是山不書其美使盛區鬱湮是貽羞
山靈之媿哉故誌之　乾隆乙酉王師彭譔
覆艇山考　山形似覆舟厥名覆艇是爲訓雅乃俗
呼爲福定山由覆艇與福定音相似遂譌傳耳且
圩名福定圩遂以山名福定山即寺亦名福山寺矣
後蒙而問之者矣不知土樓上舊有覆艇山碑哉久
湮滅今雖毀棄無可徵信然鐫殘前有　康熙年間
碑記稱云覆艇實非福定可知也山之巔際莫識從
來或以爲自北而南或以爲自南而北或又謂突起
附閭昔有楚王驅山爲城以雞鳴爲度九女夜半舉
雞鳴山遂止此至今池南有楚王城九女墩遺蹟其
說殊妄不可信胡明聞禹貢錐指謂水行地中廣伏
屢現山形何必不然今就山體觀之其勢自北而南
斷以發自青山爲是山後有神仙洞窺之深黑昔有

好事者執炬入至丈許不可究極驚悸而返古云有
仙則名其洞如此山之靈異可知其上多蒼翠諸物
蓊鬱可觀自　康熙戊子水勢懷襄依山居民屢爲
砍伐萌蘖無存遂成童禿非培塿無松柏也我族聚
此山之傍當復廣種龍鱗由一株以至百千萬株遠
近庇蔭則山勢亦爲增勝矣即今春深之候花黃似
蠟草綠如裀秋晚之時苔石成文雲霞欲霧與同
人登其絕頂踞石危坐極目四望頓覺開拓心胸想
見蘇門長嘯謝安石東山得意時正不必上衡而落
雁峯欲攜謝朓驚人句搔首問青天也我祖若宗藉
山景以盤桓賴山靈之呵護者已數百載矣可不溯
其源流而標其名勝乎弟覽縣志山圖此山亦名福
定並無覆艇之稱於以見訛傳之久與採訪之疏也
後之秉筆者尚其知所釐正焉　王櫟園著
按官圩四圍以內皆無山所記諸山緣附近官圩也
故述之　以下水

丹陽湖

距城八十里經貴游積善黃池多福湖陽等鄉在官
圩東畔與石臼固城湖通東西相距七十里南北相
距九十里姑孰巨浸也今分丹陽湖屬當塗有新溝

所辦納漁課　明萬歷三十九年巡按御史李炳立
碑在塘溝鎮湖有八景如荷花夏日蓴菜秋風皆爲
名士賞詠
召試博學鴻詞
欽授翰林院檢討徐位山先輩有湖居七律三十詠一韻
一詩見志甯堂稿集隘不及備載

石臼湖

俗傳晉石崇載白沈此故名或曰中底深如臼冬月
不涸未知孰是今考湖在湖陽鄉北分丹陽湖之東
半屬當塗半屬溧水高淳有葛家所亦納漁課志載
二所共納稅銀五十六兩三錢四分六釐

固城湖

在高淳界與丹陽石臼二湖匯合是謂三湖夏秋之
交水溢風涌官圩東岸百里當之最喫緊處也

青山湖

在青山之南舊圖隄　宋開慶間知縣事孫宣教呈
請踣西湖永不圍田緣徽甯山水下注無地瀦蓄往
往囓隄以致民累　部議從之遂奉劄禁廢立碑在
青山鎮北今漫漶不可識

踣西湖

在青山大路之西青山舊有驛站湖在路西故名又
名路斯湖以張路斯得名也考張路斯　隋初家於
潁上以明經爲宣城令夫人石氏生九子後罷歸釣
於焦氏臺陰忽見有宮室樓臺遂居之夜出旦歸體
寒而濕夫人驚問之曰我龍也蓼人鄭祥遠亦龍與
我爭此居明日當戰使九子助我領有絳綃者我青
綃者鄭也九子以弓矢射青綃中之皆化爲龍而去
蘇東坡在潁上作記使吏民祀之今黃池鎮西有九
女墩與宣城接壤疑即此事舊志載湖草場租銀六
十一兩四錢六分零漁戶辦納每頃納銀二錢四分

萬春湖

距城六十里壤接路西湖在官圩西偏原繫圩田
明正統間巡撫周文襄忱築東壩遂破圍以瀦水田
賦派入蘇松　萬歷初令納租取草爲青峯草場志
載六百七頃二十一畝零納銀六百二十五兩四錢
零每頃一兩零三分起科佃戶辦納撥補江北各營
不敷兵餉今解布政司撥充是湖與燕邑相錯俯視
清波尺餘下面塍壟仍在

姑孰溪

溪臨圩之北岸與丹陽湖連起自小花津湖盡而溪

接爲郭祥正詩兩歧直截丹湖源是也迤西過青山
之陰經兩盤磯又西過白紵山凌家山之陽北過新
壩口直達郡城之南越南津釆虹二橋達皋慈河至
金柱山折而北趨過黃山至釆石約五十里入大江
李謫仙陸放翁皆有姑孰溪題咏見藝文

各支港水入丹陽湖

一唐溝河繫湖陽鄉南自溧邑官溪河流合新章港至
唐溝鎮爲唐溝河東行入石臼湖迤至丹陽湖拍官
圩埂

一大溪港繫貴游鄉白鹿鄉源出橫望山南麓水經潤
口村前窑岡村陶家甸至博望鎮大王廟許家村入
丹陽湖遶射官圩東岸

一新開港繫貴游鄉新市鎮東諸水由港入河匯於丹
陽湖漲則淩沒官圩隄埂

一武山港繫永保鄉自桑姑山南章公堂起新市鎮西
水南行經陳子山由武山之東約十里自港入丹陽
湖水漲風急時搏官圩十里要工

一花津渡河繫積善鄉黃池鄉東永一支自絹師橋西
南行經陶家橋分支而南由武山之西陳進等圩約
十數里自河入丹陽湖下注姑孰溪礙官圩北岸

各支水入姑孰溪
一煉堆港繫貢池鄉水自丹陽鎮南行合龍泉靈墟諸
山之水經薛鎮葉家橋南會匋家橋分一支西行繞
陳進圩之北爲煉堆港俗稱煉丹港約三里許至紀
家渡入姑孰溪逼官圩北横埂
一儲家渡繫石城鄉洞陽老山諸水出焉自和尚港南
行十里入姑孰溪逼官圩北横埂
一新開港繫石城鄉禪山嶽山象山諸水出焉西南行
十里由犨馬橋入姑孰溪逼官圩北横埂
一查家橋港繫石城鄉在白紵凌家山之間白紵景山
之水西行五里至釣魚臺東流入姑孰溪逼官圩北
横埂
按以上諸港均在南津橋內水漲溪滿江流逆溯皆
礙官圩
一襄城港爲郡城內水所洩之處水由城東南新壩自
外濠達內河由北水關出梅莊閘西行由港北入姑
孰溪
一城北附近各山之水及諸塘渟注溢出者均由港入
姑孰溪
一平政橋繫化洽鄉舊名灌渡橋歸善化洽諸山之水

起和尚橋西南行二十里經裏外灌渡橋入姑孰溪
一杜公港在釆石鎮南一里乳山梅山之水南行十里
至四喜橋入姑孰溪
按以上四條非正文也連類及之
一竺山圩港繫姑孰鄉梅山桓墓諸山之水匯於中山
下爲小湖蕩北由芮家橋入姑孰溪
一龍山港繫延福鄉起路西湖之右經青山白雲泉一
名桃花泉卽相傳泉水灣是也水味甘冷下至龍山
過九井山花亭橋牛濯橋入姑孰溪
按以上二條水漲有礙官圩四岸
一臙脂港繫延福鄉在城南三里甸地有昔代　皇后
脂澤出故名港水從龍山之北分支西經塗山之南
西南行過新造橋折而向北水小流微至城西入姑
孰溪
一扁擔河繫延福鄉在城南新城埠卽古擔河通大信
河至犨頭尖分派北流至金柱山入姑孰溪
按上入丹陽湖諸水均爲隄害入姑孰溪諸水其在
南津橋內者夏秋山洪下注江潮倒灌亦足隄害緣
溧邑天皐石閘一名臙脂岡旋盤旋長自　明洪武
間議閉此閘經今數百載未能遠行

國朝同治□年　部議開濬飭當塗縣會同溧水高淳兩縣履勘兩畔山石彌攀工大費鉅卒不果行百川不能取之僅南津橋一綫出口又兼兩岸微甯諸山之水灌入三里埂至查家灣河下達花亭橋交匯津溪其源之來也日旺流之去也日紆圩多水患可知矣其在南津橋外諸港溶因姑孰溪而類及之非盡礙隄也備參考爾

南岸上承諸山之水

說見正編前言修築上承微甯山水註

謝公池水

永邑澄碧上下二池皆甃以石相懸丈許雖大旱不涸其盜出者灌山下田百畝池中紅鱗長只許繫五代時物游人投以餌輒浮起水面唼食焉志稱八景之一曰元暉古井

按以上諸水均在圖外以下繫在圩內諸水

稠塘

稠滿也一作繡塘傳古人避亂居塘中爲賊害故名

爲仇俗爲臭塘在黃池鎮西與華塘火燒塘圩民謂之三塘

華塘

在南廣濟圩並興國圩周汪王華皆爲著姓

火燒塘

在中廣濟圩與新溝圩交界處

無溶港

一名烏溪港又名遂港言遂達無分溢也在烏溪陡門口北長約十五里直達郜家橋

白潭

在騰蛟寺北一名龍潭深且大中間巨淵冥竅蜿蜒道咸間連潰六七缺

王家潭

在永豐圩外臨大河中間寬闊數百畝淵深莫測險工也魚利甚溥

三條港

在新溝圩自柴子橋至賀家橋十數里舊有一埂在港中今沒

南河

在中廣濟圩亭頭鎮陡門口長二里許午日土人摔龍舟聚此以角勝負兩旁觀者如堵

沙潭

在南廣濟圩有周張著姓在焉有橋有寺

鐵鍇潭

在上興國圩一名鐵冠潭

清水潭

在沛國圩前明潰決圖成此潭

按以上三潭皆深而且巨

牧牛埠

在中廣濟圩寬大十畝里瀦水處多淺灘爲芻蕘蓄牧之所

邵家湖

在沛國圩亦多淺灘約廣大六七里

九十九條溝

在上興國圩溝湽極多不能悉數故名

釜底港

一名無底港在南新興圩有陡門水出入

官圩臍

居官圩極中處池水不甚深經冬不涸而絲於柒且似臍故名

按陸放翁江行記云南望平野極目而環宅皆流泉奇石青林文篠眞佳處也其大意謂圩民散處田廬之旁均有溝洫楦以垂楊彌望青葱故云

此外仍有張家灘薛家灘龍潭灣

官圩修防述餘卷之一山水終

官圩修防述餘卷之二

人物目次

趙　權　漆榮祖　于勝一　潘庭堅

潘　黼　詹　俊　葛　貞　于　鐓

丁大相　魯國聘　朱　光　朱孔暘

鄭文化　趙　栻　稽廷相　朱　桂

朱　絨　張有望　楊　璜　張鳳暘

孫啟蕃　孫敬芝　湯天隆　汪　維

戎　虬　丁宗閔　胡一楨　胡成喜

丁大儀　丁士珹　王向恕　葛之嵩

王國勳　朱三連　張性　周有名
沈文述　胡成周　張大烈　吳德成
傅之巖　陶連　陶濬　于昌科
汪起龍　陶治　李成蕃　劉煥
朱萬九　戎良炳　戎上輝　葛遇澍
趙萬隆　汪士彬　尙可畏　史宗連
朱爾立　朱逢春　陶之鍾　劉廷柱
朱兆安　尙成熹　夏宣　詹家廣
朱岐　張懋功　趙湘

張日憲助印

官圩修防述餘卷之二

湖㬋逸叟編輯
于采藻毓伯校

人物

吾塗巖壑鍾秀文紳武冑代有偉人圩當其南賢哲挺生其忠義激發者亦光昭志乘焉知地以人重百世而下其能已於興起乎述人物

宋

趙權

黃池鎮人母病衣不褫帶嘗藥而後進醫屢易益痼

乃焚香夜禱取刀剜脇探手取肝以進母漸瘳權亦遇良藥無恙大守孫懋表其里曰孝感坊

元

漆榮祖

字仲舉黃池人父永成宋將仕郎榮祖仕織染局副使遷武昌局提舉用先賢裔孫玫將仕佐郎累升奉訓大夫少敏於學敦行孝弟父歿負土成墳松柏皆手植兄弟先卒經理其家事無遺力尤喜周人之急歲歉則發粟病則與藥死則施櫬居官所至修其職業年六十即致仕歸初永成以青山保和庵乃謝公

祝鳳喈助印

故宅不宜久廢爲市田二十畝榮祖又置田四十五畝里人稱之爲碑以祀永成於庵間後被害仇家

于勝一

字茂振先世自河南仕姑孰遂家焉天姿英毅師事王逢學宗濂洛母緩少子勝一善體親志分產時以膏腴與弟而自取瘠者尤好周卹貧乏世祖時訪江南人才程文海薦之拜集賢院學士固辭歸隱壽終葬白紵山子姓蕃衍至今十字圩于姓皆其後裔

明

潘庭堅

字叔闇學問老成元時用薦爲富陽教諭乙未迎高帝駐蹕太平遂擢本府儒學教授明年取金陵改中書博士庚子除金華同知壬寅召爲翰林學士四年充會試主文官階諫議大夫以年老致仕爲人愼密謙恭未嘗有過詩文爲時所重

潘　黼

庭堅子字章甫幼穎悟絕倫總角時庭堅與談鄒邦揞紳文獻模楷典則輒能强識博記長師事陶安而託交於李淮兄弟初授太平府學教授改金壇主簿擢起居注丙午除中書左司都事丁未拜嘉議大夫

江西湖東道按察使時年未四十會修大明會典充議例官　洪武九年律成尋卒爲人肯爻而文章清雅過之所作序碑傳贊皆散佚子孫家多禍鄉

詹　俊

字用章祖居青山下俊幼受易陶安　洪武四年徵授磁州同知賜冠服銀帶到官揭公勤廉謹撫教懷安八字黏座隅以自勵時兵革初定民復舊業俊勞來安集之勸督耕桑明飭教令興學選師舉賢薦能抉剔弊蠹民有訴掘地藏金爲衆所奪俊立衆於庭諭以義利衆率還所奪民德俊懷金謝之俊日我不

欲衆咷義趨利乃躬自營利耶民愧而去董饋潼關解所服銀帶代民輸運漕歸買帶還之俊日吾得紓民憂何愛一帶卒不受隣縣蝗爲文籲天蝗不入境嘗旱作歌自責大雨即至陞汝甯府通判治廨舍役夫得窖鏹欲納俊俊日此汝所得何與吾事悉界之洪武九年以疾歸老壯遮道挽留涕泣不忍别道經新蔡卒遂葬龍潭之側

葛　貞　子雍

字文榦永樂三年進士除戸部主事以幹軀頎美選擢尚寶寺丞升卿爲章帝所眷每用璽寶侍左右承

顧問被賜賞爲多坐與勳戚圍棋爭路出諂不遜爲所奏外除南兵部郎中尋升布政司參政命下貞物故矣子雍以監生任學職居黄池鎭

于　鐵

字可法新溝人萬歷間仕江西高安縣佐嘗宿旅邸牀下獲金二百兩流連數日俟遺金者至悉付還之三十六年歲歉出粟賑濟鄉里咸頌之

丁大相

字子忠華亭鎭人母歿寢廬傍服闋乃入私室父卒廬墓三載有自燕巢之異邑令朱汝鼇扁曰純孝之

門里人稱爲丁孝子

曾國聘

烏溪人事孀母五十年依依孺慕病嘗藥溲矢皆手
滌號咰刲股得愈曲體親志以待同胞鄉里敬之

朱光

字後溪橫埂人公產時値夜分榮光滿室照耀同白
晝故以光名及長候時轉物致累貫鉅萬富甲一邑
萬歷戊子歲荒以萬金上之當事助本郡賑濟資達
於朝 部議合例授南省賑濟官

朱孔暘

光長子字明宇席祖父餘蔭田連阡陌世居西南岸
之沛國圩才具開展偕同志鄭文化趙栻稽廷相等
稟請邑令朱汝鼇倡晝段分工議頤指手晝四岸二
十九圩規劃井然嗣是圩工鞏固一洗從前諸弊當
事不沒其長達之 部授以冠帶爲圩官焉時 萬
歷四十一年也

鄭文化

字牛州家素封居青山陽之山南圩以子貴偕朱孔
暘等倡分工段爲西北岸總圩長

趙栻

東南岸二磯人字步佳例贈修職郎與西北岸鄭文
化西南岸朱孔暘東北岸稽廷相圖分工段

稽廷相

東北岸稽村人居花津十里要工之傍習見該埂險
要偕同志請人分工劃段十里要工工險費鉅無敢
肩任令四岸攢築之至今遵守

朱桂

黃池人字有芳號西橋前明萬歷十五年大飢輸穀
八百擔助賑御史喬公璧星旌曰尙義咨 部賜七
品秩會公故賜其子尙賓

朱緎

字金繩沛國圩人多膂力 明崇正壬午科武舉人

張有望

黃池人字賓實郡庠生 明崇正朝兩舉鄉飲賓里
人榮之

國朝

楊 璝

字希周世居官圩栗樹璝持已甚正不肯詭隨性孝
會兵繞其鄉璝曰吾祖宗坵隴在此何忍棄去因匿
妻妾與子於林中身守壟兵見璝上有衣冠者奔執

之墳遂赴水死子甫十齡自林間見父溺號哭亦奔
投於水時 順治三年三月十六日也八之父子兩
屍攜手浮出族兄瓚女子死利其產將折之四年三
月十六日遺腹女哭一晝夜忽變爲男知縣張京驗
實獎額曰君子道長

張鳳暘

沙潭人 明末官圩土寇蜂起沙潭險逼湖濱附近
賊穴暘散家財給鄉里强壯者率之捍禦數十里內
賊不敢入已而大兵征剿 副總梁化鳳帥師過沙
潭民皆震恐暘椎牛犒師泣陳良民遺寇之苦梁義
之授以旗全活無算至今里人德之

孫啟蕃 子一睿附

字維楨邑庠生積學好義丹湖舊有賠累課銀蕃力
陳豁免 順治九年大飢蕃請縣請示給簿募賑其
家無餘力竝變產以繼所活無數子一睿丁卯科武
舉人

孫啟芝

蕃弟邑庠生圩紳湯天隆赴 撫轅上圩務條陳芝
副之得力居多

湯天隆

東北岸湯村人歲貢生 順治十五年輯圩務十六
條上之 巡案衛貞元蒙批飭縣准行勒石永著爲
令條陳見正編

汪維

南柘港人 順治九年捐賑

戎虬

戎埂人字蓍臣 例授州同年荒破家紓難

丁宗閔

字再騫號青麓居西南岸古華亭下孝子丁大相之
曾孫 康熙己未進士居家敦睦宗黨爲族人貧者
完娶分田廬以資其生置義田祭器延師課訓子姓
任雲南祿豐縣令遭逆藩之變地荒民逃閔請於
上憲借
帑買牛種招流移民乃樂業祿邑應試士鮮甚閔設義學
親訓課助其膏火文風漸盛張藻鑑等始獲雋於鄉
得譚瓚卷力薦闈元主司抑置副車閔決其必元癸
酉果發解勸州有土酋龍卓香恃險不服節制 督
撫重閔才檄攝州事閔單騎往示禍福卓感泣縛首
惡以獻一方安堵攝安甯州井水忽淡不能成鹽竈
戶逃亡閔至除其苛費禱於神井水如舊課額不缺

官圩修防述餘 卷二 人物 八

士民立祠肖像載雲南省志任滿　督憲范承勳贈
以詩曰九節韜蓧今日杖半肩行李舊時書　兩院
交章薦之値丁內艱歸哀號思慕卒著讀書草堂文
集待梓

胡一楨 子成喜另傳

字天吉黃池鎭人性純孝克敦友誼與兄一柱同爨
毫無忤色後因家口繁衍始分析兄子三巳子二一
切產業五股均分族黨稱之持身清儉治家整肅有
方教子嚴切長成善邑廩生次成喜歲貢生肄業北
雍授霍山訓導孫閎基廩貢生甯著邑庠生希敏邑

庠生

丁大儀

字子範華亭人優貢生父病篤刲股爲羹以進父病
愈値歲飢傾資以濟貧乏　督學周師旦察其狀舉
優行屢舉鄉飲賓

丁士珹

大儀子幼失怙恃悲慕終身　康熙十八年旱荒珹
捐穀賑飢疾病者給藥餌有鬻妻者依助之使完全
並施棺百餘具鄉里義之

王尙怨

宇心衡倉屋墩人幼聰穎父顯名抱恙親嘗湯藥閱
月罔倦事繼母魏如生母兄弟七人互相友愛三世
同居共爨者七十餘人分析時涕泣不忍子七長煥
庠生熾焴均國學生

葛之嵩 子遇澍另傳

字維嶽邑庠生黃池人十世祖貞山東布政使司嵩
少潛心宋儒五子之書主敬清心居嘗與同志講學
於池上之當仁館此外杜門授徒不窺城市箸述甚
富　雍正丙午年七十三月朔日忽語門弟子曰我
以是月七日去至期沐浴薙髮對鏡作七言絕句端

孔昭焱助印

坐而逝子遇清郡庠生遇澍歲貢生孫芳棠芳蔚岱
庠生

王國勳

字翰臣南柘港人母年老臥病同妻谷氏奉湯藥衣
不解帶者七載　康熙十八年旱災隣邑有鬻妻子
者向勳訴告多所獲全

朱三連

黃池鎭人字肇坤邑庠生孝友仁慈矜孤卹寡壽九
十二歲　康熙十八年舉鄉飲賓

張　性

黃池鎮人郡庠生父病臑二載性千里覔方晝夜跂
涉父沒事繼母無異所生兩弟皆繼母出愛之尤至
嘗往高湻收租兒觸妻者以租予之其好義固天性
然也

周有名

黃池鎮人邑庠生母孀得癱疾名妻後氏扶持眠起
凡十六載母疾篤後氏刲股療之母沒名悲哀失魄
每哭必至墓所風雨不避失足墮水死妻一慟而逝
遺孤二伯叔撫養

沈文述

黃池人天性至孝十二歲刲股救母母得愈八年後
母病又刲之母又愈然諱不令人知也竊覗之但見
兩股瘢痕云生平行誼高潔邑孝廉朱必泰爲立傳

胡成周 子開基另傳

黃池人立心敦本孝父母睦兄弟不愧古人尤矜卹
孤寡全人昏姻閭里多被其德家由此貧不少悔子
開基 乾隆丁卯舉人

張大烈

何家潭人字承之孝友性成 康熙二十七年舉鄉
飲賓

吳德成

黃池人性孝友 康熙二十八年舉鄉飲賓

傅之巖

黃池人 康熙三十三年舉鄉飲賓

陶 連 子濬另傳

東北岸人字公選貢生祖正坤兄弟七人同居坤督
家政一錢不自私連事親孝母染疾累年艱於臥起
連日夕不離寢處侍奉湯藥親滌腧廁不假僕婢手
康熙戊子圩潰出穀佐賑存活無數次年充修圩總
念荒後災黎難以負築呈 府請夫日給米一升先

捐米五十石以倡好義者皆趨事圩隄堅固 邑令
成文運奬之年六十八卒子以約國學生濬另傳潤
貢生孫楦候選州判林候選州同知

陶 濬

連子字士釆歲貢生事父母有孝行孺慕之誠出自
天性其父母委以家政濬力任之無私橐至今鄉里
咸稱焉 雍正丙午壬子圩內迭遭水患濬率諸弟
姪察懸釜者輸以粟全活者多里黨貧乏嚴冬無被
婦子終夜號寒每歲搆被與棉貯靈應觀俾道人分
給恐在家則請者懷嫌或不至也事請父以禮待族

一衆皆有恩義　邑侯顧麒錫常以厚德額褒之

于科昌

邑庠生黃池人性至孝母鄧氏瘵牀蓐七載親浣牏廁守制三年未嘗離靈側愧不能祿養早謝場屋閉家塾延師令合族貧子弟肄業其中　康熙戊子水災人多饑昌糾同志捐金施棺鄉里咸重其人

汪起龍

字飛九起隴埂人少習制藝後即肆力經史淹貫博洽著有歷代題名人物考數十萬言亦工詩惜其子爲農家流人物考不知何人攫去詩並散失志載存

趙敬餘助印

懷古十二首今亦失龍性高潔雖飢寒交迫不受人粒米寸帛卒年七十六

陶治

橫埂人制行高潔　康熙四十年舉鄉飲賓

李成蕃

黃池人字祥生天性醇厚尤敦棣蕚起家千金分諸弟鄉里有兄弟爭產者聞之俱爲愧服

劉煥　子廷柱另傳

𧶘家埰人邑庠生　康熙四十九年歿赴　撫轅呈請禁革官圩四岸總長有條議見正編條陳子廷柱

朱詒穀堂聚珍

另有傳

朱蔚九

黃池人字翼雲邑庠生敦行不怠陶情詩酒與天都王浩然旦宛陵沈方鄰泌梅瞿山清奐下李笠翁漁邑魯鉞人逢年互相唱和著有荒荒集　太平府同知署府事趙士珩舉鄉飲賓

戎艮炳

邑庠生戎埂人母病三載晨夕扶持勿懈牏廁亦親滌兄弟三人以食指繁議析居炳不忍勢不得已遂聽兄摽分不計多寡其孝友由於天性年四十八雙目忽瞽踰八載夢神以水洗之及覺見月浸疏櫺遂復明如初人異之年七十二歲而卒

邢葆庸助印

戎上輝

字期朗東北岸人守正仗義　康熙戊子民艱於食輝產不及中人隣里不能舉火者分粟以濟不受其償縣賑粥患喧嚷輝奉委辦官圩西岸事措置有方並解囊以助屢任總修　雍正丙午水溢幾潰隄輝捐米食人保護無虞邑令陳銓奬之壬子督同修太平圩陡門迄今完固他若施茶施棺撫戚唐某遺孤爲謀生業諸弟析產後家業中落分已產給之建宗

朱詒穀堂聚珍

祠清祠塋址獨綜理竭力蓋爲善不倦者其倡修昭
明太子西講院有碑記妻戴氏亦能輕財輝嘗遠出
値境內粟翔貴遽出所儲米穀減價以售一方沾惠
焉子淇孫嶽皆國學生

庚玢

字文石黄池人　康熙辛卯舉人長於文　雍正庚
戌以知縣往貴州試用黔撫問治略條議悉當委辦
臺拱兵餉亦得宜未幾疾卒當事惜之

庚玌

玢之弟字義存　康熙庚子歲貢生任貴池訓導文

與兄齊名池上第一家也

胡成喜

字燕尹　雍正丁巳歲貢生黄池人性剛方持躬清
儉少好學至老不倦試嘗迭冠其曹偶箸有蔓鋤制
藝拂雲樓古文僅軒詩鈔居家尤重根本族中丁繁
獨鳩宗立譜建祠以崇敦睦任霍山訓導學行立安
山躍龍池舊爲豪佔悉令仍歸學宮後罷歸卒年七
十子甯著庠生秉直監生

胡開基

黄池人字徑三成周子　乾隆丁卯舉人文筆豪邁

才雄一時

葛逖澍

貞裔孫之嵩長子字耘自　乾隆丁卯歲貢生選授
江蘇靖江縣教諭

趙萬隆

黄池人字東田　乾隆丙子舉人名滿江南時有經
師之目尤長於禹貢大興朱文正公愛其品學延爲
子弟師邑孝廉夏心伯有詩序
乾隆嘉慶之間吾鄉黄左田宮保暨先師趙東田孝
廉俱以詩名當世先君子嘗爲炘言居京師時見宮

保日自課一詩雖大忙必篝鐙拈題足成之日詩未
必皆可存多則可以棄瑕而錄瑜後葉雲素給諫爲
宮保斟酌詩集删其什之六七而存之今所傳壹齋
集是也東田師則不然興之所至執筆吟哦否則終
月終年或不得一字李實夫明府嘗敂之曰詩以道
性情也性情之所不屬而强爲詩是僞也無論其不
工卽工亦不足貴也以故先生之殁存詩寥寥數百
首而已可不謂少乎厥後宮保解組歸里索去詩稿
爲選其六十餘首將付之梓而未果去年宮保捐館
舍先生之孫寶青裒全藁來山中屬炘商定之炘年

二十五六時曾學制藝於先生彼時兼治毛詩注疏亦問質所疑未遑學詩也偶於壁間見所題畫鷹詩歎爲古雅絕倫意欲留爲他日請業乃南北奔馳而先生歸道山矣展誦遺編愴恍久之因謂青日先生之詩不必選也先生品行高潔胸次恬澹早受知於大興兩朱公之門後客京師即館文正公宅其時仁宗親政倚文正如左右手而文正之愛才如命與其兄笥河先生無異也凡士之急於自衒者皆委曲執贄其門或掇巍科以去而先生禮部試罷即浩然歸來閉戶屏蹟課徒自給故其爲詩高古超邁不可攀躋即偶不經意之作亦必有真性情以寓乎其中譬諸空青翡翠珊瑚寶璐豈無瑕疵而精光不可磨滅也寶青家四壁立不能付梓將來剞劂之任門弟子責也嗚呼後人欲考黃趙兩先生詩之所以多寡者此可以得其梗概矣

汪士彬 弟士彤

華塘人居池上字景曹　乾隆庚午舉人弟士彤歲貢生弟兄師友相琢磨以文名於時子一緯選拔生孫子進邑增生遭咸豐辛酉粵逆之亂駡賊被害

尚可畏

戚家橋人字□□詩文清秀獨絕中辛酉副車

王凬

字便樸四碾人教授生徒一時從游者衆文筆排宕名作如林

史宗連

字彝尊沛國圩人武庠生兼優文理　乾隆十九年倡修中心古埂呈請　府縣兩憲有東北岸陳紹裘戎文紹相繼而出與爲留難歷五稔讞定復請　府教授朱錦如將四岸原日分定中心埂工段刊載府志著有圖册刊行圩中

朱爾立

字大成沛國圩人國學生　乾隆十九年史宗連修復中心古埂爾立副之俾昭舊額又偕保城圩劉廷材等赴　總憲告除採買弊政卓有功烈

朱逢春 子芹 孫岐 另傳

世居沛國圩之横溪字運三國學　以孫岐貴贈貤六品職銜　道光癸未辛卯圩遭水患公散穀千盆擔族隣鄉黨藉以存活者居多子芹亦國學生能繼父志癸巳甲午等年圩潰亦給穀擔鄉里有善門之目丙申　陳遠雯太守倡捐育嬰堂公出銀五百兩

陶 劉 朱 丁

王止珩助印

助之蒙一府憲詳請　部議合例邀准議敘八品職
銜仍贈匾額曰種德膺榮孫岐州同知銜
陶之鏈
字漢傑義城圩上下埠人由增廣生加捐詹事府主
簿　道光三年捐賑案內
欽加二級紀錄二次弟之鎬同列　奏案
賞加一級紀錄四次　巡撫給予克襄義舉匾額子如
澐郡廩生孫俊　同治丁卯舉人選南陵縣訓導英
歲貢生儀邑庠生
劉廷柱
保城圩賨家垛人字朝望歲貢生長於才史宗連修
復中心古埂朝望之力居多時採買弊政深爲虐民
乃偕同志朱爾立等十人呈請當事除之著有採買
德政書一
朱兆安
原名一安横溪人家貧爲人傭事母至孝母死安結
草廬於墓側日間傭工晚宿草廬內夏蚊冬雪不避
三年如一日久之多異徵　邑侯李永芳親造墓所
嗟嘆之給以匾曰孝行可風
丁銓

卷二　人物　九　朱詒穀堂聚珍

尚 夏 詹 朱

趙峴亭助印

亭頭人字印三由邑庠生例授修職郎年八十餘
恩賜副舉人子長洽長潤皆郡庠生
尚成熹
貴國圩人字凝晨號曙庵　道光己亥　恩科舉人
大挑一等以知縣用子時華時夔郡庠生孫遇度郡
廩生曾孫文淵庠生　咸豐壬子修隄爲總修見工
程條約
夏宣
廣義圩夏莊人字竹心　道光癸卯締魁値世亂精
岐黃並箸有圩務擥要稿燬於兵

詹家廣
西北岸石橋頭人邑庠生事親孝母没廬墓三載
同治六年　邑侯徐正家詳請　上憲題　奏奉
旨入忠孝祠
朱岐子萬滋
横溪人字位中號小岩逢春長孫也幼習舉業値水
災未竟其志援例授州同知旋奉各府憲諭歷辦
道光癸未辛卯己亥戊申己酉　咸豐辛亥庚申辛
酉等年潰缺蒙　大府嘉獎其辛卯辛丑辛亥三度
懸弧東埂工次稱觴有孝廉唐瑩朱汝桂茂才徐國

卷二　人物　十　朱詒穀堂聚珍

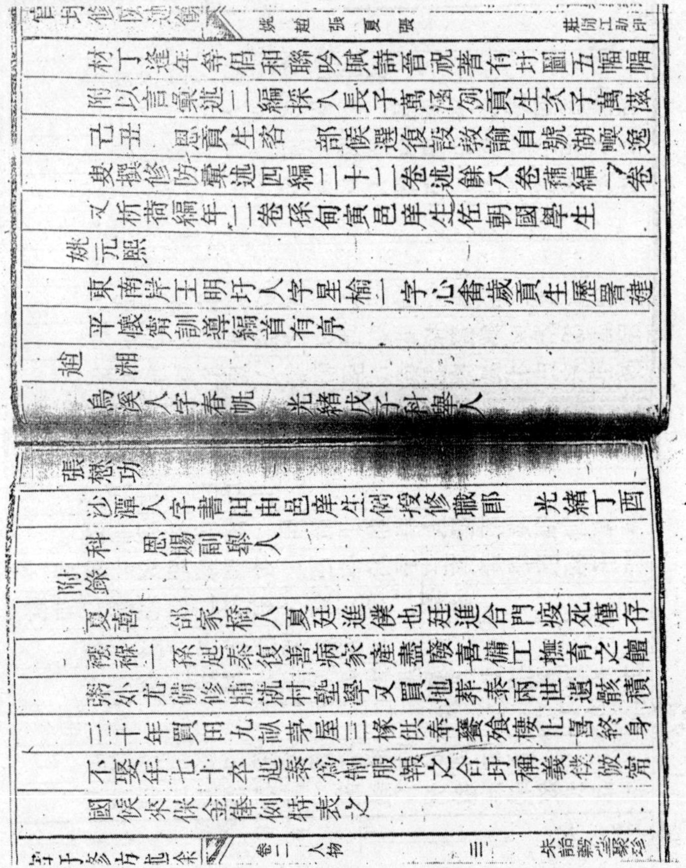

莊開江助印

材丁逢年等倡和聯吟賦詩晉祝著有圩圖五幅幅
附以言彙述二編採入長子萬涵例貢生次子萬滋
己丑 恩貢生咨 部候選復設教諭自號湖壖逸
叟撰修防彙述四編二十二卷述餘八卷補編一卷
又析荷編年二卷孫甸寅邑庠生佐朝國學生

姚元熙

東南岸王明圩人字星榆一字心畬歲貢生歷署建
平懷甯訓導編首有序

趙湘

烏溪人字春帆 光緒戊子科舉人

張懋功

沙潭人字書田由邑庠生例授修職郎 光緒丁酉
科 恩賜副舉人

附錄

夏喜 邰家橋人夏廷進僕也廷進合門疫死僅存
襁褓一孫起泰復善病家產盡廢喜傭工撫育之饘
粥外尤備修脯就村塾學又買地葬泰兩世遺骸積
三十年買田九畝茅屋三椽供泰饔飧棲止喜終身
不娶年七十卒起泰爲制服報之合圩稱義僕倣甯
國侯來保金俸例特表之

吳兆金助印

張旺 黃池人生員張大正之僕大正六十無子納
妾楊氏甫娠而大正歿遺腹子翰家貧戶無次丁旺
日夜爲人傭供輸嫡母生母及翰衣食並讀書膏火
乃自食麤糲衣單絮終身無玫仍勉翰自立後楊守
節荷
旌翰學亦有成皆其力也年八十二而沒此與夏喜相似
足徵
聖朝德化翔洽雖臧獲中亦有人云

官圩修防述餘卷之二人物終

官圩修防述餘卷之三

土宜目次

白土	蕁菜	九孔藕	楊柳	蘆葦荻
秈稻	粳稻	稬稻	大麥	小麥
蕎麥	荳	芝蔴	苦菜	棉花
蘿蔔	苜蓿	韭	莧	蔆
苣	薤	菱芡		

辨穀篇

桑	柘	榆	棗	柏
柏	楓	樺	楝	穀

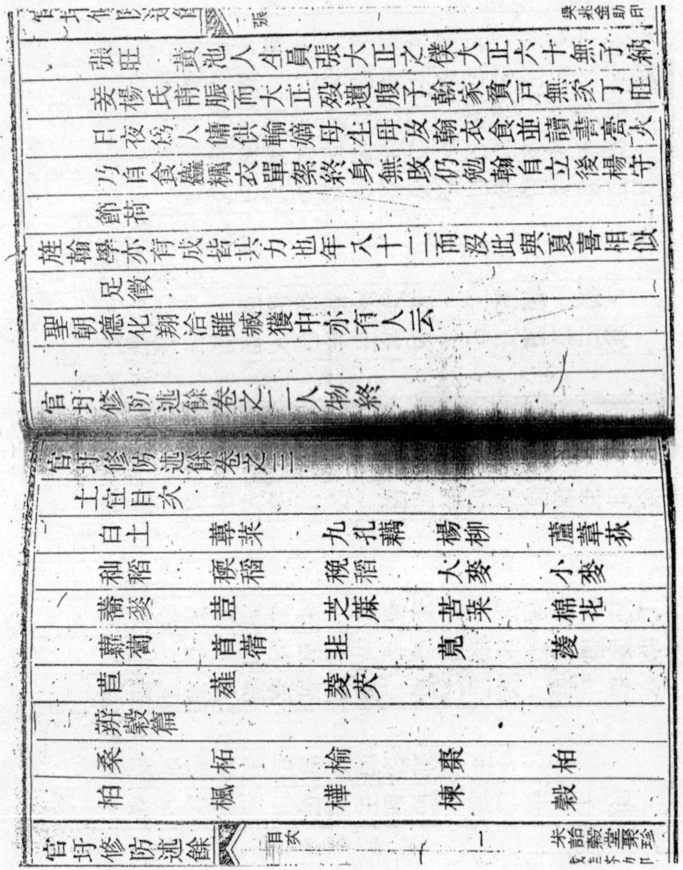

樟	桂	桐	桃	李
榴	杏	瓜子	菸	靛
紅花	蕓	藁	馬蘭	祥菜
菱菜	蔄蒿			
鯽	鯖	鯉	鱵	鰍
鯵	螺	蚌	蝦	蟹
牛	羊	騾	馬	犬
豕	兔	雞	鵝	鴨
野鴨				

官圩修防述餘卷之三

湖嚶逸叟編輯

臧　穀盆新校

土宜

揚州之地其穀宜稻官圩編氓勤於隴畔終歲勞苦無日少休而瓜壺葵菽飲食之所常供芹藕魚鳧殽品亦堪佐用其間特產縱無可珍而土物碩大蕃滋爰備錄之亦贍蒲望杏者所有事也述土宜

白土

縣志載山姑孰廣濟圩俗名白土山土色白可堊可

陶取以製瓦堅白可觀今亦鮮

按白土山在青山之東北隴繫青山之餘支不在圖內緣圩舊名廣濟山以下即廣濟圩北管故邑志載之如此

蓴菜 一作莼

陸佃埤雅曰詩經薄采其茆即蓴也葉如荇綵而紫莖大如箸柔滑可羹鍾城邑志註曰蓴生水中葉似鳧葵浮水上花黃白子紫色三月初至八月莖細如釵股黃赤色長短隨水深淺味甜體輭各蓴絲和鯽魚作羹佳丹陽湖甚蕃圩亦有之張志和因秋風起

徐敦濟助印

思吳下蓴鱸即此言蓴多風味也

九孔藕

產自黃池稠塘甜嫩無渣滓初生時其緒供饌俗名藕稍爾雅云蒚芰註云今江東呼藕稍緒如指中空可啖者爲芰今土人漉粉作

貢歲有常縱僞者以藕粉雜之最誤人節粉最佳

按凡藕皆七孔惟稠塘生者九孔圩產藕甚蕃性與他產不甚相遠又圩東西兩湖蕩中多產野藕節疏體脆有長至丈餘者比家藕尤盆人歲歉掘食之可療飢

以上三物邑志稱間產

楊柳

本葉兩種白楊葉大條短硬木質不甚堅止可充雜器紅楊高十餘丈大亦數圍葉圓質堅硬難朽可作器又垂楊倒生枝條柔長臨風婀娜可愛近水者曰水楊易蓄坱旁可禦風浪又一種曰鬼楊柳秋多紅葉臃腫不甚高大

茭

二月生笋可食水驟漲可長至數尺秋深結子細而長色黑名彫胡米即菰米儲光義田家詩夏來菰米

陳光照助印

飯是也又一種生笋俗稱茭白案葉高大如蒲葦中心生白薹如小兒臂生熟可啖名家茭瓜叢生堨澤中水熱則易肥

按茭草叢生出水際長落隨水隄畔蓄之捍抵風浪最佳

蘆 葦 荻

有數種爾雅云葭華又曰蒹葭詩所謂蒹葭蒼蒼是也註似萑而細高數尺又曰其萌虇註江南呼蘆笋爲虇長刈之可以爲薪

按蘆葦荻本繫三種蘆荻長皆丈八葦不過五六尺

朱詒穀堂聚珍

蘆質虛可編蓆葦荻體實中薪皆叢生移栽隄畔及品字墩可禦風浪亦獲利無算

以上三物均利於隄爰首述之

秈稻

邑志載十三種圩所栽插者惟百日秈最多且宜俗云莫慮秈言雨澤少慾可無慮也又早稻六十日熟俗稱救公飢言早接新可免飢也又曰拖犂歸言犁纔罷而稻已熟也又有塾倉白占城秈黃壳秈蘆稉秈麻皮秈大粒秈穿珠秈白紅秈雞卡秈七八月熟又二秀稻早稻刈後根再發穗結實粟最益人

周清璋助印

稉稻

亦十三種惟早者良一名隨秈稉白稃無芒七月熟刈同秈稻遲者九月熟黃雀多食之驅之藏田內不去甚有無收者故今不甚種

穲稻

有秈穲二種皆九月熟不黏者爲秈穲味香美食之不甚耐飢黏者爲稉穲可作屑爲糕餅和糖霜食之

大麥

有五種一曰穀雨黃最宜三月熟也烏鍊子四月熟也餘稱稈麥賫麥無芒麥未詳其種皆大麥類也

按大麥內有一種野麥名夾麥謂不種自生夾在大麥內難於剔出也其麥愈長其粒愈細有黑白二種黑者味尤苦劣大麥熟時已落田內至期復生濕土尤甚洵可厭也

小麥

七種惟白小麥最宜芒短似蜈蚣脚又一種無芒俗謂和尚小麥間亦種之按稽蕣餘有大小籽之分紅白色之異及皮殼厚薄之別

蕎麥

詩所謂視爾如荍是也有紅花白花及紫花三種一歲三熟救食之最益人陳者良

按蕎麥不宜多種收成歉尤瘠田惟水旱不時播種愆期以此補之勿使地力空也

荳

種類甚繁可以榨油製腐者惟黃荳有早黃荳清明後種六月收中黃荳七八月收一名夾裏忙遲者霜降後收俗名望霜枯各類蕃多有水牛毛白生椿以形名也九月黃中秋黃以時名也　又一種粒大如白菓名大豆黃　又綠荳性清涼　魚眼荳俗名飯荳可雜米中炊食當飯也一名白小荳皆可漉粉

紅荳一名赤大荳　青荳味鮮美中蔬　黑荳色純黑益人　荷包大荳色青形如荷包粒甚鉅又泥黃荳色麻而粒細種稻田內來春取其以糞田　又豇荳　豇荳皆可作蔬豇荳可醬食三物味皆在莢又豌荳蠶荳四月熟　又野荳子黑而細難收食之可已盗汗

芝蔴

有黑白二種又有麻色者名糠蔴大約雙邊者殼厚單邊者油多天時亢旱宜種之水浸根即萎

苦菜子

詩稱荼爾雅註云子可榨油又一種油薹可茹俗名大菜壓油尤多渣可糞田

棉花

古皆用木棉即嶺南所云斑枝花也此繫草本種自西域元時始入中國圩土亦不甚宜間亦種之兩過即薅方能多實

胡蘿蔔

俗稱紅蘿蔔又一種黃色形長而銳可雜米爲炊糧不足者常食之故名飯蘿蔔亦能飼豬又一種白色者名白蘿蔔可茹但不及宣產者爲佳耳

官圩修防述餘　卷三　十宜　苜　韭　菱　魏多男助印

苜蓿

出麥隴中俗稱麥藎也古詩苜蓿長闌干是

荸薺　慈菇　蘋薯　落蘇　葫蘆　瓜　瓠　花生

瓜子

以上瓜壺圩亦多種諸物又有瓜子一種收成雖歉其價頗高近有種至十畝者至蘋薯慈菇亦充夕膳晨羞之用

韭　莧　菠薐　萵苣　芹　薤　蒜　芫荽　葱

葵

諸蔬品類不可勝數間有老圃藉以營生

菱　芡實　茭

此水產也溝澤間多有之丹湖淺灘尤茂

按以上雜穀及諸蔬菜與他產不甚相遠故無俟縷述其餘菓品本非藪澤所宜然高阜處間亦有栽桃李榴棗者不過供賞詠耳

附錄涇包世臣農政辨穀篇

稻類至多其要二黏者名糯可炒食可爲糖可磨粉作糕可釀酒糟與蝦拌醃食最鮮白者佳赤者皮硬厚分兩多而得米少不黏者名粳今供常食早者立秋而穫畢遲名稅稻香美尤益人九月杪熟農功尙

官圩修防述餘　卷三　十宜　七　農政辨穀篇　丁鳳山助印

早熟取能接濟又避秋旱也又有皮色紫黑名香稻味貍不中食和稉以釀特佳草爲牛冬糧抽其心可織屨打索煮爲紙古名稌名秔名占種自二月中旬至五月下旬穫自六月初旬至九月下旬不等南人多兩穫法於六月初穫時先十日撒種禾下刈去早稻其秧已四五寸至八月杪可再穫矣再以三月黃大麥種之或種泥黃荳一歲可三穫焉初伏多雨不能拷田則葉盛入秋多生結蟲立秋日雷主風落稻當秀畏旱尤甚又有旱稻法收同水稻河以北多種之未得其法姑錄之俟博考焉

麥種二有殼而穀黃白者名大麥撒種叢生收成早曝乾舂微浸水去其皮名麥麨和米炊飯頗香脆能漲鍋而熬飢亦過之但味減不爲人所貴飢年乃以爲食宜爲醬餵豬尤肥可釀酒性至烈糟可飼牲又有賚麥形性相似其無殼紅黃者名小麥宜爲溝塍以種之亦可撒種磨麪供食麩可飼豬罨篩內和水揉成麪筋爲素食上品澄者爲小粉可爲漿薆可織帽性熱不宜炒食頭麪尤熱和次麪乃益人常食愈楹健古名賚名牟名穬名青稞種自八月至十月不等亦有春種者冬日有雪壓之不甚長土潤則傳科

官圩修防述餘　卷三　十宜　八　朱詒穀堂聚珍

大冬暖起節者遇春雪常損折忌豬食不復透宜春
寒暖則於松花時黄苗名松花瘟多雨著土而黄名
黄疸瘟春甲子日驚蟄日二月十二日四月八日晴
則熟雨則反是小麥宜糞於冬大麥宜糞於社故有
小麥糞椿大麥糞芒之諺麥隴内種棉花麥刈而棉
長數寸田旁可種蠶荳苦萊
拔麥熟楂緩時切忌霪雨雨多則爛麥又畏立夏日
西風一經西風燥則萎矣
蕎麥紫莖弱而歧生枝枝結實花細白實黑甲三稜
磨麵如麥收成不盛爲間穀性好雨亦不甚畏旱最

何一山助印

忌霜一而枯再而落重則萎矣色淄味稍膩消腸胃
沈滯稭作薦可辟臭蟲古稱荍或稱烏麥
黍稷本一類黏爲黍不黏爲稷今名蘆稷又蘆穄又
蘆粟又菽粱又高粱又實名黄米隨地異稱也種穫
遲早皆與稻同爲飯香淡舂粉可爲餅爲糖釀酒尤
美穗可爲帚皮可織箔古名秬名秠色各有别
玉黍一名包穀一名陸穀一名高粱一名御米似蘆
穄而微矮三月種六月開花成穗而别出苞外垂鬚
内結實瓦礫山塲皆可種嵌石隙尤耐旱勤鋤不須
厚糞爲飯亞於麥不耐飢可炒食收成盛工本輕爲

旱種之最
粱今名粟亦名小米有硬粳二種如糯粳米有芒有
無芒二種如大小麥作飯香脆粳者尤佳可釀酒有
青黄白赤諸種以黄爲土早熟者皮薄而米實較勝
古名粢名糯秫名青粱名黄粱皆指此也
稗子本草種稗似薏苡或名龍爪鴨爪狀其形也不
擇肥磽耐水旱能保歲煮飯香滑釀酒味勝糯米古
名糝子又名遳
薏苡叢生稈葉似蘆穄而瘦狹亦有夙根自生者種
同稷米益人心脾和糯米爲粥味至美價於穀中爲

王鴻□助印

至高然人罕種之不耗地不耗糞保水旱惟脱殻爲
難耳
菽荚穀之總名角曰荚葉曰藿莖曰萁今曰荳其青
荳黑荳赤荳爲大荳六月白綠荳爲小荳土宜高鬆
太肥則葉厚少實各發青科赤黑綠豆皆可雜米炊
飯黑者尤益人青荳味尤鮮黄白者可磨腐又可榨
油楂可飼豬油比菜油較和平味不燿可燃燈可爲
醬爲豉其中薪綠荳食法尤多軟糕索粉發芽爲素
食上品古名菽名荅皆謂荳
泥黄荳萁短著地混泥有黑黄二種爲腐色淄而味

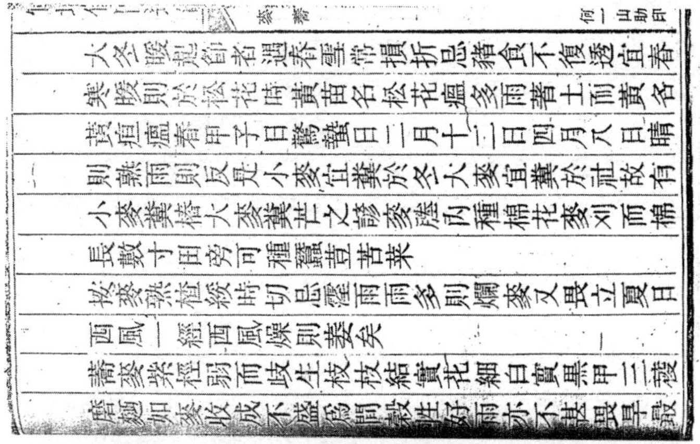

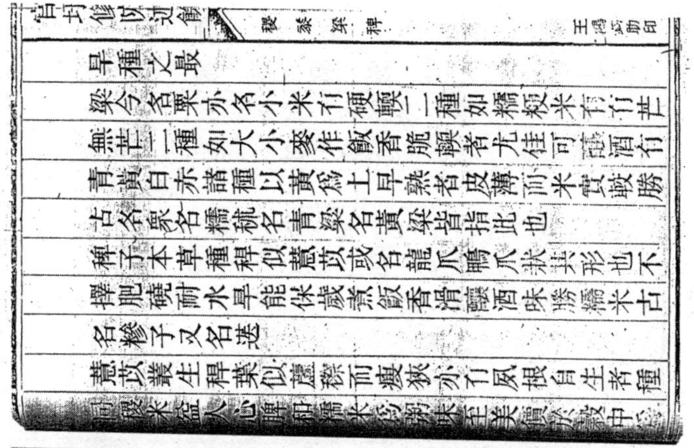

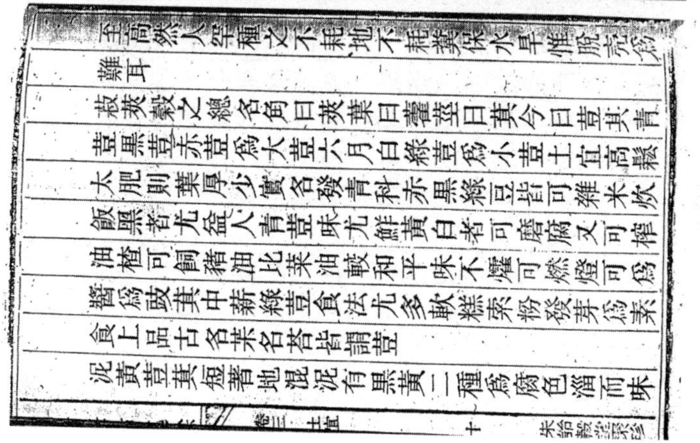

滑種畦下爲間穀收成薄不損田不勞人分外之利
也古名穛
豌荳種收時與麥同耐旱又耐凍苗中蔬古名戎菽
畢荳麻累皆此
蠶荳莢狀如蠶種收同豌嫩可煮食老則甲堅煨加
以鹽可代蔬磨粉爲醬特鮮美古名胡荳可保歲
豇荳一名角荳蔓生以竹援之花實至盛採摘復生
莢俱雙垂長至二尺嫩時中蔬
羁荳一名刀荳一名蛾豆蔓生同豇豆中蔬味冠諸
品以上種莢長數寸各刀豆入醬爲蔬風味尤美
脂麻一名胡麻有黑白二種種刈同稻時炒碾爲粉
和糖食味鮮馨又能榨油香美而多爲素食要品稈
灰可以醃蛋
按圩田沙土惟宜麥稻菜豆農家種植全資乎此上
而
倉庾正供下而仰事俯畜所由生也因備錄之以資觀覽
焉若桑柘等植非土所宜魚鳥諸物他產相類姑存
其名不必詳其實也
桑 柘 榆 棗四物材料製爲農具最經久不爛
松 柏 楓 樺均適器用 烏柏利最溥子可榨

油外面皮油可取爲燭材可置器具可刊書板殼可
供爨餅可糞田樹多生毛蟲用稻草在下燒烟薰之
即斃種法以開殼露子者埋牛糞內至春萌芽種之
候長尺許移他處栽之 光緒戊子撫闕兵備道覺
羅成公奉
巡撫陳大中丞命刊書編詞教民種植且給種俾分領
之棟 穀 栗 樟 桂 桐 椿 杉 竹間
亦有之惟宜於高阜地 桃 李 榴 杏間亦栽
爲玩物水至則漂沒焉 瓜子 落花生沙土最宜
菸葉 靛汁 紅花圩民不習此類惟外籍客民間
種之
蕢
萬春湖及葛家渡新溝所皆有稅取此種田肥甚
蕢亦蕢類三稜織爲衣可遮雨 馬蘭氣香可和米
煮飯食 祥菜一名兎耳凶年掘根煮食味似蕢
蔞蒿一名野菜蘭蒿味亦香至花卉藥材等物尤多
不及備述
鯽魚古稱鮒產多而味鮮冬月尤美 鯿卽魴也小
頭縮項故稱縮項鯿又名鯿俗名鯿鯇子象形也
鯉 鯖 鱵 鰍 鰺 以上諸魚溝潭常有

之物如佃水藪族類蕃滋圩民網取藉以資生
螺 蚌 蝦 蛤 螃蟹水漲時尤多窮民取以充飢
黃牛 水牛田家藉其力以耕戸多有之 驢馬非土
產間亦買畜 羊亦非土產其歲時伏臘大都用之
度歲以此競爲上品匪特殺牲耗財究覩少牢之典
爲太輕也至飛禽走獸亦無特產毋須贅述
雞 犬 鵝 鴨 豚彘所在都有 野鴨東西兩畔
湖蕩咸集焉東食西宿朝飛暮還圩中積潦處亦多
眠宿可網取可釣取惟弋人以火鎗獲者夙昧逾鮮

官圩修防述餘卷之三土宜終

官圩修防述餘卷之四

名勝目次

官圩修防述餘卷之四

湖陾逸叟編輯
甯宇臣艮伍校

名勝

當塗寺院昉於晉魏六朝圩亦隨地多佳境焉亦後人好尙使然乎蓋明有禮樂幽有鬼神皆足以引人樂善之心而消桀驁之氣也若謂藉以邀福則陋矣

述名勝

白雲寺

在青山南峰腰際距城三十里舊名南峯院 晉咸

甯四年方慧禪師建　宋嘉定八年改白雲院熙甯
元豐間懷式和尙增修後改院爲寺有巢雲亭及石
池　明永樂五年僧寶琪重建
國朝順治十五年僧芝山新之　康熙十二年僧笠庵
募修山門大殿方丈甃繕一新

水心寺

邑志載在黃池鎭西今考之實在烏溪鎭北之無浴
港孤懸水中舊爲院　淳熙間僧珍公建　元時廢
明洪武十六年僧正照重建四面環水非舟楫不得
登岸讀程伊川先生水心雲影之詩可以方斯佳境
同治間僧本玉修之今樹林翳薈矣　一說寺舊有
田十數畝在寺前屬宣邑

廣教寺

在黃池鎭西叢林梵宇金碧輝煌前臨河隄游人如
織北面稠塘六月之間荷花盛開香氣時襲襟裾
同治軍興後住持僧惟舠漸復舊觀

騰蛟寺

在黃池鎭北爲接衆叢林　邑侯王公改名普安前
輩趙東田庚文石曾設晴嵐會館講學其中子弟造
就者甚衆　咸豐間燬於兵住持僧長慶募修之互

見正編村落

西承天寺

在黃池鎭東　咸豐間遭兵燹　光緒十年僧本玉
募建並起梓潼閣邑孝廉趙萬隆原有記後明經朱
某亦序之

東承天寺

在西承天寺之東相隔里許詳見正編村落

彌勒教寺

在多福鄉廣義圩塘南閣東里許　唐貞觀二年建
宋景定間照極禪師重建　明洪武間歸併成叢林
前臨石橋

禪定寺

在永豐圩　宋景祐五年建　旁有岳武穆王殿
光緒八年重建

寶林寺

在延福鄉下莊　宋嘉泰間僧祖燈建後廢　明洪
武二十年僧慈忠重建

龍化教寺

在多福鄉保神村　宋景定間僧道清建　元廢
明洪武八年僧德壽重建傳言　明祖微時過此寺

偷狎之得籍救止及卽帝位詔云先剿龍化寺後
籍萬武乃誤帶字意竟籍籍某致含冤莫白也

沙潭寺

在南廣濟圩沙潭沿東邊石橋爲利濟所居士劉東
湖倡建民不病涉

洪潭寺

在多福鄉洪潭圩　元至正八年建橫溪居士朱遇
春率子孔暉建石橋在寺門首通柘林圩宣城祭酒
湯賓尹有記並銘見藝文

福山寺

在福定山東麓旁有梓潼閣娘娘廟　咸同兵燹後
善士朱禹門王宏模倡建當春和時百鳥爭鳴萬卉
齊發士人羣集尋花鬬草而眼界豁然一新　覆艇
山考見山水

按寺多供佛釋迦佛釋教之祖也佛者天竺國語漢
言覺也謂覺悟羣生滅穢明道也又稱佛陁浮屠音
相近也前有六祖一曰毗婆尸二曰尸棄三曰毗舍
浮四曰拘留孫五曰拘那含牟尼六曰迦葉其後以
數千計奉爲祖師者釋迦是也瞿曇其姓曰如來曰
世尊曰無上士乃尊稱也父淨飯母淨妙生天竺國

卽印度也娶三夫人生子曰羅睺年十九出家居檀
特山後至舍衛國日披袈裟持鉢盂乞食歸孤獨園
所收弟子男曰桑門女曰比丘均去殺盜淫妄言飲
酒是謂五戒自　西漢孝武討匈奴獲金人刘甘泉
宮　東漢永平夢丈六金身遣使天竺問道圖形是
爲入中國之始又路史言佛者拘戾不從之義也曲
禮云獻鳥者佛其首字形以弓插二矢豈不拂甚中
土事之而不得其嘉號究何爲乎

淨居院

在多福鄉學牧瓶卽今李莊寺　梁大寶間建爲昭
明太子讀書處林深境幽眞趣不少殘春初夏之間
步入林麓花竹交映野芳隱隱生香幽禽關關弄舌
閑情逸韻讀書佳趣無過於此

西講院

在東北岸　宋端平間建後有樓新春樹色蔥蘢登
樓四眺淺深青碧色態俱呈亦佳處也

按蕭統字德施小字維摩　梁武帝太子也讀書五
行俱下五歲通五經注文選謚昭明

保安院

在北廣濟圩　唐大中建　明洪武間僧智就重建

崇寧院
在汞甯圩夏村 吳赤烏二年建後僧祖智重建梵
宇鼓往時而霧隱飛甍時而霞横遠樹時而淡烟渺
瀰搖蕩於阡陌間時而鬱氣浮浮掩映於村落外偶
憩於此令人便忘塵俗

瑞相院
在姑孰鄉 宋建 明洪武二年僧宗微重建嘗門
碧水甸橋中通焉

丹陽書院

見藝文

一白土山觀音庵 即石隱庵
在青山東麓出白土司範琉璃瓦 明天啟年間三
殿大工下令取土鄉民鑿山深入崖洞崖將崩洞中
人不知大士現女身提籃鬻魚人爭往觀而崖陷遂
得全活故今祟奉焉
按搜神記載觀音乃鸞嶺孤竹國祇樹園妙莊王第
三女名善不願昏嫁詣白雀寺修行寺燬噴血救燬
王恨之處斬閻君使獄卒來迓飢日同彌善哉師鎮
盡爲齋粉諸因盡脫釋迦引至普陀功成封大慈大

悲救苦救難觀世音 又 明胡應麟琅邪代醉篇
云觀音大士不聞有婦人稱者法苑珠林謂觀音顯
蹟至宋或菩薩或沙門或道流無一作婦人者 又
感應傳大慈悲變化陝右現爲美女子人求爲記者
曰一夕能誦普門品者事之及明得二十人女曰一
身豈能配衆能誦金剛經者事之至日通者十數人女
復不然更以法華經七卷約三日有馬氏子通之禮
成而死葬後僅存鎖子骨且世所傳畫像或三十六
貫或披髮或長帶或擎持小兒或身着白衣或有盈

僚卽佛逃法網耳果如其說是啟人作亂而毫無畏
懼心矣有是理乎

保和庵
在青山謝公池旁有石佛殿 明萬曆間僧如慧鼎
建大殿禪室山房寮門後燬於兵
國朝同治間僧□□募修之

圩豐庵 原名圩夫庵
相傳圍隄時圩夫經始於此亦告成於此焉在圩東
岸旋見村落

慈慧庵

一在北岸賈家埧里人楊球倡建　光緒十二年旁
建　史金閎頌　史太守　金邑侯功也
一在西北岸新義圩馬家橋北首　宋建　明洪武
初僧界靜募修
國朝康熙三十八年茂才陶文繪復募修　乾隆十五
年僧廣聚募衆重修見縣志

靈應庵

在東北岸　宋紹興間建　雍正間陶明經連留棉
貯此令道人分衣寒苦

前村庵

一在東北岸　宋時建

紫草庵

在廣義圩小屋三椽蒿萊滿地人蹟罕到幽境也見
邑志

隱居庵

在籍泰圩　宋時建

化身庵

在廣義圩彌勒寺東南首霍氏妻焚化處也捨身奉
佛當衢路旁至今霍氏置院奉香火焉然亦未免近
於愚矣

保甯庵

在聖興庵之東

福興庵

在保甯庵之東二庵均附隄岸見正編村落

龍華庵

在烏溪鎮西前祀治水諸神後建佛樓頗雄麗闔鎮
居民奉香火焉

印心庵

在西北岸南子圩北峯埂其境幽僻少人行也

元通庵

在雙溝舖北　二庵均詳見村落祀東嶽祠山殿
按東嶽封神演義名黃飛虎　魚龍河圖曰姓圓名
常龍　又曰唐臣搜神記載掌人世居民貴賤高下
之分生死之期　唐武后封天齊王　宋祥符封仁
聖王由是廟徧天下然諸書所載名目不符當亦惑
於幻境耳

萬壽禪庵　一名盧和尚庵

一在潘家庵之東甸橋左方

廣濟庵

在馬家橋南上廣濟圩四甲

普濟庵

在上廣濟圩二甲俗稱潘家庵

按以上三庵皆平疇曠野一望無際春時桑林麥隴高下競秀加以雉雊春陽鳩呼朝雨此間誠不少佳趣也

興福庵

在南子圩何家潭人日社令稱觴洵不減椒花獻頌抑且士女如雲尋芳鬭草亦踏青之遺韻也

新庵

亦在南子圩

頭陀庵

在北廣濟圩石礄頭東首炎天月夜煮茗烹泉與禪僧詩友分席相對亦足以覓句吟香也

長樂庵

在華亭鎮南沛國圩隄畔面對潭心黃昏時新月半鈎照水尤覺清徹

萬善庵

在戚家橋左右兩水夾之爲往來通衢

善慶庵

在麻村俗名姚家庵

洪露庵

在新溝圩

青龍庵

在袁村東南首當圩十字隄畔

青林庵

在北廣濟圩新陡門面對白土山臨小湖湖光山色與樹交蔭長夏綠陰蔽天暑氣盡消倚闌遥望西山爽氣撲人眉宇

玉水庵

在護駕墩西感義圩隄畔

老庵石香爐

在沛儉圩

遷善庵

在廣義圩溝稍頭

淡廠庵

在咸和圩

徐村庵

在北新興圩

稽家庵

在□□圩

福慧庵
在新興圩僧智坤崑隱募建法孫寶傳增修佛殿大
悲樓
保和觀
在青山下　宋左司李榧爲李道姑建有記見藝文
崇元觀
在黃池鎮西稠塘之北福定圩
按搜神記載張天師　漢張道陵也子房八世孫
光武中生天目山學法隱北邙東游抵興安升高而
望至雲錦煉丹三年龍虎旋繞每之年六十得秘書

驅除妖鬼至蜀之雲臺峯升天所遺經籙符章印劍
傳衡孫魯至曾孫盛復居龍虎山世襲眞人嘗栟蜀
時以符術治病人供以米絹樵薪史號爲米賊後嵩
山道士寇謙之自言老子降命繼爲天師賜以科誡
此齋醮所由起也引以服導此修養所由起也授以
圖籙此攝召所由起也餌以金石此烹鍊所由起也
嗣有陶宏景趙歸眞杜光庭推衍其教蔓延於世至
明祖革其天師之號曰至尊惟天豈有師也觀此可
以悟矣
齊宣城內史謝朓祠

明帝朝朓以中書郎出守宣城雙旌五馬嘗遊青山
因愛其勝遂築室山南後人祀之於南麓祠今廢
唐李謫仙祠墓
在青山西北麓
國朝列入祀典歲清明前一日致祭　公初殯於龍山
東麓與畢吏部墓相近　宋元和間宣歙觀察使范
傳正諭邑令諸葛縱遷兆於山之西北麓從公志也
墓前有祠據張震祠記唐已有之　宋紹興年間州
守趙崧年建祠　隆興時尚書虞忠肅公守是州建
祠修墓　嘉祐間州守孟點亦繼之　明嘉靖間寧

國府同知李先芳復加修治　萬歷間直指龔一清
命工重修郡守王繼明與其事
國朝康熙初郡侯黃桂率邑令寇明允高起龍復新之
厥後邑侯祝元敏周琦亦重修焉　道光初　中丞
陶文毅公囑邑紳張寶榮修祠故有像歷爲東隣沓
氏所裝塑烏巾白衣錦袍有道帽褻裘侑食於側者
郭祥正也據府志墓上產蘆如筆有竹散點如星唐
李華劉全白范傳正裴敬宋蘇軾張震李先芳
國朝呂新垣谷琦皆有碑記
光緒四年燕關兵備道孫振銓重新之

宋朝諸大夫郭祥正祠
在青山李謫仙祠之東廡
章公祠
在護駕墩東關外　明萬歷十五年邑侯章嘉禎有
功德於圩堤四岸建生祠祀之詳見政績
朱公祠二所
一在青山鎮之西麓　明萬歷三十六年建祠祀朱
公汝鼇也北於兵
國朝康熙三年修之青谿怪石盤繞其上沙鷗牧犢眠
宿其旁過之者皆時爲小憇焉

一在新溝今爲廣興庵詳見政績
關帝廟
在華亭鎮南他處間亦有之不暇備載
按帝名羽字壽長改雲長河東解梁人爲人義勇好
讀春秋過涿郡值劉備張飛意氣相投結爲兄弟共
圖大舉破黃巾賊曹操表爲漢壽亭侯後呂蒙襲荆
州被部將擒獲不降後主追謚曰壯繆侯　宋封武
安王　元封英濟王　明封協天護國忠義大帝
國朝列入祀典
城隍廟

在黃池鎮西因明鑒察御史署故址鄉紳建之
按易泰之上六曰城復于隍禮記天子大蜡八水庸
居七水隍也庸城也此城隍之所由名也其神之見
於史者　南齊書慕容儼傳有守郢城隍獲佑事
見於集者　唐張說張九齡杜牧皆有祭城隍文見
於說部者李陽冰爲縉雲令以不雨告於城隍曰五
日不雨將焚其廟竟得雨爲新其廟以酬之遂　後
唐清泰中封以王爵　宋建隆後其祀遂徧天下
明初去廟爲壇加封府曰公州曰侯縣曰伯旋去公
侯伯封號定其主爲某府州縣城隍之神其後又改

用廟祀設座判事如長吏洪迄今因之　或曰蘇緘
曰紀信曰龍且曰灌嬰又曰春申君且曰周新曰亮
稽伯想亦因地異名耳五禮通考謂尸法久亡塑像
乃近尸之義愚民易信耳又古者不如像設之竦觀
而屬志也民亦未可厚非矣紀灌諸公雖近乎誕大
約猶祀社稷之神而以句龍棄柱配焉耳
呂祖廟
一在烏溪魏家灣東首面臨大河風帆上下往來不
絕夜半時月色樸空澄波靜寂悠悠逝水吞吐蟾光
自是一段奇景

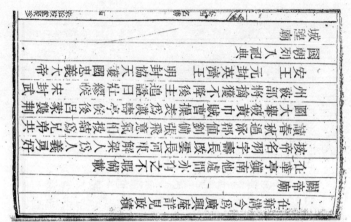

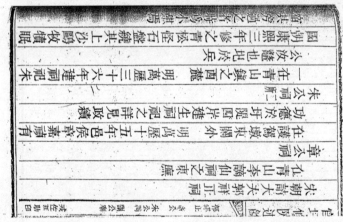

一在白土山南岡面對彈弓山黃潭峽舊無基址隴上夏氏闢山麓新廟宇設呂祖像左有佛殿右有回心堂門前回巒挺秀淡靄凝烟變幻天呈頃刻萬狀亦讀書佳處也

按洞賓名巖河中永樂人年二十不娶游廬山遇火龍眞人傳劍法號純陽子 唐咸通中舉進士游長安遇鍾離權於酒肆炊黃粱假寐歷高爵榮顯五十年忽被重罪籍沒流嶺表一歎而覺黃粱未熟遂往終南得道成仙蓋幻夢乃廓言也

三忠廟

尹俊卿助印

在黃池東鎮俗名燮廟避瘟諱也祀 唐忠臣張雎陽巡顏常山杲卿許新城遠三人雷萬春南霽雲侑食兩廡闔鎮居民年例七月二十五日祀之謂之乾龍船會

按張巡南陽人 唐天寶中調眞源令許遠新城人爲雎陽太守安祿山反巡起兵討賊守雎陽持久城内糧匱士多餓死羅雀掘鼠而食存者率痍傷氣乏巡出愛妾曰請君經年乏食而忠義不少衰吾恨不割肌以啖衆甯惜一妾而坐視士飢乃殺以大饗不足繼以奴坐者皆泣巡强令食之賊偵知糧盡援絕

圍益急衆欲東奔巡謂雎陽爲江淮保障若棄之江淮亡矣賊攻城士病不能戰巡西向拜曰孤城困守臣不能生報陛下死爲鬼以癘賊城陷被執剖心割肌而死年四十九 大中時圖像淩烟閣顏杲卿眞卿兄也罵賊不屈拔舌而死雷萬春巡偏將令狐潮圍雍邱春立城上與語伏弩發六矢著面不動潮疑木偶南霽雲亦巡裨將城將陷巡令突圍出乞師賀蘭具食延之泣曰雎陽軍士不食月餘矣雖欲獨食忍下咽乎乃嚙一指誓曰請留此示信賀蘭終無出師意抽矢射浮屠曰吾歸滅賊必滅賀蘭此矢所以

趙林助印

志也雎陽城陷與巡俱死亦繪像於淩烟閣至於汪村降福殿新興圩大王廟皆祀此神藉以逐癘耳

五顯廟

一在新溝圩楊村有驗神清明前後楊稽徐趙諸姓賽之佻達謔浪朱子所謂儺雖古禮近於戲也

一在黃池鎮中共餘若東畔諸村亦多有之

一在亭頭鎮北百餘弓內供治水諸神

按搜神記云 唐光啓中鄉民王瑜園中火光燭天有神自天而下曰吾受天命當食此方福佑斯人言訖昇去衆立祠塑像號五通 宋徽宗封侯甯宗加

封主乂鉏王樵狐騰云　明祀定天下封功臣褒卒
羅拜乞恩帝曰汝等多人不及稽考但五人為任處
處血食可也商人祀之為立小廟後雜時承圖行殃
嘏曰五聖為祟莫堅志戲林劉舉赴試禱於墉鑾五
顯廟登科到任冀之是五通五聖五顯各從所好而
已又曰五路　咏侍郎顯野王募義軍援梁梁亡仕
陳卒後民建祠翠微之隴並祀其子五侯日聰明正
直德

晏公廟

一在東承天寺下考公為江西清江人姓晏名戍仔
平生嫉惡如仇後尸解去歿老知其為神立廟祀之
顯靈於湖海凡遇風浪洶湧叩之輒靜　明洪武間
封為平浪侯彼處居民用以逐疫猶可說也乃耕時
甲以僅生書方咒而治病毋乃褻神已甚乎謬訛之
習牢不可破
一在貴國圩名新晏公廟
一在興國圩名老晏公廟社首丁勝珍尚懸臣等倡
首建春日柳烟社火大致與中北南社等東首行地
藏王廟

按地藏一稱新羅國僧或稱王舍城僧本名傅羅卜
法衍曰遊師哥刻來粥盂蘭盆救母於餓鬼中唐
至德間始渡海居青陽九華山年九十九趺坐而沒
為地藏職掌幽冥以七月晦日為降辰人咸禮拜焉
第不識其未至中華以前職掌伊何人乎

北社廟

在上興國圩清明前後里儺社鼓香火特盛且士女
雲集百戲具陳而獨臘高蹺尤為奇絕至壓蹋走索
舞獅耍熊無不精妙觀察固呼佛號者紛繹奔赴焉
適當隍工未竣農事將興不無遺議耳

中社廟

亦在上興國圩與北社廟相距里許情景亦同

南社廟

在上興國圩里人王柳齋倡首重建地勢幽邃如葫
蘆形傍臨大溪堤橋小艇詞社詩人風月遊行亦一時
快事也其良辰美景賞心樂事大略與中北社同
按搜神記載祠山姓張名渤字伯奇龍陽人　西漢
神爵三年二月十一日生娶李氏游吳渡浙至苕霅
能役陰兵疏聖瀆通廣德於楓樹掛鼓壇先與夫人
約餉至鳴鼓偶遺餐為鴉啄鼓鳴至壇無人知為烏
誤及餉至鼓鳴反以為誤不至夫人詣工所見大豬

乃變形未及而功息矣遯於橫山居民立廟孜爲祠
山　唐天寶間贈水部　宋封靈濟王據明史周瑛
守廣德禁祀祠山謂本淮南子禹化爲熊通環轅塗
山氏見之慚而化石移以附會也
按蕭公字伯軒龍眉虬髮美鬚垢面爲人剛直里巷
咸爲質平　宋咸淳間沒爲神附童子先事言禍鄉
民立廟於江西新淦縣之泰洋洲上子祥叔孫天任
皆配享焉
按據獨醒志灌口二郎李冰父子也秦時有龍爲孽
冰鎖於離堆蜀人德之封羊以祭　元封爲聖德廣

汪建立助印

裕王子二郎爲英烈昭惠王史記河渠云鑿離堆碎
辟沫水之害穿渠行舟餘用溉浸田畝風俗通云神
歲取女冰飾其女至祠拔劍斬之忽不見化蒼牛相
鬭江神遂滅
岳王廟
在永豐圩
按宋載飛字鵬舉湯陰人家貧力學好左氏春秋孫
吳兵法　徽宗時應募從戎所向無敵論功封武昌
郡公時秦檜主和乞飛班師一日發金牌十二道又
万俟卨與有隙刻飛父子送大理寺誣爲謀反裂裳

示背有精忠報國四字在獄死天下冤之建廟於鄂
號忠烈　淳熙中謚武穆嘉定間追封鄂王
包公廟
在福定圩祀孝肅公善士朱令甫呂仁卿倡建
按公諱拯字希仁廬陵人舉進士爲郡守知開封時
貴戚宦官斂手吏民不敢欺京師語曰關節不到有
閻羅包老以笑比黃河清也卒贈尚書謚孝肅
龍王廟
一在亭頭鎮陡門北　祀典見正編
一在福定圩張宗拐搶險椿木可積儲於此

朱志忠助印

楊泗廟
一在福定圩周家埠爲修防集事處敬設神以佑之
一在黃池鎮東首事蹟見正編
六社廟
在栢林圩南岸劉村六甲報社公處也圩紳袁氏倡
建面臨支河
發勝廟
在饒家圩右瀕小湖一面月明人靜亦佳境也
四勝廟
在義城圩面龍潭沿圩紳徐慶芳等倡建柳岸溪烟

亦足以爲雅人深致云

洪廟 一作紅

在東樹灣東楊氏村畔詳見正編村落

大王廟

在南新興圩

楚陽埂永豐廟

在沛儉圩

將軍廟

在新興圩

按劉猛將軍即宋之劉錡以北直山東常有蝗蝻之害禱之則不爲災又曰其弟名銳鎮縣志云名承忠吳川人元末授指揮使適飛蝗徧野逐之甫鼎革自沈於江有司奏請授將軍之號

鹽王廟

在黃池鎮東街

雙土地廟

在南塘埂

按說海云廣陵蔣子文自謂骨青死當爲神漢末逐賊傷額死後乘馬執扇如生曰吾爲此方土地不立祠仆蟲入耳爲災果應又曰不立祠當有大火吳王

患之封都中侯立廟　又陔餘叢考謂本沈約還父墓搭址爲寺僧奉爲土地神　又宋史臨安太學本岳飛故第奉爲土地神　又夷堅志載市民楊文昌候仆地死復甦持牒謂作眉畫山土地代鄭大郎觀今鄉城市野立祠供像或鶴髮雞皮老叟或蒼髯赤面武夫問其名謚言人人殊或有稱爲蔡將文公爲都土地者宜宋臣張商英以爲不經令毀之

馬神廟

在石橋頭西首南子圩

按神之稱不一其名或將軍或元帥無一可據如溫楊耿華隨俗異稱不過向往之誠耳豈能藉以免禍求福哉

娘娘廟

在新溝圩楊村東北

按封神演義載瘟神繫余化龍及五子達兆光先德也仕商爲潼關主將拒敵敗走德暗用妖術將毒痘散播周營皆染毒疹惟楊戩在外未病乃遣往火雲洞求羲豐發丹救之霎時全愈華兵破關化龍及五子陣亡後封爲主痘元君

角姑廟

所在都有僧傳爲匄里先生之女時弄野火害田稗
故祀之
按螟蟘蟊蠹四大名蟲食心食葉食根食節而食根
者其苗枯死如被焚熾無法治之遂立廟祀亦農人
不得已之苦心焉耳

丁村廟
在東北岸北新興圩朋酒羔羊春祈秋報亦田家之
樂事也　同治間遊丙滋事遂停止梨園編成曲譜
名鳳凰橋

尙村廟
在戚家橋東南四圖皆水晩坐荒隄看斜日射水中
奇彩萬變亦足以娛目賞心云

薛村廟
在貴國圩薛氏奉香火爲裔孫順基倡建

姚村廟
在下興國圩皆家庵也

佾聖宮
在起隴埂東　宋建翠陌垂楊晴暉可挹雲生前隴
直欲駕我飛騰到此萬斛紅塵蕭然永釋矣
按史記老子楚苦縣人姓李名耳字伯陽周守藏史

孔子適周問禮於老明退謂弟子曰老子其猶龍乎
其學以自隱無名爲務見周衰西出關令尹喜曰子
隱爲我著書乃作上下篇言道德之意五千言後莫
知所終　又路史老子生於李下而以爲姓因食苦
李而饑餌木子均爲誕妄

靈應宮
在□□圩

馬元帥宮
在烏溪呂祖廟之東門北向青山拱秀綠水生春第
須以聖輿殊未能免俗耳

三官殿
在烏溪陡門上
按陔餘叢考曰天地水三官之說出於道家衍爲三
元能爲人賜福赦罪解厄以帝君尊稱之此由張道
陵子衡造符書令有疾者書名服罪作三通一上之
天一埋之地一沈之水賺米五斗而已後寇謙之襲
其意以正月七月十月之望衍爲三元又搜神記謂
陳子椿貌美龍王以三女妻之生子三神通廣大郎
封上元一品天官賜福中元二品地官赦罪下元三
品水官解厄生於三首月望日恐好事者附會耳

三茅殿

在亭頭鎮西洪潭圩門臨大川孤月懸空上下照澈
靜境也　光緒十九年圩紳朱甫倡建
按三茅爲兄弟三人長盈字叔申次固字季偉三衷
字思知生於　西漢中元五年十八別父母入恒山
遇神人得身輕辟穀後還家父責以不供養杖之杖
折飛揚未幾入吳之句曲遐舉飛升父母終歸行喪
禮後仙吏迎之乘雲而去兩弟在官聞之棄官盈教
以延壽之法分居三峯士民立祠求嗣輙應其師王
妻以弟女　宋封爲佑聖眞君弟茅大既已成仙又

經娶女殊不可解

五賢樓

在青山白雲寺後祀郭功甫等五人於其上邑宵保
黄勤敏公有題詠待補

鳳凰樓

在黄池鎮南留𡚁橋口昔有鳳巢於此鎮儒集貲建
樓以誌其瑞孝廉趙東田書額筆墨飛舞過客爭賞
之場得者珍如拱璧

梓潼閣

在黄池鎮西里許起鳳山俗名水阜墩　明萬歷閒

生員戴天祿天秩捐建河側甃以石上建六角亭林
木青葱禽鳥弄舌而幽韻閑雅如轉笙簧豈屑與塵
俗區區較尺寸哉　一在福定山
按文昌化生在　周初名張善勳宣王時名忠嗣字
仲　秦惠王時名仲弓子長　西漢爲趙王如意死
悉化爲金色蛇　東漢時爲張孝仲　西晉時爲亞
子又託生於謝氏名艾士民立廟稱梓潼君　唐時
名九齡至　北宋令次子復生於張氏名齊賢長子
復生於司馬氏名光後又化生爲張浚　至元封爲
輔元開化文昌司祿宏仁帝君據高厚蒙求文昌六

星在北斗魁前其三貴相主理文緒道家謂其星明
文運將興也輾轉化生事恐虛誕宜徐文定公闢之

財神閣

在護駕墩翹然特出四望皆廛市
按清嘉錄云三月十五日爲元壇誕辰祀之能致富
故塑像供之謂姓趙名朗字公明又正月五日用鑼
炮竹牲醴早起迎之謂之接路俗傳五路財神

塘南閣

在東南岸新溝圩俗謌爲藏王閣試一登眺桃柳成
陰淺举嬌青籠烟惹濕亦圩內之大觀也今有小市

巽方行姜太公廟

華亭

在亭頭鎮西建自　南宋靖康時今遺蹟半沒於潤水中矣後有作者訪故址而培植以新其亭佇見一觴一詠之風於茲不墜

申明亭

在沛國圩

國朝雍正間圩衆設爲講約處

大聖堂

在東埂宋村前詳見正編村落

登瀛道堂

在黃池鎮久廢

當仁館

在黃池廣教寺內　前明鎮儒唐起聖建爲講學處

晴嵐會館

在黃池騰蛟寺西偏

官圩修防述餘卷之四名勝終

官圩修防述餘卷之五

政績目次

王知微　孫宣教　張　津

孟知縉　朱榮甫　謝　湖

章嘉楨　朱汝龍　李永蕃

王國彰　荆迨韓　祝元敏

王巨源　朱肇基　秦廷埜

鈕維鏞　朱錦如　陳　雲

潘鈞基　袁青雲　李本仁

趙　㫤　趙光縉　徐正家

周德樑　沈鎔經　嚴忠培
黃　雲　周　濬　陳　彝
史八常　金耀奎　朱漸鴻
史智悠　畢兆麟

官圩修防述餘卷之五
　　　　　　湖嘤逸叟編輯
　　　　　　趙仕寬採山校
跋讚
常變炎濟斯緩急可需兄敛之養之其道不愈全乎
蓋盛德之入人者深斯民所以不能忘也第恐陳蹟
寖衰口碑易沒是不得不表而出之述跋讚
宋
王知微
宣城人以祕書丞作當塗令時築萬春圩工役甚急

知微請俟農隙　嘉祐八年任
孫宣教
宋開慶元年宰當塗請路西湖永不圍田免致民累
部議從之遂幸　戶部劄禁勒立碑在青山鎮北與
第一山碑並峙人祀名宦祠
張　津
宋紹興二十三年任當塗令築長隄一百八十里包
諸小圩而成十字圩
孟知縉
宋咸淳八年爲轉運判官總圩隄至花津東埂值水

盜拔身捍水水爲之却圩民立碑以紀功今所傳孟
公碑是也
元
朱榮甫
元至正間榮甫奉檄築糧出郡度里遠近相地之高
下計頃畝夫數百里長隄固若長城李習有記見
藝文
明
謝　湖
明進士字行容廣東海陽人按左評事　弘治七年

識當塗令剛斷有爲砌水濟倉繕官圩隄岸鋤强抑
暴民苟安枕三載陞梧州同知
章嘉楨
字元禮浙江德清人由進士初授蒲圻令卓異冠三
楚外艱歸蒲人遮道泣送爲立祠　萬歷十四年補
知當塗值歲祲且疫死者載道楨賑飢施藥暑雨不
輟時大水圩岸將崩楨躬督捍救宿於花津
天妃宮者旬日水勢愈溢幾不保楨涕泣誓天目隄潰民
其魚矣何惜一身不爲闔圩請命躍入巨浸衆急挽
以上得不死水漸平圩竟無恙於是盡力修築後

葉煥奎助印

萬歷三十六年隄防稍懈而圩遂潰楨善形家理以
黃山繫郡護山種松滿山爲蔭又以府治下流水駛
主財不豐故前此無千金之家特於抱沙流水匯處
造浮屠七級東岸創興福寺對峙鈐鎖自後邑漸饒
裕遇旱蝗則密疏禱天無不應者修社學延塾師以
訓童穉置紀綱簿以清徵稅立和息票以止爭訟減
典舖息以寬民貸置義倉禮庫於邑庠以贍士政治
令行前後令塗稱賢者於楨無兩邑人繪圖刻主犨
尸祝之擢兵部主事復丁内艱士民泣送者倍於蒲
有竟走吳門不忍別者專祠祀之凡五圩北岸護駕

墩祠其一也歷官通政卒於家易簀頃諸作語曰
速治具吾當塗人來迓也蓋其精神始終於塗故每
稱塗爲吾塗云塗人聞其卒家爲制服如喪考妣清
明賽其遺像迄今猶然詩詞草書俱工有什襲之者
珍同拱璧焉新安王道昆撰生祠記後祀入名宦祠
朱汝鼇
字雨化浙江歸安籍長興人也　明萬歷問進士知
自守介節不苟官圩隄潰後設法修築分工劃段自
公始立十五則由盡其利編審里甲一清積弊捐廉
倡造

吳守璵助印

大成坊以興作學校除邑極惡崔會冥之法邑人稱快以
入法留禮部主事尋轉郎奉使南旋卒於甯塗民爲
立去思碑秣陵焦竑撰記
李永蕃
字貽錫湖廣永興人　明正德二年以舉人知縣事
倜儻無華宅心坦易振興學校修築圩岸節里甲丁
田均徭役增戸口決訟如流美政種種在任四年以
疾卒於官百姓思之如失怙恃厥後子孫科第不絕
人歎其陰德之報云後祀入名宦祠
國朝

王國彰
字典王遼東人　順治十一年任當塗縣貝北岸明
經湯天隆以所擬圩務十六條陳上之　恕按衛公
貞元袁批准行國彰率所屬稟請　知府事李之英
同知郁春枝通判熊啟亂為之刻石立於花津
天后宮俾遵守焉

荊　治蔚
山西猗氏縣人　康熙癸巳舉人　雍正十三年知
當塗縣事繕修洗門隄岸於圩政多所裨益後引疾
歸田

祝元敏
字陵公山東登州府寧海州人拔貢生由正黃旗教
習選當塗縣令　康熙三十二年任纂修邑志詳載
宮圩剔弊事宜文見正編檄文

王巨源
字及山江西安福縣舉人　康熙五十七年任當塗
縣令有禁革宮圩總修文緣士民劉煥請也見正編
檄文

朱墨基
乾隆二十四年知太平府事有批准宮圩四岸協修

中心埂詳詞詳載史宗連圖冊並見正編檄文

蔡廷瑩
乾隆二十一年署當塗縣事有修復中心埂詳文緣
士民史宗連朱爾立等呈請也見正編檄文

鈕維鏞
字洪聞浙江山陰人律例銘供事　乾隆十八年任
當塗縣典史蔡委押修中心埂緣東北岸戎文紹陳
紹裘相繼控推賴公始終其事

朱錦如
乾隆二十二年任太平府學教授修府志刊載中心
埂四岸迄止工界緣士民呈請分工界限嗣後永著
為令
按自　道光二年圩潰厥後屢潰屢修歷任　府縣
亦多惠政惜文獻無徵容俟補入

陳　雲
字建雲順天宛平人　道光己丑榜眼兩任太平府
知府撥借育嬰堂存典生息銀兩修造潰缺

潘鈞基
字鶴笙江蘇蘇州人　咸豐元年奉方伯李公檄調
署太平府甫下車即以修復宮圩為首務事詳圩工

條約

袁青雲

字瞻卿揚州興化人　咸豐二年署當塗縣事縷陳官圩瀆口情形及十里要工並周圍隄工上書　李方伯撥欵築孟公碑月隄並建造搪浪外埂蘆墩魚池一律培高盤深著有圩工條約洵百十年來僅見者矣

附示當邑士子應覲風試文

爲示期觀風事照得秀鍾河嶽英靈特萃夫人文化起絃歌政教先敦夫士氣學校爲興賢之地制及鄉

朱文彩助印

閭譽髦實致治之原風蒸選造所願珪璋德茂實含醕豈徒瑰璧爲心彫今潤古此先器識而後文藝早儲楨幹之材由士習而及民風首從輶軒之採也維茲當邑星屬斗墟地連吳會望翠螺之山邑材毓梗枒溯姑孰之溪流澤流芹藻李學士揚帆采石詩酒神仙謝宣城築宅青山烟霞供養龍山落帽訂韻事以移神牛渚然犀驍奇踪而目曜入昭明之選室翰苑鴻裁訪功甫之吟庵騷壇駿望王便樸精孽理學並巒關閩洪鄱陽親築圩田齊鑣韓富鴒鸞憩樹聖公之純孝誰如龍虎分符子温之耿忠奚匹眺山

朱詒穀堂聚珍

川之麗秀振古如斯攬人物之瑰奇於今爲烈固宜家傳楚璞名雋代興人握隋珠風流勿替矣本署縣幼承家學長列科名幾度春明遭帆檣之回引頻齊花縣幸鳩戸之敉平莅任以來自分政拙心勞雖願風清俗美下車伊始問俗頁殷因念義路禮門師儒樹德門之望箴肓起廢文章垂立教之謨喔道德發其輝光斯學術通乎政治探善本而瑑函挹秀定皆麟閣奇英運新機而斑管生花盍試鳳樓鉅手爲此示諭闔邑生童知悉訂於某日廣集英髦胥臨書院盍簪珥筆各自振其羽儀撤幕焚香漫主盟於壇坫

吳兆聚助印

學足三冬之用相期賈楙董醕才甄一日之長且任馬工枚速嶺南花放春梅偕意蕋爭開江滋潮生秋水挾文濤共注喜蠶聲之入聽問牛耳其誰持敢云謀訴裝懷克持衡而鑒別竊謂琳瑯滿目尚見獵而神馳看今朝典册笙簧擢璧水鑣鸞之秀卜他日陞平黼黻藝玉堂金馬之英特示

李本仁

字藹如□□人任安徽布政使司　咸豐二年修隄詷　邑侯袁青雲來塗諭以圩務爲先務復撥銀九千兩造孟公碑月隄仍捐廉銀五百兩接濟不敷有

朱詒穀堂聚珍

不見檄文

趙　晒

字燁堂山東歷城人登進士　咸豐元年知縣事緣圩潰撤任賠修借石少尹琛王參軍乃晉監造孟公碑月隄及搪浪外埂圩工効力自冬徂夏尤辛苦備嘗焉

趙光緒

字小琴　同治三年署縣事時粵氛初靖田卒汙萊烏溪西首小牛灘漫缺公募夫搶救事竣招佃墾田借給牛種流亡藉以復業

徐正家

字春林江西大挑舉人　同治七年任當塗縣令八年圩潰瀝請　大府借庫銀二萬一千餘兩修造官圩潰口三處仍補葺周圍殘缺工段借款六年攤徵還庫

周德棨

字小蓮　同治九年攝縣篆七月稲定圩潰中心埂告險該埂低塌公晝夜督夫加幫鑲埝圩得獲全圩民頌德奉祀粟主在花津

天后宮傍

沈銘經

字芸閣浙江歸安人　同治戊辰進士知府事時中心埂戚家橋一段緣兵燹失修東南岸與西北岸互相推諉呈　府勘丈經委縣丞孫□府訓導查煥修履勘清丈始定讞有批詞見督理

嚴忠培

字心田江蘇常熟人　光緒四年攝縣事多惠政民德之時青山白土山旁保興圩潰官圩迤北一帶稍工不能障水圩垂危公躬詣缺處扼要害督夫遣堵塞之凡三晝夜圩竟無恙圩設粟主戶祝之後十年

戊子恭　撫委督辦圩工駐中心埂潰缺恩威並用民歌樂只明經姚心畬元熙歌竹枝詞頌之和者數百輩見文藝

黃　雲

字冰臣湖南清泉人　光緒四年署府事堵築春工搶救夏水皆有方略民不能忘恭粟主於

天后宮傍　光緒十四年在廬州府任　撫委驗收圩隄一塵不染

周　溶

字春浦世襲雲騎尉修復花津搪浪外埂其他圩政

亦多所建白圩人亦設栗主祀之時　光緒五年攝
邑篆也

陳彝

字六舟江蘇儀徵人由二甲一名進士授翰林院編
修累官至兵部侍郎左副都御史授安徽巡撫部院
光緒十三年八月移節赴甯郡視師道經花津士民
籲請勘隄比返旆旋由黃池便道勘驗中心埂潰缺
蒙彙案會
奏撥銀三萬七千餘兩以一萬二千餘兩作為津貼南北
二缺建造月隄工費以二萬二千餘兩借給官圩四
岸修築周圍隄埂並祠定感義洪栢饒阜六圩及五
小圩兼陡門埝閘石工又以三千數百兩賑圩中之
極貧次貧者
曠典特頒俾官圩金湯鞏固實再造
恩主也四岸特建專祠於郡城東大街歲時奉祀焉是
欵除津貼賑濟銀兩毋庸徵還外共餘借給銀二萬
二千二百餘兩着官圩四岸並附官圩受益諸小圩
五年攤徵還欵

史八常

字蓮叔江蘇江都人　同治間攝邑篆　光緒十三

年以觀察銜權太平府事適官圩三年兩潰隄埂內
外衝嚙會　巡撫
陳大中丞按臨面陳彫敝情形蒙會商
阿嘯山方伯奏請發
帑鉅萬周圍大造實用實銷㪉　咸豐壬子之役有共過
之無弗及也圩建專祠於北橫埂賈家埧以　邑侯
金公配之題其額曰史金閣

金耀奎

字蘭生江蘇青浦人由供事洊陞當塗縣令　光緒
九年任緣事調去十三年圩潰
撫院按郡紆道勘隄謅同本任重葺官圩一百八十里
逐段加幫民感其政特建閣以祀之與　郡伯史公
並垂焉

朱漸鴻

字逵九江蘇金匱人光緒十三年任當塗縣縣丞奉
府委督修北工鋤姦有法旋因　府詳請以縣尹駐
防官圩專司圩務公由是効力隄工三載安瀾

史智悠

揚州人署當塗縣丞　光緒十四年十月紅廟後隄
垂危得公力救圩獲全並採訪圩圖代呈大府有函

略曰允欽芝範未揖荊州春樹暮雲徒勞結想每於
貴圩諸君至城藉詢起居敬譜高隱鄉邦放情詩酒
六時納祜一切吉祥曷勝忻羨某忝佐姑溪瓜期將
及去秋淋雨爲害堤堨驟從公未登青山作白紵之游
先渡丹湖救紅廟之險三至王家灘工所未得一聆
教言久闢蓄作幹身自恨肉眼無福良深悵惘近來
嘗道留意圖書之學今且閱兵宣州即日鳴騶竊境
某分應迎謁倘以宮圩下問擬作十和之獻而豐城
劍光於斯足現用特專函布告或惠然肯來攜圖詣
示或以圖說稿本付來俾窺全豹及時代呈此覆
脫穎之機抑亦圩鄉興利除弊之會某得薦賢且免
尸位之誚一舉而數善兼備閣下必欣然樂從也幸
勿嫻求進是爲至禱

畢兆麟

字畲村湖北人　光緒十八年任當塗縣軍糧廳奉
委督辦隄務行禁賭債飭游談戒逃工諸示並能興
廢修墜近今河流順軌數載安瀾民咸頌之

宮圩修防述餘卷之五政績終

宮圩修防述餘卷之六

藝文目次

丹陽書院養士記　青山保和庵記
白雲寺記　修陂塘記
游石隱庵小記　洪灞寺建橋碑記
重建宮圩記　修陡門記
青山賦　姑孰溪
丹陽湖　謝公宅
泛舟姑孰溪口　游青山
東田　丹陽湖

題青山館　經謝公山弔李白墓
白雲寺二首　途經李白翰林墓
太白墓二首　懷青山草堂
青山尋謝宣城故宅　白雲寺二首
姑孰溪二首　謁李白墓三首
夜泊黃池　官圩紀事
之祿豐餞洪潭精舍　祝朱小岩壽詩十二章
新溝工竣郎事　官圩愁
敬頌嚴明府盛德　南工竹枝詞十二首
行夯閱三十首

官圩修防述餘卷之六

湖嘆逸叟編輯
丁鏟基甫川校

藝文

凡無益文字可以不作卽作矣可以不述以其爲浮文也然佳境名區志乘備載體國經野方策猶存茲編體例雖近謳吟而紀載之筆歌頌之章亦爾時之實事也庸可略乎述藝文

丹陽書院養士記　吳澄

黃池鎮有書院舊已自宋景定甲子貢士劉君肇

建郡守諸公以閎於朝錫丹陽書院名額撥僧寺沒官之田二頃給其食厥後僧復取之書院遂無以養士　至大戊申　憲使盧公議割天門書院之有餘以補不足令既出會公去不果如令時　提舉陳侯分司黃池暇日與羣士游習知書院始末慨然興懷移檄儒司儒司上之省省下之郡郡太守主之力竟知憲府初議俾天門書院歸田於丹陽以畝計凡四百侯尤以爲未足以贍乃勸士之有田者數十家暨官之好義一二人各出力以助或十計或畝計積少而多凡田二百畝丹陽書院創垂五十年而教養之使又十餘年一旦有田六百畝盧公開其始陳侯成其終盧公勉勵學官正其職也陳侯典治繇設色之工而用心儒教有出於職分之外者尸祝越樽俎而治庖可乎唐風之詩曰職思其居職思其外夫居者其分也外者其餘也所思可謂遠矣陳侯有爲田之疆畝名數久則盡湮羣士請泐諸石而陳侯之功尤不可泯春秋常事不書侯此舉非常也宜得書君夫士既有以養必知所以學不待余言矣

青山保和庵記

青山距姑孰東南三十里絕頂有池卽齊謝宣城卜

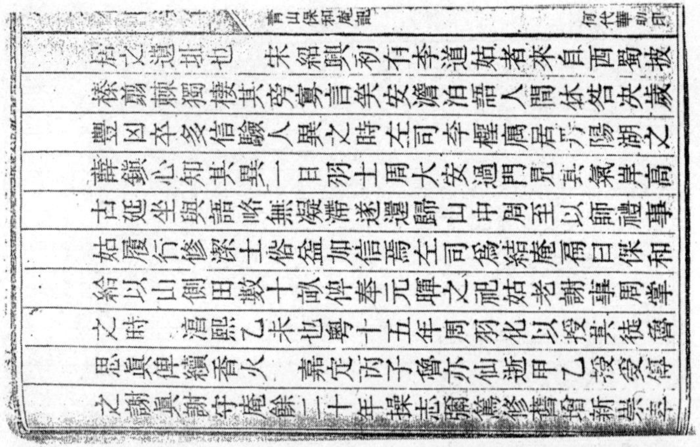
青山保和庵記
局之遺址也　宋紹興初有李道姑者來自西蜀披
榛薙棘獨棲其旁寡言笑安澹泊語人問休咎決歲
豐凶卒多信驗人異之時左司李櫂廣居丹陽湖之
畔鎮心知其異一日羽士周大安過門見其氣岸高
古延坐與語略無凝滯遂還歸山中周至以師禮事
姑屢行修潔土倍益加信焉左司爲結庵扁曰保和
給以山側田數十畝俾奉元暉之祀姑老謝事周掌
之時　淳熙乙未也粵十五年周羽化以授其徒曾
思忠真俾續香火　嘉定丙子曾亦仙逝甲乙授受曾
之謝真謝守庵餘二十年操志彌篤修舊增新崇

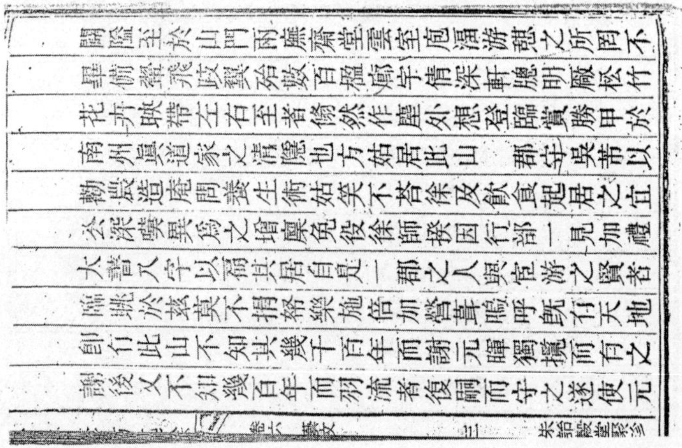
闕臨至於山門兩廡齋堂雲室庖湢游憩之所罔不
畢備翬飛跂翼殆數百楹廊宇倩深軒窗明敞松竹
花卉映帶左右至者翛然作塵外想登臨賞勝甲於
南州真道家之清隱也方姑居此山　郡守吳芾以
勸農道庵問養生術姑笑不答徐及飲食起居之宜
公深嘆異爲之增其廩免役徐師揆因行部一見加禮
大書八字以寵其居自是一郡之人與宦游之賢者
臨眺於茲莫不捐貲樂施倍加營葺嗚呼既有天地
即有此山不知其幾千百年而謝元暉獨擅而有之
謝後又不知幾百年而羽流者復嗣而守之遂使元
卷六　藝文　三

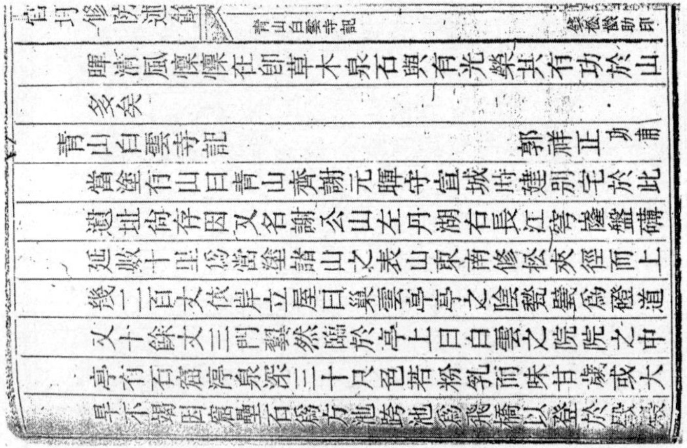
暉清風凜凜在目草木泉石與有光榮其有功於山
多矣
青山白雲寺記　郭祥正　功甫
當塗有山曰青山齊謝元暉守宣城時建別宅於此
遺址尚存因又名謝公山左丹湖右長江穹隆盤礴
延數十里爲當塗諸山之表山東南修松夾徑而上
幾二百丈依岸立屋曰巢雲亭亭之陰鑿壘爲磴道
又十餘丈三門翼然臨於亭上曰白雲之院院之中
亭有石窟停泉深三十尺色若粉乳而味甘歲或大
旱不竭因窟壘石爲方池跨池爲飛橋以登於殿殿

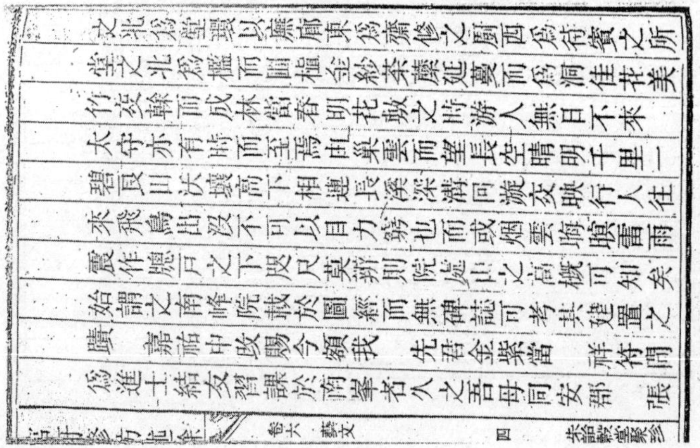
之北爲堂環以齋廊東爲齋修之廚西爲苟賓之所
堂之北爲檻而圖楹金紛茶蘼延蔓而爲洞往花美
竹遂翰而成林當春明花敷之時游人無日不來
太守亦有時而至焉由巢雲而望長空晴明千里一
碧足川沃壤高下相連長溪深溝同流交映行人往
來飛鳥出沒不可以目力窮也而或煙雲晦暝雷雨
震作聽戶之下咫尺莫辨則院處山之高概可知矣
始謂之南峰院載於圖籍而無碑誌可考其建置之
歲　嘉祐中賜今額我　先君金紫當　祥符間
爲進士結交習課於南峰若人之吾母同安郡　張
卷六　藝文　四

太夫人又家於此山之下余晚仕於朝或進或退匄過是院登高遠望思吾先君之遺風而歎榱敗瓦不蔽風雨未嘗不感慨太息而去　熙甯中有僧希仁始來任持未果興構遽卒弟子懷式繼之式有才略經營積累二十餘年凡堂殿廡廊三門池亭之屬一切新之又塑佛侍衛九軀金碧煥耀爲一山之鎮焉嗚呼盛哉蓋院之興廢繫乎主者之才否抑亦有其時耶　宋受大命神聖繼位皆以仁治天下好生而惡殺戢兵而惠民是以時和歲豐民阜於財而浮屠氏求取於民者無厭民亦喜爲之施若式師與作之

費一出於已而不求於人得不謂之才乎浮屠氏周式師之風者亦可以少愧矣余故爲之敘其事而刻於碑使後人有以考焉

修陂塘記

李習

元至正間都水庸田司官申明水政太平路總管府照磨石處道謀於府長貳曰是民功之不可緩也先在歷年正月始和田畯命吏廵行田野名稱點圩實惟鳩財餔餟而已照磨遴選列曹得朱榮甫焉檄下榮甫裹糧食出郊時已滌場農有餘力榮甫度里遠近相地高下計其頃畝馭其夫數各陳工役用木立

楔期限有程鼛鼓一鳴傳命徧舉榮甫乘羸馬周原省視或怠慢苟簡或挾貴雄豪輒督以刑略不阿徇民之菽水不入於口民乃勞而不怨榮甫令下畚鍤具奮百里長隄隱若長城薄者培之使厚低者封之使高虛者築之使實防皆隆然凡隄障江湖以防爲命者若干字圩埂百有餘里皆豐大矣

遊石隱庵小記

徐立綱

當塗青山謝元暉所卜宅也余庚子冬視學皖江方懷庳及三載以來不遑一涉其地癸卯春杪試竣旋署擬倣遺蹤時夏生鑾讀書石隱庵在青山之東南

春雨稍霽始得至山周覽自下而上約五里許山頂有庵名保和庵庵外有池名謝公池池內蓄金鯽數千頭日午則上浮土人相傳爲　齊梁時物蓋附會云俛仰之際太平勝境皆在目前獨恨太白先生祠墓尚隔十里不能奉杯酒以祭耳既而取路山後便訪石隱余友副車邵君廷仕同年友選拔李君滋年及縣學生員吳生本煥夏生鑾已相侍庵外矣庵隱深松中基不數楹結茅頗雅僧道性亦不俗相與汲石泉瀹山茗而啜之問其字曰聖機余以其義未愜贈以二語云隨地結緣皆是福好山無處不浮青易

之曰亟緣僧喜謝而退夫人世富貴貧賤悲歡離合
無非適然適然遇之適然處之此即佛氏之所謂緣
也抑何所容心於其間哉庵創自前　明萬歷間自
樂然[?]僧至秉中始常住閱數傳而至亟緣漸拓其地
庵有勝境人多未知之余與諸君偶游憩息而地
以顯亦未必非緣也因述顛末以付亟緣藏焉時
乾隆四十八年三月

洪潭寺建齋碑記　湯賓尹

唐至元初建古刹名大聖院取寶光透頂之義至
元改洪潭庵取法遍大千之義也　明萬歷三十六
年重建大功復見洪潭禪寺取光透透入法輪轉
之意也寺前通大川常設木橋水涌輒壞橫溪居士
每心念之會大功興居士施其金以助而念未滿焉
乃復捐金百餘砌石堅築俾永久無壞垂之百世昇
士豈冀[?]往來褰裳博聲施者居士蓋滿念云爾　銘
曰海棠是燦貝葉瓊飛大士翔空濟彼百川惠乘寶
筏慈航永留百爾君子壽福駢蕃

重修官圩記　士民公撰

吾邑大官圩居縣東南卅二十五萬[?]有奇圩分四岸
瀕臨諸湖東北爲丹陽固城石臼三湖總匯盛漲時

面寬百餘里徽甯山水下注迸射圩堤工最險要堤
外舊有攔浪埂入夏水漲浪高越埂拍堤其勢較殺
賴以保障今廢棄已二百餘年故老猶津津道其事
實未有親見之者三十年中官圩九潰　大憲憫斯
民命之急思所以甦民困者因檄　潘太守籌基
袁邑侯青雲來守是邦下車伊始徧採輿論急求所
以修之法當即會同本任　趙邑侯兩屢經親勘首
議復攔浪埂又以孟公碑旋築旋衝決計段建月堤
次及各圩口暨十里要工二十里次要工各岸稍工
籌畫精詳件件[?]不紊分晰繕呈　上憲李方伯盛諗[?]
爲民請命之誠勉以藉我圩疇之需籌給口糧銀四
千五百兩津貼銀四千五百兩倡捐廉銀五百兩又
續發制錢一千串以工代賑而用乃裕　太守復示
革一切積弊車馬供億薪水日用悉自給　兩邑侯
亦如之聞風興感民氣自倍圩之民咸頌　方伯之
能任人與守令之功勿衰而又委任得宜以收指臂
孟公碑新工最鉅　趙邑侯駐工督修而延紳士王
文炳爲之佐四月來披星帶月與民共甘苦又委王
參鉅乃晉石公尹琛分岸督修他如監修之鄧城紳
士唐鎣朱汝桂杜開坊張國傑俱能晝夜辛勤不避

嫌怨可謂得人矣其督夫者則又有姚體仁詹蓬望朱岐尚成熹徐達九夏錯周樹滋汪永成戎宗淦徐方疇諸同人分任之而 府縣憲仍輪駐工次徒步阡陌間往來勸導課其勤惰示以勸懲故得事半功倍夯硪堅固捐備土牛蘆蓆樁木以備不虞至重建天后宮置義地飭掩埋則又德之旁及者耳嗚呼惠以養民億萬姓共登衽席功歸實用廿萬畝永保膏腴效已著於目前策更深於善後下全民命上召 天和災沴不生豐亨永慶記曰有功德於民者則祀之能禦大災則祀之他日馨香俎豆豈誣詞哉湖自上年十一月十九日經始本年三月二十日告竣合圩感其德服其神謹爲之記其實以垂不朽 時在咸豐壬子士民公撰

廣義圩南柘港修陡門記 李永芳

大官圩於當邑爲最鉅生靈百萬歲賦半出其中陡門之繫於圩又最重周環十三座利出入備旱潦而廣義圩之陡門尤最險面山帶湖巋然而立 康熙二十六年修葺至今蓋亦磨塌而傾圮矣夫司民社者必徧訪利病而興除之俾食足居安無水旱患所以宣 上德而達下情也況圩隄曰修忍須臾緩諸

去年春隨 府憲延視圩工即進彼處父老而詢諸之而料首紳士輩果踴躍列而對余曰是生等責也余獎勵之給簿興工自七月起今四月訖經歷十有一月木石灰料工費共若干計高二丈餘尺深六丈有奇煥然聿新屹然鞏固余爲舟過之爰集紳士輩慰勞之曰是不可無記蓋舉一所以風百也而繼往於以開來余承乏茲土八載惟期興利除弊與民休息使盡得勇於爲義者襄余未逮而藉手覩成則沃土醨風維新者不僅陡門一事被澤者不僅廣義一方也已乃命工而鐫諸石 以上記

青山賦并序 雍正癸卯舉人試鴻博授檢討 徐文靖 位山

大江之南蜿蜒扶輿鬱而爲山者不知其幾而姑孰面臨溪水入望數十里有山曰青山山不甚高大而名公鉅卿騷人才士往往透舟其下無有不觴且詠者蓋以 齊宣城太守謝公元暉家焉世遂呼爲謝公山越後奎之人又祀 供奉李謫仙於其上倘亦欲遂其臨風懷謝之意乎 南宮米先生書之於石以爲第一山洵然請染翰而爲之賦曰

塗邑之望山名曰青右托根於溪沚左結體於郊坰既征途之所歷亦舟楫之所經俯臨石室仰踞蒼冥

翀若蘇而直上構巢雲之危亭恣遊覽以選勝景尤
哲之餘馨雅發山棲徑穿石隙烟憑巒而迷人幽鳥
閑而喚客風光與空篠分青雲影共寒光競碧一覽
而萬壑俱縈四顧則三江頓奪探袁記室之逸興未
免有情笑桓將軍之勝游誰能免俗至若亭傍絕壁
寺隱山椒昔景峯而若接桃白於而匪遥勝泉湧之
人抱環塔影以干霄謝家舊地梅竹爭饒以石為池
自昔通泉於海眼疏松架屋何年結宇於山暇爾乃
代異齊梁詩稱供奉招月下之仙靈披雲間之素葺
沈香亭畔會邀御墨之題桂樹山中鮮見宮袍之擁

方將摘玉管以揚休豈止耀金閨以為重廻知山以
人顯人以詩傳思臨蓀兮石碣廛芳躅兮前賢故白
雲兮古寺及保和兮遺泉莫椒漿兮玉醪薦遺韻兮
瑤篇昔賢兮繼起與日月兮俱懸

以下詩古不拘格

姑孰溪　唐李白 謫仙

愛此溪水閑乘流興無極漾櫂怕鷗驚垂竿待魚食
波翻曉霞影岸疊春山色何處浣紗人紅顏未相識

丹陽湖　前人

湖與元氣連風波浩難止天外賈客歸雲間片帆起

龜游蓮葉上鳥宿蘆花裏少女掉輕舟歌聲逐流水

謝公宅　前人

青山日將瞑寂寞謝公宅竹裏無人聲池中虛月白
荒亭衰草徧廢井蒼苔積惟有清風閑時時起泉石
按謫仙是詩有十詠專指姑孰茲祇錄三首餘與
圩不相屬也

泛舟姑孰溪口　宋陸游 放翁

姑溪綠可染小艇追晚涼棹進破樹影波動搖星鋩
菰深潛火明風遠水草香尚想錦袍公醉眼隘八荒
坡陀青山塚斷碣臥道旁悵望不可逢乘雲游帝鄉

游青山　齊謝朓 玄暉

託養因支離乘閑遂疲蹇語默良未尋得喪云誰辨
幸蒞山水都復值青冬緬凌崖必千仞尋溪將萬轉
堅崿既崚嶒迴流復宛澶杳杳雲竇深淵淵石溜淺
傍眺鬱篻簹還望森柟楩荒隩被葳蕤崩壁帶苔蘚
鼯穴叫層崚鷗鳧戲沙衍觸賞聊自觀即趣咸已展
經目惜所遇前路欣方踐無言蕙草歇留垣方可搴
尙子時未歸邴生思自勉永志昔所欽勝蹟今能選
寄言賞心客得性良為善

東田　前人

戚戚苦無悰攜手共行樂尋雲陟累榭隨山望菌閣
遠樹曖阡陌生烟紛漠漠魚戲新荷動鳥散餘花落
不對芳酒春還望青山郭

丹陽湖　前人

積水照赬霞高臺望歸翼平原用遠近連汀見紆直
葳蕤向春秀芸黃共有色薄暮傍佳人嬋娟復何極

題青山館　唐　許棠

境概殊諸處依然是謝家遺文齊日月舊井照烟霞
水隔平蕪遠山橫渡鳥斜無人能此隱來往漫興嗟

經謝公青山弔李翰林　杜荀鶴

何謂先生死先生道日新青山明月夜千古一詩人
天地空銷骨聲名不傍身誰移耒陽塚來此作吟林

白雲寺　梅文鼎 定九

古寺依道周巖壑巧位置徑徧門不扃游人若相避
千仞依迴溪波光林外至道人空小樓蕭然絕塵累
學佛不自名何況文與字杖藜時獨歌千山落空翠

白雲寺　李先芳

落日依古寺疏鐘出翠微我來黃葉下相伴白雲歸
蘿月開山徑松風掃石磯空門無翦伐薜荔掛征衣

途經李白翰林墓　許渾

氣逸何人識才高舉世疑爾生狂善賦爾令醉能詩
碧水鱸魚興青山鵩鳥悲不堪遺塚在荊棘楚江湄

太白墓　王思任

秀骨任青山行人望禾黍生乘明月來死膳清風去
陽冰篆尚存力士靴何處夜臺無酒家還起我共語

青山李供奉墓　黃鉞 左田

仙骨埋青山草木發靈異至今坳壠間時有龍虎氣
永王號勤王初亦無異志女孫山農妻尚知節不二
先生天人流豈後君子智

按供奉祠墓名流弔詠美不勝收摘錄數首聊以備

吟詠爾

懷青山草堂　郭祥正 功甫

三峯連延一峯尊龍山白紵如兒孫重岡複嶺控官
道北望金陵真國門涂流奔激灑河漢雨溪直接丹
湖源松荒檜老古佛刹雞鳴春老桃花村石崩廢井
謝公宅龜仆斷碣長庚墳斯人白骨已化土英風往
往成烟雲我昔棄官結茅宇九品青山安足數竹筒
盛酒騎白牛醉眼瞻天與天語甯知一旦隨辟書十
年又向塵土趨只今兩鬢滿霜雪功業不成思舊廬
山花解忘憂山鳥鳴提壺四隣未必便棄我三徑荒

草還堪鋤烏泥可肥種稻秫紫蒓味美饒嘉魚盈釭
釀酒邀客顧林下散髮時時梳誰人縶爾不歸去自
問此心無乃愚

青山尋謝宣城故宅　梅鼎祚 定九

不妨微雨繫孤槎日向青山問謝家三徑春風歸燕
雀一江秋水上烟霞夢中渴想如瓊樹句裏長飛似
綺霞故郡可憐祠廟在臨流吾欲采蘋花

白雲寺　沈傳師

僧愛白雲溪上飛白雲深處厰禪扉莫言便是無心
物思着故鄉依舊歸

白雲寺　許渾

一片白雲千丈峰殿堂樓閣架虛空山僧不語捲簾
坐遙看世間如夢中

姑孰溪　米芾 海嶽

下輿照檻數星星一世還如隔世經不見山東李十
二青山山色只青青

姑孰溪　楊穀汝

釣魚臺下水潺潺海月松風縹緲間永日勝遊追往
事白雲依舊在青山

謁李白墓　曾鞏 子固

世間遺草三千首林下荒墳二百年信矣輝光爭日
月依然精爽動山川曾無近屬持門戶空有鄉人拂
几筵顧我自慚才力薄欲將何物弔前賢

弔李翰林墓　陸游 放翁

飲似長鯨吸百川思如渴驥湧奔泉客來縣令初何
有醉忤將軍亦偶然駿馬名姬如昨日斷碑喬木不
知年浮生今古同歸此回首桓溫亦故阡

李翰林墓　明 陶安 主敬

自別金鑾抵夜郎江南有夢到朝堂酒酣采石風生
袂崖老青山月滿梁鳳管鸞笙遺韻事筆蘆星竹借

文章雲飛荒野苔碑斷時有詩人醉一觴

夜泊黃池　施閏章 愚山

晚晴殘雪後遠岸夕陽邊葉盡楓難辨漁歸網自懸
客舟寒趁月茅屋夜含烟試覓幽人語燈明却未眠

將之祿豐令飲餞洪潭精舍賦謝　己未進士 丁宗閔 再齡

綰綬南行愧濫竽多情諸父餞驪駒卿盃共羨標銅
柱執手還期映玉壺柳暗旗亭春欲老花明繡甸錦
如鋪從今振策揚軨去肯使蠻人笑豎儒

官圩紀事五排一百韻　咸豐辛亥貢 壬子舉人 恩 朱汝桂 月坡

誰擅膏腴產丹湖夾岸宜圩先分廣濟　志載湖諸圩廣濟冠首

官圩修防述餘

編戶遭臨淄田祖靈常護陽侯患迭滋（道光二十九年中被水）
厦傾巢累燕室毀羽憐鴟哀雁征劬野亡羊入路歧
卅年抛樂土萬頃失敷菑太守迎潘女循聲媲杜詩
（雀生邵伯甫下車，郎以修復爲首務）都人宣義問佛子溥仁慈大任洵
能受嘉謨況有資趙仍廉頗用（邑侯犀堂）袁復謝安推（邑侯
曙卿）懸鏡胸懷朗鳴鑾政治熙福星聯燦燦賛日勉孜
孜入境車初下傳籤檄快馳老農煩顧問衆十遞詢
萃孰許狂瀾挽疇教痼疾醫幾曾關痛癢奚以補瘡
痍閱歷情應急濡遲悔莫追徑旋抄白紵舟早泛黃
池瀏到花津湧波洄石白澌共問眞險要自昔善圖

維直恐中堅搗勤將外衛支班逾排玉筍貞叶綮金
梶法美何堪廢痕消了不遺湖騰驚浩渺漲磈且漣
漪滄海防俄變狂飈怪緊吹百般洶獨甚千里害無
涯忽忽知聊爾茫茫却咎誰亟求崇岸塹統俟峻藩
籬半敢因循誤功須次第施爭先搪浪埂繼作判官
碑（轉運判官孟知縣以身捍水，爲之却後人立孟公碑）俯瞰淵難測退觀咋
莫知前車行屢覆故轍守胡爲擬截溝雙跨剛摹月
牛規（孟公碑決兩次，皆極深，因別跨溝築月隄）創興胥覘此比例總由
斯李氏埝堆礫徐家宅掩茨（李村埝至徐家屋後皆要工）塘深堪
插柳灘淺記栽薺（楊柳灘薺母彝屬次要工）白社榆飛莢青山黛

官圩修防述餘

染眉（黃池鄉有白社在東南岸，青山在西北岸，皆屬稍工）危皆撐獨木穿似着
殘碁特假量天尺兼鑱畫地錐射雕弓並控繡鳳綫
斜垂（弓尺繩綫丈量工段之具）逐段論尋丈開方計倍蓰通權今
軼古按畝耦承奇（計田二十五萬有奇）借箸紓良策飛書報上
司（疊上書稟憲歷詳情狀無微不至）灧陳詞斐亹縷述境流離茂宰
廑悲憫旬宣篤撫綏九千頒　國帑兩次裕民脂（口糧
銀四千五百兩，津貼銀四千五百兩，兩次給發以工代賑）尚賴輸財粟何從助斗
箕宦囊捐厚俸（蒙李方伯倡捐銀五百兩，府縣各捐廉銀足之）貲庫發餘資
（撥育嬰堂存典息銀三千兩以濟用）曲致綢繆意覃敷誥誡詞煩苛除
猶盜（值年圩修多被土棍扶制，及盜竊樁木蘆蓆，俱一例禁止）論斷釋狐疑身倘

乘陟瞍心終受詐欺依然多逐逐蠢爾又蚩蚩趨但
爭羶附居翻昵燕私孳生雖在宥鉅害定重罹爰奮
嘗謀志彌增瘠寐思令倌來野甸稅駕伴村耆（邑侯犀堂、
曙卿嘗辛苦，雀生郡伯親莅工料察）指顧茅檐近躬棲草舍卑
短牕披牘處晚渡喚船時（孟公碑決口甫開工用渡船）南北區疆
界東西判等差合希升龠上豫卜履如夷起役隣迺
鄭寬征旋與兒（土夫選用壯丁，老幼汰）點牌催驗發（夫亦牌夫
標名牌上）縮版擴鴻基籃疊魚鱗滿（土籃一名魚鱗籃）鋤揮鴨嘴欹
賃廬棚互結（土夫二十名作一棚，有就地紮住者，有租屋居住者）數米飯同炊
（夫米一升二合，五勺合爨炊食）亥市均叨惠（工萬餘人，薪米食物輻輳）丁男藉

賑飢土肥擔鍤掘沙細揀金披（土中夾沙築堤忌用）蛇陣頭當
領鳩工足任胝影穿蝦壩窄（隔港取土另築子埝往來俗名蝦壩）數怕
鶴籌虧（挑土按籌計數不足者責罰之）縈纜橋排板（港深未便築壩買船拼橋）標
竿擔壓旗（土夫擔難分短旗標示竿頭）先鋒扛鼎勝後勁奪標奇
（領頭押尾兩擔較重日加號賞十文）多取忙爭價（夫有挑土重者另加賞號）高呼
再振衰申威宜鼓舞（起夫放夫鳴金爲准）辛苦罷鞭笞黎庶惟
爭此着穹更監茲雪稀霏片片雨罕降祁祁暖氣霞
蒸綺晴暉旭馭羲倦歸凝暮靄勉作趁朝曦滑滑泥
團塊登登石代推（層土層夯期於堅固）鑽誇堅試鐵滴怕漏傾
危（夯後用鐵杵錐入深際灌以水不漏爲上）蚯臥腰輕折牛眠背緩騎（隄上）

（倡列土牛以激不虞）四圍齊削築一律戒荒嬉那惜形骸瘁渾
忘面目黧邑黔謳異晳衣素化爲淄從事賢勞也同
官左右之曼卿螺脫殼（犇母難螺殼極多趨政石錦齋責令捲淨）大令蘭
抽絲忖（里要工經歷王斐稽查稽細）唐介言猶納張華祕略窺司
動參計議摩結令扶持（姪與王蘇卿唐子瑜杜實田張小雪均奉諭監修）我
亦吹竽濫公然待杖隨謙光昭抑抑履道羨遲遲（各憲）
（步行隄工巡視）懲勸交相視憂勤絕弗辭明皆邀藻鑒成好
及瓜期蘆葦陰分楦楊稊種待移當前徵妥貼慮後
免顛危（竣後多備蘆葦防汎）備芻兼三善神尤感百祇祈神虔
立廟澤國廣埋胔（重建宮並置）（天后義塚）頌德歌盈耳沾恩洽

透肌絲蒓欣醃馥紫蓼爰葳蕤（蓴係官圩土產紫蓼俗名龍骨隨水長蓊）
（可欒風浪）春浦瞻蒲葉秋塍唱竹枝倉都儲稼穡家盡給
饘酏飲水源遙溯耕田利永貽馨香他日奉合擬建
生祠

咸豐辛亥隄決孟公碑

位中先輩奉檄督工亥年壬子中和値五十初度詩
以自覞　諸吟壇步韻聯吟傳爲佳話今屈指近四
十年矣乙酉新溝之役大相徑庭因念天時人事迭
爲變更撫今追昔不勝感慨繫之爰錄詩章載加詳
註以追慕當日之盛云

首章　州同知朱一岐位中

閔身且喜祝康彊半百方周自忖量躋蹬功名輸廩
粟（童試三列前矛未售援例授州同銜）艱難年歲閱滄桑（道光三十年中秋後六天兒）
塤篪音斷悲何極（仲弟石亭早世）風木聲多恨愈長（父母皆已仙逝）
三度懸弧東埂上（壬辰三十壬寅四十迄壬子五十均因隄潰奉諭督工）空勞
兒女備壺觴

次章

九載趨公問水濱（道光年間入潰及今咸豐辛亥九次督工）欣逢高士祝
生辰（同里徐梓鄉茂才倡祝）流霞合許今朝醉化雨先霑此日
春（郡城諸紳皆有和章）積學漫云能富貴（家翁子事）分勞聊與共風

塵無窮期望將誰屬惟在兒孫若輩人

和章　道光丁酉優選本科經魁揀授懷甯教諭　唐瑩　子瑜

卅年曰壯卅年強服政才應論石量室爲善居藏竹木（時作室新落成）隄能堅築固苞桑名塲甓甓收韁早（弱冠即授例納粟授州同銜）古籍摩挲汲綆長今日介眉春酒綠彭籛尌雉脩千觴

南弧星復燦湖濱鳳紀書壬二月辰（時壬子二月十六日）甕碧酒宜浮伯雅絹黃詩敢效陽春每從孝友覘眞性（朱仁執事祠以孝友扁堂）定許科名起後塵（令嗣甫就外傳）我亦同年年四十（少十歲）不離席帽未歸人

和章　咸豐辛亥恩貢生壬子舉人　朱汝桂　月坡

年來矍鑠是翁強屢率隄防丈尺量（列憲論爲官圩總修）孝友家風同水木（同出沛國郡）工程指日慰農桑錫光自是承先篤（祖逢春樂善好施父嘗五能繼先志捐賑案內議敘入品銜）純嘏彌徵受命長正值春和好天氣不妨旅邸快稱觴

次章

不是尋芳問水濱邀朋游讌豔陽辰長隄永奠功同夏（九次修隄幾至過門不入）兆姓咸歌德擬春舊雨合徵名士詠（同人晉祝一時名士）採風旋慰勵車塵（歷憲委任袁邑侯撰圩工條約事宜特備顧問）遙憐兒女躋堂際晉秩神馳作客人

和章　道光丙午優貢選用八旗教習　王文炳　蔚卿

羨君闓博識彌強如許才難玉尺量作室既成苞以竹（詩如竹苞矣）懸弧猶憶取乎桑（禮男子生用桑弧蓬矢射天地四方）芝庭日麗情虞遠（雙親仙逝）槐里風清澤倍長（朱雲爲槐里令）湖畔追隨湖畔望一回晉祝一稱觴（東埂稱觴今第三次）

次章

遡來僑寓曲江濱又到中和上巳辰算具八千纔服政筵開百五好沽春（時近寒食）繞庭玉樹聳凝秀（子姪英俊）一纓冰心不染塵（圩工需用丞款報銷外多賠墊）自愧樗蒱巴里曲聯吟屬和附詞人

和章　道光己亥恩科舉人大挑知縣　尚成熹　昭菴

自信男兒當自強如君才識益難量安瀾合作中流柱（四岸推爲總首）未雨先籌下土桑額錫膺榮餘慶遠（丙申太守陸遠雯倡建育嬰堂捐銀五百兩乃以種德膺榮額獎之）堂開勤業教思長（祖父以勤業扁堂欲子孫顧名思義）二難四美今駢集自愧蕪詞等濫觴

次章

豫卜期頤等渭濱而今服政遇艮辰酒浮綠綢初經雨（是日陰雨暫停工作）花褪紅嬌別占春燕翼貽謀承舊澤（先人創置田千餘畝今復增田千畝）雁行繼序步芳塵（遠屏子樂二弟競美）他年得赴耆英會洛下應添一老人

和章　邑增生徐國材（梓斜）
漫云官政服年強澤國經營費料量（歷屆歲修奉諭督工）九載
辛勤登燕麥（每逢圩潰二麥有秋）十分子細重蠶桑椿萲隔世
音容渺蘭蕙盈庭趣味長（歸海門與滋川）此日筵開眉壽
介茳看花甲羽飛觴（後十年壬戌督造黄泄决口幾成詩讖）
次章
沿隄綠柳映湖濱（沿隄仿河工例多栽楊柳）上壽欣逢二月辰醉
打酒簪花及第閒聽歌板鳥鳴春蝸廬雪亮忘居客
鹿洞風高迴出塵（朱文公事）多少高朋咸列座（約官紳董首二十餘）
于門我亦愧同人

按諸前輩倡和之作雍容暇豫得古人頌不忘規之
意撫卷謳吟令我一讀一擊節
新溝工次即事七律二首　歲貢生試用訓導姚元熙（星榆）
扁舟一葉趁春晴豈爲飢驅作遠行虎負徒鬪攖衆
怒蠅營竟至激蓉爭愁他谿壑填難滿遲我隄防久
未成枵腹自來難責效程功先要免呼庚
老夫耄矣百無能暮齒猶思勵飲冰不合時宜非傲
衆苦於戇直懼多憎河渠有志書空讀枘鑿無人禮
倍增慚愧救時無善策籲天惟祝麥豐盈
按是詩詞多憶濾殆有慨乎其言之也首作識時次

作勵已其三閩氏之流亞與觀下官圩愁一闋情見
乎詞矣
官圩愁　前人
熙生長斯土迄今六十有五憶自　道光癸未以及
今上之乙酉圩凡十三潰民情愈變愈詐人心愈趨愈險
甚有幸災樂禍以罔利者嗚呼人之無良至此極乎
今茲三月缺口告成王氏村西百餘弓堆沙爲埂不
能無後患也吾懼焉作官圩愁成五十四韻
江南魚米鄉官圩最云樂厥田惟上中大可安耕鑿
春雨一犁扶秋風十倍穫所資在河防以埂作城郭

一朝失所守人民棄溝壑翳我生之初水災偶一作
維時豐亨久多富少貧約　道光癸未年乍遭不爲
虐奈何辛卯後陽侯頻肆毒（癸巳甲午己亥庚子戊申己酉疊次告潰）廿
載八無收舊家遂蕭索乃更兵燹加（自癸丑以迄壬戌粵逆盤踞十）
年生存苦寥落田荒無人耕室毀身安托所賴賢令
賢招撫裕方略（克復後趙小蓮邑侯捌天門書院課士在河西籌牛種招佃墾闢官圩漸次生聚真再造恩主也）籌種河以西畝助聲諾諾因以得開墾
穀熟鮮飄泊經過歷八年隣殃勢難却（同治己巳感義圩潰延及官圩一缺廣濟圩兩缺）
禍延北横埂遽爾大崩削悲聲震村
野離散因各各守令得唐徐仁慈復忠愨疾苦急上

閩沈痾爲救藥得效隄告成醉飽恣酣謔（經手均有乾沒）生
齒日已繁䛐讀方踴躍人心趨險詐天意怒澆薄去
夏隄霪霖示警足駭愕胡彼幸有災於焉生貪攫計
以禦患資而作度荒策揖盜任開門坐視失先着授
西因失東萬命羅湯鑊太守今（龔仙舫邵伯勘期開工僅准畝捐番銀貳）
（分歲事）龍圖窮治非臆度小懲而大戒聞者庶惕若獨
憐無告民孖難殊焦灼
天恩自高厚
大府早斟酌
卹典雖區區鴻依難陽膜豈期工代賑吏才矜卓卓不卹
野莩多巨口恣吞嚼胥役卽官長百喙無一諤卽令
洋務平度支不如昨
深宮堯舜心施濟亦云博津貼出歲供仁哉哀民瘼奉行
翳何人天良盡自摸勿以
太倉粟任使飽鼠雀我老病交乘固宜東高閣戇直易
招嫌猜附殊增怍聞變急趨工温語爲籠絡（埂腳至經五易）
謡唱聽忠姦（時有某忠某奸之唱）笑駡逾搒掠竟有顏之厚居
然屐之錯世情已至此焉用增嘲噱僥倖一春晴隄
完有闕鑰米鹽得通融非僅飽藜藿所恨戚自貽狐
狗相牽縛（事外垂涎控）一曲淚淘沙分崩失根腳（王村西北堆沙）

（爲埂）此患人盡知匪我獨驚愕爲詩話時賢莫作燕巢
幕思患宜豫防庶見雞羣鶴（謂樓甸臣趙玉棠）

光緒戊子修隄　前署縣嚴明府盛德在民謳歌載道
茲奉委監修民慶更生恨疾軀未獲效命感成七律
敬呈　慈鑒　　姚元熙（星榆）

竹馬重迎似細侯來蘇可解萬民愁地緣舊治情多
熟人是相知算自周棠芾猶留當日蔭芸生更荷百
年謀慈幃伊邇難趨侍悵望崇轅德未酬

南中心埂竹枝詞十二首　前人

三年兩度水災成隄決誰敷問蟻生賴有萬家生佛
在相公司馬爲巡行（陳六舟中丞赴皖閲兵旋便道勘隄）
不枉圩名號大官中丞觀察爲飢寒非常
賑典頻邀發一例生全福定安（史蓮叔郡伯著福定圩一體領款）
隄分南北有攸司分得中心嚴挺之（嚴心田明府奉檄分督南工）
一自興修經始後衝風冒雪總無辭
蘆棚土竈儼行營圩務居然軍令申聽得金鑼聲一
振大家早起趁黎明
輿夫端由率作功未明先起是嚴公催將號炮從空
放頃刻夫齊各逞雄
不矜架子不張威不用刑驅亦不違能使愚頑皆効

順好官日裏念微微
清晨及午走無停再食全憑表最靈按候散夫齊不
誤金鳴還向耳邊聽
更有忠誠出肺腸自家飲饌儉非常願將已費添加
獎賺得夫挑土幾方
晚來依舊是鑼傳束擔歸來飽食眠但祝天晴工早
竣恐教阻雨又遷延
勤哉勷事有朱楊德川聚川昆仲甸臣燕臣二君晝夜奔馳又二王
卿齋耀槐二人兩趙玉棠畯亭張書田徐支光周紹經與魯源緒一般不負
論煌煌

布穀聲中夏令交親身苦勸暮還朝圩工未了農工
急莫再延挨本業拋
永逸全看此一勞這番中外埂都高陳蕃經濟中丞六舫
史魚直觀察蓮叔萬古留名並禹皋
光緒戊子建造中心埂潰缺余奉　觀察諭督辦諸務
自冬徂夏歷五月許新歲阻雨停工工竣即事作柳
枝詞三十首用上下平首韻教夯夫歌之以節罷勞
命之曰行夯闕以代邪許逐首仍拈四字以命題自註
問年潰埂　光緒己丑恩貢生候選復設教諭朱萬滋湖奧選奧
平原曠野畝南一東自昔圖圩號永豐晚近數遭河

伯患道咸相繼凡十二潰酉年纔潰亥年同前年乙酉潰閏一年丁亥又潰
紆道勘隄
方憂無計禦三冬二水頻遭歲又凶一片汪洋無
控告乙酉修隄無款上控督藩竟屬子虛驟仙蕎太守示捐畝費萬家生佛偶然
逢陳大中丞赴甯視師經花津圩衆籲請勘隄旋迋道黃池埠中心埂缺隄餘生作圩務瑣言上之悉
蒙採用
籌款濟急
福星原是燦邪三江江蘇儀徵人原籍休甯縣
天遣巡行到此邦奉旨閱兵過圩境曾見流離情不忍加　恩頒
起故園腔塗與儀徵同屬江南故云

請帑興工
邇日河工費度支河決鄭州況加賑撫又兼施憂民憂
國情交迫祇爲趨甯往視師
放餉從優
估工搆料燭些五微兩缺南北二缺量清又計圖核實撥
銀三萬七津貼銀萬二千兩周圖借銀二萬餘兩賑濟銀數千兩天從人願莫
尋遺照估清給毫不扣減
派委念舊
欲爲澤國免其魚督率憑誰下簡書默記花津
天后院士民頂祝有誰如天后宮諸香見嚴明府粟圭因委是役

畫地分司

不是尋常命澤七虞重迎竹馬萬民趨（戊寅嚴公提篆拔五小圩）

（官圩僂全）履祥回任（知縣金前幸調）延年委（特委幫辦）南北分司各一

隅（北工近減金公主之　南工較遠嚴公主之）

列岸編册

卯簿新編法整（入）齊兩南岸自列東西（東南西南兩岸各立卯簿）

細排鱗次無遺漏迅速圖成一月隄（退挽月隄四百三十弓）

照田選夫

古來經界制稱九佳（前馮分工照田出夫）按畝徵夫莫閃差老

幼疲癃皆剔盡（革去舊習）一人懸掛一腰牌（書明圩甲）

按期給食

冬工興作值葭十亥（十一月十九日）明得食赴工不用催五日

爲期清楚給（按五日一給口食）屆工於賑慰鴻哀（津貼毋庸辦還）

蘆棚棲宿

時難年荒菜色（一十）眞擔柴負米此安身領銀買席編

棚廠（二十名夫作一棚）飽食安眠頸

至仁

土竈安炊

草野無文不尙（二十）文掘泥支竈飯勻分（夫由米一升五合三餐秤）

（勻食之）此中縱屬荒涼景尙有炊烟裊白雲

鳴鉦申令

政刑兼用子元（三十）元圩務勤時軍務存三令五申皆

不紊清晨（首造飯次齊夫）卓午（先放夫後齊夫）及黃昏（終散夫恰合三令五申）

放炮取齊

鳴金已是膽心（四十）寒號炮聲來更不安束好泥籃挑

好擔大家好好莫抽單（魚貫而行絕不擁擠）

豎旗分塘

紛亂原須荷翦（五十）刪紅旗高豎字同環（大書某圩某甲）土方

彼此分疆界來往于于各就班

持籌計擔

夫名踴躍各爭（一）先彼此齊挑不歇肩遠近派分多

寡數八九十擔自無愆（照步數多少以計擔數）

逐名點卯

隄邊傍晚日蕭（二）蕭魚貫行來努力挑按甲按棚齊

點卯抽夫買米票同銷（給票買米點卯掣回）

驗表放歸

樂事原非載酒（三）肴連陰誠恐日時淆好將靈表勤

查驗（天陰用表驗時）一寸光陰也不抛（須嚮時尙挑一兩擔）

奪彩爭先

子來丁壯氣眞（四）豪競彩爭紅插擔高（彩旗插在擔頭）贏得

青錢便沽酒（得彩者領賞號二十文）歸棚一醉傲同曹

編歌忘倦

盛世原傳擊壤五歌祇緣豐歲黍稌多如何庚癸頻際也

有謳思譜太和（夫緇十字歌忠懇者贊揚 負號者取斥與論如是）

減膳勞功

四圖隄務雜如六麻甘旨糧儲俸應如（嚴委薪水 取給糧合）樂

事趨功皆用命減餐犒勞衆無譁（自經始以迄告成 無一罹刑罰者）

持鞭警惰

顓蒙原有毗陰七陽勤惰頑愚各短長扑作教刑終

肆赦（遂日持鞭 未嘗笞責）非同志得意揚揚（後修驕者 可以愧矣）

層碳夯固

偶然林外叫𡋯入庚正雜夯夫倡和聲好是層碳夯

得透（每丞一尺二寸夯至入寸）連環套打符鐵行（鐵試灌水不漏）

窖樁防險

菜色黃夯麥色九青土工竣事木樁釘找成高架排

成跳（三丈高樁必需長架排跳乃下）鱗次還兼梅瓣形（如鱗次復如梅瓣）

置龕埋棺

波瀾瀰漫暑氣十蒸殘棺朽匱附隄塍（坍岱每停棺隄畔）數

卹義塚豐碑竪（黃池鎮北一所 會基渡一所）心地栽培弗祿堷（嚴 明）

（府印忠培 字心田）

修築治證

菑祲已告召慫十尤若遇調元病即瘳（手合九畝 應時立效）一

片婆心如保赤好官能得再來不（前曾捉篆 或望重來）

續築標工

雨灑長隄似霧二十侵夫工蒇役慰初心（二月廿五日告功夫倍出）

力何期接辦標工日却有青蠅暗地吟（緣議夫價遂 有中傷之者）

稟請夫價

以工代賑

帝恩三十覃待哺嗷嗷舉室含入折中明過四岸詎期截止

竟成三（隱工夫價初定入折波 爲三分三月十五截止）

黔黎頌德

夙成功業作梅十鹽邇日隄成德又兼但願長生歌

樂只瓣香永祝我公嚴（天后宮西偏 殿設栗主）

陸續報功

從此三登並五十五十咸

九重指日晉頭銜子孫瓜瓞綿科甲（嚴公家嗣 是年入泮）侍立朝班

展綬衫

官圩修防述餘卷之六藝文終

金昌明助印

官圩修防述餘卷之七

器具目次

王秀瀾助印

官圩修防餘述卷之七

湖𡂿逸叟編輯
谷有章倫煥校

器具

圩之修築非徒手可告成功故估計需弓綫挑挖待畚鍤搥扑用夯硪保護資樁蓆事所必然者也若夫立局安棚傳籌報汛諸務雖有成法亦在相其時因其地而善用之毋庸泥也果能事事如式在在得人又何慮告潰者之多多也述器具

隄防一切器具圖式說略如左

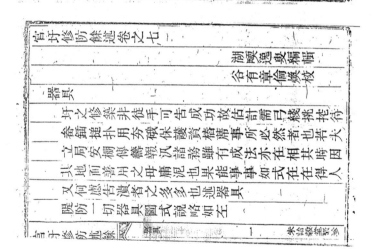

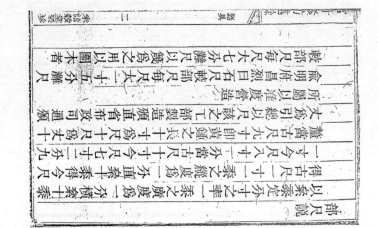

部尺式

此屬五寸

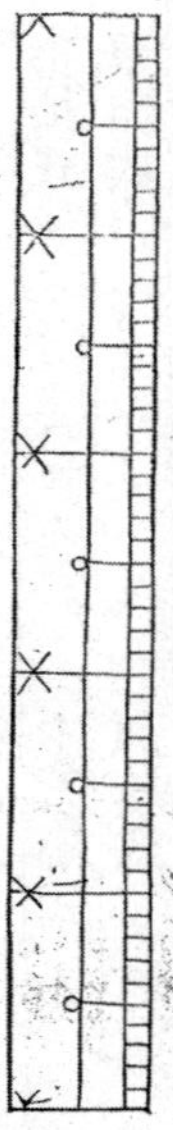

部尺說

以絫黍定分寸之率一黍之廣度爲一分橫絫十黍得古尺一寸一黍之縱度爲一分直絫十黍得今尺一寸今尺八寸一分當古尺十寸今尺七寸二分九釐當古尺九寸即黄鍾之長十寸爲尺十尺爲丈十丈爲引總以尺該之工部製造須直省布政司通頒所屬以准度營造

兪明府昌烈曰石尺較部尺每尺大二寸五分灘尺較部尺每尺大七分灘尺以篾爲之用以圖木者

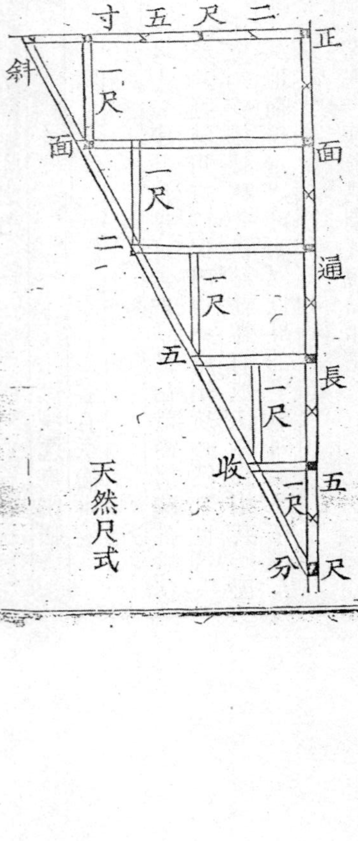

天然尺式

天然尺說

俛制軍豹岑曰向來估工收工俱以五尺竪立斜面牽綫掛平往往陡高不准部製此尺形如梯架長五尺每尺安一橫檔上檔長二尺五寸漸次縮短防斜面阻礙也量二五收分在陡高五尺處安尺用繩一丈二尺五寸懸尺頂牽平不低不昂則陡方斜面俱是倘繩長五寸方平橫檔是爲二六收分一尺爲二七收分或祇用繩一丈二尺與橫檔相平是爲二四收分再短五寸又成二三收分矣或長或短由此類推之

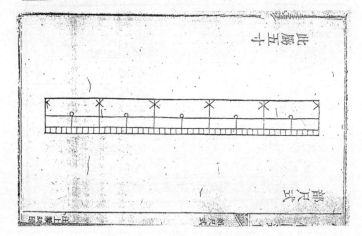

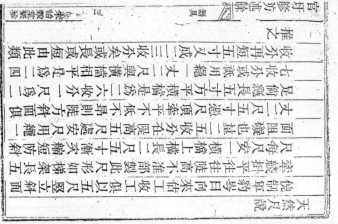

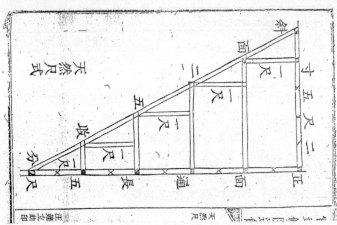

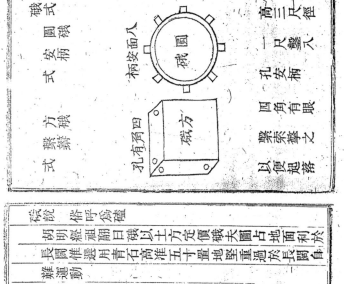

縱橫二百四十弓
爲一畝

弓式

爲一里
長三百六十弓

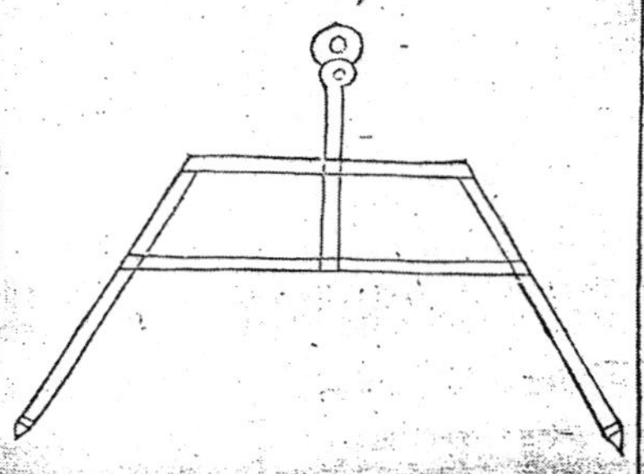

計五尺爲一弓

俞文藻助印

弓說

胡明經祖翩曰弓有册弓京弓二號以册弓較准京弓每弓短一尺一寸以京弓較准册弓每弓長京弓一尺一寸一分諺所云不緊不鬆三步一弓乃册弓非京弓也竊謂製弓亦須留意弓式大小以尺爲憑然木架必放開寸許兩股釘脚居中方能如式若木架大小僅符部尺釘脚每股收進半寸則每弓短一寸二丈須短二寸以通隄數萬弓計之不必蛇行鴨步已知少若干弓尺矣

一云縣印二十四印自長一弓

官圩修防述餘　器具　四　朱詒穀堂聚珍

硪式

圓硪安柄式　方硪繫辮式

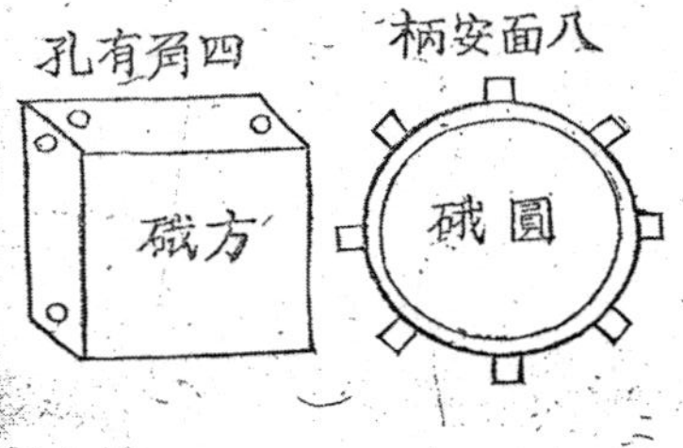

高三尺徑一尺鑿八孔安柄

四角有眼繫索擎之以便起落

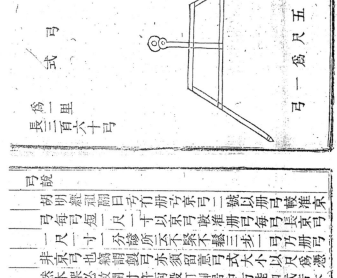

方圓硪式　朱位南助印

硪說　俗呼爲磕

胡明經祖翩曰硪以土方定價硪夫圖占地面利於長闊惟選用青石高准五寸置地堅重過於長闊自難運動

沈丹甫曰青石長闊高各一寸重三兩由此推算便知之今所用硪方徑尺餘厚三寸許空如仰盂四隅有稜鑿稜爲孔以繩繫之重不過五六十觔八人擧硪力多硪輕落地無蹟不如圓硪高三尺徑一尺用力不均輙起錢眼必須連環套打然高易傾側改製硪形如磨旁鑿八孔[illegible]長四寸以繩絡之

官圩修防述餘　器具　五　朱詒穀堂聚珍

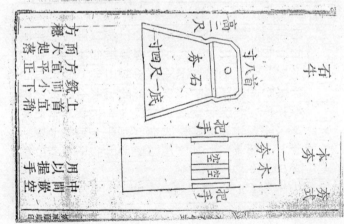

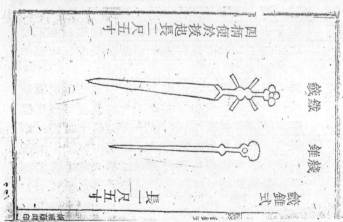

夯式

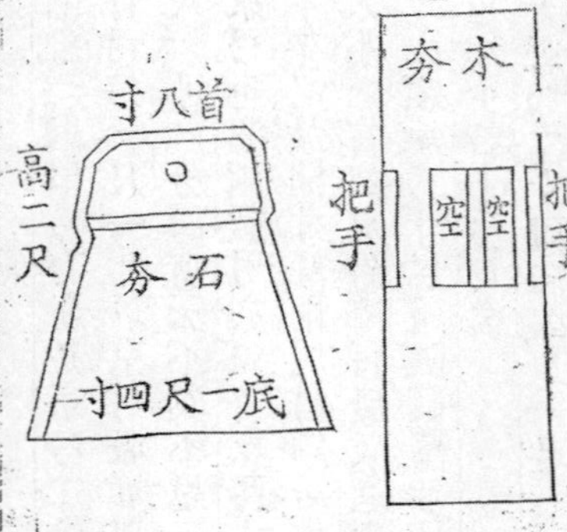

中間嵌空用以握手

上首宜稍銳而小下方宜平正而大起落方穩

夯說

考字彙夯呼講切上聲用力以舉堅物北音讀如抗今土音作平聲借爲築杵之名斵堅木長四五尺圓徑尺許周圍鏤空以容手四人共舉去地一二尺旋起落壓打鬆土使其堅實於不能行硪之處最便又一式用青石大塊鑿如方秤錘約三百餘觔兩旁刻箝口各嵌木棍繫則三技用六人重則四枝用八人撞築圩內呼爲石牛者是也大抵磕用於斜面以收邊石牛用於正面以鋪底木夯用於側面以實涙窩此太略也

鑯錐式

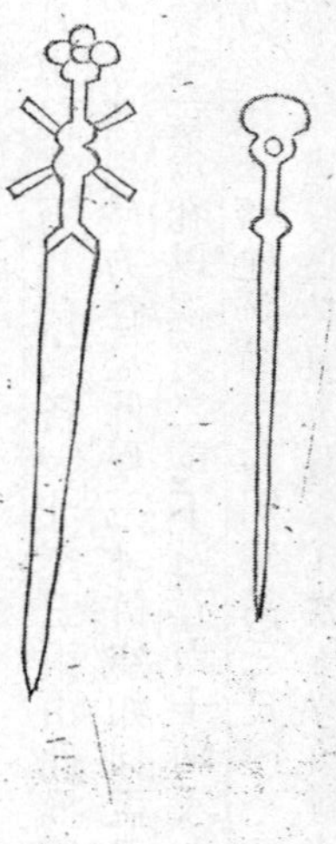

長一尺五寸

四柄便於拔起長二尺五寸

鑯錐說

汪制軍志伊日建造生工夯過以後用鑯錐入土中一直拔起灌水於孔以不漏爲上其式上圓中方下銳旁有四柄扶持起落長四尺餘使釘入土深透一直拔出勿任緩緩拔轉俾四圍磨光或有水中和藥之弊又一式用純鋼綫錐以手鑯之短而細難以入深不及中方下銳者之爲愈也然欹側處用之亦佳拔鑯式旁有柄便於提攜中方勿令拔轉下銳易於入土徑用寸許大則擠實水不漏矣

畚鍤式　俗名泥籃一作圩籃　鍤卽鍬也

泥籃式

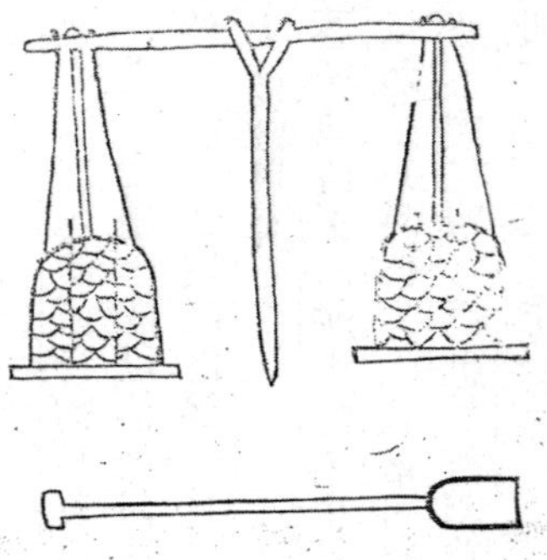

鍬式

畚鍤說

考河工挑土冇運以土車者創自靳文襄公謂一車可負三四石之重圩民未見此制亦未便於馳驅修造取土除駕船裝運外均用土籃肩挑籃以柳條作半圓篰以木板縛以細繩如魚鱗故名魚籃圩同音又名圩籃言挑土築圩之籃也用粗蔴繩束於區擔兩頭法頗輕便價廉工省惟細土尚虞灑漏復以樹椏槎一支架撐區擔便於取攜亦妙　鍤釋名插言捔地起土也史記河渠書舉鍤如雲今圩民所用鐵鍬是也

宮圩修防述餘　器具　八　朱詒穀堂聚珍

榔式

木榔

石榔

花鼓榔一名蟹臍夯

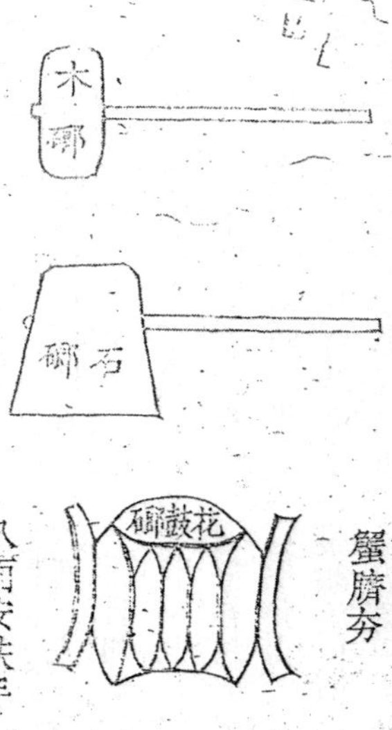

榔說

按榔有數式冇木榔有石榔有花鼓榔木榔一名韃榔以木磋頭爲之收工時用此韃扑期於光澤也石榔重三四十觔及五六十觔不等形如秤錘釘樁最宜用此初下大樁不能驟用大夯持此甚便必以天紫石爲之防其撞碎墜下損人也花鼓榔圓如鼓形不用長柄八面上下鑿孔安以柄勢如蟹脚故又名蟹臍夯或四人六人八人皆可使用搶險下樁時尤不可少

宮圩修防述餘　器具　九　朱詒穀堂聚珍

草簾式 土名葉蓆

長以一丈爲準

闊以五尺爲準

厚以二寸爲準

孔在泉助印

草簾說

袁邑尊瞻卿曰夏水汎漲遮護隄身需用草簾較蓆穩便其式寬五尺長一丈鋪水際以樁釘任波浪雖常搖撼隄埂不致受傷舊制按畝出簾一尺通圩計之得二萬數千丈可敷用矣

按草簾厚實與蘆蓆單薄不同薄不耐久中盛以土易敗草簾密結以繩索定隨波上下長落可移一便也舊例按畝徵收不需經費二便也如無稻草麥莛代之三便也有此三便何憚不爲

旗號式

頭尾旗

得彩旗

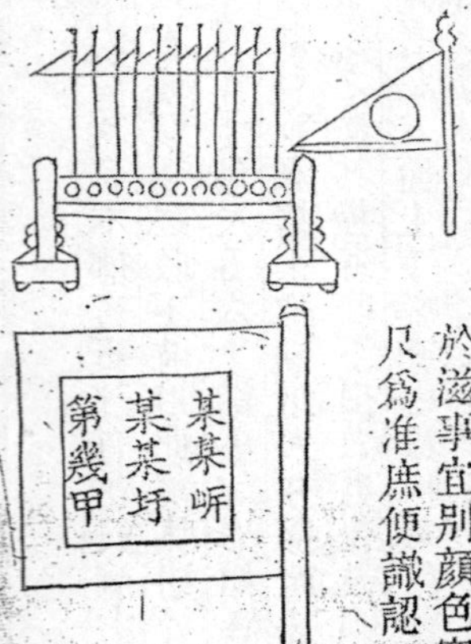

搶險旗

搶險乃倉卒時圩夫人多易於滋事宜別顏色寬闊以五尺爲準庶便識認

趙恒山助印

旗說

按圩例修隄夫名擁擠擇老成精壯者二人爲領袖予紅旗一面一爲押尾予綠旗一面日加賞號又圩夫多疲羸例用小紅旗數十面遇有精壯之夫踴躍出力終日不懈者立予彩旗一面插在擔頭以覘用命且爲寵異酉刻收工憑旗領賞至猝出險工夫多人雜尤易擁擠且時時滋事非製顏旗以別之則良萎不分賞罰鮮當矣惟倣軍法以部署之一望而知無所逃遯

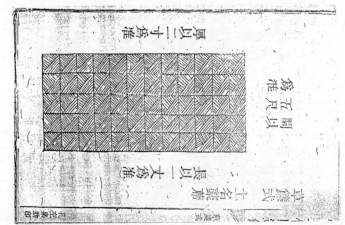

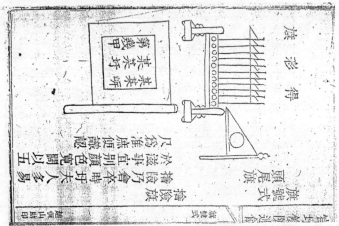

巡隄籌式

巡隄循環籌

太平府當塗縣正堂示爲巡隄事仰大
官圩圩修小甲夫役人等知悉立將
該籌持送前段換回麤字號以憑防
守要工　右仰　圩第　甲

按夏漲䨓隄各段告警需夫支更防守值風雨晦暝之夜往往無夫管守惟製此籌二枚書定時日擇於緊要地段着送此籌循去環來則通圩一週尅期可到有不備知其緊要乎

高脚牌式

隄　爲某某事
工
委
員
示　年　月　日給

牌用方式四面皆尺餘下撑以高脚上釦各憲示諭着小甲肩行並鳴鑼以警衆

架棚式

右用篾弓架之上繫以蓆旁繫以繩下鋪以板可蔽風雨且能遷移緊要地段如嫌稍矮易受潮濕亦可安高脚如牀架

架棚說

倪制軍豹岑曰棚用木桿二枝長七尺兩頭安橫檔寬四五尺形如轎槓長桿各鑿孔七以竹片弓插其上覆以蓆桿旁有鑲穿繩縛蓆恐爲風雨漂揺也每棚可容二夫高低位置聽其自便鋪以柴草坐卧皆適夜則張燈棚口更替梭巡甚爲妥便

按林文忠公防汛章程有擡棚可以遷移其式即此與又大架棚倣軍中帳棚爲之棚二十人可免租厲之費圩無此製存之以備選用

碑式

分

工

碑

官圩某某岸某某圩分工碑

計長 千 百 十 弓

面寬若干丈尺

頂高若干丈尺

起自某某圩工止自某某圩工

按前明分工碑湮沒久矣間或有碑亦不詳載洵稍並弓丈高厚起止過者無從考驗卽勘者亦茫然也惟立界碑瑕瑜立判矣

器具卷七終

官圩修防述餘卷之八

占驗目次

列朝災異

日	月	星	雲
霞	雷	霧	露
霜	雪	雹	雨
虹	水		

正月	二月	三月	四月
五月	六月	七月	八月
九月	十月	十一月	十二月

地	山	水
人		
草木	蟲魚	鳥獸

官圩修防述餘卷之八

湖㙦逸叟編輯

劉海鼇樹人校

占驗

修防之法是於人事盡矣其可以貪天功乎設或天道反常人事錯出苟非占驗或少參稽則術亦有時而窮茲緣圩有關會而事有所宜考者聊爲集說其亦博觀約取之一助乎述占驗

歷朝災異

晉武帝泰始三年圩民宣騫母年八十偶浴化爲鼉諸子

閉戸守之相坎堂上實水其中䆁人坎游戲二三日
延頸外望伺戸小開躍入遠潭水隨身去不復還
宋徽宗二十三年夏宣州水泛溢至諸圩盡壞
明顯帝十五年大水圩盡沒次年飢死者相枕籍有一家
五口以繩繫頸同赴死者
又三十一年四月水圖溝水無故沸騰盎盈亦然
又三十六年大水圩岸皆潰民間剝樹皮草根以爲食
又四十年水
又四十一年大水圩壞
國朝康熙二年九月大水諺傳九月二十三打破湯家灣
是也
康熙四十七年大水圩潰奉
特旨地丁銀兩全行蠲免
雍正四年大水圩潰全邑煮粥賑飢
乾隆三十四年大水圩潰
按以上災異均載邑志
道光三年大水圩潰民人流離爲向來所無者嗣後
歷遭水患年次情形備載正編修造

占日

祥異賦日日暈有黑氣則傷穀主大水

農圃春秋曰烏雲接日必下雨諺云日落雲裏走雨
在半夜後又曰日落臙肢紅無雨也有風
又曰日出當中現三天不見面

占月

宋志曰月中蟾蜍不見者主大水
羣芳譜曰新月下有橫雲主多雨水初三月下有橫
雲初四日裏雨傾盆

占星

姚令威叢話曰陰雨初晴明星不宜多見多見則復
雨諺曰明星照濕土來日依舊雨

農圃全書曰游星自北向西移主水淹田禾

占風

農書占曰春風多夏雨必多行得春風有夏雨也春
風多秋雨亦多七場春風一場秋雨也又八春發東
風連夜雨又曰東風急備蓑笠東風必雨理之常也
詩曰習習谷風以陰以雨朱註谷風東風也
士商要覽曰五月初五日屈原暴十三日關聖暴二
十一日龍母暴皆有大風

占雲

隋書占曰二分二至觀雲氣青主蟲白主喪赤主兵

黒主水黃主年豐

農事須知曰雲起西南雨必多諺云雲自西南陣單過也三寸雲起東南必無雨諺云太婆八十八雨未東南發雲自東北起多風雨風愈急雨愈多雲自西北起必黒如潑墨先風後雨終易晴又曰雲行東雨無蹤雲行西雨溭犁雲行南水滂沱雲行北如曬穀

又曰四月十六雲推磨十個圩岸九個破

占霞

農圃須知曰朝霞暮霞無水煎茶

羣芳譜曰霞乾紅主晴褐色主雨霞滿天過主晴霞不過

占雷

師曠占曰雷初發聲在水門者其年主水亥子二方爲水門卯時雷主有雨午頭雷主無雨諺云未雨先雷船去步回言不雨也雪中有雷主陰雨百日初起其聲霹靂者爲雄雷旱氣也其鳴依稀者雌雷水氣也

占露

田家雜占曰八月十一日夜用金漆盆承露圓珠則來年水小散漫則水大

占霧

月令廣義曰江淮間以立春連三日看湖中霧氣高尺寸則水亦至其處如無則旱又以一九日占霧定來年四月之水高下二九日定五月三九日定六月四九日定七月五九自定八月每以首日看霧高幾寸濃薄以占其月有無水及大小極驗諺云春霧晴夏霧落秋霧不收雨颯颯

占霜

萬寶全書曰春霜主雨諺云一夜春霜三日雨三夜春霜九日晴

占雪

農圃春秋曰若要麥見三白冬無雪麥不結此言年內雪多來年豐亨之兆也諺云冬雪年豐春雪無用雪晴不消曰等伴日照不化來年多水春雪大主水大應在一百二十日

占電

田家雜占曰電在南主晴在北主雨諺云南閃千年北閃眼前

占雨

羣芳譜曰甲子日晴主雨月多晴雨則久雨諺云雨打五更日曬水坑又久雨雲黒忽然明亮主大雨謂

亮一亮下一丈久雨午後乍晴有日色雨必多又云
雨在午下無歇雨同雪下卒難得晴又謂雨夾雪無
休歇
農圃春秋曰春甲子雨乘船入市夏甲子雨赤地千
里秋甲子雨禾頭生耳冬甲子雨雪飛千里四季壬
子日宜晴此日名水生日雨打六壬頭低田只索休
一說壬子是哥哥爭奈甲寅何此日若落四十九日
天不晴又久晴逢戊雨久雨望庚晴
荆楚歲時記曰正月元日遞至十日皆不宜雨雨主
災晴則吉一雞二犬三猪四羊五馬六牛七人八穀
九麻十麥

占虹

朱子曰雲合則雨虹見則止
切用格言曰虹明而長者主晴短而闊者主雨
太元經曰虹掛東一場空虹掛西雨瀰瀰詩曰朝隮
于西崇朝其雨

占正月

卜歲恒言曰除夕以罈盛水元日秤其分兩挨至十
二日逐日秤之辨其某日輕重卽知某月内水之大
小也又除夕看潮汎消長定來年桃伏秋凌四汎是

夕長潮一只來歲夏秋汛漲卽至一丈落亦如之其
數頗驗
羣芳譜曰立春日晴明歲熟陰黯傷禾豆風從坤來
爲逆氣主春寒六月内有大水
花鏡曰立春日虹見正東春多雨秋多水
農圃春秋曰百年難遇歲朝春遇則大熟
便民書曰元旦東井有雲歲澇
圖史曰歲朝西北風大水害農功
彙譜曰二日晴大熟得辛小收得卯低田半收三日
晴上下安西北風主水得辛亦水得卯大水四日晴
主春暖得辛主水得卯大水得辰七分收五日晴民
安霧傷稼得甲下歲得辛旱得卯半收六日晴歲熟
得辛小旱七日晴人民無災得辛半收得卯春澇得
辰水八日晴宜穀得辛歲稔得卯澇得辰先旱後水
九日得辰主仲夏水災十日得辰主旱月暈主大水
東方朔曰元日晴和人安國泰歲豐
花鏡曰上元日晴三春少雨又云雨打上元燈早稻
一束草有霧主水十六日夜晴主旱惟水鄉宜之晦
日風雨歲惡又雨水節陰多主水
占書曰甲子豐年丙子旱戊子蝗蟲庚子亂惟有壬

子水滔天都在正月上旬看
周益恭日記曰正月得三亥湖田變成海在節氣內
方准又俗傳圖隄以正月二十日爲經始謂圩埂生
日至三月二十日成功凡歷三個二十日此三個二
十日不雨圩隄無礙

占二月

農圃六書曰二月二日田家謂之上工日又曰龍擡
頭宜晴八日爲祠山誕前後必有風雨俗謂請客風
送客雨東南風主水
孳芳譜曰春分風從東北來主水坤來多水

占三月

圖史曰清明要晴雨主霧裏有水至又曰清明要明
穀雨要雨
花鏡曰三月初三晴主水旱不時四日雨主澇七日
雨決隄防八日雨乘船行

占四月

文廣日記曰四月朔日暈主水
孳芳譜曰立夏不下田家莫怕諺云四月初一見青
天高山平地任開田四月初一滿地塗丟了高田去
種湖農夫此日最要緊立夏亦然初四日稻生日喜

晴又云四月八日雨前後皆不應言前後所占不足
驗也
圖史曰有穀無穀只看四月十六四月十六烏漉亮
高低田稻一齊熟十六日上早低田好種稻二十日
爲小分龍晴則分嫩龍主旱雨則分健龍主水一云
二十八日方是

占五月

孳芳譜曰芒種端午前處處有荒田
神樞經曰吳楚以芒種後逢丙日進黴小暑逢未日
出黴閩人以芒種後壬日進黴遇辰則絕

雜俎曰雨打梅頭爛却犂頭打鼓送黴一去不回又
迎梅一寸送梅一尺
風土記曰天道自南而北凡物候先南方故閩粵萬
物早熟半月始及吳楚今驗江南梅雨將罷而淮上
方梅雨又踰河北至七月少有黴氣而不覺以此言
之壬丙進梅不足定擬當易地以論之
圖史曰五月初一雨若落牆傾屋倒難收拾此日至
十日不雨主旱初二雨落井泉枯初三雨落漫大湖
端午大晴主水諺云端陽曬得蓬頭乾十片高田九
片浮只喜薄陰霧主大水

六月　七月

農圃書日廿三日為白龍生日常行風雨又云關壯
繆誕辰常有大雨
便民圖纂日夏至日雨主大水有雷主八雨
四時占候日夏至後半月為三時頭時三日中時五
日三時七日最怕中時雨主大水
雜俎日夏至後三庚伏入伏伏者伏何四時相禪皆相
生也獨夏謂秋以火尅金金所畏也故謂之伏
羣芳譜日二十日為大分龍　俗又傳二十二日為
分路二十五日為望候雨主多水
四時占候日洪俗以二十九日三十日為分龍節雨
則多水閩俗以夏至後為分龍節此日宜陰
占六月
羣芳譜日六月小暑節有雨主不歇
西陽雜俎日六月初三晴山篠盡枯零六月初三雨
風潮到處暑
月令通考日六月六日晴主收乾稻雨主有秋水
占七月
古書日朔日值立秋人多病日食人流亡秋壞城郭
農占書日七夕有雨名洗車雨
農圃六書日十五日為稻年生日宜晴雨主撈水稻

卷八　占驗　十

八月　九月

羣芳譜日秋前無雨水白露在來淋又云處暑若還
天不雨縱然結實也無收
時令新書日七月有霧魚行人路主大水
庚辛占日月逢丙日食主人災大水歲惡
占八月
農圃六書日八月初一雖得雨九月初一雖得晴月
月初一要晴惟此月初一宜雨
花鏡日十日半晴吉是日看潮長落可卜來年水旱
又日中秋晴主來年大水無月時無胎蓄茭不實月
有光主兎多魚少雨主來年低田熟上元無燈
雜俎日望夜中秋月雨打上元燈陳後山云中秋陰
晴天下如一此說未試恐亦未必盡然也
農圃書日十六夜萬里無雲年歲大熟諺云十六雲
遮月來年防水沒
花鏡日十八日為潮生日
占九月
農圃六書日寒露節前後有雷電主來年有水
田家五行日重陽晴則冬至元日上元清明四日皆
晴雨則皆雨主飢荒重陽無雨一冬晴或謂無字當
作霧一作戊

卷八　占驗　十一

古今圖書集成　十月　十一月　十二月

雜組曰九月十二晴釘靴掛斷繩

農諺須知曰霜降前後水必退古詩曰霜降水痕收

占十月

群芳譜曰立冬晴主冬暖魚多風從西南來柱花盗

田家五行曰月內有霧有沫主來年水大相去一百

五日水至須看霧著水面則低離水面則至

占十一月

田家五行曰十一月朔日得壬主旱二日小旱三日

亦旱四日大熟五日得壬小水六日大水七日河決

八日海翻九日大熟十日少收

群芳譜曰冬至前後日有雪主來年水多

四時纂要曰自冬至日數至元旦五十日者民安足

不滿五十日者則一日遞減一分餘一日則盈一分

最驗

農圃彙書曰晦日有風雨主明春少水

占十二月

群芳譜曰朔日有風雨明春主旱

又曰臘雪不消謂之等伴主再雪次年多水

黃帝占曰朔日食主次年水災月食主次年大水霧

主次年旱四日元臘謂之臘月有霧露無水做酒醋

古今圖書集成　地　山　水　人　草木

儒門事親曰冰後水長主來年水冰後水退主來年

旱有暴雨來年六七月內有水

占地

月令廣義曰地面濕潤主雨地出水珠如汗石礎流

皆主暴雨

占山

農占曰山頭戴帽平地浴竈言出雲也

占水

切用格言曰夏月水底生苔及苔浮水面或作龍氣

或腥臊或香氣皆主雨水驟至

占人

呂覽曰元旦聽人民之聲其音羽主水如鳴馬之在

野外

漢名臣奏議曰天將雨人之病先動是陰相應而起

也天將陰雨又使人睡臥者陰氣也

占草木

月令廣義曰茅屋久雨菌生其上朝出晴暮出雨菱

草初生剝其小白嘗之甘主水饑主旱藕花開在夏

至前主水

農占曰扁豆鳳仙芭蕉開花發花畫放竹筍透林

蘆葦忽自盡死皆主水
常氏日鈔曰冬青花開主旱此花不落濕地諺云冬
青花未破黃梅雨未過冬青花未開黃梅雨不來
博物志曰桐花初生赤色主旱白色主水

占鳥獸蟲魚

孔子家語曰齊有一足鳥飛集殿前舒翅而跳齊侯
使人問孔子孔子曰此鳥名商羊昔童兒屈其一足
振迅兩臂而跳且謠云天將大雨商羊鼓舞今齊有
之其應至矣急告民治溝渠修隄防果大霖雨諸國
俱傷惟齊有備

爾雅翼曰鳩性拙於爲巢纔架數椽往往破卵天將
雨即逐其雌雛則呼而反之有還聲者呼婦主晴無
還聲者逐婦主雨
本草綱目曰鸛知天將雨則鳴
酉陽雜俎曰鴉浴風鵲浴雨朝鶴晴暮鶴雨
農事須知曰獺穴近水主旱登岸主水犬爬地併眠
灰堆主雨河邊喫水主水退
月令廣義曰野鼠爬泥主大水
士商要覽曰夏至前蟹上岸夏至後水到畔
聞見錄曰唐人詩云田家無五行水旱卜蛙聲註云

三月三日田雞上晝叫上鄉熟下晝叫下鄉熟終日
叫上下鄉俱熟聲啞低田熟聲響低田澇又蚯蚓朝
出晴暮出雨　蝸牛出主雨
西京雜記曰蜘蛛添絲主晴弔水主雨
月令廣義曰平地蟻成陣主雨
致富全書曰鵲巢低主水高主旱
又曰鷄負雛而行主雨
又魚躍離水面謂之秤水躍高幾寸卽增幾寸
按占驗書甚多此惟撮錄水旱諸事餘不暇備載者
緣隄防專指水澇而言也洪範雨暘寒燠幽風流火
蕭霜其亦猶此意也夫

官圩修防述餘卷之八占驗終

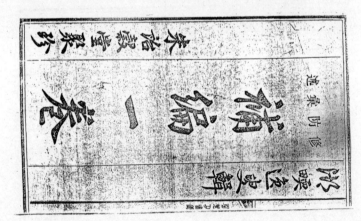

湖壖逸叟輯

修防彙述

補編一卷

朱詒穀堂聚珍

光緒二十五年歲次己亥秋九朱詒穀堂聚珍於詒書味吾軒

官圩修防彙述 一 朱詒穀堂聚珍

官圩修防彙述補編

目次

官圩修防述餘　目次　一　朱詒穀堂聚珍

官圩修防述餘　目次　一　朱詒穀堂聚珍　胥家許助印

官圩修防述餘補編一卷

湖嘆逸叟編輯

楊成名丞芳校

補編

正編之外得述餘八卷分門別類已廣爲蒐輯矣然猶未盡也官圩東岸三湖修防實無虛歲而西北兩畔附諸小圩環爲拱衛其修防大約與官圩等而感義福定兩圩尤爲要害惟類無可分附綴簡末如經有別義子有外編是也若夫集說常歌及可慮諸務亦圩鄉所不可忽焉集補編

官圩修防述餘　補編　圩圩　一　朱詒穀堂聚珍

福定圩

附官圩諸圩福定爲大亦爲害最多在官圩西南隅周圍四十餘里縣志載　宋隆興八年戸部侍郎葉衡奉詔核實似未圖十字隄前卽有是圩矣自黄池鎮迤西至三里埂轉北直至莊村灣周家埠楊泗廟經魚剩塘張家拐約十五里許再東行五里至颺板街連官圩之中心埂約二十里南達黄池鎮合圖計四十里此其大略情形也圩東畔隄埂久殁間有存者亦宛在水中央矣倚官圩中心埂爲東面長城從無幫工修築之例南埂三里微嫌迎溜頂衝而風浪

官圩修防述餘　福定圩　胥家許助印

則寂靜焉西埂有最險要者三一周家埠一魚剩塘一張家拐其餘若楊泗廟麻馬渡亦不能無虞焉周家埠外臨大河値回溜　道咸間數潰魚剩塘內臨數頃大潭外面埂無伸脚處歷年退後鑲幫緣對岸灘嘴遠溜逼衝隄岸日夜崩汕該圩第一鉅工也近隄內外無法取土向北里許至劉書房方有外灘往來數千步圩夫努力上緊僅挑二十擔歲以大檣桅其骨其難如是一有疏虞官圩震撼矣張家拐之工轉灣急鈎洄溜汕刷與魚剩塘等幸內無大溝近日塡築幾壅成田尚可無失惟賴歲修加功耳圩分南

官圩修防述餘　補編　福定圩　二　朱詒穀堂聚珍　胥家許助印

北二壩南稍窪北稍阜其南壩又分爲二一爲小上
壩一爲中壩連西南隅九都圩實五壩也共額田二
萬八千餘畝近設修防公所一在莊村灣南壩屬
焉一在魚剩塘北壩屬焉置陡門五處在北首者陳
板衙西一座張家拐一座在西埂者周家埠一座麻
馬渡一座莊村灣一座西南角九都圩田三千畝納
糧隸蕪邑修隄則與本圩同辦圩有山似覆舵形土
名福定山音相似也一山直亘四面皆田東麓有寺
有閣有殿篠簜竹樹一幽邃林泉也名勝見於沈餘
前輩王槃圖倡文讌名流賦詩一時稱最知丁溝軒
王貫之徐梓鄉朱小岩皆傑出者附記於此知先正
流風於茲未墜近年圩務合圩朋貲催按甲僉點田
多者爲領袖餘甲附從不觀望不逃脫較官圩例似
勝其夫名出力擔土百觔自朝至暮週非官圩所能
及矣
附圩圖刻後

福定圩全圖

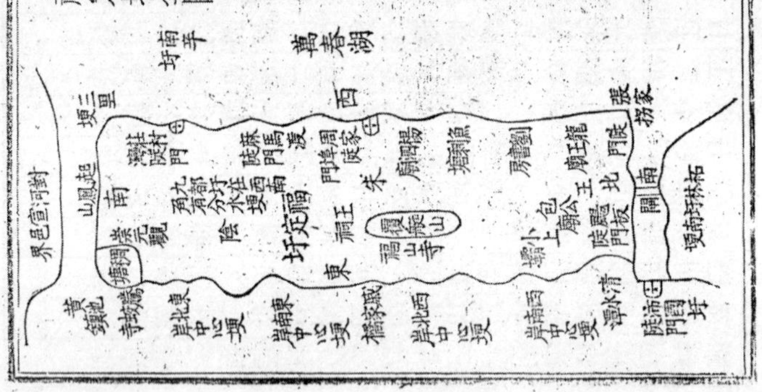

柘林圩

柘林圩南與福定圩爲鄰北與洪灛圩爲鄰皆夾出
水河一道西瀕萬春湖湖身稍高茭葦叢茂夏漲遲
發則彌望青蔥之無風浪近年修築頗能出力良由
費實而夫齊也東倚官圩大隄爲重門疊障不修內
埂夏水稍漲即與洪饑諸圩謀皆中開舟楫不通貨
物停滯不無遺憾耳茲圩額田二千九百畝有奇例
分六甲向年有正副差之分緣爭煩瑣革去之今則
按甲輪修矣東北近亭鎮稍高西南鄰福定較下傳
言周圍九里十三步與洪灛圩爭茲因築月埂致毀

言周圍九里十三步與洪潭圩等茲因築月隄數段

亦未必符此數外水僅一石埝名唐俔埝在圩西南隅袁姓村畔相時啟閉以近年修葺尚無滲漏也又南首港内有小陡門東畔港内有迎秀埝均年久湮塞劉村有社各六社合圩祈報之地南有土閘一與福定圩交名南閘繫洪柘饒三圩公築歷久未開使官圩沛國陡門置為無用良可惜也滄桑更變不亦可慨也哉

附圩圖列後

柘林圩全圖

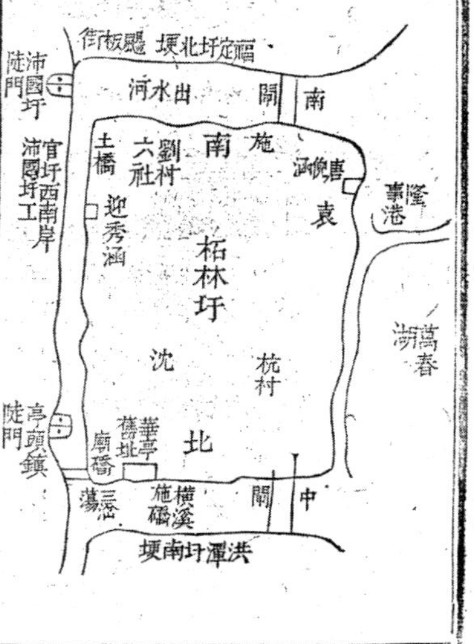

洪潭圩

洪潭圩與饒家圩合圖中有分水埂一而二者者也圩在南首與柘林圩並中隔出水夾河近因兵燹無力修隄夏汛漲時與南北柘饒兩圩共設土閘遂合東南二面圩隄不修依官圩之大隄為重關疊嶂僅西埂一面勤修外臨萬春湖湖身亦高且茭草叢密風浪安靜該圩額田三千畝有奇原分四甲甲分三號十二載輪修一次今改甲分二號八年輪修一次有石涵二所一名蔣家涵尚能啟閉一名葛家高涵今淹塞矣圩有洪潭寺橫溪居士施橋於前以通柘林圩來往前輩湯霍林記之且繫以銘有三茅殿詳見述餘其春冬修築一切規畫大略與官圩同惟夫名尚屬努力朝出暮歸無請酒租廪之習居民沿西埂培築基址樵牧湖蕩採取菱藕最便較東畔田稍勝沿埂設有罾埠水涸時網取魚蝦亦一利也

附圩圖列後

下列饒家圩圖

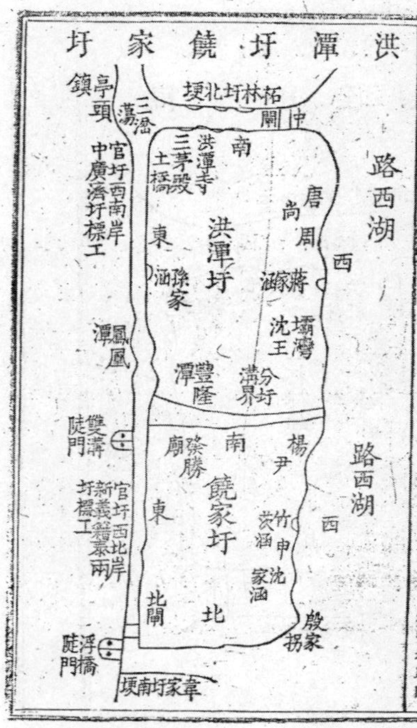

饒家圩

饒家圩與洪潭圩二而一者也合圖而分埂該圩在洪潭圩北額田二千二百畝有奇向分十甲按甲輪修後七甲稍高而前三甲較低其東面圩隄亦復失修倚官圩隄爲外障西傍路西湖錫菱叢密亦無風浪惟西北拐有要工二里多單薄處畏暴風衝突夏令汛發洵屬可危亦足以波及官圩也東北隅近設土閘名北閘閘亦啟閉緣西北岸新義圩陡門水路由此出入西首有三石埨南名竹茨埨中名沈家埨北名楊家埨大都朽敗修葺未逮不堪啟閉也水涸

盤隄以浚積澇亦計之未善者圩有樂善庵爲圩議會所同治乙丑有詩文集會者八人歲祀神前果獲全儔作元愷蒙庥頌獻之其圩例規倣官圩與洪栢兩圩等

饒家圩圖與洪潭圩合圖未有子埂其圖列於洪潭圩下方已見前頁茲不復繪

韋家圩

韋家圩在官圩西畔伏龍橋南首東面原有私隄今湮沒矣附官圩大隄爲半壁其西南北三面皆近湖蕩風浪不甚獰惡該圩田五百餘畝分料修隄居民十數家近在咫尺呼之即出尚能得力惟無溝洫大雨時行往往淹漫幸能用官車法以洩之

按官車之法官圩地面遼闊荒灘甚多抑且高下難期一律私隄又廢無有行此法者惟諸小圩能之其法通圩擇最厚地勢安置水車數十部照田徵夫自備早餐天明齊赴工所圩長鳴金鼓以作其氣至午

放回倬出私車此成例也又有呆禁私車者但看時
勢何如耳

韋家圩圖

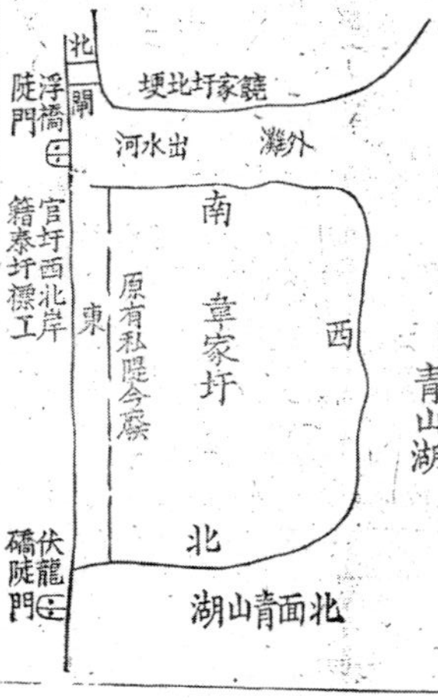

感義圩
感義圩在官圩西北隅原與官圩爲一綠僻處白土
山北形勢窄狹　明末作中心埂以障之見湯天隆
條陳　邑侯朱汝鼇分工以此爲東北岸咸和太平
兩圩標工該圩額田二千八百餘畝坐落低窪苦無
深溝大漁冬令積潦不能種麥惟南畔稍高有村落
焉水由觀音閘出入其東南二面以官圩之標工爲
隄西面内埂細如追蠡無毗伸腳無土培身不堪障
水共磨盤埂一段尤險要之至人所不介意者也惟
北臨姑溪大河按田修築近又續出險工一段在

章公祠前爲官圩圈出者該隄内外陡險近年水災
多半屬該圩先潰茲添險工官圩臥不安枕矣較之
福定圩其害尤烈圩分□甲
附圩圖列後

感義圩全圖

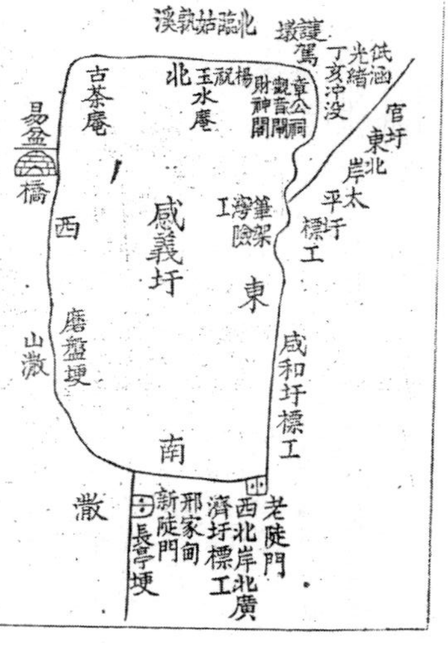

拔上十一小圩或一圩合繪一圖或數圩合繪一圖
均附官圩西面迤及北而唇齒相聯　道咸間有洪
栫漏潰而官圩獲全者亦有官圩潰而洪栫漏獲全
者斷未有感義圩潰而不殃及官圩者亦未有官圩
潰而感義圩猶能自衛者由此觀之良由西畔之中
心埂或能障水也至　章公祠前之缺渠灣諸工約
三里許繫東北岸咸太兩附圩標工感義圩特爲東道
安必其不通也乎後之有心隄務者由老陡門直至
低涵作一重圍關去一害斯亦圩民之大幸矣夫

五小圩

五小圩在官圩西北隅青山東南蕞爾相聚各圍
私隄以障山水土穀堅固隄埂不甚高大沿官圩曲
折有港北設干舠閘西設青山閘前後洩水中間各
設陡門以便出入在東北者爲保興圩在東南者爲
塘下圩正南爲山南圩西爲周城圩及城子圩五圩
毗連共田三千畝有奇其修隄規例雖未明晝一大
約髣髴官圩耳四圍舉無風浪惟山洪下注間亦壞
隄不可不備

附五小圩全圖

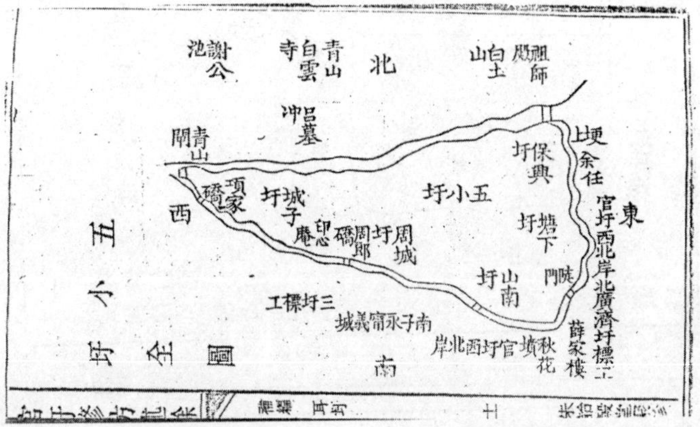

官圩隄務始末

當邑大官圩舊志載稱十字圩向分四岸西南岸之
七圩曰沛國貴國興國南廣濟上下廣濟西北岸之
六圩曰義城南子籍泰永寧新義北廣濟東南岸之
七圩曰保城王明永豐廣義低埸上下新溝東北岸
之九圩曰太平咸禾大禾沛儉官埸清平桑築南新
興北新興統計二十九圩凡一岸失事三岸可保無
虞今十字埂基址久廢一圩失事二十八圩同害借
工費浩大不能如舊分界矣四岸對徑四十餘里周
圍一百七十餘里東西濱湖南北距河自　前明

里東西溧湖南北距河自　前明

邑侯朱公汝龍畫段分工有極洶工次洶工稍工之
分其西埂以黄池中心埂四千弓爲極洶工東埂自
天后宫至李村拾十里爲極洶工瀕臨固城石臼丹陽三
湖上通徽甯高宣山水湖面百數十里風浪時作最
爲險要之地　宋咸淳八年大水轉運判官孟公知
縉以身捍水而水爲之却今邊湖立孟公碑自　道
光二十八年至今碑地潰者三　前明萬歷十五年
大水　縣令章公嘉禎宿花津
天后宫旬餘晝夜救護圩岸賴以得全今護駕墩立　章
公祠其地亦常潰之所　明朱公就東埂之險處令

四岸各認弓丈一段又令各岸之各圩認弓丈一段
至公至當四岸工段除中心埂四千弓之洶工及各
圩稍工外其餘洶工均坐落東北岸地方並非東北
一分與三岸受分者有險夷之判也舊制某圩失事
先自估工籌費次邀本岸業主幫貲若干又次邀三
岸業戶各幫費若干或四六或三七分派銀數公幫
者衆擎易舉獨保者責有專司、道光二十八年後
工程愈大民力愈困人心愈偷旋築旋破總由圩修
春工不力夏漲不保工竣後既不稟官驗收臨險時
復不請官傳救輸差一次希圖了事無怪四年三破

若不豫籌善策則半邑之錢漕萬民之性命百年之
廬墓悉歸烏有豈非屢朝之利藪不數年而成澤國
乎但興利必先除害除害必先知弊東北地勢低窪
凡大水之年涸期最遲二麥難以徧種其心先無所
恃春工因而草率及夏水泛漲易經隄漫田疇見白
該圩之人即束手不問以致三岸受累責無專司之
故其弊一不於工竣飭令該圩之人具結保固不足
以祛其弊也至於三岸距東北岸之洶工有十數里
二三十里不等每逢春工圩修領夫前去擇其附近
之家租厲辦公至夏水氾濫遂懶於復去滿侯王厲

之人付信始言起費再行集夫保護中多轉折屢誤
其事且有退刁腐至小水時詐言洶險索費遠揚及
水勢認眞可慮伊又自顧生涯轉不前行付信而輸
差之人尙安枕在家竟至人不介意而隄已潰其弊
二不將圩差循例票傳外添設高腳牌分岸撥催圩
修赴隄保護不足以警其弊也再者各岸値年圩修
凡水漲之期皆自謂無恙希圖惜費掩耳盜鈴及聞
眞信險要衆口一詞又復閃避不去誠恐以有益之
錢置於無用之地不如吝費守家遇安固可以省巳
遺歉更可以廢荒喪心若此每見勢有生機而理無

心若此每見勢有生機而理無

生氣者人事之未盡也其弊一若非示諭四岸圩修
擇其岸之大者一圩帶夫名二十名小者四圩帶夫
各十名自二月起至六月止監工催班夙夜防護五
日一輪役不足以以攻其弊也而且四岸限隔數十
里風聞失實騰誘僻不一有一二日得知者並未確見
形勢疑信參半此其最要者實之圩修不覈圩設先籌
務家之策聞有稍之大義措備錢米賜閱勸諭或罰
辛災者之言不可救藥遂至途而返且有設詐者差
隊混本官妄稱救之無益甚至有此去不復返者多
方退志以致官長狂瞿　上憲之責下民之怨者皆

書差階之厲也其弊四試思　朱之孟公　明之章
公皆以爲民者勞民因民者利民未聞一公有怨於
民而殞命於民也是非設立官堋委員駐工彈壓之
督率之防護之使上而得音信之確下而得呼應之
靈更不足以涸悉乎情而立救其敝也外此又有三
害焉一承差之個田多者當出少者藉舊有明文近
日圩差每逢承報年分即向輪差咨籍殷實業戶詐
索錢文聽其閃避更有不應承充之人私索小費舉
報在前或令換名頂替鑽充者藉以肥己而圩差又
落得分外開銷一經除指有慾不得爲劑互相回護

賠一示諭煌煌皆視爲具文相習而無忌俾其執戶賄
賂之害如此宜嚴飭圩差秉公開報如違者嚴究不
貸一修築之始因頭堅實而保護一法尤不可少奈
値年圩修每歲輪差之夫或挖堤腳以築埂頭或以
沙土塡心而取湖土蓋面者有之不過僥倖過差而
已者工之不力若此其甚夏水泛漲不敢前去勢畏
附近居民飭令用費格外苛求只得聽其商近持橫
之輩包代搪塞及索費到手絕不問工此求安彼求
利各取便宜遺累匪淺其擴戶滋擾之害如此宜出
示嚴禁包攬違者重責其閃工者申明議罰一大造

之年工費浩繁殷實業戶畏事而不敢爲之領袖不
肖者希圖　將項名爲公而實爲私不知　國家經
費有常有時格於例雖仁人君子有殷莫能助若必
須自發天良早圖善策以仰副　憲恩如向年各圩
所用之費不能盡如所領之費而用之良可慨也其
董事侵蝕之害又如此擬將此後公務由駐工委員
逐日稽查庶工程可固而度支亦不至糜費焉至興
利之舉又須依次施行未可立奏其效即如諸制沿
湖一帶本埂以外設有措浪埂上蓄楊柳蘆葦塞坻
洵爲此舉久廢當援　順治十五年湯天隆之條議

順治十五年湯天隆之條議

以今年之不足者來歲補之二載一換以終前績又
埂頭設立土牛相去丈餘築土一所爲有備無患之
計此卽河工所謂小子堰之意子堰設於埂之外沿
土牛設於埂之內沿其防患未然則一也再者藩制
佃戸承佃業戸編草爲席每畝一尺以爲遮浪之具
近日人心不齊能守舊章者不過十圩之二三倘能
因前成事合數約計二萬四千餘丈此亦護𡓼之良
法耳至於加高幫闊夯硪堅固又在臨事時奉使者
得其人委任者得其吏也以上諸條不揣冒昧僅就
所知之情形情弊利害約略言之是否有當仰冀

衛良英勘印

當代各公大人增損於其間所議既定法在必行則
圩工大振錢漕於以足性命於以全廬墓於以保不
特嗣逢其際者咸知食德而勿諼凡後之居乎里貫
於境游其邑者亦莫不顧坦途豐壤而樂道其當日
爲民牧者不知幾費經營始克成此永逸之休永豐
之驗俾陰受其福者沐　鴻恩於無既矣

官圩四岸二十九圩圖說

官圩爲古姑孰地舊名十字圩考諸志乘分野屬揚
州其與廢不一據圩之東畔有湖曰丹陽　秦始分
郡屬鄣後改爲丹陽而湖隸焉　秦漢而還尙爲藪

隴又其一僅得成熟田二十四萬餘畝爰照老册數
目細列各圩下復將周圍工段弓丈繫何圩修築逐
一註明俾閱者一目瞭然也惟東北十里要工幅隘
不能詳載尙有遺憾至要工用△險工用X分工處
用○以別之平穩工段概從略也尙希識者正之焉

上白小山總憲書

前自金陵拜別後痁發一月餘始愈又感受時氣熯
熱進日夜不解近雖脫離而元氣一時難復仍終日
在房未出堂戸闞　老夫子查災臨縣不得躬迓行
旌歉仄奚似謹命舍弟輩趨謁舟次伊等皆舊日門

潘玉相勘印

牆之士久違慈訓伏惟進而敎之炘竊有請者　道
光三年水災當塗淮報九分領賑銀九萬兩雖官吏
未能奉行盡善然貧民受惠不淺彼時承五十餘載
有秋之後甫經破圩又得此厚賑是以冬春之交民
有菜色而無餓莩此炘所親見者也自三年以後歲
無大稔去年小圩俱破其大圩收成不及十分之五
民已不堪而今歲之水較之三年又高二尺當塗所
餘之田無幾現在情形已有餓莩待至冬春不知若
何傳聞各　大憲以　豁項不敷意存節省當塗只
准災七分而賑項不得三年之半民情頗覺駭懼伏

……得三年之中民情懽伏

大水紀事

夏炘謹上

人力欲與天爭功此計雖拙心特雄堤城閉關塞溝竇杜禦兩月丸泥封蓄蓄一夜召河伯壞我城垣入我宅千騎萬騎白馬來平地水深四五尺撼壁搖牕門戶低悲哉老屋難安棲呼船乘母挈舍走城東北郭龍山西看家我獨臥小閣十斗塵埃撲面惡出門趁船問親友雨散星飛無著落愁見城頭露處人住無片瓦餐蔡囊惟時守土兩劉公發民知子心相同白金並請發左帑貴紅粟告貧西江豐計惟羅粥利最溥論我司事文具宮青銅一枚粥一碗兩錢三錢照此算隔水人家少渡舟朝朝運送船裝滿癟瘦呼起民可生天怒欲殺誰敢嗔水災甫定風災起拔毛沈舟三日裏城上棚房盡東傾城下瓶橋似窗廬夜深不敢點燈火風聲水聲相遞呼幸茲大難復衰歇霜落潮平秋八月狂瀾就挽水西流闢說人將東壩掘是時街市盡泥沙瓦礫堆場路徑差修我牆屋整門戶母子且喜今回家親朋各各走相慰見面歡喜復咨嗟吁嗟乎江濱防河決口潰山襄陵自古有萬物誰逃劫數中蕭條城郭無雞狗

子瑜唐臺偶筆

上史太尊遵叔書

敬稟者官圩敝邑水患近六十年中已有十四次矣其魚黽慶嘆項鼠頻嗟轉徙流離鄭監門圖有未及羅察貞穀甚暮夷中詩所難悉 咸豐壬子 藩憲李請帑生發 府憲潘縣憲袁駐工修築刊有圩工條約俾圩衆法守兵燹盡失莫可遵循茲蒙 高時再並吾郡扶節及老爾須盈衡驕竹兒童歡迎滿路去夏圩潰壇請 大府籌發 庫款以工代賑再造之恩於今又見茲又亟詢善後事宜長留遺愛爭傳棠蔭之陰不揣謭陋敬擬剏善之議撰修防彙議若思當邑本瘠區昔日 老夫子駐劄三年素所深悉今遭此奇荒務祈格外推恩向 方伯商酌能從優撥給既可免縣官之掣肘而窮民之沾惠無窮矣抑所又有請者民命者 國家之根本錢帛者 朝廷之枝葉養得一分民命即培得一分根本 國家元氣之足全在於此古人所謂有民此有土有土此有財也

皇上軫恤江南之災 特命老夫子遂縣查勘議籌 帑發賑另有責成然無使一夫失所以上副 宵旰之憂懷 老夫子今日之任也愚直之言伏惟鑒宥

秉之陰不揣顓蒙敢效芻蕘之獻擬撰修防彙述若
干卷屍稿初成竊幸福星之照臨旋慮陽春之有腳
恭呈左右以備採擇焉

按上集說諸篇有紀官圩實事者有敘官圩原委者
有極言水災之苦專望賑濟者附載於此以見當日
爲民請命之忱也

官圩修防述餘　上史守書

官圩勸民常歌

細編俚句　奉告鄉閭　皖南當邑　首在官圩
厥田下下　厥壤膏腴　綜計畝數　廿四萬餘
畫分四岸　二十九區　其穀宜稻　二麥平鋪
雞豚狗彘　魚菽瓜壺　春田報社　秋賦輸租
可安耕鑿　可服詩書　士民熙皞　婦子歡呼
倚隄爲命　切莫緩圖　東岸百里　緊靠三湖
丹陽浩淼　風浪堪虞　固城石臼　環繞一隅
徽甯山水　泉壑奔趨　分爲二股　左右成渠
路西萬頃　西面盈瀦　津溪扼要　滓水瞥余

官圩修防述餘　補編　常歌　一　朱詒穀堂聚珍

來者日盛　去者日紆　與水爭地　每歎其魚
聊述大概　勸我農夫　有備無患　其在斯乎

此一段歌首言官圩之大概形勢也

勸加修築　時在於冬　九月之杪　已畢田功
計畝捐費　按甲輸充　無得推諉　尤貴和衷
照分工段　自西徂東　如遇險要　合辦通公
選夫荷鍤　聚糧宿舂　剔盡老幼　刷去疲癃
不准替換　自始至終　要路點數　毋許混蒙
日出而作　日入收工　百觔爲率　百擔皆同
鳴鑼起放　務要聽從　頭尾插彩　重擔酬庸

持籌計擔　土塘必空　魚貫而入　卸土從容
不可直撞　不可橫衝　先挑蝦壩　以備奔洪
歲添水箭　滿築土龍　層培層砌　形勢自雄
土牛高大　取用無窮　夯硪堅固　其崇如墉
歸家度歲　可卜年豐

此一段歌先言舉辦冬工之宜急也

待交春令　天雨連綿　湖灘淹沒　取土維艱
挑廢田土　估買需錢　上虧國穎　下累完編
鬆堆浮土　草率偷肩　官紳勘驗　在在招愆
按工覆卯　照罪敲鞭　不如上緊　努力爲先

彼竊盜攘　我遭淹沒　漠漠水田　無法車戽
自築溝堰　自家生活　沿堤加高　沿田幫闊
切勿遲延　雨後作缺　倘遇旱乾　水不下落
無分私培　一例閉塞　上用牛車　下不須纜
一車至田　水漿自足　聽我汪言　是爲上策
此一段歌並言私隄溝堰均築以備旱澇也
至於保護　逐事申明　撫浪外堰　品字高墩
剪荳楊柳　交互縱橫　魚池蘆蕩　蔬圃塡塋
畜牛踐踏　掘鱔捕罾　鑽洞蟛蜞　一一搜尋
芒種前後　夏汛將臨　先籌樁木　派定夫名
拔工選夫　照菲敲難　不如上緊　努力爲先

偷閒陰雨　在寓安眠　不准賭博　毋喫洋烟
酗酒滋事　律例最嚴　送官懲治　體面胥蠲
此一段歌亦言春工之不可稍緩也
正工告竣　守汛相連　陡門涵洞　與時推遷
豐墩預備　鐵板宜深　時啟時閉　關夫承肩
僉點左右　一喚即前　毋分雨夜　但聽鑼傳
抽賜漫頂　頃刻莫延
此一段歌再言陡門宜及時啟閉也
分水私隄　歲宜修復　業戶承看　公同幫築
天雨山洪　要防衝突　高水低溜　隣圩成壑

麥荳稻蔬　蒔刈節遲　每畝一只　運送查清
各保各堰　看守認眞　風雨日夜　不可離人
此一段歌細言夏令保護之事件也
盛漲不已　設局宜先　通籌一切　首派划船
沿隄巡綽　夷險見尋　傳籌驗守　循環無愆
籌辦木料　堆積局邊　米糧什物　諸事齊全
圩修力竭　接濟無偏　承領承用　事後還原
免致失事　徒張空拳　如是辦法　主在汛員
盡其人事　力可回天
此一段歌甚言設局接濟乃不至誤事也

近今世變　起費維艱　下明上暗　衆不出錢
層層積弊　個個推延　不肖圩長　大幸埋葬
險工一出　逃走爲先　風聲鶴唳　鑼鼓喧闐
報凶報吉　莫知其然　束手待斃　撒運聯翩
縱來搶救　集夫數天　乘間報復　闘鬨挾嫌
一段失守　全圩被淹　室廬飄蕩　性命苟延
老弱凍餓　壯者播遷　水土不服　災疫纏綿
鳩形鵠面　困苦顛連　綢繆未雨　端責清廉
去其太甚　釋彼前愆
此一段歌甚言圩隄潰民情困苦不堪也

此一段歌甚言圩隄誤潰民情匪苦不堪也

再謀建造　估計宜精　丈量高厚　二五收分
工堅料實　土方算明　石灰煤炭　接脈行筋
可驅水族　可致膠凝　夫多爲貴　准定成棚
二十爲率　部署花名　按圩派數　按工給銀
離隄十丈　取土方能　土塘留路　免雨泥濘
毋相擁擠　毋任縱横　撳沙撿壳　浪腳剔清
深潭退挽　填泓聽撐　鋪垜埂腳　夯打認眞
每坯尺許　入寸爲程　照花三徧　鐵錐乃行
灌水不漏　斯爲上乘　需用日記　逐旬報登
工完榜示　共見共聞　請官履勘　到處留神

官圩修防述餘　補編　常歌　四　朱詒穀堂聚珍　張友玉助印

勿以賄託　勿以情伸　躺履縮腳　聳肩窪心
穿靴帶帽　滲漏浸淫　開縫裂拆　諸弊叢生
更有起止　昂首不平　限坍保固　以專責成
此一段歌略言建造新工一切規畫也
民力不逮　據實上呈　以工代賑　仰懇憲恩
早撥庫欵　早諭委紳　官督民辦　上下一心
承領匪易　報銷匪輕　胥吏剋扣　部撥紛紜
毋冒毋濫　逐節條陳　上不負國　下不虐民
嚴懲中飽　狗苟蠅營　分年立限　按畝攤征
年清年欵　蔕欠不行

補編　常歌　五　朱詒穀堂聚珍

官圩修防述餘

此一段歌言民力不逮呈請上憲以工代賑也
其餘保衛　石工最艮　工程重大　經理更難
磡礪收縮　陡門深長　石涵石牐　工亦相當
先求鋪底　土面行夯　馬牙鉾次　梅辦釘樁
選用大石　寬厚異常　順砌條石　六面見方
眉丁眉順　切忌支山　丁要三尺　順要堅剛
敷層伴石　緊靠內牆　灰炭三和　濃加汁漿
細篾不漏　細杵勿芒　膠黏不到　恐有蜂房
水浸雨濕　日久傾傷　高設圍甕　厚搭駝梁
封面飽滿　龜背何妨　聊述遺制　固擬金湯

張以文助印

此一段歌詳言石工製造勿可草率也
旣勤築埂　尤儉持身　去其舊染　咸與維新
士爲民望　恪守典型　作爲無益　告誡須殷
愚夫愚婦　心竅乃明　勿尚游戲　勿媚鬼神
勿信妖道　勿飯游僧　淫祀無福　傳官明文
迎神賽會　動集千人　干犯例禁　其各懍遵
戲爲無益　糜費金銀　穿喫嫖賭　招盜誨淫
修隄事廢　何以營生　節日祈報　不外虔誠
土鼓葦籥　元酒太羹　不必多品　可交神明
篝車滿祝　僅操蹄豚　田畯至喜　胡考之寧

官圩修防述餘

拿耳拼祠　徨操蹄那　田陵至喜　胡考之甯

擭羿無禱　載在眷論

此一段歌切言賽會演戲有礙隄工也

士庶當祭　惟在先靈　中霤戶竈　分所宜循

此外寺院　不必深嘗　多興土木　波害鄉鄰

神道設教　信以為真　不善邀會　終為蠧民

操莽謀漢　只緣挑經　官體貽凋　詐書誤人

莫謂此語　絕類離倫　司香廟祝　集斂盈門

不如移此　修築隄塍　天心默佑　疾癘不行

此一段歌大言多興土木不如多修隄工也

再言禮節　勿尚粒籠　以少為貴　何必過隆

拔來報往　兩下成空　紙包紙裹　破費皆同

可省則省　勿壓藤籃　好撐體面　家道必窮

在堂父母　甘旨宜充　不幸有疾　湯藥為宗

書符燒紙　請禱無庸　至於大故　棺衾貴豐

遵制成服　哀戚毀容　僧道齋醮　虛妄勿從

踵門弔慰　蔬飯相供　散巾散帕　此禮不通

擇地安葬　避水避風　春秋祭掃　必親必躬

葬祠載譜　孝道方終

此一段歌實言虛儀勿尚非禮勿從也

其行嫁娶　從儉為宜　毋宗靈聘　毋尚虛儀

新家之有　切勿挪移　莫好美酒　莫好鮮衣

鳴鑼花轎　品官乃宜　庶民倣效　力竭神疲

黃雀眼雁　其飛不齊　他人譏笑　無識無知

債主索債　將何措詞　田物賤賣　仍說過遲

莫緊店帳　市儈居奇　加價倍算　取償不貴

語雖瑣碎　允宜三思

此一段歌兼言嫁娶崇儉借債難償也

乃有愚頑　囂陵是閧　妄作妄為　非幾冒貫

老實樸誠　被人欺弄　如有含冤　先過族眾

並訴紳耆　言必有中　調解一番　切莫爭訟

訟則終凶　衙門措空　贏氣輸錢　終為無用

旁觀者清　局中夢夢

此一段歌申言有訟調解勿到衙門也

自今以往　孝弟為根　廉恥道立　仁讓風存

接上以敬　待下以溫　婦主中饋　男事耕耘

街市游蕩　殊不雅馴　燒香進廟　朔望求神

婦人無識　家長任行　既失家教　又玷閨門

村雜倡服　彼此效顰　更有可怪　茹素念經

夜聚曉散　拜斗朝真　習於邪教　不知典刑

亂倫廢紀　罔識尊親　閨媛寡婦　並不分清

風俗敗壞　急宜改循

此一段歌直言男婦守分不可習於邪教也

安守本分　同享太平　爲家肖子　爲國良民

早完國課　早畢工程　天心感召　地利豐盈

人無夭札　衽席咸登　春無霪雨　夏無怒霆

秋田多稼　冬吠無驚　安爾廬舍　長爾子孫

詩書俊彥　逐細指陳　童蒙熟習　長大奉行

窮安畎畝　達躋公卿　門楣高大　累世簪纓

[illegible]　[illegible]　泥丸小地　百福駢臻

何啻圖幽　上呈黼座　竹冊揚芬

此一段歌總言食德飲和帝天眷佑也

按官圩素傳樂土民和年豐故聞風者于于然來也邇因收成歉薄而作事奢華只圖目前未存遠慮匪特餘三餘九不可復期即一粥一飯常不可得今歲丙申天雨過多江潮未漲自春徂秋戶戶缺乏米糧家家炒食麥屑且多懸釜待炊者較諸乙酉丁亥之間三年兩潰其情形尚多窘迫此果何爲而然哉大都迷失正途一似睡寤夢魘耳余作四言常歌略分韻類使圩中交倡迭和歷者呼之使醒大驅夢魘迷者引之使覺不入歧途或於下里巴調尚可轉敗爲

福也向使怙惡不悛一旦因加無已其將如之何哉

其將如之何哉迂腐之詞未知當否

娛著齋主人漫草

人材庸腐知識卑陋一可慮也

在昔震澤底定圩屬湖蕩中江一沮洳耳緬想其時或操罟以爲業或刺艇以爲家祇知荷蒲魚蛤之利未識文明黼黻之榮　唐宋以還圖湖成田乃安耕鑿久之生齒漸繁英華間出設有丹陽書院原以育人材廣知識也自銀淋兩成水患迭與詩書未能卒業大都以有用之才力歲與無限之隄工即有登賢書者數人而捷南宮者不啻破天荒焉功業無以昭於時箸作無以傳於後良可惜已

國朝雍乾以降遂無足觀延及晚近尤不可問偶列庠

序遂自鳴得意輒詡罪賢之道盡在是矣尚能繇天
韓地平推原其故孫繇身辱泥塗志存溫飽稍稍董
事即思効力圩工以圖然皆自以為足且藉以修榮
庸腐陋劣識者咸非笑之不特汪非九之肆力經史
葛維嶽之潛心理學丁再養之績著讜言潘庶堅之
輔佐太平杳不可得即求如史崇述之恢復隄工劉
朝望之告除採買朱位中之捍災禦患詹遂望之陳
說利害亦虛無人焉甘居牆下自圓一隅豈不最可
慮哉

十字隄沒私埂不修二可慮也
當邑官圩舊以十字命名者果何謂哉方四十里合
以大圍中畫十字一隅失而三隅可保東畔破而西
畔有收法至良意至美也今則該隄已沒故址宛在
水中矣即有鉅款萬千不可復設繪柔頁叟無可如
何也匪值此也二十九圩向有私隄今盡偷安不相
修葺偶遇旱乾開挖竊水或遂泛溢壞埂屬鄰互相
爭執所在皆有忘舊規逞私智充圩役者掩耳盜鈴
業田畝者撫膺長歎是因於天時者半因於人事者
亦半也前於　光緒某年　大府委員查勘並未聞

夏秋盛漲無路宣洩五可慮也
官圩在當邑南鄉接壤徽寧二郡多山雨水下注賴
有丹陽湖以承之迴瀦頃畝盈而後洩自銀淋閘成
水不東之僅恃姑溪一綫之口又有兩浮橋以鎖之
雖旁出烏江湖漲逆灌潮退順洩其出納亦無時耳
設江潮盛漲逆流上溯一綫危隄朝不保夕蓋維艱
哉考錢中諧五堰論云　洪武二十五年浚胥溪建
石閘命曰廣通鎮設巡檢司茶引所是時河流易洩
湖中復開河一道而尚阻臙脂岡乃命崇山侯鑿山
焚石以通之引湖水會秦淮入於江增設官吏浚夫

論已不亦有可慮哉

四十人守之據此則高溧交界地方有石崗土名天飛開如果鑿開放洩湖水東趨入江利無窮也　同治某年　部設此議檄下高溧與塗三縣會議詳覆卒不果行無有身任其難而爲民請命者豈不眞可慮哉

土夫築埂均不出力六可慮也

歷屆修隄派夫挑運共以老幼備數者固謨丁已獨奈何以身偉力壯之人一至工次往往袖作柔懦毫不出力不特踴躍難期卽求一照常操作挑至百斤者百無二三焉以應築之工爲過差之舉褻常蹈故轉相倣效人人如是處處如是而且年年如是較之端陽競渡社令行儺其出力大相徑庭矣夫以游戲之事尙且努力爭先乃以身命所關竟爾甘心偷率何不知輕重乃爾說者謂懲一警百彼視鞭笞枷杖不過暫時終非死地禮義失恥辱亡互鄉難與言益信然已是豈夫各不力由於董首不公耶抑豈董首不公由於胥吏舞弊耶此中必有能辨之者世道衰局氣敗豈不重可慮哉

田畝侵削墳塋漸增七可慮也

自古田間設有水道深廣四尺曰溝八尺曰洫周制也官圩沙土鬆浮一經大雨瀉入溝洫農夫嘗以糞田年復一年漸深漸廣有至三五倍者有至十數倍者按之弓丈多不符矣況生齒日繁葬埋不已除西北青山外別無壞壇安厝田家作苦無力遠阡就田堆築勢所必有惟邀福心勝聽信堪輿一棺一塚占畝若干以爲局勢佳排場大遂使無墳之田少有塚之埕多不諳古制多矣蓋田祇此數墳實無窮設僅有田數分葬棺數塚收成不逾減乎糧編又何出乎

官圩修防述餘

青峰蘆課業主賠累尤可慮也
圩之東岸有新溝葛家一所舊納魚課界限不清强
弱鬭毆不無偏累而西畔萬春湖青峰草塲原有額
銀每畝以一分三毫起科佃戶辦納路西湖魚課滙
戶辦納向來置買圩田隨田例載銀數執業完糧緣
湖產蘆草取以糞田或產蘆柴用以編蓆設有項名
各分疆界召佃看守各執各業各完各糧節經買賣
更換有無不一大概有業有糧未有有糧無業者近
來港汊湮塞船隻不通兵燹十年徵册盡失無各查
考土著意爲代報不無偏累其高阜者佃戶占賜其

官圩修防述餘　六

低窪者鳧雁浮游夏秋汪洋冬涸漁無界可查無
業可守正額依然而不全虛各因此受累姦人漁利損
上不能益下焉又況樵丁游牧悉索騷擾均未可以
逆料佃戶苦於供億業主無能報糾安得良司牧親
履勘展籌畫借款項清港汊俾業佃認疆界註花名
完　國課俾無偏累也豈不更可慮哉

諂媚鬼神誤工靡費尤可慮也
祭祀之禮貴誠心也尤貴循分季氏旅於泰山夫子
非之謂其有諂心且失本分也舞佾歌雍何益乎
國家設官定制社稷先農雩祀厲祭與夫捍災禦患諸
神守土者遵　例致祭已爲民請命矣圩俗好媚鬼
神春日演戲賽會屬處皆是八都品紅拾翠嬉謔相
將此中之招盗誨淫庸有定極靡費金錢猶後也又
復鳴鉦張幟擊鼓擂鼓沸里驚逐疫故事跳舞旬餘
更可笑者病痛稱鬼祟許鎖謝愿神像一出男女成羣
荷校帶鎖隨班雜遝觀者皆稱謂懸防爲保身養命

官圩修防述餘　七

抑尤有可鄙者比鄰興作有以故礙壞塋致傷風水
鳴公理論者求答問卜若目見死者不安焉信斯言
也是鬼神迷之說也天下有是理乎夫葬者藏也藏
衣冠魂魄者也古有族葬之法俾祖孫父子相聚黃
泉即周禮墓大夫之意掌邦墓之地域爲之圖而禁
令焉且祖父在堂教子孫以勤儉尚未盡道焉有朽
骼枯骨能禍福人者乎封之閉之人子之心安矣非
類不歆經史疊載乃衍藉此以爲訛詐貪者豈不深可
慮哉

之舉亦將託之神運鬼輸泄沓以從事矣寸鄉若狂有識者或笑之則以不狂者爲狂也水勢初定新秋甫隖又思爲飲蜡吹豳以報田祖不知楚茨甫田諸詩乃公卿有田祿者詠之琴瑟擊鼓分也大田之詩爲農夫啄者不過謂稼堅好而不稂莠奉黍稷以爲禋祀耳豈必召優伶唱詞曲設鐃鼓詡經懺哉禮曰士祭其先而農爲庶人所祀者戸與竈耳非所祭而祭之名曰淫祀淫祀無福圩人何未知之也豈不深可慮哉

婦女作田遊冶無度十可慮也

記曰内言不出於梱外言不入於梱別嫌疑也自古男耕女織治内治外各有攸司卽有時田間饁餉亦當相敬如賓求之女史女誡中以德容言工爲主未聞有作田營生者吾圩地土不宜蠶桑間種土棉花亦不茂故紡織無閒也婦工之能者議酒食習鍼黹其勤者糴蔴紵絣緈成罾網下此惟主中饋焉圩因兵燹地廣而荒不能坐食遂使之助力耰耡寖久變成風俗荒郊曠野之際幾如野田蔓草之間其心放其人遂不可收拾矣由是俏飾村粧里巷游冶庵觀寺宇朔望燒香棄禮義而不知羞廉恥而不顧長街大市之中茶坊烟鋪之内妖冶結隊授受必親雖嫠婦閨媛亦自忘其何等也尙復成何體統哉王化起於閨門昔爲勤儉猶在唐魏之間今變邪淫不減鄭衛之俗矣豈不終可慮哉

跋官圩修防彙述初編　倣晉王羲之蘭亭序體

光緒紀年歲在庚子暮秋之初會於官圩詩書味長軒助印書也同門畢至遠近咸集此編有建置册籍條陳檄文加以官紳吏民經營朝夕凡有關　國計民生列敘其内雖無典籍人文之盛而一工一段亦足以保衛田廬云是圩也水秀山青民風和暢仰觀舊章之大俯察經制之盛所以陳利除弊足以極溫飽之娛信可樂也夫人之相喻義利兩途或取諸經濟措置一世之内或因事所得由人意表之外雖取舍萬殊賢否不同當其欣於所遇暫得於已快然自

足會不慮後之所論及其所爲既慮人隨境遷泯没
無聞矣向之所欣得失之間已如過客況功業所傳
終期於當古人云興廢亦大矣豈不重哉每覽此編
彙述之由若行深契未嘗不臨文感慨不時譬之於
懷故知其貪得者無厭立功德者不朽後之視今亦
猶今之視昔信然故列敘同門被其所述雖州分部
別可備參稽其事一也後之覽者亦將有感於斯文

時維

光緒二十六年重陽前五日門生倚時錫謹識

官圩修防彙述續編　　做宋歐陽修醉翁亭記體
環塗多圩也其南鄉諸圩田地尤美耕之而豐然有
岐者官圩也圩東岸七十里時聞浪聲潺潺而瀉出
於三湖之口者也姑溪也山青水綠有隄環然閉圍
四面者圩埂也築埂者誰塗之官謂誰也名之者誰
圩衆爰推也圩紳與官來督於此事半功倍而思又
最深故得名曰官圩也官圩之義不在人在乎修築
之堅也修築之堅官爲督而民爲辦也若夫水漲而
隄防危工興而苞桑固豈發不時者圩中之成敗也
隄門啟而灌田工毀劃而均役圩岸平分村莊抹立

若圩中之形勢也西北高東南下四圍之埂不同而
工亦無窮也至於耕者力諸原讀者吟諸室老者歎而
幼者樂鼓腹嬉遊生息而不已者圩人衆也臨壽而
漁溝深而魚肥釀水爲酒水清而酒冽殺雞爲黍豫
然而前陳者公事讌也耕鑿之娛不識不知圩首多
甲首衆杯盤狼藉坐起而喧譁者農佃聚也蒼顏白
髮迴然特異者遇叟編也已而農事將與圩人散去
遇叟編而彙述成也卷軸哀集圖書事物圩人法而
工役成也然而圩人知工役之成而不知所以成人
知彷遇叟書而成而不知遇叟之匯其成也披圖繪
其形集說成其書者遇叟也遇叟爲誰宗圍朱□□
也

時維

光緒庚子秋月門生丁庸珍盥薇謹誌

官圩修防述餘

跋官圩修防彙述三編　倣晉陶潛五柳先生傳體

先生不知何許人也亦不詳其姓氏或者因衆廼害遂以爲號焉瑣碎煩言洞悉圩務好袪弊不求甚解每有私意便顯然直揭宵小憚其如此遂揑欵以誣之期在必告既告被撥曾不介意是非圩衆憤然咸咎官府彰癉不明漫如也放懷得失以此自全

贊曰盧陵有言不立意以爲高不逆情以干譽味其言茲若人之儔乎握管摛詞以袪圩弊無懷氏之民與有巢氏之民與

時在

光緒庚子年重九月門人丁佩卿謹識

跋官圩修防彙述四編　倣明宋濂閱江樓記體

官圩爲蚤蛤之鄉自花津迄於烏溪類皆逼近三湖無以抵夏秋之風浪逮　有宋開築埂於茲始足以當之由是歲修所至罔間朔南標分東西與環同體雖一工一段亦足以爲全圩後世法官圩之西北有謝家山自龍津蜒蜿而來姑溪如虹貫蟠繞其際官以其地饒沃諭築圖其前與民謀衣食之樂遂得嘉名爲官圩云修築之頃萬夫膺至四岸之隄一時畢葺豈非土沃民富以俟愛百姓之官而開千百世之樂利者與當風日清美冠蓋親臨履其長隄憑輿細

官圩修防述餘　丁跋

勸必悠然而勤遐思見督理之有方儲備之有法興
釐之美善宣防之勤勞必曰此官圩櫛風沐雨苦心焦
勞之所致也頑惰之夫盍思有以懲之見湖光之浩
蕩磐石之鞏固椿薦接蹟而來隄畚鍤聯肩而負土
必曰此官圩作興事分派田畝之所及也四圖之遠
盍思有以保之見四岸之間闔圩之內士人守孝弟
忠信之行農女戒冶游蕩逸之習必曰此官導以禮
義而登之衽席者也附近之圩盍思有以安之觸類
而思不一而足余知官圩之建前人所以力爲經營
因地制利無不寓其教養之思矣肯擾夫吾民也哉

少民丁守謙

彼夫傍水尋洲非不廣矣依山採藭非不高矣不過
刈蘆葦之薄材種蕎蕡之微物不旋踵間水旱加之
余不知其何樂也雖然丹湖發源徽甯委蛇數百十
里而入江白浦碧翻六朝之川往往棄之爲澤國今
則大小合圖歲慶安瀾無所慮乎蕩析矣然則果誰
之力與父母斯民有肩斯任而闕斯編者當思章孟
諸公督理盡善其披衣捍水之功世祀不忒利民衛
國之心有不油然興耶余不敏讀書撰跋欲上推
過曳蒐輯之功者附諸編末他若修隄防汎之規皆
略而不陳懼贅也

官圩修防述餘　丁跋　五　朱詒穀堂聚珍

時維
光緒庚子無射月門生丁守謙百拜敬錄

官圩修防述餘　少民丁守謙

官圩修防述餘　朱跋

跋述餘八卷　倣唐劉禹錫陋室銘體
功不在高不朽則名業不在大可傳則成斯是述餘
惟吾圩馨山水廻環綠桑麻徧野青人物有鴻儒名
勝無白丁可以觀政績談藝文有器具之備用占驗
之通靈史彝尊册籍湯天隆條陳劉子云餘蘊畢宣

時維
光緒二十六年庚子菊秋

門人朱萬溢恭識

六　朱詒穀堂聚珍

官圩修防述餘　朱跋　六　安詒義堂敬珍　璞臣朱萬滋

跋官圩修防彙述補編　倣唐魏徵十思疏體

蓋聞求食之飽者必謀其菽粟欲衣之煖者必課以桑麻思居之安者必保其家室舍菽粟而求食之飽廢桑麻而欲衣之煖毀家室而思居之安人雖下愚知其不可而況大官圩乎圩董操修防之重統圍岸之大不念居安思危戒貪且惰斯亦離菽粟以求飽去桑麻以求衣也凡昔圩董奉官示諭辦理者實繁彙述者蓋寡豈言之易行之難乎蓋在漁利必竭誠以阿好既棘手則設詭以欺儒竭誠則胡越爲一體設詭則骨肉爲行路雖中之以舊制陳之以圖說朗

瑣言而不知悟庶議而不心服圩不在大成事在人春工冬工俱宜上緊議能獎人材則慮知識之卑陋憂廢壓則慮墳埂之增添分高下則慮十字圖之已汲念衝激則慮搪浪埂之久荒懼旱澇則慮陡門之閉塞樂疏通則慮港溜之壅污憂廢弛則慮夫名之懶惰念荒歉則慮草場之失業懔無益則慮瀆祀乎鬼神戒冶遊則慮淫縱之婦女總此十慮葺補全編雜說以明之常歌以入之則君子勞其心小人勞其力官長布其惠圩董効其忠士農交勉安瀾相慶何有蕩析離居致下民之昏墊哉門生朱甸寅識

官圩修防述餘　朱跋　七　安詒義堂敬珍　大本朱甸寅

後跋

先生輯官圩修防彙述一書成命及門諸子校字仿宋人用聚珍排印已巋然成集矣莊誦之暇有不能已於言者因憶受業時優游饜飫於詩書味長軒下先生時以古文指示　先生雖棄帖括者久而晚節彌堅自班范以下及韓蘇歐柳　明之歸胡諸家暨國初諸老無不嗜之彌篤艮鈺籍隸池陽兆斌生長郡內未與修防之役不敢擅贊一詞因推同邑尚君沛恩丁君玉山佩卿少民朱君璞臣甸寅援倣古體各跋一通雖不能得古人神味亦可擬古人具體第

官圩修防述餘　跋　八　安詒義堂敬珍

擬古人具體第

未知有當於先生之意否且未知有當於閲是編
者之意否𦲷綴數語以附簡末亦猶太史公附青雲
之士施於後世之意云爾
光緒庚子秋仲
門人池陽曹艮鈺敬偕
門人郡城朱兆斌同註

附：編者近年來均田研究主要成果

江南圩田：一個古老而彌新的話題

圩田(又稱圍田)是我國江南人民在長期治田治水實踐中創造的農田開發的一種獨特形式，它廣泛分佈在江蘇西南部、安徽南部和浙江西北部，是該地區土地利用的重要形式。

沈括在《萬春圩圖記》中記載：『江南大都皆山地，可耕之土皆下濕厭水，瀕江規其地以堤，而藝其中，謂之圩』。其最主要的標誌是具有合圍的堤。圍內開溝渠，設涵閘，有排有灌。這種田制早在三國時期已開端緒。曹魏和孫吳出於軍事的需要，在江淮地區進行大規模屯田，『屯營櫛比，廨署棋布』(左思：《吳都賦》)。在這些屯田中築堤防水，開始出現了圩田的雛形。到了南朝，圍湖造田有了新的發展，太湖地區呈現出『畦畎相望』、『阡陌如秀』(《陳書·宣帝紀》)的景象。唐代太湖地區的水利營田，已進入一個新的開發時期，無論是圩堤建設的規模，還是防洪、排灌工程興建的數量，都比以前有所提高。五代時期的吳越在太湖流域治水治田，發明並完善『塘浦制』，七裏十裏一橫塘，五裏七裏一縱浦，縱橫交錯，橫塘縱浦之間築堤作圩，使水行於圩外，田成於圩內，形成棋盤式的塘浦圩田系統。北宋末年，都城遷至浙江臨安，南方人口劇增，迫切需要增加耕地，圩田便成為開發江南廣大低窪地區的重要形式。乾道年間(1165—1173年)曾設招田之官，大興圍湖造田，促進了江南圩堤建設。當時太湖流域及長江沿岸的江寧、蕪湖、寧國、宣州、當塗等地都興起大批圩田，堪稱圩區建設的鼎盛期。明、清兩朝曾把發展軍屯、民屯作為養兵裕國之本，再度加大沿江圩堤建設的力度。新中國成立以後，江南地區的圩田面積仍在擴大，並繼續發揮着作用。

圩田的開發主要是針對江南地區水鄉澤國的地理特點，使大量沿江沿湖灘塗變成了良田。這種土地利用形式是江南人民在長期實踐中的偉大創舉，它在抗禦旱澇、奪取穩產高產方面有着諸多的優越性。但是，圩田這種墾殖形態利弊並存，過度地開發勢必會帶來相應

的環境問題。第一，破壞了原有的湖泊河流水文環境，廢湖為田，或隨意改變河道，致使衆多的圩田將水道系統全部打亂，外河水流不暢，圩内排水和引水也增加難度，造成『水不得停蓄，旱不得流注』的嚴重局面，這便給圩田大大增加了防患水災的壓力。第二，歷代地方政府在圩田管理方面也是各自為政，各地區的圩田不能形成一個完整的系統，缺乏相互間的協作，使因破圩而形成的局部水災年年有之。第三，大量構築圩田，影響到湖泊的蓄水量。如太湖地區大量利用湖邊灘地修築圩田，使湖面縮小，影響其調節水量的功能，破壞了太湖地區的生態條件，致使該地區的災害頻頻發生。據研究，從西漢到北宋的1300年間，太湖地區有記載的大旱大澇只有14次；而元明兩代360年間卻有大澇大旱26次。

對於圩田在江南地區經濟發展與生態環境變遷中的作用，歷代文人學者都予以極大關注。沈括、陸遊等人在他們的著述中對圩田的利弊有着較詳細的評述。《宋會要輯稿》中也用不少篇幅記載了南宋時期皖南地區勢家大戸愈演愈烈的盜湖圍田之風，已經認識到當地水旱之災『弊在於圍田』，整治圩田成為朝政的頭等要事。但是，由於貴勢豪強的把持，一直得不到根治。

近年來，隨着長江流域生態環境的惡化，江南地區水災頻仍。圩田由於自身抗洪能力的低下，其弊端也更顯突出，成為制約本地區社會經濟發展的重要因素之一。如何使這種傳統水利田繼續發揮作用已成為迫切需要解決的現實問題。作為史學工作者，我們在繼續深入研究圩田史的基礎上，應該以史為鑒，結合歷史上對圩田的治理獻計獻策，更多地關注目前江南地區的水患防治，以保證該地區『生態——經濟——社會』三維複合系統的健康運行與可持續發展。

[原載《光明日報》2003年6月6日『理論週刊』]

古代江南地區圩田開發及其對生態環境的影響

圩田(又稱圍田)是江南地區人們在長期治田治水實踐中創造的農田開發的一種獨特形式,它廣泛分佈在江蘇西南部、安徽南部和浙江西北部,是該地區土地利用的重要形式。目前專門探討圩田開發的文章尚不多見,而在僅有的一些零星研究中又幾乎無一例外地都對圩田的開發給予了很高評價,對其弊端則或避而不談,或語焉未詳。本文則認爲,在充分肯定圩田開發所産生的積極作用的同時,也應看到它對生態環境所造成的負面影響。

一、江南圩田的發展及其特點

圩田是一種在淺水沼澤地帶或河湖淤灘上通過圍堤築圩,圍田於内,擋水於外;圍内開溝渠,設涵閘,實現排灌的水利田。南宋著名詩人楊萬里在考察了『上自池陽,下至當塗』的圩田後,曾説道:『江東水鄉,堤河兩涯而田其中,謂之「圩」。農家云:圩者,圍也。内以圍田,外以圍水。蓋河高而田反在水下,沿堤通斗門,每門疏港以溉田,故有豐年而無水患。』[1]楊萬里對於圩田的解釋是確切的,他所提到的江東即屬江南地區。先秦時期,這一地區由於勞動力稀少,加之生産技術的落後,開發水準極其低下。《史記》云:『楚越之地,地廣人稀,飯稻羹魚,或火耕而水耨,果隋蠃蛤,不待賈而足』[2]。可見,江南地區在當時基本上還處於待開發狀態。江南地區的大規模開發始於三國

①[宋]楊萬里:《誠齋集》卷三二《圩丁詞十解序》。
②《史記》卷一二九《貨殖列傳》。

時期的圈圩築堤。三國之際，魏、吴在江淮地區長期對峙，為解決糧秣補給問題，東吴『表令諸將增廣農田』，就近屯兵墾殖，並於湖縣（今當塗縣）設督農都尉治，對古丹陽湖區（位於蘇、皖交界處）進行軍屯，從而拉開了圈圩墾殖的序幕。今青弋江、水陽江下游一帶的當塗大公圩、宣城金寶圩、蕪湖萬春圩等圩均始築于三國東吴時期。大公圩有江南首圩之稱，吴景帝永安三年（260年），丹陽都尉嚴密『建丹楊（陽）湖田，作浦裏塘』。[①]浦作水邊解，塘作堤解，乃指水邊築圩，其範圍在今大公圩內。金寶圩原為古金錢湖，孫權稱帝后，命丁奉為五路總兵，駐守宣城一帶，丁奉親自察勘金錢湖區，他看中了這個有近二十萬畝的金錢湖灘，親手擬定築圩計畫，圍湖造田，四年竣工，先叫金錢圩，後改惠民圩，因其像個金色的寶貝，又稱金寶圩。萬春圩一帶屬於萬頃湖的一部分，（丹陽）都尉嚴密修復浦裏塘以後，對古丹陽湖區繼續進行圍墾，築成了大量圩田，萬春圩即其中的一個圩區。這時圍築的圩田數量雖不多，規模卻很大。孫吴屯兵于皖河口，建望江西圩，周30裏，墾田3.7萬畝[②]。建衡元年（269年），丹陽湖周圍陸續圍墾圩田達一百多萬畝。在河湖灘地上圍田，解決好排灌問題是關鍵，人們在圈圩墾殖的同時，興修了一些水利工程，並收到了良好的效果。如為了確保江北含山、和縣等地圩區的灌溉和防洪安全，東吴在牛屯河上建銅城閘，『遇旱則積，遇澇則啟』[③]，從而使含山、和縣七十二圩環200裏之域免遭洪水威脅，30萬畝圩田均得灌溉之利。太湖流域水土資源的利用，開發歷史悠久，發展到春秋時期已達到一定的水準。隨着水利技術的進步和生產發展的需要，淺沼窪地的圍墾，在春秋末期已漸出現。如吴在固城湖區築圩，變塗泥『為吴之沃土』[④]，越在太湖下游澱泖地區圍田[⑤]，這是兩起最早圍墾湖沼淺灘的活動。經過戰國、秦漢時期的努力，圍田進一步開拓。到了南朝，圍湖造田又有新的發展，太湖地區呈現出『畦畎相望』、『阡陌如繡』[⑥]的局面。唐代太湖地區的水利營田，已進入一個新的開發時期，無論是圩堤建設的規模，還是防洪、排灌工程興建的數量，都比以前有所提高。五代時期的吴越在太湖流域治水治田，發明並完善『塘浦制』，七裏十裏一横塘，五裏七裏一縱浦，縱横交錯，横塘縱浦之間築堤作圩，使水行於圩

① 《三國志》卷六四《濮陽興傳》。
② ［清］顧祖禹：《讀史方輿紀要》卷二九《江南八》。
③ ［清］顧祖禹：《讀史方輿紀要》卷二九《江南一一》。
④ 《光緒高淳縣誌》：『春秋時，吴築固城為瀨渚邑，因築圩附於城，為吴之沃土。』
⑤ ［清］錢中諧《三江水利條議、論吴淞江》引明曹胤儒語：『自范蠡圍田東江漸塞。』
⑥ 《陳書》卷五《宣帝紀》。

外，田成於圩內，形成棋盤式的塘浦圩田系統。

入宋以後，江南地區興建起大批圩田，主要集中於太湖流域及長江沿岸的江寧、蕪湖、寧國、宣州、當塗等地。其中宣城圩田最多，共179所，化成、惠民都是大圩，連接起來圩長達80餘裏，面積占全縣墾田一半以上。當塗的廣濟圩93裏有餘。盧江的楊柳圩，周長50餘裏。建康府溧水縣的永豐圩，『四至相去皆五六十裏』，占地950餘頃。宋代最大的圩田是蕪湖萬春圩。該圩位於蕪湖縣荊山之北。太平興國年間為大水所毀，廢棄近80年，嘉祐六年(1061年)歲饑，轉運使張顒、判官謝景溫奏准用以工代賑辦法實行修復，10日之內募得民丁14000人，40日而畢其功。修復後的萬春圩寬6丈，高1.2丈，長84裏，夾堤植桑數萬株，治田127000畝；接着又修通溝渠，大渠可以通小船；築大道22裏，可以兩車並行，道旁植柳；並建造水門5個，也是40日而畢功。修復後，官府按圩田產量的百分之十五取租，每年得粟36000斛，另收菰、蒲、桑、枲(音xǐ，麻類)之利，為錢50余萬。治平二年(1065年)，長江下游地區水災嚴重，江南的宣州、池州等地大小1000多個圩田被洪水淹沒，唯萬春圩屹立無恙，附近各小圩也賴以不毀。這項工程經濟效益很高。[①] 除萬春圩外，蕪湖尚有陶新、政和、獨行、永興、保成、鹹寶、保勝、保豐、行春等9個較大的圩田。此外，廣德、和州、無為等縣及黃池鎮，尚有10多個圩田。據不完全統計，宋代江東一路的官圩即有79萬餘畝。太湖流域及周邊平原地區的圩田，更為普遍。如江陰境內的芙蓉湖，『周圍一萬五千三百頃，又號三山湖，今皆為圩田』；端平二年(1235年)，常熟一縣有圩田54016畝；景定初年，建康府共有圍田714192畝，占全府耕地總面積4341643畝的16.5%。[②] 史載：『二浙地勢高下相類，湖高於田，田又高於江海。水少則吸湖水以灌田，水多則泄田水，由江入海，惟瀦泄兩得其便，故無水旱之憂』。[③]

在宋代，江南圩區出現了聯圩這一新的圍墾形式。從築圩到聯圩，這是人們認識上的一大飛躍，也是治水的有效舉措。聯圩即通過築長堤，將眾多小圩聯並起來，以收『塞支強幹』和防洪保收之效。江南聯圩的成功範例當首推大官圩(今當塗縣大公圩)。宋紹興二十三

① 參見[宋]沈括：《長興集》卷二一《萬春圩圖記》。

② 《嘉靖江陰縣誌》卷三《山川》；孫應時：《琴川志》卷六《版籍》；周應合《景定健康志》卷四〇《田賦志》。

③ [宋]衛涇：《後樂集》卷一三《論圍田劄子》。

年(1153年)，『宣州水汜濫至境，縣諸圩盡沒』，地方官吏據實上報，朝廷准予聯圩，迨至乾道九年(1173年)『太平州黃池鎮福定圩週四十餘裏，延福等五十四圩週一百五十餘裏，包圍諸圩在內』①。這裏所說的便是大官圩的聯圩情況。宋代宣州的化成、惠民兩圩，『埂岸雖已圈固……圩腹內包裹私圩十五所』②。說明化成、惠民兩圩也是通過聯圩形成的。這方面的例子尚能舉出許多。圈堤聯圩有效地提高了圩區防禦旱澇的能力，堪稱築圩史上的一大創舉。

總的來看，宋時江南圩田已發展得十分成熟，其特點有如下數端：

一是規模宏大，且構造合理。當時的許多圩田往往『每一圩方數十裏如大城，中有河渠，外有門閘』③。關於圩田的結構，沈括在《萬春圩圖記》中給我們提供了絕好的研究材料，說萬春圩圩堤『博六丈，崇丈有二尺，八十四裏以長。夾堤之脊，列植以桑，為桑若千萬。堤中為田千二百七十頃。……方頃而溝之，四溝澮之為一區……圩中為通途二十二裏以長，北與堤會，其袤可以兩車，列植以柳，為水門五』④。可見這種圩田不僅圩堤高闊，堅實不摧，而且植桑種柳，河渠交錯，舟楫揚帆，屋舍有致，並設有排水門，構成了一幅美麗的農田水利圖畫。另據《宋會要輯稿·食貨》載，沿江圩田在形制上多為兩層，圩堤之外，還有大堤，即使圩堤稍有損壞，一時也不致圩內農田遭殃。由此可見，江南圩田的構造是十分完善的。

二是形成了一套科學的管理和養護方法。在管理方面主要是對圩內農田進行有計劃的佈局。據沈括《萬春圩圖記》載，蕪湖萬春圩，圩內共有1270頃農田，每頃農田為一方，全圩分為1270方，按照天地日月山川草木取1270字，為每一方田定名。同時為便於農田排灌和人員往來，每方四周辟之以水溝，相互貫通。如此嚴密的規劃有力地推動了集約農業的進一步發展。在圩堤的護養上，採取了人工與生物措施相結合的方式。從工程方面加固圩堤，是人們治圩的主要舉措，其方法是將圩堤的用料由原來的泥土換為石板，從而大大加強了圩堤的抗潮強度。對此，楊萬里在《誠齋集·圩丁詞十解》中形容說：『岸頭石板紫縱橫，不是修圩是築城。』在生物措施上則是在堤岸上植

①《宋史》卷一七三《食貨上一·農田》。
②[清]徐松：《宋會要輯稿·食貨七》。
③[宋]范仲淹：《範文正公全集·奏議》卷上《答手詔條陳十事》。
④[宋]沈括：《長興集》卷二一《萬春圩圖記》。

以各種樹木，深植於堤中的樹根勾絡在一起，成為護堤的屏障。其中種植最多的是楊柳，楊萬里《誠齋集·圩田》詩：『古今圩岸護堤防，岸岸行行種綠楊』，描寫的就是楊柳護岸的情景。

三是建立了人工管理系統。沿江圩田有官私之分。官圩設有圩吏，私圩設有圩長。官圩的維修與養護由官府出面組織人力；私圩則由圩長召集圩丁，於每年雨季來臨之前修築圩岸、浚治溝渠和防護圩田。『年年圩長集圩丁，不要招呼自要行；萬杵一鳴千畚土，大呼高唱總齊聲』；『兒郎辛苦莫呼天，一歲修圩一歲眠』①。這些詩句描寫的都是一年一度圩長率領圩丁維修圩堤的熱鬧場面。正由於形成了這樣一個人工管理系統，因而使沿江圩田的維修與護養有了可靠的保證。②

明清兩代江南地區人口迅猛增長，對土地的要求更為迫切，從而有力地推動了該地區圩田的發展，圩田開發因此進入了全盛階段。統計表明，明清兩代，江南各地築圩達3000多個。其中千畝以上的大圩，約有一百多個。其數量之多，為前世所不及。圈堤聯圩是這一時期江南圩田開發的一個重要特點。如清咸豐年間，同馬大堤沿岸因淤積甚速，江道改走南邊，後經數次大水衝擊，圩埂圮毀，清朝政府遂聯並同仁堤、丁家口堤、德化圩、涇江長堤和馬華堤等圩堤，形成了同馬大堤的雛形。無為大堤圍築於明永樂三年（1405年），後歷經江潮和大水沖洗，壩堤日漸毀壞。清乾隆三十年（1765年）將沿江各圩聯成四段，形成一個大圩。

縱觀古代江南地區圩田的開發，它具有兩個顯著的特點，一是階段性。也就是說圩田開發經歷了幾個大的發展階段，即濫觴於三國之際，迅速發展于兩宋，全盛於明清。二是不平衡性。即各地區間圩田發展是很不平衡的，兩宋時期，當塗、蕪湖、宣州三地的圩田開發最為發達，其他地區幾乎沒有開發；至明清時期，雖然整個沿江圩區幾乎都開發了出來，但最發達的也僅限於當塗、蕪湖、宣州、巢湖、安慶幾個地區及太湖周圍，其他地區則仍然相對較弱。

① ［宋］楊萬里：《誠齋集》卷三二《圩丁詞十解序》。
② 參見韓茂莉：《宋代農業地理》，山西古籍出版社1993年版，第123－124頁。

二、江南圩田興盛的原因分析

古代江南地區圩田的興起和發展，並不是偶然的，它是由一定的歷史因素和自然條件決定的。

（一）圩田是江南勞動人民針對本地區優越的自然條件而採取的有效土地利用形式。江南地區屬於亞熱帶濕潤季風氣候，具有氣候溫和，無霜期長，雨水豐沛等特點，夏季暖濕氣流活躍，降雨較為集中，年均降水量一般在1240毫米上下。長江及其24條支流使這一地區水網密佈，並在沿江及近湖附近形成大片土質肥沃的低窪地。因此，從自然環境上看，這裏無疑具有發展農業生產的優越條件。這是一方面；另一方面，由於沿江地區泥沙淤積，使湖床（或沙洲）日益增高，為圍湖築圩創造了條件。早在戰國時期，長江上、中游就有水土流失的現象，至宋代更為嚴重。如南宋詩人陸游看到湖口以下江水之濁，曾云：『江自湖口分一支為南江，蓋江西路也。（長）江水渾濁……南江（指湖口流出之水）極清澈，合處如引繩，不相亂』[①]。湖口對岸為彭蠡澤，江水至此產生洄流，所以泥沙淤積嚴重。稍晚于陸游的蔡沉對巢湖泥沙淤積之因作出了解釋：『北則江漢之濁流，其南則鄱陽（湖）之清漲……巢湖大而源淺，每歲四五月閑蜀嶺雪消，大江氾濫之時，水淤（指泥沙）入湖，至七八月，大江水落，湖水方泄，隨江以東』[②]。對這種因淤積而築圩，清代魏源分析為：『浮沙壅泥，敗葉陳根……隨大雨傾瀉而下，由山入溪，由溪達江達漢，由江漢達湖，水去沙不去，遂為洲渚。洲渚日高，湖底日淺，近水居民，又從而圩之田之』[③]。魏氏的剖析十分精到。由此可見，圩田是江南人民充分利用沿江湖床墊高等自然生成的條件而採取的一種有效土地利用形式，對於促進該地區將優越的自然地理條件轉化為農業生產的潛力，起到了積極作用，這是江南地區圩田開發的根本動力所在。

---

①［宋］陸遊：《入蜀記》，載《叢書集成初編》。
②［宋］蔡沉：《禹貢》。
③［清］魏源：《湖廣水利論》，載《魏源集》，中華書局1976年版。

（二）封建統治者的高度重視有力地推動了江南地區圩田的開發。封建統治者對江南地帶圩區的開發，其目的經歷了由軍事需要向發展經濟需要的轉變。東吳為解決駐軍糧秣補給而令諸將廣開屯田，遂有五路總兵丁奉、丹陽都尉嚴密圍湖圩墾之舉；東晉南朝時期，大規模的軍事屯田仍是本地區農業開發中的主要方式。唐中葉以後，隨着經濟重心的逐漸南移，江南地區成為封建政府財賦的重要來源地，唐代詩人韓愈曾云：『賦出天下而江南居十九』①。江南地區由先秦之際的『地廣人稀』變為封建政府的賦稅重地，足見該地區農業經濟對封建政府的重要性。唐憲宗也認為：『天寶以後，戎事方殷，兩河宿兵，戶賦不加，軍國費用，取資江淮』②。兩宋之際，由於圩田在宣州、太平州、寧國府墾田中佔有很大的比重，產量又高，因而也就成為政府一筆極為可觀的賦稅收入。宋高宗曾稱：『今公私兼裕，一歲軍餉，皆仰圩此』③。這表明，唐宋以後，封建政府對江南地區的開發已不僅僅限於軍事需要，更主要的是想通過加快這一地區的開發以攫取大量的賦稅。無論封建政府出於何種目的開發這一地區，其組織功能以及人力、物力和財力的大量投入對於江南地區圩田的發展都是至關重要的，這一點在宋代表現得尤為明顯。眾所周知，在古代中國，興修大規模水利工程所需的人力和物力，是個體小農所無法承擔的，唯有封建政府才有這種能力。如前揭嘉祐六年（1061年），轉運使張顒、判官謝景溫、寧國令沈披重建萬春圩時，政府曾出粟30000斛、錢40000緡，並募集宣城等縣貧民14000人投入其中。宋孝宗乾道九年（1173年），太平州諸圩『幾四百里為水浸沫』，政府出資整修，耗費『計米二萬一千七百五十七碩五鬥、計錢二萬三千五百七十貫一百三十七文省』④。宋代沿江圩田多屬官圩，這一事實證明封建政府在圩田建設中發揮着舉足輕重的作用。宋朝政府除積極組織軍民修復五代以來湮毀的圩田水利工程，並加快圩田開發步伐外，還制定《農田利害條約》（即農田水利法），將圩田等水利工程的興廢作為對在任官吏升黜的考核依據之一，以督促官吏加強對圩田的管理與維護。如將防護圩岸的制度刻成碑文立于圩田之上，州、縣官每年秋後檢查一次，成為定制。對於私圩，宋政府也給予積極的資助，如築圩或圩田生產的錢米不足，官方規定可在常平倉項下借支，依據青苗錢之例分期歸還。若工程過大，民戶無力修築，則由官府支錢米雇丁夫修築。若圩

① ［唐］韓愈：《韓昌黎集》卷一九《送陸歙州詩序》。
② 《全唐文》卷六三《憲宗元和十四年七月二十三日上尊號赦》。
③ 《宋史》卷四七四《奸臣四·賈似道傳》。
④ 《宋史》卷一七三《食貨志》上一《農田》。

內人力不足或缺工食，政府還可酌量添助。正由於封建政府在沿江圩田開發過程中具有如此重要的作用，因此在朝政腐敗的時期，圩田建設便不可避免會受到影響。如宋初，『慢于農政，不復修舉江南圩田』[①]。就連五代以來較為完善的圩田水利系統也遭到了一定程度的破壞。由於宋朝政府在圩田建設上所發揮的重要作用，所以江南圩田開發便從此進入了一個興盛的階段，奠定了該地區圩田發展的規模。明清時期，隨着江南的經濟在政府賦稅中所占的地位日趨重要，封建政府進一步加大了沿江圩堤建設的力度，沿江圩田更為興盛。

（三）人地矛盾也是促進江南圩田開發的一個重要原因。從沈括《萬春圩圖記》『江南大都皆山也，可耕之土皆下濕厭水瀕江』的描述中我們可以看出，古代江南地區可直接用於耕種的土地是相當有限的。先秦之際，該地區『地廣人稀』，人口與可耕地之間的矛盾尚不太尖銳，人們採用火耕水耨的低水準生產，便足以維持『無凍餓之人，亦無千金之家』[②]的平均生活狀態。後來該地區人地矛盾的激化與數次大規模移民潮不無關係。我們知道，從西晉末年至宋代，我國歷史上曾經有過三次黃河流域向南大規模移民的浪潮，那是西晉末年的永嘉之亂、唐代中期的安史之亂和唐末、宋金之際的靖康之亂。這些移民主要遷徙到南方，其中第一次移民從北方遷往南方的大約有90萬，第二次約為650萬，第三次約為1000萬[③]。這三次大規模北人南遷的結果，一方面給南方帶來了大量勞動力和先進的中原文化與生產技能，同時也直接導致了南方尤其是江南地區人口的驟增，致使江南地區耕地嚴重不足。當時這裏已『野無閒田，桑無隙地』，於是人們將目光投向不宜開墾的山地和湖灘，開始了大規模以圍江、圍湖為主的造田運動。迨至明清兩朝，雖因戰爭、水災、瘟疫等原因，使人口大量死亡，但人口總數還是增多了。如宋崇寧年間，沿江的安慶、甯國、太平三府約有84萬人口，而明洪武二十六年（1393年）三府人口增加到了121萬[④]。大量人口的湧入使該地區原本寬緩的人地關係一下子又緊張了起來，如何安置這些流民成了封建政府必須考慮的現實問題。在以農為本的封建社會裏，束民於土地發展生產是安輯流民的最好途徑，這樣，江南沿江低窪地區大量的湖灘地便成為吸引流民大規模開發的最佳去處。因此無論是宋代，還是明清時期，封建政府都不遺餘力地募集流民在此進行開發，從而有效地擴大了耕地面積，很

---

① ［宋］范仲淹：《範文正公全集·奏議》卷上《答手詔條陳十事》。
② 《史記》卷一二九《貨殖列傳》。
③ 參見鄒逸麟：《我國環境變化的歷史過程及其特點初探》，《安徽師範大學學報》（人文社會科學版），2002年第3期。
④ 參見李則剛：《安徽歷史述要》，安徽省地方志編纂委員會1982年版。

大程度上緩和了一度緊張的人地矛盾。

三、圩田開發對生態環境的影響

江南圩田開發相沿近兩千年，對圩區的社會經濟發展發揮了重要作用。圩田的開發十分適合江南地區水鄉澤國的地理特點，使大量沿江沿湖灘塗變成了良田。這種土地利用形式是江南人民在長期實踐中的偉大創舉，它在抗禦旱澇、奪取穩產高產方面，有着諸多的優越性。詩人楊萬里、韓元吉等都曾作詩讚美圩田：『圩田歲歲續逢秋，圩戶家家不識愁。夾路垂楊一千里，風流國是太平州』①。『東西相望五百圩，有利由來得無害。……請看今來禾上場，七百頃地雲堆黃』②。這些詩句都逼真地描繪了當時江南圩區的豐收景象。元代農學家王禎對於圩田的作用也是讚不絕口，他稱讚道：圩田『據水築為堤岸，複疊外護，或高至數丈，或曲直不等，長至彌望，每遇霖潦，以捍水勢……內有溝瀆，以通灌溉，其田亦或不下千頃，此又水田之善者』③。王禎甚至認為圩田『雖有水旱皆可救禦，凡一熟之餘，不惟本境足食，又可贍及鄰郡，實近古之上法，將來之永利，富國富民，無越於此』④。這種人工創造的樂土，成為當地糧食生產的重要基地。據張問《張顒墓誌銘》載，萬春圩計127000畝，『歲得米八十萬斛』，每畝平均產量6斛2鬥。北宋末年的賀鑄，曾作《題皖山北瀕江田舍》詩云：『一溪春水百家利，二頃夏苗千石收』⑤。畝產量達到5石。關於圩田的畝產量，我們還可以從當時的租稅中得知一二。據有關資料統計，並依高宗紹興元年（1131年）建康府圩田租額類推，宣州圩田可生產49萬石租糧，太平州可生產79萬石租糧，再加上蕪湖、當塗、合肥縣等地的圩田，租糧生產數額十分可觀⑥。對於宋朝政府來講，這是一筆非常可觀

① [宋]楊萬里：《誠齋集》卷三二《圩丁詞十解序》。
② [宋]韓元吉：《南澗甲乙稿》卷二《永豐圩》。
③ [元]王禎：《農書》卷三《灌溉篇》。
④ [元]王禎：《農書》卷一一《田制篇》。
⑤ [宋]賀鑄：《廣湖遺志詩集拾遺》。
⑥ [元]馬端臨：《文獻通考》卷六《田賦考》。

的收入。因此有人便認為『天下根本在於江淮，天下無江淮不可以足用，江淮無天下自可以為國』[①]。正由於圩田農業產量很高，所以有宋一世，政府對興築、修復圩田總是特別熱衷，及至明清，圩田開發日漸深入，圩區經濟在封建國家賦稅中所占的份額也越來越大。圩田高產、穩產的事實表明，圩區土地開發利用的價值很高。此外，圩田開發對於緩和該地區數度出現的人口壓力也起到了積極的作用。這些都是應該充分肯定的。

不過，圩田這種墾殖形態利弊並存，過度地開發勢必會帶來相應的環境問題。

第一，破壞了原有的湖泊河流水文環境，廢湖為田，或隨意改變河道，致使眾多的圩田將水道系統全部打亂，外河水流不暢，圩內排水和引水也增加難度，造成『水不得停蓄，旱不得流注』的嚴重局面。對於圍湖為田給圩區水環境所造成的影響，唐末即有人指出：『害大利小者，其以湖為田之謂歟』[②]，直斥其弊。顧炎武亦說：『宋政和以後圍湖占江，而東南水利亦塞』[③]。由於圩田多建立在水流要害之處，且田面反在水面之下，因此對水利要求甚高，稍有罅隙，便有內澇之患。宋徽宗統治時期，當塗路西湖建成的政和圩，使『山水無以發洩，遂致沖決圩岸』。永豐圩自政和五年（1115年）圍湖成田，嗣後五十餘年『橫截水勢，不容通泄，圩為害非細』。焦村私圩，『梗塞水面，致化成、惠民頻有損害』。宣城童家湖系徽州績溪與廣德軍建平二水會合之處，其勢闊遠，『政和間有貴要之家請佃此湖圍成田』，『紹興間有淮西總管張榮者詭名承佃，再築為圩……自後每遇水漲，諸圩被害』[④]這方面的例子不勝枚舉。

第二，歷代地方政府在圩田管理方面也是各自為政，各地區的圩田不能形成一個完整的系統，缺乏相互間的協作。特別是豪強貴勢私築圩岸，對圩區水利系統及小農生產的破壞尤甚，這一點在南宋甯宗嘉定三年（1210年）衛涇所上的奏摺中體現得甚為明顯：『隆興、乾道之後，豪宗大姓，相繼迭出，廣包強佔，無歲五之……圍（圩）田一興，修築岸，水所由出入之路，頓至隔絕，稍覺旱幹，則佔據上流，獨擅灌

① [宋]李覯：《李直講先生文集》卷二八。
② [清]董誥：《全唐文》卷八七一《複練塘奏狀》。
③ [清]顧炎武：《日知錄》卷一〇《治地》。
④ [清]徐松：《宋會要輯稿·食貨七》。

溉之利，民田坐視無從取水；逮至水溢，則順流疏決，復以民田為壑』①。由於彼此間缺乏協作，使因破圩而形成的局部水災年年有之。

第三，大量構築圩田，影響到湖泊的蓄水量。大型湖泊，作為陸地水系中的樞紐，具有吞洪吐澇、調節河川徑流的重要作用。江南地區大量利用湖邊灘地修築圩田，使湖面縮小，破壞了生態平衡。如太湖地區在圩田出現以前，本有一個天然形成的水面與陸地合理的比例。太湖就是蓄洪的天然水庫。而湖邊的灘地是水庫的一部分，能夠發揮調節的功能。自從人們大量利用太湖邊上的灘地修築圩田後，湖面不斷縮小，從而影響了其調節水量的功能，破壞了太湖地區的生態條件，由此災害便接踵而至。水旱失調自然是小農民首遭其殃，接着公私圩田大戶也同受其禍。因水中築堤之後，水中泥沙向堤外淤積，湖底升高，於是圩堤又可向湖心延伸，這樣，湖便逐漸縮小，以至於消失，一旦河水暴漲，湖已不能容納，勢必將大小堤岸衝垮，導致水災頻頻發生。如文末『太湖地區東晉至清各代水旱比較示意圖』②所示，太湖流域從東晉到明清，其水旱演變情況大致可分為兩個最少期，四個較多期和四個最多期，表現為宋以前由少到多，再由多到少的過程，而在宋以後，則以水旱災次的愈益增多為其主要趨勢。這一發展態勢無疑是與太湖流域生態環境的不斷惡化緊密相聯的。

第四，圍湖造田還破壞了水生資源。江南地區的湖泊，水生資源極為豐富，如丹陽練湖，在唐代就有『菰蒲菱芡之多，龜魚鱉蜃之生，厭飫江淮，膏潤數州』之稱③；四明廣德湖有『菰蒲鳧鳥，四時不絕』之饒④。越州鑒湖更有『魚鱉蝦蟹之類不可勝食，茭荷菱芡之實不可勝用』之譽⑤。這些水生資源，一方面為人們提供了豐富的食品，另一方面又為牲畜提供了飼料，為編織、造紙提供了原料，有的還是良好的藥材，故此，具有頗高的經濟價值。圍湖造田以後，特別是廢湖以後，這些水生資源便面臨了絕滅之災。對此，歷代有識之士都給予了極大關注。如徐次鐸在《復鏡湖議》中如是說：『使湖果復舊，水常彌滿，則魚鱉蝦蟹之類不可勝食，茭荷菱芡之實不可勝用，縱民採捕其中，其利自溥』⑥。陳仲宜等在上徽宗書中也指出諸路湖濼池塘陂澤被圍占以後『貧窶細民，頻失採取蓮荷蒲藕、菱芡、魚鱉蝦蜆蚌螺之類，不

① ［明］王圻：《續文獻通考》卷三《田賦》。
② 鄭肇經：《太湖水利技術史》，農業出版社1987年版，第255頁。
③ ［唐］李華：《潤州丹陽縣復練塘頌》，《全唐文》卷三一四。
④ 《四明郡志·鄞縣·山川》。
⑤ ［宋］徐次鐸：《復鏡湖議》，引自《農政全書》卷一六《水利·浙江水利》。
⑥ ［宋］徐次鐸：《復鏡湖議》，引自《農政全書》卷一六《水利·浙江水利》。

能糊口營生』。①類似的記載尚能舉出不少。這些史料無疑都説明古代江南地區圍湖造田後水生資源遭到了嚴重的破壞②。

近年來，隨着長江流域生態環境的惡化，江南地區水災頻仍。圩田由於自身抗洪能力的低下，其弊端也更顯突出，成為制約本地區社會經濟發展的瓶頸之一。如何使這種傳統水利田繼續發揮作用是迫切需要解決的現實問題。作為史學工作者，我們在繼續深入研究圩田史的基礎上，應該以史為鑒，結合歷史上對圩田的治理獻計獻策，更多地關注目前江南圩區的生態環境問題。我們應該與水利部門合作，摸清圩田形成的歷史過程，總結利弊，根據不同的地貌特徵和水文情況採取不同的方式進行整治。以防治水患為前提，提高圩田開發水準，同時，加大治理江南地區河流湖泊的力度，加強湖泊生態工程建設，切實禁止新的圍堤築圩，對過度圍築的田地，要根據條件和可能，有計劃地退田還湖，移民建鎮，改善生態環境，以保證該地區『生態——經濟——社會』三維複合系統的健康運行與可持續發展。

［本文系作者主持國家社會科學基金項目『7–19世紀長江下游圩田開發與生態環境變遷』(項目編號：04BZS013)的階段性成果］

［原載《中國歷史地理論叢》2005年第3期］

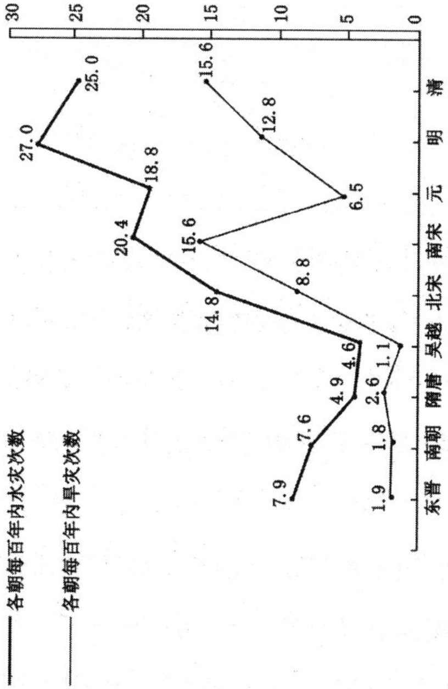

太湖地區東晉至清各代水旱比較示意圖

① ［清］徐松：《宋會要輯稿·食貨六一》。
② 參見閔宗殿：《兩宋東南圍湖》，載《太湖水利史論文集》(列印稿)，1986年。

宋代長江下游圩田開發與水事糾紛

圩田（又稱圍田）是長江下游地區人們在長期治田治水實踐中創造的一種獨特的農田開發形式，它廣泛分佈在江蘇西南部、安徽南部和浙江西北部，是該地區土地利用的重要形式。目前學界對於圩田的研究已取得一些成果，但其研究的重點主要集中在圩田的開發與利用、圩田的形式與變化、圩田開發與生態環境變遷等方面[①]。而借助多學科的視角對圩田開發與利用過程中所產生的水事糾紛問題的研究，則無人問津。有鑒於此，本文擬以宋代長江下游為中心，論述圩區水事糾紛產生的原因、水事糾紛的類型及其危害，並探討宋政府對水事糾紛所採取的應對措施，以就教于方家。

一、兩宋圩田開發與水事糾紛的產生

圩田是一種在淺水沼澤地帶或河湖淤灘上通過圍堤築圩，圍田於內，擋水於外；圍內開溝渠，設涵閘，實現排灌的水利田。圩區人民利用圩田這種特殊土地利用方式進行生產和生活，形成了一個獨特的圩區水利社會。在這個社會中，人們的水事活動十分頻繁。這些水事活動既包括圩民日常農業生產中的引水灌溉、開閘泄水，以及圩民對圩堤、堰閘等水利設施的修護，也包括圩區人民對水利田的開發與

① 寧可：《宋代的圩田》，《史學月刊》1958年第12期；繆啟愉：《吳越錢氏在太湖地區的圩田制度和水利系統》，《農業研究集刊》第二冊，科學出版社1960年版；何勇強：《論唐宋時期圩田的三種形態——以太湖流域的圩田為中心》，《浙江學刊》2003年第2期；莊華峰：《古代江南地區圩田開發及其對生態環境的影響》，《中國歷史地理論叢》2005年第3期。

利用。然而在各種複雜社會矛盾的綜合作用下，在圩田開發利用的過程中，不可避免地會產生一些不和諧的因素，導致水事糾紛的產生。所謂水事糾紛即指在水事活動中不同利益主體之間的矛盾、爭執甚至暴力衝突事件，這是圩區的主要社會矛盾之一。具體言之，宋代長江下游圩區水事糾紛產生的原因，約有以下數端：

第一，豪強地主兼併土地，霸佔水利設施，致使圩民剝削加重。清人顧炎武說：『漢武帝時，董仲舒言：「或耕豪民之田，見稅什五」；唐德宗時陸贄言：「夫土地，王者之所有，耕稼農夫之所為，而兼併之徒居然受利」。……然猶謂之豪民，謂之兼併之徒。宋已下，則公然號為田主矣』①。在唐代租佃契約中，雖然也有『田主』這個名稱，地主一詞在唐以前的文獻中亦早就存在，但以前帶有貶義的『兼併之徒』、『豪民』的稱呼在宋代已不再使用，而公然稱作『田主』，宋代土地兼併現象之嚴重由此可見一斑。由於地主占地廣闊，在地主和佃客之間又多了一種『二地主』。據載：『吏浦鄉四保菜字圍田八畝，何四八佃，口小四種』；又『白砂鄉十三保，律字圍田四十二畝，鄭七秀才佃』；『致字圍田三十九畝，朱八七官人佃』；『十四保，海菜字圍田七十四畝，朱八七官人佃』；『淡字圍田四十六畝，衛九縣尉佃』；『長久鄉十六保，鱗字圍田三十三畝，朱益能秀才佃』②。這些稱作『秀才』、『官人』、『縣尉』的佃人都不是耕種田地的真正佃戶，而是加在地主與圩民之間的又一層剝削。南宋中葉以後，崇德、嘉興等地絕大部分的田地已被『王公貴人』和『富室豪民』所占。宋人王邁指出，當時『權貴之奪民田，有至數千萬畝，或綿亙數百里者』③。史載，至南宋後期，『豪強兼併之患，至今日而極』，『權勢之家日盛，兼併之習日滋』④。由於『二地主』同地主一道『廣包強佔』，或使『民間無從取水』，或者『以民田為壑』，使得地主同農民之間水事糾紛紛起。

第二，人口增長迅速，導致圩區人水關係緊張。先秦秦漢時期，長江下游地區『地廣人稀』，人口與可耕地之間的矛盾尚不太突出，人們採用火耕水耨的低水準生產，便足以維持『無凍餓之人，亦無千金之家』⑤的平均生活狀態。後來本地區人地矛盾的激化與數次大規模

---

①顧炎武：《日知錄》卷一〇《蘇松二府田賦之重》。
②《江蘇金石志》卷一六。
③王邁：《臞軒集》卷一《乙未館職策》。
④《宋史》卷一七三《食貨上一》。
⑤《史記》卷一二九《貨殖列傳》。

移民浪潮不無關係。我們知道，從西晉末年至宋代，我國歷史上曾經有過三次黃河流域向南大規模移民的浪潮，那是西晉末年的永嘉之亂、唐代中期的安史之亂和唐末、宋金之際的靖康之亂。這些移民主要遷徙到長江流域，其中第一次移民從北方遷往長江流域的大約有200萬，第二次約為650萬，第三次約為1000萬[①]。這三次大規模北人南遷的結果，一方面給長江流域帶來了大量勞動力和先進的中原文化與生產技能，同時也直接導致了長江流域人口的驟增，致使這一地區耕地嚴重不足。下表[②]為宋代東南五路戶數，從中不難看出長江下游地區人口變化的基本趨勢。

宋代東南五路戶數（單位：戶數）

路 / 年代	兩浙	福建	江東	江西	總計	資料來源
太平興國初	305710	467815	157112	591870	1522507	《太平寰宇記》
元豐三年	1778953	1043839	1127311	1287137	5237239	《元豐九域志》
崇寧元年	1975041	1061759	1096737	1467289	5600826	《宋史·地理志》
紹興三十二年	2243548	1390566	966428	1891392	6491934	《宋會要輯稿·食貨六九》
嘉定十六年	2220321	1599214	1046272	2267983	713390	《文獻通考·戶籍考》

上表反映的東南各路戶數，自北宋初至南宋後期，雖偶有減少，但總的趨勢是不斷增加的。這種人口增長的趨勢與宋代圍水造田的過速發展是一致的。蘇軾曾說：『臣聞天下之民，常偏聚而不均。吳蜀有可耕之人而無其地』[③]。蘇轍也有過同樣的評論：『吳越巴蜀之間，拳肩側足以爭尋常尺寸之地』[④]。這種『尺寸之爭』在圩區常表現為與水爭田或圍湖造田。這不可避免地會引發圩區民衆為爭奪水利資源而產生的水事糾紛。

第三，從圩區結構上看，圩區往往圩圩相鄰並且圩中有圩，在發生水澇或乾旱時，這些不同的圩就會由於排水或引水問題發生利益衝突。圩區通常地勢低下，雨水較多，若不能夠對圩田進行合理規劃與管理便很容易發生水災。北宋范仲淹指出：『江南舊有圩田，每一圩

① 鄒逸麟：《我國環境變化的歷史過程及其特點初探》，《安徽師範大學學報》(人文社會科學版)2002年第3期，第292－297頁。
② 本表轉引自韓茂莉：《宋代農業地理》，山西古籍出版社1993年版，第93頁。
③ 蘇軾：《東坡全集》卷四五《御試製科策》。
④ 蘇轍：《欒城應詔集》卷一〇《民政下》。

方數十裏，如大城，中有河渠，外有門閘，旱則開閘引江水之利，潦則閉閘拒江水之害，旱澇不及，為農美利。』[1]說明宋以前長江下游的塘浦圩田系統較為完整，圩田帶給圩民更多的是『美利』，水事糾紛尚不是圩區主要的社會問題。然而入宋以來，原來負責治水治田的『都水營田使』[2]為專事漕運的『轉運使』所代替，致使圩區的水事疏於管理。其直接後果是，圍堤涵閘常年失修，塘浦系統遭到嚴重破壞。同時，由於長江下游地區人口增長過速，圩田開墾較為充分，以致沒有足夠的湖區或低地來容納泄水。在水多無法排泄之時，一些圩民便以鄰為壑；而當乾旱之時，相鄰圩田又都要引水灌溉，在水資源有限的情況下，彼此間發生水事糾紛在所難免。

第四，圩民小農意識使然。與其他地區的生產者一樣，圩區民眾也具有濃烈的小農意識，他們往往只顧及眼前利益，無視對公共水利設施的維護，更不用說考慮其他圩民的利益了。在這些圩區，『或因田戶行舟及安舟之便而破其圩；或因人戶請射下腳而廢其堤……或因決破古堤張捕魚蝦而漸至破損……或因貧富同圩而出力不齊；或因公私相吝而因循不治』，以致『堤防盡壞，而低田漫然複在江水之下也』[3]。而對於陂塘的修築，同樣困難重重：『愚頑之民，多不聽從，興工之時，難為糾率；或矜強恃猾，抑卑淩弱；或只令幼小應數，而坐俟其利。似此之類，十居其半』。可是到『用水之際』，則又『爭來引注』。這也直接導致水事糾紛的發生[4]。

第五，水利資源使用權、管理權不明晰。在傳統社會，像湖陂、灘塗等都屬於公共資源。由於這些資源沒有明確的利益主體，因而常常成為民眾追逐的對象。如果政府對這些公共資源的無序佔有無法加以控制，則必然生髮諸多的水事糾紛。在宋代，地方政府不僅對於圩區民眾搶佔湖陂、與水爭地的現象不能採取有效的措施加以控制，而且一些豪強形勢之家及寺觀等還常與地方官吏並緣為奸，競相侵佔，甚或『毀撤向來禁約石碑，公然圍築』，對於阻攔者，『輒持刃相向』[5]。由此不難看出，當時由於水資源的公共物品特性以及由此而來的產權不明晰，也必然加劇各類水事紛爭的發生。

① 范仲淹：《政府奏議》卷上《答手詔條陳十事》。
② 鄭肇經：《太湖水利技術史》，農業出版社1987年版，第88頁。
③ 歸有光：《三吳水利錄》卷一《郟亶書二篇》。
④《宋會要輯稿·食貨七》之一三。
⑤ 衛涇：《後樂集》卷一五《鄭提舉劄》。

二、水事糾紛的主要類型

根據不同的利益主體，可將宋代長江下游圩區水事糾紛劃分為農民與地主之間、官府與民間以及圩際之間等類型。

（一）農民與地主之間的水事糾紛

入宋以來，各地豪紳紛紛霸佔湖陂，以致『昔者之曰江曰湖曰草蕩者，今皆田也』。豪紳的無休止搶佔湖陂，加深了其與農民之間的矛盾。據載，明州廣德湖（位於今寧波市）被圍，致使『元（原）佃人戶，詞訟終無止息』，『爭占鬥訟，愈見生事』①。莆田縣（今福建莆田市）五所陂塘被廢之後，『舊日仰塘水灌注之地，盡皆焦旱，百姓爭訟』②。木蘭陂（位於今福建莆田市）周圍本是『民田萬頃，歲飲其澤』。可是自『釃水之道多為巨室占塞』之後，自然災害頻發，爭水事件不斷發生，『鄉民至有爭水而死者』③。湖州澱山湖（位於今上海青浦縣）本是『廣袤四十裏，澤被三郡，沿湖民田百年無水旱之患』。可是『數十年來，湖之圍為田者皆出豪右之家，旱則獨據上流，沿湖之田無所灌溉；水則惟知通放湖田，以民田為壑』。周圍民田則『旱無所灌溉，水無所通泄』。宋衛涇還揭露說：『某寓居江湖間，自曉事以來，每見陂湖之利為豪強所擅』，而廣大農人卻常『被害無所赴愬』，往往『不能自伸抑鬱受弊而已』④。據宋人韓元吉說：『此（永豐）圩初是百姓請佃，後以賜蔡京，又賜韓世忠，又賜秦檜……其管莊多武夫鍵卒侵欺小民，甚者剽掠舟船』⑤。這反映水事糾紛不僅表現為一般百姓同大地主之間的矛盾，也有地主之間的利益爭奪，而最終又體現為封建地主對『小民』的剝削。

---

①《宋會要輯稿·食貨七》之四六。

② 蔡襄：《端明集》卷二六《乞複五塘劄子》。

③《宋會要輯稿·食貨六一》之一四九至一五〇。

④ 衛涇：《後樂集》卷一五《鄭提舉劄》。

⑤《宋會要輯稿·食貨八》之三。

同世俗的封建地主一樣，寺院豪強也是竭力將湖泊、沼澤之地據為己有。在其爭水爭田過程中，同樣伴隨着發生了一系列的水事糾紛。當圩區湖田興起之時，兩浙寺院不甘寂寞，紛紛對湖田進行霸佔。如湖州一帶的溵山湖本是『澤被之郡』，後被豪右之家圍占。淳熙間，『開掘山門溜五十餘畝』，漸漸地恢復了原來的灌溉之利。可是『紹熙初，忽為中天竺寺挾巨援，指間使司吏輩並緣為奸』。甚至唆使『小人輩無所忌憚……毀撤向來禁約石碑公然圍築，稍孰何之者，輒持刃相向』①。溵山湖先是被世俗地主佔有，繼之又被中天竺寺圍占，灌溉機能受到嚴重影響，而民田受到的侵害首當其衝。不僅如此，在一些水利要害之處，仍然『多有權豪、僧寺田莊，強霸富戶將自己田圩得便河港，填塞鄣遏』②。這使得其他圩民的利益遭受損害。

（二）官府與民間的水事糾紛

官府與民間的水事糾紛是宋代長江下游圩田開發利用過程中的主要矛盾之一。在宋代，兩浙江東諸路是農業生產最發達的地區，商品經濟也相應得到發展，貨物流通成為必要。江浙地區縱橫交錯的水道網路，為發展水上交通提供了條件。然而，官府為了交通便利，要求水道暢通，農民為了蓄水溉田，則需要設置攔水的堰閘。於是官府與民間便產生水事方面的矛盾。

北宋政府注重漕運，為了航道暢通，往往隨意毀壞圩區的一些重要堰閘和堤防，而這些堰閘則是農民蓄水溉田的必要設施，因而糾紛迭起。史書載：

自唐至錢氏時，有堤防堰閘之制……暨納土之後至於今日，其患始巨。蓋由端拱中，轉運使喬維嶽不究堤岸堰閘之制與夫溝洫畎之利，姑務便於轉漕舟楫，一切毀之③。

宋人指出，『由宜興而西，溧陽縣之上』，本有五堰以蓄上游來水，可是『後之商人由宣、歙販運簰木東入二浙，以五堰艱阻，因相為之

① 衛涇：《後樂集》卷一五《鄭提舉劄》。
② 歸有光：《三吳水利錄》卷三《周文英書一篇》。
③ 歸有光：《三吳水利錄》卷一《郏喬書一篇》。

謀，罔給官中（長）以廢（去）五堰』。另外，『昔熙寧中有提舉沈披者，輒去五卸堰，走運河之水，北下江中，遂害江陰之民田』①。更有甚者，一些堰閘甚至長期處於破壞狀態。如『天禧中故相王欽若知杭州，始壞此堰（杭州清河堰），以快目下舟楫往來，今七十餘年矣』②。在這些過程中，一些官吏常因利益驅動，成爲水利的蠹害。如余杭西函，『壘石起埭，均節盈縮』，『在余杭爲千餘頃之利，及旁郡者又倍蓰焉』，可是由於『塘長貪賂，竊啟以過舟，水因大至，官吏又遽塞之』，結果是『恃函之田，十歲九潦，殆成沮洳』③。

（三）圩際之間的水事糾紛

在宋代，圩與圩之間、一個地區和另一個地區之間也常因爲水事活動而導致矛盾糾紛。江東沿海平原地勢低窪，發源於南部山地的河流溪水往往彙集到這裏宣洩入江。如圩田的位置不合理，就會成爲水流下泄的障礙，導致圩間的水利矛盾。建康的永豐圩，於北宋政和年間圍湖成田。這不但使湖面縮小，而且堵塞了南來河流入江的通道。史載，永豐圩『成田今五十餘載，横截水勢，每遇泛漲，沖決民圩，爲害非細』。永豐圩四周原有民田千頃，自其開修後，周圍『可耕者止四百頃』④。宋人韓元吉也指出，雖然永豐圩自身『六十裏如城，堅固牢靠，足以抗住風濤，但卻使得周圍的民圩時常受到水患的侵擾⑤。像永豐圩這樣横截水勢，致使周圍農田受損的現象在其他圩區也時有發生。如寧國府焦村圩『梗塞水面，至化成圩、惠民圩頻有損壞』⑥。宣城童家湖被圍占成童圩之後，『向上諸圩悉遭巨浸』⑦。廣德湖成圩卻使得『西北七鄉之田，無歲不旱，異時膏腴，今爲下地』⑧。

吳越時期，由於高田地區和低田地區能夠協調管理，無論水旱都能獲得豐收。入宋以來，卻變成低田圩民惟恐高田不旱，高田區圩民

---

① 歸有光：《三吳水利錄》卷二《單鍔書》。
② 蘇軾：《東坡全集》卷五七《申三省起請開湖六條狀》。
③ 胡寅：《斐然集》卷二六《左朝散郎江君墓誌銘》。
④《宋會要輯稿·食貨八》之三。
⑤ 韓元吉：《南澗甲乙稿》卷二《永豐行》。
⑥《宋會要輯稿·食貨八》之一三。
⑦《宋會要輯稿·食貨八》之一〇。
⑧ 周道遵：《甬上水利志》卷五《舊廣德湖》。

惟恐低田不淹的反常狀況。郟亶曾直接指出這種病態現象：

唯大旱之歲，常、潤、杭、秀之田及蘇州堽阜之地，並皆枯旱，其堤岸方始露見，而蘇州水田，幸一熟耳。……唯大水之歲，湖、秀二州與蘇州之低田，渰沒淨盡，則堽阜之田，幸一熟耳 。

不同地區間往往又築長堤橫截江口，導致上下游圩民受到影響。如自慶曆二年以來，吴江築長堤，横截江流，致使『震澤之水長溢而不泄，以至壅灌三州之田』②。另外，在日常水事活動中，圩民常常因修護水利設施而發生『勞費不均，多起門訟，勤力懦善之家受其弊』的現象③。

三、水事糾紛下政府的應對措施

良好的社會秩序是社會良性運行與和諧發展的基本前提，而社會秩序的構建與維繫則有賴於社會控制。雖然政府控制不力是宋代圩區水事糾紛頻發的重要因素，但宋朝政府仍作出一些努力來緩和矛盾，以維護統治階級的利益。

第一，構建圩區基層組織。宋時圩區已有圩的建制，並設有圩長專門管理圩區。北宋郟亶曾指出：『方是時也，田各成圩，圩必有長……古者人戶各有田舍在田圩之中』④。沈括也有『年年圩長集圩丁，不要招呼自要行』的記載⑤。這表明北宋時期圩區已存在圩的建制，每個圩都有民居，並設有專門的圩區管理人員。另外，據記載，紹興二十八年（1158年），嘉興府有人將二百多畝農田舍入了澱山（位於澱山湖湖心）的普光王寺，這片農田坐落于華亭縣休竹鄉四十三都，分屬系圩字三十三號至五十五號⑥。這說明南宋初年，已存在鄉一

① 歸有光：《三吴水利錄》卷一《郟亶書二篇》。
② 歸有光：《三吴水利錄》卷二《單鍔書》。
③《宋會要輯稿·食貨七》之一三。
④ 歸有光：《三吴水利錄》卷一《郟亶書二篇》。
⑤ 沈括：《長興集》卷九《萬春圩圖記》。
⑥ 王昶：《金石萃編》卷一四九《澱山普光王寺舍田碑》，中國書店1985年版。

都－圩的建制。湖陂堰塘是圩區重要的水利設施，因此也常有專人管理。如通濟堰就有明確的選舉堰首的規定：『集上、中、下三源田戶，保舉下源十五工以下有材力公當者充，二年一替。』此外一些地區還設有為數不等的甲頭等職[①]，用以加強對圩區水事的日常管理。這種圩區水利組織的構建，對於預防及解決水事糾紛發揮了一定的作用。

第二，修護水利設施，改善用水環境。水事糾紛既因爭水、排澇而起，因而加強對水利設施的建設與修護便成為避免和減少水事糾紛的必然的物質基礎。宋政府對於水利設施建設頗為重視。乾道九年（1173年），詔令：

> 諸路州縣將所隸公私陂塘川澤之數，開具申本路常平司籍定，專一督責縣丞，以有田民戶等第高下分佈工力，結甲置籍，于農隙日浚治疏導，務要廣行瀦蓄水利，可以公共灌溉田畝[②]。

在政府的宣導之下，各地掀起了水利設施建設的熱潮，並取得明顯成效。據載，淳熙元年（1174年），『提舉江南東路常平茶鹽公事潘甸言：被詔所州縣共修治陂塘溝堰，凡二萬二千四百五十一所。可灌溉田四萬四千二百四十二頃有奇。用過夫力一百三十三萬八千一百五十餘工』[③]。是年浙西地區也修治湖陂溝堰達二千一百餘所[④]。水利設施的興修，增強了圩區灌溉與排澇能力，從而使水事糾紛大為減少。

在興修水利設施的過程中圩址勘察也受到重視。乾道九年，度支員外郎朱儋曾指出：『江東圩田為利甚大，其所慮者水患而已』。而人們只知『增築埂岸，以固堤防為急，而不知廢決溢塞以緩衝之勢』[⑤]。說明圩址的選擇在當時已經引起人們的關注。淳熙十年（1183年），建康上元縣境內有廢棄荒圩可利用，在人們正式修圩之前，官員們首先查勘地形水道，儘量減少和避免圩際間的水事糾紛，最後得出：『上元縣荒圩並寨地五百餘頃，不礙民間泄水，可以修築開耕』的結論[⑥]。

---

① 李遇春：《栝蒼金石志》卷五《范石湖書通濟堰碑》。
② 《宋會要輯稿·食貨六一》之一二二。
③ 《宋會要輯稿·食貨六一》之一二三。
④ 《宋會要輯稿·食貨六一》之一二五。
⑤ 《宋會要輯稿·食貨八》之一六。
⑥ 《續資治通鑑》卷一四八《孝宗淳熙十年》。

第三，建立相關水事預警設施。為了掌握圩田內澇情況，宋徽宗宣和二年（1120年），浙西地區設立了圩田水則石碑，對高低田水利進行調節。凡各陂湖河渠近處，『立者甚多』，『以驗水災』①。如某橫道水則石碑：『碑長七尺餘，橫為七道，道為一則，以下一則為平水之衡。』通過觀察碑上水位的位置便可知高低田水利狀況：水在一則，高低田俱無恙；過二則極低田淹過；三則稍低田淹過；四則下中田淹過；五則中中田淹過；六則稍高田淹過；七則極高田淹過。如某年水到某則為災，即於本則刻之，曰某年水至此。每年各鄉報到災傷，官司雖未及遠踏勘，而某等之田被災已預知于日報水則之中矣②。水則石碑的設置，對於合理配置水資源、避免水事糾紛的發生發揮了較好的預警作用。

第四，制定水事法令法規。宋政府十分重視水事法律法規建設，宋代基本法典《宋刑統》對水利管理作了若干的規定。如規定：『諸不修堤防，及修而失時者，主司杖七十。毀壞人家，漂失財務者，坐贓論，減五等』；『諸盜決堤防者，杖一百』。另有『其故決堤防者，徒三年』等規定③。而王安石變法期間頒行的《農田水利法》，則是一個全國性的水利法規。它在宣導興修水利的同時，還注意防範水事糾紛。如規定：

應逐縣計度管下合開溝洫工料，及興修陂塘圩埕堤堰斗門之類，事關眾户，卻又人户不依元限開修及出備名下人工物料有違約束者，並官為崔理外，仍許量事理大小，科罰錢斛……所有科罰第等，令管勾官與逐路提刑司以逐處眾户見行科罰條約，同共參酌，奏請施行④。

范成大於乾道五年（1169年）在處州（今浙江麗水）主持修治通濟堰，自撰《通濟堰記》，並制定《堰規》二十條，對通濟堰的管理機構、用水制度、經費負擔等作了細緻詳盡、公正可行的規定，成為這一地區水事管理的重要法規，其規則之系統，內容之周詳，條文之明晰，都無人出其右。據史料顯示，這些法律法規的執行力度也比較大，如宋單鍔曾言：『昔熙寧中有提舉沈披……遂害江陰之民田』，『為百姓所

①《太湖備考》卷三《水治》。
②《太湖備考》卷三《水治》。
③竇儀，等：《宋刑統》卷二七《雜律·不修堤防》。
④《宋會要輯稿·食貨一》之二七至二八。

忪，即罷提舉』。又如為避免人們在大旱之時因爭水而發生糾紛，『許申縣挪官監搗，如田戶輒敢聚衆持杖，恃強佔奪水利，仰槩頭申堰首，或直申官，追犯人究治斷罪，號令罰錢一十貫，入堰公用。如槩頭容縱，不即申舉，一例坐罪』①。水事法律法規的制定與執行，規範了人們的用水行為，同時也為解決水事糾紛提供了一定的法律依據。

宋政府針對長江下游圩區水事糾紛所實施的上述對策，特别是通過建立預警設施和制定水事法律法規等措施以預防和解決水事糾紛的做法，對於緩和與解決圩區的水事糾紛，保證農業生產的正常進行，維護圩區的社會穩定等都起到了一定的積極作用。

[本文系作者所主持國家社會科學基金項目『7－19世紀長江下游圩田開發與生態環境變遷』(04BZS013)的階段性成果之一]

[原載《中國農史》2007年第3期]

① 李遇春：《栝蒼金石志》卷五《范石湖書通濟堰碑·跋》。

略論傳統社會保障中的以工代賑

——以宋代長江下游圩區為中心

傳統社會保障制度在兩宋時期又有了新的發展，以工代賑在社會救濟中佔有重要地位。尤其在長江下游地區，以工代賑同農田水利建設相結合並得到了有效地實施。古代以工代賑問題已引起學界重視，有關圩田開發也取得了一定的研究成果，而將工賑與圩田水利建設相結合進行研究卻鮮有人問津。有鑒於此，本文擬從以工代賑在宋代以前的發展着手，以宋代長江下游為中心，主要將傳統社會以工代賑與圩田開發及水利建設相結合，分析古代以工代賑發展情況及其意義，探討中國古代社會保障中『以工代賑』這一重要思想和行動。

一、以工代賑的起源及其在宋以前的發展

社會保障是一個現代名詞，指各種具有經濟福利性的、社會化的國民生活保障系統的統稱。[①]傳統農業社會缺乏現代意義上的社會保險、社會福利等內容，社會保障主要是指救災濟貧事業。因此本文所指社會保障乃是傳統中國一些與社會保障密切相關的哲學思想、政治理念、經濟舉措以及相應的社會救濟等行動。以工代賑是社會保障中重要的具體行動。政府在災害發生後，通過使用災民勞力，興修水利堤防、道路等工程，用付給民工工錢的辦法來達到既救災又興修了公共工程的目的。

古代中國，各種天災人禍連綿不斷。在自然災害和長期的社會問題下，統治者為了維護其統治，採取了一系列救災和優撫措施，這就形成了傳統的中國社會保障政策。早在三千多年以前，即已出現了後世所謂的社會保障制度的萌芽。《尚書·臯陶謨》記載：當帝舜與大

① 鄭功成：《社會保障學》，商務印書館2000年版，第11頁。

臣皋陶、禹討論政務時就已提出要『慎身』和注意『安民』問題①。在周朝，政府『以保息六養萬民：一曰慈幼，二曰養老，三曰賑窮，四曰恤貧，五曰寬疾，六曰安富』②。這裏已經包括了對幼、老、窮、貧、疾等的多種救濟，其社會救濟政策已具有了一定的系統性。隨着歷史的發展和社會的進步，社會保障制度進一步得到統治者地重視，保障的措施越來越具體，覆蓋面越來越廣闊。因此，社會保障雖說是一個現代名詞，其實在傳統中國早已有之，並且相對於西方國家而言，政府扮演更為重要的角色。古代社會，不論是政府還是其他行為主體，所採取的社會保障措施主要有減賦、免征、平糶、賑濟、借貸和撫恤等。諸多措施中，以工代賑是一種比較獨特的救濟方式。

春秋時齊國發生災荒，『晏子請為民發粟，公不許，當為路寢之台，晏子令吏重其賃，遠其兆，徐其日，而不趨。三年台成，而民振，故上悅乎遊，民足乎食』。因此人們稱讚晏子說：『政則晏子欲發粟於民而已，若是不可得，則依物而偶於政』③。雖然不能直接給災民發放糧食，晏子卻通過變相的以工代賑達到對社會救濟的效果。《管子》中也有強調災後救濟的記載，包括薄征、貸種、散倉粟等舉措，尤其是較早地提出了『以工代賑』的思想。其中《奢靡》篇認為：為了百姓有工作，『富者靡之，貧者為之』。認為『上靡而下侈，上下相親，則君臣之財不私藏，然則貪動枳（肢）而得食矣』。甚至可以『雕卵然後瀹之，雕橑然後爨之』④。主張富人奢侈，以提供貧民工作的機會。管仲在《乘馬數》篇中進一步提出：『若歲凶旱水泆，民失本，則修宮室台榭，以前無狗後無彘者為庸。故修宮室台榭，非麗其樂也，以平國策也』『以平國策』便是以工代賑的一種具體實施。主張在水旱災荒之年，官府修建宮室台榭可以增加就業機會，以救濟災民。唐代盧坦為宣州刺史時，江淮大旱，當塗縣有渚田久廢，『坦以為歲旱，苟貧人得食取傭可易為功，於是渚田盡辟，藉傭以活者數千人，又以羨錢四十萬代稅戶之貧者，故旱雖甚，而人忘災』⑤。李頻為武功令時，『有六門堰者，廞廢百五十年，方歲饑，頻發官廥庸民浚渠，按故道廝水溉田，穀以大稔』⑥。以工代賑在古代中國可謂早已有之，然而發展並不是充分。

---

① 徐奇堂：《尚書》，廣州出版社2004年版，第14頁。
② 崔高維：《周禮》地官司徒，遼寧教育出版社2000年版，第22頁。
③ 張純一：《晏子春秋校注》內篇雜上第五，世界書局1935年版，第129頁。
④ 管仲：《管子選著》，吉林人民出版社1975年版，第322頁。
⑤ [清]董誥，輯：《全唐文》卷六百四十，清嘉慶內府刻本。
⑥ [宋]歐陽修，宋祁：《新唐書》卷一百二，中華書局1975年版，第5794頁。

二、宋代長江下游地區獨具特色的以工代賑

到了宋代，以工代賑已成為統治者一種重要的賑災思維方式，並在長江下游圩田開發等地區得到普遍和有效的運用。長江下游地區圩田（又稱圍田）開發是人們在長期治田治水實踐中創造出的一種獨特的土地利用方式。北宋范仲淹指出：『江南舊有圩田，每一圩方數十裏，如大城，中有河渠，外有門閘，旱則開閘引江水之利，潦則閉閘拒江水之害，旱澇不及，為農美利』[①]。南宋詩人楊萬里在考察了『上自池陽，下至當塗』的圩田後，曾說道：『江東水鄉，堤河兩涯而田其中，謂之「圩」。農家云：圩者，圍也。內以圍田，外以圍水。蓋河高而田反在水下，沿堤通斗門，每門疏港以溉田，故有豐年而無水患』[②]。人們在淺水沼澤地帶或河湖淤灘上通過築造長堤短壩，圍田於內，擋水於外。同時在圩內開溝渠、設涵閘以實現排水和灌溉。它廣泛分佈在江蘇西南部、安徽南部和浙江西北部，是該地區土地利用的重要方式。在長江下游地區，由於特殊的自然地理環境和土地利用方式，以工代賑同圩田開發產生緊密聯繫。工賑工程主要包括修護水利和興建圩田等內容。

（一）修護水利工程

災荒之年，宋政府通過有限的錢谷將救死扶傷與農田水利建設有機地聯繫起來，一舉兩得。景祐元年（1034年），蘇州水災，『災困之氓，其室十萬』。知州范仲淹按其『荒歉之歲，日以五升，召民為役，因而賑濟』的主張，『募遊手疏五河，導積水入海』[③]。此開宋代長江下游地區以工代賑先例。

王安石變法期間，政府鼓勵農田水利建設。長江下游地區以工代賑隨之得到進一步發展。熙寧五年（1072年）二月，宋神宗詔賜兩

---

① [宋]范仲淹：《範文正公政府奏議》上，四部叢刊本景明翻元刊本。
② [宋]楊萬里：《誠齋集》卷三十二，四部叢刊本景明翻元刊本。
③ [宋]范仲淹：《範文正公集范文正公集》卷十，四部叢刊本景明翻元刊本。

浙常平谷10萬石。賑濟浙西水災州軍，『仍募貧民興修水利』[1]。『仍雇貧民』說明以工代賑已不是首次。熙寧六年（1073年）六月，宋政府更是下詔：『自今災傷年份，除于法應賑濟外，更當救恤者，並預計合興農田水利工役人夫數及募夫工直，當賜常平錢谷，募饑民興修。如系災傷，輒不依前後敕賑濟者，委司農司點檢奏劾以聞』[2]。『當賜常平錢谷、募饑民興修』表明以工代賑已成政府興修水利尋求勞動力的重要方式，其資金來源也有了一定的保障。熙寧七年（1074年）正月，政府又詔賜江寧府常平倉米5萬石興修水利[3]。常平倉一般是通過豐年時平價買谷，到荒年再平價賣穀以達到賑災的目的。由於存儲有限，政府通過撥給的方式使救濟物質充裕，進而實施工賑活動。是年十二月，詔淮南東路于司農寺內『與上供糧五萬石』，同樣是『募饑人修水利』[4]。熙寧九年（1076年），朝廷在天長縣修築了沛塘和白馬塘水利工程，蔣子奇調任淮東轉運副使，恰逢災年，他便以工代賑，招募百姓在天長縣境內興修了36處陂塘；在臨渙疏浚了橫斜三溝，動用民工百萬人，灌溉田地9000餘頃[5]。

王安石變法以後直到南宋時期，工賑作為賑災的一項重要措施，仍然受到人們的重視，工賑個案並不乏見。如隆興二年（1164年），江東路沿江州軍發生水災，都督府參贊軍事兼知建康張孝祥上書丞相湯思退，建議興修水利，以工代賑。認為『修圩借民力，民借官給之食以活』。朝廷採納了他的建議[6]。汪綱在知蘭溪縣（今浙江蘭溪）時，發生大旱，他『勸富民浚治塘堰，大興水利，饑者得食其力，民賴以蘇』[7]。另外，紹興二十八年（1158年）至二十九年（1159年），宋政府命兩浙轉運副使趙子潚等人差官起工，雇募人夫，投入數百萬人工，監督開浚諸浦和修築田岸[8]。這也是長江下游比較典型的工賑的例子。

---

① [宋]李燾：《續資治通鑒長編》，中華書局2004年版，第5586頁。
② [宋]李燾：《續資治通鑒長編》，中華書局2004年版，第5966頁。
③ [宋]李燾：《續資治通鑒長編》，中華書局2004年版，第6607頁。
④ [宋]李燾：《續資治通鑒長編》，中華書局2004年版，第6298頁。
⑤ 郭萬清，朱玉龍：《皖江开发史》，黃山書社2001年版，第51頁。
⑥ 韓酉山：《張孝祥年譜》，安徽人民出版社1993年版，第102-103頁。
⑦ [清]倪國璉：《康濟錄》引自《文淵閣四庫全書》第663冊，臺灣商務印書館1983年版，第342頁。
⑧ [清]徐松：《宋會要輯稿》，中華書局1957年版，第5930-5931頁。

（二）興建圩田

入宋以後，長江下游圩田開發有了長足的發展。主要集中於太湖流域及沿江江南東路的太平州（今安徽當塗境內）、宣州（今安徽宣城市）等地。災荒之年，政府採取一系列措施進行賑災，招募災民興修圩田便是一項重要舉措。

著名的萬春圩的興修便是如此。嘉祐六年（1061年），江東歲饑，百姓流冗。宋政府方議發粟賑濟，張顒等人即重其庸直，出官錢米『募窮民』，召集因饑荒而逃移的災民，『旬日得丁萬四千人』。分隸宣城、甯國、南陵、當塗、蕪湖、繁昌、廣德、建平八縣主簿，興工修復萬春圩。『發原決菽，焚其菑翳，五日而野開，表堤行水，稱材賦工，凡四十日而畢』。圩田很快在以工代賑下得到修復。『圩中為田千二百七十頃……方頃而溝之，四溝澮之為一區……為水門五，又四十日而成』，是役『凡發縣官粟三萬斛，錢四萬』①。熙寧六年（1073年），負責兩浙水利興修的沈括建議：『今後災傷年份，如大段饑歉，更合賑救者，並須預具合修農田水利工役人夫數目，及招募每夫工直申奏，當議特賜朝平斛錢，召募闕食人戶從下項約束興修。如是災傷本處不依敕條賑濟，並委司農寺檢察舉』。奏上，朝廷即『從之』②。這類以工代賑的條令即『荒歲得殺工直以募役』的『農田令甲』③，它在宋代曾被推行至長江下游等地區。紹興二十三年（1153年），宋朝廷命鐘世明往宣州、太平州主持圩田修復事宜。鐘氏到江東後即上奏曰：『取會到逐縣被水修治官私圩埠體例，系是人戶結甲保借常平米自修。今來損壞尤甚，人戶工力不勝，不能修治。今措置，欲乞依見今人戶結甲乞保借米糧自修圩埠體例，不以官私圩人戶等第納苗租錢米，充雇工之費。官為代支過錢，年限帶納。自余合用錢米，並乞下提舉常平司照會日下取撥津發，應副本州雇工修治施行』。奏上，朝廷即『從之』④。而在圩埠損壞災荒之年，貧民和災民無疑是所雇之工的主要對象。

---

①［宋］沈括：《長興集》卷九，引自《文淵閣四庫全書》第1117冊，臺灣商務印書館1983年版，第297頁。

②［清］徐松：《宋會要輯稿》，中華書局1957年版，第5814頁。

③［明］姚文灝：《浙西水利書》卷上，引自《文淵閣四庫全書》，臺灣商務印書館1983年版，第101頁。

④［清］徐松：《宋會要輯稿》，中華書局1957年版，第5929頁。

（三）其他方面

在長江下游地區，以工代賑還表現在其他方面。北宋皇祐二年（1050年）范仲淹知杭州時，『吳中大饑』，了解到『吳民素喜競渡，好佛事，乃縱民競渡』，並且『召諸寺主，諭以饑歲工賤，令其大興土木。又新倉廒吏舍，工技服力，日數萬人』。最終『是歲兩浙惟杭晏然，民不流徙』[①]。熙寧八年（1075年），趙抃知越州時，『歲大饑』，趙在『多方賑救之外，又雇小民修城』。工賑過程中，『四千一百人為工共三萬八千。乃計其工而厚給之，民賴以濟』[②]。災民依賴此濟而度過災荒。

三、長江下游地區以工代賑實施的原因

宋代長江下游廣泛實行以工代賑，這與該地區的地理環境、土地利用方式以及當時社會政策有着重要關係。具體表現為以下方面：

第一，以工代賑與長江下游圩田開發緊密相關。一方面，以工代賑的工程範圍，主要是國家或區域內急需舉辦的項目以及有益於公共建設的事業。長江下游以工代賑在某種程度上同水利建設需求大量勞力相吻合。由於長江下游自然地理特點及人地關係矛盾等原因，大片圩田得到開發，水利田興修中，最棘手的問題是勞力與資金。誠如曾鞏所言：『至於修水土之利，則又費材動眾，從古所難』[③]。這給招募災民興修圩田和水利工程提供了一個結合點，不僅提供了勞動力而且節約了資金。另一方面，長期的圩田開發又使得圩區生態系統變得更加脆弱，水旱災害易發，需要進行大規模水利工程的興修。浙西的一些湖陂被圍之後，出現了『有水則無地之可瀦，有旱則無水之可戽，易水易旱，歲歲益甚』的嚴重局面[④]。趙霖在《體究治水害狀》中指出：『當陟昆山與常熟（虞）山之巔四顧，水與天接。父老皆曰：

① [清]倪國璉：《康濟錄》引自《文淵閣四庫全書》第663冊，臺灣商務印書館1983年版，第341頁。
② [清]倪國璉：《康濟錄》引自《文淵閣四庫全書》第663冊，臺灣商務印書館1983年版，第341頁。
③ 朱國富，謝若水：《曾鞏集》，國際文化出版公司1997年版，第160頁。
④ [清]徐松：《宋會要輯稿》，中華書局1957年版，第5942頁。

水底十五年前皆良田也』[①]。災荒年間，政府組織興修水利設施，形勢所然。

第二，在宋代政府組織的水利田開發中開始實行雇募制度。雇募制的施行為以工代賑作了制度上的鋪墊。熙甯以前，民工主要按差調的方式徵發。但是雇募的方式在這一時期已經出現。熙寧六年（1073年）六月，沈括接替郟亶赴兩浙相度水利。到達浙西後，沈括便建議由政府貸錢，不再差調而是募民興役，終於比較順利地組織起興修工程[②]。熙寧以後，雇募逐漸成為水利田開發工程中糾集民工的主要方式。當朝廷計畫開浚吳淞江時，『官司以鄰郡上戶熟田，例敷錢糧，於農事之隙和雇工役，以漸辟之』[③]。

第三，宋代朝廷對救荒工作十分重視，社會保障事業相對發達。有宋一代，『災害頻度之密，蓋與唐代相若，而其強度與廣度則更過之』[④]。于災荒之時，不論是官方或民間士大夫，都熱衷於社會救濟事業。鄧雲特指出：『宋之為治，一本于仁厚，凡振貧恤患之意，視前代尤為至切』[⑤]。自秦漢至隋唐，於災荒之歲也常有一系列救災措施：如發放救濟物資；假民公田，供貧民生產；給貧民賑貸等。但還無定制及常設機構。從宋代起，開始出現了常設的社會性救濟機構，使社會救濟進一步制度化，宋代創設一系列社會性救濟機構，如居養院、安輯坊、漏澤園等。《宋史·食貨志》在『振恤』總論中詳細羅列了宋朝的各項賑災措施。其中講道：『（流民）可歸業者，計日並給遣歸；無可歸者，或賦以閒田、或聽隸軍籍、或募少壯興修工役』。說明以工代賑已不是偶然為之的權宜之計，而是制度化了的賑災措施下實行的。

四、以工代賑實施的作用

宋代長江下游以工代賑在中國古代社會保障中佔有重要地位。它豐富和發展了古代社會保障思想。不僅如此，以工代賑還直接緩和了圩區災情，促進該地區農業及水利事業地發展，而且還具有維護社會穩定等功能。

---

① [宋]范成大：《吳郡志》，江蘇古籍出版社1986年版，第278頁。
② [宋]范成大：《吳郡志》，江蘇古籍出版社1986年版，第276—278頁。
③ [宋]范成大：《吳郡志》，江蘇古籍出版社1986年版，第280頁。
④ 鄧雲特：《中國救荒史》，上海書店1984年版，第22頁。
⑤ 鄧雲特：《中國救荒史》，上海書店1984年版，第22頁。

其一，工賑是傳統中國社會互助論的有效實施。社會互助思想是中國傳統社會思想的重要組成部分。中國早期思想家墨子主張『兼愛交利』，提出『為賢之道將奈何？曰：有力者疾以助人，有財者勉以分人，有道者勸以教人。若此，則饑者得食，寒者得衣，亂者得治。若饑則得食，寒則得衣，亂則得治，此安生生』①。在漢代，于吉在太平經裏指出：『或積財億萬，不肯就窮周急，罪不除也』，進一步指出『力強當養力弱者』②。至宋代，張載主張：『救災恤患，敦本抑末』③。個中觀點，勸人互助的思想顯而易見。然而，至於具體通過什麼方式互助，並不見論述。宋代長江下游地區以工代賑的實施不乏作了很好的詮釋。史載：邵靈甫，宜興人，儲穀數千斛，歲大饑。或請乘時糶之。曰：是急利也。或請損值糶之。曰：此近名也。或曰：將自豐乎。曰：有成畫矣，乃盡發所儲庸傭除道，自縣至湖鎮四十裏，浚蠡橫塘等水道八十餘裏，通罨畫溪入震澤。邑人爭受役，皆賴全活，水陸又俱得利④。邵靈甫於災荒之際期望幫助災民度過難關，在互助的方法上並不是採用『近名』的方法『損值糶之』，而是通過工賑的方式使得『邑人皆賴全活，水陸又俱得利』。以工代賑成為傳統社會互助的一種有效實施方式。

其二，賑濟說的進一步發展。賑濟即指用實物（主要是糧食與衣服布帛等）和貨幣救濟遭受災害或生活極端困難無以生存的社會成員，以保障其最低限度的生活需要的一種保障思想。宋代《救荒全法》對賑濟作了詳細的說明。認為救荒之政，人主、宰執、監司、太守等均應擔負相應的責任與義務。並且指出『救荒有賑糶、賑濟、賑貸三者……賑濟者，用義倉米施及老、幼、貧等人，米不足，或散錢與之，即用庫銀糴豆、麥、菽、粟之類，亦可』⑤。《救荒全法》明確了政府部門的相關賑濟責任，指出了賑濟的傳統方式即『用義倉施米』和『散錢』。而以工代賑的出現乃是對這兩種方式的進一步發展，使得賑濟不僅停留在放糧、施粥和發放銀兩等方面。

其三，保障了災民的基本生活。以工代賑最直接的作用是使災民生活有所保障，有了一定的經濟生活來源。如嘉祐中庸民興修萬春圩，役

---

① 朱越利：《墨子》，遼寧教育出版社1997年版，第17頁。
② 中國科學院哲學所，中國哲學史組：《中國大同思想資料》，中華書局1959年版，第18頁。
③ 中國科學院哲學所，中國哲學史組：《中國大同思想資料》，中華書局1959年版，第34頁。
④［清］倪國璉：《康濟錄》引自《文淵閣四庫全書》第663冊，臺灣商務印書館1983年版，第342頁。
⑤［清］倪國璉：《康濟錄》引自《文淵閣四庫全書》第663冊，臺灣商務印書館1983年版，第400—402頁。

工112萬，費米3萬斛，錢4萬。每工平均支米2.7升，錢若干。紹興二十九年雇工開浚平江府諸浦，役工約337.4664萬，費米101539.89石，錢337466.3貫。每工計支錢100文，米3.1升[①]。汪綱在知蘭溪縣所採用的『勸富民浚築塘堰，大興水利』，也達到了一定的救濟災民的效果。

其四，促進當地水利事業的發展。以工代賑不僅緩解了各種水旱災害，對水利事業具有直接的推動作用。很多圩田及水利設施便是通過以工代賑而興修起來的。如前文提到的萬春圩，周長84裏，堤壩高一仗二尺，寬六丈呈梯形。堤外築有緩坡，堤下植楊柳、蘆葦以防浪。堤上設有數座堰閘，以控制蓄泄[②]。規模可謂宏大。像天長縣沛塘和白馬塘及其它各處水利工程，很多都是以工代賑的產物。王安石曾說：『募人興修水利，既足以賑救食力之農，又可以興陂塘溝港之廢』，一舉兩得[③]。沈括評論說：這種辦法『既已恤饑，因之以成就民利』[④]。這些都是對以工代賑促進農田水利進步的肯定。

其五，促使政府財政的有效利用。宋仁宗時，名臣范仲淹針對時人『力役之際，大費軍費』反對興修水利的意見，認為：『姑蘇歲納苗米三十四萬斛，官私之糴，又不下數百萬斛，去秋蠲放者三十萬，官私之糴，無複有焉。如豐穰之歲，春役萬人，人食三升，一月而罷，用米九千石耳；荒歉之歲，日以五升，召民為役，因而賑濟，一月而罷，用米萬五千石耳。量此之出，較彼之入，熟為費軍食哉？』[⑤]宋神宗對於工賑也明確表態：『縱用內藏錢，亦何惜也』[⑥]。

其六，維護了當地的社會穩定。對於皇祐二年（1050年）范仲淹在吳中的以工代賑，時人評價到：『是歲，兩浙唯杭州晏然，民不流徙』[⑦]。說明以工代賑緩減了災民背井離鄉狀況。另外，『窮民無事衣食弗得，法網在所不計矣。故盜賊蜂起，富室先遭荼毒，而饑莩亦喪殘生，為害可勝言哉？今勸富民治塘修堰，饑者得食富室無虞，保富安貧之道莫過於此』[⑧]。確實如此，只有災民的生活有了基本的保障，

①［清］徐松：《宋會要輯稿》，中華書局1957年版，第5930頁。
②［宋］沈括：《長興集》卷九，引自《文淵閣四庫全書》第1117冊，臺灣商務印書館1983年版，第297頁。
③［宋］李燾：《續資治通鑒長編》，中華書局2004年版，第5777頁。
④［宋］沈括：《夢溪筆談》，嶽麓書社1998年版，第96頁。
⑤［明］姚文灝：《浙西水利書》卷上，《文淵閣四庫全書》，臺灣商務印書館，1983年版，第86頁。
⑥［宋］李燾：《續資治通鑒長編》，中華書局2004年版，第5832頁。
⑦［清］倪國璉：《康濟錄》引自《文淵閣四庫全書》第663冊，臺灣商務印書館1983年版，第341頁。
⑧［清］倪國璉：《康濟錄》引自《文淵閣四庫全書》第663冊，臺灣商務印書館1983年版，第342頁。

才能從根本上維護社會穩定。

當然，宋代長江下游地區以工代賑存在其局限性。當時工賑水準普遍不高，災民雖然能從工賑中得到一定的生活保障，可是恢復生產的能力仍然有限；同時，工賑所賑濟的面非常狹窄，工賑時受到救濟的往往只是有勞動能力的災民，而一些老、弱、病、殘的群衆卻被忽視；另外，工賑中受到賑濟的災民並不能被平等地看待，常被呼之帶有感情色彩的『流民』、『窮民』。諸如此類，正是古代社會保障之局限所在。

［本文系作者主持國家社會科學基金項目『7－19世紀長江下游圩田開發與生態環境變遷』（項目編號04BZS013）的階段性成果］

［原載《安徽廣播電視大學學報》2008年第1期］

唐宋時期政府對圩田的管理及其效應

——以長江下游圩區為中心

圩田（又稱圍田）是我國江南人民在長期治田、治水實踐中創造的農田開發的一種獨特形式，它廣泛分佈在江蘇西南部、安徽南部和浙江西北部，是該地區土地利用的重要形式。圩田的開發十分適合江南地區水鄉澤國的地理特點，使大量沿江沿湖灘塗變成了良田。這種土地利用形式是江南人民在長期實踐中的偉大創舉，它在抗禦旱澇、奪取粮食穩產高產方面，有着諸多的優越性。而圩田之所以能產生巨大的歷史效應，除了其擁有優越的自然條件外，與政府有效的管理是分不開的。然而在既有的圩田研究中，似乎還未涉及到這一點。筆者擬以長江下游圩區為中心，探討唐宋時期政府對圩田的管理情況，並對其管理效應作出簡要分析，以就教于方家。

一、圩田管理制度的創設及其演變

為了促進圩田的進一步開發和完善，需要建立一套養護制度。在這種情況下，都水營田使、撩淺軍、營田司、都水使者、開江營等機構應運而生。

唐代是我國農田水利事業迅速發展的時期。在修建、管理農田水利方面，唐中央尚書省的工部下設有水部郎中和員外郎，『掌天下川瀆陂池之政令，以導達溝洫，堰決河渠，凡舟楫溉灌之利，鹹總而舉之』①。道置節度使或觀察使，通常兼營田使，其下大州郡又置

① [唐]李林甫等修：《唐六典》卷七，中華書局1988年版。

營田副使以佐助之。安史之亂後，政府對江南經濟開發的力度進一步加大。當時主要通過屯田組織，在營田使的主導下大規模地開展治水治田活動。

吴越國繼承並發展了唐代的營田管理制度，把唐代設立的營田使和都水監合併爲一職，建立隸屬於中央的『都水營田使』，使治水與治田結合起來，從而確定了治水旨在治田的方針，這在水利發展史上是一個進步。另外，吴越的都水營田使與唐代相比還有一個不同點：唐代營田使受到政府一定的限制，如其在管理太湖水利過程中，往往置廢無定，管理成效並不理想；吴越都水營田使則在錢氏的直接掌控之下，負責小王國内治水治田的事務，權力較大，其發揮的作用也較爲明顯。正由於這一點，所以都水營田使一直存在到吴越國滅亡才終止其使命。

以上所說的營田，兼有軍隊組織形式，『營田募民耕之，而分裹築室以居其人，略如晁錯田塞之制，故以營名』①。那麼，到了唐代後期營田的發展狀況怎樣呢？《唐會要》卷七八『元和十三年』條説：

景云、開元間，節度、支度營田等使，諸道並置，又一人兼領者甚少。艱難以來（按：指安史之亂），優寵節將，天下擁旄者常不下三十人，例銜節度支度營田觀察使。

這段記載對於瞭解唐代後期營田發展的規模，具有重要意義。它清楚地表明在安史之亂之前，『營田』等往往設『使』專人管理，各道都有設置，『一人兼領者甚少』，是個實際職務。安史之亂以後，藩鎮割據，『擁旄者常不下三十人』，爲了表示『優寵』，『營田等使』演變成爲『例銜（例行的虚職）』，並通常集中在『一人』頭上。關於吴越時期營田的實施情況，《十國春秋·吴越忠懿王世家上》載：『乾祐二年……置營田卒數千人，以淞江辟土而耕』。又錢文選《吴越紀事詩》云：『淞江廣置卒營田，曠土毫無米十錢。三泖九峰開墾遍』。可見吴越營田是組織人力興修水利和開荒，但到宋代完全相反：

營田之在諸邑，賴有奪民膏腴……或有水源，營田皆擅其力，民田灌溉，非復可得有。如放水，則決諸民田中。（民）以其田歸之，爲之

① 《文獻通考》卷七《田賦考七·屯田》，考七六。

佃戶，非惟可庇賦役，始可保有其田。

可見營田至宋代變成了官僚地主攫奪民田的工具，於是兼併盜劫之徒，『宋已下，則公然號為田主矣』②，説明歷代營田制度發展到唐代已較前代為盛，至吳越進一步專設都水營田使，延續並鞏固了這一制度，並與治水和撩淺養護結合起來，對太湖水利系統的完善和鞏固發揮着良好作用。

吳越還建立了專門從事太湖治水治田、維修養護工作的『撩淺軍』。古時太湖出海通道號稱『三江』，即吳淞江、東江、婁江。吳淞江即松江，在吳縣南50裏，經昆山入海③。婁江、東江自八世紀以來湮塞不通，於是太湖東北、東南各浦通海者就成為泄水通道。吳越國對吳淞江和各浦入海通道的治理，與其創立的撩淺制度密不可分。前代已有的成果，吳越本身的治水成就，均通過這個堅持不懈的管理養護制度維繫並鞏固下來。關於吳越創設的撩淺軍，見諸記載者甚多，這裏試舉幾則：

（吳越天寶八年末）是時，置都水營使以主水事，募卒為都，號曰撩淺軍，亦謂之撩清。命於太湖旁置撩清卒四部，凡七八千人，常為田事，治河築堤，一路徑下吳淞江，一路自急水港下澱山湖入海，居民旱則運水種田，澇則引水出田④。

寶正二年……又以錢塘湖（注即西湖）葑草蔓合，置撩兵千人，芟草浚泉⑤。開江營，錢氏有國時所創，宋因之。有卒千人，為兩指揮，第一指揮在常熟，第二指揮在昆山⑥。

錢氏有國時，創開江營，置都水使者以主水事，募卒為都，號曰撩淺，宋朝因之，有卒千人，為兩指揮，第一在常熟，第二在昆山，專職修浚。自郡民朱勔進花石綱，盡奪營卒以往，開江營遂空，而修浚之事廢矣⑦。

---

①［宋］薛季宣：《艮齋先生薛常州浪語集》卷一九《論營田》，宋集珍本叢刊本。
②［清］顧炎武：《日知錄》卷一〇《蘇松二府田賦之重》，商務印書館1929年版。
③［唐］李吉甫：《元和郡縣圖志》卷二五《江南道一》，中華書局1983年版。
④《十國春秋》卷七六《武肅王世家下》。
⑤《十國春秋》卷七六《武肅王世家下》。
⑥［宋］孫應時等：《琴川志》卷一《敘縣·營寨》，《宋元方志叢刊》（第2冊），中華書局1990年版。
⑦《琴川志》卷五《敘水·水利》。

由以上幾則史料可以看到，吳越的撩淺軍共計一萬餘人，在都水營田使統率之下，分四路執行任務：一路分佈在吳淞江一帶，主要負責吳淞江及其支流的撈河泥等工作；一路分佈在急水港、澱泖、小官浦一帶，主要負責開浚東南入海通道；一路分佈在杭州西湖一帶，主要負責清淤、除草、浚泉以及運河航道的疏浚和管理等工作；一路稱為『開江營』，①分佈在常熟、昆山一帶，着重于東北三十六浦的開浚和浦閘的護理工作。吳越在開發和養護水利田的過程中注意到治水工作的整體性，四路撩淺軍一併興修，同時養護。這是一支因地制宜、治水治田相結合，有一定規模的專業隊伍。撩淺軍在『都水營田使』的統率下，有統一的規劃和比較完整的制度，不但負責興修和維修水利設施，還結合進行罱泥肥田、除草浚泉和養護航道等工作。另外，從上述記載可以看出，開江營與撩淺軍，稱呼雖然不同，其功能毫無二致②。

關於都水使者（亦稱都水使），吳昌綬《吳郡通典》記載：

（錢）元璙……在蘇州卅年。……海虞（常熟）廿四浦，潮汐二至，挾沙以入，淤塞支港。元璙遣開江營將梅世忠為都水使，每港募兵丁，設閘港口，按時啟閉，以備旱澇。吏虞海濱多警，特創水寨軍，授李開山為水寨將軍，屯兵于滸浦崗身，召民開市，民稱利便。

此則史料告訴我們，吳越在水利工程管理方面是以軍營組織為骨幹，這是其水利管理之特色。由本為『開江營將』的梅世忠擔任『都水使』，清楚地表明都水使就是開江營的統帥，其職責是招募兵丁，設閘港口，按時啟閉。從都水使的職責可以看出，五代吳越時期對於水利基礎建設是相當重視的，它與北宋郟僑《水利書》所稱『一河一浦，皆有堰閘』是相符的。另外，有關吳越國都水使者一職的記載尚能舉出不少，如據《雲笈七籤》卷一二一《竇德玄為天符追求奏章免驗》載，在吳越國，竇德玄曾任都水使者③。《雲間志》也提到吳越國『太平興國中都水使錢緯』④。

① 《康熙常熟縣誌》：『（唐）天祐元年，吳越錢氏置都水營田使，募卒為都，號曰撩淺。復設開江營卒千人，統以指揮。』《吳郡通典》計有『開江營將梅世忠』，即此開江營的率領者。所謂『開江』，其主要職責是負責開浚淤淺工作。宋代以降沿用其制，但性質有所改變。

② 參見繆啟愉：《太湖塘浦圩田史研究》，農業出版社1985年版，第26頁。

③ ［宋］張君房：《雲笈七籤》卷一二一《竇德玄為天符追求奏章免驗》，中華書局2003年版。

④ ［宋］楊潛：《雲間志》卷中《寺觀》『圓智寺』條。

對於吳越創設的圩田管理養護制度即撩淺制度，後世多有評論。如《吳郡志·水利下》引郟僑語云：

自唐至錢氏時，其來源去委，悉有堤堰防閘之制，傍分其支派支流，不使溢聚為腹内畎田之患。……某聞錢氏循漢唐法，自吳江縣松江而東到於海，又沿海而北至於揚子江，又沿江而西至於常州江陰界，一河一浦，皆有堰閘，所以賊水不入，久無患害。

由此可見，吳越錢氏的泄水計畫是通過興建堰閘、竣河開浦完成的。正由於其有一個完備的堰閘系統，確保退潮可開閘放水，漲潮可閉閘禦潮，因而久無患害。

宋代繼續沿用吳越的撩淺制度。使用這一管理養護制度的經費主要是通過『圖回之利』。郟亶說：『仿錢氏遺法，收圖回之利，養撩清之卒。所謂『圖回之利』，就是工程費用自給，第一次由政府開支，以後通過水利基本建設本身逐漸達到自給。『元祐中，知杭州蘇軾（開浚西湖）……以新舊菱蕩課利錢送錢塘縣收掌，謂之開湖司公使庫，以備逐年雇人開葑撩淺』①。

到吳越降宋後，西湖等地曆60年不加修治，漸至淤塞，北宋胡宿說：『自錢氏納土，至公居郡，凡甲子一周矣，而湖穢不治，豪奪以耕，僭侈其構，浸淫蠹食，無有已時』②。北宋水利以漕運為重，以『轉運使』替代『都水營田使』，治水與治田分割，撩淺養護制度也時置時廢。端拱二年（989年），轉運使喬維嶽『不究堤岸堰閘之制，與夫溝洫畎澮之利』，（包括圩區堤防堰閘）『一切毀之』③。南宋仿效着設置撩湖司，但形同虛設。南宋郎曄說：『至今湖上猶有撩湖一司，此錢氏之遺制，但名存實亡爾』④。

二、圩田的生產關係

生產是社會的生產，它總是在一定的生產關係中進行的。一個地區的生產關係如何，直接影響着其社會生產的發展狀況。在長江下

①《宋史》卷九七《東南諸水下》。
②［宋］胡宿：《文恭集》卷三六《贈太尉文宿鄭公墓誌銘》，影印文淵閣四庫全書本，第1088冊。
③《三吳水利錄》卷一《郟僑書一篇》。
④［宋］蘇軾：《經進東坡文集事略》卷三四《乞開杭州西湖狀》郎曄注，四部叢刊初編本。

游圩區，主戶和客戶，即地主和佃戶（圩民）的關係，能夠典型地反映圩田的生産關係狀況。

宋代的官圩採用軍莊和營田官莊兩種經營方式，如淳熙十五年（1188年），無爲軍的城南、青崗、山元甫三圩，使用兩千勞力，由馬軍司及建康都統制司各派1000人參加。耕兵之家屬參加修築圩埂之報酬，由淮西總領所發給，産品分成，大體與屯田區相似。

營田官莊是五代十國時期國有土地的一種經營形式，五代各朝皆置官莊，設莊宅司、莊宅務、莊宅使管理，歸戶部統領。至兩宋時期，江淮等地『州縣殘破，戶口凋零』，不僅勞動人手奇缺，而且歸業的大部分農戶缺少耕牛、農具、種糧等，不具備租佃土地、獨立經營的生産條件。在『閑田多，閑民少』[①]的情況下，佔有勞動人手是獲取地租的基本前提，同私田相比，官莊在提供生産條件和産品分配方面對佃戶『大段優潤』，這使官莊在同私家地主爭奪勞動人手方面具有一定的優勢，因而能在短時期内有較大發展。關於官莊在圩田經營中的情形，呂祖謙《薛常州墓誌銘》寫道：

是歲江湖大旱，流民往往北渡江，邊吏複奏淮北民多款塞者，虞丞相允文白遣公行淮西，收以實邊。公持節勞來，老稚滿車下，爲之廢田相原隰，複合肥三十六圩，立二十有二莊于黄州故治東北，以戶頒屋，以丁頒田。二丁共一牛，犁、耙、鋤、鍬、钁、鐮具，六丁加一鍬刀。每甲轆軸二，水車一，種子錢丁五千，稟其家，至食新罷。凡爲戶六百八十有五，分處合肥故黄適等。而合肥羸故黄三戶，戶授二室。受田之丁，合肥八百一十有五，故黄六百一十有四。會其錢若米之費財二萬緡六千石，流民已爲大姓有者，仍隸其主戶，就撫之，並邊歸正者振業之，合三千八百餘戶[②]。

薛常州即薛季昶。由上述記載可知，乾道七年（1171年），薛季昶除大理寺主簿，持節使淮西，安置流民。九年，任常州知州。此間，他在州36圩建立22莊，招合肥與故黄州二縣客戶丁1429人，組織官莊生産。政府供給耕牛、種子、農具、莊舍等生産資料，産品分配一般是按營田官莊，四六分成。

政府又常招人租種承佃官圩湖蕩，辦法是測算擬出租田地湖蕩的四至步畝，每圍以千字文爲號，置簿拘借，按比鄰近田地現納租課略

---

①《宋會要輯稿·食貨二》之二〇。
②［宋］呂祖謙：《東萊呂太史文集》卷七《薛常州墓誌銘》，宋集珍本叢刊本。

低的數額出榜，招標承佃，限100日內由人實封投狀，添租請佃，限滿拆封，給出租最多的人，如系湖蕩，即由承佃人去圍墾。租額通常固定，大約是每畝年納三鬥上下，如永豐圩有田950頃，每年租米以三萬石為額；宣州化城圩有田880頃，歲納租米24000余石；明州廣德湖田每畝原納租米三鬥二升，後分為上中下三等，上等田增為每畝四鬥，中等田不動，下等田減為二鬥四升。但租額亦隨時代和地區的不同而有很大的變化。承租者納租之後，一般即不納二稅及和買，但也有一部分是官圩，特別是籍沒入官的田產，耕者往往既需納租，又要繳稅，負擔特別重。官圩收入或歸州縣，或入戶部，或作軍儲，或屬御前，在政府各項收入中占相當比重。

有些沙田則徵收貨幣地租。關於沙田的分佈情況，《宋會要輯稿·食貨六一》上《賜田雜錄》乾道元年條說：

大同軍節度使蒲察久安奏：蒙恩撥賜水田五百畝，今再踏逐到秀州華亭下沙場蘆草蕩一圍，提舉茶鹽司見出榜，召人請佃，乞下浙西提舉茶鹽司，行下秀州，依臣所乞撥。嘉興縣思賢鄉草蕩一圍，元系範玘等退佃還官，見今空閒，乞下兩浙轉運司，行下秀州，依臣所乞標撥，詔依①。

又《宋會要輯稿食·貨一》《農田雜錄》乾道五年條說：

戶部尚書曾懷等言：浙西、江東、淮東三路有沙田蘆場草場等，多系有力之家占佃包裹，寬餘畝步，未曾起納租稅，累經打量各有寬剩②。

關於沙田徵收貨幣地租情況，《景定建康志·沙租》載：『上元縣未經理前，沙田每畝一百九十四文，沙地每畝伍百二文，並錢會中半。蘆場每畝起四束，雁兒蘆葦每畝起二束，每束並折四百二十文足。草塌、藕池、茭蕩，每畝三十九文八分。白麵沈水沙，每畝一十九文九分』③。

從上面幾則史料可以看出，宋時浙西、江東、淮南東路皆有沙田。《景定建康志·沙租》所反映的雖然僅為上元縣『未經理前』沙田徵收

①《宋會要輯稿·食貨六一》之五一。
②《宋會要輯稿·食貨一》之四四。
③［宋］周應合：《景定建康志》卷四一《田賦志二·沙租》，《宋元方志叢刊》（第2冊），中華書局1990年版。

貨幣地租的情況，但在一定程度上反映了有宋一代圩區租佃關係的特點。這裏有三個問題值得注意：

一是沙田分佈範圍廣且零碎分散。南宋的沙田蘆場主要分佈在嘉興、上元、華亭、江寧、句容、溧水、太平州、寧國府、池州、廣德軍、泰州、揚州、真州、通州等地。其數量相當可觀。僅就建康府而言，在白鷺洲、木瓜洲一帶的沙洲，就有沙田蘆蕩162358畝①。浙西、淮東和江東三路總額達280余萬畝②。這種沙田的特點是零碎分散。為何會出現這種現象呢？我們認為原因有二：一是與沙田所處的地理環境有關。由於上述地區特別是太湖周圍河流港汊極多，很少有大片集中的地塊。二是沙田時常遭受水的衝擊，形狀和麵積極不穩定。

二是圩田的占佃權可以轉移。早在宋初，不僅土地的所有權可以買賣，土地的占佃權（佔有權）也同樣可以買賣。到南宋時依然如此，圩田也不例外。試看江東路一例：

乾道五年九月十四日戶部侍郎楊倓言：江南東路州縣有常平轉運司圩田，見今人戶出納租稅佃種，遇有退佃，往往私仿農田，擅立價例，用錢交兑③。

這是一條非常重要的史料，它告訴我們，轉運司圩田退佃事例，『擅立價例，用錢交兑』的辦法，是從『私仿民田』而來的。由此可知，從廣大民田到官圩田，佃戶都可以通過土地買賣，轉移其占佃權，所謂『千年田換八百主』，正是當時地權頻繁轉變的寫照。此乃浙西、江東、淮南東路等路封建租佃制關係進一步發展的重要特徵。就沙田而言，由於其經常變換主人，也因此成為沙田零碎分散的原因之一。

三是浙西、江東、淮南東路一帶的地租較重。如前所述，沙田因經常遭受大水的衝擊而『廢複不常』，因而其糧食生產是根本沒有保障的，生產沒有保障卻要繳納『沙田每畝一百九十四文，沙地每畝伍百二文』的地租，這樣的地租很重，因此可以推斷，宋代圩田的地租與其他形式的地租一樣，都是很重的。

總的來看，在長江下游圩區，主客戶的人身依附關係是較強的。宋仁宗天聖五年（1027年）詔云：江、淮、兩浙……，舊條：私下分田

①《景定建康志》卷四一《田賦志二·沙租》。

②此據《朝野雜記》甲集卷一五《都下馬料——淮浙江東沙田蘆場始末》、《宋會要輯稿·食貨一》之四六。《宋史》卷三九〇《莫濛傳》作2537000餘畝。

③《宋會要輯稿·食貨一》之四四。

客非時不得起移，如主人發遣，給與憑由，方許別住』；多被主人折勒，不放起移』，令更改之①。可見圩區的廣大佃戶沒有多少人身自由，這在一定程度上影響了他們的生產積極性。

三、圩田的管理方式

唐宋時期，長江下游圩田系統已發展到相當成熟階段，吳越時期已經把浚河、築堤、建閘等水利工程建設統一于圩田建設過程中，形成了塘浦圩田體系。慶歷年間，范仲淹曾對當時的圩田系統作過如下的描述：江南舊有大圩，方數十裹，如大城，中有河渠，外有門閘。旱則開閘引江水之利，澇則閉閘拒江水之害。旱澇不及，為農美利。②

由此可見，江南圩田是一個龐大而嚴密的系統。對於這樣一個系統，宋政府除了在政策上給予支持、財政上給予傾斜、組織上給予保證，制定和出臺水利法律法規予以規範外，還採取一系列方式對圩田系統進行管理。如在有圩田的地方，官員銜內往往添上『兼提舉圩田』、『兼主管圩田』、『專切管幹圩岸』等字樣。對某些圩田，還設有專門的圩官，如永豐圩的圩官就多達4人。此外，圩田建設與管理的好壞，還常常成為官員考績升黜的標準。

唐宋時期，政府對於圩田的管理方式主要有以下幾個方面：

一是修築堤岸，生物養護。楊萬里在給圩田定義時指出：『江東水鄉，堤河兩涯而田其中，謂之圩。農家云：圩者，圍也，內以圍田，外以圍水，蓋河高而田反在水下』③，圩區『河水還高港水低，千枝萬泒曲穿畦』。可見圩田四周，環有堤岸。圩堤與圩田是唇齒相依的關係，因此圩堤修築便成為圩田管理的重要方式。江東圩田的堤岸，『高闊壯實』，堤上有道路，『圩上人牽水上航』，供行人和縴夫行走④。太

①《宋會要輯稿·食貨一》之二四。
②《範文正奏議》卷上《答手詔條陳十事》。
③《誠齋集》卷三二《圩丁詞十解》。
④《誠齋集》卷三二《圩丁詞十解》。

湖平原範圍廣闊，地勢低平，周高中低成碟形。這樣的地勢，極易積水，因此在平原西部修築了堤壩，以阻擋太湖水的下瀉；在平原東部則修築海塘，阻擋潮水的侵襲。史書記載，杭州鹽官『有捍海塘堤，長一百二十四裏，開元元年重築』①。

當時在圩堤的修築與養護方面，不僅從工程角度來加固圩堤，而且還進行生物護堤。《宋史·食貨上一》載：乾道八年（1172年），戶部侍郎兼樞密都承旨葉衡言：

奉詔核實甯國府、太平州圩岸，內甯國府惠民、化城舊圩四十餘裏，新築九裏餘；太平州黄池鎮福定圩週四十餘裏，延福等五十四圩週一百五十餘裏，包圍諸圩在內，蕪湖縣圩週二百九十餘裏，通當塗圩共四百八十餘裏。並高廣堅致，瀕水一岸種植榆柳，足捍風濤，詢之農民，實為永利。

按延福等五十四圩即今當塗大公圩前身，聯並於紹興二十三年（1153年）大水之後，故稱『包圍諸圩』。戶部侍郎葉衡是在奉詔巡視皖江災情後上奏推崇『種植榆柳，足捍風濤』的建議的。朝廷採納葉衡所獻之策，並據所薦詔褒甯國府（治今安徽省宣州市）魏王愷植林護堤之功：大江之壖，其地廣袤，使水之蓄泄不病而皆為膏腴者，圩之為利也。然水土門鬶，從昔善壞。卿聿修稼政，巨防屹然，有懷勤止，深用歎嘉②。

採取人工和生物相結合的方法來加固圩堤，這既保護了圩岸，又美化了環境。楊柳和草都易生長，且耐水濕，因此自古以來，種草、植柳成為護堤的一種傳統方法。在堤腳外淺灘上，則常種植蘆荻、茭菱等水生植物。這既可防禦風浪侵襲堤岸，又具有經濟價值。茭菱可以食用，蘆荻可用作編制和作為燃料。太湖一帶還有一種被群眾稱作『浮墩』的植物，每年春季浮上水面，小的幾畝、大的幾十畝一片。人們用長刀把大片切成小片，推至圩岸旁邊，『浮墩』隨風升降，具有良好的殺浪作用。

二是設置堰閘，調節水利。在長江下游圩田系統中，江海、湖泊和圩田之間，塘浦與圩田之間，高田與低田之間，都必須設立一系列的

① 郟僑《水利書》作『杭州鹽官縣亦有捍海塘二百十四裏』；南宋《紹熙雲間志》卷中《堰閘》載『舊捍海塘，西南抵海鹽界，東北抵吴淞江，長一百五十裏』。
② 《宋史》卷一七三《食貨上一》。

堰閘，對水利進行調節與控制。正所謂『治水莫急於開浦，開浦莫急於置閘』①。當時的一些大圩都設置有斗門涵閘，用以調節田地水量，控制排灌。旱時可以開放斗門引江湖之水溉田，澇時則可關閉斗門防止外水浸入。另外，在圩田内又設有水車，用來灌溉與排水，對防禦水旱之災具有一定的作用。郟喬曾說：『浙西，昔有營田司。自唐至錢氏時，其來源去委，悉有堤防、堰閘之制。旁分其支脈支流，不使溢聚，以為腹内畎畝之患。是以錢氏百年間歲多豐稔』。又說：『某聞錢氏循漢唐法，自吳江沿江而東至於海，又沿海而北，至於揚子江，又沿江而西，至於常州江陰界，一河一浦，皆有堰閘，所以賊水不入，久無患害』②。北宋時，范仲淹曾于景祐元年（1034年）任蘇州知州，到任後主持興修浙西水利，指出：『江南舊有圩田，每一圩方數十裏，中有河渠，外有門閘，旱則開閘，引江水之利，潦則閉閘，拒江水之害，旱澇不及，為農美利』③。提出建設大圩之制。他採用浚河排水、築圩防洪、設閘節制的辦法，把築圩與水利的全面治理聯繫起來考慮④。范仲淹的主張在當時具有相當大的影響，後人把他的主張歸納為『開浚港浦，置閘啟閉，築圩裹田』互相統一的三項設圩治水措施⑤。南宋趙霖對於圩區設閘的重要性說得更加明白，他說：『治水莫急於開浦，開浦莫急於置閘，置閘莫急於近外，若置閘而又近外，則有五利焉』⑥。他所說的五利，就是利於排除積水，利於蓄水灌田，利於防潮搶險，利於浚河清淤，利於航運。

關於在要害處置閘能起到防止河道淤塞的作用，有例為證。臨安附近的運河，因吸納潮水，常常淤塞。北宋政府曾動用捍江兵及廂軍千余人開茅山、鹽橋二河，保持運河暢通。但『潮水日至，淤塞猶昔』，只好選擇要害處置閘，『每遇潮上則暫閉此閘，候潮水清複河』，以免泥沙夾潮而人，淤塞運河（城中段）。秀州枯湖十八港古來築堰禦潮，元祐中於新涇塘置閘，後因沙淤廢毀。南宋乾道二年（1166年）守臣孫大雅請于諸港浦置閘或斗門……啟閉以時，民賴其利⑦。

①《吳郡志》卷一九《水利上》。
②《三吳水利錄》卷一《郟僑書一篇》。
③《範文正奏議》卷上《答手詔條陳十事》。
④《範文正公集·上呂相公並呈中丞咨目》『條陳江南浙西水利』。
⑤《吳郡志》卷一九《水利下》。
⑥《吳郡志》卷一九《水利下》。
⑦《宋史》卷九七《東南諸水下》。

另外，江塘築成後，也必須建制水閘，以控制江潮。據載，『華亭東南並巨海，自柘湖湮塞，置閘十八所，以禦鹹潮往來』①。又『天寶三年(910年)……置龍山、浙江兩閘，以遏江潮入河』②。當時龍山、浙江二閘設在杭州西南面的江邊，在杭州東面的江邊也有堰閘，蘇軾說：『錢氏有國時，郡城(指杭州)之東，有小堰門，既云小堰，則容有大者。昔人有大小二堰，隔截江水，不放入城，則城中諸河，專用西湖水，水既清澈，無由淤塞』③。並建議說：

江潮灌注城中諸河，歲月已久，若遂用錢氏故事，以堰閘卻之，令自城外轉過，不惟事體稍大，而湖面葑合，積水不多，雖引入城，未可全恃，宜參酌古今，且用中策④。

所置堰閘配有閘官一人，並配備兵卒若干人，用以管理、開啟、驗放堰閘事宜。堰閘的功能則有灌溉、防淤、防潮、洩洪、航運管制等多方面，可以說是一個水量和河渠的調節系統⑤。

三是開浚港浦，以利疏導。由於圩區地勢低窪，中間底，四周高，因此開浚塘浦，保持水流暢通顯得至關重要。吳越國和宋朝在塘浦開浚方面都做了很多努力：

錢氏有國時故事，起長安堰至鹽官，徹清水浦入於海；開無錫蓮蓉河，武進廟堂港，常熟疏涇、梅裏入大江；又開昆山七耳、茜涇、下張諸浦，東北道吳江，開大盈、顧匯、柘湖，下金山小官浦以入海。自是水不為患⑥。

(宋時)浙西諸州，平江最為低下，而湖常等州之水皆歸於太湖，自太湖以道於松江，自松江以注海，是太湖三州之水所瀦，而松江者又太湖之所泄也……昔人於常熟之北開二十四浦疏而導之揚子江，又於昆山之東開一十二浦分而納之海，兩邑大浦凡三十有六，而民間私

① [宋]楊潛等：《紹熙雲間志》卷中《堰閘》，《宋元方志叢刊》(第1冊)，中華書局1990年版。
② 《十國春秋》卷七六《武肅王世家下》。
③ 《蘇軾文集》卷三〇《申三省起請開湖六條狀》。
④ 《蘇軾文集》卷三一《申三省起請開湖六條狀》。
⑤ 《宋史》卷九七《河渠七》。
⑥ 《宋史》卷三四八《毛漸列傳》。

小徑(涇)港不可勝數,皆所以決壅滯而防氾濫也……①

熙寧三年(1070年),在全國興修水利的高潮中,郟亶上書言吳中水利。他指出,『天下之利,莫大于水田;水田之美,無過於蘇州』。他經過實地勘察,尤其總結了吳越錢氏治水的經驗,提出了較為全面的治理太湖的規劃。他認為,應遵循古人『浚三江治低田』和『蓄雨澤治高田』的方法治理太湖水利。即治低田要疏浚三江(吳淞江、婁江和東江),以三江為綱,又于江之南北開縱浦,以通于江,又於浦之東西為橫塘,以分其勢。塘浦需深闊,利用開出的土方,築成高堤,作成圩田,遇有大水,可通過塘浦、三江通暢地排入於海,使民田不致受災。對於高田的治理,郟亶認為也要在沿江沿海高地開縱橫塘浦,這些塘浦也須深廣,以利於引江、潮水灌溉,並可多瀦聚雨澤,加之多開陂塘蓄水,雖遇大旱之年,也有水灌田。這樣便可做到『低田常無水患,高田常無旱災,而數百里之地常獲豐收』。同時郟亶還提出了治水須先治田、恢復管理歲修制度、實行以水利養水利的主張②。郟亶的治水主張,基本上是科學合理的,因而為後人所重視。尤其是其開浚港浦的思想為後人所繼承。北宋末年,平江府司戶曹事趙霖募災民興修水利,『開一江一港四浦五十八瀆』,以排積澇為主③。南宋時也注意開港浦和松江,排積澇于江海,這是宋代吳中水利的主要工程。這種做法收到了較好的效果,而且在施行中,涇瀆港汊縱橫交叉,相互貫通,初步形成了歷史上少見的水網化系統④。

四、圩田產生的多元化效應

由於長江下游地區有着優越的自然條件,加之政府對圩田進行了有效的管理,從而使圩田開發產生了多元化的社會效應。同时因为圩田的開發十分適合長江下游地區水鄉澤國的地理特點,使大量沿江沿湖灘塗變成了良田。這種土地利用形式是江南人民在長期實踐

①《宋會要輯稿·食貨六一》之一一三。
②《三吳水利錄》卷一《郟亶書二篇》。
③《宋會要輯稿·食貨七》之三六至三七。
④參見何勇強:《錢氏吳越國史論稿》,浙江大學出版社2002年版,第296-298頁。

中的偉大創舉，它在抗禦旱澇、奪取穩產高產方面，有着諸多的優越性。

對歷史時期江南地區的糧食畝產量的估算，通常採用按佃農所納租額翻倍計算的方法。一般佃農納租，約為收成的一半，所以畝產量相當於租額的一倍。按照這一演算法，唐宋時期尤其是在宋代，長江下游地區糧食畝產量比過去有明顯提高，並達到了較高的水準。就比較保守的估計唐代長江下游畝產約為1.5石[1]，而宋代長江下游地區的畝產量則能達到2-3石，有的甚至更高。為了比較、討論的方便，我們以浙西、浙東和江東三個地區为例來敍述。

浙西地區：北宋仁宗時，據范仲淹《答手詔條陳十事》云：『臣知蘇州，點檢一州之田，系出稅者三萬四千頃，中頃中稔之利，每畝得二石至三石』。神宗時，水利專家昆山人郟亶在其所著《吳中水利書》中，闡述了他對太湖流域的治水設想，他說：

國朝之法，一夫之田為四十畝，出米四石。則十八萬夫之田，可出米七十二萬石矣。今蘇州止有三四十萬石，借使全熟，常失三四十萬石之租。又況水患蠲除者，歲常不下十余萬石。甚者，或蠲除三十余萬石，是則遺利不少矣。今或得高低皆利，而水旱無憂，則三四十萬之稅，必可增也[2]。

意即蘇州如把水利建設好，可將沼澤變為水利田，擴大農地面積，按每畝產米4石計，18萬畝即可產米72萬石。甯宗時，王炎在湖州『修築堤岸，變草蕩為新田者凡十萬畝，畝收三石』[3]。南宋末年，方回在《古今考》中說：『予往在秀之魏塘王文政家，望吳儂之野，茅屋炊煙，無窮無極，皆佃戶也，假如畝收米三石或二石，姑以二石為中』[4]。畝產與北宋時期不相上下。這說明在整個宋代，浙西地區的畝產量大致保持在2-3石的水準上。

浙東地區：南宋時期，有關當地畝產量的記載能舉出不少。這裏試舉一例。朱熹在《奏救荒事宜狀》中說，紹興地區所屬六縣，『為田度二百萬畝，每畝出米二石記，歲收四百余萬。』可知紹興的畝產量為2石。《宋會要輯稿·食貨六》之一一〇載：『臣詢之老農，以謂湖（指

①餘也非：《中國歷代糧食平均畝產量考略》，《重慶師範學院學報》1980年第3期。
②《三吳水利錄》卷一《郟亶書二篇》。
③《宋會要輯稿·食貨六》之三一。
④［宋］魏了翁：《古今考》卷一八《附論班固計井田百畝歲入歲出》，影印文淵閣四庫全書本，第853冊。

明州廣德湖）未廢時，七鄉民田，每畝收穀六、七石，今所收不及前日之半，以失湖水灌溉之利故也』。這是守臣仇忿于南宋高宗紹興七年（1137年）向宋高宗上的奏章。說明明州廣德湖未廢之前，浙東明州地區糧食產量是較高的。

江東地區：孝宗時，淮上之田，『凡田一千畝頃，歲收稻二十萬碩』[①]，平均畝產稻穀2石。關於太平州蕪湖萬春圩的畝產量，由於張問撰《張顒墓誌銘》1976年在湖南常德出土，為我們提供了殊為難得的重要資料。《張顒墓誌銘》記載了嘉祐六年（1061年）張顒除江東轉運使，主持修復萬春圩之事。《張顒墓誌銘》云：

李氏據江南時，太平州蕪湖有圩，廣八十裏，圍田四萬頃，歲得米百萬斛。其後圩廢，地為豪姓所占。公見其利，募民之願田者，築堤於外，以捍江流；四旁開閘，以泄積水。自是，歲得米八十萬，租入官者四萬。民仰其利，名之曰萬春圩[②]。

又沈括《萬春圩圖記》稱：圩成，『圩中為田千二百七十頃。……圩中為通途二十二裏』。《圖記》又云：為田1270頃，歲租二十而三，總為粟三萬六千斛[③]。將《墓誌》和《圖記》的相關記載聯繫起來考察分析，則15%的租率，其總產量應為24萬石，則平均畝產為1.89石，接近2石。《墓誌》所稱官租4萬斛，乃舉其整數而言，兩者基本相符；這接近2石的畝產，與周邊地區的畝產也十分接近，因而比較可信。沈括所記15%的租率，乃北宋行定額租的力證。徽州的產量也與之相近。羅願說，徽州的產量『大率上田產米二石』[④]。看來江東的畝產量大約也在2石左右。

由上述文獻記載可知，宋代長江下游圩區的畝產為每畝產米二三石之間，合谷四至六石。宋代一畝約合今之0.896市畝，宋代一石約合今之0.6641市石[⑤]，稻一石重120斤，出糙米四門九升。以此推算，宋畝產米1石，約合今畝產稻穀180斤。如此算來，宋代長江下游圩區水稻的畝產量約合今日畝產穀360斤至540斤。這樣的畝產量在當時是比較高的。圩田的高產穩產，直接帶來的是政府賦稅收入的增

---

① 《宋會要輯稿·食貨六》之二三。

② 文物編輯委員會編：《文物考古工作三十年(1949–1979)》，文物出版社1979年版，第319–322頁。

③ 《長興集》卷九《萬春圩圖記》。

④ [宋]羅願等：《新安志》卷二《稅則》，《宋元方志叢刊》（第8冊），中華書局1990年版。

⑤ 畝的折算，據陳夢家《畝制與裏制》，載《考古》1966年第1期；石的折算，據吳承洛《中國度量衡史》一書，商務印書館1937年版，第70頁。

加。我們知道，自唐代安史之亂以來，淮南和江南的江東、兩浙成為全國最重要的農業區，經濟重心加速南移，國家財賦仰給於淮南和江南。到了北宋，淮南和江南得到進一步開發，特別是江南發展更快。南宋初年，淮南由於戰火的摧殘而荒廢，經濟重心完全移到江南地區，江東和兩浙的農業經濟地位更加重要。太湖流域是宋代最大的糧食產地，太湖流域糧食增長趨勢是明顯的。政府極為重視這一地區的糧食生產，所謂『蘇、常、湖、秀，膏腴千里，國之倉庾也』①。而這裏的豐歉也直接關係到全國的糧食供應，『故歲一順成，則粒米狼戾，充然有餘』，米價也大幅回落。例如熙寧五年，『蘇湖大稔，米價視淮南才十分之五』②。這一地區的糧食生產在宋代社會經濟中起着重要作用。其中主要是作為稅米漕運入京，以保證中央官僚機器的正常運轉。江浙地區的農業生產，對於南宋的財政意義重大。而在這一地區中，浙西的蘇州、湖州、常州等地尤其重要。在全國農業生產中，江東、兩浙的農業生產已占重要的地位，而在江、浙的農業耕地中，圩田又占重要的份額。此外，圩田開發對於緩和該地區數度出現的人口壓力也起到了積極的作用。這些都是應該充分肯定的。

[本文系作者所主持國家社會科學基金項目『7－19世紀長江下游圩田開發與生態環境變遷』(04BZS013)的階段性成果之一]

[原載《中國社會科學院研究生院學報》2009年第6期]

① 《範文正公集》卷九《上呂相公並呈中書咨目》。

② 《吳郡志》卷三七《縣記》；《長編》卷二四八，熙寧六年十二月戊寅。

清代圩田的開發與環境問題

——基於當塗大公圩的考察

圩田（又稱圍田）主要分佈在今天的江蘇西南部、安徽南部及浙江西北部的廣大地區，是該地區勞動人民利用自然條件創造出來的一種土地利用的獨特形式。它起源于三國東吳的屯兵墾殖。到西晉、兩宋時期，隨着北方移民的不斷遷入，該地區的人地關係日益緊張，築圩之風大盛。殆至明清，特別是到了清康雍乾時期，由於民間戰事很少，又沒有大災荒、大瘟疫的侵襲，加之美洲耐寒、旱、瘠作物玉米、番薯、馬鈴薯等的傳入，為新增人口提供了生活資料，這樣便使長江流域的人口快速增長，圩田開發也隨之出現了更為繁盛的局面，從而形成這一地區圩田開發的基本格局。圩田在抗禦旱澇、奪取穩產高产方面，有着諸多優越性。位於安徽當塗縣東南部的大公圩（又稱官圩），在長江下游地區圩田開發過程中具有較為鮮明的典型性：一是地處水陽江和青弋江下游的沖積平原地帶，地勢低窪，四面環水，土地肥沃，並且氣候溫暖濕潤，雨量充沛，自然環境十分優越。二是圩田規模大，圩內現有土地面積三十余萬畝，被稱為『江南第一圩』，其面積相當於當塗縣圩田之半，所承擔的賦稅也占全縣之半，具有很高的經濟地位，素有江南『魚米之鄉』之美譽。三是形成了一套富有特色的管理制度，這在長江下游圩區中具有較強的代表性。然而對於這樣一個重要的圩田，學界卻關注不夠，只是在一些著述中稍有涉及，也鮮見有將其作為個案進行研究的，更無專門從環境史的視角進行討論[①]。這不免遺憾。

刊刻於清光緒二十五年（1899年）的《當邑官圩修防彙述》（以下簡稱《彙述》）對於研究當塗大公圩具有重要的史料價值。該書為當

① 關於近年來圩田研究的進展情況，參見趙崔莉等：《近半個世紀以來中國古代圩田研究綜述》，《古今農業》2003年第3期。

塗人朱萬滋所著。朱氏家境殷富，自幼聰穎好學，為清朝秀才。鑒於當塗自南宋以迄元明，一直沒有一部全面記述大公圩圩務的志書，而已有的一些零星記述，又往往附于其他史志雜說，不利於治圩務者『事前事、考成規』，總結治圩經驗，於是便着手彙集所能見到的歷代圩務史料，遠征史帙，近據志乘，『稽其疆裏，綜其田賦，評其人物、土宜，溯興廢之由，驗得失之故』①，上自漢唐，下迄光緒年間，理其散漫，萃成《彙述》一書。是書分為6編22卷，詳細記載了大公圩的建圩歷程、內外部地理環境、耕作制度、管理方式以及生態環境變遷等情況，是研究大公圩彌足珍貴的資料。筆者以《彙述》所載資料為主，結合其他文獻資料，對當塗大公圩進行個案研究，以揭示清代圩田開發與環境之間的關係，請方家指正。

一、大公圩的開發歷程及其特點

大公圩的開發濫觴於1700多年前的三國之際。史載：『官圩舊為湖蕩，無高山大川』②。當塗在秦代設為丹陽縣，至隋開皇元年（581年）建置當塗縣。三國時期，魏、吳兩國干戈頻仍，由於集中大量兵馬會戰，其糧秣消耗很難全靠外地調運，為此便有了就近屯兵墾殖之舉。黃武五年（226年）東吳在古丹陽湖區（今蘇、皖交界處）軍屯，後於景帝永安三年（260年）『建丹陽湖田，作浦裏塘』③。『浦』作水邊解，『塘』作堤解。『作浦裏塘』即在水邊築圩，其範圍在今大公圩內。從建衡元年（269年）起，陸續圍墾丹陽湖一帶（今青弋江、水陽江下游一帶），有名的當塗大公圩、宣城金寶圩和蕪湖萬春圩等逐步形成。宋紹興二十三年（1153年）大水，當塗諸圩盡沒，後進行聯圩。明成祖永樂八年（1410年）：『詔修圩岸，以備風濤』，大公圩的砌石護岸，自此開始。萬曆三十六年（1608年），『官圩堤潰，田禾淹沒殆盡』，知縣朱汝鼇大加修葺，劃段分工，加高培厚，作中心埂，『自青山屬黃池為官圩西岸，至今賴焉』④。中心埂縱橫十字形佈置，按地勢高低，分成四大

① 朱萬滋：《當邑官圩修防彙述序》。
② 趙宏恩：《江南通志》初编卷一《建置》。
③ 陳壽：《三國志》，中華書局2000年版，第1068頁。
④ 趙宏恩：《江南通志》卷六六《太平府》。

塊。目的在於一旦大水為患，一塊失事，三塊可保；半部被淹，另半部可保，此乃十字圩之來歷。當地人為紀念朱公，在大官圩修祠紀念。而『官圩之名見於邑乘始此』[1]初编卷一建置。到了清代，大公圩的開發已經十分成熟，在當地社會經濟發展中具有舉足輕重的地位。時人指出：『官圩之在當邑，固縣治第一要區也。物產之豐美，又境內諸鄉所莫及也』[2]。至此，大公圩的圩堤修築，形成了相關程式。『大凡築埂須有一定程式。官圩工程大略有四。內外皆無風浪謂之標工；外臨大河謂之次汹工；外临湖面谓之汹工；花津十里风浪险恶谓之要工，又谓之极汹工。』对不同工程的埂面、埂身、埂腳，也有相應的要求，『務令修築如式，並勘其有無昂頭、縮腳、躺腰、窪心、穿靴、戴帽諸弊。其高以水大之年為定，寬以地勢之險為衡，闊以二五收分為妙』[3]。按照『分工老冊數』統計，大公圩四岸29圩總共有田『二十四萬八千有零』畝[4]，成為皖江流域最大的圩田。

縱觀當塗大公圩的開發歷程，有這樣幾個特點值得注意：

一是創新了圍墾形式。早在宋代，江南圩區即出現了聯圩這一新的圍墾形式。囿於當時的政治體制、生產能力和認識水準，再加上財力和物力的制約，許多圩堤的佈局不盡科學合理，因而需要調整和聯並。江南聯圩的成功範例當首推大公圩。宋紹興二十三年（1153年），因宣州一帶洪水氾濫，波及當塗，致使其『諸圩盡沒』，官府派遣鐘世期巡視災情，他據實上報並提出聯圩的主張，朝廷准予聯圩，當塗知縣張津組織人力築長堤180裏，至二十八年（1158年），太守周葵完善之，成此浩大工程。《宋史·食貨志上》記載了至乾道九年（1173年）大公圩的聯圩情況：太平州黃池鎮的福定圩長四十餘裏，延福等54圩周圍一百五十餘裏，『包圍諸圩在內，蕪湖縣圩週二百九十餘裏，通當塗圩共四百八十餘裏』[5]。由此可見，大公圩聯圩的規模是很大的。到明萬曆十五年（1587年），由聯並後的29個小圩組成一個大圩，分四岸，各設總長，對全圩堤防，分工劃段，實行按畝輪修。《宋會要輯稿》有『當塗縣官圩一所』的記載，清乾隆《當塗縣誌》既記『官圩』，又記

① 朱萬滋：《當邑官圩修防彙述》初编卷一《建置》。
② 朱萬滋：《當邑官圩修防彙述·序》。
③ 朱萬滋：《當邑官圩修防彙述》三编卷一《修築》。
④ 朱萬滋：《當邑官圩修防彙述》三编卷五《董首》。
⑤ 脫脫：《宋史》，中華書局2000年版，第2803頁。

《沿湖諸圩五十四》以存舊，光緒《彙述》則僅畫有29圩的位置了，這説明大公圩的聯圩是一個動態的發展着的過程。由築圩到聯圩，是當時人們創造性的治水活動，它一方面增强了圩田整體規劃的科學性，便於分區分級控制管理；另一方面由於「塞支强幹」的作用，使圩堤的堅固性大大增强。總之，聯圩的舉措有效提高了圩區防洪保收的能力，值得研究。

二是因地制宜發展農業生産。一方面，根據不同農曆節氣組織相應的農業生産，如立春時節，「修農具、鋤二麥、織草鞋、爬麥堆」；驚蟄時節「糞菜子、插楊柳、造醫、鏟土糞」[①]等等。另一方面，結合水資源豐富的環境特點種植作物。圩區物産豐富，出産「白土、蕈菜、九孔藕、楊柳、蘆、葦、荻、秈稻……」[②]這些豐富的物産與圩區的地理環境有着緊密聯繫。「其在原隰之所植則有麻、麥、稻、菽、黍、稷、芡、蓱五穀粒食之需；其在溝洫其所生則有魚、鱉、蝦、蚌、菱、藕、茭、荇百種佐穀之品」[③]。如前所述，大公圩四周水資源豐富，圩民充分利用這一條件，因地制宜組織農業生産，加之圩田多是泥沙淤積之地，富含有機質，土地肥沃，且灌溉方便，水旱無憂，糧食産量高，形成了頗具特色的圩田農業。

三是形成了一套科學的養護方法。民間有所謂「守堤如守城」之説，道出了「守堤」對於圩區的重要意義。在圩堤的護養上，大公圩採取了人工與生物措施相結合的方式。在人工方面的治圩舉措主要是從工程方面加固圩堤，方法是用石板來替换原來的泥土，使圩堤的抗潮强度大大增强。正如楊萬里在《誠齋集·圩丁詞十解》中所云：「岸頭石板紫縱横，不是修圩是築城。」在生物方面的治圩舉措則是栽種楊柳等植物用以固堤護圩。如大公圩東岸從横湖到花津堤，百里長堤，遍載楊柳。宋時楊萬里路過丹陽時贊道：「夾岸垂楊一千里，風流國是太平州」[④]。這裏楊氏描述的就是楊柳護圩的情景。垂楊是楊柳中的一種，「倒生枝條柔長，臨風婀娜可愛。近水者曰水楊，易蕃植埂旁，可禦風浪」。大公圩的楊柳種植很普遍，「延湖等五十四圩，週一百五十余裏並高堅，濱岸植以榆柳」[⑤]。而蘆、葦、荻，「皆叢生，移栽堤半及品字墩，可禦風浪，亦獲利無算。以上三物均利於堤」[⑥]。同時，對堤上植物的保護也有嚴格的規定，如對栽種植物一一登記造冊；偷竊一株一莖則「罰

① 朱萬滋：《當邑官圩修防彙述》四編卷一《醫俗上》。
② 朱萬滋：《當邑官圩修防彙述》述餘卷三《土宜》。
③ 朱萬滋：《當邑官圩修防彙述·序》。
④ 朱萬滋：《當邑官圩修防彙述》四編卷三《遷能》。
⑤ 朱萬滋：《當邑官圩修防彙述》初編卷一《建置》。
⑥ 朱萬滋：《當邑官圩修防彙述》述餘卷三《土宜》。

補十倍、斷罪枷令』；砍斫楊柳者重罪懲罰[①]。由於採用人工與生物措施相結合的方式養護圩堤，從而大大提升了其防洪能力。

二、大公圩的管理及其效應

大公圩在當地社會經濟發展中扮演着十分重要的角色，其管理是否科學有效，直接關係百姓的安危和福祉。從《彙述》的記載看，大公圩建有相對健全的水利管理機構，同時注重加強制度建設，並取得明顯成效。

皖江圩區是一個龐大而嚴密的系統。在這個系統中，官府一方面在政策上給予支援、組織上給予保證，並制定了相關的水利法律法規，并採取多種手段對圩田系統進行管理。在大公圩，有一支專門的隊伍管理農田水利及其它日常圩務，管理人員包括岸總、圩董、甲長、鑼夫、工書、圩差等。岸總在明代時稱為總料或總圩長，『言總理各圩長也』。岸總對圩田水利建設起着重要作用。如道光十一年（1831年），東南岸、西北岸、東北岸及西南岸4位岸總，帶頭出資建造了大公圩中心埂，堤埂潰決後，他們又修築了十裏長堤，並對工程周圍『加高培厚』，使其在抵禦風浪等方面發揮了重要作用。岸總有時還積極敦促圩區紳士參與圩區水利修建事宜。如咸豐三年（1853年）姚體仁等12位岸總，敦請郡紳王文炳、朱汝桂、杜開坊、唐金波、張國傑五人，奉方伯李中丞之命，建造孟公碑月堤，並修搪浪埂等。這12位岸總還推舉西南岸岸總朱位元中負責整個工程的運作。在農田水利修建過程中，岸總們往往『親肩斯役』，堪稱『全圩領袖』[②]。一圩之中，設有圩董。『官圩向分四隅為四岸，岸有六七八圩不等。大者田以萬計，小亦不下數千畝。岸總不暇兼顧，推圩中殷實老成者董之。』即如時人所云：『圩董圩甲選有中人之產，年精且壯者為之。亦免本身徭役』[③]。每個小圩之下各分若干個甲，每甲遴選一人為甲長。《彙述》四編卷三載：『圩各四五甲及七八九十甲不等。甲各舉一人為之長。……其承行者不過催夫集費耳。為岸總者擇該圩內力堪任事之人，呈之府縣。』看來甲長的職責主要是安排圩民出工，收繳圩費。同上書四編卷三云：『集夫、鳴鑼、申警必僉一人為之。名曰夫頭，又曰小甲』。意即圩中每遇險情須召集圩民施救時，要鳴鑼、示警，此事由鑼夫一職擔任，鑼夫又稱夫頭或小甲。另外，『官圩向有圩差四名』，主要負責

① 魯式谷：《民间当涂县志》卷二《人物志》。
② 朱萬滋：《當邑官圩修防彙述》四編卷三《選能》。
③ 朱萬滋：《當邑官圩修防彙述》四編卷三《選能》。

『傳信票、遞牌卯等事』，並且採取『父歿子承，兄終弟及』的方式填補缺額①。可見，大公圩擁有一個較為完備的組織管理系統。這個管理系統有如下幾個特點：

一是組織機構嚴密。如道、鹹年間，從圩區最高管理者岸總到基層管理人員圩差，其間分設有多個管理職位，每個職位都有明確的工作職責。『圩例向設岸總、圩董、甲長諸名色，無異銓曹之階級，軍伍之布勒焉。岸總總一岸之成，圩董董一圩之事，甲長長一甲之夫』②。這樣，圩務管理職責明確，避免相互推諉。

二是在圩吏的選拔和任用上要求『廉』、『能』兼備。在『廉』與『能』孰輕孰重問題上，時人認為『廉為本，能次之』，也就是說選官應先考慮其『廉』，然後再考慮其『能』，這是因為『能而不廉，累民也』③。本着這一選拔原則，順治十五年(1658年)，大公圩所選舉產生的四岸諸圩圩首29人，均為廉、能兼備之人，從而保證了圩田管理的有效性。

三是建立了對圩吏的監督機制。對於實行監督的重要性，《彙述》的作者指出：『竊議圩務需人辦理，而簽舉、察訪尤不可不慎重也……苟非其人，圩民累，圩務壞矣。惟鄉裏為之選舉而報以名，官長為之察訪而喻以事。肩斯役者毋推諉、毋欺淩、毋執成④。』

那麼，如何進行監督、察訪呢？其做法有四：一是要求圩與圩之間互相監督：『一圩不如式，許鄰圩以告發之；一岸不如式，許三岸以告發之』⑤。二是對於那些『催趲不力』、『賣夫賣卯』、『誤公行私』⑥以及對於不法行為『扶匿不報，共相相護』⑦的圩吏，一經查出立即予以革職。三是針對大公圩實施輪修之法的實際情況，官府委派官員駐紮圩區要地，對修防堤工直接進行監督。這樣做的好處是『呼應較靈，一切工需均有着落，並可以隨時指授方略，即有呈控圩務事件亦可以隨時受理』⑧。

四是對修防中的倡捐、挪借、畝費、津貼、借款、承領等

① 朱萬滋：《當邑官圩修防彙述》四編卷三《選能》。
② 朱萬滋：《當邑官圩修防彙述》四編卷三《選能》。
③ 朱萬滋：《當邑官圩修防彙述》三編卷五《董首》。
④ 朱萬滋：《當邑官圩修防彙述》四編卷三《選能》。
⑤ 朱萬滋：《當邑官圩修防彙述》三編卷一《修築》。
⑥ 朱萬滋：《當邑官圩修防彙述》四編卷三《選能》。
⑦ 朱萬滋：《當邑官圩修防彙述》三編卷一《修築》。
⑧ 朱萬滋：《當邑官圩修防彙述》四編卷三《選能》。

諸項經費實行嚴格管理，一律要求記賬、造冊、呈報並張榜明示，以預防滋生腐敗[1]。

通過《彙述》所記我們可以看到，大公圩建有一套相對健全的水利管理機構，而且在圩吏選拔任用上也形成了一些富有特色的辦法，特别是在大公圩的監督方面發揮了明顯的效用，有效保障了圩區管理的正常有序運轉，加之大公圩有着優越的自然條件，從而使其產生了顯著的經濟效益，成為當地糧食生產的重要基地。《授時通考》說：『江南水田，雖純藝稻，然功多作苦，農夫經歲胼胝泥淖之中，收入反薄，田畝二、三石，次一、二石』[2]。康熙時人陸世儀在《思辨録輯要》中也說：『今江南種田法……一畝該得三石六鬥之數……江南湖蕩間膏腴處，地辟工修者，大約如此。其餘常田，大約三鋪為束者，得一石五、六，二鋪為束者，得二石五、六』[3]。可見江南地區『常田』的產量平均每畝在二石上下，這樣的畝產量在當時是比較高的，它是根據當時農業生產的實際情況計算出來的，也是比較可信的。大公圩的畝產量雖然没有具體記載，但從《彙述》所記『田居闔邑之半，賦即半於闔邑』[4]及《授時通考》、《思辨録輯要》等文獻記載看，大公圩的畝產量應該是比較高的。

儘管從總體上看，當塗大公圩所構建的管理制度取得了較為明顯的效益，但這一制度是有局限性的，隨着時間的推移，便逐漸暴露出問題，出現了一些負面效應，主要表現在兩方面：

一是輪修制存在弊端。當初大公圩實行輪修制主要是為了防止在圩堤修復等方面各圩段相互推諉、消極怠工等弊端。實踐證明，這一制度在起初還是發揮了一些積極作用的。可是後來輪修不力的問題逐漸顯現。對此，《彙述》四編卷三云：『輪修之法，一歲一更，堤防倒潰事無責成始也。狎而玩之，終且幸而免焉。此圩董甲長所為輕於撒手也』。可見輪修制出現了問題：由於頻繁更換圩夫，導致難以判斷堤防防修不作為之人，以致不少圩夫終日『狎而玩之』，且往往僥倖不被追究。這樣一種狀況，非但使圩田防修效率不高，而且問題頻頻發生。特别是到了道光、咸豐年間，輪修制的弊端更為嚴重。《彙述》載：

① 朱萬滋：《當邑官圩修防彙述》四編卷三《選能》。
② 鄂尔泰：《授时通考》卷二一《谷種》。
③ 沈括：《長興集》，文淵閣四庫全書本，第111頁。
④ 朱萬滋：《當邑官圩修防彙述》初編卷三。

道鹹之世，屢潰屢修。似舉起大略而忘其遠慮。其歷屆歲修，浮堆鬆土，風雨剝蝕，年復一年，每下愈況，皆由輪修不力耳。今以數十年垂斃之埂，大傷元氣災祲之後，責以一二人承修，程功於三兩月之內，有是理乎？即該修責無可辭而無事倖免，有事潛逃，來年卻責於他人，此埂終形其凋敝……圩堤輪修之法行于波平浪靜之年非不善也，一遇水劫，斷有不可行者。殘喘苟延責令獨肩重任，諸人同處圩中，置身事外，以性命攸關之事略而勿講。彼值修者，財力不逮，早已視為畏途，苟且塞責矣。即稍可掙揣，又將尤而效之，不肯前進①。

同書又云：當遇到某圩埂『滲漏坍卸，未能障水』的情況，採用輪修的制度，不僅『力難勝任』，甚至出現了『或隱匿不報，或希圖交卸，或回護多方，了此一年輪休之役』等現象，全然不顧『田廬恃埂而存，身命賴埂而活』②。這些記載告訴我們，在道、鹹年間，大公圩內部從圩吏到圩夫，敷衍塞責、相互推諉、無所事事之風已十分盛行，以至其水利管理，『年復一年，每下愈況』。

二是水事糾紛不斷出現。圩田作為皖江流域一種特殊的土地利用方式，使當地成為一個獨特的圩田水利社會。由於人口、資源和環境之間矛盾的綜合作用，在圩田開發利用過程中，不斷發生水事糾紛。所謂水事糾紛是指水事主體之間因在水資源配置、使用過程中發生的糾紛，它對圩區的社會經濟發展和穩定極為有害。大公圩作为皖江首圩，其水事纠纷自然不在少数。這裏試舉幾例。道光二十九年（1849年），『壩之上游巨浸，稽天宣邑頑民擅自掘開』。故而導致水事糾紛。壩即東壩，是江蘇江寧府高淳縣之俗名。糾紛發生後，『蘇撫傅中丞南勳申請，江督陸制軍建瀛覲諸會勘』。將『仍堅築之輯犯定獄』，才使『壩如故』③。又如咸豐年間，一些圩民修築圩堤時為了『省工圖便』，便直接在圩內亂挖土方，『遂使有編業戶含冤莫訴，受累無窮』。而官紳對此並不過問④。圩簽董首也『往往藉仗官吏虐待農佃』，而『所虐者當時無所控訴，隱忍不言』，以後卻『唆使頑愚趁間報復』。《彙述》並指出：『圩固多此惡習也』⑤。下面這段記載更是反映了圩區水事糾紛的嚴重性。

---

① 朱萬滋：《當邑官圩修防彙述》三編卷一《修築》。
② 朱萬滋：《當邑官圩修防彙述》三編卷一《修築》。
③ 朱萬滋：《當邑官圩修防彙述》初編卷一《建置》。
④ 朱萬滋：《當邑官圩修防彙述》三編卷一《修築》。
⑤ 朱萬滋：《當邑官圩修防彙述》三編卷三《搶險》。

圩務果有條理，即事變猝起，何敢肆行蹂躪？近無規劃，一遇崩塌，早知力難措拄，不敢聲傳。比及他處偵知，糾集多夫烏合而來，豕突從事……偶有拂欲，遂有折毀該處農具莊屋者。且有擊碎屏門隔扇者，肆行勒索無所忌憚。該處丁男閃避，如入無人之境焉。若遇董首，或拳擊棒頭，或拖塞浪坎，窮兇極惡，有因此而喪其生者①。

糾紛居然鬧出了人命案，其危害之大不言而喻。另外，圩區本有『按畝征夫』的夫役制度，『土豪劣董』卻拒不執行。他們對『自己應出夫名，不令赴工修築，只以空函囑託圩修代收空卯，或有無恥之圩修受賄賣卯，致令眾夫不平，不肯上前出力，甚且有攔夫、鍬夫、夯夫、施夫等名，一切取巧之法，相沿成例』②。類似的糾紛尚能舉出不少。大公圩所發生的這些水事糾紛類型多樣，情況複雜，訴訟械鬥殆為常事，從而加劇了各利益主體之間的矛盾，引起地方社會的動蕩不安。同時，糾紛還導致許多水利設施遭到破壞，一些管理制度也因此而難以有效推行，加之時常遭受洪水的襲擊。因此，到了清末，大公圩的修防工作已日漸衰落。需要指出的是，圩區水事糾紛的發生固然有其利益驅動的因素，但在圩務管理過程中所暴露出來的管理不善、控制不力等問題也是值得深思的。

三、大公圩開發所引發的環境問題

大公圩在其開發過程中創造了諸多保護圩區生態環境的辦法：一為『排釘木樁』。圩田處於河邊、湖邊的空地上，『沙土酥融，浮泥輕薄，立腳不堅，即埂身不固』。圩民通過『排釘木樁』的辦法加固堤身。另外，圩堤『或為鱔所攻，或為黿所伏，或為獺所藏』。因此在木樁之外還要『多備石灰煤炭以壓制之，使其不敢穿穴』，從而杜絕『浸漏之患』。二為『層設土坮（「坮」古同台）』。此法即在圩埂內單薄之處層層累土土坮。修築方法為：『築土一層，收分一層；築高一層，隆起一層。層累而上形如梯立。複有土隴一法，下重上銳，形如龍伏。用此撐持深溝大潭之畔，年複增添，積之不已，埂有不占大壯乎』用這一方法築起的圩埂較為牢固。三為『砌礓石磡』。在花津十裏要工之處，

① 朱萬滋：《當邑官圩修防彙述》三編卷三《搶險》。
② 朱萬滋：《當邑官圩修防彙述》三編卷四《夫役》。

『潮汐風浪沖撼汕刷』,『岌岌可危』,人們曾嘗試種種辦法抵擋風浪,但收效甚微。後來人們發明了『砌碌石磡』的方法,即用『甃石外方中襯裹石,實以米汁石灰,謂之三和土層。砌丁石礴成高岸,雖狂風怒濤撼之不動』。四為『立品字墩以分浪』。隨着圩區水利工程建設的發展,人們在圩堤外『多設土墩,寬闊數畝許,參伍錯綜,如品字形』。這種護堤辦法不僅減緩了河流浪濤對圩堤的沖刷,而且帶來了經濟收益。時人評論:『雖有瀰漲,至此歧分;縱遇馳流,不能衝突。一舉而三善咸備,自然之利無窮已』。五為『築捕浪埂以護堤』。大公圩花津十裏,位於『三湖之口』。人們便在距離圩堤百餘丈的地方修建了一堤即捕浪埂,『為重關疊障之計』[①],對保障圩堤的安全發揮了一定的作用。六為栽種楊柳等植物固堤護圩。關於栽種楊柳護堤的做法見前述,在此不贅。

由於上述措施的有效實施,加之大公圩是個聯圩,在組織管理上要明顯優於一般的單個小圩,因而它在預防水患方面發揮了較好的作用。我們注意到,在道光朝以前,大公圩的水災不多,特別是從乾隆三十三年(1768年)以後的近60年間,水災較少[②]。一個圩能夠維持這麼長時間的穩定,這在皖江流域乃至整個長江下游的圩區中都是不多見的。

不過,圩田本身是在原來不利於甚至無法耕種的湖泊及地勢低窪之地,通過人工修堤攔水等途徑進行開發的,相對于其他土地利用方式,其本身具有一定的生態脆弱性,加上過度開發利用及缺乏合理的護理,這種超負荷的耕作方式受到自然的懲罰是勢所必然。事實確實如此,在大公圩開發的過程中,由於諸多因素的影響,使其成為超負荷的農業生態系統,圩田的過度開發導致整個圩區的生態環境處於經常性的失衡狀態,水患頻仍是其最直接的表現。早在元代末葉,時人李習在《修築陂塘記》中就指出:『官圩埂百餘裏……其諸埂壞三百六十有二圩』。據此可知大公圩損壞之嚴重。據明人李維楨《金柱山記》載,明時『築東壩而三湖反從姑溪西入江……會洪水潰堤,官圩田三十七萬悉為汙萊。疫癘乘之,死亡十九』。縣令『假爾粟以食貧民,假貧民力以築圩』,以為用工多寡,開創災年互助修堤的先例。到了清代,大公圩的水患更是頻頻發生,僅從道光三年(1823年)到光緒十三年(1887年)的六十餘年間,大公圩共有14次潰堤,損失慘烈。《彙述》如是説:

國朝道光癸未,大水異常,己酉尤劇。圩民蕩析裏居,罔有定極。經鄉先輩竭力經營,冀挽天心,以盡人事。近六十年來告潰者,屆

① 朱萬滋:《當邑官圩修防彙述》三編卷一《修築》。
② 朱萬滋:《當邑官圩修防彙述》續編卷五《修造潰缺》。

指已十有四次。嗟夫！堤之利民久矣，圩之病澇又屢矣[①]。有清一代，大公圩的過度開發產生了相應的環境問題，其直接表現有三：

一是災害頻發。康、雍、乾時期，大公圩的水災較少，道光朝以降則水災頻頻發生，已如前述。二是受災面積大。大公圩地勢低下，一遇水災，往往整個圩區一片汪洋。如道光十一年（1831年）六月十一日，『花津稽村前潰……閉門無人煙者十居八九，麥熟田畦無能刈獲』[②]。又如道光二十九年四月初四日，『孟公碑原缺未竣，先潰……由是汪洋千里，水天一色，皖江郡邑無完區焉。四圍工段沒盡，百室飄淌無存。近來第一大水之年也』[③]。三是災害的破壞性大。一方面災害造成農作物減產，圩民的基本生活設施被毀，另一方面災害還污染了水環境，導致瘟疫流行。《彙述》載：『盛漲之年，螺蛤尤多，水族逐臭，隨渦聚處，有至數十百斛者，水落後肉腐殼空，散佈堤畔』[④]。又如道光十一年六月，沛儉圩花津稽村前潰，導致該地『瘟疫盛行』[⑤]。圩區生態環境遭到破壞，導致災害頻發，其原因大致有二：

第一，人地矛盾尖銳是圩區生態環境惡化的最根本的原因。宋代沈括在《萬春圩圖記》中說：『江南大都皆山也，可耕之土皆下濕厭水瀕江，規其地以堤而藝其中，謂之「圩」』[⑥]。由這一記載可以判斷，當時皖江流域的可耕之地是不多的，因而該地區的人地矛盾是相當尖銳的。尤其到了明清時期，隨着長江下游地區人口的激增，人地關係更為緊張。為了追逐眼前利益，人們無節制地伐林墾荒和圍湖造田，產生一系列生態環境問題。如當塗境內多山，山上樹木茂盛，近山農民紛紛伐林墾荒，以至『彌望岡巒都成童禿』，加速了水土流失。又如同治年間，外省的災民不斷向皖南移民，他們的到來加劇了對皖南的開發，使大公圩相鄰的湖泊都被開發殆盡，直接導致湖泊的蓄水量減少，一遇暴雨肆虐，便加劇了大公圩水災的發生。

第二，大公圩水利生態系統脆弱。當塗是個水鄉澤國，大公圩地勢尤為低下，四面臨水。『官圩堤埂上承山水，下接江湖』，一旦潰破之後，又兼『風衝浪激』，自然生態十分脆弱。加上大公圩在其開發過程中打亂了以往的水域水文環境，改變了水道系統，導致外河水流不

① 朱萬滋：《當邑官圩修防彙述·序》。
② 朱萬滋：《當邑官圩修防彙述》續編卷五《修造潰缺》。
③ 朱萬滋：《當邑官圩修防彙述》續編卷五《修造潰缺》。
④ 朱萬滋：《當邑官圩修防彙述》四編卷三《選能》。
⑤ 朱萬滋：《當邑官圩修防彙述》續編卷五《修造潰缺》。
⑥ 沈括《长兴集》，卷九《萬春圩圖記》引自《文渊阁四库全书本》。

暢，圩內排水和引水增加難度，以致出現『水不得停蓄，旱不得流注』的嚴重局面。同時，徽寧等府由於棚民大規模的山地開發，使山區水流的泥沙含量大大增加，這便使地處下游的大公圩一帶時常受到衝擊，致使大公圩的生態系統進一步脆弱，災害頻頻發生。

第三，與人們的行為不當關係至密。對於圩區水災氾濫，生態環境惡化，《彙述》的作者道出了個中緣故：『同是江潮氾濫，彼能完堤我連潰埂，非別有天也？殆有人事在焉。官圩人事欲趨欲險，欲變欲詐。自然之利不興，顯然之害不除。而且見利爭趨，見害交避，恬不為怪』①。這裏揭示了大公圩存在諸如『欲趨欲險，欲變欲詐』、『見利爭趨，見害交避』等『人事』問題。如一些圩民為了獲取淤泥肥田，導致『地面愈撈愈大，溝心愈撈愈深，埂腳愈撈愈陡……三五十年，溝塘漸漸淤塞，不禁不竭』，堤埂坍塌之事屢見不鮮。這與大公圩比鄰的金寶圩形成鮮明對比。『金寶圩規條不特永禁撈泥，即傍埂之菱藕茭菰一概不准採取』。另外，圩堤沿岸栽植楊柳本是『護堤遮浪』的有效措施，可是卻屢被一些圩民『妄取』，甚至一些人還竊取護堤用的樁木，『只圖利己，不顧損人。及細思之，未嘗不自害耳』②。上述人們的不當行為，導致柳樹的護堤功能弱化，使圩堤的堅固程度受到影響，災害便接踵而至。這種由於人們的不當行為所導致圩區生態環境的惡化，為後人留下了深刻的歷史教訓。

通過對當塗大公圩的個案考察可知，大公圩的興築如同長江下游其他地區的圩田開發一樣，是該地區人地關係演變過程中土地利用的一種創舉，它很好地解決了由於人口迅速增長而導致的糧食問題，在當地經濟社會發展過程中佔有舉足輕重的地位。然而，圩田這種墾殖形態利弊並存，大公圩的過度開發勢必會帶來相應的環境問題。因此，我們在肯定圩田開發的積極效應的同時，也應理性地看到它所產生的負面效應，總結利弊得失，為圩區的經濟社會可持續發展提供歷史借鑒。

[本文為作者主持國家社會科學基金項目『明清時期長江下游自然災害與鄉村社會』(批准號：11BZS061)的階段性成果]

[原載《安徽師範大學學報》(人文社會科學版)2013年第6期]

① 朱萬滋：《當邑官圩修防彙述》三編卷一《瑣言總冒》。

② 朱萬滋：《當邑官圩修防彙述》三編卷二《保護》。

皖江流域圩田的興築與管理

皖江指長江流域安徽段的兩岸地區，包括安慶、池州、太平、廬州和甯國五府縣所屬地區。皖江流域是安徽省經濟實力最為強勁的地區。同時，該流域也是圩田的重要分佈區域。皖江圩田是皖江流域人們在長期治田治水實踐中創造的農田開發的一種獨特形式，是該地區土地利用的重要形式。目前有關江淮地區圩田開發的研究成果已有不少①，但迄今尚無專文探討皖江流域圩田的興築與管理問題。本文之意圖，就是對歷史時期皖江流域的圩田興築與管理問題加以考察，探討此時期皖江流域圩田開發的過程及其特點，圩田的管理及其成效以及所存在的問題，期望以此深化對歷史上圩田開發問題的認識，並對長江流域生態環境變遷研究有所裨益。

一、皖江流域圩田的興築及其特點

圩田又稱圩或圩子，它一般是利用地形，或沿自然河道堆土作堤，或是開挖河溝圍田築堤，或是一面傍山水，三面築堤圍田。平原地區圩岸（堤岸）一般是閉合的，以阻隔圩內外水量交往；圍內開溝渠，設涵閘，實現排灌的水利田。南宋著名詩人楊萬里在考察了『上自池陽，下至當塗』的圩田後，曾說道：『江東水鄉，堤河兩涯而田其中，謂之「圩」。農家云：圩者，圍也。內以圍田，外以圍水。蓋河高而田反在水下，沿堤通斗門，每門疏港以溉田，故有豐年而無水患』②。楊萬里對於圩田的解釋是確切的，他所提到的江東即皖江及其周邊地區。

① 參見趙崔莉、劉新衛：《近半個世紀以來中國古代圩田研究綜述》，《古今農業》2003年第3期。

② ［宋］楊萬裏：《誠齋集》卷32《圩丁詞十解序》。

皖江流域的巢縣、和縣、蕪湖、當塗等縣的新石器時代遺址表明，早在四五千年前就有人類在此活動。自古以來，人類逐水而居。人們在長期的實踐中不斷認識到水利對農業生産的重要性。如《荀子·王制》云：『修堤梁，通溝澮，行水潦，安水臧，以時決塞。歲雖凶敗水旱，使民有所耘艾』。這裏强調的便是築堤通渠對農業生産的重要意義。皖江流域本具有發展農田水利的優越條件，這裏土地肥沃，氣候溫暖，草木繁盛，無霜期長，雨量充沛，年均降水量一般在1240毫米上下。長江及其24條支流使這一地區水網密佈，並在皖江及近湖附近形成大片土質肥沃的低窪地。因此，從自然環境上看，這裏無疑具有發展農業水利建設的優越條件。另由於皖江流域泥沙淤積，使湖床（或沙洲）日益增高，為圍湖築圩創造了條件。也正是基於此，所以皖江流域修築圩田以利用、改造窪地由來已久。早在春秋時期，吴國曾在固城湖畔『築圩』，越國曾在瀫（？）瀕湖濱『圍田』，對利用、改造窪地作了重要嘗試。安徽包括皖江流域在内的江南部分地區，春秋時期曾是吴、越疆土，三國時佔領皖江和江南地區的，又是原籍越國領土浙江富春的孫氏，因而孫吴在皖江、江南濱湖窪地，使用吴、越已有的利用、改造窪地技術興建圩田，是完全可能而且是很自然的。不過，這裏所列舉的僅僅是皖江流域一些零星的、規模很小的興圩築埂的例子。實際上，皖江流域的農田水利開發是相當晚的，終漢之一代，這裏一直保留着原始狀態，人們仍然過着漁獵採集生活。誠如司馬遷所云：『楚越之地，地廣人稀，飯稻羹魚，或火耕而水耨，果隋蠃蛤，不待賈而足』[1]。這一地區之所以長期得不到開發，主要是人口稀少，缺乏勞動力。在人口稀少，生産力低下的情況下，築堤捍水似無什麼必要。那麼，皖江流域的大規模築圩活動開始於何時呢？我們認為，其大規模的興建圩田當開始於三國時期。這一時期圩田開發的目的經歷了由軍事需要向發展經濟需要的轉變。東吴為解決駐軍糧秣補給而令諸將廣開屯田，遂有五路總兵丁奉、丹陽都尉嚴密圍湖圩墾之舉；東晉南朝時期，大規模的軍事屯田仍是本地區農業開發中的主要方式。唐中葉以後，隨着經濟重心的逐漸南移，江南包括皖江流域成為封建政府財賦的重要來源地，唐代詩人韓愈曾云：『賦出天下而江南居十九』[2]。江南地區由先秦之際的『地廣人稀』變為封建政府的賦稅重地，足見該地區農業經濟對封建政府的重要性。兩宋之際，由於圩田在宣州、太平州、寧國府墾田中佔有很大的比重，産量又高，因而也就成為政府一筆極為可觀的賦稅收入。宋高宗曾稱：『今公私兼裕，一歲

① 《史記》卷一二九《貨殖列傳》。

② ［唐］韓愈：《韓昌黎集》卷一九《送陸歙州詩序》。

軍餉，皆仰圩此』①。这表明，唐宋以后，封建政府對江南地區的開發已不僅僅限於軍事需要，更主要的是想通過加快這一地區的開發以攫取大量的賦稅。無論封建政府出於何種目的開發這一地區，其組織功能以及人力、物力和財力的大量投入，對於皖江流域圩田的發展都是至關重要的，這一點在宋代表現得尤為明顯。眾所周知，在古代中國，興修大規模水利工程所需的人力和物力，是個體小農所無法承擔的，唯有封建政府才有這種能力。如北宋嘉祐六年（1061年），轉運使張顒、判官謝景溫、甯國令沈披重建萬春圩時，政府曾出粟30000斛、錢40000緡，並募集宣城等縣貧民14000人投入其中。宋孝宗乾道九年（1173年），太平州諸圩『幾四百里為水浸沫』，政府出資整修，耗費『計米二萬一千七百五十七碩五門、計錢二萬三千五百七十貫一百三十七文省』②。宋代皖江圩田多屬官圩，這一事實證明封建政府在圩田建設中發揮着舉足輕重的作用。宋朝政府除積極組織軍民修復五代以來湮毀的圩田水利工程，並加快圩田開發步伐外，還制定《農田利害條約》（即農田水利法），將圩田等水利工程的興廢作為對在任官吏升黜的考核依據之一，以督促官吏加強對圩田的管理與維護。如將防護圩岸的制度刻成碑文立于圩田之上，州、縣官每年秋後檢查一次，成為定制。正由於封建政府在皖江圩田開發過程中具有如此重要的作用，因此在朝政腐敗的時期，圩田建設便不可避免會受到影響。如宋初，『慢于農政，不復修舉江南圩田』③。就連五代以來較為完善的圩田水利系統也遭到了一定程度的破壞。由於宋朝政府在圩田建設上所發揮的重要作用，所以皖江流域圩田開發便從此進入了一個興盛的階段，奠定了該地區圩田發展的規模。明清時期，隨着皖江圩區經濟在政府賦稅中所占的地位日趨重要，封建政府進一步加大了皖江圩堤建設的力度，皖江圩田更為興盛。

皖江流域圩田在其興築過程中，形成了諸多特點，主要有以下三個方面：

一是創新了圍墾形式。早在宋代，江南圩區即出現了聯圩這一新的圍墾形式。囿於當時的政治體制、生產水準和認識水準，再加上財力和物力的制約，許多圩堤的佈局不盡科學合理，因而需要調整和聯並。江南聯圩的成功範例當首推大公圩。宋紹興二十三年（1153

① 《宋史》卷四七四《奸臣四·賈似道傳》。
② 《宋史》卷一七三《食貨志》上一《農田》。
③ ［宋］範仲淹：《範文正公全集·奏議》卷上《答手詔條陳十事》。

年)，因宣州一帶洪水氾濫，波及當塗，致使其『諸圩盡沒』，官府派遣鍾世期巡視災情，他據實上報並提出聯圩的主張，朝廷准予聯圩，當塗知縣張津組織人力築長堤180里，至二十八年(1158年)，太守周葵完善之，成此浩大工程。《宋史·食貨志上》記載了至乾道九年(1173年)大公圩的聯圩情況：太平州黃池鎮的福定圩長四十餘里，延福等54圩周圍一百五十餘里，『包括諸圩在內』[①]。由此可見大公圩聯圩的規模是很大的。到明萬曆十五年(1587年)，由聯並後的29個小圩組成一個大圩，分四岸各設總長，對全圩堤防，分工劃段，實行按畝輪修。《宋會要輯稿》有『當塗縣官圩一所』的記載，清乾隆《當塗縣誌》既記『官圩』，又記《沿湖諸圩五十四》以存舊，光緒《當邑官圩修防彙述》則僅畫有29圩的位置了，這說明大公圩的聯圩是一個動態的發展着的過程。此外，像當塗縣的一五圩，蕪湖縣的十三連圩，麻鳳圩，南陵縣的下林都圩，繁昌縣的保大圩，無為縣的下九連圩、上九連圩、三閘圩、臨河圩，和縣的十四連圩、練鋼圩、老西圩、鄭蒲圩，廬江縣的廬北大圩、石大圩，樅陽縣的永豐圩，安慶的廣濟圩，望江縣的合成圩，銅陵縣的東、西聯圩，貴池縣的大同圩，東至縣的廣豐圩、七裏湖圩，宣州的雙橋聯圩等圩田，也都是聯合眾多小圩而成的大圩。實踐表明，聯圩具有縮短堤線，減輕修防任務和有利於防洪保收等優點。因此可以說，由築圩到聯圩，是當時人們創造性的治水活動，值得一書。

二是因地制宜發展農業生產。一方面，根據不同農曆節氣組織相應的農業生產，如立春時節，『修農具，鋤二麥，織草鞋，爬麥堆』；驚蟄時節『糞菜子，插楊柳，造醫，鏟土糞』[②]等等。另一方面，結合環境特點種植作物。圩區物產豐富，出產『白土，蕈菜，九孔藕，楊柳，蘆葦，荻，秈稻……』[③]。這些豐富的物產與圩區的地理環境有着緊密聯繫。『其在原隰之所植則有麻，麥，稻，菽，黍，稷，莜，䅿五穀粒食之需；其在溝洫其所生則有魚，鱉，蝦，蚌，菱，藕，芡，苔百種佐殺之品』[④]。由於因地制宜組織農業生產，加之圩田多是泥沙淤積之地，富含有機質，土地肥沃，且灌溉方便，水旱無憂，因而其產量頗高。

三是形成了一套科學的養護方法。民間有所謂『守堤如守城』之說，道出了『守堤』對於圩區的重要意義。在圩堤的護養上，皖江圩

① 《宋史》卷一七三《食貨上一·農田》。
② 《當邑官圩修防彙述四編·芻議》卷一《醫俗土·農》。
③ 《當邑官圩修防彙述·述餘》卷三《土宜》。
④ 《當邑官圩修防彙述·序》。

田採取了人工與生物措施相結合的方式。

在人工方面的治圩舉措主要是從工程方面加固圩堤，方法是把圩堤的用料用石板來替換原來的泥土；生物方面的舉措則是栽種楊柳等植物固堤護圩。這些養護方法使圩堤的抗潮強度大大增強。對此，後面將要具體討論，此不贅述。

二、圩田的管理制度與管理方式

在皖江流域，政府十分重視圩田的管理工作。這裏分唐宋和明清兩個時段進行論述。

唐宋時期，在制度建設方面主要是構建了圩區基層組織。至宋代，皖江流域圩田系統已發展到相當成熟階段。慶歷年間，范仲淹曾對當時的圩田系統作過如下的描述：江南舊有大圩，方數十裏，如大城，中有河渠，外有門閘。旱則開閘引江水之利，澇則閉閘拒江水之害。旱澇不及，為農美利[①]。

由此可見，當時圩田的規模很大，內有縱橫河渠，外有閘門，乾旱時引水灌溉，洪澇時關閘攔水。這說明包括皖江流域在內的江南圩田是一個龐大而嚴密的系統。對於這樣一個系統，宋政府除了在政策上給予支持、財政上給予傾斜外，還構建了圩區基層組織。皖江圩田有官私之分。官圩設有圩吏，私圩設有圩長。官圩的維修與養護由官府出面組織人力；私圩則由圩長召集圩丁，於每年雨季來臨之前修築圩岸、浚治溝渠和防護圩田。『年年圩長集圩丁，不要招呼自要行』；『萬杵一鳴千畚土，大呼高唱總齊聲』；『兒郎辛苦莫呼天，一歲修圩一歲眠』[②]。這些詩句描寫的都是一年一度圩長率領圩丁維修圩堤的熱鬧場面。為加強管理，在有圩田的地方，官員銜內往往添上『兼提舉圩田』、『兼主管圩田』、『專切管幹圩岸』等字樣，以強化其管理圩田的職責。而圩田建設與管理的好壞，還常常成為官員考績升黜的標準。正由於構建了圩區基層組織，從而使皖江圩田的維修與護養有了可靠的制度保證。

①《範文正奏議》卷上《答手詔條陳十事》。

②［宋］楊萬裏：《誠齋集》卷三二《圩丁詞十解序》。

在圩田的管理方式上，唐宋時期已形成一套科學的管理和養護方法，主要做法有三：

一是規劃農田。即對圩内農田進行有計劃的佈局。據沈括《萬春圩圖記》載，蕪湖萬春圩，圩内共有1270頃農田，每頃農田為一方，全圩分為1270方，按照天地日月山川草木取1270字，為每一方田定名。同時為便於農田排灌和人員往來，每方四周辟之以水溝，相互貫通。如此嚴密的規劃有力地推動了集約農業的進一步發展。

二是修築堤岸。楊萬里在給圩田定義時指出：『江東水鄉，堤河兩涯而田其中，謂之圩。農家云：圩者，圍也，内以圍田，外以圍水，蓋河高而田反在水下』①。圩區『河水還高港水低，千枝萬派曲穿畦』。可見圩田四周，環有堤岸。圩堤與圩田是唇齒相依的關係，因此圩堤修築便成為圩田管理的重要方式。從工程方面加固圩堤，是人們治圩的主要舉措，其方法是將圩堤的用料由原來的泥土换為石板，從而大大加強了圩堤的抗潮強度。對此，楊萬里在《誠齋集·圩丁詞十解》中形容説：『岸頭石板紫縱橫，不是修圩是築城』。江東圩田的堤岸，『高闊壯實』，堤上有道路，『圩上人牽水上航』，供行人和縴夫行走②。這説明當時的堤岸修築得十分堅固。

三是生物養護。當時在圩堤的修築與養護方面，不僅從工程角度來加固圩堤，而且還進行生物護堤。所謂生物護堤就是在堤岸上植以各種樹木，深植於堤中的樹根勾絡在一起，成為護堤的屏障。其中種植最多的是楊柳，楊萬里《誠齋集·圩田》詩：『古今圩岸護堤防，岸岸行行種綠楊』，描寫的就是楊柳護岸的情景。《宋史·食貨上一》載乾道八年（1172年）户部侍郎兼樞密都承旨葉衡言：

奉詔核實甯國府、太平州圩岸，内甯國府惠民、化城舊圩四十餘裏，新築九裏餘；太平州黄池鎮福定圩週四十餘裏，延福等五十四圩週一百五十餘裏，包圍諸圩在内，蕪湖縣圩週二百九十餘裏，通當塗圩共四百八十餘裏。並高廣堅致，瀕水一岸種植榆柳，足捍風濤，詢之農民，實為永利。

按延福等五十四圩即今當塗大公圩前身，聯並於紹興二十三年（1153年）大水之後，故稱『包圍諸圩』。户部侍郎葉衡是在奉詔巡視皖江災情後上奏推崇『種植榆柳，足捍風濤』的建議的。朝廷採納葉衡所獻之策，並據所薦詔褒甯國府（治今安徽省宣州市）魏王愷植林護

① 《誠齋集》卷三二《圩丁詞十解》。
② 《誠齋集》卷三二《圩丁詞十解》。

堤之功：大江之壖，其地廣袤，使水之蓄泄不病而皆為膏腴者，圩之為利也。然水土鬥齧，從昔善壞。卿聿修稼政，巨防屹然，有懷勤止，深用歎嘉[①]。

採取人工和生物相結合的方法來加固圩堤，既保護了圩岸，又美化了環境。楊柳和草都易生長，且耐水濕，因此自古以來，種草、植柳成為護堤的一種傳統方法。在堤腳外淺灘上，則常種植蘆荻、茭菱等水生植物。這既可防禦風浪侵襲堤岸，又具有經濟價值。茭菱可以食用，蘆荻可用作編制和作為燃料。值得一提的是，當時對圩堤上植物的保護也有嚴格的規定：如對栽種植物一一登記造冊；偷竊一株一莖則『罰補十倍，斷罪枷令』；砍斫楊柳者重罪懲罰[②]。由於採用人工與生物措施相結合的方式養護圩堤，從而大大提升了其防洪能力。

迨至明清，官府對於圩田的管理更加制度化、規範化和精細化。這裏以官府對大公圩的管理為例。在大公圩，有一支專門的隊伍對農田水利及其他日常圩務進行管理，管理人員包括岸總、圩董、甲長、鑼夫、工書、圩差等職務。岸總在明時稱為總料或總圩長，『言總理各圩長』。岸總對圩田水利建設起着重要作用。如道光十一年（1831年），東南岸、西北岸、東北岸及西南岸四岸總，『解囊倡首建造中心埂潰缺。又並造十裏要工暨周圍加高培厚』。岸總有時還通過圩區紳士向政府陳述圩區水利修建事宜。如咸豐二年（1853年）姚體仁等十二岸總，『敦請郡紳王文炳、朱汝桂、杜開坊、唐金波、張國傑五人奉方伯李中丞，檄建造孟公碑、月堤，並修搪浪埂及各堤漫缺』。在農田水利修建過程中，他們往往『親肩斯役』，堪稱『全圩領袖』[③]。一圩之中，設有圩董。『官圩向分四隅為四岸，岸有六七八圩不等。大者田以萬計，小亦不下數千畝。岸總不暇兼顧，推圩中殷實老成者董之。』時人指出：『圩董圩甲選有中人之產，年精且壯者為之。亦免本身徭役』[④]。而官圩29個小圩中，『圩各四五甲及七八九十甲不等。每甲各舉一人為之長。但是非艱巨，其承行者不過催夫集費耳。為岸總者擇該圩內力堪任事之人，呈之府縣』。按照官圩圩例：『集夫、鳴鑼、申警必僉一人為之。名曰夫頭，又曰小甲』。另外，『官圩向有圩差四

①《宋史》卷一七三《食貨上一》。
② 民國《當涂縣誌》卷二《人物誌》。
③《當邑官圩修防彙述四編·庶議》卷三《選能·岸總》。
④《當邑官圩修防彙述四編·庶議》卷三《選能·圩董》。

名』，主要負責『傳信票、遞牌印等事』，並且採取『父殁子承，凶終弟及』的方式填補缺額①。官府在圩官選拔和任用方面有兩點值得注意：一是注意選拔廉潔之人從事圩務管理。在圩官的『廉』與『能』孰輕孰重問題上，官府認為『廉為本，能次之』，也就是說選官應先考慮其『廉』，然後再考慮其『能』，這是因為『能而不廉，累民也』②。本着這一選舉原則，順治十五年（1658年），官圩所選舉產生的四岸諸圩圩首29人，均為廉、能兼備之人。二是建立對圩官的監督機制。對於圩官實行監督的重要性，《當邑官圩修防彙述》作者指出：

> 竊議圩務需人辦理，而簽舉、察訪尤不可不慎重也。圩例向設岸總、圩董、甲長諸名色，無異銓曹之階級，軍伍之布勒焉。岸總總一岸之成，圩董董一圩之事，甲長長一甲之夫。苟非其人，圩民累圩務壞矣。惟鄉里為之選舉而報以名，官長為之察訪而諭以事。肩斯役者毋推諉、毋欺淩、毋執成③。

那麽，如何進行監督、察訪呢？其做法有四：一是要求圩與圩之間互相監督：『一圩不如式，許鄰圩以告發之；一岸不如式，許三岸以告發之』④。二是對於那些『催趲不力』、『賣夫賣卯』、『誤公行私』⑤以及對於不法行為『扶匿不報，共相袒護』⑥的圩官，一經查出立即予以革職。三是針對官圩實施輪修之法的實際情況，官府委派官員駐紮圩區要地，對修防堤工直接進行監督。這樣做的好處是『呼應較靈，一切工需均有着落，並可以隨時指授方略，即有呈控圩務事件亦可以隨時受理』⑦。四是對修防中的倡捐、挪借、畝費、津貼、借款、承領等諸項經費實行嚴格管理，一律要求記賬、造冊，呈報並張榜明示，以預防滋生腐敗⑧。

綜上可見，大公圩建有一套相對健全的水利管理機構，而且在圩官選拔任用上也形成了一些富有特色的做法，特別是在圩官的監督機制方面發揮了明顯的效用，從而有效保障了官圩的正常有序運轉。

---

①《當邑官圩修防彙述四編·芻議》卷三《選能·圩差》。
②《當邑官圩修防彙述三編·瑣言》卷五《董首·廉能》。
③《當邑官圩修防彙述四編·芻議》卷三《選能》。
④《當邑官圩修防彙述三編·瑣言》卷一《修築·築埂浪埂以護堤》。
⑤《當邑官圩修防彙述四編·芻議》卷三《選能·鑼夫》）。
⑥《當邑官圩修防彙述三編·瑣言》卷一《修築·築埂浪埂以護堤》。
⑦《當邑官圩修防彙述四編·芻議》卷三《選能·責成》。
⑧《當邑官圩修防彙述四編·芻議》卷三《選能·建造》）。

三、圩田的管理成效及存在的問題

皖江流域圩田開發相沿近兩千年，對圩區的社會經濟發展發揮了重要作用。

圩田的開發十分適合皖江流域水鄉澤國的地理特點，使大量沿江沿湖灘塗變成了良田。這種土地利用形式是皖江人民在長期實踐中的偉大創舉，它在抗禦旱澇、奪取穩產高產方面，有着諸多的優越性。南宋詩人楊萬里、韓元吉等都曾作詩讚美圩田：『圩田歲歲續逢秋，圩戶家家不識愁。夾路垂楊一千里，風流國是太平州』①。『東西相望五百圩，有利由來得無害。……請看今來禾上場，七百頃地雲堆黃』②。這些詩句都逼真地描繪了當時皖江流域的豐收景象。元代農學家王禎對於圩田的作用也是讚不絕口，他稱讚道：圩田『據水築為堤岸，複疊外護，或高至數丈，或曲直不等，長至彌望，每遇霖潦，以捍水勢……內有溝瀆，以通灌溉，其田亦或不下千頃，此又水田之善者』③。王禎甚至認為圩田『雖有水旱皆可救禦，凡一熟之餘，不惟本境足食，又可贍及鄰郡，實近古之上法，將來之永利，富國富民，無越於此』④。這種人工創造的樂土，成為當地糧食生產的重要基地。據張問《張顒墓誌銘》載，萬春圩計127000畝，『歲得米八十萬斛』，每畝平均產量6斛2鬥。北宋末年的賀鑄，曾作《題皖山北瀕江田舍》詩云：『一溪春水百家利，二頃夏苗千石收』⑤。畝產量達到5石。關於圩田的畝產量，我們還可以從當時的租稅中得知一二。據有關資料統計，並依高宗紹興元年（1131年）建康府圩田租額類推，宣州圩田可生產49萬石租糧，太平州可生產79萬石租糧，再加上蕪湖、當塗等地的圩田，租糧生產數額十分可觀⑥。以至宋京十大糧倉皆受江淮所運。當時還在無為、蕪湖等地興建大糧倉，屯糧轉運。因此有人便認為『天下根本在於江淮，天下無江淮不可以足用，江淮無天下自可以為

①［宋］楊萬裏：《誠齋集》卷三二《圩丁詞十解序》。
②［宋］韓元吉：《南澗甲乙稿》卷二《永豐圩》。
③［元］王禎：《農書》卷三《灌溉篇》。
④［元］王禎：《農書》卷一一《田制篇》。
⑤［宋］賀鑄：《廣湖遺志詩集拾遺》。
⑥［元］馬端臨：《文獻通考》卷六《田賦考》。

國』①。為了把包括皖江流域在內的江淮地區的稻米直接運往汴京，京師轉運使李符建議在和州開鑿横州渠，使巢湖和長江直接相通。横州渠開通後，漕運十分便利，軍用無缺②。正由於圩田農業產量很高，所以有宋一世，政府對興築、修復圩田總是特別熱衷，及至明清，圩田開發日漸深入，圩區經濟在封建國家賦税中所占的份額越來越大。圩田高產、穩產的事實表明，圩區土地開發利用的價值是很高的。此外，圩田開發對於緩和該地區數度出現的人口壓力也起到了積極的作用。這些都是應該充分肯定的。

不過，圩田這種墾殖形態利弊並存，過度地開發勢必會帶來相應的環境問題。

一方面，圩田興築隨意改變河道，致使衆多的圩田將水道系統全部打亂，外河水流不暢，圩內排水和引水也增加難度，造成『水不得停蓄，旱不得流注』的嚴重局面。對此顧炎武曾指出：『宋政和以後圍湖占江，而東南水利亦塞』③。由於圩田多建立在水流要害之處，且田面反在水面之下，因此對水利要求甚高，稍有罅隙，便有內澇之患。宋徽宗統治時期，當塗路西湖建成的政和圩，使『山水無以發洩，遂致沖決圩岸』。永豐圩自政和五年(1115年)築成後，嗣後五十餘年『横截水勢，不容通泄，圩為害非細』。焦村私圩，『梗塞水面，致化成、惠民頻有損害』。特別是豪強貴勢私築圩岸，『以鄰為壑』，對圩區水利系統及小農生產的破壞尤甚，這一點在南宋寧宗嘉定三年(1210年)衛涇所上的奏摺中體現得甚為明顯：『隆興、乾道之後，豪宗大姓，相繼迭出，廣包強占，無歲無之……圍(圩)田一興，修築岸，水所由出入之路，頓至隔絶，稍覺旱乾，則占據上流，獨擅灌溉之利，民田坐視無從取水；逮至水溢，則順流疏決，複以民田為壑』④。由於彼此間各自為政，缺乏協作，使因破圩而形成的局部水災年年有之。

另一方面，皖江流域大量利用湖邊灘地修築圩田，使湖面縮小，從而影響了其調節水量的功能，破壞了該流域的生態條件。水旱失調自然是小農民首遭其殃，接着公私圩田大戶也同受其禍。因水中築堤之後，水中泥沙向堤外淤積，湖底升高，於是圩堤又可向湖心延伸，這樣，湖便逐漸縮小，以至於消失。一旦河水暴漲，湖已不能容納，勢必將大小堤岸衝垮，導致水災頻頻發生。《宋會要·食貨七》之四二至四

① [宋]李覯：《李直講先生文集》卷二八。
② 《宋史》卷六一《河渠》。
③ [清]顧炎武：《日知録》卷一〇《治地》。
④ [明]王圻：《續文獻通考》卷二《田賦》。

三載紹興四年太平州上言：『當塗縣管下舊有路西湖，傍有跋聳港，系通宣、徽州界，每遇春夏山水泛漲，自港入湖，出海塘港，入本州姑溪河通大江，所以諸圩無水患。止因政和二年本州將路西湖興作政和圩，自後山水無所發洩，遂致沖決圩埕，損害田苗。』又《宋會要輯稿·食貨八》之一〇載隆興元年知甯國府汪徹言：『童圩最為民害，一水自徽州績溪縣、本府甯國縣合諸水至童圩，一水自廣德軍建平縣（今郎溪縣）合本府宣城縣南湖之水至童圩，二水奔沖並來，其勢浩渺，所以向上諸圩悉遭巨浸』。據考，童圩的前身為童家湖（又名青草湖），是南漪湖的出口部分。至南宋紹興年間，『有淮西總管張榮者詭名承佃，再築為圩』，[①]並名為童圩。將湖泊改造成圩田對周邊圩埕危害頗大。孝宗隆興二年（1164年）知宣州許尹奏稱：『本州有童圩，實系創興，委是湮塞水流去處，今欲依舊開決作湖，以為民利』[②]。至乾道九年（1173年），仍指出：『他圩無大害，唯童圩最為民害，只決此圩，水勢且順』[③]。這些史實告訴我們，由於大多是自發性圍墾，盲目與水爭地，過度開發，使湖面大幅度縮小，調節庫容劇減，縮窄了河床，降低了洩洪、除澇能力，使生態環境不斷惡化。

無論是圩田興築中隨意改變河道或是盲目地圍湖造田，其所導致的洪澇災害都是很嚴重的，圩民也因此而飽受了災害之苦。朱萬滋在《當邑官圩修防彙述》續編《圖說》卷五《修造潰缺》記述了道光三年至二十一年間大公圩遭受水災後圩民的淒慘生活：

道光三年癸未五月二十日，福定圩周家埠潰，波及官圩中心埂。二十二日，戚家橋潰……農佃聞風哭泣，座任飄淌，田廬器具無一存者。次春，餓殍盈途。

道光十一年辛卯六月十一日，花津稽村前潰……瘟疫盛行，閉門無人煙者，十居八九。麥熟田畦無能刈。

道光二十一年辛醜五月十五日，花津孟公碑陶家潭潰。其日，疾風甚雨，至夜尤暴。餘督夫往救，覺眼前都是微茫地，身外頻臨浩渺天。

需要指出的是，全國解放以後，隨着整個農田水利事業的飛速發展，皖江流域的圩田開發又有了新的進展。然而目前該流域圩田的

①［清］徐鬆：《宋會要輯稿·食貨六》。
②［清］徐鬆：《宋會要輯稿·食貨八》。
③［元］馬端臨：《文獻通考》卷六《田賦考》。

開發已經達到極限，如果繼續新的圍墾，由於湖泊面積縮小，一旦遇上特大洪水，水無所容，勢必釀成新的水災發生，這是我們必須注意的一個重要問題。

［本文系作者所主持國家社會科學基金項目『明清時期長江下游自然災害與鄉村社會研究』(11BZS061)的階段性成果之一］

［原載《中國社會科學院研究生院學報》2013年第6期］